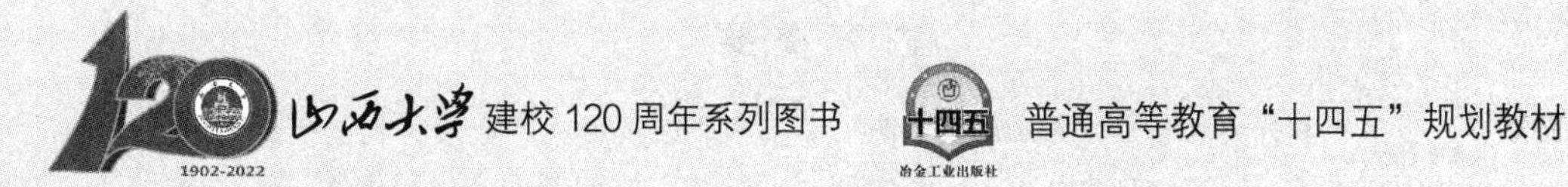

环境与资源类专业系列教材　程芳琴　主编

煤基产业废弃资源循环利用

Recycling and Utilization of Coal-based Industrial Waste Resources

郝艳红　主编

高阳艳　王菁　马志斌　李剑锋　副主编

北京

冶金工业出版社

2022

内 容 提 要

本书共分为6章，首先对煤炭资源、煤基产业以及煤基产业废弃物的资源循环利用技术进行概述，在此基础上，集中阐述了煤基主体产业生产过程中水、气、固三类废弃物的来源和理化性质，根据废弃物的理化性质对其进行合理分类，并提出了适宜的资源循环利用途径与技术；最后，从综合宏观的角度，对煤基产业发展循环经济的有效模式，煤基产业循环经济园区建设进行论述。本书期望通过基本理论、技术原理和工业案例的讲解，帮助读者了解煤基产业先进的资源循环利用技术及其推广应用情况与发展趋势。

本书可作为资源循环科学与工程、环境科学与工程、化学工程与工艺、冶金工程专业高年级本科生和研究生教材，也可作为煤基产业废弃资源循环利用领域相关从业人员的参考书。

图书在版编目(CIP)数据

煤基产业废弃资源循环利用/郝艳红主编．—北京：冶金工业出版社，2022.9

普通高等教育“十四五”规划教材

ISBN 978-7-5024-9132-1

Ⅰ.①煤…　Ⅱ.①郝…　Ⅲ.①煤炭工业—废物综合利用—高等学校—教材　Ⅳ.①X752

中国版本图书馆CIP数据核字(2022)第061352号

煤基产业废弃资源循环利用

出版发行　冶金工业出版社　　**电　话**　(010)64027926
地　址　北京市东城区嵩祝院北巷39号　　**邮　编**　100009
网　址　www.mip1953.com　　**电子信箱**　service@mip1953.com

责任编辑　刘小峰　赵缘园　美术编辑　彭子赫　版式设计　孙跃红
责任校对　李　娜　责任印制　李玉山
三河市双峰印刷装订有限公司印刷
2022年9月第1版，2022年9月第1次印刷
787mm×1092mm　1/16；19.75印张；479千字；306页
定价59.00元

投稿电话　(010)64027932　投稿信箱　tougao@cnmip.com.cn
营销中心电话　(010)64044283
冶金工业出版社天猫旗舰店　yjgycbs.tmall.com
(本书如有印装质量问题，本社营销中心负责退换)

深化科教、产教融合，共筑资源环境美好明天

环境与资源是“双碳”背景下的重要学科，承担着资源型地区可持续发展和环境污染控制、清洁生产的历史使命。黄河流域是我国重要的资源型经济地带，是我国重要的能源和化工原材料基地，在我国经济社会发展和生态安全方面具有十分重要的地位。尤其是在煤炭和盐湖资源方面，更是在全国处于无可替代的地位。

能源是经济社会发展的基础，煤炭长期以来是我国的基础能源和主体能源。截至2020年底，全国煤炭储量已探明1622.88亿吨，其中沿黄九省区煤炭储量1149.83亿吨，占全国储量70.85%；山西省煤炭储量507.25亿吨，占全国储量31.26%，占沿黄九省区储量44.15%。2021年，全国原煤产量40.71亿吨，同比增长5.70%，其中沿黄九省区年产量31.81亿吨，占全国78.14%。山西省原煤产量11.93亿吨，占全国28.60%，占沿黄九省区37.50%。煤基产业在经济社会发展中发挥了重要的支撑保障作用，但煤焦冶电化产业发展过程产生的大量煤矸石、煤泥和矿井水，燃煤发电产生的大量粉煤灰、脱硫石膏，煤化工、冶金过程产生的电石渣、钢渣，却带来了严重的生态破坏和环境污染问题。

盐湖是盐化工之母，盐湖中沉积的盐类矿物资源多达200余种，其中还赋存着具有工业价值的铷、铯、钨、锶、铀、锂、镓等众多稀有资源，是化工、农业、轻工、冶金、建筑、医疗、国防工业的重要原料。2019年中国钠盐储量为14701亿吨，钾盐储量为10亿吨。2021年中国原盐产量为5154万吨，其中钾盐产量为695万吨。我国四大盐湖（青海的察尔汗盐湖、茶卡盐湖，山西的运城盐湖，新疆的巴里坤盐湖），前三个均在黄河流域。由于盐湖资源单一不平衡开采，造成严重的资源浪费。

基于沿黄九省区特别是山西的煤炭及青海的盐湖资源在全国占有重要份额，搞好煤矸石、粉煤灰、煤泥等煤基固废的资源化、清洁化、无害化循环利用与盐湖资源的充分利用，对于立足我国国情，有效应对外部环境新挑战，促进中部崛起，加速西部开发，实现“双碳”目标，建设“美丽中国”，走好

“一带一路”，全面建设社会主义现代化强国，将会起到重要的科技引领作用、能源保供作用、民生保障作用、稳中求进高质量发展的支撑作用。

山西大学环境与资源研究团队，以山西煤炭资源和青海盐湖资源为依托，先后承担了国家重点研发计划、国家“863”计划、山西-国家基金委联合基金重点项目、青海-国家基金委联合基金重点计划、国家国际合作计划等，获批了煤基废弃资源清洁低碳利用省部共建协同创新中心，建成了国家环境保护煤炭废弃物资源化高效利用技术重点实验室，攻克资源利用和污染控制难题，获得国家、教育部、山西省、青海省多项奖励。

团队在认真总结多年教学、科研与工程实践成果的基础上，结合国内外先进研究成果，编写了这套“环境与资源类专业系列教材”。值此山西大学建校120周年之际，谨以系列教材为校庆献礼，诚挚感谢所有参与教材编写、出版的人员付出的艰辛劳动，衷心祝愿我们心爱的山西大学登崇俊良，求真至善，宏图再展，再谱华章！

2022年4月于山西大学

前　言

众所周知，我国一直是世界煤炭生产和消费大国。尽管近年来能源结构调整，可再生能源与天然气的占比逐步提升，煤炭消耗占比有所下降，呈现出多元化的能源结构体系，但由于我国特有的能源禀赋和煤炭清洁先进转化技术水平的不断提升，在相当长的一段时间内，煤炭在能源结构中仍然占据不可替代的主体地位，煤炭工业仍然是国民经济发展的重要基础产业。煤炭开采和使用过程会排放污染物而导致环境污染，同时以煤炭为主要生产原料的煤基产业的废弃物多数由煤或伴煤而生，具有可资源化的特性，因此推进煤基产业废弃资源的循环利用，实现煤炭资源的高效、清洁利用，是推进循环经济发展、资源节约集约利用、构建资源循环型产业体系、保障国家资源安全、大力推动实现碳达峰碳中和、促进生态文明建设的关键着力点。为跟踪煤基产业可持续发展的需求，为煤基产业废弃资源循环利用领域的专业技术人员提供参考，编写了本书。

本书从煤炭采选、燃煤发电、焦化及煤炭气化液化等以煤炭利用为主体的产业出发，全面梳理和介绍了煤基产业生产过程中产生的固、水、气三类主要废弃物的来源与特性，以及相应的资源循环利用技术。另外结合研究团队多年的研究成果与广泛的文献材料收集整理，特别讨论了由于煤炭资源地域差异、利用方式差异导致的废弃物的理化性质差异，注重理论研究、技术研发与产业应用推广的有机结合。

本书首先对煤基产业，以及煤基主体产业工艺过程及废弃物的来源进行概述，然后分章重点阐述了煤基主体产业生产过程中产生的固体废弃物、废水、废气三类废弃物的理化性质，从废弃物的理化性质出发阐述了适宜的资源循环利用途径与技术。最后，从综合宏观的角度，对煤基产业发展循环经济的有效模式，煤基产业循环经济园区建设进行论述。全书共分为6章，其中第1章为绪论，第2章为煤基产业废弃物的产生，第3章为煤基产业固体废弃物的资源循环利用，第4章为煤基产业废水的资源循环利用，第5章为煤基产业废气的资源循环利用，第6章为煤基产业循环经济园区。

本书可作为资源循环科学与工程本科专业的教材，同时也可供环境工程、环境科学等相关专业本科生、硕士研究生及煤炭产业、资源循环利用领域相关从业人员学习参考。

本书由山西大学郝艳红任主编，高阳艳、王菁、马志斌、李剑锋任副主编。参加编写的人员及分工为：第 1 章由郝艳红、王菁编写，第 2 章由高阳艳编写，第 3 章由马志斌、王嘉伟、王菁、张圆圆、燕可洲编写，第 4 章由李剑锋、李文英编写，第 5 章由高阳艳、成怀刚、潘子鹤编写，第 6 章由郝艳红编写，全书由郝艳红统稿。

在山西大学建校 120 周年之际，本书的出版得到了山西大学的支持，在此表示衷心感谢。特别对东北大学薛向欣教授在编写过程中给予的指导表示最诚挚的谢意！另外，在编写过程中参考了大量相关的优秀教材、专著和文献，也在此对作者们表示由衷的感谢！

由于编者水平所限，书中不妥之处欢迎读者批评指正。

编　者
2022 年 4 月于山西大学

目　　录

1 绪　论

本章提要：

（1）掌握煤基产业的定义，了解技术现状及发展趋势。

（2）了解煤基产业废弃物种类、产量及其资源循环利用的必要性、可行性以及利用技术的概况。

截至2021年，煤炭作为最丰富的化石燃料，全球储量估计为1.07万亿吨，已在100多个国家被开采。储量前五位的国家为美国（23.3%）、俄罗斯（15.1%）、澳大利亚（14%）、中国（13.3%）和印度（10.3%）。目前，煤炭是全球第二大一次能源消耗品（27.6%），仅次于原油（34.2%），是第一大发电来源（38.05%），其次是天然气（23.2%）、水能（15.9%）、核能（10.3%）、风能和太阳能（8.4%）。据英国石油公司世界能源统计报道，世界上38%的电力来自煤炭，主要是通过燃烧产生的。此外，在许多国家，如澳大利亚，61%的电力来自煤炭，在中国是67%，在印度高达76%。中国是世界上最大的煤炭生产国，产量占全球总产量的51%。一方面因为煤炭是我国最丰富的能源资源，占我国已探明化石能源资源总量的94%左右；另一方面，因为煤炭是我国最基础的能源资源，在我国能源安全战略中具有重要地位。煤炭是发电、供暖、水泥、钢铁、建材等产业的主要能源，也是化工产品、氨肥以及合成材料的重要碳氢化合物来源。与其他能源资源相比，煤炭是最经济、最廉价的能源资源。与石油、天然气相比，对外依存度低，是我国最可靠的能源。尽管人们越来越关注污染物排放（氮氧化物、硫氧化物、颗粒物和重金属）和环境影响，特别是与煤炭使用相关的温室气体排放和气候变化，可替代煤炭且更清洁的能源技术也正在逐步被开发、部署并逐渐普及，但在未来较长一段时期内，煤炭仍将是主要的一次能源和原生碳氢化合物来源，在我国能源体系中的地位和作用仍然不可替代。煤炭开采、生产加工、燃烧发电和转化利用过程中，产生大量废物。它们占据大片土地，污染当地土壤和水资源，造成空气污染和二氧化碳排放，导致全球变暖和气候变化。然而这些废弃物因与煤炭具有某些相似的性质，且都含有可回收或再利用的元素，因而具有可资源循环利用的属性。

1.1 煤基产业

1.1.1 煤基产业的定义

煤基产业是一个综合性的概念，是指以煤为基础的产业，学术界还没有明确统一的定义。它是指以煤炭为要素的多种产业的集合体，涉及煤炭从开采、运输、加工、使用、转化、利用、回收等与物流各环节相关联的多元化产业集合，包括煤炭采掘和洗选业、运输业、燃煤发电、煤化工产业，以及建材、冶金、陶瓷、造纸、机械制造、污水处理、废弃物资源化回收等伴生产业。

1.1.2 煤基产业技术现状

1.1.2.1 煤炭开采技术

采煤生产中采用的技术直接影响矿井的生产能力。我国煤炭开采技术经历了炮采技术、普通机械化采煤技术、综合机械化采煤技术和绿色开采技术几个阶段。目前普遍采用的是综合机械化采煤技术。我国已基本实现95%的机械化开采率。绿色开采技术包括煤炭地下气化技术、煤与瓦斯共采技术、充填采煤技术、保水开采技术等。

煤层气（俗称瓦斯）是以吸附状态赋存于煤层或煤系地层中的非常规天然气资源。目前煤层气开采有两种方式：一种是井下抽采，另一种是地面钻井开采。主要有水平井钻井技术、注气增产技术、极小曲率半径钻井技术、L型抽采技术等。

1.1.2.2 煤炭洗选技术

洗选煤是洁净煤技术的源头和基础。我国的洗煤技术主要有跳汰洗煤法、重介质洗煤法、浮游洗煤法。新建洗煤厂多采用重介质分选槽和重介质旋流器为主要分选设备的分选工艺，其次是跳汰分选。在分选技术上，跳汰机、螺旋溜槽、新型的重介质分选机等是未来洗选煤技术与装备的发展方向。细粒煤和超细粒煤的分选技术是未来选煤技术的关注点。

1.1.2.3 煤化工技术

煤化工主要包括煤炭的焦化、气化、液化和合成化学。煤化工技术分为传统煤化工技术和新型煤化工技术。传统煤化工技术主要有煤炭焦化技术、煤炭气化技术和煤炭液化技术。目前我国新型煤化工技术主要有煤基液体燃料、煤基气化燃料和煤基化学品生产技术等。

煤炭焦化技术方面，目前运用较为广泛的主要有高挥发分煤炼焦技术、弱黏煤炼焦技术、中低温热解技术、干熄焦技术与捣固炼焦技术等。煤焦化后的扩链技术主要有焦炉气技术、煤焦油技术和焦炭技术。

煤炭气化技术现已工业化的有鲁奇（Lurgi）固定床加压气化技术、德士古（Texaco）的煤气化过程（TCGP）、西门子（GSP）气化技术、壳牌煤气化过程（SCGP）。煤气化后的扩链技术还包括合成氨技术、煤制甲醇技术、甲醛制烯烃技术、煤基二甲醚技术、煤制甲烷技术等。

煤炭液化技术分为直接液化技术和间接液化技术。直接液化技术经过多年的发展，技术已经较为成熟，目前运用较为广泛的技术主要有德国的IGOR工艺、日本的NEDOL工艺、美国的HTI工艺、俄罗斯的FFI工艺。煤炭间接液化的合成技术有德国科学家发明的F-T合成技术。

其他煤基化工产品的开发主要包括碳酸二甲酯、双氧水、醋酸、聚甲醛、甲胺、二甲基甲酰胺等生产技术，甲醇制乙烯、丙烯等。另外，甲醇、二甲醚汽车用燃料的应用研究也已取得了较大进展，二甲醚作为等同于液化石油气（liquefied petroleum gas，LPG）和液化天然气（liquefied natural gas，LNG）的燃料用于民用也已进入商业化应用阶段。

1.1.2.4 煤炭清洁燃烧发电技术

在煤炭清洁燃烧发电技术中，我国现阶段主要有常压循环流化床燃烧、增压流化床燃烧、整体煤气化联合循环、加装脱硫脱硝装置的超超临界发电机组，这4种高效洁净煤技术当前已经实现商业应用。超超临界发电技术、整体煤气化联合循环发电技术（IGCC）、循环流化床技术（CFBC）、增压流化床锅炉联合循环技术（PFBC-CC）等被认为是最有前景的煤炭清洁燃烧发电技术。

1.1.2.5 碳捕集封存利用技术

碳捕集封存与利用技术（carbon capture，utilization and storage，CCUS），是指将大型发电厂所产生的二氧化碳收集起来，并用各种方法利用、储存，以避免其排放到大气中的一种技术。这种技术被认为是未来大规模减少温室气体排放、减缓全球变暖最经济可行的方法。CCUS技术中二氧化碳捕集技术分为燃烧前捕集技术、富氧燃烧捕集技术、燃烧后捕集技术。二氧化碳利用技术包括CO_2催化转化、合成制备有机化学品技术、利用焦炭等还原CO_2制备CO技术、CO_2生产无机化工产品技术、生物固碳制备生物燃料、化学品及食物的CO_2资源化利用技术，CO_2可直接用于超临界萃取、发电循环工质、食品保鲜、生产可降解塑料，还可应用于石油开采、激光技术、核工业等领域。二氧化碳封存技术包括生态封存技术、地质封存技术、海洋封存技术和矿物封存技术、化学固定和生物固定技术等。目前CCUS技术在我国仍处于技术开发工程示范阶段。

1.1.2.6 煤基新材料技术

煤基新材料技术主要有煤基活性炭技术、碳分子筛技术、高性能碳纤维材料技术、纳米碳技术、富勒烯技术、碳纳米管技术、石墨烯技术等。目前，石墨烯技术已成为各国煤基低碳技术研发的重点。

1.1.3 煤基产业的发展趋势

在当前我国经济增长方式转变、经济增速放缓、新能源冲击以及低碳发展等四重背景下，煤炭作为我国的基础能源和重要原料，需求量增速大幅下滑，出现了产能过剩的状况，煤炭产业和煤炭富集区面临着保证能源稳定供给和低碳发展的双重压力，传统“高碳”型发展模式所衍生的日益严重的环境恶化及资源耗竭等问题，已无法适应知识经济与低碳经济的时代要求。在当前经济形势和背景下，积极推进煤炭产业转型升级刻不容缓。煤炭要革命，但绝不是革煤炭的命，解决煤炭问题的关键是实现煤炭的可持续开发利用和清洁高效利用，发展循环经济是煤炭资源经济产业结构调整的必然选择。一方面要促进煤炭产业集群化发展，另一方面要在构建煤基产业链的基础上实施低碳科技创新。

延长煤基产业链，促进煤炭产业集群化发展，是促进煤炭清洁高效利用的关键途径之一，是提升煤炭产业和煤炭富集区核心竞争力的重大现实问题。运用生态学与可持续发展理论，转变煤炭由单一能源品种为多能源品种聚合体的理念，推动煤炭分级分质利用，构造优势产业种群——煤炭采掘业种群，关键产业种群——煤电、煤化工产业种群，伴生产业种群——建材、冶金、机械制造等产业种群互利共生的煤基产业集群系统网络模式（图

1-1)，是低碳经济时代背景下，煤基产业集群健康发展的新思路。种群之间通过共生链连接，形成物质共生和能量共生的复杂网络系统，通过不同种群间的组合和连接，发挥产业集群和工业生态效应，既实现集群经济增长，又有效保护环境，从而实现煤基型产业集群经济、社会和生态等综合效益。生态化煤基型产业集群发展模式，是国家大型煤炭基地和煤炭富集区基于技术创新与低碳经济发展要求进行的现实选择和重要保障。

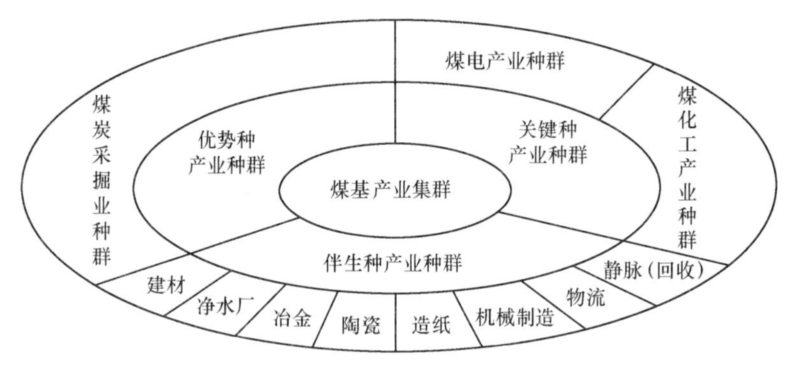

图 1-1　煤基产业集群系统结构图

此外，低碳科技的运用和创新是煤基产业低碳清洁高效利用的另一关键途径。传统的煤基产业发展模式是一种粗放式模式，是从资源开采、消费利用、污染到治理的单向发展模式，其特征是投入高、消耗大、排放多、生态环境负荷大。煤基低碳科技能够在促进煤炭资源开发利用、改善生态环境、节能减排、促进人类健康发展方面起到积极作用。要在构建煤基产业链的基础上实施低碳科技创新，尽可能延长产业链，提高资源利用效率，减少生态环境破坏，使环境成本最低，提高资源的综合利用效益。从煤炭行业的技术发展来看，随着现代化新理念、新工艺和新技术的不断渗透，我国煤炭资源从开采到加工，到伴生资源的利用以及环境保护等技术都得到了快速的发展，极大程度推动了煤基产业的低碳发展。当前，煤炭清洁高效利用技术，如 IGCC、煤基多联产、CCUS 等技术逐渐进入市场导入期。在能源革命背景下，我国典型煤炭基地和煤炭富集区山西省，围绕煤基低碳科技创新编制了煤层气、煤焦化、煤化工、煤电、煤机装备、煤机新材料和煤炭生产 7 条煤基产业创新链，着力打通煤炭经济与低碳创新联结通道，实现科技、产业、金融的有机结合，推动煤基产业的新型工业化建设。

1.2　煤基产业废弃物

1.2.1　煤基产业废弃物的种类

在煤炭开采、洗选、燃烧利用、焦化冶金以及煤化工过程中，都会产生固、水、气三种形态的废弃物和副产品。

1.2.1.1　煤基产业固体废弃物

煤炭开采、生产和使用过程中产生的固体废弃物主要有：风化煤、煤矸石、粉煤灰、脱硫石膏、废脱硝催化剂、焦化废渣、煤气化渣等。

在煤炭的露天开采中，煤层的一部分会发生风化，低热值的风化煤商业价值较低，因此会被当作废弃物倾倒。当煤暴露在环境空气中时，煤开始风化。在开采之前，煤存在于水饱和的无氧环境中，对这种环境的任何干扰，如地下水位深度、温度、氧分压或水分含量的变化，都会导致煤的化学性质和物理稳定性的变化。风化改变了煤的许多重要性质，降低了煤的热值。此外，氧化过程还会导致煤表面形成氧官能团，如羧基、苯酚和羰基官能团，通过增加可与水分子形成氢键的位点数量降低煤表面的疏水性，从而影响煤的选矿过程。

在煤的生产过程中，各种杂质相（黏土、石英、黄铁矿等）的存在，需要大量的破碎和分离工作，会产生与煤炭伴生的煤矸石。其含碳量低、硬度大，是碳质、泥质和砂质页岩的混合物，热值较低。煤矸石包括巷道掘进过程中的掘进矸石、采掘过程中从顶板、底板及夹层里采出的矸石以及洗煤过程中挑出的洗矸石。

粉煤灰是煤燃烧产生的烟气中的固体颗粒物。粉煤灰的物理化学性质与燃煤成分、煤粒粒度、锅炉形式、燃烧状况及收集方式等有关系。煤粉灰中可燃质已基本燃尽，区别于煤炭开采过程中产生的废弃物，其主要成分为二氧化硅（SiO_2）、氧化铝（Al_2O_3）和氧化铁（Fe_2O_3）等，无法继续回收提供热量，转而需要考虑利用其中的铝、硅等元素。

脱硫石膏是燃煤烟气湿法钙基脱硫过程中产生的主要副产品，其主要成分和天然石膏类似，为二水硫酸钙 $CaSO_4 \cdot 2H_2O$，含量大于等于93%，优于天然石膏矿，因此非常方便资源化利用。

废脱硝催化剂泛指应用在燃煤电厂选择性催化还原（selective catalytic reduction，SCR）脱硝系统中的催化剂，在SCR反应中，促使还原剂选择性地与烟气中的氮氧化物在一定温度下发生化学反应的物质。目前SCR商用催化剂基本都是以二氧化钛（TiO_2）为载体，以五氧化二钒（V_2O_5）为主要活性成分，以三氧化钨（WO_3）、三氧化钼（MoO_3）为抗氧化、抗毒化辅助成分，由于其中含有有价值的组分，因此有必要开发相应的资源利用技术对其加以回收利用。

焦化废渣是焦化工艺在生产焦炭、煤气过程中产生的。焦化废渣的来源有以下四个：回收车间焦油、氨水分离工序产生的焦油渣；粗焦油超级离心后分离的焦油渣；硫铵工序产生的酸焦油；各化产车间检修清槽时产生的废渣。这些废渣的成分十分复杂，其中所含的固体主要是焦粉与煤粉、沥青与游离碳、焦油与沥青的聚合物等各种含碳物质。大量的焦化企业在对这些废渣进行处理的过程中缺乏相关的技术，对可供利用的资源造成了大量的浪费。废渣作为燃料直接燃烧会造成大气污染，直接进入渣场堆存则存在二次污染的风险，因此亟须发展焦化废渣的资源化技术。

煤气化渣是煤与氧气或富氧空气发生不完全燃烧生成一氧化碳与氢气的过程中形成的固态残渣，包括粗渣和细渣。粗渣是由气化炉底部排渣锁斗排出的含水渣，残碳量一般在10%~30%，产生量约占气化渣排量的60%~80%；细渣是通过气化炉顶部由除尘器收集的飞灰，经初步洗涤净化、沉淀得到的含水渣，残碳量较高，一般可达30%以上，粒径小，其中约三分之一小于74μm，产生量约占气化渣排量的20%~40%。灰渣中还含有一些微量元素。尽管不同的煤气化工艺、煤种及原煤产地所产生的气化渣成分有所不同，但无论是粗渣还是细渣均含有丰富的二氧化硅、氧化铝、氧化铁，三者含量之和最高可达70%以上。此外煤气化渣还含有氧化钙、氧化镁、二氧化钛等无机物，以上特点是煤气化渣资源化利用技术的重要物质基础。

煤矿湿法洗煤中部分细粒煤被废弃，并转移到沉淀池中形成煤泥。煤泥粒度细、微粒含量多、持水性强、水分含量高、黏性大、发热量低，这些性质导致了煤泥的堆放、贮存和运输都比较困难。尤其在堆存时，其形态极不稳定，遇水即流失，风干即飞扬，结果不但浪费了宝贵的煤炭资源，而且造成了严重的环境污染，有时甚至制约了洗煤厂的正常生产，成为选煤厂一个较为棘手的问题。由炼焦煤选煤厂的浮选尾煤、动力煤洗煤厂的洗选煤泥、煤炭水力输送后产出的煤泥、矿井排水夹带的煤泥、矸石山浇水冲刷下来的煤泥性质差别非常大，可利用性也有较大差别。其中炼焦煤泥性质与洗选矸石或中煤类似。根据煤泥回收工艺的不同，其含水量也有较大差别，圆盘真空过滤机煤泥滤饼水分为82%~32%，压滤机煤泥滤饼水分为22%~26%，高频筛上煤泥水分为25%~30%。

1.2.1.2　煤基产业废水

煤炭开采、生产和使用过程中产生的废水主要有：矿井水、洗煤废水、脱硫废水、焦化废水、煤气化/液化废水等其他废水。

采煤过程中，从煤系地层中涌出的水形成矿井水。矿井水来自地下水系，由于开凿从岩层中涌出，在未经污染前是清洁的水，水量的大小取决于井下地质条件和生产方式。通常矿井水日涌水量少则几千立方米，多则数万立方米。由于生产污染，矿井水变得色泽浑浊、悬浮物含量高，沉积量大，未经处理排放会对所流入的河流造成严重污染。

煤矿湿法洗煤加工工艺产生的洗煤废水特别稳定，静置几个月也不会自然沉降，因此处理非常困难。

脱硫废水主要是锅炉烟气石灰石-石膏湿法脱硫过程中吸收塔的排放水。其中含有的杂质主要包括悬浮物、过饱和的亚硫酸盐、硫酸盐及重金属。此外燃煤电厂生产流程中还会产生循环冷却水等其他废水，如果可以针对这些废水的水质特性对其进行净化处理，则可以完全回用水资源，实现电厂废水的“零排放”。

焦化废水是一种典型的有毒难降解有机废水，主要来自焦炉煤气初冷和焦化生产过程中的生产用水及蒸汽冷凝废水。焦化废水中污染物浓度高，难以降解，由于焦化废水中氮的存在，致使生物净化所需的氮源过剩，给处理达标带来较大困难；且排放量大，每吨焦用水量大于2.5t。焦化废水中多环芳烃不但难以降解，而且还是强致癌物质，对环境造成严重污染的同时也直接威胁到人类健康。

煤气化废水是气化炉在制造煤气或代天然气的过程中所产生的废水，主要来源于洗涤、冷凝和分馏工段。其特点是污染物浓度高，酚类、油及氨氮含量高，生化有毒及抑制性物质多，在生化处理过程中难以实现有机污染物的完全降解，是一种典型的高浓度、高污染、有毒、难降解的有机工业废水。不同生产工艺产生的废水水质不同。煤炭液化废水是指煤炭原料在石油转化和加工过程中产生的废水，主要来源于加氢裂化、加氢精制、液化等生产环节。该废水含苯酚和硫，含盐量低，化学需氧量（COD）值高，易乳化，不易生物降解，且组分难以完全降解。

1.2.1.3　煤基产业废气

煤炭开采、生产和使用过程中产生的废气主要有：乏风、煤层气、二氧化硫（SO_2）、氮氧化物（NO_x）、CO_2、焦炉煤气及挥发性有机物（VOCs）。

在较高等级煤的地下深部开采中，不可避免地会有一些煤层气从矿井巷道的通风空气中排出。煤层气的主要成分甲烷（CH_4）具有很高的全球变暖潜力。煤层甲烷在开采过程中以三种方式释放：开采前从煤层中排出的气体，含有60%~95%的CH_4；矿井通风空气中的甲烷（也称为通风空气甲烷或VAM），含有0.1%~1%的CH_4；从矿井工作区排出的气体，含有30%~95%的CH_4。后两种形式的煤层甲烷在活跃的地下矿井中释放。大规模的通风系统输送大量的空气，从而稀释甲烷并将其以非常低的浓度释放到大气中。在通风空气中浓度低且可变的情况下，这种挥发性甲烷很难利用。

SO_2 和 NO_x 是燃煤电厂最主要的气体污染物。由于煤炭含有有机硫、无机硫和单质硫，有机硫、黄铁矿硫和单质硫都能在空气中燃烧，所以它们都是可燃硫。硫酸盐硫是固定硫，为不可燃硫。可燃硫在燃烧中向硫氧化物的转化率几乎是100%。燃烧产生的SO_2无色，有强烈刺激性气味、有毒、容易液化、易溶于水，是大气主要污染物之一。煤燃烧产生的氮氧化物主要包括一氧化氮（NO）和二氧化氮（NO_2），合称为NO_x。煤燃烧生成的NO_x大部分为NO，占90%左右，只有在急速冷却高温烟气时，有很少一部分NO转化为NO_2。煤燃烧产生NO_x的氮源有两个，一个是燃烧用空气中的氮气，另一个是燃料中的氮。SO_2和NO_x中的硫、氮元素经回收可以制得硫磺、硫酸、硝酸、氮肥等产物，具有循环利用价值。

以煤炭等化石燃料为主要能源的电力生产中排放的CO_2量约占人类排放的CO_2量的30%。无论是发达国家还是发展中国家，火力发电厂都是CO_2排放的主要来源，它也是最大的单点CO_2排放源。因此，控制火力发电厂CO_2的排放是减缓全球变暖的重要措施。二氧化碳的化学性质不活泼，热稳定性很高（2000℃时仅有1.8%分解），不能燃烧，通常也不支持燃烧，属于酸性氧化物，具有酸性氧化物的通性。对CO_2进行有效的利用，既可以获得一定的经济效益，又能避免储存CO_2的附加费用。

焦炉煤气（coke oven gas，COG），由于可燃成分多，属于中、高热值煤气，也称粗煤气或荒煤气，是指用几种烟煤配制成炼焦用煤，在炼焦炉中经过高温干馏后，在产出焦炭和焦油产品的同时所产生的一种可燃性气体，是炼焦工业的副产品。焦炉气是混合物，其产率和组成因炼焦用煤质量和焦化过程条件不同而有所差别。其主要成分为氢气（55%~60%）和甲烷（23%~27%），另外还含有少量的一氧化碳、C_2以上不饱和烃、二氧化碳、氧气、氮气。

挥发性有机物（volatile organic compounds，VOCs），是在常压下，沸点50℃至260℃的各种有机化合物。通常分为非甲烷碳氢化合物（NMHCs）、含氧有机化合物、卤代烃、含氮有机化合物、含硫有机化合物等几大类。VOCs参与大气环境中臭氧和二次气溶胶的形成，其对区域性大气臭氧污染、$PM_{2.5}$污染具有重要的影响。煤化工过程是VOCs的主要来源之一，远大于燃煤产生的VOCs量。大多数VOCs具有令人不适的特殊气味，并具有毒性、刺激性、致畸性和致癌作用，特别是苯、甲苯及甲醛等对人体健康会造成很大的伤害。

1.2.2 煤基产业废弃物的产量

1.2.2.1 固体废弃物产量

中国作为全球最大的煤炭生产国和消费国，近年来煤炭年消费量在40亿吨以上，过程中积累了大量的煤炭开采废弃物和煤炭加工副产品。按质量计算，开采和生产加工煤炭产生的废弃物和副产品约占原煤产量的10%~20%。中国有超过2000个煤基固废堆放场，容纳了超过70亿吨累积的废弃物。目前，我国煤炭开采和洗选过程煤矸石年产量在5亿吨左右，煤炭洗选行业煤泥年产量约2亿吨。近一个世纪以来，山西省一直是中国优质煤的主要来源地，在过去的二十年里，山西矿业的巨大发展产生了大量的煤基固废，仅山西省就有100多座煤基固废堆放场，累计煤炭废物约11亿吨，年增长约1亿吨。据统计，目前我国煤矸石综合利用率在50%以上。

在我国，燃烧煤炭排出的粉煤灰年产量约5亿~7亿吨，炉膛灰渣年产量约3亿吨，治理燃煤产生的二氧化硫气体产生的脱硫石膏年产量也在1亿吨以上。这三种废弃物的循环利用率与其他工业固废相比较高，均在70%以上。焦化生产过程中，会有大约0.1%的废渣产生，一个中型焦化生产企业的焦油废渣的年产量大约在5000~6000t。

1.2.2.2 废水产量

以煤炭为基础的各种工业在实际生产过程中，往往需要消耗大量水资源，据统计开采1t原煤会产生约2.1t左右矿井水；煤焦化过程中，生产1t焦炭，耗水量约为2.5t；煤气化或者液化过程中，生产1t油、天然气和烯烃，耗水量分别约为6t、10t和30t。近年来，国内煤矿矿井水的年排放量约60亿~70亿吨，2018年我国煤矿矿井水资源总量约68.9亿立方米，仅2019年全国煤矿产生的矿井水量就达71亿立方米。2014~2019年，我国因煤矿开采已产生矿井水288.09亿立方米。因处理环节复杂、治理工程投资费用高等原因，矿井水利用率仍然较低。据统计，2018年我国煤矿矿井水平均净化利用率仅为35%。

1.2.2.3 废气产量

煤炭开采过程中产生的煤矿瓦斯分为风排瓦斯和抽放瓦斯两种。2020年全国煤矿抽采瓦斯140亿立方米。煤矿风排瓦斯浓度极低，但总量巨大，其中所含的甲烷约占我国煤矿瓦斯甲烷总量的80%，年均排放量在150亿立方米以上，产生的温室气体效应约为2亿吨二氧化碳当量。

2020年，我国二氧化硫总排放量318万吨，电热生产、钢铁行业及非金属矿物制品业三大行业二氧化硫排放量为253.2万吨，占全国工业源二氧化硫排放量的79.6%。全国氮氧化物排放量在1019.7万吨左右，其中电热生产、钢铁及非金属矿物制品业三大行业排放量占全国工业氮氧化物排放量的40.9%。其中火力发电企业氮氧化物排放量占全国工业源氮氧化物排放量的14.7%，非金属矿物制品业氮氧化物排放量占全国工业源氮氧化物排放量的27.3%，黑色金属冶炼和压延加工业氮氧化物排放量占全国工业源氮氧化物排放量的22.3%。我国是世界上碳排放最高的国家，2018年我国的总碳排放量约为103.13亿吨，人均碳排放量约为7.4t。随着我国碳减排政策的不断推进，2020年，我国二氧化碳排放量减少至98.94亿吨。据统计，2016年我国煤电行业总二氧化碳排放量为34.76亿吨，而当年的全国碳排放总量为101.51亿吨，占比超过34.24%。目前，全球二氧化碳总利用量低于每年2亿吨，与全球人为二氧化碳排放量（每年32亿吨以上）相比，几乎可以忽略不计。

1.3 煤基产业废弃物的资源循环利用

1.3.1 煤基产业废弃物的环境影响

与煤矿开采废物和煤炭加工、利用过程废弃物有关的环境影响可从大气污染、地表水和地下水污染、土壤和土地污染这三方面展开讨论。

1.3.1.1 大气污染

煤基产业废弃物对大气的污染物包括：来自煤炭开采的矿井排风和煤层瓦斯抽放，由于煤燃烧、热解、煤转化过程，以及含碳固废堆存过程中自燃产生的大气污染物，还有堆存过程中产生的扬尘。这些污染气体包括一氧化碳、硫氧化物、氮氧化物、甲烷、溴甲烷、碘甲烷、氯甲烷、二氯甲烷、三氯甲烷、苯、甲苯、二甲苯、乙苯、苯酚及其烷基衍生物、多环芳烃（PAHs）、重金属和二氧化碳。

煤炭开采过程中，煤矿风排瓦斯和煤层瓦斯抽放排出大量温室气体甲烷，甲烷较二氧化碳能够吸收更多波段的辐射，因此一分子甲烷造成的温室效应约为一分子二氧化碳的25~36倍。

煤炭燃烧、热解及转化过程中产生的二氧化碳、硫氧化物和氮氧化物是大气主要污染物。排放到大气中的二氧化碳能使太阳的短波热辐射透过大气层射入地面，而地面增温后发出的长波热辐射却被二氧化碳吸收反射回地面，最终致使大气增温产生温室效应。煤炭燃烧和转化利用过程中产生的硫氧化物进入大气后被氧化，进而形成酸雾和酸雨，对人体健康、土壤土地、湖泊河流及其他生物都有严重的危害。NO_x 排放到大气中，催化氧化或光化学氧化成硝酸与硝酸盐颗粒物，有可能与硫氧化物一起造成酸沉降、发生光化学烟雾，或加剧大气中细粒子污染和灰霾现象。此外，NO_x 还可与臭氧发生反应，破坏平流层中的臭氧层，减弱其对紫外线辐射的屏蔽作用。

堆存的煤基固废自燃是其污染大气的主要原因，据估计，我国的煤矸石堆中有40%发生自燃。由于煤矸石中可燃有机成分的风化作用，所有的煤矸石堆都具有活性，随时可能与空气接触发生反应。当有机物氧化产生热量的速率超过散热速率时，就会发生自燃，随之排放大气污染物。煤矸石堆中的这种低温氧化和自燃往往受到空气扩散和氧气可用性的限制，导致许多部分氧化产物、PM及挥发性有机化合物、挥发性重金属和其他烟雾的释放。这是一个众所周知的全球大气污染现象，对环境和健康造成严重威胁。苯、甲苯和二甲苯具有致癌性质，氮和苯并胺的杂环化合物具有致癌和诱变性质。苯酚和甲酚可因摄入、吸入或皮肤接触而引起急性中毒。部分重金属如Cd、Hg、Pb、Cr、Mn、Ni、Zn、Cu、Co、V、Sn、Ge、Se等也可能在自燃过程中排放到大气中。例如，在煤矸石堆场附近的近地表空气中，汞浓度显著升高，达到43.2ng/m^3，约为大气汞背景水平（1.7~2.3ng/m^3）的15~30倍，年汞排放量可粗略估算为14~21t。

1.3.1.2 水污染

煤基产业废弃物可以直接和间接地以多种方式污染水环境，包括开采中可溶性有机物、无机物和矿物质的释放，雨水使有害元素的浸出，酸排泄的形成，新形成的矿物质的溶解及大气颗粒的沉积。

在煤炭开采和加工过程中，需要大量的水来抑制扬尘、进行设备清洗，当然还包括煤炭清洗。煤炭开采加工过程产生的废水中含有各种溶解的无机和有机物，悬浮的细煤颗粒和化学添加剂，这些废水直接从煤矿排出，污染了地表水系统和地下水系统。一些有害和致癌的有机物质，如蒽、苯并（a）芘、苯并（b）荧蒽、芴、菲、芘和萘等，通过大量废水释放到环境中。据估计，我国每年的采煤废水总量约为22亿立方米。煤矿废水会对土壤线虫群落的丰度、成熟度和多样性等生态环境产生不利影响。间接的水污染是通过雨水对废物的浸出而发生的，通常是一个缓慢而持久的过程。煤矸石堆中黄铁矿等含铁矿物的快速氧化导致酸性矿井水（AMD）pH值低至1.0以下。AMD径流中含有大量的铁、SO_4^{2-}，以及不同数量的有毒重金属，如As、Cd、Co、Cu、Fe、Al、Pb、Mn、Ni、Se和Zn。自燃产生的气体远离燃烧的垃圾场或煤矸石山后，会因温度下降产生矿物的凝结，包括硫酸盐矿物、单质硫和其他化合物，如S-Cl-N-H、Hg、As、Pb、Mn、Co、Ni、Zn和Se。降雨期间，可溶的矿物凝结物容易产生高浓度的硫酸盐、硝酸盐、氯化物、汞铵、As、Pb、Mn、Co、Ni、Zn和Se的渗滤液，会造成周围地表和地下水污染。此外，酸性条件下重金属的流动性相对更强，更容易被生物吸收，有些重金属达到了对大多数水生生物有毒的浓度。与此同时，煤炭废弃物中酸性河流的产生和循环阻碍了植被的建立，给土地复垦带来了困难。水污染不仅严重改变了环境和生态系统，而且严重制约了经济和社会的可持续发展，特别是在缺水地区。

1.3.1.3 土壤和土地污染

煤炭开采废弃物和煤炭加工副产品也会对土壤造成直接污染和对土地产生破坏，包括景观、土壤物理结构和化学组成的变化，以及土壤生物学的变化。

地下开采活动可能直接导致地面沉降。在中国，开采1万吨原煤将导致0.2公顷的土地下沉。地面沉降不仅会导致农作物减产，还会导致植物死亡、地表破裂、水土流失、建筑物损坏等。同样，储存煤炭开采废料和煤炭加工副产品占用了大量土地，这些土地本来可以用于农业和其他经济生产活动。据估计，我国约有1.5万公顷土地被占用堆存煤矿开采废物。植被的破坏会进一步加剧地表径流、土壤侵蚀和土壤沙漠化。风化作用和雨水淋滤作用将废弃物中的有机和无机物质调动起来，并将它们沉积在被占用的土地上。同时，植被的减少也改变了生态系统的能量转换途径，不利于土壤的物理化学组成和土壤生物区系的种类和数量，从而导致生态系统的进一步退化。值得注意的是，景观变化是由煤矸石倾倒和地面沉降引起的。景观的破坏包括结构和功能的退化。地表景观的破坏直接影响环境的可服务性。景观变化引起的生态系统退化会导致生物多样性的减少或丧失，土壤养分保留和物质循环效率降低，外来物种入侵和异质性物种优势度增加。煤矸石堆暴露在自然条件下，会因风化、淋失和自燃而释放重金属和多环芳烃。土壤是煤矸石堆场附近重金属和多环芳烃污染物的储存库和转移沉积汇。这样的土壤污染导致微生物，包括细菌、真菌和放线菌的丰度降低。土壤微生物活性、酶活性和固氮活性受到抑制，真菌、藻类和光合细菌等微生物群落的健康受到破坏。土壤对重金属和多环芳烃的过度积累和吸收不仅会导致土壤污染和缓冲能力降低，还会增加对人和动物的潜在风险。煤炭开采废料和煤炭利用加工废弃物造成的土壤和土地污染对一些国家来说是一个严重的问题，特别是在中国和印度等人口众多和可耕地稀少的国家。

1.3.2 煤基产业废弃物资源循环利用的必要性

1.3.2.1 煤基产业废弃物资源循环利用是实现环境保护最为理想的选择

煤基产业废弃物会污染大气、水体、土壤等环境介质，存在非常严重的生态环境隐患。想要实现环境污染的防治，努力营造环境友好型的社会，务必在生产和加工煤炭资源时，秉承循环经济的理念，最大程度地回收可用的废弃物，降低资源与能源生产过程对环境的污染。煤基产业发展资源循环就是要改变过去“资源—产品—废物”的生产方式，实现煤炭产业废弃物的再利用与再循环，减少废弃物的产生和环境污染，实现“资源—产品—废物—再生资源”的模式，降低煤炭资源的开采量，提高煤炭资源回收率和利用率，达到“低开采、高利用和低排放”的目的，促进煤炭产业可持续发展。有效和清洁利用煤基废弃物是遏制其不利环境影响的最有效方法。

1.3.2.2 煤基产业废弃物资源循环利用是实现煤炭资源应用效率提升的有效方式

在采掘煤炭的时候，大部分与煤伴生的气、液、固相物质都是能够应用的资源，却被当作废弃物排放；传统煤炭的加工程度比较低，煤炭洗选率、煤炭转化利用率长期以来都难以提高。煤炭产业单位产品耗能比例较大，煤炭资源深度利用能效有待进一步提高。此外，煤炭资源丰富的区域往往水资源匮乏，开采和生产过程水资源的粗放使用方式加重了水资源分布与煤基产业聚集区不匹配的“煤多水少”的突出局面。为此，想要充分利用煤矸石与低浓度瓦斯等与煤共生的矿物质，以及生产过程产生的废水、废气等低品位资源，实现煤炭资源利用效率的提升，务必借助资源循环技术的发展，通过高效和清洁资源化煤基废弃物来实现。

1.3.2.3 煤基产业废弃物资源循环利用是提高企业市场竞争优势的关键方式

在越来越激烈的市场竞争环境之下，谁的投入少、产出高、污染少，谁就能提升自身的竞争力，取得竞争上的优势地位，这属于市场竞争的基本法则。煤炭企业作为我国发展经济的一种主导型产业，想要在激烈的市场竞争中处于优势位置，务必对传统不可持续的消费以及生产方式进行改变，积极摆脱重污染、低产出、高投入、高损耗的发展思维模式，蹚出一条环境友善、资源节约、经济效益理想的循环经济发展的道路。

1.3.3 煤基产业废弃物资源循环利用的可行性

煤基产业水、气、固体废弃物的排放和堆存会产生严重的生态环境问题，但换种角度来看，这些废弃物却是资源，只是纯度较低而已。各种废弃物中都包含有用组分，甚至含有具有较高经济价值的元素或化合物，只是其中掺杂了大量杂质或对环境有害的成分。因此，如果对各种废弃物中的有价值组分再利用或者进行分离提纯，同时对产生污染的物质进行脱除、净化，即可在保护环境的同时回收利用有价值物质，实现资源循环利用的目的。根据煤基废弃物各自所含成分的可利用方式不同，煤基产业废弃物循环利用的可能性大致可分为以下几类。

1.3.3.1 主要成分可直接利用

煤炭燃烧产生的粉煤灰的组分类似黏土，可以直接代替砂石应用于工程填筑。其主要成分是二氧化硅和三氧化二铝，当以粉状及有水存在时，能与碱土金属氧化物生成有水硬胶凝性能的化合物，因而可替代黏土组分配料用于建筑材料生产。另外，粉煤灰疏松多孔、比表面积大、可增加土壤孔隙度，保水、透气，同时其中含有植物生长所需的营养元素，如硅、钙、镁、钾等，可生产复合肥料。增产效果好，价格便宜。此外，粉煤灰多孔还表现出良好的吸附性能，可以作为吸附材料或者固化材料，应用于环境保护领域。

脱硫石膏中二水合硫酸钙含量高于天然石膏，且较天然石膏粒度细、氯离子含量低。因此可用于代替天然石膏生产各类石膏建材，不仅可以减少天然石膏的开采，减少石膏矿开采带来的生态破坏，还可带来相当可观的经济、环境、社会价值。石膏所含的钙离子可置换土壤中的可代换性钠，具有改良碱土的作用。但是，脱硫石膏含有一定水分，容易黏附在设备上，在工艺选择上需要考虑干燥与煅烧；另外，脱硫石膏颗粒过细，带来流动性和触变性问题，因此其煅烧难于天然石膏。

煤基产业各个环节产生的废水组分不同，性质差异也较大。但是，通过各种水处理技术，完全可以将各类废水净化到不同程度，用于矿区或工业园区的生产、生活的不同环节中。随着煤矿区生产和生活水平的提高，特别是煤矿配套选煤厂、电厂和煤炭深加工项目的大量投产，矿区的用水量大幅度增加。因此，在矿区就地循环利用矿井水有极大的可能，煤矿完全可以通过分质供水来充分利用净化后的矿井水。将矿井水处理利用，替代地下水，可以减少地下水的超量开采，实现矿井水资源化利用，促进矿区可持续发展。

二氧化碳常温常压下无色无味，常温下加压即可液化固化。当固化后的干冰气化时，需要从周围的环境中吸收热量，使周围的温度降低，且无毒无害，可以作制冷剂和食物保鲜剂。同时，二氧化碳具有黏度小，蒸发潜热大，跨临界循环压缩比较小等良好的物理和热力学特性，是一种完美的循环工质，可用于热泵及发电系统。二氧化碳本身还是植物生长所需养分，可以作为气体肥料。

1.3.3.2 主要元素可转化利用

煤矸石、粉煤灰中含有大量铝、硅元素，可以采用特定的工艺方法，将其转化为氯化铝、硫酸铝、白炭黑、二氧化硅凝胶、硅酸钙等工业原料。

对于煤炭利用中产生的主要废气 SO_2、H_2S、NO_x，完全可以对其中 S、N 元素加以利用。通过采用氧化或还原的技术手段，将其中的 S、N 氧化制成硫酸、硝酸，或还原为单质硫，制取硫磺。

二氧化碳本来就是不少化工合成的原料，包括合成尿素、生产碳酸盐、阿司匹林和水杨酸等。除此之外，通过特殊的工艺还可利用其合成烃类、甲醇等及其衍生物、高分子化合物。

1.3.3.3 含高价值组分或有价元素的提取利用

煤炭中具有工业价值的稀有元素，包括锂、镓、锗等，这些稀有元素在粉煤灰中得到富集，达到一定品位可予以提取利用。此外，粉煤灰中还含有精炭粉、漂珠和微珠等有用物质，质轻、耐磨、电绝缘、抗压，可作为各种功能材料的原料。

当前应用最为广泛的脱硝催化剂是以 TiO_2 为载体，负载 V_2O_5 作为活性物质，以 WO_3 或 MoO_3 作为助催化剂的金属氧化物催化剂。采用合理的技术完全可以从废脱硝催化剂中分离得到钛、钒、钨、钼等这些有较高价值的元素，不仅能避免有毒物质对环境的污染，同时能够实现资源的循环利用。

1.3.3.4 含有可燃质的燃烧利用

采煤选煤过程产生的煤矸石、煤泥、风化煤等固体废弃物都含有可观的可燃组分，具有一定的热值。同样，焦化厂产生的焦油渣包括焦粉、煤粉、沥青以及碳、焦油与沥青的聚合物等各种含碳物质，煤气化废渣也含有一定的残碳，都具有一定热值。煤矿排风瓦斯含有低浓度的甲烷是一种低热值的废气，焦炉气及其他煤化工过程中产生的VOCs等气体也含有一定的可燃组分，同样具有可燃烧利用的可能性。燃烧利用这些低热值废弃物，一方面可以充分利用含碳煤基固体废弃物和低热值废气中的有机物。另一方面，可以显著减少废弃物量，消除可燃固废自燃的危害，同时减少了低热值气体排放带来的温室效应。但是它们所含热值均较低，无法满足普通火电厂或其他工业锅炉对燃料的要求。因此，需要通过可行的技术和方法实现对这些废弃物中能量的高效、清洁回收。此外，这些废弃物中都含有大量杂质及有毒有害物质，因此在利用这些低热值废弃物的同时，必须保证对燃烧烟气进行有效的污染物控制。大型发电厂和工业锅炉一般都配备有先进的污染控制系统，可以满足污染排放法规标准要求。

由于资源地域性差异与产生途径的差异，不同的煤基废弃物具有不同的物理化学性质。煤基废弃物的理化性质不同，要求在资源循环利用过程中针对其各自特性采取不同的方法和技术，从而趋利避害，用最低的代价获取最大化的资源回用效益。因此，在开展资源循环利用之前，非常有必要清晰地了解煤基废弃物差异化的特性。

1.3.4 煤基产业废弃物资源循环利用技术概述

煤基产业废弃物物理、化学性质差异巨大，因此，依据煤基产业废弃物各自的组成特点、理化性质，通过多种多样的技术手段，可以实现废弃物不同程度的资源化。除煤基废弃物自身性质外，一般还需要结合废弃物产生的途径、周边相关产业、资源循环技术经济性等客观因素，综合选择适宜的循环利用技术。

1.3.4.1 煤基产业固废资源循环利用技术

固体废弃物资源化利用途径有很多种，具体的利用技术应根据固体废弃物的理化特性进行选择，主要包括燃烧利用、制备建筑材料以及制备高附加值产品三大类。

(1) 燃烧利用。对于含碳量高且具有一定热值的固废，比如煤矸石、煤泥、煤气化渣和焦化废渣等，可以采用燃烧法进行利用。燃烧法的优点是工艺相对成熟、简单、容易实现且经济性好，其中的可燃部分通过燃烧可以替代部分能源，同时可对这些固废进行减量；缺点是还需对燃烧残余物进行处置和利用，燃烧过程中可能会产生有毒有害气体，增加大气污染的风险。利用燃烧法对固废进行处置时，应考虑的主要因素有锅炉类型、入炉方式、烟气污染控制技术和燃烧残余物的合理处置与利用。常见的锅炉类型有固定床燃烧炉和流化床燃烧炉，入炉方式可以是粉体入炉、不同形状的颗粒入炉和浆体入炉。如果含碳固废热值达不到锅炉运行要求时，需要与煤或其他燃料进行掺烧，合理的热值匹配和锅炉设计要求是掺烧的重要依据。

(2) 制备建筑材料。利用煤基固废制备建筑材料是大宗消纳固废的有效途径之一，煤矸石、粉煤灰和煤气化渣可以用于制备烧结砖、水泥、砌块、免烧砖、掺合料和路基材料等建筑材料，脱硫石膏可用于制备水泥外加剂、混凝土掺合料、建筑石膏、建筑砂浆和路基材料等，煤沥青或液化渣经改性或处理后可用于制备路基材料，用于道路工程建设。煤基固废建材化利用的优势在于工艺流程相对简单、成熟，易于实现规模化生产，固废中的组分全部利用，不存在对环境的二次污染。然而，由于建筑材料运输半径的限制，建材化利用无法使固废全部消纳。

（3）制备高附加值产品。利用煤基固废替代天然资源制备高附加值产品，可大幅提高固废利用的经济效益。煤矸石和粉煤灰的高值化利用途径主要有制备陶粒、耐火材料及有价元素提取。我国山西北部地区煤矸石中富含高岭土，还可用于制备超细高岭土，用于涂料和造纸等领域。脱硫石膏可用于制备石膏晶须、纳米碳酸钙和 CO_2 吸附材料。废旧脱硝催化剂的高值化利用途径主要是有价组分（如钒、钛、钨、钼等）的回收。煤液化渣还可以用于制备多孔碳材料、碳纤维和纳米级碳材料。

综上所述，由于不同来源固废的资源禀赋有较大差异，因此在对煤基固废进行资源化利用时，应结合固废的组成特点，选择匹配的利用技术和途径，若能将建材化利用和高值化利用方式相结合，实现煤基固废的梯级循环利用，可大幅提升固废的资源利用效率。

1.3.4.2　煤基产业废水资源循环利用技术

煤基产业废水的循环利用技术，按照是否需要改变水质实现资源化的方式可以分为直接回收梯级利用和净化处理重复使用两种方式。

A　直接回收梯级利用

高品质排水直接回收利用：煤基产业中，有一部分排水因水质未发生较大变化或者仅有水温发生变化，对于这类废水一般无需处理或者仅作降温处理即可循环利用。如锅炉取样排水和脱硝机封水，集中回收至工业回收水池用作循环水补水，多余部分经自清洗过滤器过滤后送至清水池，可减少电厂外排水。间接冷却水，因只有水温的变化，一般仅需降温即可回收利用。

低品质废水回收利用：煤基产业中一些废水品质较低，这部分废水经收集后无需处理，直接用作水质要求低的生产环节。如反渗透浓水可不经处理回收至复用水池用作脱硫补水、煤水系统补水或者冲灰冲渣，可减少电厂外排水。

B　净化处理重复使用

煤基产业废水根据废水中污染物质种类不同，大致分为高悬浮废水、高有机废水和高盐废水三部分。高悬浮废水主要包括矿井水、洗煤废水、冲灰冲渣废水、直接冷却废水及脱硫废水等；高有机废水主要包括焦化废水、煤气化/液化废水等；高盐废水主要包括脱硫废水及反渗透浓水等。根据煤基产业废水的水质及循环利用标准不同，相应采取不用的净化技术。

高悬浮废水因水体中悬浮物浓度高，颗粒粒径小，具有胶体性质，无法通过自然沉淀得以净化，必须依靠投加混凝剂进行混凝沉淀的方法去除水体中的悬浮物质，即一般采用澄清净化常规处理方法进行处理，处理后能够达到回用水标准。高悬浮废水处理主要采用的净化技术有：混凝沉淀（澄清）→过滤等。

高有机废水中含有大量有机物、氨氮及氰化物等，主要是通过预处理、生物处理及深度处理三阶段达到可循环利用的目的。预处理包括蒸氨、脱酚及除油等。生物处理是通过微生物的代谢降解有机物和含氮物质，常用的技术如传统活性污泥法、SBR 法、氧化沟法、A^2/O 等技术。深度处理是进一步降低水体中的污染物质浓度，主要针对生物法难以处理的对象，常用的技术有混凝沉淀、吸附、膜分离、高级氧化等技术。

高盐废水因水体中含盐量较高，采用生物法处理无法达到回用目的。为了满足煤基产业废水“零排放”的要求，多采用膜浓缩和蒸发结晶技术相结合的模式。

1.3.4.3 煤基产业废气资源循环利用技术

煤基产业废气的循环利用技术，按照是否改变废气主要组分化学组成可以分为：直接利用、转化利用和燃烧利用三类。

A 直接利用

煤基产业废气中的某些组分本身具有利用价值，无需经过化学手段处理就可以直接再利用。最典型的可直接利用废气是二氧化碳。二氧化碳可以直接作制冷剂、食物保鲜剂、循环工质、植物肥料、化工合成的原料。焦炉煤气中 H_2 含量高达55%以上，采用变压吸附技术从焦炉煤气中可提取氢气直接利用，或用于原料转化生产合成气。除此之外，VOCs 气体中含有一定的有用气体组分，通过吸附、吸收和冷凝法等，可实现含 VOCs 废气中有用成分的回收利用。

B 转化利用

煤基产业废气里的硫氧化物、氮氧化物、二氧化碳中硫、氮、碳元素通过化学转化，可以制备多种化工产品得到循环利用。此外，焦炉煤气中氢气、甲烷成分也可作化工原料转化利用。

煤基废气中硫、氮污染物浓度偏低，不利于分离利用，常通过脱硫脱硝技术进行净化处置。为了循环利用硫、氮元素，需要借助催化剂，通过氧化、还原反应转化为可以直接利用的物质。一般将 SO_2 催化转化为单质硫或者 H_2SO_4，回收硫资源；将 NO_x 催化转化为 HNO_3 回收氮资源。常用的技术有：活性焦/活性炭联合脱硫脱硝技术、电子束法等。

二氧化碳除了作常规化工合成原料，还可以通过催化转化法来合成烃类、甲醇等及其衍生物等高分子化合物。此外，矿化固定法可以将二氧化碳固定在碳酸盐中，通过控制碳酸盐结晶过程，可以分别生产出优质建材和高价值纳米材料。

焦炉煤气中 H_2、CO 和 CO_2 可通过甲烷化反应制甲烷联产氢气；其中 CO 和 H_2 也可以通过催化合成制甲醇；甲醇进一步通过液相、气相脱水两步法制二甲醚。

C 燃烧利用

煤基产业废气中具有热值的气体有煤矿乏风、煤层气、焦炉煤气和 VOCs 等，这些气体都可以通过燃烧技术进行循环利用。

煤矿乏风由于可燃成分较低，很难直接燃烧，需要采取催化等特殊手段，乏风瓦斯利用技术主要分为辅助燃料利用技术和主要燃料利用技术两大类。乏风瓦斯作为辅助燃料，主要是用乏风瓦斯替代助燃空气，以减小部分主燃料的使用，如将乏风瓦斯输入内燃机、燃气轮机及燃煤锅炉等。乏风瓦斯作为主要燃料的典型技术是热逆流氧化技术和热逆流催化氧化技术，此外，还有一些其他技术方法。

焦炉煤气热值较高，可用于民用燃气、工业燃气和发电。作为民用燃料，焦炉煤气可通入城市供气管网作民用气；作为工业燃料，可用于焦化企业化学品回收过程中加热，以及钢铁企业烧结、炼铁、轧钢等过程燃料；作为发电燃料，可用于蒸汽发电、燃气轮机发电和内燃机发电。

VOCs通过燃烧可以释放其中热量加以利用，同时起到净化有毒气体的作用。VOCs可用的燃烧方法包括直接燃烧法、催化燃烧法和浓缩燃烧法。高浓度VOCs可在燃油或燃气辅助下直接燃烧；浓度较低时，需要通过浓缩，或者催化床层，完成化学氧化。

本章小结

本章介绍了煤基产业基本概况、煤基产业行业现状及各行业产生的典型废弃物种类及产量，并对煤基产业废弃物资源化利用的必要性、可行性及资源循环利用技术进行了简要论述。

思考题

1-1　主要的煤基产业有哪些，主要煤基产业废弃物有哪些?

1-2　请简述煤基产业废弃物的资源循环可行性。

参考文献

[1] Liu Haibin，Liu Zhenling. Recycling utilization patterns of coal mining waste in China [J]. Resources Conservation & Recycling，2010，54 (12)：1331-1340.

[2] Fan G，Zhang D，Wang X. Reduction and utilization of coal mine waste rock in China：A case study in Tiefa coalfield [J]. Resources Conservation & Recycling，2014，83：24-33.

[3] 中华人民共和国生态环境部. 2020年全国大、中城市固体废物污染环境防治年报 [R]. 2020.

[4] 中华人民共和国生态环境部. 2020年中国生态环境统计年报 [R]. 2022.

[5] 成由甲，彭聪. 煤矿乏风瓦斯综合利用新技术助力碳减排 [J]. 中国煤炭工业，2021 (11)：2.

[6] 曲江山，张建波，孙志刚，等. 煤气化渣综合利用研究进展 [J]. 洁净煤技术，2020，26 (1)：10.

[7] 郑凯元. 焦化生产工艺废渣的综合利用研究 [J]. 化工管理，2019 (20)：2.

[8] 刘雷，毛燕东，李克忠. 煤气化灰渣资源化利用分析 [J]. 电力与能源进展，2018，6 (6)：8.

[9] 李跃，张瑞鑫，任一鑫，等. 煤基产业树构建与应用研究 [J]. 煤炭工程，2018，50 (11)：172-176.

[10] 张洪潮. 生态学视角下煤基型煤炭产业集群模式研究 [J]. 中国流通经济，2011，25 (6)：5.

[11] 韩芸，王云. 基于多维度视角的煤基低碳科技研究 [J]. 煤炭经济研究，2018，38 (7)：5.

[12] 刘岩华. 煤炭资源利用现状及发展循环经济的必要性分析 [J]. 山西煤炭管理干部学院学报，2015，28 (2)：117-118.

2 煤基产业废弃物的产生

本章提要：

(1) 熟悉煤炭采选、燃煤发电、焦化、煤气化和液化等典型的煤基产业生产流程。

(2) 了解典型煤基产业生产过程中产生的主要废气、废水和固体废弃物。

实现煤炭的清洁高效利用已成为煤炭产业发展的必然要求。煤基产业主要包括煤炭开采、运输、利用等以煤炭为基础的产业。煤基产业产生的污染物涉及大气污染物、水污染物、固废和物理性污染所有环境介质。物理性污染涉及产业生产过程产生的噪声、电磁、热、光和放射性等污染，由于物理性污染在环境中没有残余，本书不予以关注。熟悉煤基产业基本生产流程，是了解煤基产业废弃物来源和基本性质的前提，是对煤基产业废弃物进行资源化利用的基础。

2.1 煤炭的利用方式

煤炭作为一种重要的能源和资源，通过燃烧、气化、液化、焦化和低温干馏等利用方式从而获得不同的产物，如图 2-1 所示。

煤炭的用途十分广泛，可以根据其使用目的归纳为动力用煤、焦化用煤、煤化工用煤三大类，其中，煤化工用煤主要包括气化用煤、低温干馏用煤、加氢液化用煤等。

煤炭燃烧是为了获得热量，虽然所有的煤炭均可用于燃烧，但从经济效益考虑，仅使用动力煤作为动力燃料。狭义的动力煤仅指火力发电用煤，广义的动力煤指凡是以发电、机车推进、锅炉燃烧等为目的，产生动力而使用的煤炭。中国约 34%以上的煤用来发电；燃煤电厂以外的工业锅炉用煤量约占动力煤的 26%；生活用煤约占燃料用煤的 23%；水泥等建材行业用煤约占动力用煤的 13%以上；蒸汽机车用煤占动力用煤 3%左右；烧结和高炉喷吹等冶金用动力煤占比不到动力用煤量的 1%。动力用煤对煤质的要求不如化工用煤严苛，因此为了更合理地使用煤炭资源，发电厂可以选用质量较差的煤、煤矸石和煤泥等劣质燃料。

焦化的本质是高温干馏过程，即炼焦煤在隔绝空气条件下加热到 1000℃左右，通过热分解和结焦而产生焦炭、焦炉煤气和其他炼焦化学产品的工艺过程。我国虽然煤炭资源比较丰富，但炼焦煤资源相对较少，炼焦煤储量仅占煤炭总储量的 27.65%。焦化用煤包括气煤、肥煤、主焦煤、瘦煤等。焦化用煤通常选用气煤和焦煤等黏结指数大的煤，通过配煤炼焦获取钢铁工业生产的基本原料——焦炭。同时从得到的煤焦油中可以分离出苯、甲

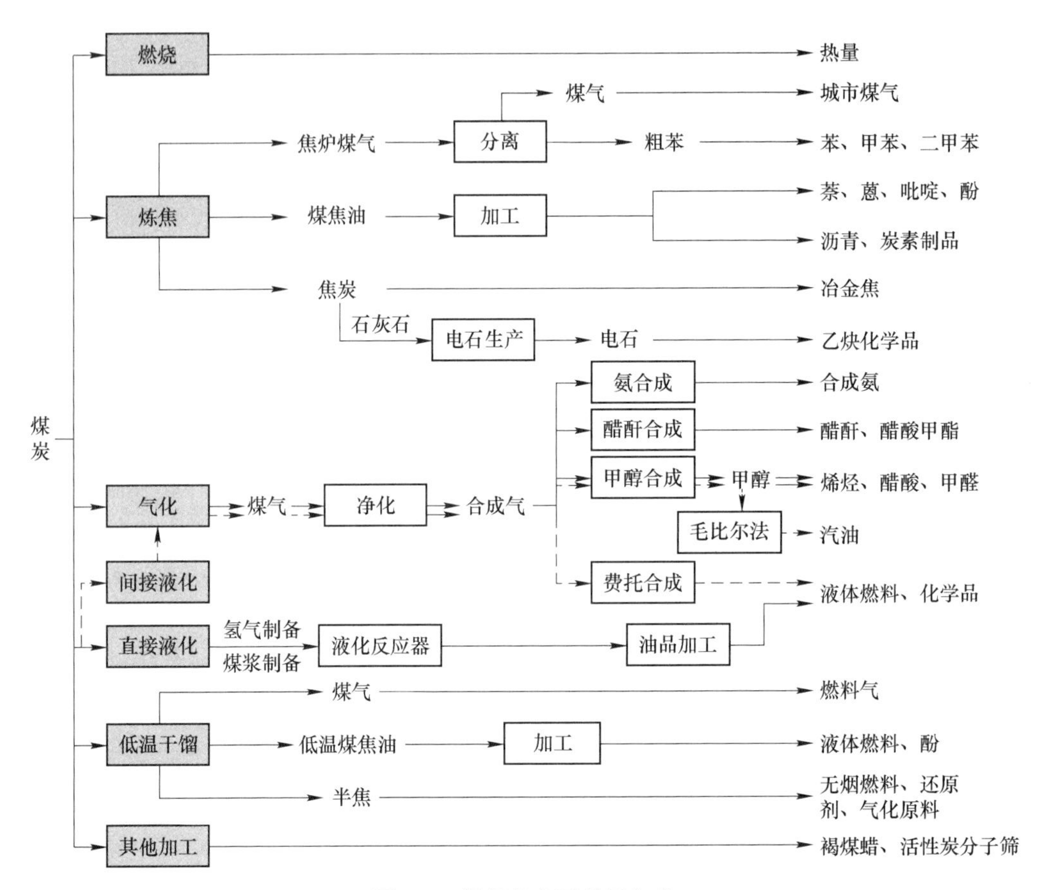

图 2-1 煤炭的主要利用方式

苯、二甲苯等有机化合物，利用这些有机物可以制得染料、化肥、农药、洗涤剂、溶剂和多种合成材料。

煤的气化就是把煤转化为可燃性气体的过程，在高温下煤和水蒸气反应得到 CO、H_2 和 CH_4 等气体，生成的气体可作为燃料或化工原料气。气化用煤通常选用褐煤、长焰煤、贫煤和无烟煤等具有较强的化学反应性能、较高的灰熔融性和挥发分，以及较低硫分的煤种。煤炭气化主要是为了获取合成气、生产氢，或进一步以合成气为原料生产液态燃料从而实现煤的间接液化。

煤的液化是把煤转化为液体燃料的过程。在一定条件下，使煤和氢气作用，可以得到液体燃料，也可以获得洁净的燃料油和化工原料。煤气化生成的 CO 和 H_2 经过催化合成也可以得到液体燃料，用水煤气还可以合成液态碳氢化合物和含氧有机化合物。煤炭也可以直接进行液化，通常使用褐煤和烟煤等挥发分含量较高的煤种。

此外，煤炭也可经过低温干馏等过程使其发生复杂的变化，得到煤气、低温煤焦油和半焦等产品。

所有以煤炭为基本生产原料的行业，都基于煤炭的主要利用方式：燃烧、气化、焦化和液化，了解煤炭的基本利用方式，是认识煤基产业产生废弃物的前提，是对废弃物进行资源循环以实现煤炭高效、清洁利用的基础。

2.2 煤炭采选过程及废弃物的产生

煤炭的采选分为煤炭开采和煤炭洗选两个阶段。煤炭开采的过程中可能产生诸如瓦斯气、酸性矿井水和矸石等气态、液态和固态的污染物。另外，受到原煤形成环境的影响，导致其在漫长的形成过程中掺杂了许多其他物质，为了使原煤发挥最大化的效用，需要对其进行有效的筛选处理，即煤炭的洗选。煤炭的洗选是洁净煤技术的源头和基础，是现阶段最为成熟和经济的手段。在煤炭洗选的过程中会产生水、气、固废等污染物。

2.2.1 煤炭开采

我国是世界上煤炭资源最丰富的国家之一，为发展煤炭工业提供了必要的基础条件。新中国成立以来，我国煤炭开采技术得到了迅速发展，逐步革新了落后的回采工艺，分别于20世纪60年代和70年代研制和推行了普通机械化和综合机械化的采煤设备与工艺，采煤机械化水平有了较大的提高。20世纪80年代我国采煤机械化进入全新的发展阶段，应用推广了连采技术及装备；普通机械化工作面的装备进行了全面的更新换代采用了无链牵引双滚筒采煤机、双速、侧卸、封底式、刮板输送机以及“Π”型长钢梁支护顶板等新设备和新工艺；综合机械化采煤工作面向大功率、电牵引、程序化发展，煤矿生产技术水平大幅提高。20世纪90年代，我国开展高产高效矿井建设，到2005年全国原煤产量创历史最高水平，居世界第一位。目前，我国主要有综采、普采、炮采及连采四种采煤工艺方式，但基本流程是相似的，如图2-2所示。

图2-2 煤炭开采流程示意

（1）综采工艺。综合机械化采煤工艺，简称综采工艺，是指采煤工作面中全部生产工序：割煤、运煤、工作面支护和采空区处理等过程都实现了机械化连续作业的采煤工艺系统。这种工艺大幅降低了劳动强度，提高了单产及安全性。因此，综采技术是目前最先进的采煤工艺，是采煤工艺的重要发展方向。

（2）普采工艺。普通机械化采煤工艺，简称普采工艺，是指用采煤机同时完成破煤和装煤、机械化运煤、单体支柱支护工作空间顶板等工序。它与综采工艺的主要差别在支护工序，普采工艺需要人工进行。此外，普采工作面机械的功率及能力小于综采工作面采煤机械，因此该工艺系统的体力劳动量较大，在技术经济效果及安全程度上远不及综采工艺系统好，但其适应性要比综采工艺强。

（3）炮采工艺。爆破采煤工艺，简称炮采工艺，是指工作面用爆破方法落煤的工艺系统。工艺系统包括破煤、装煤、运煤、支护和采空区处理等工序。此时，装煤变成了一项单独的工艺，而运煤、支护和采空区处理与普采工艺基本相同。由于炮采工艺采用的设备简单，因而对复杂地质条件适用性较强。

（4）连采工艺。破、装、运、支等工艺过程全部实现机械化作业的采煤工艺习惯上称为连续采煤工艺，简称连采工艺。在连采工艺中，煤房工作面使用连续采煤机完成，破煤和装煤用梭车或可伸缩输送机运煤，采用锚杆支护顶板使用铲车搬运物料和清理工作面。实践证明，连采工艺作为综合机械化采煤的一种补充，在适宜的条件下可取得良好的技术经济效果。

此外，根据煤炭资源埋藏深度的不同，煤矿开采也分为井下开采和露天开采。当煤层离地表远时，一般选择向地下开掘巷道采掘煤炭，此为井工煤矿（地下矿井）。地下矿井分为竖井、斜井、平硐和综合性矿井。井下普采的流程为：利用单滚筒或双滚筒采煤机或刨煤机落煤、装煤、刮板输送机运煤、单体支柱支护采场。井下综采流程为：采煤机破煤装煤、刮板输送机运煤、液压支架支顶护板。采掘出来的煤炭通过皮带提升至地面经过人工排矸石、机械式排矸石后送至煤筒仓或煤堆场，矸石部分回填矿井。多余部分运送至矸石山分层覆盖填埋处理或出售。部分煤矿设置有矸石临时堆场。当煤层距离地表很近时，一般选择直接剥离地表土层挖掘煤炭，即露天煤矿。露天开采流程为：穿爆、采装、运输、排土。

为去除煤炭杂质、降低灰分、硫分，提高煤炭质量，煤炭一般要进入煤炭洗选厂进行洗选，部分煤矿配套坑口洗选厂。

2.2.2　煤炭洗选

我国的煤矿洗选技术起步较晚，使用的技术也多是借鉴于其他国家，如使用较为广泛的重介质选煤技术、跳汰选煤技术、煤泥浮选技术、摇床选煤技术及水介质旋流器技术等。经过几十年的发展，目前我国已掌握了国际上先进的选煤方法，在引进消化的基础上自行开发的洗选设备在很大程度上可以满足不同厂型、不同煤质、不同工艺的需要。主要的清洁高效洗选工艺包括湿法加工工艺和干法加工工艺、浮选技术、煤泥分选技术等，同时更加先进的重介质选煤技术、动力煤分选关键技术、先进细粒煤脱硫降灰技术和矿物型凝聚剂及煤泥水澄清净水模式等也成为重点发展的方向。现阶段我国的选煤呈稳定发展的趋势，较为科学、先进的选煤技术、工艺得到了大范围的普及。根据相关统计显示，2017年我国煤炭洗选技术的科研水平得到了大幅度的提升，煤炭的洗选比例提升到67%，逐渐缩小了与国外同行业技术较为先进国家之间的差距。截至2020年，原煤入选比例提升至80%以上，实现了《煤炭清洁高效利用行动计划（2015~2020年）》中提出的目标。

2.2.2.1　煤炭洗选工艺流程

洗煤过程的产品一般有矸石、中煤、乙级精煤、甲级精煤，通过煤炭的洗选，可以降低煤炭运输成本，提高煤炭的利用率。如图2-3所示，煤炭洗选属于矿井地面系统中的一个环节。煤炭加工、矸石处理、材料和设备输送等构成了矿井地面系统，其中地面煤炭加工系统由受煤、筛分、破碎、选煤、洗煤、储存、装车等主要环节构成，是矿井地面生产的主体。

（1）受煤，在井口附近设有一定容量的煤仓，接受井下提升到地面的煤炭，保证井口上下均衡连续生产。

（2）筛分，用带孔的筛面把颗粒大小不同的混合物料分成各种粒径。在选煤厂中，筛分作业广泛地用于原煤准备和处理上。按照筛分方式不同，分为干法筛分和湿法筛分。

（3）破碎，利用破碎机把大块物料粉碎成小颗粒，在选煤厂中破碎作业有不同的要求，包括：适应入选颗粒的要求，精选机械所能处理的煤炭颗粒有一定的范围度，超过此

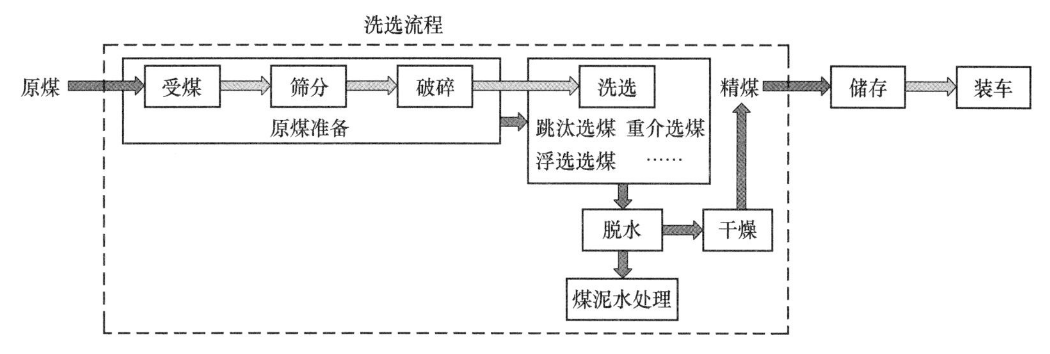

图 2-3 地面煤炭加工和洗选工艺流程示意

范围的大块要经过破碎才能洗选；有些煤块是煤与矸石夹杂而生的夹矸煤，为了从中选出精煤，需要破碎成更小的颗粒，使煤和矸煤分离；满足用户的颗粒要求，把选后的产品或煤块利用压碎、劈碎、折断、击碎、磨碎等机械方法粉碎到一定的粒度。

（4）选煤，是利用组分的不同物理和化学性质，在选煤厂内用机械方法去除混在原煤中的杂质，把原煤分成不同质量、规格的产品，以适应不同用户的需求。按照选煤厂的位置与煤矿的关系，选煤厂可以分为：矿井选煤厂、群矿选煤厂、中心选煤厂和用户选煤厂。

（5）洗煤，是将原煤中的杂质剔除，或将优质煤和劣质煤炭进行分门别类的一种工艺。经过洗煤后的成品煤通常叫精煤，可降低煤炭运输成本，提高煤炭的利用率。相似的，按照洗煤厂的位置与煤矿的关系洗煤厂可以分为：矿井洗煤厂、群矿洗煤厂、中心洗煤厂和用户洗煤厂，我国现有的洗煤厂大多是矿井洗煤厂，现代化的洗煤厂是一个由许多作业组成的连续机械加工过程。

一般来说，煤炭洗选的工艺流程主要包括四个主要的过程：1）原煤准备，包括受煤、储存、破碎和筛分。2）原煤分选，目前国内的主要分选工艺包括跳汰-浮选联合流程、重介-浮选联合流程、跳汰-重介-浮选联合流程、块煤重介-末煤重介旋流器分选流程，此外还有单跳汰和单重介流程，基本的工艺原理在下一节“2.2.2.2 煤炭洗选工艺原理”中介绍。3）产品脱水，利用高频脱水筛或压滤机等脱水设备，实现包括块煤和末煤的脱水、浮选精煤脱水和煤泥脱水等。煤泥水也需要进一步处理。4）产品干燥，利用热能对煤进行干燥，一般在比较严寒的地区采用。煤炭洗选的产品一般有矸石、中煤、乙级精煤、甲级精煤，精煤一般用作燃料，烟煤洗选后的精煤主要用于炼焦。

（6）存储和装车，为调节产、运、销环节产生的不平衡，保证矿井和运输部门正常均衡生产而设定的有一定容量的煤仓，接受生产成品煤炭，保证顺利出厂和装车。装车工序由装车仓、定量装车系统、平车和外运专用线等组成。

2.2.2.2 煤炭洗选工艺原理

煤炭洗选是利用煤和杂质（矸石）的物理、化学性质的不同，通过物理、化学或生物分选的方法使煤和杂质有效分离，将杂质成分剔除，并根据用途的不同将煤炭再加工成质量均匀的煤炭产品。使用洗选技术可以去除煤炭中大部分的灰分及黄铁矿硫，可减少煤炭在燃烧过程中产生的污染物质，此项技术已经成为选煤技术与工艺中的重要基础。此外，煤炭通过选煤、洗煤后可将其中的夹石清除，减少运输成本。按选煤方法的不同，分为物理选煤、物理化学选煤、化学选煤和微生物选煤等。

A 物理选煤

物理选煤是根据煤炭和杂质的物理性质，如粒度、密度、硬度、磁性及电性等方面的差异进行分选。物理选煤主要分为重力选煤和电磁选煤。电磁选煤是在不均匀磁场中利用矿物之间的磁性差异而使不同矿物实现分离，在实际工业应用中较少。重力选煤的过程是在运动的介质中完成的，主要运动形式有垂直流动、回转流动和斜面流动，不同的介质有不同的运动形式。重力选煤按照分选介质的运动形式和作用目的的不同分为：利用水做分选介质的跳汰选煤等、利用重液或重悬液做分选介质的重介质选煤和利用空气做分选介质的风力选煤。

（1）跳汰选煤，原理如图2-4（a）所示，在垂直脉动的介质中按颗粒密度差别进行选煤。跳汰选煤的介质是水或空气，个别的也用悬浮液。以水力跳汰为主，利用跳汰机将入选原料按密度大小分选为精煤、中煤和矸煤等产品。它的优点在于工艺流程简单、设备操作维修方便、处理能力大且有足够的分选精确度；另外，跳汰选煤入料粒度范围宽，能处理15~150mm粒级原料煤。跳汰选煤的适应性较强，主要用于洗选中等难选到易选的煤种。是否采用跳汰方法选煤关键看原煤的可选性，原则上中等可选、易选的和极易选原煤都应采用跳汰选煤方法。难选煤是采用跳汰选煤还是采用重介质选煤，应通过技术经济比较来确定。对极难选煤，应采用重介质选煤方法，以求得高质量和高效益。跳汰技术的发展方向为设备大型化，降低制造和运行成本，提高单机及系统的自动化程度等。未来很长一段时间内，跳汰选煤仍将在我国选煤行业中居优势地位。

（2）浅槽重介质选煤，原理如图2-4（b）所示，分选机内悬浮液通过两个部位给入分选槽内，上升流自下部给入，通过布流板进入槽内，使其分散均匀。上升流保持悬浮液稳定、均匀，同时有分散入料的作用。水平流自侧面给入，通过布料箱的反击和限制，可使水平流全宽、均匀地进入槽内。水平流的作用是保持槽体上部悬浮液密度稳定，同时形成由入料端向排料端的水平介质流，对上浮精煤起输运作用。当入料煤入分选槽后，在调节挡板作用下全部浸入悬浮液中，并且开始分层。精煤等低密度物浮在上层，矸石等高密度物沉到槽底部。下沉过程中与矸石混杂的低密度物由于上升流的作用而在充分分散后继续上浮。在水平流作用下，浮在上部的低密度物由排料溢流口排出成为精煤产品。在刮板作用下，沉到槽底的高密度物由机头溜槽排出成为矸石产品，从而完成分选过程。

（3）风力选煤，分选介质通常使用无污染和无干扰的空气，依靠气流及相关机械工艺的振动，根据不同的密度及粒度来进行重力分选，从原煤中分离出精煤。设备基本原理如图2-4（c）所示，分选床层的物料在高频激振和恒压风、脉动风共同作用下，形成较为稳定、松散的近似流态化状态。在分选床的激振运动下使物料向前输送的同时，床层物料在分选床下风室送出的垂直上升变速气流中不断松散、沉降，使物料逐渐按密度垂直分布，完成按密度分层。在分选床出料端设置水平分割装置，按照预先设定的密度值，水平方向分割已按密度垂直分布的床层物料，使密度低于设定值的精煤自溢流堰上方的精煤口自然溢流出，而密度高于设定值的矸石则自溢流堰下方的排矸口排出。

B 物理化学选煤

物理化学选煤又称浮选法。煤炭颗粒自身表面都存在着疏水性，同时在浮选药剂的作

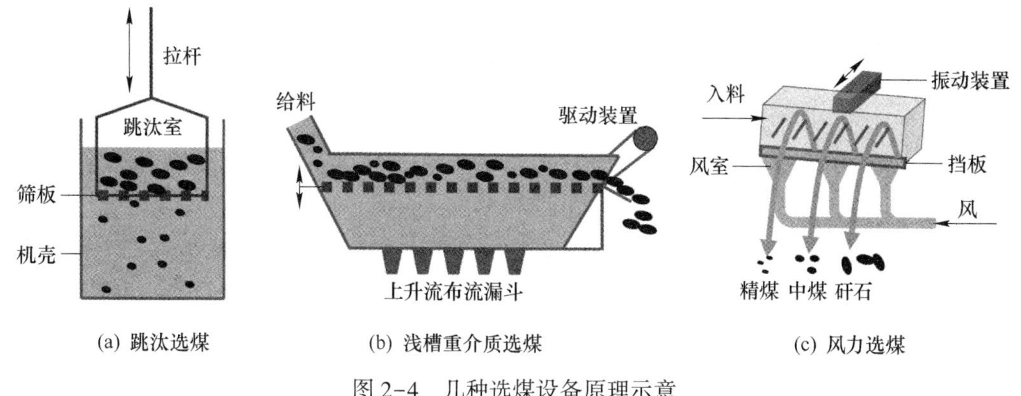

(a) 跳汰选煤　　(b) 浅槽重介质选煤　　(c) 风力选煤

图 2-4　几种选煤设备原理示意

用下，煤炭颗粒的疏水性也会得到提高，从而在液-气或水-油界面发生聚集。因此浮选工艺利用矿物表面的物理化学性质的差别分选矿物颗粒，是一种应用非常广泛的选煤方法。通过处理后的密度较大的煤炭颗粒能够浮在浮选机的矿液表面实现分选。另外，浮选剂的性能是浮选工艺的关键，现阶段泡沫浮选法的应用较为普遍，浮选剂的主要作用是提高煤粒表面疏水性和煤粒在气泡上黏着的牢固度，在矿浆中促使形成大量气泡，防止气泡兼并和改善泡沫的稳定性，使煤粒有选择性地黏着气泡而上浮，调节煤与矿物杂质的表面性质，提高煤的浮选速度和选择性。在放入浮选药剂后进行搅拌，可以产生大量的气泡，不同性质的煤炭颗粒会和气泡融合或者是分离，从而实现选煤。

总体说来，物理选煤和物理化学选煤是实际选煤生产中常用的技术，一般可有效脱除煤中无机硫即黄铁矿硫。除了以上介绍的这几种方法，煤炭洗选行业也在不断拓展新技术，包括三产品重介工艺技术、二产品重介工艺技术、煤泥加压脱水工艺技术、喷射式浮选机工艺技术、微泡浮选柱工艺技术、助滤剂脱水工艺、振动流化床气力分级工艺、矿物型凝聚剂及煤泥水澄清净水模式等。近年来，由于湿法分选的诸多局限，现代干法选煤技术得到了迅速发展，其中以风力摇床和风力跳汰为代表的干法选煤技术也被广泛应用。

C　化学选煤

化学选煤是借助化学反应使煤中有用成分富集，除去杂质和有害成分的工艺过程。目前在实验室常用化学的方法脱硫。根据常用的化学药剂种类和反应原理的不同，可分为碱处理、氧化法和溶剂萃取等。开发洁净煤技术，特别是超纯煤技术，当前在国际上已形成热潮，其关键在于攻克脱除有机硫的脱硫技术。美国、日本、德国、澳大利亚等国对脱硫、脱灰进行了大量研究，并取得了相当的成果。除物理方法外，还采用化学净化法，主要有碱熔融法（TRW）、苛性碱熔法、异辛烷萃取法、微波辐射法、生物化学法等，其中碱熔融法和苛性碱熔法可脱除有机硫 80%~90%。

D　微生物选煤

微生物选煤是利用某些自养性和异养性微生物，直接或间接地利用其代谢产物从煤中溶浸硫，达到脱硫的目的。

与物理和物理化学方法相比，化学选煤和微生物选煤最大的优势在于可脱除煤中的有机硫。

2.2.3　煤炭采选过程主要废弃物

煤炭采选过程包含原煤的开采和开采煤炭的洗选两个部分。煤炭开采过程会产生煤矸石和煤泥等固体废物、矿井水和采煤废水、含尘和低浓度瓦斯气等大气污染物，以及噪声等物理性污染；煤炭洗选过程也会产生矸石和煤泥等固体废物、洗选废水、含尘废气等大气污染物，从而造成地表水和地下水污染、大气污染、固体废物污染和噪声污染等。主要的污染物如图 2-5 所示，根据相态将煤炭采选过程的废弃物可以分为固、液和气态污染物。

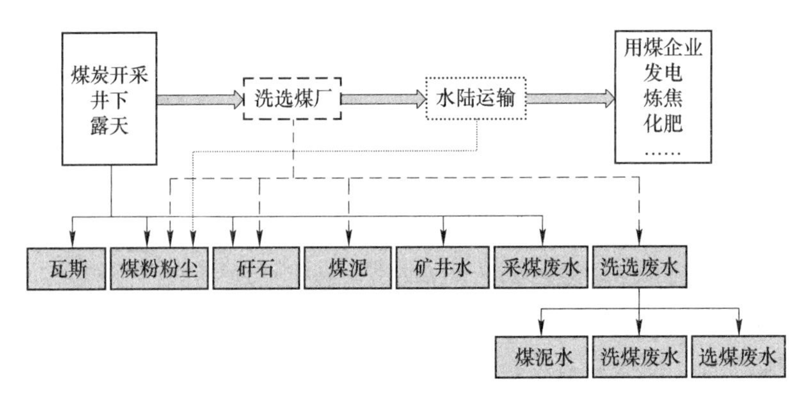

图 2-5　煤炭开采和洗选过程主要废弃物产生示意

2.2.3.1　煤炭采选过程产生的固废

A　煤矸石

煤矸石与煤相伴而生，在煤炭开采、洗选加工过程中都会排出煤矸石，是煤炭采选过程无法避免的固废。目前煤矿的排矸量约占煤炭开采量的 8%～20%，平均约为 12%，全国煤矸石的总积存量约 45 亿吨，而且仍在逐年增长，矸石山几乎成为我国煤矿的标志，已成为我国累计堆积量和占用场地最多的工业废弃物。

由于矸石中通常含有残煤、碳质泥岩、硫铁矿、碎木材等可燃物质，在长期露天堆积后，往往会产生自燃现象，并排放出大量的 CO、CO_2、SO_2、H_2S、NO 等有害气体，给周边环境带来了一系列的危害。煤矸石中的黄铁矿在空气中易被氧化，放出的热量不断聚集，使煤矸石中所含的可燃组分发生自燃，产生 CO_2、CO、SO_2 等有毒有害气体。据有关资料显示，每平方米矸石山自燃 24h 可排放 10.8kg CO_2 和 6.5kg SO_2。另外，煤矸石风化淋滤使煤矸石中的有害物质进入土壤河流，造成水土环境直接污染。据地质环境改变预测评价和水文地质、工程地质研究显示，俄罗斯莫斯科近郊煤矿区距矸石堆底部 50～60m 远的土壤中，每 100g 土壤中铁含量达 146～160mg，铝含量达 11～19mg，分别超过允许值的 3～4 倍和 1.5 倍，土壤被毒化。

为了消除污染，很多国家开始重视煤矸石的处理和利用，我国在 20 世纪中期就开始利用煤矸石，对其的综合利用从 70 年代中后期逐渐开始。煤矸石的综合利用受铝硅比值、碳硫含量等因素的影响，主要用于生产氧化铝、燃料、化工原料、陶瓷原料、制备建筑材料和道路工程填充等方面。

B 煤泥

煤泥泛指煤粉含水形成的半固体物，是由微细粒煤、粉化矸石和水组成的黏稠物。随着煤炭开采机械化程度的提高，粉煤在原煤中所占的比例有所增加。另外，煤炭洗选作为最重要的洁净煤手段之一，随着人们环保意识的增强和对煤炭产品质量要求的提高，原煤入洗比例也随之提高，这就使得选煤厂的煤泥量大大增加。煤泥具有粒度细、微粒含量多、水分和灰分含量较高、热值低、黏结性较强、内聚力大的特点，给综合利用带来了诸多不便。未利用的煤泥不仅会造成环境严重污染，而且浪费能源，煤泥中的有用成分——煤炭的价值不能得到真正的体现。根据所加工煤炭品种的不同和洗选方式的不同，得到的煤泥性质有一定的差别：

(1) 煤水混合物产出的煤泥，主要包括动力煤洗煤厂的洗选煤泥、煤炭水力输送后产出的煤泥。这种煤泥持水性强，水分含量高，一般经圆盘真空过滤机脱水的煤泥含水在30%以上，并且一般含有较多的黏土类矿物，粒度细，所以大多数煤泥黏性大，有的还具有一定的流动性，堆放、贮存和运输都存在困难。考虑到部分这种煤泥比原煤的质量都好，因此数量少时常常掺到成品煤中，数量多时直接作为优质煤泥产出，用于燃烧发电或制型煤等。

(2) 用压滤机回收的煤泥。其颗粒分布比较均匀，黏性、持水性都比较弱，利于降低水分。在煤泥沉淀池或尾矿场中煤颗粒在水中自然沉淀实现固液分离，工艺自身就具有粒度分级的功能，不同位置产出的煤泥特性不同，煤泥水入口附近产出易沉淀的粗颗粒，而末端产生的极细颗粒具有高黏性和高持水性，又细又软，晾晒几个月后，即使表面已干燥，内部含水率几乎没有变化。

(3) 矿井排水夹带的煤泥、矸石山浇水冲刷下来的煤泥。这类煤泥收集起来都属于煤矿的脏杂煤泥，其特点是数量相对较少，质量不稳定，但通常比浮选尾煤质量好。

总体说来，煤泥可以直接成浆使用或干燥成型利用，按用途主要分为直接燃烧发电、制型煤、配煤、水煤浆、气化、井下充填、作建筑掺合料或是制备化工产品和颗粒活性炭等。

2.2.3.2 煤炭采选过程产生的废水

A 矿井水

矿井水是指煤炭开采过程中产生的地表渗透水、岩溶水、矿坑水、地下含水层的疏放水及生产、防尘用水等。在煤炭开采过程中，地下水与煤层、岩层接触，加上人类活动的影响，发生了一系列的物理、化学和生化反应，因而水质具有显著的煤炭行业特征：含悬浮物矿井水的悬浮物含量远远高于地表水，感官性状差，并且所含悬浮物的粒度小、比重轻、沉降速度慢、混凝效果差；矿井水中还含有废机油、乳化油等有机物污染物；矿井水中含有的总离子含量比一般地表水高得多，而且很大一部分是硫酸根离子；矿井水往往pH值特别低，常伴有大量的亚铁离子，增加了处理的难度；矿井水本身的成分主要受地质年代、地质构造、煤系伴生矿物成分、环境条件等因素的影响；受煤炭开采影响。因此根据矿井水含污物的特性，一般分为洁净矿井水、含悬浮物矿井水、高矿化度矿井水、酸性矿井水和含特殊污染物的矿井水等五类：

(1) 洁净矿井水，即未被污染的干净地下水。基本符合生活饮用水标准，有的含多种微量元素，可开发为矿泉水。

（2）含悬浮物矿井水，其水量约占我国北方部分重点国有煤矿矿井涌水量的60%。水质呈中性，含有煤粉、岩粒等大量的悬浮物。长期外排，会破坏景观、淤塞河道，影响水生生物及农作物的生长。

（3）高矿化度矿井水，水中含有SO_4^{2-}、Cl^-、Ca^{2+}、K^+、Na^+、HCO_3^-等离子，水质多数呈中性和偏碱性，带苦涩味，俗称苦咸水。又可分为微咸水、盐水。不能直接作为工农业用水和生活用水。高矿化度矿井水的成因与采煤作业活动、气候条件、地下水文地质条件密切相关，不同地区矿井水中的含盐量及成分差异较大，一般矿井水中含盐量2000~10000mg/L，宁夏和新疆等矿区的矿井水含盐量高达10000~20000mg/L。同一煤矿不同采区所处地质结构及含水层不同，水质差异也较大，因此，确定处理工艺时需以长期水质监测结果为依据，且需要考虑水质的波动对工艺系统稳定性的影响。高矿化度矿井水离子构成中阳离子以Na^+为主，阴离子以SO_4^{2-}、Cl^-和HCO_3^-为主，并伴有一定量的Ca^{2+}、Mg^{2+}和少量Ba^{2+}、Sr^{2+}、F^-、Fe^{3+}和SiO_3^{2-}，通常硬度比较高，易结垢。受中水回用及雨污分流不彻底的影响，部分矿井水中还含有少量生活污水，水中含有少量COD和BOD等有机污染物，易引起膜污染。

（4）酸性矿井水，其pH值小于5.5。主要是因为当开采含硫高的煤层时，被采煤层中含有大量的硫铁矿，在有充足的氧气和细菌的情况下，硫铁矿氧化生成亚硫酸和硫酸，造成矿井水呈酸性，一般含有大量的Fe^{2+}和Fe^{3+}。它严重腐蚀矿山设备和管道，未经处理排入地面水体，会危害水生生物，并使禾苗枯死。目前酸性水一般处理后达标排放或回用于一些对水质要求较低的工业用水。

（5）含特殊污染物矿井水，这类矿井水主要指含氟矿井水、含微量有毒有害元素矿井水、含放射性元素矿井水或油类矿井水。排放量不大，但不处理外排会污染水系。

我国矿井水排放总量大、利用率低，尤其在水资源匮乏地区，未经任何处理直接排放，不仅导致宝贵的水资源严重浪费，还对周边生态环境产生巨大污染。

B 采煤废水

主要是指在采煤作业中，为了给采煤装置（钻头）降温和防尘而喷射产生的大量废水，这部分水主要随煤炭运输到地表经过洗选后分离出来，包含煤炭开采过程中排放到环境水体的煤矿矿井水或露天煤矿疏干水。

采煤废水复杂多变，在同一矿井废水中，同时含有铁、锰等重金属，硫、氟、氯等非金属及有机污染物和悬浮物。有的矿井废水呈弱酸性，即使是同一矿井，所采层不同，废水性质也不同，甚至是差别很大。这给煤矿污水处理设备的选用带来很大的困难。煤矿污水水质与一般城市污水性质类似，但不同于城市污水。其特征可概括为：水质水量变化较大，污染物浓度偏低，污水可生化性好，处理难度小。

C 洗选水

（1）选煤废水。选煤方法有干法和湿法两类，我国绝大多数选煤厂采用湿法选煤。在湿法选煤工艺中，水是不可缺少的。一般来说，洗选1t原煤用水量约为4m^3，其中清水耗量约0.5~1.5m^3。大量清水进行洗选分级后成为洗选废水，对其处理方法是完全闭路循环，并分为三个等级标准。一级是煤泥全部由厂内的脱水机械回收，实现洗水全部复用；二级是大部分煤泥在厂内回收，小部分在厂外沉淀池回收，洗水全部复用；三级是在厂外煤泥池沉淀，清水大部分复用，余下的达标排放。当原煤经分级、脱泥、精选、脱水等作用分选成产品时，由于煤的粉碎和泥化，产生一些粒径小于0.5mm的煤粉，其中很大一部分被产品煤带走，但仍有少部分与水混合在一起，成为煤泥水，即煤泥与水组合的混合物。由于与水混合的煤泥颗粒具有不同的特质，即密度、粒度、矿物组成及含量等特质是不一致的，并且水的酸碱度、硬度及矿化度等也不一致，因此两种混合物混合后形成复杂的分散体系，其复杂程度决定了煤炭洗选废水的处理难度。

原则上，煤泥水要求循环利用，但由于管理、操作和工艺等存在的问题，往往需要外排煤泥水，造成环境污染。

（2）洗煤废水。煤炭相关行业通过湿式洗煤所排放出的废水称为洗煤废水，可对其进行进一步的有效处理，经过有效处理的废水可达到生产标准要求，再次投入到生产中。洗煤废水的性质特征主要与煤炭的开采、运输及洗选等因素紧密相关，因此，不同洗煤厂所产生的洗煤废水存在一定的差异，所产生的煤泥水的粒度、组成及浓度也存在较大差异，煤泥水黏度和密度变化的程度相差也较大。其中，煤泥水黏度主要受到煤泥粒度组成和煤泥属性的影响。在对煤泥水进行实际处理的过程中，处理技术可根据粒度特点进行分类，如针对达到相应标准的粒煤泥实施简单处理，将粒度相对较小的煤泥进行浮选、浓缩技术处理。通常情况下，相关煤炭企业处理细粒煤泥的难度较大，煤泥水黏度直接受到水中35μm细粒煤泥含量的影响。其含量与煤泥水黏度成正比关系，即煤泥水黏度低，则说明水中35μm细粒煤泥含量较低。

2.2.3.3 煤炭采选过程产生的废气

A 粉尘

煤炭开采过程产生大量的粉尘，对人体产生危害，特别是小于10μm的粉尘可深入到气管深部，90%小于5μm的粉尘则可沉积在气管、肺泡上，导致尘肺病，成为煤矿工人最主要的职业病。煤矿开采时需要对覆盖层进行剥离处理，露天矿排土可为采矿量的几倍或十几倍，挖掘、运输和排土场堆放过程都会产生扬尘污染。其中排土场又分为坑内排和坑外排两种。外排土场位于地表以上，如果不及时覆盖，大风天气和生产过程就可能会产生扬尘污染，从而对周边地区的空气质量造成影响。一些研究者检测到矿区造成的颗粒物浓度高达300~1000μg/m^3。煤矿在开采过程中残煤自燃、地表植被破坏造成的沙尘、煤炭的运输、煤矿进行爆破等也会影响到周围环境的大气质量。

关于煤矿企业粉尘的治理，我国法律法规做了相应的约束，煤矿企业需遵循相关法律章程，对粉尘管理引起重视。目前主要采取的措施为：建设清洁化生产矿井，对矿区道路及地面进行定期洒水和清扫；加强施工现场的污染控制管理，明确施工单位的污染防治责任，建立污染防治责任制度对施工单位加强监督约束，保持施工现场的清洁。工程竣工后需要对现场进行验收，及时清理所残留的物料及建筑垃圾。

B 有害气体

煤矿开采时产生的有害气体由硫化物、含碳化合物、含氮化合物等组成，主要来源于煤矿运输车尾气排放、煤堆放和煤矸石山自燃、各种工业窑炉和燃煤锅炉燃烧、煤矿开采产生的瓦斯气体等。矸石山自燃发生频繁，其燃烧产生的SO_2会对空气造成严重污染，也是诱发酸雨发生的重要因素。SO_2无色无味，人体吸入一定程度后，会对呼吸道产生影响。煤矿所产生的含氮气体主要来源于煤矿的爆破、车辆尾气的排放等，NO 与人体血红蛋白的融合性较强，如果吸入过量的 NO，极易引起中枢神经系统的病变，其他的含氮化合物也会增大职业病的病发概率。目前对于有害气体的处理主要是将有害气体经过脱硫、脱硝、除尘处理后排放到空气中。同时，煤矿开采过程中会产生一定的瓦斯气体，这些气体处理不当会在井下爆炸，导致矿井事故发生，而且瓦斯气体的随意排放不仅对区域环境造成严重的影响，引起温室效应，同时也是一种资源的浪费。

C 低浓度瓦斯

煤层气，又称为“瓦斯”，是指赋存在煤层中以 CH_4 为主要成分，以吸附在煤基质颗粒表面为主、部分游离于煤孔隙中或溶解于煤层水中的烃类气体，是煤的伴生矿产资源，属非常规天然气。

根据气体生成的机理不同，煤层气的成因分为生物成因和热成因。植物体埋藏后，经过微生物的一系列作用转化为泥炭（泥炭化作用阶段），泥炭又经历各种地质作用，向褐煤、烟煤和无烟煤转化（煤化作用阶段）。在煤化作用过程中，都有气体生成。生成的煤层气以三种状态赋存于煤层中，即：游离于煤的天然孔隙（割理）中，少量溶解于煤层的地层水中，大量吸附在煤的内表面，煤的内表面积每克可高达 $100 \sim 240m^2$。煤层气热值随 CH_4 含量变化有所波动，约是通用煤的 2~5 倍，$1m^3$ 纯煤层气的热值相当于 1.13kg 汽油、1.21kg 标准煤，其热值与天然气相当，可以与天然气混输混用，而且燃烧后很洁净，几乎不产生任何废气，是上好的工业、化工、发电和居民生活燃料。

人们最早认识煤层气是源于煤矿瓦斯事故的频繁出现，直到后来才发现，该资源储量巨大，是常规天然气储量的一半。由于矿区属于近距离煤层群开采，在开采过程中，无论首先开采哪个煤层，都存在邻近煤层瓦斯的上下转移和相互渗透问题。开采煤矿时，吸附在基质上和游离在孔隙中的煤层气将释放出来，空气中的瓦斯浓度在 5%~16%之间都有可能发生爆炸。如果在采煤之前先采出煤层气，煤矿生产中的瓦斯将降低 70%~80%，进而降低发生瓦斯爆炸的概率。许多煤矿在开采时，将释放出来的煤层气直接通过巷道排出，造成资源的浪费，并且考虑到 CH_4 的温室效应是 CO_2 的 25 倍，非常有必要将煤层气捕集或利用。随着全球能源需求的不断增加，能源结构的调整，天然气在一次能源消费中占比越来越大，煤层气也将成为重要的能源，填补天然气缺口。目前，质量浓度高于 30%的瓦斯在利用上已没有技术瓶颈，质量浓度在 9%~30%范围的瓦斯用于发电也已经获得广泛应用，而质量浓度低于 9%及乏风的利用则已成为实现矿井瓦斯综合利用的关键。提高乏风质量浓度，将风排瓦斯浓度由目前的 0.22%提升至 0.35%以上甚至更高，将对矿井推进热量的充分回收利用、实现节能减排、减少外部天然气的利用非常关键。

2.3 燃煤发电过程及废弃物的产生

近年来，我国煤炭年产量保持在 35 亿吨左右，接近全球煤炭总产量的一半。煤炭的消费主要用于燃烧发电、钢铁、化工和建材四大行业，其中电力行业用煤占 52%左右，钢铁行业用煤占 17%，化工行业用煤占 7%左右，建材行业用煤占 13%左右，民用及其他用煤占 11%。在构建以新能源为主体的新型电力系统的背景下，虽然产生大量碳排放的煤电行业低碳转型已成必然趋势，但仍要立足以煤为主的基本国情，使传统能源的逐步退出建立在新能源安全可靠的替代基础上，作为保障电力系统安全运行的“压舱石”，煤炭清洁高效利用和煤电技术绿色低碳发展仍是值得关注的焦点。

2.3.1 煤炭的燃烧

煤从进入炉膛到燃烧完毕，经历如图 2-6 所示的四个阶段。首先是水分蒸发阶段，当温度达到 105℃左右时，全部的水分被蒸发。随后是挥发分着火阶段，温度进一步升高，煤不断吸收热量后，挥发物随之析出，当温度达到着火点时，挥发物开始燃烧。挥发物燃烧速度快，一般只占煤整个燃烧时间的 1/10 左右。然后进入焦炭燃烧阶段，煤中的挥发物着火燃烧后余下的固定碳和灰组成的固体物便是焦炭。挥发分燃烧放出的热量导致焦炭温度上升很快，引发固定碳的剧烈燃烧，进一步放出大量的热量，煤的燃烧速度和燃尽程度主要取决于此阶段。最后是燃尽阶段，此阶段应当促进灰渣中的焦炭尽量彻底燃烧，以降低不完全燃烧热损失，提高燃烧的效率。

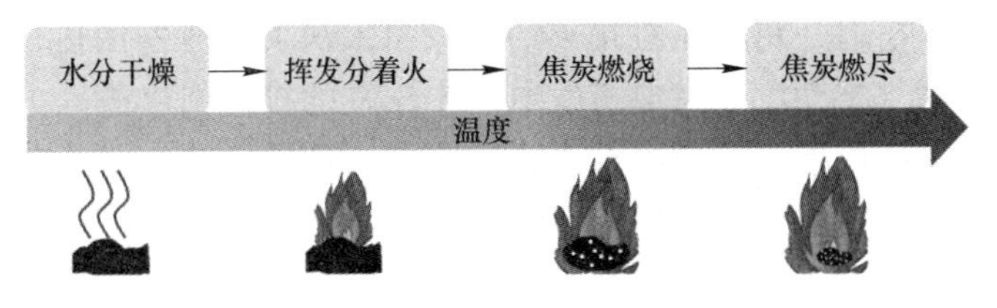

图 2-6 煤炭燃烧过程示意

良好燃烧必须具备四个重要条件，即温度、空气、时间和湍流度。由于燃烧的本质是煤中可燃元素 C、H、S 的氧化反应，如下所示：

$$
\begin{aligned}
C + \frac{1}{2}O_2 &\longrightarrow CO \qquad \Delta H = -110.5\text{kJ/mol} \\
C + O_2 &\longrightarrow CO_2 \qquad \Delta H = -393.5\text{kJ/mol} \\
2H + O_2 &\longrightarrow 2H_2O \qquad \Delta H = -571.6\text{kJ/mol} \\
S + O_2 &\longrightarrow SO_2 \qquad \Delta H = -296.8\text{kJ/mol}
\end{aligned}
\tag{2-1}
$$

温度越高，化学反应速度快，燃烧就越快。空气冲刷碳表面的速度越快，煤炭和 O_2 接触越好，燃烧就越快。并且需要煤炭和空气要有足够的接触时间，才能保证充分的燃烧。此外，由于随着燃烧的进行，煤炭的外层包上一层灰壳，而煤炭燃烧的产物 CO 和 CO_2 需要透过该层灰向外扩散，而空气中的 O_2 也需要穿过灰壳才能与还未燃烧的固定碳接触。因此，空气流动的越快，也就是煤炭四周的空气湍流度越大，就容易把灰外层的气体带走，同时加强机械扰动，可促进破坏灰壳，促使氧气与碳直接接触，加快燃烧速度。如果氧气不充足，搅动不够，煤就烧不透，造成灰渣中有许多未参与燃烧的碳核，另外还会使一部分 CO 在炉膛中没有燃烧就随烟气排出。对于大块煤，必须有较长的燃烧时间，停留时间过短，燃烧不完全。因此，实际运行中，一般采取供给充足的氧气，采用炉拱和二次风来加强扰动，提高燃烧温度，炉膛容积不宜过小等措施保证煤充分燃烧。

根据煤在锅炉中的流动状态，可以把煤的燃烧方式分为三大类：层燃燃烧、沸腾燃烧和悬浮燃烧，其区别在于煤颗粒大小、风速和煤料层的空隙率不同。随着煤颗粒的减小，燃烧室区域内风速的增大，煤料层中空隙率增加。三种燃烧方式对应了目前工业中常用的三种炉型：固定床锅炉、循环流化床锅炉和煤粉锅炉，煤的燃烧状态从层燃状态的固定床，变化到沸腾燃烧，包括鼓泡床、循环流化床，再到悬浮燃烧状态的煤粉炉。在控制全球温室效应减少 CO_2 排放的背景下，富氧燃烧和化学链燃烧等低 CO_2 排放量的先进燃烧方式也引起越来越多的关注。

2.3.2 燃煤发电过程

以煤、石油或天然气等化石能源作为燃料的发电厂统称为火电厂，石油、煤炭和天然气等燃料燃烧产生的热能加热水，使水变成高温、高压水蒸气，然后再由水蒸气推动汽轮机做功，发电机来发电。典型的火力发电的生产过程示意如图 2-7 所示。以煤炭为例，利用煤炭传送皮带向锅炉输送经处理过的煤粉，煤炭在锅炉内燃烧放出热量，将水加热至具有一定压力和温度的蒸汽，经一次加热之后的水蒸气沿管道进入汽轮机高压缸，然后蒸汽膨胀做功，带动发电机一起高速旋转，从而产生电能。为了提高热效率，采用对水蒸气进行二次加热的技术措施，将高压缸排出的蒸汽引入锅炉再热器加热，加热后的水蒸气进入中压缸膨胀做功，推动汽轮发电机发电。中压缸的排汽引出进入低压缸。已经做过功的蒸汽一部分从中间段抽出加热凝结水或给水成为回热加热，其余部分经凝汽器冷却成为 40℃左右的饱和水，经凝结水泵升压，经过低压加热器到除氧器中，经过除氧器除氧，利用给水泵送入高压加热器中，最后流入锅炉进行再次利用，重复进行上述循环过程。在火力发电厂中存在着四种能量的三个转换过程：锅炉是燃烧与换热设备，燃料，如煤炭、煤泥、中煤、煤矸石等在其中燃烧放出热量，热量传递给受热面中的水和水蒸气，实现了将燃料的化学能转换为水蒸气的热能；水蒸气被加热到额定压力和额定温度进入汽轮机，在汽轮机中逐级膨胀并推动叶片旋转，其温度和压力逐渐降低，水蒸气所携带的热能转换为汽轮机轴端输出的机械功；发电机与汽轮机同轴旋转，实现了机械能到电能的转换。

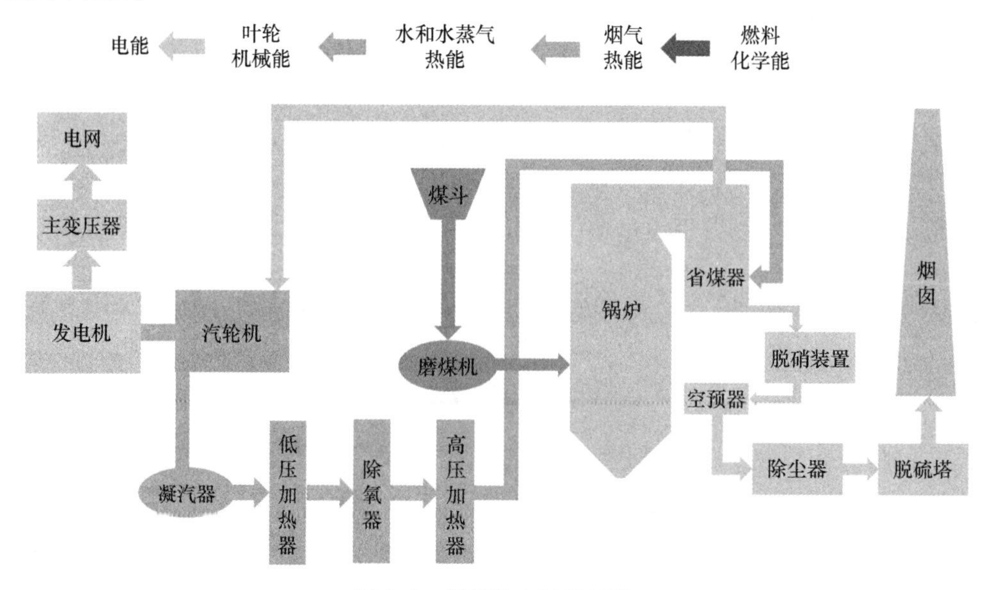

图 2-7 燃煤发电过程示意

能量转换的过程中伴随着物质的转化，包括燃烧化学反应中燃料转化为烟气和灰渣；循环工质水的状态的变化，从锅炉省煤器中的未饱和水经受热面加热到饱和水、饱和蒸汽再到过热蒸汽，经过汽轮机膨胀做功成为湿蒸汽，通过凝汽器冷凝为水，再进入省煤器，形成循环。

2.3.3 燃煤发电过程主要废弃物

燃煤发电过程中会产生大气、水、固废等污染物，也会产生噪声、电磁辐射等物理性污染。产生的大气污染物包括气溶胶状态的污染物，如黑烟、粉煤灰等；气体状态的污染物，如 CO、CO_2、SO_2 和 NO_x 等；燃料组成和燃烧方式对污染物的种类与数量都有影响。

2.3.3.1 燃煤发电过程产生的废气

燃煤发电过程产生的废气主要来自煤炭的燃烧，煤燃烧时煤中可燃组分 C、H、S 等可燃元素与空气中的 O_2 产生剧烈的氧化反应，产生大量的热量并伴随着强烈的发光现象，燃烧的最终产物为高温烟气和固态的灰渣。燃煤火电厂有组织废气主要包括 SO_2、NO_x、Hg 及其化合物和烟尘等。需要提及的是我国的《火电厂大气污染物排放标准》（GB 13223—2011）是目前世界上最严格的排放标准，在《煤电节能减排升级与改造行动计划（2014~2020 年）》中又提出更加严格的排放标准，即超低排放，要求烟尘、SO_2 和 NO_x 分别达到 $5mg/Nm^3$、$35mg/Nm^3$ 和 $50mg/Nm^3$ 的排放限值。

A 含尘气体的生成及污染控制途径

燃烧过程产生的颗粒污染物以气溶胶的形式存在。气溶胶是空气和悬浮在空气中的分散粒子组成的系统，如图 2-8 所示，可以根据颗粒物的尺寸特征和来源进一步分为烟、尘和飞灰等。

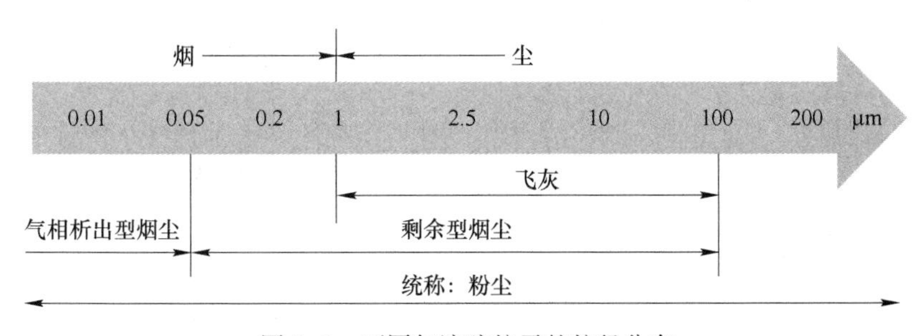

图 2-8 不同气溶胶粒子的粒径分布

大气污染控制中涉及的颗粒污染物，通常是指所有大于分子的颗粒物，但实际的最小粒径在 0.01μm 左右。颗粒污染物虽然有可能单个地分散于气体介质中，但工程实际中，更多会因为凝聚等作用使多个颗粒聚集在一起，因此也将颗粒污染物统称为粉尘。如图 2-8 所示，粉尘的颗粒范围在 1~200μm 之间，其中粒径小于 100μm 的，利用标准大容量颗粒采集器，在滤膜上收集到的颗粒物通称为总悬浮颗粒物；动力学当量直径小于 10μm 的称之为可吸入颗粒物，用 PM_{10} 表示，也称为细粒子；当动力学当量直径小于 2.5 的即为 $PM_{2.5}$，也称为细颗粒物。烟特指冶金过程形成的固体颗粒气溶胶，通常小于 1μm，是比细粒子更小的颗粒。粉煤灰是以煤为代表的燃料在燃烧过程中排出的微小灰粒，通常从烟道气体中被收集下来，或称为飞灰，粒径在 1~100μm 之间。除了直接由灰分形成粉尘外，在煤的燃烧过程中挥发分气体在空气不足的高温条件下发生热分解，会形成气相析出型烟尘，粒径一般小于 0.05μm。

燃烧过程中产生的颗粒污染物主要包括燃烧不完全形成的炭黑，以及烟尘和粉煤灰等。炭黑是燃烧过程中生成的主要成分为碳的粒子，通常由气相反应生成积炭，由液态烃燃料高温分解产生的粒子为结焦或煤胞。实践证明，如果让碳氢化合物与足量的氧化合，能够防止积炭生成。固体燃料燃烧产生的颗粒物通常称为烟尘，它包括烟和尘两部分，其中尘即粉煤灰。理想条件下充分燃烧后的燃煤尾气中只有粉煤灰。燃煤尾气中粉煤灰来自煤中不可燃的组分——灰分，粉煤灰的浓度和粒度与煤质、燃烧方式、烟气流速、炉排和炉膛的锅炉运行负荷及锅炉结构等多种因素有关。

无论是天然的颗粒污染物还是工业形成的颗粒污染物，几乎都带有一定的电荷。静电除尘技术利用荷电的颗粒污染物，可以在电场力的作用下发生运动从主体气流中分离出来，就是利用静电力实现颗粒与气流分离的技术，是工业企业主要应用的除尘装置之一。为了使各种不同的工业过程实现更高的除尘效率，设计出各种类型的电除尘器，但基本的工作原理是相似的。电除尘器的工作过程大致可以分为三个主要阶段：电晕放电和悬浮粒子荷电的阶段、荷电粒子的迁移捕集阶段和清灰阶段。虽然颗粒污染物由于工业过程或自然原因会荷有一定的电荷，但是这种荷电量通常很小，不能满足电除尘的需求，因此需要人为地去增加颗粒污染物的荷电量，一般采用高压直流电晕放电的方法为颗粒污染物荷电。电晕放电的过程如图 2-9（a）所示，连着高压电源的金属线是电晕电极，在电晕电极上施加高压直流电，于是在电晕电极和集尘板之间产生高压直流电场。

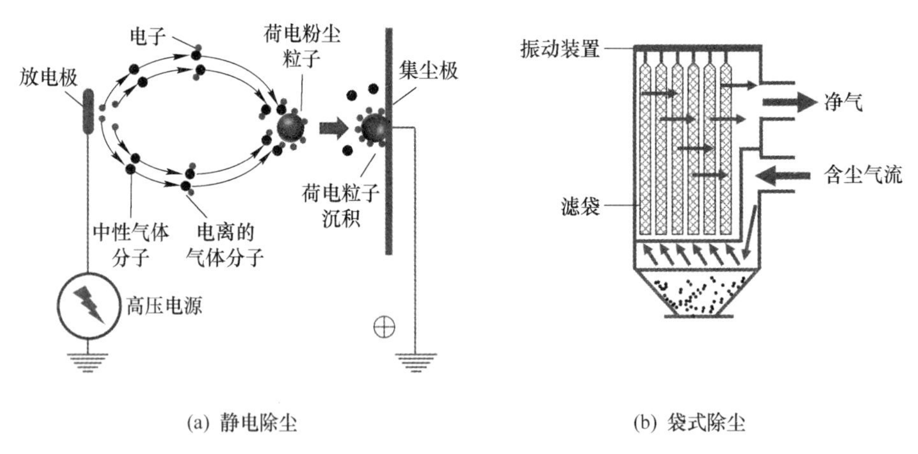

(a) 静电除尘　　(b) 袋式除尘

图 2-9　静电除尘和袋式除尘原理示意

在电场力作用下，从负的电晕极周围放出的电子向集尘极移动，在移动过程中与气体分子碰撞，气体分子放出大量的电子而变为气体离子，释放自由电子、产生气体离子的区域为电晕区。当含有颗粒物的气流通过电晕区时与负电离子以碰撞和扩散的方式结合，从而荷电。在强电场力的作用下，荷电颗粒物在静电力和气流阻力的共同作用下运动，力平衡时，颗粒匀速移动至集尘极上，释放出携带的负电荷，并停留在集尘极上。最后，当集尘极上收集了一定量的粉尘时，需要进行清灰。

电除尘装置的优点是效率高，对粒径 1~2μm 的尘粒，捕集效率可达 98%~99%，并且阻力低，还有耐高温，处理气体量大，能捕集腐蚀性大、黏附性强的气溶胶颗粒，操作控制自动化程度高等优点。缺点则是设备庞大，占地面积大，耗用钢材多，初期投资大；结构较复杂，制造、安装的精度要求高，还有就是对粉尘的比电阻有一定要求，在最适宜的范围之外，需要进行烟气调质才能达到必要的效率。保持电除尘器的独特优点，大幅提高除尘效率的同时扩大其适用范围是目前对电除尘器技术创新的出发点。

袋式除尘技术也是工业颗粒污染物常用的控制技术。袋式除尘器是一种过滤式除尘装置，利用由天然纤维、化学合成纤维或玻璃纤维等其他材料纤维制成滤袋来捕集粉尘。如图2-9（b）所示，当携带有颗粒污染物的气流从下部进入到滤袋时，颗粒污染物就被捕集在滤袋的表面上，干净的气体透过滤料从排出口排出。滤布本身的网孔随材质的不同有所不同，但远大于颗粒物的粒径，因此新的滤布刚开始使用效果并不理想。在使用一段时间后，颗粒物附着在滤料上从而在滤网表面形成一定厚度的粉尘初层，真正发挥过滤作用。因此，与清洁的滤袋相比，积尘后的滤袋除尘效率更高。虽然粉尘初层的厚度越大过滤效果越好，但是气流阻力也会相应增大，因此当滤袋上粉尘达到一定的厚度时，需要进行清理。袋式除尘器常见的清灰方式有脉冲喷吹式清灰、逆气流式清灰和机械式清灰。脉冲喷吹式清灰是利用高速喷射的气流吹向滤袋内部，形成空气波，使滤袋由上向下产生急剧的膨胀和冲击振动，附着滤袋上的灰尘脱落。逆气流式清灰，是利用风机排出管道吸入气体而形成与含尘烟气流动方向相反的气流，使沉积的粉层尘脱落。机械振动式清灰，就是利用机械装置周期性的轮流振打各排滤袋，或摇动悬吊滤袋的框架，使滤袋产生振动而清落灰尘。这些方式都能够有效地清理滤袋上积累的灰尘，但是清灰不能过度，要保留有效的粉尘初层，才能保证理想的除尘效率。与静电除尘器相比，袋式除尘器最大的优势在于不因粉尘的比电阻变化而影响除尘效率，并且对细粉尘的除尘效率高、规格多样、使用灵活。其缺点在于滤袋易磨损，运行费用高，不适合于浓度大、黏性强、吸湿性强及高硅含量的颗粒污染物的脱除，同时阻力较电除尘器高，能耗大。静电除尘器和袋式除尘器已经在燃煤电厂的颗粒污染物控制领域取得很好的成绩，可供近年来非电行业的超低排放借鉴和参考。

利用电除尘器或是袋式除尘器净化烟气的同时，将烟气中的颗粒污染物分离收集，为进一步资源化利用作准备。从煤燃烧后的烟气中收捕下来的细灰称为粉煤灰，是燃煤电厂排出的主要固体废物也是我国当前排量较大的工业废渣之一。2019 年我国工业企业的粉煤灰产生量 5.4 亿吨，综合利用量为 4.1 亿吨（其中利用往年贮存量为 213.0 万吨），综合利用率为 74.7%。粉煤灰产生量最大的行业是电力、热力生产和供应业，其产生量为 4.7 亿吨，综合利用率为 75.2%；其次是化学原料和化学制品制造业，有色金属冶炼和压延加工业，石油、煤炭及其他燃料加工业，造纸和纸制品业，其综合利用率分别达到 64.2%、63.0%、70.2%和 76.6%。

B　SO_2 的生成及污染控制途径

煤燃烧产生的 SO_2 起源于煤中的硫，特别是可燃性硫。可燃性硫在燃烧过程中向 SO_2 转化的转化率几乎是 100%。煤燃烧时，首先发生热解，析出挥发分，在此过程中，各种不同形态的硫也相继析出。煤中的硫一般分为硫化铁硫、有机硫和硫酸盐硫三种，前两种能燃烧释放出热量，占煤中硫分的绝大多数。而硫酸盐硫含量非常少，且不参加燃烧，是灰分的一部分。一般对于全硫含量在0.5%以下的煤来说，多数以有机硫为主，它们主要来自原始植物中的蛋白质，约为无机硫的8倍。有机硫主要是一些脂肪和芳香硫醇或醚类，以及噻吩类硫。对于全硫含量大于2%的高硫煤来说，硫的赋存形态大部分为黄铁矿硫（约60%~70%），一部分为有机硫（30%~40%），硫酸盐含量一般不超过0.2%。煤受热后，在热解释放挥发分的同时，煤中有机硫与无机硫也挥发出来。松散结合的有机硫在低温（400℃）下分解，紧密结合的有机硫在较高温度（500℃）下分解释出。遇到氧气时全部氧化成 SO_2 和少量的 SO_3。无机硫的分解速度较慢。黄铁矿在空气中的主要氧化反应为：

$$FeS_2 + O_2 \longrightarrow FeS + SO_2 \tag{2-2}$$

$$FeS_2 + 3O_2 \longrightarrow FeSO_4 + SO_2 \tag{2-3}$$

一般认为，煤中的硫分经历下列两种途径逐步形成 SO_2：

$$S \rightarrow H_2S \rightarrow HS \rightarrow SO \rightarrow SO_2 \tag{2-4}$$

$$S \rightarrow CS_2 \rightarrow CSO \rightarrow SO \rightarrow SO_2 \tag{2-5}$$

如果燃烧区内含有富余的氧分，SO_2 将部分被氧化为 SO_3，则有：

$$SO_2 + O_2 \longrightarrow SO_3 + O \tag{2-6}$$

反应在高温下进行时还易受到金属氧化物的催化。如果炉内存在还原性气氛，则除有机硫分解形成 H_2S 中间产物外，黄铁矿硫将按下式进行分解反应并形成 H_2S：

$$FeS_2 + H_2 \longrightarrow H_2S + FeS \tag{2-7}$$

同时还将发生反应：

$$FeS_2 + O_2 \longrightarrow FeS + SO_2 \tag{2-8}$$

硫转化的总反应可以由下式表示：

$$S + O_2 \longrightarrow SO_2 + 296kJ/mol \tag{2-9}$$

为了控制硫氧化物的排放，可以在燃烧前、燃烧中、燃烧后进行控制：

（1）燃烧前脱硫。原煤在使用前，脱除燃料中硫分和其他杂质是实现燃料高效、清洁利用的有效途径。燃烧前脱硫技术包括物理、化学、生物的方法，其中物理法是较为成熟的方法。其主要原理是利用净煤、灰分、黄铁矿的密度不同和磁性不同，通过煤的洗选去除煤中的黄铁矿硫，但不能去除煤中的有机硫，因此更适用于高硫煤脱硫。

（2）燃烧中脱硫。在煤燃烧过程中加入脱硫剂，石灰石（$CaCO_3$）或白云石粉（$CaCO_3 \cdot MgCO_3$），脱硫剂受热分解生成 CaO、MgO，与烟气中 SO_2 反应生成硫酸盐，随灰分排出，从而达到脱硫的目的。目前，在国内外煤燃烧中的脱硫技术主要有型煤固硫技术和循环流化床内燃烧脱硫技术等。

型煤固硫是利用沥青、石灰、电石渣、无硫纸浆黑液等作为黏结剂，将粉煤机械加工成一定形状和体积的煤，即型煤，来实现固硫的技术。型煤燃烧脱硫可减少40%~60%的 SO_2 排放量，可提高燃烧热效率达20%~30%，节煤率达15%。

循环流化床锅炉燃烧脱硫，是在流化床锅炉中，将固硫剂（石灰石）与燃料混合一起加入锅炉，或单独加入锅炉进行燃烧。流化床燃烧的特有方式为炉内脱硫提供了理想的环境，充分的流化状态可以保证脱硫剂和 SO_2 充分混合接触；炉膛温度适宜，脱硫剂不易烧结而损失化学反应表面；脱硫剂在炉内的停留时间长，利用率高。

（3）燃烧后脱硫。燃烧后脱硫即烟气脱硫技术（FGD），是当前应用最广、效率最高的脱硫技术。烟气脱硫技术的分类方法很多，按照操作特点分为湿法、干法和半干法；按照生成物的处置方式分为回收法和抛弃法；按照脱硫剂是否循环使用分为再生法和非再生法。根据净化原理分为两大类：吸收吸附法，用液体或固体物料优先吸收或吸附废气中的 SO_2；氧化还原法，将废气中的 SO_2 氧化成 SO_3，再转化为硫酸或还原为硫，再将硫冷凝分离。前者应用较多，后者还存在一定的技术问题，应用较少。

目前应用最多的是湿式石灰石-石膏烟气脱硫法，典型工艺流程如图 2-10 所示。

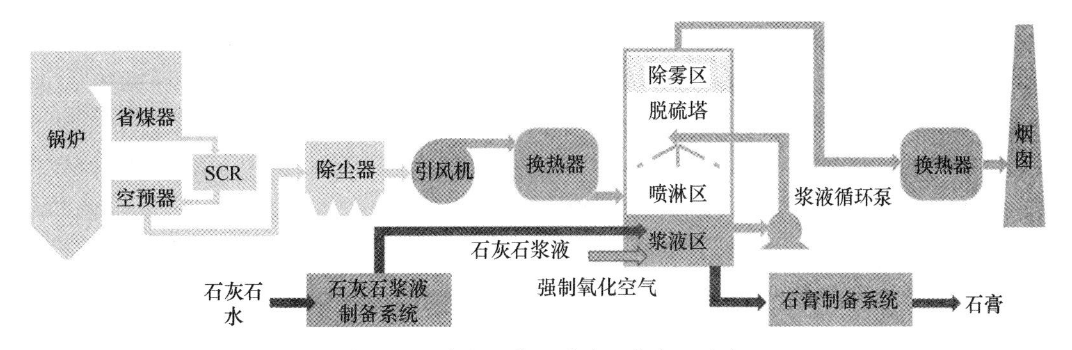

图 2-10 火电厂典型脱硫工艺流程示意

从除尘器出来的烟气一般要经过热交换器后进入吸收塔，在吸收塔中 SO_2 和磨细的石灰石悬浮液接触。首先 SO_2 被水吸收，由气态转入溶液生成水合物，进一步电离出 H^+、HSO_3^- 和 SO_3^{2-}；在 H^+的作用下，石灰石颗粒表面开始溶解，Ca^{2+} 由固相转入液相；随后 Ca^{2+}与 SO_3^{2-} 和 HSO_3^- 发生反应，实现烟气中 SO_2 的脱除。具体化学过程如下：

SO_2 的吸收

$$SO_2 + H_2O \longrightarrow H^+ + HSO_3^-$$

$$HSO_3^- \longrightarrow H^+ + SO_3^{2-} \tag{2-10}$$

$CaCO_3$ 的少量溶解

$$H^+ + CaCO_3 \longrightarrow Ca^{2+} + HCO_3^- \tag{2-11}$$

$CaSO_3$ 的生成

$$Ca^{2+} + SO_3^{2-} \longrightarrow CaSO_3 \tag{2-12}$$

石灰石浆液与烟气中的 SO_2 反应生成的产物为亚硫酸钙（$CaSO_3$），稳定性差，需要进一步被氧化成更为稳定的 $CaSO_4$，因此将氧化用的空气通入到持液槽中；经过结晶反应后生成脱硫石膏 $CaSO_4 \cdot 2H_2O$。

强制氧化

$$SO_3^{2-} + \frac{1}{2}O_2 \longrightarrow SO_4^{2-}$$

$$HSO_3^- + \frac{1}{2}O_2 \longrightarrow HSO_4^- \tag{2-13}$$

石膏结晶

$$Ca^{2+} + SO_4^{2-} + 2H_2O \longrightarrow CaSO_4 \cdot 2H_2O \tag{2-14}$$

氧化过程完成后，将粗石膏晶体从洗涤液中分离出来，然后用脱水机械将石膏脱水到水分含量低于 10%，即可运走加工或进一步进行处理。被洗涤后的烟气通过热交换器升温，然后通过烟囱被排放到大气中。由石灰石粉与再循环的洗涤水混合而成的一定浓度的石灰石浆液进入吸收塔底部的持液槽，与槽中现存的石灰石浆液通过浆液泵经不同高度的喷嘴喷射到吸收塔中。脱硫反应的关键是 Ca^{2+}的生成，Ca^{2+}的产生与溶液中 H^+的浓度和 $CaCO_3$ 的存在有关，因此，控制合适的 pH 值是保证脱硫效率的关键。石灰石系统在运行时其 pH 值较石灰系统低，通常认为石灰石系统的最佳操作 pH 值为 5.8~6.2，石灰系统最佳操作 pH

值约为 8。

火电厂烟气独有的特点是选择脱硫方法的主要依据。燃煤电厂产生的烟气量巨大，一般达到每小时数十万到数百万立方米，而烟气中的 SO_2 浓度却十分低，通常每立方米标况下的烟气只有数千毫克的 SO_2（$5\times10^{-4}\sim4\times10^{-3}$），这意味着需要高效和快速的湿法脱硫技术。并且，由于处理量极大，脱硫工艺产生的数量庞大的副产品必须考虑利用或妥善处理，否则将造成严重的二次污染。除了石灰石/石灰-石膏法，FGD 湿法脱硫，还有海水法、双碱法、氨法、氧化镁法、磷铵法、氧化锌法、氧化锰法、钠碱法和碱式硫酸铝法等；半干法脱硫有喷雾干燥、增湿灰循环、烟气循环流化床等方法；干法脱硫有炉内喷钙、炉内喷钙尾部烟气增湿活化、管道喷射烟气、荷电干式吸收剂喷射、电子束照射、脉冲电晕烟气脱硫等方法。表 2-1 简单列举了几种常见的脱硫工艺的副产物及其用途。

表 2-1 脱硫工艺方案比较

项目	石灰石/石灰-石膏法	喷雾干燥法	炉内喷钙尾部增湿活化法	电子束法	氨法	镁法
适用煤种	不限	中低硫煤	中低硫煤	中低硫煤	不限	中低硫煤
脱硫率	95%以上	75%~80%	75%~80%	75%~80%	90%以上	90%以上
吸收剂及利用率	石灰石/石灰 90%以上	石灰 50%~60%	石灰石 30%~40%	液氨 90%以上	液氨 90%以上	氧化镁 90%以上
副产物	石膏	亚硫酸钙	亚硫酸钙	硫铵/硝铵	亚硫酸铵	硫酸镁
副产物用途	建材原料	漂白剂	漂白剂	化肥化工原料	化肥原料	化肥添加剂
副产物处置	简单	简单	简单	复杂	复杂	复杂
废水	有	无	无	无	无	有

脱硫石膏主要成分和天然石膏一样，为二水硫酸钙 $CaSO_4\cdot2H_2O$，含量不小于 93%。其资源化利用的意义非常重大，广泛用于建材等行业，不仅有力地促进了国家环保循环经济的进一步发展，而且还大大降低了矿石膏的开采量，保护了资源。

C NO_x 的生成及污染控制途径

煤燃烧产生的氮氧化物即 NO_x，主要包括 NO 和 NO_2。此外，还有氧化二氮（N_2O）和 N_xO_y：N_2O_3、N_2O_4、N_2O_5（固体）、N_2O_2、N_4O。NO 为无色无味气体，有毒，不溶于水，空气中室温即可氧化为二氧化氮。NO_2 为红棕色有害气体、有恶臭，易发生光化学反应，高于 150℃时开始分解，生成 NO 和氧气。煤燃烧生成的 NO_x 有 90%左右都是 NO，只有在急速冷却高温烟气时，有 5%~10%的 NO 转化为 NO_2。在 800℃左右的低温燃烧过程中，有少量的氧化二氮（N_2O）产生。N_2O 是一种有毒、无色、有甜味的气体，自身具有氧化性，在常温下稳定，但在高温下能够分解成 N_2 和 O_2。

如图 2-11 所示，煤燃烧产生的 NO_x 来源于燃烧用空气中的 N_2 或是燃料中的含氮化合物，NO_x 的生成机理可分为热力型 NO_x、燃料型 NO_x 和快速型 NO_x 三类：

（1）热力型 NO_x，在高温条件下空气中的 N_2 经氧化而生成的 NO_x，详细反应机理可以用 Zeldovich 机理表达：

$$O_2 + N \longrightarrow 2O + N \tag{2-15}$$

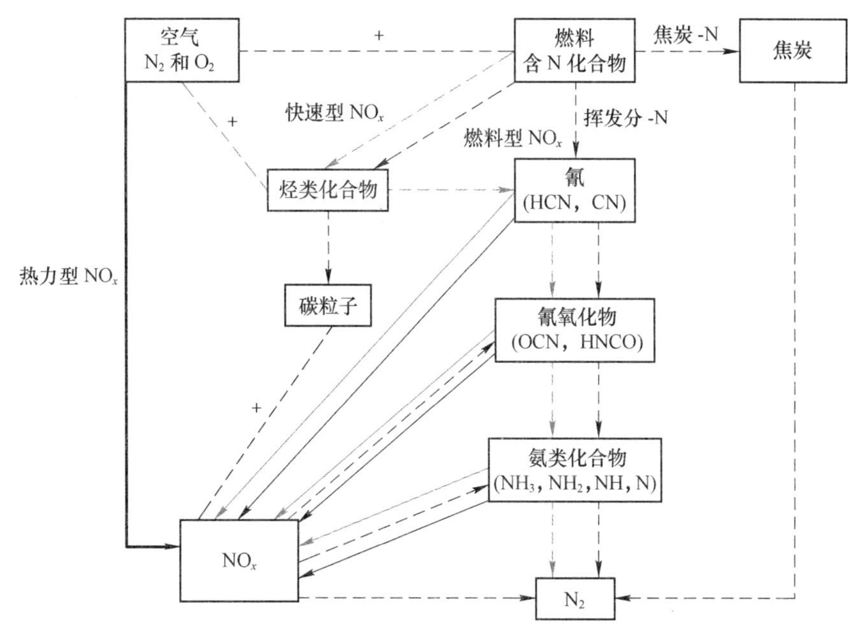

图 2-11 煤燃烧过程 NO_x 生成机理

$$O + N_2 \rightleftharpoons NO + N \tag{2-16}$$

$$N + O_2 \rightleftharpoons NO + O \tag{2-17}$$

其总反应式可以表示为，N_2 与 O_2 反应生成 NO，NO 可能再进一步氧化为 NO_2：

$$N_2 + O_2 \longrightarrow 2NO \tag{2-18}$$

$$NO + \frac{1}{2}O_2 \longrightarrow NO_2 \tag{2-19}$$

热力型 NO_x 的特点是生成反应比燃烧反应慢，主要在火焰下游的高温区域生成 NO_x。热力型 NO_x 生成的主要影响因素是温度与氧浓度，温度对其生成速率的影响呈指数关系。温度小于 1500℃时，热力型 NO_x 的生成量很少，温度高于 1500℃时，反应速度按指数规律迅速增加。

（2）燃料型 NO_x，煤粉燃烧产生的燃料型 NO_x 约占 NO_x 总量的 80%~90%。燃料型 NO_x 来自燃料中的含氮化合物，在燃烧过程中发生热分解，并进一步氧化而生成的。煤中的含氮化合物主要来自成煤植物的蛋白质、氨基酸和生物碱等含氮物质，一般都是有机质氮，含量比较少，多在 0.8%~1.8%范围之内。燃料型 NO_x 主要在挥发分析出燃烧和焦炭燃烧两个阶段形成，随挥发分析出的含氮化合物称为挥发分-N，主要包括氰化氢和 NH_3。留在焦炭中的大部分吡咯氮称为焦炭-N，是相对较稳定的含氮化合物，主要包括原子状态的氮与各种碳氢化合物结合的含氮的环状化合物或链状化合物。由于煤中的 N 大多以有机质的形式存在，挥发分着火燃烧时氧浓度大，温升快，故挥发分-N 的 NO 生成速度快，因此煤燃烧时由挥发分生成的 NO_x 占燃料型 NO_x 总量的 60%~80%，而由焦炭所生成的 NO_x 仅占 20%~40%。另外，在焦炭表面的催化作用下，NO 还会被 CO 还原成 N_2，故挥发分-N 转化成 NO 的比例大于焦炭氮转化成 NO 的比例。总体说来，燃料中的 N 经过一系列的转化后以 HCN、NH_3 和焦油 N 的形式存在，在氧化性气氛中 HCN 和 NH_3 更易于与 O_2

反应生成 NO 和 H_2O，而还原性气氛中更易于与 NO 反应转化为 N_2 和 H_2O。

（3）快速型 NO_x，又叫瞬时型 NO_x，是在碳氢化合物燃料过浓的预混燃烧火焰附近快速生成 NO_x。燃料燃烧时产生的 CH 自由基等撞击空气中的 N_2 分子而生成 CN 和 HCN，然后 HCN 等再进一步与 O_2 反应，以极快速度生成的 NO_x。快速型 NO_x 的生成与温度关系不大，一般在燃料碳氢火焰中占优，因为是在焦炭颗粒燃烧前快速生成的，因此燃料型 NO_x 在快速型 NO_x 生成之后才开始生成。这种类型 NO_x 多在燃气过程中生成，燃煤过程中生成量极低。

从 NO_x 生成机理可以看出，氧化性气氛会促进 NO_x 的生成，而根据 NO_x 的分解机理，可以看出已生成的 NO_x 在遇到 CO、H_2、C 和 C_nH_m 等不完全燃烧产物时会还原成 N_2，即还原性气氛有助于 NO_x 转化为 N_2。因此，从节能减排的角度来说，在燃烧过程中控制 NO_x 的生成是 NO_x 控制技术的首选。

燃烧过程中的控制，包括使用低 NO_x 燃烧器、空气分级燃烧、燃料再燃、低氧燃烧和烟气再循环等多种方法，但基本的原则是相同的，即通过控制燃烧火焰中心区域助燃空气量，降低火焰温度，缩短燃烧产物在高温火焰区的停留时间等措施。通过优化燃烧器结构，可以在燃烧器喷口小尺度空间内，实现空气和燃料分级及烟气再循环，从而有效控制 NO_x 生成。煤粉锅炉一般采用炉膛空气燃烧和燃料分级相结合的方法，如图 2-12 所示，将空气和燃料都分为两部分分别进入炉膛。在主燃区减少空气的供应量，供气量仅为全部空气量（包括过量空气）的 70%~75%，并只将全部燃料的 80%~85%投入锅炉中；在再燃区，将剩余的 15%~20%燃料喷入主燃区上部，形成强还原性气氛，还原已生成的 NO_x；最后在燃尽区，将完全燃烧所需的其余空气通过布置在主燃烧器上方的专门空气喷口火上风喷入炉膛上部。

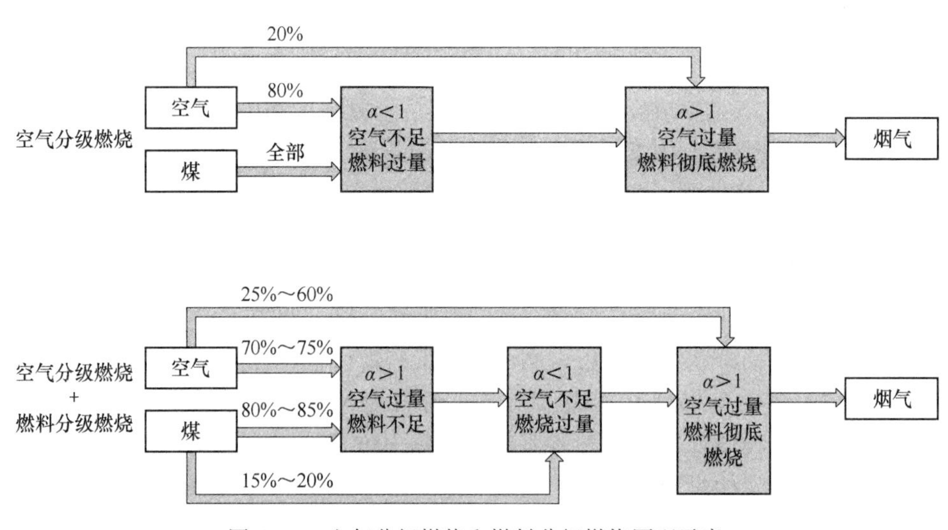

图 2-12　空气分级燃烧和燃料分级燃烧原理示意

烟气脱硝技术，就是将烟气中已生成的 NO_x 还原成 N_2。研究发现，有催化剂作用时，NO 可以在 300~ 500℃（具体温度由催化剂种类决定）被 NH_3 还原为 N_2，即选择性催化还原技术（SCR）；或是在 850~1050℃条件下直接被 NH_3 或者 $CO(NH_2)_2$ 还原为 N_2，即选择性非催化还原技术（SNCR）。因此可以认为烟气脱硝技术的本质就是 NO 的还原过程，如下所示：

SCR 还原反应

$$4NH_3 + 4NO + O_2 \xrightarrow{催化剂} 4N_2 + 6H_2O \tag{2-20}$$

$$8NH_3 + 6NO_2 + O_2 \xrightarrow{催化剂} 7N_2 + 12H_2O \tag{2-21}$$

SNCR 还原反应

$$4NH_3 + 6NO \longrightarrow 5N_2 + 6H_2O \tag{2-22}$$

$$CO(NH_2)_2 + 2NO + 0.5O_2 \longrightarrow 2N_2 + CO_2 + 2H_2O \tag{2-23}$$

还原剂的氧化反应

$$4NH_3 + 5O_2 \longrightarrow 4NO + 6H_2O \tag{2-24}$$

$$4NH_3 + 3O_2 \longrightarrow 2N_2 + 6H_2O \tag{2-25}$$

燃煤电厂 SCR 系统主要由 SCR 催化反应器、氨气注入系统、烟气旁路系统、还原剂储存和制备系统等组成。SCR 催化反应器一般采用高尘布置方式，如图 2-13 所示，布置在省煤器和空预器之间的高温烟道内。此处烟气温度在 300~400℃之间，刚好达到脱硝催化剂的最佳性能工作温度。反应器上游烟道布置还原剂喷入装置，喷入氨或其他合适的还原剂，在固体催化剂的作用下，发生多相催化反应。

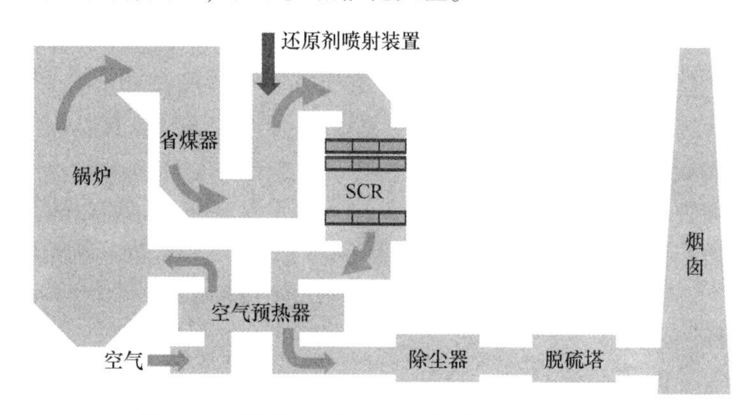

图 2-13 燃煤电厂锅炉采用的高含尘 SCR 布置

D 含重金属气体的生成及污染控制途径

煤炭中除了主要的 C、H、O、N、S 元素和次要的 Ca、Si、Al 等元素外，还含有微量汞（Hg）、砷（As）、铅（Pb）等重金属元素。通常重金属元素是指原子序数大于 23 或者是密度大于 $4.5g/m^3$ 的金属元素。虽然 As 不是金属，但具备与金属相似的性质，因此被称为类金属元素。因为有毒有害的微量元素基本都属于重金属，所以通常将它们统称为重金属元素。根据这些重金属元素对环境的危害可以分为三类：第一类 Hg、As、Pb 等，毒性最强；第二类锰（Mn）、钼（Mo）、镍（Ni）等；第三类钡（Ba）、钴（Co）、锑（Sb）等，毒性依次减弱。

煤炭在利用过程中将会发生一系列的物理、化学变化，逐渐将重金属释放出来，虽然重金属的含量整体来说都很少，微量甚至是痕量，但因为总体消耗量巨大，并且重金属元素在环境污染中表现出的高挥发性、易迁移性、生物蓄积性和持久危害性，不容忽视。特别是近年来的研究发现 $PM_{2.5}$ 颗粒中含有砷、锰、铅等多种重金属有害物，鉴于煤炭的利用对 $PM_{2.5}$ 的重要影响，煤炭利用过程中重金属的排放问题也成为重金属研究领域的重要内容。

通常重金属的挥发与它的单质或氧化物的沸点有强关联性，所以根据重金属元素的挥发难易度，可以将其分为：挥发性差的元素，在燃烧、热解、气化和液化等煤炭高温转化过程中，几乎不挥发，如铜、锰、锆等；中等挥发性元素，即挥发冷凝性元素，在加热过程中先挥发为气相，温度降低时发生凝结，如砷（As）、锌（Zn）、铬（Cr）等；强挥发性元素，即挥发不冷凝性元素，如 Hg，非常容易气化释放。

重金属元素在煤中的赋存形态多种多样，如吸附在煤炭大分子上的可交换态，以有机物、碳酸盐和硫化物等形式存在的结合态和被固定于矿物晶格中的残渣态。重金属元素在煤中的赋存形态决定了其在煤炭高温转化过程中的迁移规律。一些研究表明，除了 Hg 元素之外，通常以有机结合态的重金属元素在低于 500℃即可释放；而大多数以无机矿物结合态赋存的重金属元素在高于 800℃被释放；与黄铁矿相关的重金属元素总是表现出高的挥发性，而与黏土矿物结合的重金属通常释放相对缓慢。重金属元素在煤炭燃烧过程中的迁移转化，往往与颗粒污染物的形成密切相关。如图 2-14 所示，煤炭热解之后，As、Zn、Cr 等较易挥发的重金属元素释放出来，与周围的气体发生反应生成相应的无机化合物，同时焦炭中部分重金属氧化物也会挥发出来，它们一同构成矿物质蒸气。随着烟气流动温度下降，达到过饱和状态，将会形成粒径大约几十纳米的核态粒子，作为基核，提供蒸气异相凝结的场所，之后核态粒子之间、核态粒子和其他粒子之间及其他粒子之间互相凝并、聚集而形成亚微米级的细颗粒。此外，燃烧后期，焦炭颗粒爆裂或者燃烧殆尽，难挥发的重金属元素，如 Mn、Co、Pb 等就存在于较粗的灰颗粒中。这样，不同的重金属元素根据自身的挥发性迁移到不同粒径的颗粒污染物中去。除了温度和赋存形态外，对于燃烧过程来说，重金属元素的迁移转化特性还受燃烧设备及工况、除尘装置等诸多因素影响。

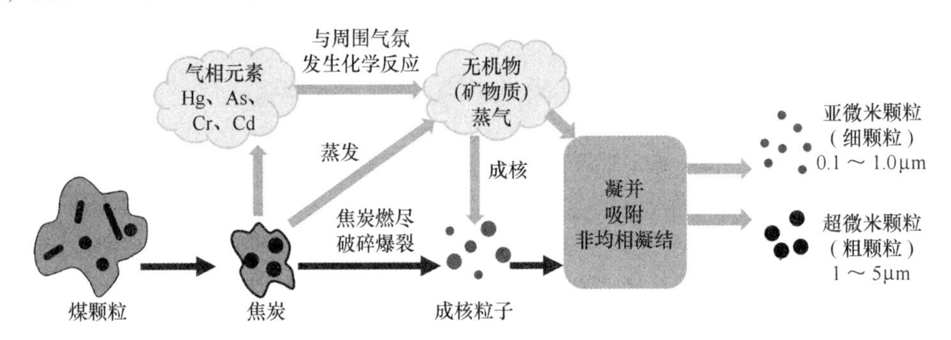

图 2-14　燃煤过程重金属元素的迁移转化

Hg 作为唯一被列入《火电厂大气污染物排放标准》（GB 13223—2011）中的重金属，不仅极易挥发，而且受多因素影响迁移转化过程非常复杂。我国煤炭平均含汞量在 0.88~2.25mg/g 煤，燃煤中 Hg 主要以 HgS 的结合态形式存在，在炉膛温度范围内，Hg 的化合物处于热不稳定状态，因此燃煤中几乎所有 Hg 都转变成气态的 Hg^0。在烟气流向烟囱出口的过程中，Hg^0 被烟气中氧化性较强的物质如 Cl_2 氧化为 Hg^{2+}，随着烟气流经各个受热面温度逐步降低，Hg^0 与其氧化态 Hg^{2+}会附着在烟气中粉煤灰上形成颗粒态的汞 Hg^P。并且人们发现，氧化态的 Hg^{2+}比 Hg^0 更易吸附在粉煤灰上，最终汞以 Hg^0、Hg^{2+}和 Hg^P 三种形态存在于烟气中。由此可见，在煤炭复杂的利用过程中，即使是具有强挥发性的汞，也并不是全都存在于气相中，有约 27%进入粉煤灰和底渣。

煤炭利用过程是释放煤中重金属的重要途径，重金属排放的问题已成为继粉尘、SO_2

和 NO_x 后，煤炭污染物控制的又一个重要问题。煤炭燃烧过程中重金属的控制方法可以根据控制阶段分为三类：燃烧前、燃烧中和燃烧后的控制。

（1）燃烧前的控制，也就是燃烧前预处理，主要包括洗选煤、热处理、型煤等技术。采用先进的洗选技术可使煤中重金属元素含量明显降低。在洗选技术中重金属元素的迁移脱除行为主要由重金属在煤中的赋存形态决定，一般来说，重金属元素与其他矿物质类似，主要存在于无机的硫化物、硫酸盐中，采用一定的化学方法脱去原煤中的硫酸盐与硫化物，也就相应地除去了存在于其中的重金属元素。研究表明：洗煤 Pb 的脱除率可以高达 80%，对 Hg^0 的脱除率可达到 46.7%。另外，通过型煤技术可减少 80%的烟尘排放，也在一定程度上实现了重金属的减排。

（2）燃烧中控制重金属排放可以通过循环流化床燃烧技术和添加固体吸附剂来实现。流化床燃烧属于低温燃烧，炉温一般控制在 950℃左右，相对高温的煤粉炉而言，在流化床内燃烧的部分重金属元素尚未转化为气态而被留在底渣中，从而减少了有害元素的排放，并且循环流化床的燃料具有更多的灰分，提供了更多的重金属可以吸附的表面。因此在循环流化床锅炉内加入固体吸附剂来捕获重金属也是一项有前景的重金属控制技术。

（3）燃烧后的控制技术分为两类：专门控制技术和协同脱除技术。专门控制技术是在特有的装置中，针对某种或某几种重金属而进行脱除。燃煤烟气脱汞专门技术主要是指吸附法，在燃烧后的尾部烟道中喷入各类吸附剂，如活性炭、钙基吸收剂和粉煤灰等。粉煤灰由于比表面积大，本身含有碱性物质和未燃尽碳，具有非常优异的吸附能力，并且实现了废物的资源化利用。如图 2-15（a）所示，在静电除尘前的烟道内喷入吸附剂，吸附剂与烟气共同移动至除尘设备的过程中，吸附剂充分吸附烟气中的 Hg^0，随后在除尘设备中将颗粒物收集起来从而实现烟气脱汞。该项技术的缺点是成本高，由于需要设置回收和再生吸附剂专门装置，增加了工艺的复杂程度。

协同脱除技术，即利用多个污染物净化装置一同实现减少污染物排放的目的。燃煤电厂含汞烟气的净化主要采用协同技术，借助现有的除尘、脱硫和脱硝的设备，在不同的设备中汞得以脱除，基本控制原理如图 2-15（b）所示。烟气中的 Hg 在离开炉膛时几乎都是零价的蒸气汞 Hg^0，在烟气流向烟囱出口的过程中，首先在 SCR 脱硝装置中，SCR 催化剂促进 Hg^0 向 Hg^{2+} 转化，烟气中 Hg^{2+} 的比例提高。且研究发现，Hg^{2+} 比 Hg^0 更易吸附在粉尘颗粒上。由于此时烟气中存在着大量的粉煤灰，于是 Hg^0 与 Hg^{2+} 吸附在粉煤灰上形成颗粒态汞 Hg^P。大型燃煤电厂的除尘技术以电除尘为主，除尘效果一般可达 99%以上，因此

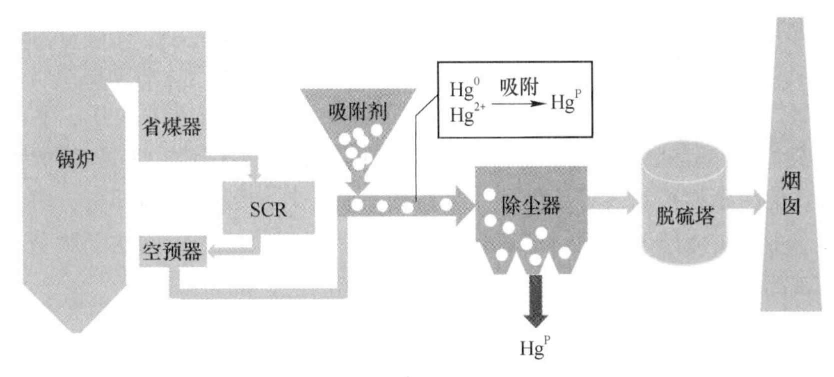

(a) 专门控制技术

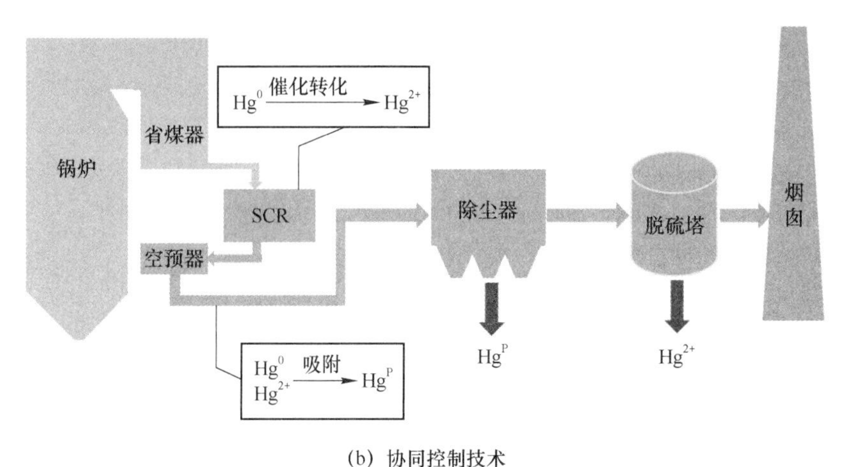

(b) 协同控制技术

图 2-15 燃煤烟气脱汞技术

经过电除尘后烟气中的 Hg^P 得到去除。随后烟气进入石灰石-石膏湿法脱硫塔，由于 Hg^{2+} 易溶于水，容易与石灰石或石灰吸收剂发生反应，脱除率可达 90%以上。利用 Hg 的不同形态在现有的污染控制设备中得到脱除，是高效且经济的控制方式。

E CO_2 的生成及资源化途径

过去 CO_2 并不被认为是一种污染物，只是一种主要的温室气体，随着全球气候变暖越发严重到已经影响社会安定和人类健康，作为对全球气温升高贡献度高达 70%的 CO_2 的排放成为了大家关注的焦点。CO_2 来自所有化石燃料的利用过程，火力发电厂是排放 CO_2 量最大的行业，火力发电厂燃烧化石燃料后排放的 CO_2 占全球燃烧同种燃料排放量的 30%，大约占全球人类活动排放 CO_2 的 24%。因此，排放 CO_2 最多的燃煤电厂成为最具潜力实施 CO_2 捕集的行业。CO_2 捕集封存及利用技术 CCUS，是将生产过程中排放的二氧化碳进行提纯、捕集，继而投入到新的生产过程中，循环再利用，或进行封存。当前 CCUS 技术已被国际上公认为是一种能够有效实现减排目标且成本最低的脱碳技术。

捕集是 CCUS 的第一步，是指将电力、煤化工、钢铁等行业利用化石能源而产生的 CO_2 进行分离和富集的过程；可分为燃烧前捕集、富氧燃烧捕集和燃烧后捕集。

(1) 燃烧前捕集技术是指在燃料进行彻底燃烧之前将 CO_2 分离出来，可以通过整体煤气化联合循环发电系统，即 IGCC 来实现。利用水煤气变换反应，将 CO 转化为 CO_2，将 CO_2 的浓度提高至 30%~40%，易于在后续工艺中进行捕集。

(2) 富氧燃烧控制技术的基本原理是利用高纯度的氧气代替普通助燃空气进行富氧燃烧，并通过烟气再循环技术，实现烟气中 CO_2 的富集，获得高浓度的 CO_2，利于捕集。

(3) 燃烧后捕集是指从燃烧设备排出的烟气中，捕集或者分离 CO_2，对原有系统继承程度高，与其他污染物控制装置，如除尘和脱硫设备一样加装在炉后即可，可处理不同浓度的气源，技术相对成熟。目前研究较多的方法包括：吸收法、吸附法、膜分离法、低温分离法和生物法等。

2.3.3.2 燃煤发电过程产生的废水

不同于气体污染物，燃煤发电过程产生的废水并不直接来自煤炭的燃烧。作为发电过程的工质，水资源在火力发电厂的运转中有着重要的作用。水在火力发电过程中有两个主要的循环：动力设备中水汽循环系统和冷却水循环系统。因此，火力发电厂不仅是用水大户，同时也是排水和水污染大户。虽然火电厂废水中的污染物含量不大，但由于排水量大，污染物的排放总量也相应增加。对于水资源来说，治理污染与废水资源化是等价的。随着我国水资源的紧张和环境保护要求的提高，从 2015 年发布的《水污染防治行动计划》提出禁止燃煤电厂脱硫废水外排，到 2018 年修编的《发电厂废水治理设计规范》进一步推动电厂废水“零排放”，电厂所面临的水资源问题和环境问题日益突出。为了降低成本、减少环境污染，需要不断探索新的处理模式，进一步优化废水处理工艺与技术，实现废水重复利用甚至“零排放”。

部分电厂主要废水和污水的来源如图 2-16 所示，能够看出电厂废水污水来源广泛，种类也有所差异，通常把它们归纳为三类：工业废水、冲灰水和生活污水。

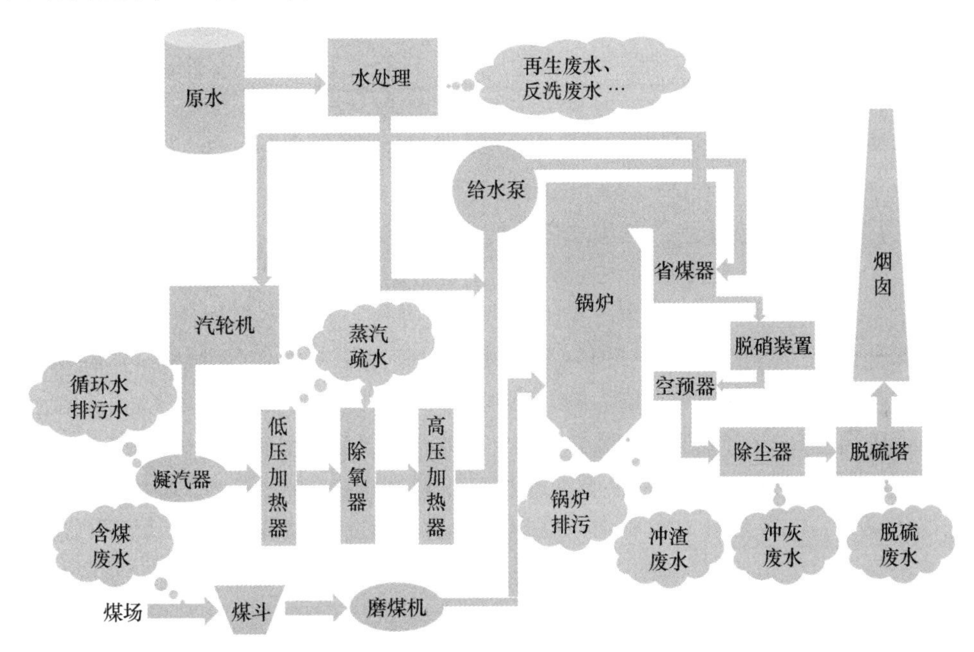

图 2-16 燃煤电厂废水主要产生环节

A 电厂工业废水

电厂工业废水包括水处理系统中利用化学处理方法产生的酸碱再生废水和反洗废水、工业冷却水排水、过滤器反洗废水、锅炉清洗废水、含油废水、冷却塔排污废水等。不同的工段，所排出的废水种类不同，污染物也不同，含量及排量都不固定，此类废水中污染物有悬浮物、油、有机物和硫化物等，处理起来难度偏大。

（1）汽轮机凝汽器的冷却排水或循环冷却水系统的排污水。这一部分用水量最大，它主要与冷却倍率、冷却系统的形式、水质及季节等因素有关。

（2）锅炉排污废水。这部分废水的水质与锅炉补给水的水处理工艺及锅炉参数和停炉保护措施等有很大关系，如亚临界参数锅炉，除 pH 值在 9.0~9.5 呈微碱性外，其余水质指标都非常好，如电导率大约为 10μS/cm，悬浮物含量小于 50mg/L，SiO_2 含量小于 0.2mg/L，Fe 含量小于 3.0mg/L，Cu 含量小于 1.0mg/L，所以这部分排水是完全可以回收利用的。

（3）锅炉化学清洗和停炉保护废水。对于大型机组，不仅要求新建锅炉启动前要进行化学清洗，在机组正常运行过程中，受热面上的沉积物超过规定值时也要进行化学清洗。锅炉的化学清洗一般是按照水冲洗、碱洗、酸洗、漂洗和钝化几个步骤进行的，每一步操作都会产生一定量的废水。化学清洗过程中所产生的废水，其化学成分浓度大小与所采用的药剂组成及锅炉受热面上被清除脏物的化学成分和数量有关，在这种废水中除含有酸、碱、盐及有机物之外，还含有大量的重金属、有机毒物及重金属与清洗剂之间形成的各种复杂的络合物或螯合物等。停炉保护因所采用的化学药剂大都为碱性物质，如 NaOH、氨水、联氨、磷酸三钠及碳酸环己胺等，所以排放的废水呈碱性，且含有一定数量的 Fe 和 Cu 的化合物。以上两种废水都是非经常性废水，具有排放集中、流量大、水中污染物成分和浓度随时都在变化的特点，所以处理起来比较困难。

（4）化学水处理废水包括澄清设备的泥浆废水、过滤设备的冲洗排水、离子交换设备的再生、冲洗废水及凝结水净化装置的排放废水。其废水量取决于水处理设备的规模、水质及运行方式等。澄清设备排放的泥浆废水其化学成分与原水水质和加入的混凝剂等因素有关，泥浆废水中的固体杂质含量在 1%~2%左右，其废水量一般为处理水量的 0.1%~0.5%。这种废水排入天然水体，不仅会增加天然水体的碱性物质含量，而且也增加水的浑浊程度。过滤设备反洗排水，其废水量大约是处理水量的 3%~5%，水中悬浮物的含量可达 300~1000mg/L，这种废水排入天然水体主要会增加水的悬浮物含量，使水更加浑浊。离子交换设备在再生和冲洗时，会产生一部分再生废水，其废水量大约为处理水量的 1%左右，这部分废水虽然水量不大，但水质很差。如阳离子交换设备用 H_2SO_4 或 HCl 再生时，再生过程中大约有 50%的水成为酸性废水，其平均酸度为 0.3%~0.5%。阴离子交换设备用 NaOH 再生时，再生过程大约有 25%的水量是碱性废水，碱的浓度平均大约为 0.5%~0.7%。凝结水精处理设备排出的废水只占处理水量的很少一部分，而且污染物质的含量都比较低，主要是热力设备的一些腐蚀产物，再生时的再生产物及 NH_3、酸、碱、盐类等，主要决定于精处理设备的形式和运行条件等，如设置有覆盖过滤设备时，排水中就会含有较多的纸浆纤维（或木质素）以及铜、铁等腐蚀产物。

（5）锅炉火侧的冲洗废水含 FeO 较多，有的是以悬浮颗粒存在，有的溶解于水中。如在冲洗过程中采用有机冲洗剂，则废水中的 COD 较高，超过排放标准。空气预热器的冲洗废水，其水质成分与燃料有关。当燃料的含硫量高时，冲洗废水的 pH 值可降至 1.6 以下；当燃料中 As 的含量较高时，废水中的 As 含量增加，有时高达 50mg/L 以上。

（6）凝汽器、冷却塔冲洗废水。凝汽器运行中，在铜管（或不锈钢管）内形成垢或沉积物，如在停机检修期间用清洗剂清洗，也会产生一定的废水。这部分废水的 pH 值、悬浮物、重金属、COD 等指标往往不合格。冷却塔的冲洗废水主要含有泥沙、有机物、氯化物、黏泥等。

（7）煤场排水和输煤系统冲洗排水。这种废水中的污染物主要是煤的碎末及其污染物，外观呈黑色或暗褐色，悬浮物和 COD 两个指标都较大，而且还含有一定数量的焦油成分及少量重金属。煤场排水通常呈酸性，其 pH 值在 3.0 左右，这主要是因为煤中含有硫化物所致。由于这种废水呈酸性，所以煤中的一些金属元素如 Fe、As、Mn 及氟化物等也会在水中溶解。

（8）含油废水。火力发电厂虽然以燃煤为主，但其燃煤电厂的重油设施、主厂房、电气设备、辅助设备等都可能排出含油废水包括重油、润滑油、绝缘油、煤油和汽油等。重油设施的含油废水是指水泵的冷却水，重油设施的凝结水，被重油污染的地下水及事故排放和检修所产生的废水。主厂房含油废水是指汽机和转动机械轴承的油系统泄漏的油而产生的含油废水。电气设备（包括变压器、高压油开关等）所造成的含油废水是由于法兰连接处泄漏引起的。油珠在废水中的存在形态有三种：悬浮态油珠，其粒径大于25μm，可借助本身与水的密度差上浮于水面，可用沉降法进行分离；乳化油珠，其粒径在0.5~2.5μm之间，不易用沉降法去除，必须用气浮法或混凝法去除；溶解态油珠，其粒径小于1.0μm，所以用一般物理法（如离心法、过滤法、浮选法等）不易进行分离。目前含油废水的主要问题是水中含油量和含酚量超标。

（9）烟气脱硫废水。烟气脱硫系统排放的废水一般来自SO_2吸收系统、石膏脱水系统和石膏清洗系统。废水中的杂质除了大量的可溶性氯化钙外，还有氟化物、亚硝酸盐、重金属离子、硫酸钙及细尘等。表2-2为某电厂脱硫废水水质。

表2-2 某电厂脱硫废水水质

项 目	数 值	项 目	数 值
pH值	5.5~7	总 Ca/mg·L^{-1}	≤2000
悬浮物/mg·L^{-1}	≤12000	总 Cd/mg·L^{-1}	≤2.0
SO_4^{2-}/mg·L^{-1}	≤16500	总 Al/mg·L^{-1}	10
总 Mg/mg·L^{-1}	1900~41500		

脱硫废水成分具有特殊性、复杂性和强腐蚀性，废水呈微酸性，盐分高，含重金属离子与固体杂质，处理难度大，成为制约火电厂废水“零排放”的关键因素。

B 电厂冲灰水

电厂冲灰水是指用于冲洗炉渣和除尘器排灰的水，一般经灰场沉降后排出。我国的火力发电厂是以燃煤为主，因此粉煤灰的排放量是很大的，冲灰水约占全部废水量的40%~50%，冲灰水中的污染物种类及其含量受煤种、燃煤方式及除尘方式影响较大。燃煤电厂的冲灰水超出标准的主要指标是pH值、悬浮物、含盐量和氟等，个别电厂还有重金属等。冲灰废水中杂质的成分不仅与灰、渣的化学成分有关，而且还与冲灰水的水质，锅炉的燃烧条件、除灰与冲灰方式及灰水比等因素有关。对粉煤灰的化学分析表明，其化学成分不仅有SiO_2、Al_2O_3、Fe_2O_3、CaO、MgO、Na_2O、K_2O等氧化物，而且还有少量的锗、砷、汞、铅的化合物、氟的化合物和硅的化合物等。当水和灰、渣接触时，灰、渣中的这些矿物质便溶解于水中，从而产生了冲灰废水。

C 电厂生活污水

生活污水是指厂区职工与居民在日常生活中所产生的废水，它包括厨房洗涤、沐浴、衣服洗涤、卫生间冲洗等废水。生活污水量根据厂区职工的生活用水量和居民居住区的用水量来确定。职工生活用水标准一般按每人每班为25~35L，小时变化系数为3.0~3.5。淋浴水标准每人每班为40~60L，其延续时间为1.0h，职工最大班人数为职工总数的80%。居住区生活标准每人每班为180L，小时变化系数为2.0，其延续时间为24h。火力发电厂内，生活污水约占电厂总需水量的10%左右，生活污水中的污染物成分较复杂，水质成分主要取决于居民的生活状况、生活习惯及生活水平（如用水量等），它往往含有大量的有机物，如蛋白质、油脂和碳水化合物等。

总体来说，火电厂的废水污水的种类多，但其中一些具有相似的性质，如锅炉等机组杂排水、工业冷却水排水和生活污水等属于低含盐量废水；循环水排污水和化学再生废水属于高含盐量废水；冲灰废水和含煤废水属于高悬浮物废水等。根据以上各种废水类型和特点，采用成熟的处理技术对其进行处理回用。火力发电厂的废水回收利用的空间很大，发展前景也广阔。回用的废水能够补给火力发电厂30%以上的水供给，不但节省淡水资源，同时，废水的回用又可以减少污水排放量，二者结合，既节约又环保。

2.3.3.3 燃烧发电过程产生的固废

火力发电厂固体废弃物属于能源工业固废中的一种，是指在工业生产过程和工业加工过程产生的一般不再具有原使用价值而被丢弃的以固态和半固态存在的物质，或是与提取目的组分不同的剩余物质，简称固废。

火力发电厂固废主要产生于煤炭燃烧过程和废气处理过程，主要有燃烧过程产生的炉渣与粉煤灰，采用石灰石湿法脱硫产生的脱硫石膏和废旧SCR催化剂等。

A 粉煤灰与炉渣

粉煤灰与炉渣来自煤完全燃烧后的残渣，这些残渣几乎全部来自煤中的矿物质。煤中矿物质来源有三种：原生矿物质，成煤植物中所含的无机元素；次生矿物质，煤形成过程中混入或与煤伴生的矿物质；外来矿物质，煤炭开采和加工处理中混入的矿物质。粉煤灰，又称飞灰，是从煤燃烧后的烟气中收捕下来的细灰，粉煤灰是燃煤电厂排出的主要固体废物。炉渣与粉煤灰成分基本相同，是煤在锅炉燃烧室中产生的熔融物。一般来讲，粉煤灰无论是煤粉炉还是循环流化床锅炉，灰渣排放量约为燃煤总量的1/3，即每燃烧1000kg煤，大约产出230~300kg粉煤灰和20~30kg的炉渣。不同类型的燃烧设备产生的炉渣、粉煤灰的性质有所不同，循环流化床锅炉产生的灰渣比普通煤粉炉多30%~40%，由于要在炉膛内进行干法脱硫，因此灰渣的主要成分包括脱硫副产物$CaSO_4$、$CaSO_3$和由石灰石、石灰组成的残留的脱硫剂。

B 脱硫石膏

脱硫石膏来自石灰石-石膏法脱硫工艺，具体反应过程如式（2-10）~式（2-14）所示，石膏生成总体反应如下所示：

$$CaCO_3 + SO_2 + \frac{1}{2}O_2 + 2H_2O \longrightarrow CaSO_4 \cdot 2H_2O + CO_2 \tag{2-26}$$

脱硫石膏产生量最大的行业是电力、热力生产和供应业，其次为黑色金属冶炼和压延加工业、有色金属冶炼和压延加工业、化学原料和化学制品制造业。脱硫石膏堆积占用大量土地资源，其所含的重金属、酸性氧化物等物质会污染环境，因此脱硫石膏的资源化利用引起了人们的关注。我国2019年的脱硫石膏产量达到71.5Mt，利用率约为80%。

C 废旧SCR催化剂

废旧SCR催化剂来自电厂烟气SCR脱硝工艺。SCR催化剂是烟气脱硝系统的核心，成本占到总设备投资的近30%。SCR催化剂一般为负载在TiO_2载体上的、添加WO_3和

MoO_3 的 V_2O_5 催化剂，$V_2O_5-WO_3-MoO_3/TiO_2$，使用过的 SCR 催化剂还可能含有灰中的 K、Ca、As、Al、Si 等杂质。经过 3~5 年的运行后催化剂会出现失活现象，导致脱硝单元对 NO_x 的去除效率出现不同程度的降低。目前 SCR 催化剂设计运行寿命一般为 3 年，通常采用“2+1”层的安装方式，按照每年更换 1 层的规律。以 2012 年开始投入使用计算，从 2014 年起我国将产生大量废弃 SCR 催化剂，预计到 2025 年累积量将达到 82 万吨，其中含有的大量有毒有害物质，随意堆放处置会造成严重的环境污染，必须对其进行妥善处理，并尽可能地加以利用，避免资源浪费。我国 2014 年颁布了《关于加强废烟气脱硝催化剂监管工作的通知》，要求对失活的催化剂首先考虑通过物理和化学等方法使其再次恢复活性并达到烟气脱硝的要求，但对失活程度较深，不可再生且无法利用的废 SCR 催化剂应交由具有相应能力的危险废物经营单位处理处置。废脱硝催化剂含有大量重金属，如不能妥善进行无害化处理，极易造成环境污染，通过有价组分回收等办法对废旧催化剂实现综合利用是资源循环技术的新尝试，值得关注。

2.4 煤炭焦化过程及废弃物的产生

煤炭焦化是指以煤为原料，经过高温干馏生产焦炭，同时获得煤气、煤焦油，并回收其他化工产品的过程。焦炭是高炉冶炼的主要燃料，焦炭在风口前燃烧放出大量热量并产生煤气，煤气在上升过程中将热量传给炉料，使高炉内的各种物理化学反应得以进行。自 20 世纪 80 代以来，随着我国经济的快速发展，我国的炼焦产业进入快速发展期。1991 年我国的焦炭产量跃居世界第一，到 2000 年我国焦炭出口量占到世界焦炭贸易量的 60%，成为全球最大的焦炭生产和出口国。进入新世纪，中国炼焦行业发展有了质的飞跃，已基本形成了以常规机焦炉生产高炉炼铁用冶金焦，以热回收焦炉生产机械铸造用铸造焦，以立式炉加工低变质煤生产电石、铁合金、化肥化工等用焦的系统生产体系，是世界上最为完整，对煤资源开发利用最为广泛、炼焦煤化工产品的价值潜力挖掘最为充分，独具中国特色的焦化工业体系。

2.4.1 煤的焦化过程

2.4.1.1 焦化机理

煤的热解，也叫作煤的干馏，是煤炭热化学加工的基础，是指煤在隔绝空气的条件下加热、分解，放出 CO、CH_4、H_2、H_2S、烷烃类及芳烃类等气体，生成焦炭（或半焦）和煤焦油等产物的过程，是一个复杂的物理、化学变化过程。按热解最终温度不同可分为：高温干馏（900~1050℃），中温干馏（700~800℃），低温干馏（500~600℃），煤炭的高温干馏就是煤炭焦化。煤焦化是生产焦炭，同时获得煤气、煤焦油并回收其他化工产品的一种煤转化工艺。

煤在变成焦炭过程中的变化规律，比较有影响的主要有溶剂抽提理论、物理黏结理论、塑性成焦机理、中间相成焦机理和传氢机理，其中最常用的是塑性成焦机理。煤炭的焦化过程如图 2-17 所示，分为三个阶段：

（1）煤炭热解过程的第一阶段发生在温度 300℃以下，是干燥和脱吸阶段，煤在这一阶段外形没有明显变化，除了水分的蒸发外，还会进一步放出吸附在毛细孔中的气体，如

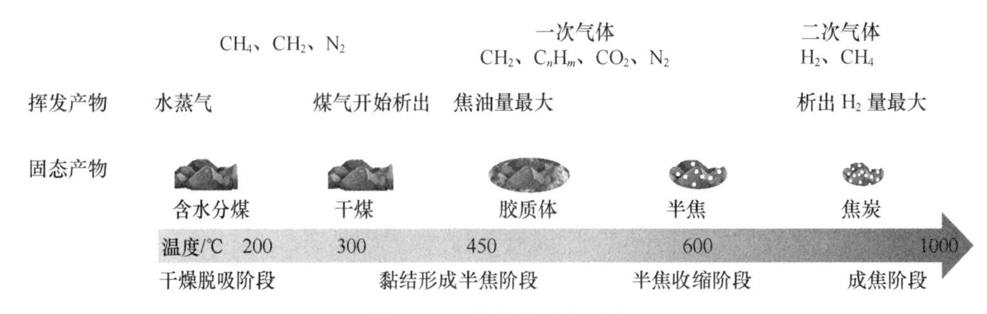

图 2-17　煤焦化过程示意

CH_4、CO_2 和 N_2 等，是一个脱水脱气的过程。

（2）第二阶段，300～600℃，以解聚和分解反应为主。将具有黏结性的烟煤加热到350～500℃时，煤开始软化，煤中有机质分子激烈分解，侧链从缩合芳环上断裂，并进一步分解。热分解产物中，相对分子质量小的组分就是煤气，除 CO 和 CO_2 外，主要是 CH_4 及不饱和气态烃；相对分子质量中等的组分呈液态，也就是焦油，在 450℃ 前后焦油量最大；相对分子质量大的、侧链断裂后的缩合芳环（变形粒子）和热分解时的不熔组分则呈固态。气、液、固三相组成胶质体。随着温度升高（450～550℃），胶质体的分解速度大于生成速度，部分以气体形式析出，450～600℃ 气体析出量最多，另外一部分则与固态颗粒融为一体，发生热缩聚而固化生成半焦。热缩聚过程中，液态产物的二次分解产物、变形粒子和不熔组分（包括灰分）结合在一起，生成不同结构的焦炭。煤的黏结性取决于胶质体的数量和性质。若胶质体中液态产物较多且流动性适宜，就能填充固体颗粒间隙，并发生黏结作用。胶质体中的液态产物热稳定性好，从生成胶质体到胶质体固化之间的温度区间宽，则胶质体存在的时间长，产生的黏结作用就充分。煤转变成塑性状态的能力是煤黏结性的基础条件，而煤的黏结性对焦炭产品的质量极为重要。因此，数量足够、流动性适宜和热稳定性好的胶质体是煤黏结成焦的必要条件。通过配煤可以调节配合煤的胶质体数量和性质，使之具备适宜的黏结性，以生产符合要求的焦炭产品。

（3）第三阶段，600～1000℃ 是半焦变成焦炭的阶段。当半焦从 550℃ 加热到 1000℃ 时，半焦内的有机质将进一步热分解和热缩聚。热分解主要发生在缩合芳环上热稳定性高的短侧链和连接芳环间的碳链桥上。分解产物以 CH_4 和 H_2 为主，称为二次气体，无液态产物生成。越到结焦后期，所析出的气态产物的相对分子质量越小，在 750℃ 后，几乎全是 H_2。缩合芳环周围的氢原子脱落后，产生的游离键使固态产物之间进一步热缩聚，从而使碳网不断增大，排列趋于致密。由于成焦过程中半焦和焦炭内各点的温度和升温速度不同，致使各点的收缩量不同，由此产生内应力。当内应力超过半焦和焦炭物质的强度时，就会形成裂纹。由热缩聚引起碳网缩合增大和由此而产生焦炭裂纹，是半焦收缩阶段的主要特征。煤的挥发分含量越高，其半焦收缩阶段的热分解和热缩聚越剧烈，所形成的收缩量和收缩速度也越大。气煤和肥煤的半焦在加热过程中的最大收缩值约为 3%，焦煤的约为 2%。挥发分含量相同的煤料，黏结性越好，收缩量越大。可以通过配煤和加入添加剂，来调节和控制半焦收缩量、最大收缩速度和最大收缩温度，以获得所要求的焦炭强度和块度。

焦化过程在炭化室内进行，不同结焦时间内，各层煤料的温度与状态如图 2-18 所示。

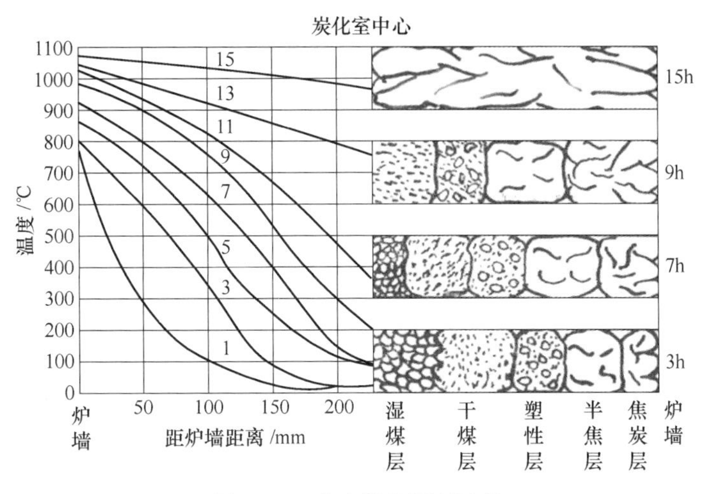

图 2-18 室内结焦原理示意

各层处于结焦过程的不同阶段，总是在炉墙附近先结成焦炭而后逐层向炭化室中心推移，这就是所谓的成层结焦。炭化室中心面上炉料温度始终最低，因此结焦末期炭化室中心面温度（焦饼中心温度）可以作为焦饼成熟程度的标志，称为炼焦最终温度。

2.4.1.2 炼焦用煤

选择炼焦用煤的关键指标是考察其挥发分、黏结性和结焦性，并保证尽可能低的灰分、硫分和磷含量，因此，绝大部分炼焦用煤必须经过洗选。煤按其在炼焦过程中的性状，可分为炼焦煤和非炼焦煤。

炼焦煤是指用单种煤炼焦时，可以生成具有一定块度和机械强度的焦炭的煤。这类煤具有黏结性，主要供炼焦用。烟煤中的气煤、肥煤、气肥煤、1/3 焦煤、焦煤和瘦煤都属于炼焦煤。炼焦煤中的焦煤可以单独炼焦，生产出符合要求的高炉焦。但是焦煤的资源从世界范围来说，都是匮乏的，因此通常把两种或两种以上煤牌号的炼焦煤以适当比例进行配煤，然后炼焦，以满足对焦炭质量的不同要求。

非炼焦煤在单独炼焦时不软化、不熔融、不能生成块状焦炭，这类煤没有或仅有极弱的黏结性，一般不作为炼焦用煤，褐煤、无烟煤及烟煤中的长焰煤、不黏煤和贫煤，都属于非炼焦煤。如煤化程度低的褐煤、泥煤的干馏过程不存在胶体形成阶段，仅发生激烈分解，析出大量气体和焦油，无黏性，生成的半焦为粉状，加热到高温时形成焦粉。高变质无烟煤的热解过程比较简单，是一个连续地析出少量气体的过程，既不能生成胶质体也不生成焦油。但当配煤中黏结组分过剩或需要生产特殊焦炭，如铸造焦时，可以配入少量非炼焦煤，作为瘦化剂用。非炼焦煤也可以作为生产型煤或型焦的原料。

炼焦用煤必须具有良好的结焦性，通常用具有黏结性的气煤、肥煤、焦煤和瘦煤（或其中的二种或三种）按比例配成炼焦原料。随着工业技术的发展，为扩大炼焦用煤资源，长焰煤、弱黏煤、不黏煤、贫煤和无烟煤等也可以少量地参与炼焦。除黏结性外，炼焦用煤要求灰分不大于 10%、硫分小于 1.0%和磷含量小于 0.02%，以保证获得高强度、低杂质的优质焦炭。

在选择炼焦用煤时，还必须考虑煤在炼焦过程中的膨胀压力。低挥发分的煤，因其胶质体黏度大，炼焦时容易产生高的膨胀压力，对焦炉砌体造成损害，这需要从配煤方面加以解决。此外，在焦化厂的生产成本中，炼焦用煤占很大比重，因此在选择炼焦用煤时，还必须考虑煤的价格和运输距离等经济因素。世界煤炭资源尚丰富，但炼焦用煤资源有限，故必须注意节约使用和扩大其范围。

2.4.2 焦化生产工艺

现代焦化生产过程分为备煤、炼焦和产品处理等工序，工艺流程如图 2-19 所示。

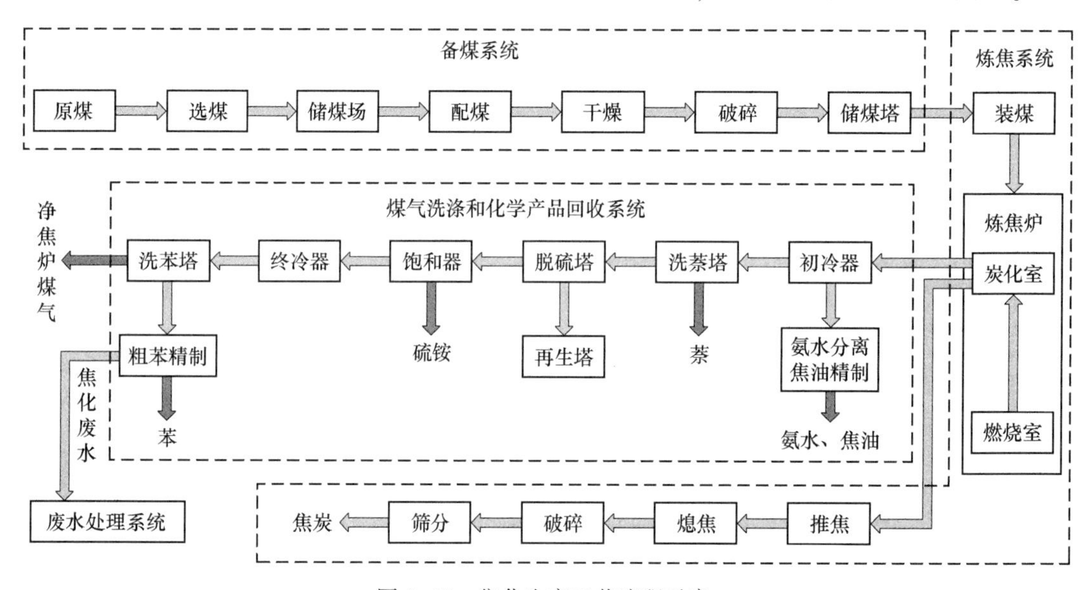

图 2-19 焦化生产工艺流程示意

多种煤经备煤系统混配并破碎后，经输煤栈桥运入储煤塔，用装煤车将捣好的煤饼从机侧装入焦炉的炭化室，煤饼在炭化室内在隔绝空气的条件下加热至 950~1100℃进行高温干馏，经过 14~16h 炼成焦炭，随后被推焦车推出落入熄焦车内，由熄焦车送至熄焦塔熄焦，熄焦后的焦炭送至凉焦台，最后送至焦厂。同时对产生的煤气、干馏炭及煤焦油或沥青等副产品进行提纯或净化。

2.4.2.1 备煤工艺

通常把原料煤在炼焦前进行处理以达到炼焦要求的工艺过程称为备煤工艺过程。此过程是在备煤车间完成的，主要经过堆放贮存、配煤、粉碎、调湿等一系列过程使之达到炼焦要求之后，通过皮带被输送到储煤塔供炼焦作业区使用。

原煤在炼焦之前，先进行洗选，目的是降低煤中所含的灰分和去除其他杂质，随后洗精煤由螺旋卸料机或翻车机卸入卸煤槽。按煤的种类分别由不同的运煤皮带输送机转运至贮煤仓，上煤时由煤仓下的电子自动配料秤将各种煤按相应比例配给到仓下皮带，即配煤。随后经除铁器除铁后进入粉碎机被粉碎至 85%以上的物料粒径满足要求后，再送至储煤塔内供炼焦用。

配煤就是将各种结焦性能不同的煤按一定比例配合炼焦。目的是在保证焦炭质量的前提下，节约优质炼焦煤，扩大炼焦用煤的使用范围。充分利用各种煤的结焦特性取长补短，改善冶金焦炭质量，也能合理利用煤炭资源。在保证焦炭质量的前提下，增加炼焦化学产品的产率和炼焦煤气的发生量，充分利用本地资源，因地制宜发展焦化企业。

配煤的基本原则：焦炭质量达到规定指标，满足使用部门的要求；不会产生对炉墙有危害的膨胀压力和引起推焦困难；在满足焦炭质量的前提下，尽量多配气煤，增加化学产品产率，尽量少配优质煤，多配劣质煤；尽可能降低配煤中的灰分和硫分；充分利用本地资源，做到运输合理，降低成本，最大限度实行区域配煤；力求达到配煤质量稳定，有利于生产和操作。

2.4.2.2 炼焦工艺

现代炼焦生产在焦化厂炼焦车间进行，炼焦车间一般由一座或几座焦炉及其辅助设施组成，焦炉的装煤、推焦、熄焦和筛焦（破碎和筛分）组成了焦炉操作的全过程。每个炉组都配备有装煤车、推焦车、拦焦机、熄焦车和电机车。装煤车的主要用途是从煤塔受煤，并运至炭化室，进行集尘管的连接、上升管的操作、装煤孔盖的取和送、炉顶的清扫，装煤孔盖的密封等工作。推焦车是在焦炉机侧轨道上运行并按一定的工艺程序对焦炉进行一系列操作的设备。其主要功能有：四车连锁、开关机侧炉门、推出炭化室内的红焦、炉门和炉框清扫、头尾焦处理、下次推焦炭化室小炉门的清扫、推焦除尘、上次推焦炭化室小炉门开闭、平煤、余煤处理等。拦焦车一条轨道设置在焦侧操作台上，另一条轨道设置在集尘干管的钢结构架上，两轨横跨电机车和熄焦车或焦罐车。其作用是取、装焦侧炉门、推焦时用导焦栅将红焦炭导入熄焦车或焦罐车内、将出焦烟尘导入集尘干管、清扫炉门、清扫炉框、处理头尾焦等。电机车运行在焦炉焦侧的熄焦车轨道上，用于牵引和操纵焦罐或湿熄焦车。该电机车既可满足干法熄焦的作业要求，又能满足湿法熄焦的作业要求。

如图 2-20 所示流程，由备煤车间来的配合煤，由皮带运入煤塔，装煤车行至煤塔下方，配合煤经煤塔下的料仓嘴装入装煤车，由摇动给料机均匀逐层给料，再用捣固机分层捣实，用推焦装煤车将捣好的煤饼从机侧装入焦炉的炭化室。高温干馏后，成熟的焦炭被推焦车经拦焦车导焦栅推出落入熄焦车内，然后依次经历以下过程：

（1）由熄焦车送去熄焦，有湿法熄焦和干法熄焦两种方式。前者是用熄焦车将出炉的红焦载往熄焦塔用水喷淋。后者是用 180℃ 左右的惰性气体逆流穿过红焦层进行热交换，焦炭被冷却到约 200℃，惰性气体则升温到 800℃ 左右，并送入余热锅炉，生产蒸汽，每吨焦发生蒸汽量约 400~500kg。干法熄焦可消除湿法熄焦对环境的污染，提高焦炭质量，同时回收大量热能，但基建投资大，设备复杂，维修费用高。

（2）由熄焦车送至凉焦台进行凉焦。将湿法熄焦后的焦炭，卸到倾斜的凉焦台面上进行冷却。焦炭在凉焦台上的停留时间一般要 30min 左右，以蒸发水分，并对少数未熄灭的红焦补行熄焦。

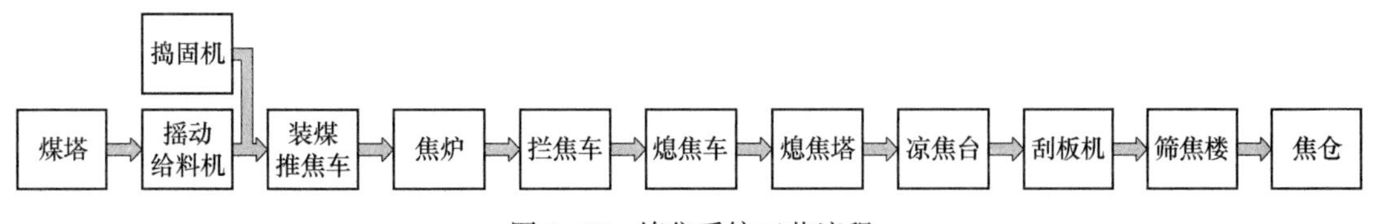

图 2-20 炼焦系统工艺流程

(3) 经刮板放焦机刮入带式输送机运至筛焦楼进行筛焦。根据用户要求将混合焦在筛焦楼进行筛分分级。我国钢铁联合企业的焦化厂，一般将焦炭筛分成四级，即粒度大于40mm为大块焦，40~25mm为中块焦，25~10mm为小块焦，小于10mm为粉焦。通常大、中块焦供冶金用，小块焦供化工部门用，粉焦用作烧结厂燃料。

(4) 最后将筛分处理后的各级焦炭分别贮存在贮焦槽内，即贮焦。然后装车外运，或由胶带输送机直接送给用户。将大于80（或75）毫米级的焦炭预先筛出，经切焦机破碎后再过筛，得到粒度80~25（或75~25）毫米级焦炭用于炼铁。这样可以提高焦炭粒度的均匀性，并避免大块焦炭沿固有的裂纹在高炉内碎裂，从而提高焦炭的机械强度，有利于炼铁生产。

2.4.2.3 化产回收工艺

焦化生产过程产生的产品除了有焦炭外，还有焦炉煤气和煤焦油，它们都是重要的化工原料。从煤焦油中分离和测定的化合物已经近百种，煤焦油产量约占装炉煤的3%~4%，其组成极为复杂，多数情况下是由煤焦油工业专门进行分离、提纯后加以利用。煤气和化学产品也是焦炭行业的产物。将炼焦过程的煤气和化学产品进行处理和提纯，便于煤气顺利地输送、储存和用户使用。因为炼焦过程中产生的萘通常以固体结晶析出，堵塞设备和煤气管道；煤焦油会影响氨和苯族烃的回收；氨则形成铵盐堵塞管道，并且燃烧时产生 NO_x 污染大气；硫化物腐蚀设备和管道，生成的硫化铁会堵塞管道，拆开设备时遇空气会自燃；不饱和碳氢化合物（苯乙烯、茚等）能聚合为“液相胶”堵塞管道。此外，通过焦化副产物的回收，提升经济效益的同时，也满足了环保要求。NH_3 的回收率约占装炉煤的0.2%~0.4%，常以硫酸铵、磷酸铵或浓氨水等形式作为最终产品；粗苯回收率约占煤的1%左右，其中苯、甲苯、二甲苯都是有机合成工业的原料；硫及硫氰化合物的回收，得到发热量为17500kJ/m^{3}左右的中热值煤气，每吨煤约产炼焦煤气300~400m^3，其质量约占装炉煤的16%~20%，是钢铁联合企业中的重要气体燃料，也可分离出供化学合成用的氢气和代替天然气的 CH_4。

化产回收工艺的分离原理如图2-21所示。荒煤气中含有大量化合物，不同的物质具有不同的沸点，当温度降低，高温下呈气态的物质会在不同的温度下凝结成为液态，从煤气中分离出来。若使用水、酸溶液或洗油等溶剂吸收煤气中的不同化合物，可以进一步在低温下对各种不同的化合物进行更好地分离。

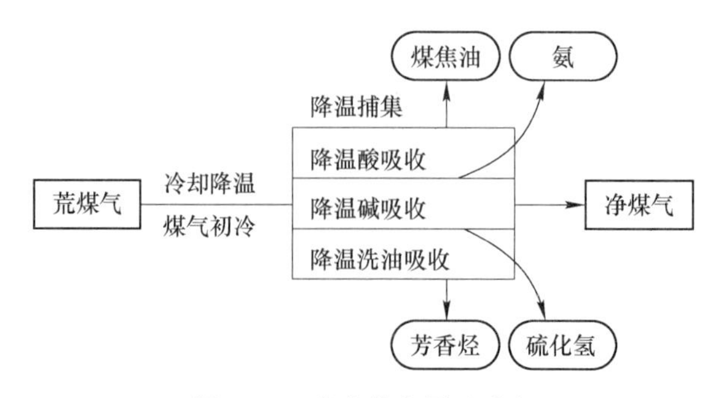

图2-21 化产分离原理示意

由于化产回收系统要回收诸多物化性质不同的产品，工艺流程非常复杂，主要的工艺包括：煤气初冷工段、硫铵工段（含剩余氨水蒸氨装置）、终冷洗苯工段、粗苯蒸馏工段和脱硫制酸工段。

A 煤气初冷工段

由于从煤气中回收化学产品时多采用冷凝法、冷却法和吸收法，在较低温度下才能保证较高的回收率，因此需要对煤气进行初冷。由于荒煤气中含有大量水蒸气，体积大，所以管道较粗，鼓风机流量较大。在冷却过程中，大部分煤焦油和萘也被分离，部分硫化物、氰化物溶于冷凝液中，减少回收设备和设备腐蚀。煤气初冷分两步进行：在集气管和桥管中用大量循环氨水喷洒，使煤气冷却到 80~90℃；在煤气初冷器中冷却，冷却到 25~35℃。

如图 2-22 所示，来自焦炉的荒煤气与焦油和氨水沿吸煤气管道至气液分离器进行气液分离，气液分离后荒煤气由上部出来，进入横管初冷器分段冷却。由横管初冷器下部排出的煤气，进入电捕焦油器除掉煤气中夹带的焦油，再由煤气鼓风机压送至硫铵工段。由气液分离器分离下来的焦油和氨水首先进入机械化氨水澄清槽，在此进行氨水、焦油和焦油渣的分离。上部的氨水流入循环氨水中间槽，再由循环氨水泵送至焦炉集气管循环喷洒冷却煤气，剩余氨水送入除焦油器，除焦油后自流入剩余氨水槽，再用剩余氨水泵送至剩余氨水蒸氨装置。澄清槽下部的焦油靠静压流入焦油分离器，进一步除去焦油中的焦油渣后，用焦油中间泵抽送至焦油超级离心机，采用机械方式脱除焦油中的焦油渣，被送入焦油中间贮槽再用焦油泵送往油库工段。机械化氨水澄清槽和焦油分离器底部沉降的焦油渣排至焦油渣箱、超级离心机排出的焦油渣靠重力落入焦油渣箱，定期送往煤场，掺入炼焦煤中。

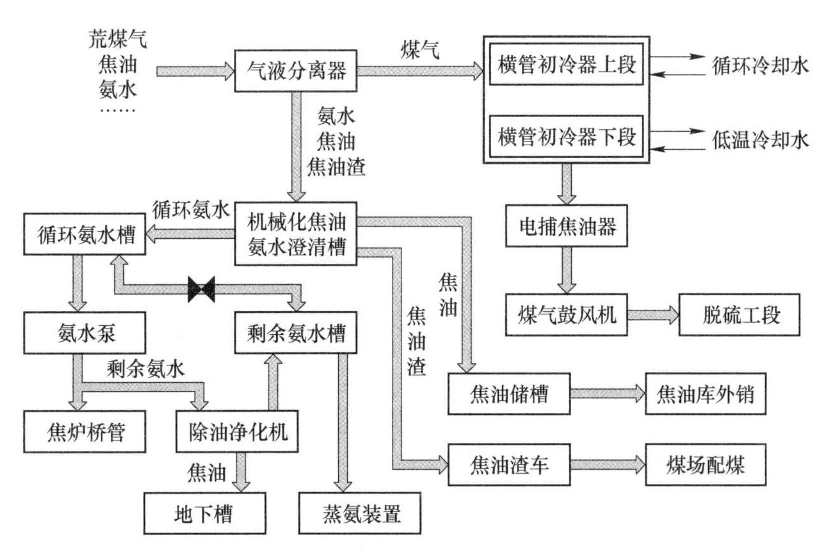

图 2-22 煤气初冷工艺流程示意

B 硫铵工段

由于煤气冷却过程喷入了氨水，因此自冷鼓工段来的焦炉气中含有 NH_3。NH_3 溶于水后生成氨水，可能会腐蚀设备和管路，在气相中可能会与 SO_2 或 SO_3 反应生成铵盐，引起管道设备堵塞，因此有必要将其回收加以利用。回收的方法主要是吸收法，吸收剂可以选择水、硫酸或磷酸。以硫酸为吸收液回收煤气中的氨，可以生成 $(NH_4)_2SO_4$，$(NH_4)_2SO_4$ 作为化肥可以应用于农业生产中，既达到了除去煤气中 NH_3 的目的，又实现了废气中有用组分的循环利用。

如图 2-23 所示，由冷鼓工段来的煤气经煤气预热器预热后进入饱和器，在饱和器内有含有硫酸的循环母液进行喷洒，煤气中的 NH_3 被母液中的硫酸吸收后生成 $(NH_4)_2SO_4$，经母液最后一次喷淋，随后进入饱和器内的旋风式除酸器，分离煤气中所夹带的酸雾，最后送至终冷洗苯工段。吸收了氨的循环母液由中心下降管流至饱和器下段的底部，母液由循环泵打入饱和器循环，以保证器内温度、酸度、粒度均匀。与此同时饱和器中的硫酸铵呈过饱和状态时就有结晶析出，沉积于饱和器底部，由结晶泵连同一部分母液送至结晶槽，较大颗粒的结晶沉淀下来。结晶槽的浆液排放到离心机，经分离的硫铵晶体送至振动流化床干燥机，由热风器加热的空气进行干燥，再经冷风冷却后进入硫铵储槽，随后称量、包装送入成品库。干燥硫铵后的尾气经旋风分离器分离后由排风机排至大气。结晶澄清的母液及离心机洗涤液一起返回饱和器。

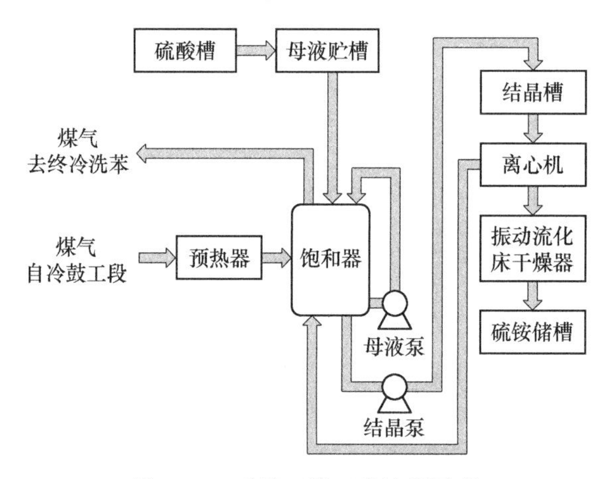

图 2-23 硫铵工段工艺流程示意

C 终冷洗苯和粗苯蒸馏工段

粗苯的回收是一个物理过程，如图 2-24 所示，从硫铵工段来的约 55℃的煤气，首先从终冷塔下部进入，用循环冷却水将煤气冷却到 25℃左右后进入洗苯塔。由粗苯蒸馏工段送来的贫油从洗苯塔的顶部喷洒，与煤气逆向接触吸收煤气中的苯，煤气在洗苯塔经贫油洗涤脱除粗苯后，送往脱硫工段。塔底吸收了苯的富油从终冷洗苯装置出来后，依次送经油汽换热器、贫富油换热器，再经管式炉加热至 180℃后进入脱苯塔。在脱苯塔内用再生器来的蒸汽进行汽提和蒸馏。塔顶逸出的轻苯蒸汽经油汽换热器、轻苯冷凝器冷却后，进入油水分离器。分离出的轻苯流入轻苯回流槽，部分用轻苯回流泵送至塔顶作为回流，其余进入轻苯贮槽，再用轻苯产品泵送至油库。脱苯塔底排出的热贫油，经贫富油换热器换热后进入贫油槽，然后用热贫油泵抽出经一段贫油冷却器、二段贫油冷却器冷却后去终冷洗苯装置。

D 脱硫制酸工段

来自洗苯塔后的煤气进入脱硫塔，煤气自下而上与贫液逆流接触，煤气中的 H_2S、

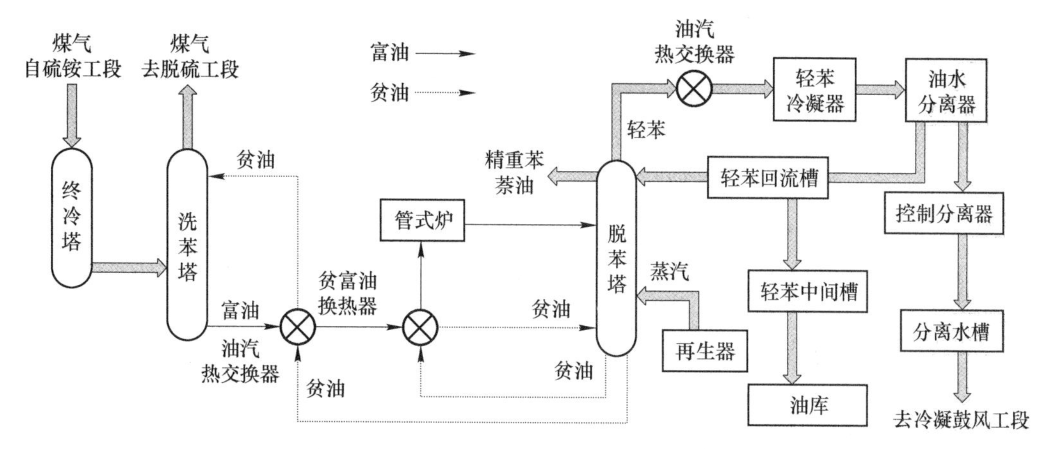

图 2-24 终冷洗苯和粗苯蒸馏工艺流程示意

HCN 等酸性气体被吸收，其主要反应为：

$$2KOH + CO_2 \longrightarrow K_2CO_3 + H_2O \tag{2-27}$$

$$H_2S + K_2CO_3 \longrightarrow KHS + KHCO_3 \tag{2-28}$$

$$HCN + K_2CO_3 \longrightarrow KCN + KHCO_3 \tag{2-29}$$

$$CO_2 + K_2CO_3 + H_2O \longrightarrow 2KHCO_3 \tag{2-30}$$

同时，在脱硫塔上段加入浓度为 5%的 NaOH 溶液，进一步脱除煤气中的 H_2S，脱硫后的煤气一部分送回焦炉和粗苯管式炉加热使用，其余送往用户。如图 2-25 所示，吸收了酸性气体的富液与再生塔底出来的热贫液换热后，由顶部进入再生塔再生，再生塔在真空低温下运行，富液与再生塔底上升的水蒸气接触使酸性成分解吸，其反应如下：

$$KHS + KHCO_3 \longrightarrow H_2S + K_2CO_3 \tag{2-31}$$

$$KCN + KHCO_3 \longrightarrow HCN + K_2CO_3 \tag{2-32}$$

$$2KHCO_3 \longrightarrow CO_2 + K_2CO_3 + H_2O \tag{2-33}$$

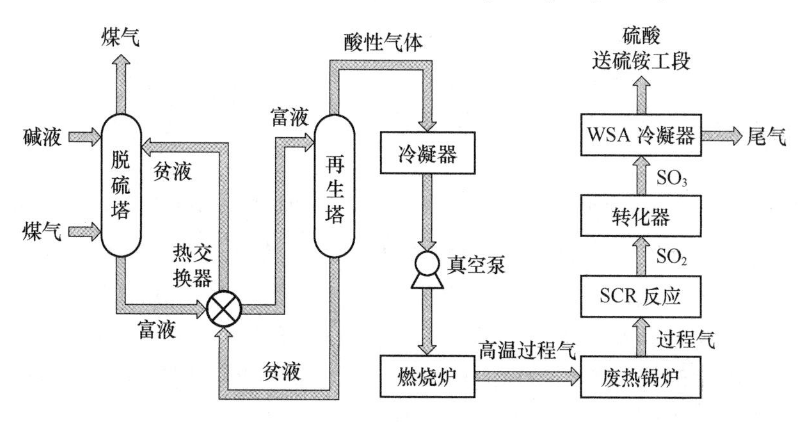

图 2-25 脱硫制酸工艺流程示意

再生塔顶出来的酸性气体进冷凝冷却器除水后，经真空泵，与空气混合后进入燃烧炉内进行完全燃烧。炉中高温主要依靠化学反应热来维持，当酸汽中 H_2S 含量较低时，尚需补充少量煤气。酸性气体的主要成分包括 H_2S、HCN、CO_2，以及少量的 NH_3 和萘，在燃烧炉内，该气体与空气在氧气过剩的条件下燃烧，生成 SO_2、NO_x 和 H_2O。

由燃烧炉排出的高温过程气，经废热锅炉冷却回收余热，产生中压饱和蒸汽，进行热回收。冷却后的过程气进入 SCR 反应器，脱除其中的 NO_x，随后过程气进入转化器。转化器内装有催化剂，在 420~450℃的温度下，将含有水汽的 SO_2 过程气催化转化为 SO_3。转化过程中放出的反应热通过层间换热器用于产生蒸汽。接着从湿式转化单元的 SO_3 过程气进入 WSA 冷凝器，用冷空气对其进行间接冷却，SO_3 凝结成为 H_2SO_4，收集在铺设砖衬里的冷凝器底部。大部分 H_2SO_4 作循环冷却用酸回兑到 WSA 冷凝器底部出口，一部分送入硫酸中间槽，再用泵输送到硫铵装置。尾气中含酸极少，达到国家环保排放标准进行外排，离开 WSA 冷凝器的温度约 100℃，直接经烟囱排入大气。

2.4.3 焦化生产过程产生的废弃物

焦化行业是仅次于火力发电的第二用煤大户，也是污染大户。在焦化生产的大部分工艺中，如备煤系统、炭化室、燃烧室及煤气洗涤和化学产品回收系统等多个生产环节均有污染物的产生。备煤过程产生的废渣、废水、渗滤液，装煤过程产生的粉尘和炭化室泄露的污染气体，湿法熄焦产生的烟尘和废水，荒煤气净化、焦油、粗苯精加工过程中产生的烟气、焦化废水和固体废弃物等是焦化厂的主要污染物。鼓冷工段产生的焦油渣和粗苯工段产生的洗油渣甚至是危险废弃物。从资源经济和环境保护的角度出发，探索炼焦行业污染物的产生过程并且研究相应的控制和回收技术工艺是推动焦化行业高质量发展的重要途径。

2.4.3.1 焦化生产过程产生的废气

如图 2-26 所示，机械化炼焦厂主要的生产工序包括备煤、炼焦和化产回收等过程均会产生含尘气体。备煤系统的气态污染物主要是粉尘，而炼焦和化产回收系统产生的废气则种类多样，对环境带来严重的危害。

A 炼焦过程

炼焦过程产生的废气一方面来自化学转化过程中未完全炭化的细煤粉及其析出的挥发组分、焦油气、飞灰和泄漏的粗煤气，另一方面来自出焦时灼热的焦炭与空气接触生成的氧化产物等。主要污染物包括苯系物（如苯并［a］芘）、酚、氰、CO、CO_2、SO_2 及碳氢化合物等。

（1）装煤过程中污染物主要来自装炉开始时，装炉煤和高温炉墙接触升温，产生大量水蒸气和挥发分，炭化室压力突然上升导致煤粉扬起，废气逸散，并且由于空气中的氧和入炉的细煤粒不完全燃烧，产生以 B[a]P、颗粒物、H_2S、NH_3 和酚等为主的不完全燃烧产物。另一个来源是炉顶废气及炉门泄漏废气。装煤孔盖、上升管等与炉门顶等连接不严，荒煤气从缝隙中泄漏，焦炉炉顶散落煤，受热分解也产生烟气。炼焦过程中炉门刀边炉框镜面不严密处产生的泄漏废气，主要污染物为颗粒物、苯、B[a]P、SO_2、CO、NO_x、H_2S、NH_3 和酚类等，这种废气的成分复杂，且具有较大的毒害性。装煤过程中烟尘的排放量约占焦炉烟尘排放量的 60%。

（2）出焦过程污染物主要来自炭化室炉门打开后散发出的残余煤气，以及由于空气进入使部分焦炭和可燃气燃烧产生的烟尘。推焦时炉门及导焦槽，焦炭从导焦槽落到熄焦车

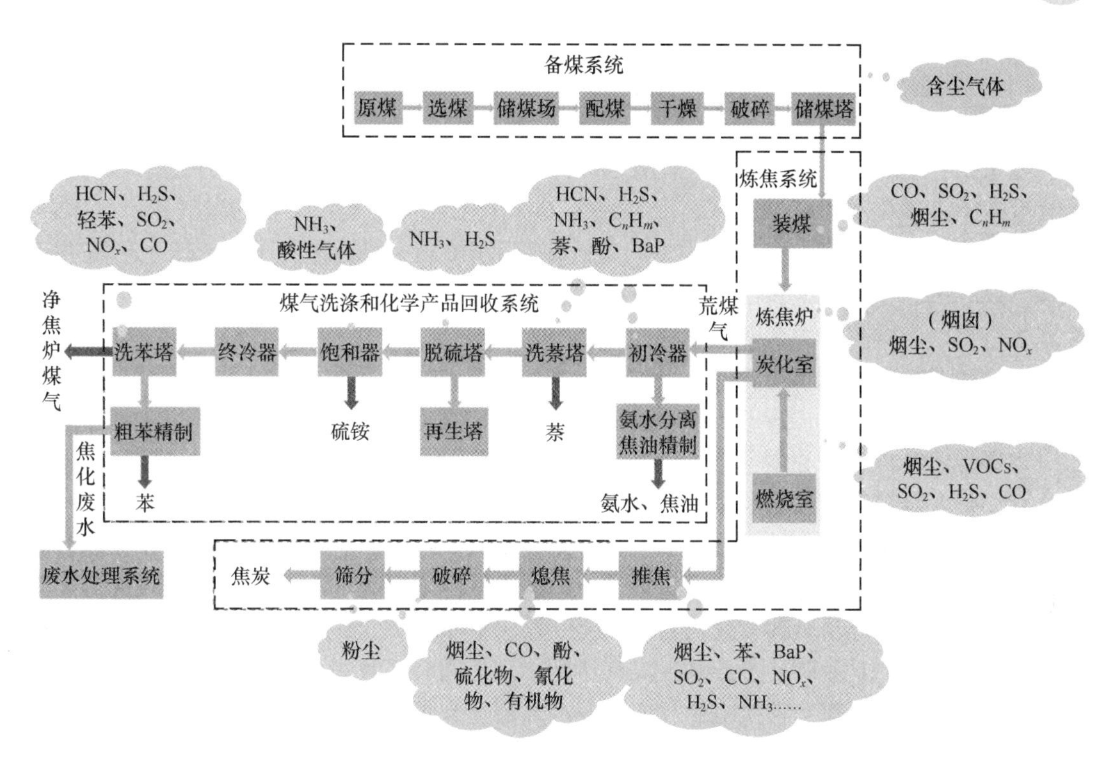

图 2-26 焦化生产过程废气产生节点示意

中，熄焦车行至熄焦塔途中都会产生粉尘。主要大气污染物为 CO、烟尘、硫化物及挥发性有机物（VOCs）等。此外，焦炉加热燃烧室燃烧煤气产生的废气，主要包括烟尘、SO_2 和 NO_x 等。

（3）推焦过程污染物来自成熟焦炭经推焦车、拦焦车从炭化室推出进入熄焦车而产生的高温烟气。主要污染物为颗粒物、苯、B[a]P、SO_2、CO、NO_x、H_2S 和 NH_3 等。

（4）熄焦过程污染物来自熄焦塔的排气。为防止自燃和便于皮带运输，从炭化室出来的红焦必须经过熄焦。熄焦分湿熄焦、干熄焦及低水分熄焦。湿熄焦向熄焦塔内红焦淋水时，会有大量含有污染物的饱和水蒸气经熄焦塔顶部排出，主要大气污染物为 CO、酚、硫化物、氰化物和几十种有机化合物，其对环境的污染占整个炼焦环境污染的 1/3。干熄焦利用惰性气体吸收密闭系统中红焦的热量，携带热量的惰性气体与废热锅炉进行热交换产生水蒸气后，再循环回来对红焦进行冷却。干法熄焦可减少大量熄焦水，消除含有焦粉的水汽和有害气体。低水分熄焦可代替目前广泛使用的常规喷淋湿熄焦方式，焦炭水分能控制在较低水平且稳定性更高，焦炭粒级分布较好。

（5）筛储焦过程污染物主要来自熄焦后焦炭在破碎、筛分、储存时产生的粉尘。

（6）焦炭生产过程中各工序无组织排放的大气污染物，如推焦过程中粉尘及大气污染物逸散，经统计推焦过程产生的粉尘占焦炉排放量的 10%。

B 煤气洗涤和化产回收过程

煤气净化车间各工段向空气中排放的有害物主要来自化学反应和分离操作的尾气、系统和设备管道的放空、系统和设备管道的放散与滴漏、燃烧装置的烟囱等，排放的危害物主要有原料中的挥发性气体、燃烧废气等。

(1) 煤气初冷工段废气。从炭化室导出的荒煤气温度高达650~700℃，一般使用氨水进行冷却并回收焦油和氨水。冷鼓工段的氨水澄清槽、焦油分离器、初冷器、电捕焦油器、氨水槽、焦油槽、冷却液槽、废液池、焦油渣池、库区储罐等各个工序放散口均会产生含有 NH_3、H_2S、HCN、酚、萘、苯并芘、碳氢化合物等各类污染物的尾气。

(2) 硫铵工段废气。目前国内生产硫铵普遍采用的是喷淋式饱和器硫铵工艺，在生产硫铵的过程中，喷淋式饱和器、硫酸高置槽、满流槽、母液槽、结晶槽、干燥机等各工序会产生带有一定颗粒物的含 NH_3 和一定酸性成分的尾气。

(3) 终冷洗苯和粗苯蒸馏工段废气。一般采用洗油对苯系物进行吸收，后续对富油精馏脱苯进行苯系物回收。该工段中碱液槽、洗苯塔、终冷塔、管式炉、脱苯塔、油槽、油水分离器、富油槽、洗油槽等各个工序会产生含有不冷凝气体，如 H_2S、HCN 和少量轻苯。管式炉燃烧煤气后其烟囱排放出含有 SO_2、NO_x 和 CO 等的气态污染物。

(4) 脱硫工段废气。焦炉煤气中的硫化物包括以 H_2S 为主的无机硫化物和硫的有机化合物，如二硫化碳、噻吩及硫氧化碳等。但通常情况下含硫的有机化合物在较高温度下进行变换反应时，几乎全部转化为 H_2S，所以煤气中90%以上的含硫化合物是 H_2S。脱硫工段最主要的目的是脱除初步冷却后煤气中的 H_2S，同时吸收煤气中的 NH_3。因此在脱硫工段的预冷塔、脱硫塔、再生塔、反应槽、冷却器、泡沫槽、熔硫釜、清液槽、硫磺槽等各个工序放散口主要产生含 H_2S 和 NH_3 的废气。

2.4.3.2 焦化生产过程产生的废水

焦化废水是焦炭生产及其后续化工产品分离提纯产生废水的混合废水，来自各个不同的工艺段，因此，焦化废水是一个不同组成废水的混合废水。焦化废水中多环芳烃难以降解，且为强致癌物质，对环境造成严重污染的同时也直接威胁到人类健康。焦化生产中的废水主要来源于煤中的水分、喷淋氨水、煤气冷却水等外加水源。如图 2-27 所示，焦化废水是在原煤高温干馏、煤气净化和化工产品精制过程中的备煤、湿法熄焦、焦油加工、煤气冷却、脱苯脱萘等工序中形成的，废水类别包括除尘废水、剩余氨水、煤气终冷水、粗苯分离水和煤气水封水等。

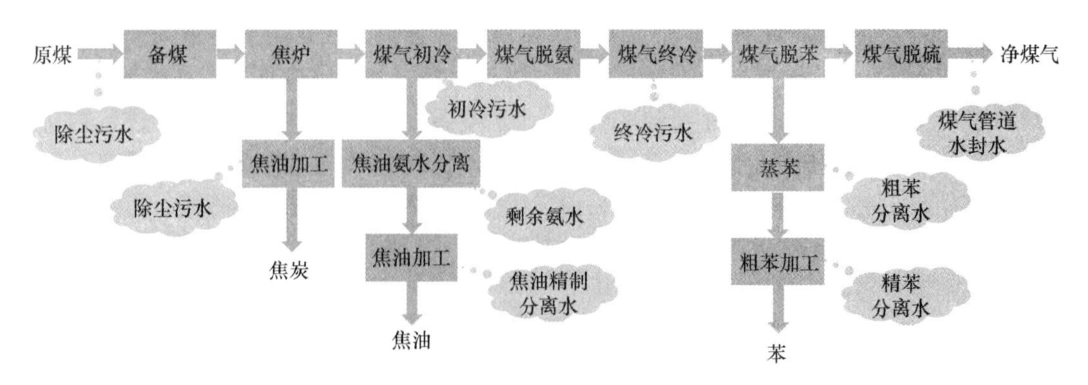

图 2-27 焦化生产工艺废水来源示意

(1) 除尘废水。除尘废水是运煤、备煤、出焦、湿法熄焦中排出的废水，含有较高浓度的悬浮物，部分含有酚、氰等污染物，一般经过澄清或者沉淀处理可重复利用。

（2）剩余氨水。剩余氨水是在煤干馏及煤气冷却中生产出来的废水，其水量占焦化总量的一半以上，是焦化废水的主要来源。一般煤的自由水分为 8%～12%，化合水分为 2%左右，自由水分在炼焦过程中挥发逸出，化合水受热裂解析随煤气逸出，两者经初冷凝器冷却形成冷凝水，煤气中能溶于水或微溶于水的物质，如氨、酚、氰等会在冷凝过程中形成极其复杂的废水。并且高温粗煤气在大量氨水的喷淋下降温，喷淋氨水与煤焦油分离后部分用于循环冷却煤气，这部分废水含有高浓度的氨、酚、氰、硫化物及油类。

（3）煤气终冷水和粗苯分离水。煤气终冷水和粗苯分离水是煤气净化过程中煤气冷却器和粗苯分离槽排水等处产生的废水，这部分废水所含污染物浓度相对较低。

（4）焦油、粗苯精制废水。焦油、粗苯精制废水是煤焦油的分流、苯的精制及其他工艺过程所产生的废水，此部分废水量较小，污染物浓度也较低，但成分复杂。

通常，也将煤气终冷的直接冷却水、粗苯加工的直接蒸汽冷凝分离水、精苯加工过程的直接蒸汽冷凝分离水、焦油精制加工过程的直接蒸汽冷凝分离水、洗涤水、车间或设备清洗水等煤焦化过程中产生的含有酚、氰、硫化物和油类的废水，与焦化过程中产生的剩余氨水一起称为酚氰废水。酚氰废水污染物种类繁多、成分复杂，既有大量的芳香族、杂环类难降解有机物，如苯类、酚类、萘、蒽等，也含有氨氮、氰化物、硫化物等无机污染物，废水中 COD、氨氮和酚的浓度高，是较难处理的有毒有害高浓度工业废水。

2.4.3.3 焦化生产过程产生的固废

如图 2-28 所示，除了气态和液态污染物外，焦化生产过程中也会产生固体废弃物。

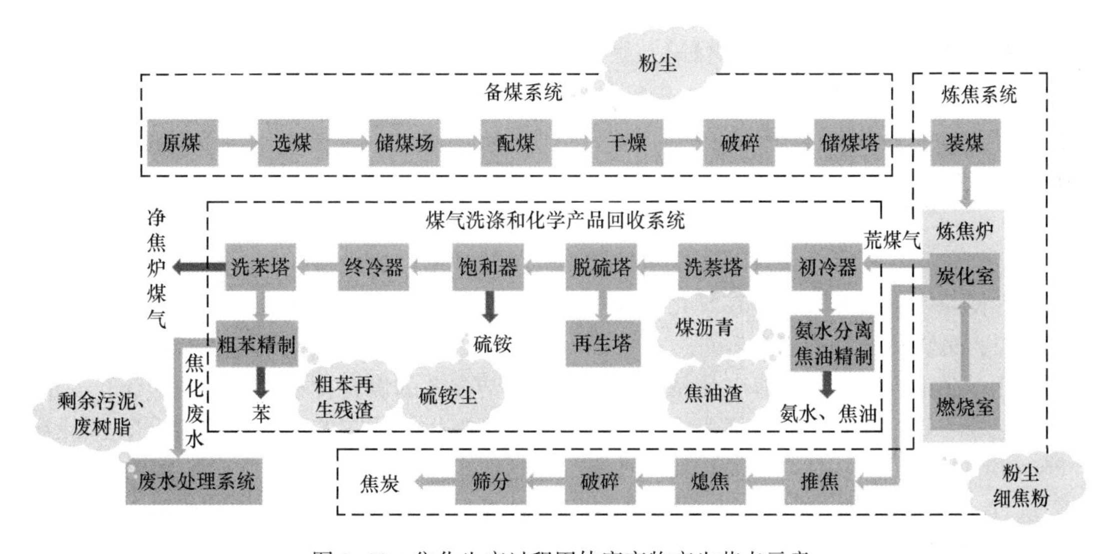

图 2-28 焦化生产过程固体废弃物产生节点示意

备煤、装煤、推焦、熄焦和筛焦过程中收集下来的粉尘及细焦粉等，属于一般固废，收集后可用于配煤炼焦。化产回收及煤气精制系统产生的废弃物主要有煤沥青、焦油渣、粗苯再生残渣等。煤焦油沥青（简称煤沥青），是煤焦油经进一步蒸馏去除液体馏分后剩余的固体物料。焦油渣是焦炉煤气中夹带的残留煤粉、焦粉、石墨颗粒和飞灰等混合于煤焦油中，而形成不规则的大小不等的固体团，并且由于焦油渣与焦油的密度接近，粒度小，非常容易与焦油黏附在一起。粗苯再生残渣是粗苯再生工序中产生的一类类似于沥青的残渣。特别是冷鼓工序焦油氨水澄清槽及分离器产生的焦油渣、硫铵工序蒸氨塔产生的硫铵尘、粗苯工段洗油再生器产生的粗笨再生残渣属于危险废弃物，需要对其进行谨慎的处理。此外，焦化污水处理产生的剩余污泥、废树脂和粉尘等固废，以及一般焦油渣、洗苯残渣可用于配煤炼焦，焦油酸可作为生产炭黑原料，硫铵尘可回收做化肥。

2.5 煤气化和液化过程及废弃物的产生

能源生产与消费革命的大趋势是能源的清洁高效利用，面对日益凸显的能源与环境问题，推动能源转型，实现能源清洁高效利用，成为我国能源发展的重要任务。煤炭是我国重要的基础能源和化工原料，为国民经济发展和社会稳定提供了重要支撑。目前，煤炭的主要利用方式是直接燃烧发电和工业供热，总体上效率较低、污染较重，这不仅造成了巨大资源浪费，而且导致严重的环境污染和温室气体 CO_2 的大量排放。我国石油和天然气的探明可采储量仅为世界人均值的10%和3%，进口量大，对外依存度高。未来我国油气能源的高对外依存度态势仍将长期存在。随着我国经济的快速发展，石油、天然气供应缺口逐年加大，势必影响我国经济的可持续发展，也将造成能源供给的安全隐患。因此，煤炭清洁高效转化，不仅可以缓解我国能源供应紧张局面，保障国家能源安全，也是构建我国清洁低碳、安全高效的能源体系的必然选择。经过多年研究和技术开发，煤炭清洁高效转化技术已取得了一系列突破性进展，成为我国煤炭行业持续健康发展的重要支撑。

煤炭清洁高效转化是用化学方法将煤炭转变为气体、液体和固体产品或半产品，而后进一步加工成能源和化工产品。目前，煤炭清洁高效转化利用方式主要分为热解、气化、液化（直接液化和间接液化）等。本书主要关注煤炭的一次转化技术，即煤的气化和液化，也称为煤炭的直接转化技术。

2.5.1 煤气化技术

煤炭气化是在适宜的条件下将煤炭转化为气体的技术，为民用、工业生产燃料气或合成气，并使煤中的硫和灰分等在气化过程中或之后得到脱除，减少污染物排放。煤气是洁净的燃料，可供给发电、工业锅炉、窑炉和城市民用，也是合成氨、甲醇、二甲醚、醋酸酐煤等化学品的重要原料。煤气化技术作为一种清洁高效的煤转化技术，是现代煤化工的龙头和基础。无论是以生产油品为主的煤液化，还是以生产化工产品如合成氨、甲醇、烯烃等为主的煤化工，选择合适的煤气化技术都是整个生产工艺的关键。

从20世纪80年代开始，我国陆续引进了多种煤气化技术，包括德国鲁奇技术、美国德士古技术、荷兰壳牌技术、德国GSP技术等，但这些技术在本土化过程中存在运行不稳定、投资偏高及对国内的煤种适应性差等缺点。近年来，结合我国的实际情况陆续开发出多种自主创新的煤气化技术。截至2017年底，我国具有自主知识产权的气化炉市场占有率总和达到51.6%。我国自主创新的煤气化炉更适合我国国情和煤种，对我国煤化工的发展作出了巨大贡献。目前煤气化技术大型化、真正实现污水“零排放”、炉渣固废全部综合利用等目标是煤气化技术研究的重点。

2.5.1.1 煤气化原理

煤的气化过程是一个热化学过程，在特定的设备（气化炉）内它以煤为原料，以氧气（空气、富氧或纯氧）、水蒸气或氢气为气化剂（又称气化介质），在一定的压力、温度下，通过部分氧化反应将原料煤从固体燃料转化为气体燃料（即气化煤气，或简称煤气）的过程。煤发生气化的基本条件首先是需要气化原料（煤、焦炭）和气化剂，气化剂可以是空气、空气-蒸汽、富氧空气-蒸汽、氧气-蒸汽、蒸汽或 CO_2 的混合气。煤气化过程主要包括以下反应：

碳的氧化反应 $C + O_2 \longrightarrow CO_2 \quad \Delta H = -395.4kJ/mol$

$$H_2 + \frac{1}{2}O_2 \longrightarrow H_2O \quad \Delta H = -21.8kJ/mol \tag{2-34}$$

热解反应 $$C_mH_n \longrightarrow \frac{n}{4}CH_4 + \frac{m-n}{4}C \tag{2-35}$$

$$C_mH_n + \frac{2m-n}{2}H_2 \longrightarrow mCH_4$$

发生炉煤气反应 $C + CO_2 \longrightarrow 2CO \quad \Delta H = 167.9kJ/mol$ (2-36)

碳与水蒸气反应 $C + H_2O \longrightarrow CO + H_2 \quad \Delta H = 135.7kJ/mol$ (2-37)

水煤气变换反应 $CO + H_2O \longrightarrow CO_2 + H_2 \quad \Delta H = -32.2kJ/mol$ (2-38)

甲烷化反应 $C + 2H_2 \longrightarrow CH_4 \quad \Delta H = 39.4kJ/mol$ (2-39)

煤气的有效成分主要是 H_2、CO 和 CH_4 等，具体的组成随气化剂所用的煤或煤焦的性质、气化剂的种类、气化过程条件及煤气炉的结构不同而有差异，气化剂与其对应的产物和组成如表 2-3 所示。因此，在生产工业煤气时，必须根据煤气用途来选择气化剂和气化过程操作条件，才能满足产品的需要。

表 2-3 不同气化剂与其对应的煤气及组成

煤气种类	气化剂	煤气组成/%						低位发热量
		H_2	CO	CO_2	N_2	CH_4	O_2	$/kJ \cdot Nm^{-3}$
空气煤气	空气	2.6	10.0	14.7	72.0	0.5	0.2	3762~4598
混合煤气	空气、蒸汽	13.5	27.5	5.5	52.8	0.5	0.2	5016~5225
水煤气	蒸汽、氧气	48.4	38.5	6.0	6.4	0.5	0.2	10032~11286
半水煤气	蒸汽、空气	40.0	30.7	8.0	14.6	0.5	0.2	8778~9614
合成天然气	氧、蒸汽、氢气	1.5	0.2	1.0	1.0	96.5	0.2	33440~37620

气化与燃烧有一定的关联，二者的相似之处在于从化学反应的角度来说，煤的气化和燃烧都属于煤的氧化过程。燃烧过程是在氧气充足的情况下发生的，煤发生的是完全氧化反应，煤中所含有的化学能都将转化成热能。如果减少 O_2 的量，煤无法被完全氧化，释放的热量相应减少，但是煤中未被完全氧化的部分可燃物质会转化为气体产物，如 H_2、CO 和 CH_4 等，即气化。如果希望使气体产物中的化学能更大的话，从逻辑上讲就是继续减少供氧量。但实际上并不能无限度减少氧气量，因为随着供氧量的减少，更多的煤将不能转化为气体而成为未反应碳，转化效率大大降低。干馏是煤在隔绝空气的条件下，在一定的温度范围内发生热解，生成固体焦炭、液体焦油和少量煤气的过程。气化与干馏的区别在于，干馏是将煤本身不到 10%的碳转化为可燃气体混合物，而气化不仅是高温热解过

程，同时还通过与气化剂的部分氧化过程将煤中的碳完全转化为气体产物。

2.5.1.2 煤气化工艺

煤气化技术必须具备的三个必要条件，即气化炉、气化剂和热量供给。如图 2-29 所示，煤炭气化按气化炉内煤料与气化剂的接触方式的不同，可将煤气化工艺分为固定床气化、流化床气化和气流床气化。

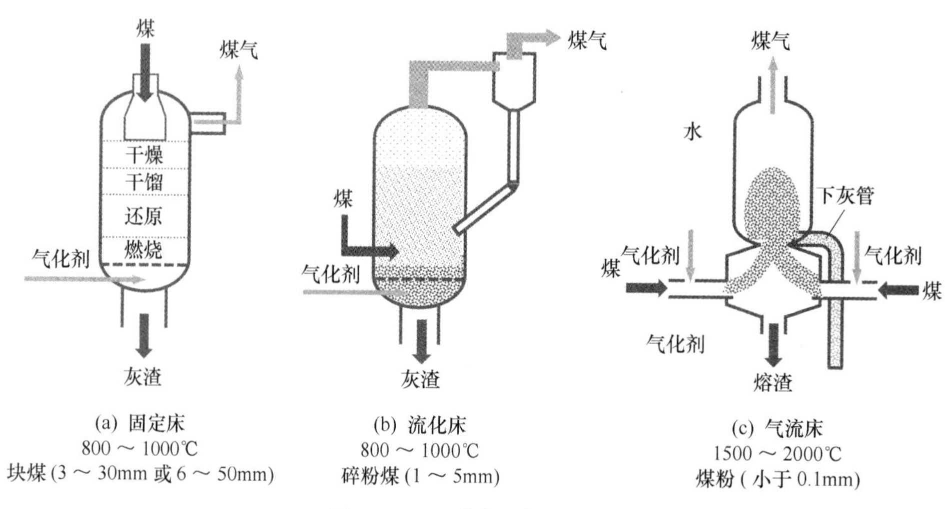

图 2-29 三种典型气化方式

A 固定床气化

在气化过程中，煤由气化炉顶部加入，气化剂由气化炉底部加入，煤料与气化剂逆流接触，相对于气体的上升速度而言，煤料下降速度很慢，甚至可视为固定不动，因此称之为固定床气化。实际上，煤料在气化过程中是以很慢的速度向下移动的，比较准确地称其为移动床气化。采用一定粒径范围的块煤（半焦、焦）或成型煤为原料，与气化剂逆流接触，用反应残渣（灰渣）和生成气的显热，分别预热入炉的气化剂和煤，所以固定床气化炉的热效率较高。多数固定床气化炉用转动炉栅把灰渣从炉底排出，少数固定床气化炉则排出液态渣。固定床气化的煤质适应范围较广，除黏结性较强的烟煤外，从褐煤到无烟煤均可气化。但由于固定床气化炉使用块状原料，反应速度较慢，在生成气中含有相当量的焦油蒸气，因此通常采用较高的灰熔点、较好的机械强度和热稳定性的煤。在使用黏结性煤时，炉内应设置专门的破黏装置。固定床的优点在于返混小，产出的粗合成气中 CH_4 含量高达 5%~12%，对于煤制城市煤气或天然气项目，有较高的优势；缺点是单炉产气量略小，反应温度较低，蒸汽的分解率低，气化装置需要大量的蒸汽。并且固定床气化装置所产生的废水中含有大量的酚、氨、焦油，污水处理工序流程长，投资高。

B 流化床气化

流化床气化是以粒度为 1~5mm 的小颗粒煤为气化原料，进入炉内的气化剂使煤粒悬浮分散在垂直上升的气流中，呈流化状态，因此称为流化床气化。煤粒在沸腾状态进行气化反应，流化床中混合、传热都很快，从而使得煤料层内温度分布均匀，易于控制，气化效率高。这类气化法不受固定床气化法需用块煤的限制，取消了容易发生故障的机械传动部分，生成气中基本上不含煤的挥发分。流化床首次工业化大规模应用是 Winkler 用于粉煤气化，此法在1922年获得专利之后，就广泛应用于化工合成、冶金、干燥、燃烧、换热等工业过程中。流化床炉型优点是床层温度均匀、传质传热效率高、对高灰和高灰熔点劣质碎粉煤适应性强，并且产品煤气中基本不含有焦油和酚类物质，废水量小且易处理；缺点是灰分和未反应碳容易混杂，甚至黏结在一起，且气体中带出细粉过多，使碳的转化率降低，并且对入炉煤的活性和颗粒度的要求很高。

C　气流床气化

气流床气化是一种并流气化技术，用气化剂将粒度为100μm以下的煤粉带入气化炉内，也可将煤粉先制成水煤浆，然后用泵打入气化炉内。煤料在高于其灰熔点的温度下与气化剂发生燃烧反应和气化反应，灰渣以液态形式排出气化炉。气流床气化法的优点是气化强度大，煤种适应性广，有的气流床气化炉，如德士古煤气化炉的碳转化率可达99%。但气流床气化是并流操作，炉内热效率不高，需有庞大的热回收系统。同时，高温熔渣对炉衬的腐蚀和侵蚀比较严重，必须慎重选用炉衬材料。气流床气化是最清洁，也是效率最高的煤气化类型。原料煤在1200~1700℃时被氧化，高温保证了煤的完全气化，煤中的矿物质成为熔渣后离开气化炉。气流床所使用的煤种要比移动床和流化床的范围更广泛，以O_2为气化剂可以使气化更有效，并可避免水煤气被N_2稀释，水煤气的热值也将高于空气氧化炉所产生的水煤气的热值。气流床气化单炉产量大、气化压力和效率高，适用于甲醇、醋酸、合成氨、IGCC等大型、超大型的化工装置，也可为大型的石油化工装置提供氢气。

早期的煤气化技术多采用固定床，最有代表性的是1933年Lurgi开发的加压气化炉，几经修改完善，沿用至今。流化床气化炉始于1922年德国的Winkler，此后HTW、U-Gas、KRW等技术相继问世，在中小型煤气化和部分化工原料气生产中有一定优势。气流床气化炉的特点是加压3~6.5MPa、高温、细粒度，但在煤处理、进料形态与方式、实现混合、炉壳内衬、排渣、余热回收等技术单元上又形成了不同风格的技术流派。比较有代表性的是以水煤浆为原料的德士古、Destec气化炉等，以干粉煤为原料的壳牌炉、Prenflo气化炉等。世界上250MW以上的整体煤气化联合循环电站都采用气流床煤气化炉。我国的煤炭气化目前采用的工艺主要是固定床常压气化工艺，采用的炉型多为混合煤气发生炉、水煤气发生炉等。在多年来引进和吸收国外技术的基础上，我国也逐渐积累了较多研究开发经验，特别是在水煤浆气化领域，取得了突破性进展。

2.5.1.3　煤气化工艺的原则流程

自20世纪50年代煤气化技术实现工业化以来，经过一百多年的发展，形成了许多具有不同特点和优势的技术，据不完全统计，目前在我国有工业应用的煤气化技术有40多种。因为煤气化得到的煤气用于不同产品的生产时，下游装置对合成气有不同的要求，因此总工艺流程配置各不相同，但总体说来一般都包括：原料准备、煤气的产生、煤气的净化及脱硫、煤气变换、煤气精制和甲烷合成等主要单元，煤气化原则性的工艺流程如图2-30所示。

总体来说，煤气化工艺过程主要包括煤炭气化和煤气净化两部分。粗煤气经净化脱除了粉尘和SO_2等，可以根据需要生产工业或民用燃料气。煤气化的重要产品是H_2，氢是重要的化工原料。目前氢气主要是由煤、天然气（CH_4）及石油为原料和水蒸气在高温下气化、重整或烃类部分氧化转化生成。在转化过程中，化石能源中的碳首先转变为一氧化

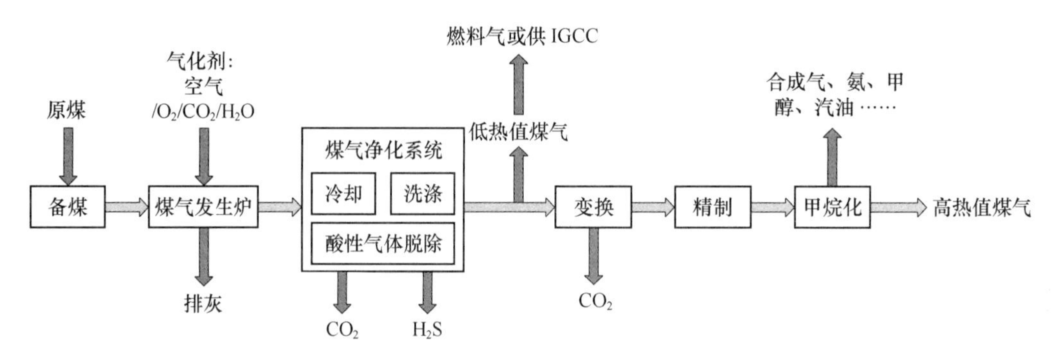

图 2-30 煤气化原则性的工艺流程示意

碳，为了得到更多氢，再经过水汽变换反应，把 CO 进一步转变为 CO_2 和 H_2。氢也可由电解水得到，但这是一种昂贵的方法，一般用于在特殊的情况下（如氯碱工业）或是制备特殊需要的氢（如火箭燃料）时采用，用煤制氢是工业用氢的主要来源。

煤炭气化近年来在国外得到较大发展，目的是为煤的液化、煤气化联合循环及多联产提供理想的气源。扩大气化煤种，提高处理能力和转换效率，减少污染物排放是煤气化技术的发展方向。

2.5.2 煤炭液化技术

煤炭液化分为间接液化和直接液化。煤间接液化是将煤首先经过气化制得合成气，即 CO 与 H_2 的混合气，合成气再经费托合成等转化成有机烃类，最终通过精馏生产出液体燃料和各种化学品。直接液化是以煤为原料，在高温高压条件下，通过催化加氢直接转化成烃类化合物，再通过精馏制取汽油、柴油、燃料油等成品油的过程。

2.5.2.1 煤间接液化

煤间接液化的煤种适应性广，且操作条件温和，典型的煤间接液化的合成过程在250℃、1.5~4MPa 操作。此外，有关合成技术还可以用于天然气及其他含碳有机物的转化，合成产品的质量高、污染小。煤间接液化合成油技术在国外已实现大规模工业化。南非基于本国丰富的煤炭资源优势，建成了年耗煤近 4200 万吨，生产合成油品约 500 万吨和 200 万吨化学品的合成油厂。在技术方面，南非 Sasol 公司经历了固定床技术、循环流化床、固定流化床、浆态床等阶段。20 世纪 90 年代中期，我国在加紧开发合成汽油固定床工艺的动力学和软件包的同时，开展了合成柴油催化剂和先进的浆态床合成汽油工艺的研究。1998 年以后，自主开发了铁催化剂（ICC-IA），合成效率接近 Sasol 水平，大规模生产的成本下降明显。目前，国内技术已经发展到可以产业化的阶段，包括反应器在内的所有设备和控制系统均可在国内制造。

2.5.2.2 煤直接液化

直接液化是煤直接通过高压加氢获得液体燃料。在直接液化过程中，煤的大分子结构首先受热分解，而使煤分解成以结构单元缩合芳烃为单个分子的独立的自由基碎片。在高压氢气和催化剂存在下，这些自由基碎片又被加氢，形成稳定的低分子物。自由基碎片加氢稳定后的液态物质可分成油类、沥青烯和前沥青烯等不同成分。继续加氢，前沥青烯即转化成沥青烯，沥青烯又转化成油类物质。油类物质再继续加氢，脱除其中的氧、氮、硫等杂原子，转化成成品油。成品油再经蒸馏，按沸点范围不同可分为汽油、航空煤油和柴油等。催化剂的作用是吸附气体中的氢分子，并将其活化成活性氢以便被煤的自由基碎片接受。一般选用铁系催化剂或镍、钼、钴类催化剂。硫是煤直接液化的助催化剂，有些煤本身含有较高的硫，就可少加或不加助催化剂。

1913 年，德国柏吉乌斯首先研究了煤的高压加氢，并获得世界上第一个煤炭液化专利。到 1944 年，德国煤炭直接液化工厂的油品生产能力已达到 423 万吨/年，为第二次世界大战中的德国提供了航空燃料和汽车、装甲车用油。20 世纪 50 年代起中东地区发现大量廉价石油，使煤炭直接液化暂时失去了竞争能力，70 年代的世界石油危机又使煤炭液化技术开始再次受到关注。世界上有代表性的煤直接液化工艺是美国的 HTI 工艺、德国的新液化（IGOR）工艺和日本的 NEDOL 工艺。

A 美国 HTI 工艺

HTI 工艺是在普遍得到工业应用的沸腾床重油加氢裂化工艺和单段液化的工艺基础上发展起来的两段液化工艺，图 2-31 为典型 HTI 工艺的基本流程。HTI 工艺的主要特点是：采用特殊的液体循环沸腾床（悬沸床）反应器，达到全返混反应器模式；采用超细、高分散铁系催化剂，用量少；在高温分离器后面增加了一个液化油加氢提质固定床反应器，对液化油进行加氢精制；固液分离采用临界溶剂萃取的方法，从液化残渣中最大限度地回收重质油，从而大幅提高了液化油收率。

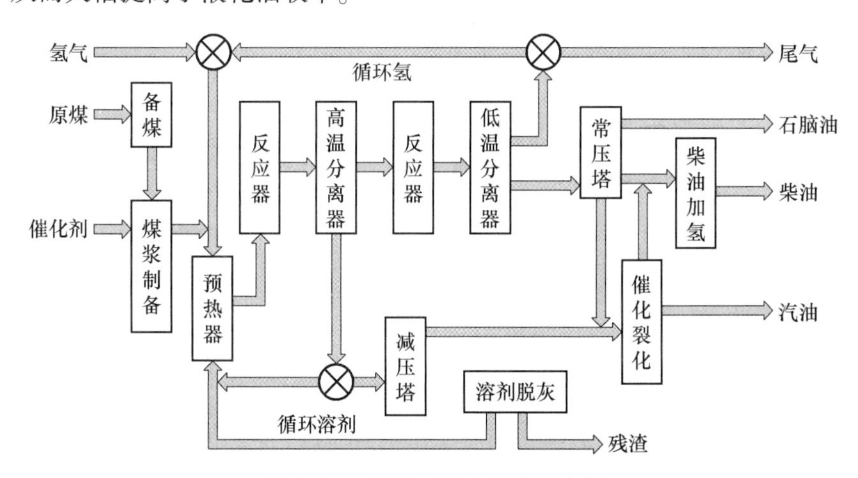

图 2-31 美国 HTI 工艺流程示意

B 德国 IGOR 工艺

IGOR 工艺是在 40 年代德国商业化规模 IG 工艺的基础上改进而成的，典型 IGOR 工艺基本流程如图 2-32 所示。原料煤经磨碎、干燥后与催化剂、循环油一起制成煤浆。加压至 30MPa 并与氢气混合，进入反应器进行加氢液化反应。其工艺主要特点是：把循环溶剂加氢和液化油提质加工与煤的直接液化串联在一套高压系统中，避免了分离流程物料降温降压又升温升压带来的能量损失；催化剂采用炼铝工业的废渣—赤泥；在固定床催化剂上还能把 CO_2 和 CO 甲烷化，使碳的损失量降到最低限度；循环溶剂是加氢油，供氢性能好，煤液化转化率高。

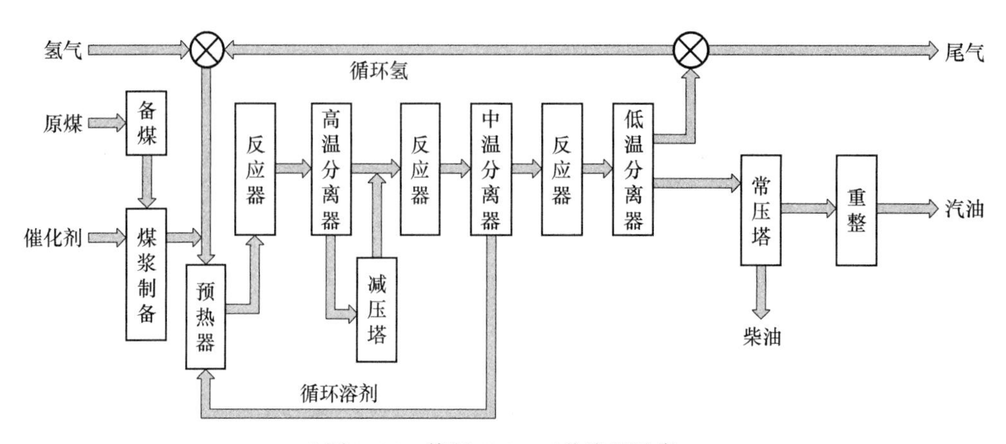

图 2-32　德国 IGOR 工艺流程示意

C　日本 NEDOL 工艺

NEDOL 液化工艺是在美国 EXXON 石油公司开发的 EDS 工艺基础上的改进型，对次烟煤和低阶烟煤进行液化，图 2-33 为 NEDOL 工艺的基本流程。该工艺特点是：主反应器是一个简单的液体向上流动的管束反应器，操作温度为 430～465℃，操作压力为 17～19MPa；催化剂采用合成的铁系催化剂或天然黄铁矿；大部分的中质油和全部的重质油馏分经加氢后被循环作为供氢溶剂，供氢性能优于 EDS 工艺；固液分离采用减压蒸馏的方法；该液化工艺的液体产品中含有较多的杂原子，液化油的质量较低，还须加氢提质才能获得合格产品。

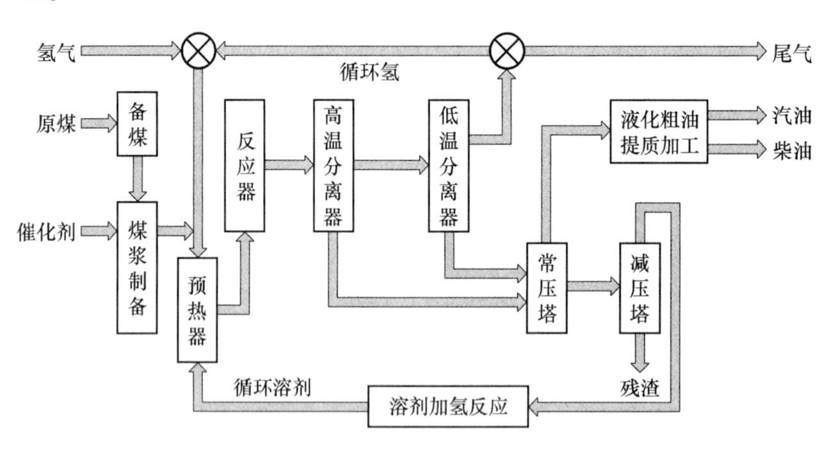

图 2-33　日本 NEDOL 工艺流程示意

2.5.3　煤气化和液化生产过程产生的废弃物

2.5.3.1　煤气化过程产生的废弃物

A　气态废弃物

煤气化过程中产生的废气主要来源于煤制焦和煤制气这两个过程。煤制焦废气已在 2.4.3.1 节中介绍，故不复述。煤制气过程产生的废气主要是在粗煤气的生产环节中因反应不完全、生产工艺不完善、生产过程不稳定、产生不合格的产品、生产过程中的跑冒滴漏以及事故性的排放等原因，产生和排放的污染大气的有毒有害气体，包括煤气化装置、净化装置、硫回收装置、焦油加氢装置、固体贮运设施、污水处理场等工艺装置运行时产生并直接排放的废气；锅炉、热风炉、燃烧炉、加热炉等产生的燃烧烟气；火炬系统收集装置开停车及非正常工况下各装置排放的可燃性气体，经火炬系统燃烧后排放的燃烧烟气；生产装置区的泄漏和储运系统挥发等无组织排放。此外，固体储运装置区产生的颗粒物、液体罐区/装卸区的储罐呼吸蒸发排放和装卸鹤管（一种可以伸缩移动的管子，多用于石油、化工码头液体装卸）等的挥发排放储运系统的无组织排放源释放出的相当量的挥发性有机化合物（VOC）。来自煤气净化过程中的尾气、氨和硫、酚类物质回收塔排放出的废气，这些废气主要为 CO、SO_2 等气体，除此之外还含有铅、砷等含重金属烟气，对环境及人类健康的危害较大。

B 液态废弃物

煤气化废水是煤炭气化生产 CO 和 H_2 过程中排放至下游或界区的工艺废水、废气洗涤水和冷却水等的总称。该过程的废水中既含有有机物如酚类、焦油等，又含有无机物如碳酸钙、甲酸铵等无机盐类，废水成分复杂，并随气化原料及工艺的不同水质也不同。以鲁奇为代表的固定床气化炉、以温克勒为代表的流化床气化炉和以德士古为代表的气流床气化炉的废水产生节点如图 2-34 所示。煤气化过程中，当煤气由发生炉内流出时，温度高达 500~600℃，并夹带大量的煤尘、焦油及水蒸气。为保证煤气质量，满足生产需要，必须对粗煤气进行洗涤净化，以除去煤气中的焦油和煤尘。另外，为方便输送和提高热值，要将煤气的温度降低，需要大量的水来洗涤，由此产生大量含酚、焦油和悬浮物的废水。总之煤气化废水的成分以剩余氨水为主，同时含有产品加工过程中产生的含酚废水、含粗苯冷却废水、低温甲醇废水以及地面冲洗水等。煤气化废水是含芳香族化合物和杂环化合物的典型废水，所含主要有机物有苯酚、喹啉、苯类、吡啶、吲哚、萘等，种类众多

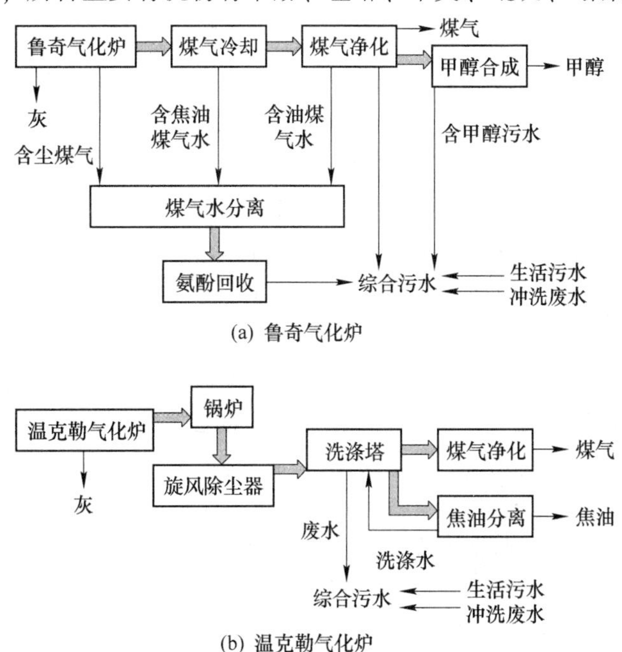

(a) 鲁奇气化炉

(b) 温克勒气化炉

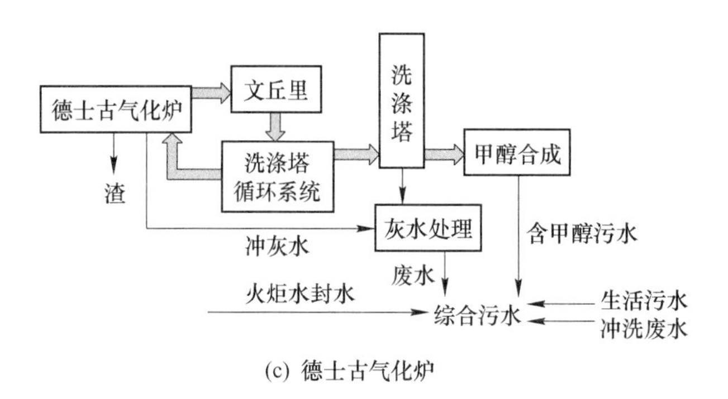

(c) 德士古气化炉

图 2-34 三种煤气化工艺废水产生节点示意

且含量差别很大。苯酚类及其衍生物占很大的比例，其中苯酚类及苯类属易降解有机物，吡咯、萘等属于可降解有机物，吡啶、咔唑等属于难降解有机物。总体性质表现为酚类及油分浓度高、有毒及抑制性物质多，生化处理过程中难以实现有机污染物的完全降解，对环境构成严重污染。

C 固态废弃物

在煤气化炉内，高温下煤中的矿物质转化成灰渣。煤气化灰渣包括粗渣（气化炉渣）和细渣（黑水滤饼）及粉煤灰。粗渣和粉煤灰的成分与锅炉灰渣相似，可作为建材，道路，桥梁等掺混原料，但细渣和粗渣组分有较大差别，其烧失量往往超过 20%，不能直接作为建材原料。GE 水煤浆气化工艺中，固体废渣主要来源有：磨煤机出口滚筒筛下料口、煤浆大槽顶部滚筒筛下料口、气化炉气化反应后经锁斗排至渣池的粗渣、经过四级闪蒸后的灰水送往压滤机得到的滤饼（细渣）以及随粗煤气从洗涤塔出口排放至下游变换系统的小部分粉煤灰。

2.5.3.2 煤液化过程产生的废弃物

A 气态废弃物

煤炭液化产生的气态废弃物按照来源分为粉尘气体、锅炉废气和工艺废气。粉尘气体来源于煤储仓、粉煤气化的粉煤仓以及制粉系统中的粉尘，通常采用袋式除尘器进行收集。锅炉废气来源于煤液化工艺因需消耗大量电能，配套建设的锅炉，其污染物主要为 SO_2、NO_x、烟尘、CO_2 等。工艺废气主要来源于原料气中的 H_2S、有机硫及 CO_2 等杂质，若不去除会对油的品质和设备安全等造成影响。目前，在大型煤液化工业装置上选用的酸性气体脱除技术主要为低温甲醇洗技术。

B 液态废弃物

煤液化废水产生于煤直接液化与煤间接液化过程中，主要来源于液化过程中的加氢裂化、加氢精制及液化等，水质与液化工艺相关，包括高浓度含酚废水和高浓度含油废水。高浓度含酚废水主要包括煤液化、加氢精制、加氢裂化及硫磺回收等装置排出的含酚、含硫废水。其废水水质特点为油含量及盐离子浓度低，COD 浓度很高，其中多环芳烃和苯系物及其衍生物、酚、硫等有毒物质浓度高，可生化性差，是一种比较难处理的废水。高浓度含油废水包括来自煤液化厂内的各装置塔、容器等放空、冲洗排水，煤制氢装置低温甲醇洗废水及厂区生活废水等，该废水油含量较高，有机物浓度低。

C 固态废弃物

煤直接液化残渣的性质取决于所用煤种、液化工艺和固液分离的方法，残渣中的主要成分有重质油、沥青烯、前沥青烯和四氢呋喃不溶物，四氢呋喃不溶物来自未反应的煤和废催化剂，煤直接液化残渣一般用于气化炉掺烧、道路沥青改良剂等。间接液化的残渣主要为煤气化渣，附带有少量废催化剂（蜡渣等）、精脱硫废脱硫剂、废分子筛、废触媒、废吸附剂等。

本章小结

本章介绍了煤基产业相关的重点行业，包括煤炭采选、燃煤发电、焦化、煤气化和液化的典型生产技术、工艺路线及产生的主要废气、废水和固体废弃物，并对煤基产业废弃物的基本控制方法和资源化利用的途径进行了简要的介绍。

思考题

2-1 煤的燃烧、焦化、气化和液化的基本原理和过程有什么区别和联系？

2-2 燃煤发电最主要的工业固废有哪些，来源于哪些工艺？

2-3 焦化行业的固废、废水和废气有哪些共同之处，与燃煤发电过程的固废、废水和废气相比，最大的特点是什么？

2-4 煤气化和煤液化与炼焦过程有什么区别和联系？

2-5 仿照图 2-29，试着总结一下煤液化的原则性工艺流程。

参考文献

[1] 程芳琴. 煤基固废资源化利用技术原理及工艺 [M]. 北京：科学出版社，2016.

[2] 胡文容. 煤矿矿井水及废水处理利用技术 [M]. 北京：煤炭工业出版社，1998.

[3] 郝吉明，马广大，王书肖. 大气污染控制工程 [M]. 3 版. 北京：高等教育出版社，2010.

[4] 童志权. 大气污染控制工程 [M]. 北京：机械工业出版社，2018.

[5] 杨宝红，汪德良，王正江，等. 火力发电厂废水处理与回用 [M]. 北京：化学工业出版社，2006.

[6] 马进，李永华，李永玲，等. 热能动力设备原理及运行 [M]. 北京：中国电力出版社，2016.

[7] 郭树才. 煤化工工艺学 [M]. 3 版. 北京：化学工业出版社，2012.

[8] 吕婧. 煤中汞释放特性和赋存形态研究 [D]. 北京：华北电力大学，2017.

[9] 李从庆. 炼焦生产大气污染物排放特征研究 [D]. 重庆：西南大学，2009.

[10] 郝忠军. 井下采煤技术及采煤工艺的选择 [J]. 内蒙古科技与经济，2007，143（13）：104-105.

[11] 岳宗洪，张明清，周锡德. 洁净煤开采技术和资源化 [J]. 矿业快报，2007，459（7）：1-3.

[12] 刘萍，周锡德. 煤矿“三废”的资源化探讨 [J]. 矿业安全与环保，2005，32（3）：43-45.

[13] 周玲妹，王晓兵，郭豪. 煤中重金属赋存对其释放行为影响的研究进展 [J]. 洁净煤技术，2018，24（6）：8-13.

[14] 倪琳，崔小峰，徐立家，等. 燃料煤重金属元素在飞灰及炉渣中的分布与富集研究 [J]. 煤炭科学技术，2020，48（5）：203-208.

[15] 王培俊，刘俐，李发生，等. 炼焦过程产生的污染物分析 [J]. 煤炭科学技术，2010，38（12）：114-118.

［16］陈俊峰，张鸿晶．炼焦行业大气污染控制研究［J］．环境与发展，2018，30（8）：43-44.
［17］卫小芳，王建国，丁云杰．煤炭清洁高效转化技术进展及发展趋势［J］．中国科学院院刊，2019，34（4）：409-416.
［18］于海，孙继涛，唐峰．新型煤化工废水处理技术研究进展［J］．工业用水与废水，2014，45（3）：1-5.
［19］吴秀章．现代煤制油化工生产废水零排放的探索与实践［J］．现代化工，2015，35（4）：10-18.
［20］雷少成，张继明．煤制油产业环境影响分析［J］．神华科技，2009，7（3）：84-88.
［21］程新源．试论我国煤化工发展中的环境保护问题［J］．化工设计，2009，19（6）：14-23.

3 煤基产业固体废弃物的资源循环利用

本章提要：

(1) 掌握煤基固体废弃物的理化特性及主要利用途径。

(2) 掌握煤电产业固体废弃物资源化利用过程中涉及的反应原理。

(3) 掌握含碳固废资源的燃烧特性和燃烧利用技术。

(4) 了解煤基固体废弃物资源化利用时对原料的要求。

(5) 了解煤电产业固体废弃物资源化利用的发展趋势。

煤炭是我国主要的化石能源，支撑着我国国民经济的迅猛发展。在煤炭开采和煤的利用过程中，不可避免地产生了一些固体废弃物，这些固体废弃物的大量堆存和不合理处置严重威胁着当地生态环境。因此，积极推进工业固体废弃物的资源化利用，对我国生态文明高质量发展具有重要的意义。本章针对具有一定碳含量和热值的含碳固废，介绍了含碳固废的燃烧利用技术，围绕煤矸石、粉煤灰、脱硫石膏、废旧脱硝催化剂、焦化固废和煤转化（气化、液化）固废，介绍了这些固废的基础理化特性、建材化利用和高值化利用方式，总结了目前常见的资源化利用途径及资源化利用过程涉及的基础知识。

3.1 含碳固废资源的燃烧利用

处理含碳煤基固体废弃物最经济和环保的方法是在废弃物产地附近在役或新建火电厂、钢铁厂等需要固体燃料的锅炉中直接燃烧利用，处理和净化燃烧产生的水、气和固各相态污染物，并充分资源化利用或永久储存固体残留物。燃烧可以去除可燃成分并使废物量最小化，同时为当地提供部分能源。根据最终固体燃烧残余物的性质，它们也可以进行资源回收，用作散装工程材料，转化为增值产品，并通过矿井回填永久储存。

为了使这种方法切实可行，高效、低成本、低排放（包括温室气体）和碳捕集是一些关键考虑因素，显然需要解决一些科学和技术问题，例如：(1) 这些低品位燃料的理化性质和燃烧特性如何？(2) 对于这些低品位燃料，现有的燃煤和相关技术能做些什么，可否直接运用现有技术？(3) 针对这些低品位燃料的独特特征和性质，应该对现有技术或可能的新技术提出哪些改进建议。下面的内容将详细讨论含碳固废资源的性质，可以应用于低品位燃料的燃烧技术，以及针对低品位燃料的独特性质对各技术提出的改进。

3.1.1 含碳固废的理化性质及燃烧特性

3.1.1.1 煤矸石

煤矸石无机组分的化学组成主要是 SiO_2、Al_2O_3、Fe_2O_3，此外还含有少量的 CaO、

MgO、K_2O、Na_2O、SO_3 等，其随煤矸石的岩石类型不同而存在较大差异。有机质随含煤量增高而增高，主要有 C、O、H、N、S 等。煤矸石中含有一定量的有机质，使其能够燃烧，可用于燃烧发电。我国煤矸石的热值范围为 3346~6273J/g，热值大于 6300J/g 的煤矸石只占煤矸石总量的 10%左右。

不同地区产生的煤矸石成分有所差异，部分地区煤矸石的工业和元素分析如表 3-1 所示，从表可以看出，11 种煤矸石样品具有不同的热值，且样品的挥发分、灰分和固定碳范围依次为 9.6%~28.2%、40.7%~77.0%和 10.6%~34.3%。

表 3-1 原料的工业分析和元素分析 （质量分数,%）

样品	产地	工业分析				元素分析				
		M_{ad}	V_{ad}	A_{ad}	FC_{ad}	C_{ad}	H_{ad}	O_{ad}	N_{ad}	S_{ad}
S1	大同	0.85	14.31	70.84	14.00	17.71	1.81	8.40	0.21	0.18
S2	阳泉	1.56	10.96	68.75	18.73	17.64	1.70	7.88	0.40	2.07
S3	朔州	1.65	17.59	58.59	22.17	24.27	2.41	12.49	0.43	0.16
S4	朔州	1.34	15.10	66.22	17.34	18.13	2.14	11.47	0.40	0.30
S5	晋中	1.32	10.38	75.58	12.72	12.62	1.44	4.57	0.18	4.29
S6	晋中	0.78	17.17	59.11	22.94	26.63	2.07	9.51	0.31	1.59
S7	吕梁	1.13	11.29	77.00	10.58	11.36	1.62	7.84	0.19	0.86
S8	吕梁	0.94	12.37	67.74	18.95	19.78	1.95	7.25	0.31	2.03
S9	长治	0.82	10.15	54.78	34.25	34.16	2.12	7.34	0.64	0.14
S10	长治	0.84	9.61	55.59	33.96	34.01	2.04	6.76	0.64	0.12
S11	内蒙古	0.84	28.22	40.74	30.20	38.84	2.62	15.24	0.65	1.07

煤矸石的化学成分不同，挥发分、固定碳和灰分不同使得煤矸石的燃烧特性不同。燃料质量随温度的变化曲线称为燃料的热失重曲线（简称 TG 曲线）。通过 TG 曲线，可以对燃料的燃烧特性进行定性和定量分析。

不同组成特性的煤矸石随温度的质量变化曲线（升温速率 10℃/min）如图 3-1 所示。随着温度的升高，样品在初始阶段有轻微的重量波动，随后是明显的失重过程直至燃尽。基于 TG 曲线的这一特点，可以将煤矸石的受热行为划分为三个阶段，以样品 S10 为例，三个阶段的温度范围分别为 25~400℃、400~573℃和 573~900℃。其中第一个阶段的重量增加是氧气的化学吸附行为造成的，第二个阶段为主要失重阶段，在这一阶段主要发生了挥发分和固定碳的着火及燃烧，而第三个阶段的失重非常小，这一微小失重可能与矿物质的分解有关。其他煤矸石样品的阶段划分均与 S10 类似。

煤矸石的最大失重峰值温度（T_p）在 450~530℃ 的范围内，比煤的峰值温度（约 406~418℃）要高。与煤燃烧相比，煤矸石的整个燃烧过程被延迟了。煤矸石中更高的挥发分含量对挥发分的释放过程有利，脱挥发分速率和挥发分氧化速率越快，颗粒的着火温度就越低。然而着火温度的变化并非总是和挥发分的变化保持一致，着火温度不仅仅受挥

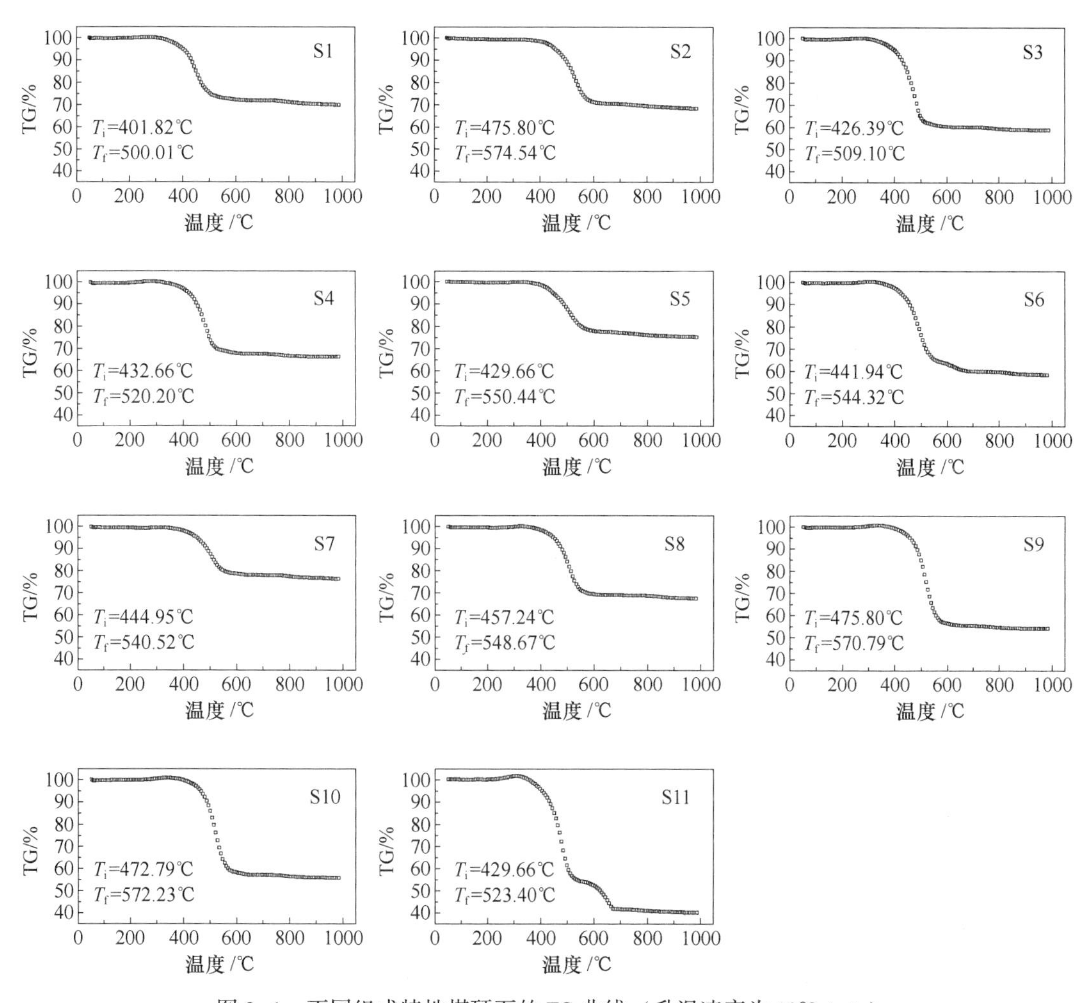

图 3-1 不同组成特性煤矸石的 TG 曲线（升温速率为 10℃/min）

发分含量的影响，还会受其他因素的影响。煤矸石中的灰分可能对着火性能产生影响，因为高灰分会在一定程度上影响氧气扩散和热传递。高灰分（70.8%~77.0%）导致了更大的氧气扩散阻力和颗粒内外更高的温度梯度，这些均不利于颗粒的着火。因此，煤矸石的着火性能不仅与着火温度有关，还与灰分含量有关。此外，燃尽性能与着火性能的结果基本一致，这与燃尽过程受着火过程影响有关。

3.1.1.2 煤泥

煤炭洗煤和选煤过程中的副产品煤泥，由于其含水量高、附着力强、黏度大和热值低，无法进行商业运输和利用。较细的煤颗粒具有较低的分离回收率和效率，因为浮选仅对窄尺寸范围内的颗粒有效。因此，大部分细粒煤被废弃，并转移到沉淀池中形成煤泥。煤泥一般含水量在 30%左右，灰分多在 40%以上，发热量依各地煤质不同，约为 8.37~18.84MJ/kg。为了研究煤泥燃烧特性，一般需要对煤泥进行干燥，表 3-2 为某地干燥煤泥与原煤的工业及元素分析结果对比。由于煤泥的灰分高，挥发分、固定碳含量低，导致其燃烧热值较低。

表 3-2　干煤泥与原煤的工业分析和元素分析

煤样	工业分析/%（质量分数）				$Q_{b,ad}$	元素分析/%（质量分数）				
	M_{ad}	A_{ad}	V_{ad}	FC_{ad}	$/kJ \cdot kg^{-1}$	C_{ad}	H_{ad}	N_{ad}	$S_{t,ad}$	O_{ad}
干煤泥	1.22	51.22	21.07	26.49	14603	36.93	2.83	0.74	0.49	6.57
原煤	4.75	26.34	26.99	41.92	23122	56.24	3.62	0.76	0.40	7.89

干燥煤泥和原煤的热失重（TG）曲线如图 3-2 所示。煤泥燃烧大致分为 3 个阶段，即干燥失水阶段、燃烧阶段和燃尽阶段，燃烧区间主要在 440~620 ℃。煤泥着火和燃烧性能要弱于原煤，同时在燃烧过程中会形成一层灰壳，阻碍燃烧过程的进行。相同升温速率下，随着灰分的升高，煤泥可燃性指数逐渐降低、煤泥样品的活性降低，反应活化能逐渐升高。煤泥燃烧的活化能接近于泥炭和褐煤燃烧的活化能。

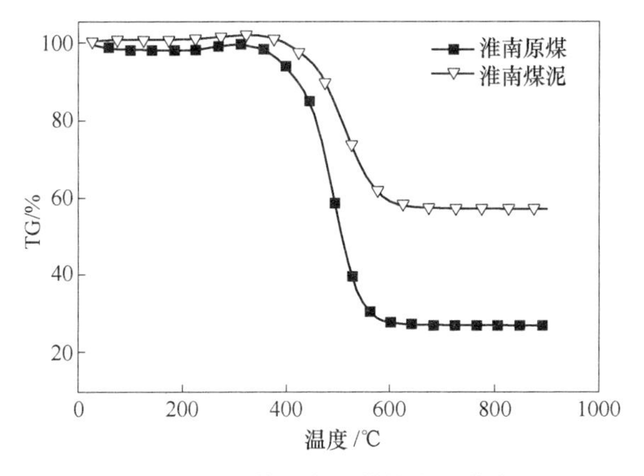

图 3-2　干煤泥与原煤热失重曲线

由于煤泥燃烧性能较差，因此实际燃烧利用时需要考虑配煤掺混燃烧，以提高燃烧性能。当煤泥与其他煤种混烧时，如果两种煤的性质相差较大，则掺混可达到调整燃烧特性的作用；而当两种煤的性质接近时，掺混后的燃烧性质变化不大。当煤泥与生物质以一定比例掺混，混煤的可燃性和稳燃特性有很大改善。生物质的添加能够促进煤泥着火并能显著提高煤泥的燃烧性能，降低煤泥和生物质混合燃烧的活化能。生物质中的无机组分，如钾、钠等碱金属对有机质的燃烧起到促进作用，半焦中残存的无机组分仍能促进煤焦的着火和燃尽。

3.1.1.3　煤气化渣

煤气化灰渣包括粗渣（气化炉底渣）和细渣（飞灰及黑水滤饼等）两部分。气化炉运行条件不同，飞灰和底渣的外观形态也会有差别。气化炉飞灰一般是呈深灰、灰黑色的细颗粒状物质，底渣则是呈棕色、灰色、灰白、黄褐色的粒状物质，二者具体的外观形态同样受煤种灰成分影响。

煤气化渣的化学组成主要为 Si、Al、Fe、Ca 和 Mg 的氧化物，约占气化渣总质量的 90%左右，还含有少量的 K_2O、Na_2O 及残碳，其化学组成受煤种、产地、气化工艺及灰回收方式的影响。循环流化床锅炉气化渣存在大量的 CaO、$CaSO_4$、SiO_2 及钙的硅酸盐、硅铝酸盐，因此一般呈碱性，其 pH 值在 11.5~12.5 之间。其他流化床气化炉灰渣的酸碱性受气化工艺及煤种特性影响，通常也呈碱性。粗渣的含碳量一般为10%~30%，细渣的含碳量一般在30%以上，其中的残余碳（多孔炭、层状炭、残余煤颗粒和实心炭）倾向于松散的絮凝状和多孔状，有一定的孔结构。表3-3所示为气化渣与中煤工业分析及热值数据的比较。如果中煤的发热量扣除水分汽化的热耗，与气化渣的发热量基本相等；两种料的灰分基本相当。因此，用气化渣代替中煤，在原煤和煤泥掺烧比例不变的情况下，其混合燃料的综合单位发热量基本不变，对锅炉影响不大。

表3-3 气化渣与中煤工业分析及热值的比较

原料	水分/%（质量分数）	灰分/%（质量分数）	低位发热量/MJ·kg^{-1}
气化渣	60	56.39	5.84
中煤	10	64.56	6.45

3.1.1.4 焦化废渣

焦化工艺在生产焦炭、煤气和化工产品时，将有0.1%的废渣产生，焦化废渣如何处理，一直困扰着多数焦化企业。在炼焦和煤气回收及产品加工等相关的过程中，主要会产生4种不同的废渣，分别为焦油和氨水分离工序产生的焦油渣、煤焦油经超级离心机分离的超离渣，硫铵工序产生的酸焦油，以及各焦化生产工段检修清槽时产生的废渣等。焦油渣呈黑色黏稠泥砂状，易黏结成块，表观上由水、油质和固体渣组成，其中油质是指可被三氯甲烷完全溶解的组分，固体渣是指三氯甲烷的萃取剩余物。这些废渣的成分十分复杂，其中，焦油渣含量一般会占到一半以上，这一比例达到了焦油总产量的4%左右。各种废渣的成分及比例如表3-4所示。

表3-4 焦化废渣的来源及性质 （质量分数,%）

废渣	来源	排放比例	灰分	硫含量	挥发分	水分	甲苯不溶物
焦油渣	回收车间	30	4.33	0.92	53.23	9.4	43.10
超离渣	焦油车间	25	7.75	0.66	40.71	8.6	43.14
酸焦油	回收车间	8	2.45	6.70	67.12	26.4	33.20
清槽废渣	化产车间	37	12.63	1.78	47.00	7.5	37.20

焦油渣中有机组分的元素组成主要有C、H、O、S、N，其中以C最为丰富，其他元素含量与原料煤性质有关。一般情况下，焦油渣中固定碳和热值相对较高，固体残渣中非晶相物质含量较高；鲁奇气化焦油渣的热值较低，挥发分含量高，有机质成分相对较轻；焦油渣的黏性主要来自沥青质，沥青质含量越高黏性越大。焦油渣中多环芳烃（PAHs）含量远超过国际公共健康与环境组织规定的最高含量标准，其中有16种PAHs的含量较高，尤其是萘、苊烯、芴、菲、荧蒽、蒽和芘等PAHs单体含量最高。若不加处理直接堆存，对周围环境和人体健康都会造成很大的危害。焦油渣中的无机质主要来自煤内在矿物的迁移，由于焦化过程中会发生富集效应，焦油渣中易挥发金属和卤素的浓度也较高。

随焦油渣水分含量的增加，燃烧速率、失重速率和平均火焰前锋传播速度均明显降低。因此，应尽量降低进入焚烧炉中的焦油渣颗粒含水量。随粒径的增加，焦油渣的燃烧速率和失重速率略有降低，平均火焰传播速率基本不变。

3.1.2 适用于含碳固废的燃烧方式

3.1.2.1 固定床锅炉燃烧

工业固定床锅炉是最早的燃烧设备。它通常指的是一种分层燃烧模式，即空气从下面进入，自下而上流经煤层。煤通常从床层上方进料，以使挥发物和煤粉燃烧充分。由于其结构设计、燃烧方式和高度人工操作的特点，固定床燃烧系统相对较小，通常适合少量热水或低压蒸汽的产生。一般层燃炉用在锅炉蒸发量（锅炉每小时生产出的水蒸气量）为65t/h下的锅炉。

A 结构特点

固定床燃料燃烧锅炉由燃烧室、水/蒸汽循环回路、灰和烟道排放系统组成。粗粉碎和分级的固体燃料连续或间歇地散布在移动炉排上，形成燃料床，并通过炉排和燃料床的一次风进行燃烧。额外的二次风可以引入燃料床上方的燃烧室，以实现完全燃烧。烟气经过燃烧室和烟道内的水和蒸汽管，产生热水或蒸汽，然后充分冷却、清洗并排放到大气中。这种固定床燃烧系统的一个主要特点是燃料床内温度不均匀，靠近燃料入口的温度上升速度慢，与环境的密封往往不好。可燃气体，包括挥发性物质和一氧化碳，以及从料层产生而被气流携带的细颗粒物，主要在二次风添加后燃烧，通常在燃料床上方的燃烧区燃烧。

现代固定床锅炉配备了机械装料和移动炉排、机械装料和除渣。固定床设备在炉箅上燃烧煤，但它们可能在进料和除灰方面有所不同。固定床锅炉根据燃料层与炉排相互运动的关系，可分为四类：(1) 燃料层和炉排都不动，燃料在炉排上燃烧的锅炉，如手烧固定炉排锅炉类；(2) 炉排不移动燃料层在炉排上移动着燃烧的锅炉，如倾斜活动炉排锅炉和下饲式炉排锅炉；(3) 炉排移动燃料层也随炉排一起移动着燃烧的锅炉，如链条炉；(4) 燃料由抛煤机抛入炉膛，然后掉在移动或不移动的炉排上燃烧的锅炉，如抛煤炉。

B 燃烧与效率

在固定床燃烧炉中，当燃料床层随移动炉排移动时，四个特征过程依次发生，但也相互重叠：煤的干燥、热解、焦炭燃烧和挥发性燃烧。由于厚填充层中煤的粒径较大，燃烧受扩散控制。这意味着温度升高对燃烧效率的影响较小，燃烧速度可以通过加强气流来提高，以减少氧气在床层的扩散，并定期打碎燃烧的煤颗粒来去除包裹在焦炭颗粒的灰壳。固定床锅炉的规模通常较小，但其建设费用低廉，易于操作和维护，燃料投入灵活，可以用于含碳固废的燃烧利用，特别是小型装置。

C 污染物排放及控制

固定床燃烧锅炉由于扩散控制燃烧和煤层温度较低，NO_x 排放量较低。热解过程中一般不存在热力型 NO_x，只有少量的燃料氮随挥发分释放到气相中。而挥发性氮在气相燃烧过程中有较高的氧化生成 NO 的倾向，而相对较低的燃烧温度、富燃料的环境及易于适应空气分级，可以保证最终 NO_x 的排放量保持在较低水平。普通锅炉的 NO_x 排放量通常为 $450mg/m^3$（标况下）或更低（烟气中的 O_2 校正为6%）。然而，一氧化碳和未燃尽碳氢化合物的排放量普遍较高。对固定床锅炉而言，应进一步减少固定床燃烧锅炉的 NO_x、CO 和未燃烧碳氢化合物的排放。比如对炉膛设计进行改进，以适应特定的燃料，并优化燃烧操作，如采用空气分级、气体再燃烧和烟道气体再循环技术。以氨或尿素为还原剂，在钛、钒、钼、钨的氧化物或沸石等催化剂上进行选择性催化还原氮氧化物（SCR），已广泛应用于大型煤粉锅炉烟气氮氧化物的还原。它在小型锅炉上的应用往往受到规模和经济性的限制。

燃烧过程中硫的形成和排放在很大程度上取决于燃料中的硫含量，因为如果不加以控制，硫化物和硫酸盐矿物都会分解释放硫，无机硫物种都会氧化为SO_2。与烟气脱硫技术相比，炉内脱硫具有投入和运营成本低的优势，适合小型装置，是固硫的首选手段。对于燃煤锅炉，只需将石灰石或白云石粉碎后作为固硫剂掺入料煤中，在燃烧温度为1000℃、Ca/S=2时，脱硫率可达65%。然而，由于原煤加热炉内煤层温度不均匀，局部温度可能超过1200℃，实际上会降低脱硫效率。

D 应用前景

早在18世纪，工业锅炉就被用来烧煤。近年来，行业和学术界对这种固定床燃烧技术的进一步研究和开发兴趣不大，但由于其构造简单、成本低和操作方便等优点，可用于燃烧低热值的采煤废弃物和煤炭加工副产物等含碳固废来供热和生产低压蒸汽。

3.1.2.2 流化床燃烧

流化床燃烧（fluidized bed combustion，FBC）技术指将颗粒燃料加入燃烧室床层上，在锅炉炉底布风板送出的高速气流作用下，形成流态化翻滚的悬浮层，使燃料在悬浮状态下进行流化燃烧的技术。其优势在于可以处理各种不同粒径、形状、水分含量和热值的燃料。流化床的特点是温度分布均匀、优越的固气质量交换面积、床层与换热面之间的高传热系数、在低温（约850℃）下燃烧运行稳定、低NO_x排放。鼓泡流化床（bubbling fluidized bed，BFB）和循环流化床（circulating fluidized bed，CFB）技术是两个主要的变体。BFB是FBC技术的第一代，CFB属于第二代，在脱硫、燃烧效率和规模上都超过了第一代。

CFB燃烧技术，作为重要的清洁煤燃烧技术，其燃料适应性广，不仅可以燃烧常规煤种，如烟煤、褐煤、无烟煤，还可以燃烧低热值、高灰分的泥煤、石煤、煤矸石、气化渣、焦油渣、油页岩、生活垃圾及生物质燃料等。另外，CFB锅炉还具有负荷调节能力强、燃烧效率高、污染物排放低等优点。CFB锅炉炉膛内的流态化燃烧特点使其为燃用煤矸石和煤泥等低热值燃料的燃烧创造了有利条件，使其成为目前工业化综合利用低热值煤资源的最佳途径。煤矸石在CFB锅炉中掺烧的方式非常普遍，通过在CFB锅炉上采用特殊的设计以适应更低热值燃料的燃烧，取得了良好的应用效果。

A 炉膛结构特点

尽管BFB和CFB的原理相同，但设计特点和运行参数差异较大，例如燃烧温度（BFB：750~900℃；CFB：800~1000℃），燃料粒径（BFB：0~50mm；CFB：0~25mm），流化速度（BFB：1~3m/s；CFB：3~10m/s）和固体循环等特性都不尽相同。

BFB和CFB的典型结构如图3-3所示。BFB锅炉包括具有耐火材料衬里的炉膛和位于炉膛底部的燃烧空气分配器。布风板支撑固体床料或密相区物料，通常为石英砂、石英或普通的煤灰，燃烧空气向上流动使布风板上方的床料颗粒流化。破碎的煤被送入床层，在流化空气（一次风）中与氧气反应，可在固体床料上方的自由空间通入二次风，以使任何未燃尽的挥发分、一氧化碳和夹带的细小的碳颗粒完成燃烧，提高燃烧效率。典型的流态化风速为 1~2m/s，这也决定了 BFB 密相区的燃烧速率和碳含量。

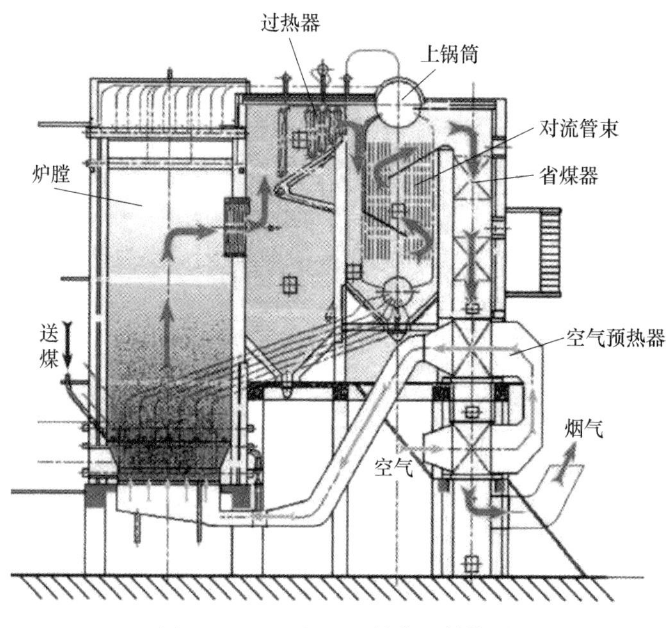

图 3-3　BFB 和 CFB 的典型结构图

CFB 锅炉包括固体燃料主要发生燃烧的上升管、含有未燃尽碳和灰分的床料从烟气中分离的气固分离系统、通过下降管将含有未燃尽碳的床料返回上升管底部的返回管。飞灰从返回管清除，烟气排放到烟气净化系统经净化后再排放到大气中。燃料从侧面进入 CFB 炉膛，而一次燃烧空气从底部进入上升管，与再循环热烟气一起形成流化气体，该流化气体以较高的速度循环通过上升管和返回回路，不断将新的燃料颗粒与热的床料混合后，立即开始干燥、脱挥发分，然后着火。BFB 和 CFB 之间的根本区别在于流化气体速度，CFB 的流化气体速度高于 BFB。与 BFB 相比，更高的空气速度（通常约为 10m/s）使得 CFB 具有较高的燃烧速率。CFB 中，床料、燃料颗粒和流化/燃烧空气的充分混合也保证了锅炉更均匀的温度分布和更高的燃烧效率。

B　燃烧和效率

从根本上说，FBC 系统的独特之处在于强烈的固-固和固-气混合，这保证了点火和稳定燃烧、燃料灵活性、均匀和相对较低的燃烧温度、较低的氮氧化物和硫氧化物排放及较高的燃烧效率。大量的热床料提供了良好的传热传质环境，确保燃料在相对较低的温度下能点火和稳定燃烧，BFB 的燃烧温度通常为 750~900℃，CFB 为 800~1000℃。在这些温度下，热力型 NO_x 基本上不存在，只需要脱除燃料型 NO_x。通过向锅炉中添加石灰石来进行炉内固硫，800~850℃ 是钙基固硫剂理想的固硫温度。FBC 系统的燃料前处理非常简单，只需要破碎即可。因此，BFB 和 CFB 都适合含碳废弃物和煤炭加工副产物的燃烧。

C　污染物排放及控制

FBC 技术优越的环境性能是其广泛应用的主要驱动力之一。对 FBC 而言，通过向给煤中添加粉碎的石灰石或白云石，可以有效地去除 SO_x。由于更好的混合及石灰石或白云石更高的利用率，在 CFB 床内脱除 SO_x 比 BFB 更有效。在工业实践中，CFB 锅炉的脱硫效率超过 95%。

由于 FBC 燃烧温度较低，NO_x 主要来源于燃料中的氮。如果不加以控制，燃料中的氮向燃料型 NO_x 的转化率在 50%~80%。如果燃料含有大量的燃料结合氮，FBC 锅炉的 NO_x 排放量可能高达 $200mg/m^3$。大型 FBC 锅炉可能配备有选择性非催化还原（SNCR）或选择性催化还原技术（SCR），将 NO_x 排放量减少 50%~90%。然而，FBC 锅炉的低燃烧温度促进了一氧化二氮（N_2O）的形成。在广泛使用该技术的国家，FBC 锅炉的 N_2O 排放量在大规模燃烧的 N_2O 排放水平中占主导地位。N_2O 是一种比 CO_2 危害性高 200 倍的温室气体，由 HCN 氧化形成。影响 N_2O 形成的主要因素包括燃料氮含量、燃烧温度、过量氧气和脱硫吸收剂。通过气体再燃、燃料混合、空气分级、NH_3 注入及投加石灰石或白云石，或者通过催化还原，可以减少 N_2O 排放。此外，PM（固体颗粒物）的排放是 FBC 的一个重大环境问题。FBC 中的 PM 有两个来源，主要来源是物质和燃料颗粒的碰撞和侵蚀，次要来源是未燃尽的碳氢化合物、SO_x 和 NO_x 释放到大气中，在大气中它们进一步反应形成雾霾。烟气中的颗粒物通常通过使用旋风分离器、袋式过滤器或静电除尘器（ESP）来捕集。

D 应用前景

FBC 和 CFB（循环流化床燃烧）系统是成熟的技术，广泛应用于含碳废弃物燃烧发电，特别是在中国。对于更高的效率、改进的可操作性、更严格的排放控制和更好的资源利用等方面仍有许多发展需求。燃烧过程中，煤矿废弃物对锅炉结构和换热面的侵蚀明显严重，因此需要耐磨不锈钢和陶瓷涂层材料。同时控制 SO_x、NO_x 及 PM 对于未来 CFB 锅炉燃烧低品位煤和城市固体废弃物是很有必要的。流化床燃烧过程中的煤灰相关问题，如灰分烧结、结垢和沉积、床料结块和失流态化，仍然是 FBC 和 CFB 燃用高碱和碱土无机物燃料的挑战。此外，整合 CO_2 捕集技术可能成为未来电厂的一项基本要求。无论如何，CFB 系统仍被视为最适合利用煤矿废弃物和煤炭加工副产物的锅炉。

3.1.3 含碳固废燃烧利用技术

3.1.3.1 煤矸石燃烧利用技术

A 循环流化床锅炉掺烧技术

利用 CFB 锅炉燃烧发电是煤矸石大规模能源化利用的有效途径。高含碳量（含碳量达到 20%以上，热值在 6270~12550kJ/kg）的煤矸石可以直接用作 CFB 锅炉的燃料用于燃烧发电。而对于热值在 3346~6273kJ/kg 范围内的超低热值煤矸石，一般认为难以直接用于燃烧发电，只能同其他煤种混配燃烧发电。煤矸石的低位发热量普遍在 6278kJ/kg 以下，对于普通 CFB 锅炉无法稳定燃烧。为了能有效利用煤矸石，因此大多数矸石电厂普遍将煤矸石与优质煤炭掺混燃烧（掺混后的入炉煤发热量在 12560kJ/kg 左右），从而保证了锅炉燃烧工况的稳定。

煤矸石发电不仅解决了煤矸石堆放所带来的环境问题，而且可以缓解我国能源紧张的局面，并且在其生产工艺过程中，产生的有害气体、烟尘和废弃物基本上都能够得到有效回收，大气污染物的排放可达到国家排放标准。经过 30 多年的发展，全国低热值煤发电装机容量已达约 3000 万千瓦，加上在建机组，总装机规模约 3500 万千瓦。虽然煤矸石发电装机在全国煤电总装机中占比不到 4%，但每年可燃用煤矸石、煤泥和洗中煤等低热值燃料约 1.35 亿吨，相当于 4000 万吨标煤，同时代替了上千台矿区供热小锅炉，对保护矿区生态环境起到了重要作用。然而，目前煤矸石 CFB 燃烧发电还存在如下的技术问题：

（1）燃料制备难度增大。掺烧煤矸石后，锅炉入炉煤量会增加，燃料制备系统的破碎、筛分难度增加，设备出力增大，易造成系统的拥堵。燃料粒度较大，使锅炉床温升高，锅炉提升负荷困难；风量大，锅炉磨损严重；厂用电耗增大；锅炉床温分布不均匀，锅炉热效率低；锅炉飞灰与底渣分配不合理，易造成锅炉排渣不畅。

（2）CFB 锅炉煤矸石燃烧效率较低。煤矸石是一种高灰分、低含碳量的低热值劣质燃料，与普通燃用优质煤种的 CFB 锅炉相比，燃烧煤矸石的 CFB 锅炉为了维持炉膛温度，单位时间内的给煤量大，床层高度涨速快，超过一定高度后会影响炉内流化情况，因此要求 CFB 锅炉的排渣量大、排渣频率高，导致很多矸石尚未燃烧完全就被排出炉膛。另外燃用煤矸石的 CFB 锅炉其给煤平均粒径普遍偏高，为保证炉内床料的正常流化，需要加大一次风量，一方面增大了炉内风速使得细颗粒在炉内的停留时间短，造成飞灰含碳量较高，另一方面增加了一次风量造成烟气量的增加，尾部烟气的热损失增大。

（3）炉内磨损严重。由于燃用煤矸石 CFB 锅炉的入炉煤量大，且矸石本身的灰分高，导致炉膛内灰渣量大，势必会带来严重的炉内受热面磨损问题；此外燃用矸石的 CFB 锅炉内不仅风速高，同时入炉煤矸石粒径大，而受热面的磨损与炉内运行风速的三次方、颗粒粒径的平方成正比，因此燃用煤矸石的 CFB 锅炉炉内磨损比较严重。受热面因磨损而爆管已经成为矸石电厂停炉的主要原因之一。

（4）床温控制难度高。不管是纯燃用煤矸石的 CFB 锅炉还是混烧煤矸石与优质煤的 CFB 锅炉都会遇到由于矸石热值变化大或者煤矸石与优质煤掺混不均带来的入炉煤热值波动的问题，因此在运行过程中必然会带来炉膛床温波动大，容易造成炉膛结焦或者熄火。

（5）锅炉排渣困难。掺烧煤矸石后锅炉燃烧后灰渣的份额会发生变化，底渣份额增加，锅炉排渣会变得困难，如需要大量掺烧煤矸石，应考虑冷渣器的改造。

（6）烟气超低排放要求凸显 NO_x 生成与脱硫矛盾。CFB 锅炉一般采用炉内石灰石固硫技术，但在实际运行中发现，大量投加石灰石会显著催生 NO_x，造成 NO_x 排放量增加，给脱硝带来极大压力。因此，在超低排要求背景下，如果燃用高硫煤矸石，NO_x 生成与脱硫之间矛盾更加凸显。

（7）低负荷运行时超低排放难。风、光等可再生能源发电对燃煤机组调峰提出更高要求，燃煤机组需要在宽负荷下灵活调峰且稳定运行。然而，低负荷下 CFB 锅炉的炉温降低，温度偏离适宜的 SNCR 脱硝反应温区，低负荷运行时超低排放成为行业难题。

B 异重流化床燃烧技术

浙江大学开发的异重流化床技术，将普通低发热量煤矸石与煤泥共同送入炉膛，煤矸石在炉膛底部流化燃烧，而煤泥则在炉膛中上部燃烧，这种利用不同物料的异重特性而研发的特殊 CFB 锅炉，不仅能燃用煤矸石，同时也解决了煤泥在流化床内凝聚结团的问题，但缺陷是处理煤矸石能力有限，以及炉膛底部易结焦，目前这种燃用煤泥、煤矸石的异重流化床锅炉已在市场上投运多台。

C 低倍率高低差速循环流化床技术

由于煤矸石的灰分高，燃用矸石的 CFB 锅炉入炉煤量大，导致了煤矸石 CFB 锅炉的循环灰量极大，而煤矸石的热值低，在密相区的放热偏少，加上大量的低温循环灰，极易导致出现炉膛主床温度难以控制的问题，因此可以通过采用低倍率的 CFB 锅炉来解决这一问题。

通过特殊的炉膛底部布置方式，将锅炉底部分成主、副床，其中主床位置低于副床，主床风速较高，副床风速较低，且主、副床之间的隔墙底部开有若干回流孔使主、副床联通，并将埋管布置在副床中，其结构如图 3-4 所示。由于主床风速较高，将细颗粒带入炉膛上部流入副床中，细颗粒在风速较低的副床中下沉后从副床底部流回主床，如此反复循环燃烧，由于受热面布置在颗粒较细的副床中，不仅增加了受热面的布置空间，还减小了受热面的磨损。目前该种高低差速循环流化床锅炉在市场上也已经有投运案例，其锅炉额定负荷下的热效率高达 87.2%，高出普通燃用煤矸石流化床锅炉十几个百分点，负荷调节性能强，超负荷性能好，特别是锅炉埋管受热面的防磨效果尤其明显，锅炉运行 100 天后，其防磨肋片棱角分明，无明显磨损痕迹。

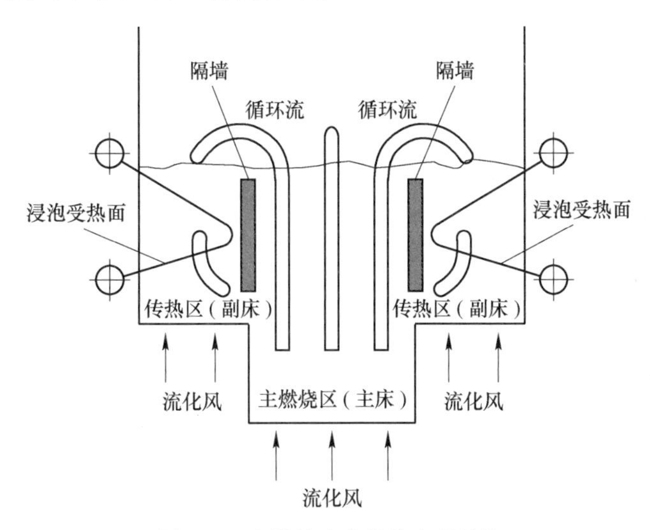

图 3-4 高低差速床炉膛底部结构

3.1.3.2 煤泥燃烧利用技术

A 湿煤泥干燥后燃烧

对湿煤泥进行干燥可以改善其湿黏特性和燃烧特性，可以提高煤泥热值。煤泥干燥后，既可以作为动力煤单独燃烧，也可以根据实际需要与其他煤种掺烧。

电厂燃烧或掺烧干煤泥不需要对现有锅炉设备及进料系统进行特别改造，一般将高含水率的煤泥采用压滤设备进行脱水处理，使其含水率降低至 20%左右，再经过简单成型等处理，送入循环流化床锅炉燃烧。由于煤泥灰分较高，会导致排风除尘系统负荷增加和锅炉受热面的磨损加大。锅炉掺烧干煤泥具有良好的经济性，随着干煤泥掺烧比例的增加，综合成本不断下降。在实际生产中，可以根据锅炉负荷和运行需要等因素综合考虑，按比例掺烧或完全燃烧干煤泥。

B 湿煤泥直接燃烧

与干污泥燃烧相比，湿煤泥直接燃烧无需配置干燥设备，但湿煤泥在炉内燃烧需要消耗热量蒸发所含水分。湿煤泥直接燃烧需要利用锅炉内部高品质能量来蒸发所含水分，且蒸发产生的水蒸气量较大，会对锅炉燃烧状况产生较大影响；此外，湿煤泥由于水分和灰分高的特性，在同等热量输入下，相比燃烧常规煤种，其飞灰浓度和烟气梯级增加10%~15%，这将使锅炉对流受热面积灰、结焦和磨损，给传热及引风机和除尘器的工作带来不利影响，会降低机组低负荷时的安全性，但只要合理改造并优化运行调整，燃烧湿煤泥仍然具有较好的经济、技术及环境效益。

湿煤泥在锅炉中燃烧主要应解决两保证：（1）湿煤泥的输送与稳定入炉。25%~35%含水率的湿煤泥一般通过一系列挤压泵在煤泥管道中进行输送。（2）湿煤泥在锅炉内稳定燃烧。湿煤泥直接投入CFB锅炉进行燃烧，会在床内出现凝聚结团现象。虽然煤泥适度的凝聚结团有益于循环流化床沸腾燃烧，但如果结团现象进一步加剧，则会危及锅炉运行。所以，湿煤泥稳定运行的关键之一，就是处理好凝聚结团现象。煤泥的入炉方式可以分为炉顶给料、中部给料和下给料，各有优劣，实际生产中可根据情况选择。入炉方式不同，对凝聚结团现象有很大影响。

CFB锅炉一般为下部输送燃料，以一次风在布风板下送入并配合一定量的二次风侧吹燃烧，如果将含水率较大的煤泥直接送入炉膛正压区不利于燃烧，并且容易堵塞风帽，严重时还可能造成炉膛熄火。如果将煤泥掺入输煤系统随洗中煤一起送入炉膛，又容易导致破碎系统及锅炉给煤系统堵塞。因此，一般采用将煤泥从炉顶喷入的方法，可充分发挥CFB锅炉的性能，使煤泥燃烧充分。煤泥料浆从锅炉顶部喷入炉膛后，在高温的作用下形成块状落下，由于煤泥燃烧具有爆裂的特性，煤泥块又具有良好的破碎性，块状煤泥下落过程中一边下落，一边烘干，一边分裂，一边燃烧，待落到布风板的时候已经变成小块，不会堵塞风帽。再加上颗粒密度的差异，小块煤泥将漂浮在沸腾层燃烧，不会沉积在布风板上而影响锅炉的流化质量，从而避免了局部流化效果差造成结焦的现象。由于煤泥含水量的不同对其发热量影响比较大，研究发现，煤泥含水量每增加1%，发热量就会降低420kJ左右；而煤泥含水量太低又会使得泵送压力过高，影响输送系统的长期稳定运行，经过工业运行经验，当煤泥含水量在28%~32%，且煤泥与洗中煤的掺烧比为1∶2.5~1∶3之间时，既能满足锅炉燃烧需要又能保证煤泥输送系统的长期稳定运行。

从炉膛顶部给料的方式对煤泥喷枪要求不高，是目前普遍采用的方法。然而，顶部给料方式容易冲击CFB锅炉的床面，当大比例掺烧煤泥时，大量的煤泥冲击床面很有可能造成床面结焦，威胁锅炉的安全运行。采用侧墙低位煤泥给入方式就可避免上述问题，由于煤泥掺烧的比例可大幅增加，因此电厂的总体经济效益将大幅提高。

C 煤泥制浆燃烧

煤泥水煤浆，是在高浓度水煤浆基础上发展来的一项煤泥处理及进料方式。煤泥制浆流程如图3-5所示。煤泥水煤浆在锅炉内燃烧，具有燃尽率和热效率高、污染物排放指数低和环境影响小等优点。此外，由于煤泥粒度细，

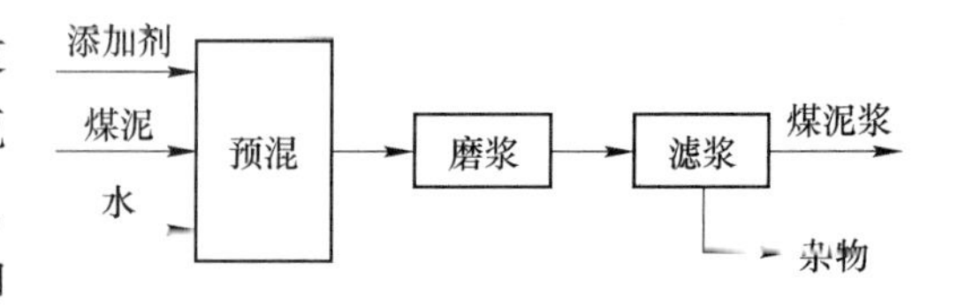

图3-5 煤泥制浆流程图

含水量和灰分高，也很适宜制浆。高灰分的特点使得煤泥表面亲水性好，在相同浓度下，煤泥制浆的稳定性比水煤浆强，成浆性良好，可以少加或不加添加剂。因此，煤泥制浆系统简单，运行成本低。

煤泥水煤浆适应性强，易于利用，现有各种锅炉炉型加以改造后可用于适量掺烧，在我国已有一些应用实例。然而，煤泥水煤浆的含水率通常在40%左右，它的热损失很大，燃烧特性差，烟气体积增大。因此，除了要保证煤泥浆的良好雾化外，对燃烧设备及燃烧条件等要求较高，仅适宜于对热负荷要求不高的情况。

煤炭科学研究总院唐山分院研究的高灰煤泥浆直接喷燃技术，利用灰分为40%左右、浆体浓度为55%的煤泥浆与洗中煤进行掺烧，掺烧量在30%~60%范围内均取得了满意的效果，锅炉热效率达到90.68%，比单纯烧洗中煤提高21.09%。

D 煤泥制型煤

与燃烧散煤相比，燃烧型煤可以减少 SO_x、NO_x、烟尘及致癌物的排放。将煤泥制成型煤，既有利于节约煤炭资源，减少煤泥对环境的污染，又有利于提高选煤厂的经济和社会效益。

对于某些特定类型的煤泥，如主焦煤和1/3焦煤煤泥等，可以利用其进行型焦加工，不仅可节约宝贵的焦煤资源，还可以创造更大的经济价值。但由于工业型焦要求严格，如冶金焦、气化焦和电石用焦标准均要求固定碳含量大于80%、灰分小于15%，除少数特定种类煤泥外，大部分普通煤泥都达不到标准。

此外，针对循环流化床电厂干法脱硫剂过细石灰石粉扬析问题严重，山西大学与企业合作设计了煤泥与石灰石粉组分互补和粒径级配的煤泥-石灰石高效固硫技术（图3-6），将过细石灰石粉、煤泥、改性粉煤灰及生物质等混合压制型煤，通过燃用煤泥固硫型煤，增加过细石灰石粉炉内循环倍率，现场运行证明掺烧煤泥型煤脱硫效果好于原石灰石粉脱硫，提高了过细石灰石粉在电厂脱硫的有效利用率，实现了脱硫剂的高效利用，减少了环境污染，实现深度脱硫和煤泥资源的有效利用。

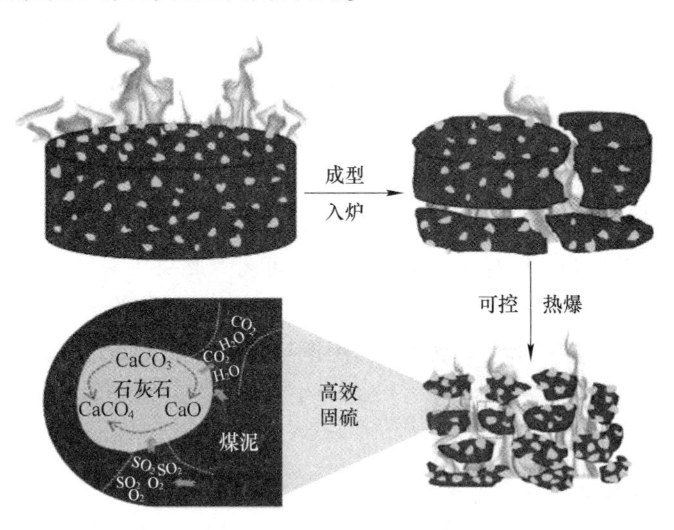

图3-6 煤泥-石灰石高效固硫技术

煤泥还可以用于民用型煤生产，也可与生物质结合制备生物质型煤。煤炭散烧短期内在我国难以完全替代，尤其是富煤少气和经济相对落后的广大北方农村地区。开发低成本煤泥基型煤生产技术及配套安全方便操作炉具，是兼顾大气污染减排和居民承受力的一种合理选择。采用生物质与煤泥混合成型制备民用型煤，生产工艺简单，成本较低，既便于保证燃料热值，又能减少温室气体和二氧化硫的排放，可以达到有效利用煤炭资源和降低污染物排放的目的。

3.1.3.3 煤气化渣燃烧利用技术

煤气化渣残碳含量过高是其难以利用的原因之一。根据《用于水泥和混凝土中的粉煤灰》（GB/T 1596—2005）国家标准，可用于水泥和混凝土粉煤灰的烧失量不得高于15%。尤其是细渣的残碳量往往超过20%，不能直接用于上述领域。灰分为56.39%、发热量约12550kJ/kg的气化细渣具有热能回收价值。

A 循环流化床锅炉掺烧

CFB锅炉由于其独特的燃烧方式，可用于富碳灰的燃烧。细渣燃烧后由高碳灰转变为低碳灰，有利于其建材化利用，可以用于水泥、混凝土等建材、建工的原料。

一般将压滤机压滤后的湿气化细渣与燃料煤按比例进行掺烧，气化细渣占比一般在10%~15%。气化细渣通过煤泥泵加压经管道输送进入CFB锅炉炉膛进行燃烧。由于气化细渣含水量高，掺烧后对锅炉的运行会带来热效率降低、给煤管路堵塞、锅炉飞灰量增加、省煤器磨损严重等问题。为了进一步降低气化细渣入炉前含水量，可采用沉降离心机将压滤机后的气化细渣进一步脱水到30%以下，通过皮带输送至均料机加压送入锅炉。此外，还需要对锅炉的排灰系统和炉膛等进行相应改造。

通过分析气化渣的流变特性与入炉燃烧特性，可将气化渣和煤泥混合送至CFB锅炉进行掺烧。由于渣浆液含水量越大、黏度越低，在管道输送过程中功耗就越小，但入炉后发热量也降低，造成锅炉燃烧效率下降。因此，必须综合考虑渣浆液的输送和锅炉燃烧效率，选择最佳含水量。通过试验测定，气化渣与煤泥以质量比1：1混合，控制含水质量分数为30%±2%时，具有典型的非牛顿流体特性，流动性能稳定，可以满足管道输送要求；气化渣、煤泥与原煤掺烧的综合发热量满足锅炉设计的燃料要求，对锅炉燃烧效率和烟气停留时间等参数基本没有影响。

B 蒸汽干燥气化渣用作煤粉锅炉燃料

为了适应煤粉锅炉进煤的水含量要求，湿气化细渣必须经过干燥，才能成为煤粉炉的燃料。采用厂区内放空蒸汽为热源，在卧式蒸汽间接干燥机中对气化细渣进行干燥处理。该干燥机回转筒为呈倾斜安装的圆柱形筒体，筒体内布有列管等装置，气化渣从较高的入料端加入，借助筒体的缓慢回转，在重力作用下从入料端向出料端移动，通过回转筒内部蒸汽排管表面与细渣接触过程中换热。干燥后的气化细渣返回煤粉锅炉与煤混合燃烧，烧成的灰可用于制水泥。

3.1.3.4 焦化废渣燃烧利用技术

燃烧是工业危险有机废弃物的常规处理方式，通过高温富氧燃烧将有害物质分解为二氧化碳和水，实现焦油渣脱毒的同时又能回收其热值。

A 作黏结剂制型煤入炉燃烧

利用焦油渣的高黏特性，将焦油渣作为黏结剂与生物质（秸秆、木屑和毛竹）混配制备粒状燃料。焦油渣具有良好的黏结效果，对生物质颗粒的发热量、防水强度和耐磨强度等指标都有大幅提高，而焦油渣燃烧所排放的 SO_2、多环芳烃和二噁英等污染物需另加入石灰石进行抑制。

B 固定床炉排炉燃烧

固定床炉排炉处理系统由预处理、成型、焚烧和热量利用、烟气和灰渣处理等过程组成。预处理包括成分分析、增稠、分选、破碎和干燥等。预处理后根据热值和成分进行配比，加入黏结剂和控制污染的添加剂，送入成型机，压成颗粒。成型以后，送入干燥机，抽取焚烧炉炉膛出口的高温烟气干燥废物，降低其水分含量，干燥后固体废物由上料推料装置送入炉膛燃烧。溶剂、油类及预处理后的废液等液态废物通过废液燃烧器喷入炉膛燃烧。燃烧产生的烟气一部分流过锅炉管束；另一部分送入干燥机干燥成型后的燃料，干燥后烟气回到锅炉尾部烟道，与管束出口烟气汇合，经空气预热器后进入烟气处理系统。锅炉管束中产生饱和蒸汽。烟气依次流过活性炭吸附器、布袋除尘器和中和反应塔，最后由引风机带出烟囱。飞灰和炉渣作为危险废物，通过固化/稳定化或安全填埋等方法处置。

C CFB 锅炉掺烧焦油渣工艺

焦油渣与沥青混合焚烧虽然降低了成本，但仅降低了危废的污染风险，并没有对焦油渣的热值进行有效利用。因此，采用 CFB 锅炉对焦油渣进行掺烧，就是一种既能降低回收成本，又对焦油渣热量进行有效利用的新途径。

循环流化床锅炉掺烧焦油渣工艺流程如图 3-7 所示。循环流化床锅炉掺烧焦油渣工艺是将焦化厂炼焦过程产生的焦油渣通过汽车运送至热电厂，焦油渣在静止池中进行一次脱水，然后在静止池中加入乳化剂进行搅拌脱水，脱水后的焦油渣用捞渣机转运至一次分离机上进行脱油处理，分离的焦油收集后输送至焦油罐，然后将焦油渣用蒸汽加热到 75℃后进行二次分离，分离后的干焦油渣拌入干煤粉后用皮带输送至煤粉仓入炉燃烧，燃烧产生的烟气经过循环流化床锅炉自带的设备进行脱除。

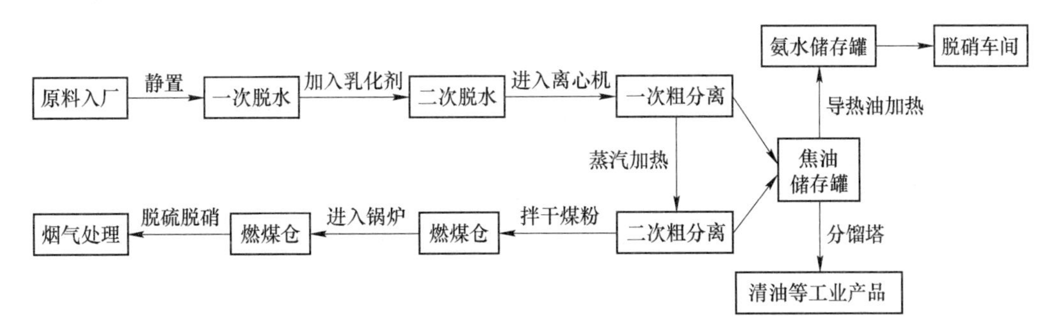

图 3-7 循环流化床锅炉掺烧焦油渣工艺流程

两次分离的焦油进入蒸馏塔进行工艺提纯。采用导热油加热管加热到 130℃，水分汽化与水量挥发氨经冷凝后送含氨废水罐，最后经输送泵运到 SNCR 脱硝厂房氨水储存罐，用于循环流化床锅炉 SNCR 脱硝，剩下的焦油继续加热到 360℃，经重质油组分汽化导入分馏塔后，根据馏分沸点不同冷凝导出，经缓冲收集罐收集后送至产品罐；加热过程中产生的不凝气经缓冲收集罐收集后通往循环流化床锅炉进行焚烧处理。

D 废渣制型煤炼焦

焦化废渣制型煤炼焦的工艺必须解决三个根本性的技术问题：（1）要实现均匀配入；（2）煤与渣要稳定结合；（3）不对环境和设备造成二次污染。基于此，相关企业通常采用圆盘给料机完成配入，而渣斗应用夹层保温维持下料畅通，使用双轴搅拌机与挤压成型机让煤渣完全混匀同时实现稳定结合。目前，基本工艺流程如图 3-8 所示。

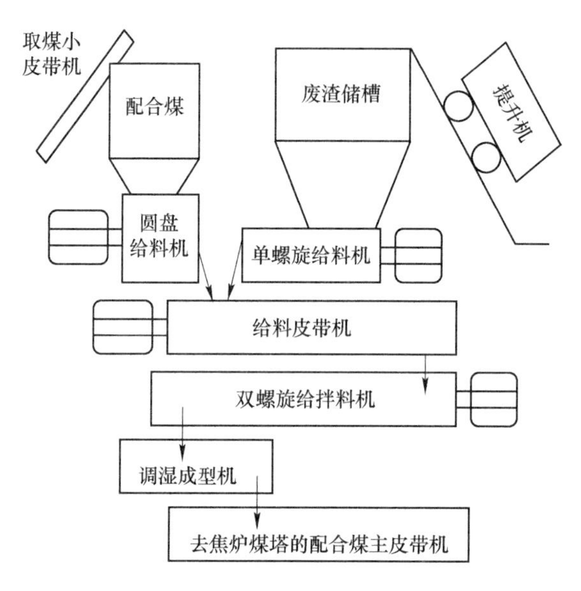

图 3-8 焦化废渣制型煤工艺流程

焦化废渣制型煤的运行过程是通过叉车把超级离心机与机械澄清槽等机器设备排出的焦油渣发送到斗式提升机，然后再提升到一定高度后倒入焦油渣储槽的同时，经过蒸汽加热使之熔化成流体，通过电液刀型阀门与螺旋输送机送入双轴搅拌机。接下来再通过犁式卸料机把皮带机上的煤倒进储煤槽，再通过圆盘给料机、皮带输送机把煤倒进双轴搅拌机。当二者通过充分搅拌混匀之后，再倒入成型机挤压制为成型煤之后和配合煤一并进入焦炉进行炼焦。废渣制型煤工艺在保持稳定工作时，通常应注意以下几个问题：首先，工艺要求布置在破碎机之后或者配有专门的除铁器，以防铁块等硬质物件无意进入系统，进而造成挤压成型机三角带打滑及机器设备出现故障。其次，要使用灵敏可靠的控制机器，这样可以适应各类废渣的生产需要。最后，这种工艺需要和主料线连锁一并运行，不允许空皮带运送型煤，不但要防止型煤在主皮带上不断堆积，而且要规避型煤统一装炉影响焦炭质量。

3.2 煤矸石的循环利用

3.2.1 煤矸石的理化特性

3.2.1.1 物理性质

煤矸石的颜色取决于其中的碳含量和矿物质种类，低碳含量的煤矸石多呈灰色，随着碳含量的增加，煤矸石的颜色越向灰黑色靠拢，煤矸石中的黄色成分大多为黄铁矿，随着黄铁矿的缓慢氧化，黄色部分渐渐变为淡红色。

煤矸石的密度和堆积密度分别为 2100~2900kg/m^3、1200~1800kg/m^3，自燃煤矸石的堆积密度降低为 300~900kg/m^3。煤矸石具有一定的吸水特性，吸水率约为 2.0%~6.0%，自燃煤矸石的吸水率更高，为 3.0%~11.60%。

煤矸石的硬度是破碎设备选择和工艺设计的重要指标。煤矸石的硬度比煤炭高，在 3 左右。硬度的表示方法有很多种，常用的有普氏硬度系数和莫氏硬度等级两种，岩石的硬度一般采用普氏硬度系数表示，因为岩石的绝大多数都是由多种矿物组成，往往显示一定的方向性；矿物硬度通常用莫氏硬度等级表示。由于莫氏法简单易行，便于野外测试，故大多数人愿意采用莫氏等级来表示原料的硬度。普氏硬度系数是前苏联学者普罗托基诺夫提出，用 f 来表示岩石的坚固性系数，坚固性越大的岩石，f 值就越大。常见岩石的 f 值介于 1~20 之间。测定岩石普氏硬度系数的方法很多，最简单的方法是用 5m×5m×5m 岩体试样，使其受单向压缩，设其极限抗压强度为 R（kg/cm），将 R 值以 100 除之，得抽象数，此数即为 f 值。莫氏硬度等级，是德国矿物学家莫斯提出的矿物硬度标准。测定莫氏硬度等级常用莫氏硬度计，该硬度计是选择 10 种不同的矿物，分别定为 1 度到 10 度，按低到高的次序排列而成。十种矿物的莫氏硬度级依次为：金刚石（10），刚玉（9），黄玉（8），石英（7），长石（6），磷灰石（5），萤石（4），方解石（3），石膏（2），滑石（1），其中金刚石最硬，滑石最软。莫氏硬度标准并不能精确地用于确定材料的硬度，例如 10 级和 9 级之间的实际硬度差就远大于 2 级和 1 级之间的实际硬度差，但这种分级对于矿物学工作者野外作业是很有用的。

3.2.1.2 矿物组成

煤矸石是由碳和无机矿物组分组成的，其中碳含量约占煤矸石质量的 5%~20%，其余的均是无机矿物组分。由于煤矸石是煤炭开采和洗选过程中产生的，属于煤炭伴生资源，因此煤矸石中的矿物组成与出产煤田的形成年代、地质条件和矿物特点息息相关。

存在于煤矸石中的矿物主要是来自煤系母岩的造岩矿物。按成因类型可将其分为两类：一类是原生矿物，它们是各种岩石（主要是岩浆岩）受到不同程度的物理风化而未经化学风化的碎屑物，其原有的化学组成和结晶构造都没有改变。在该类矿物中主要包括硅酸盐类、氧化物类、硫化物类和磷酸盐类矿物；另一类是次生矿物，它们大多数是由原生矿物经风化后重新形成的新矿物，其化学组成和构造都有所改变而有别于原生矿物。次生矿物是煤矸石中最重要和最有活力的部分。许多重要的物理性质（如可塑性、膨胀收缩性）、化学性质（吸收性）和力学性质（湿强度、干强度）等都取决于次生矿物。

煤矸石的岩石种类主要包括黏土岩、砂岩、碳酸岩和铝质岩等。由各种岩石组成煤矸石的矿物组成是复杂多变的，主要由黏土矿物（高岭石、伊利石、蒙脱石）和石英、方解石、硫铁矿及碳质组成。黏土岩类煤矸石的主要矿物成分为黏土矿物，其次有石英、长石和云母等自生矿物，此外还有丰富的植物化石、有机质和碳质等。黏土大多数为板状、层状或纤维结构，此类煤矸石在所有煤矸石中占有相当大比例。不同地域产生煤矸石的矿物组成有一定的差异。我国北部煤田煤矸石中的黏土类矿物基本为高岭石，而南部煤田煤矸石中的黏土类矿物还包括一定量的伊利石，而且南部煤田煤矸石中还含有较多的白云母。砂岩类矿物多数为石英、长石、云母、植物化石和菱铁矿结合等，混有其他化学沉积物。

砂岩类煤矸石在矿物组成上除了黏土矿物外，还含有较多的陆源碎屑矿物，如钾长石。碳酸岩类煤矸石的矿物组成为方解石、白云和菱铁矿，这类煤矸石中黏土类矿物含量相对较低，同时还含有一定量的石英。铝质岩类含有勃姆石、三水铝矿、一水软铝石和一水硬铝石等高铝矿物。我国山西北部和内蒙古部分煤田中含铝矿物异常富集，所产生的煤矸石中勃姆石和一水硬铝石等含铝矿物含量较高。

表 3-5 对比了不同国家煤矸石矿物组成的含量分布，其中石英、黏土类矿物和含碳物质是最主要的矿物。煤矸石的矿物组成主要受到黏土矿物的影响，典型的煤矸石含有 50%~70%的黏土矿物，20%~30%的石英及 10%~20%的其他矿物和碳。与世界其他国家相比，我国煤矸石中高岭石含量（10%~67%）丰富，石英含量中等（15%~35%）。

表 3-5 不同国家煤矸石的矿物组成 （%）

矿物质	比利时	前捷克斯洛伐克	德国	西班牙	英国	俄罗斯	中国
伊利石	80	10~45	41~66	20~60	10~31	5~30	10~30
高岭石	12	20~45	4~25	3~30	10~40	1~60	10~67
绿泥石	5	0~15	1~3	0~7	2~7	—	2~11
石英	8	10~50	13~27	5~57	15~25	—	15~35
铁矿石	0.5	0~25	0.5~5	—	2~10	0.2~8	2~10
有机质	10	0~25	5~10	4~30	5~25	8~40	5~25

虽然不同地域、不同煤田所产生煤矸石的矿物组成有一定的差异，但高岭石和石英是煤矸石中最常见、含量最高的两种结晶矿物，最常见的含钙矿物是方解石，含铁矿物是黄铁矿和菱铁矿，此外，煤矸石中可能还含有伊利石、绿泥石、白云母、勃姆石和长石类矿物。除结晶矿物外，煤矸石中还含有 10%~40%的非晶相无机组分，主要是含硅铝的未结晶物质。

3.2.1.3 化学组成

煤矸石中的无机组分通常是以矿物质形式存在的，然而除结晶矿物质外，还有一部分无机组分是以非晶态存在的，由于非晶态物质难以表达和检测，因此通常将煤矸石中无机组分折算成常见元素氧化物的含量，即称为煤矸石的化学组成。煤矸石的化学组成是评价煤矸石特性和决定利用途径的重要指标。表 3-6 给出了我国部分地区新鲜煤矸石和自燃煤矸石的化学组成。煤矸石的化学组成主要含有 SiO_2、Al_2O_3、Fe_2O_3、CaO、MgO、TiO_2 和 K_2O 等，其中 SiO_2 和 Al_2O_3 是煤矸石的主要组分，SiO_2 含量为 40%~70%，Al_2O_3 为 13%~40%，二者的总量可达 60%~90%。煤矸石在堆存过程中，可能发生自燃现象，其中的挥发分和碳燃烧，会使其无机成分含量增加。通常情况下，自燃煤矸石中 SiO_2 含量高于 50%，Al_2O_3 含量高于 17%。

表 3-6 我国部分地区煤矸石的化学组成 （%）

种类	煤矿	Al_2O_3	SiO_2	Fe_2O_3	CaO	MgO	TiO_2	K_2O	Na_2O	LOI
新鲜煤矸石	内蒙古准格尔	37.56	45.55	0.23	0.44	0.43	0.37	0.21	0.16	15.30
	山西阳泉	39.05	44.78	0.45	0.66	0.44	0.05	0.15	0.10	14.32
	内蒙古大青山	37.62	46.35	0.53	0.33	0.09	0.98	0.08	0.03	13.99

续表 3-6

种类	煤矿	Al_2O_3	SiO_2	Fe_2O_3	CaO	MgO	TiO_2	K_2O	Na_2O	LOI
新鲜煤矸石	陕西铜川	37.43	44.75	0.99	0.07	0.15	1.43	0.56	0.08	14.54
	山西霍州	27.37	49.09	1.95	1.79	0.13				
	山西石圪节	42.40	53.96	0.96	0.56	0.50	0.76	0.58	1.32	
	河南平顶山	28.21	50.50	2.38	1.32		1.09	1.98	0.81	
	山西关帝	33.53	57.19	3.72	1.55	0.53	0.81	1.18		13.71
	山东滕南	18.65	53.32	3.60	0.90	0.30		1.33	1.65	
	辽宁阜新	17.50	58.02	1.09	1.69	2.09	0.61	3.34	0.60	20.25
	山东淄博	17.66	58.00	5.23	1.44	1.60		1.43	0.19	15.07
	山东新汶	21.03	51.65	6.86	1.27	1.33		1.69	0.30	11.52
	云南宜威	22.93	55.05	5.83	1.47	0.54	0.97	3.22	0.24	
	山西晋城	15.53	53.16	7.43	4.14	0.97				9.75
	内蒙古赤峰	13.72	43.39	6.09	1.70	1.60	0.89	2.05	0.56	16.30
	河北开滦	18.28	50.59	4.37	3.85	2.30	0.65	1.79	0.25	29.81
	北京房山	16.35	45.57	6.02	1.93	1.56	0.94	2.85	1.44	25.18
	安徽淮北	20.63	55.66	3.80	7.58	2.70		2.65	1.76	11.50
	黑龙江七合台	2~10	30~40	10~15	10~45	1~4				5.22
	山东孙村	18.78	61.94	6.92	2.21	1.51				
	河南鹤壁	25.15	59.7	4.25	0.69	0.31	1.04			2.54
	河南平顶山	21.44	61.76	8.10	0.85	1.02				
	重庆酉阳	11.62	66.71	6.27	3.57	1.97		2.57	0.48	3.51
自燃煤矸石	山东孙村	19.64	59.85	4.66	2.59	2.67				
	吉林应承	17.27	66.33	5.00	1.15	0.75	0.56			
	辽宁阜新	16.21	64.30	3.46	1.15	1.88	0.63	3.46	2.70	
	辽宁铁法	16.27	69.98	3.07	1.26	1.02		3.09	3.28	
	辽宁阜新	16.56	60.16	6.26	3.63	3.40				0.79
	陕西铜川	31.1	55.19	2.94	1.31	0.75	1.12	1.13	0.07	5.94
	山西太原	21.1	61.05	7.30	2.31	1.95	0.80			4.05

3.2.1.4 火山灰活性

物质的火山灰活性是指物质中含有的活性 SiO_2 和 Al_2O_3 等活性组分在有水的情况下可与 $Ca(OH)_2$ 反应生成具有胶凝性的水化硅酸钙、水化铝酸钙或水化硅铝酸钙等产物，火山灰活性较高的物质通常可用作水泥或混凝土的掺合料。原始的煤矸石本身基本没有火山灰活性，但经过煅烧（一般为700~900℃）处理以后，煤矸石中黏土类矿物的晶相发生分解，转化为无定形硅铝酸盐，具备了一定的火山灰活性。

在自然界中，煤矸石以新鲜矸石（风化矸石）和自燃矸石两种形态存在，这两种矸石在矿物组成及结构上有很大的区别，其火山灰活性也不尽相同。自燃矸石含碳量比自燃前大大减少，Al_2O_3 和 SiO_2 的含量明显增加，原有黏土类矿物自燃后形成新的矿物相，尤其生成的无定形硅铝酸盐，使自燃煤矸石成为一种火山灰质材料，具有一定的火山灰活性。通过机械粉磨、热处理、化学改性及微波辐照激活能够激发煤矸石的胶凝活性。

3.2.1.5 可塑性

煤矸石的可塑性是指把磨细的矸石粉与适当比例的水混合均匀制成泥团，当该泥团受到了高于某一数值剪切应力的作用后，泥团可以塑成各种各样形状，除去应力后，泥团能永远保持其形状。这种性质称为可塑性。

矸石可塑泥团和矸石泥浆的区别在于固/液之间比例不同。由此而引起矸石泥团颗粒之间、颗粒与介质之间作用力的变化。据分析，泥团颗粒之间存在两种力：(1) 吸力，主要有范德华力、局部边面静电引力和毛细管力。吸力作用范围约离表面 $2\times10^{-3}\mu m$。毛细管力是塑性泥团中颗粒之间主要吸力，在塑性泥团含水时，颗粒表面形成层水膜，在水的表面张力作用下紧紧吸引。(2) 斥力，是由带电颗粒表面的离子间引起的静电斥力。在水介质中这种力的作用范围约距颗粒表面 $2\times10^{-2}\mu m$。由于矸石泥团颗粒间存在这两种力，当水含量高时，形成的水膜较厚，颗粒相距较远，表现出颗粒间的斥力为主，即呈流动状态的泥浆；若水含量过少，不能保持颗粒间水膜的连续性，水膜中断，则毛细管力下降，颗粒间靠范氏力而聚集在一起，很小的外力就可以使泥团断裂，则无塑性。

矸石颗粒越细，比表面积越大，颗粒间形成的毛细管半径越小，毛细管力越大，塑性也越大。矸石矿物组成不同，颗粒间相互作用力也不相同。高岭石的层与层之间是靠氢键结合，比层间为范德华力的蒙脱石结合得更牢固，故高岭石遇水不膨胀。蒙脱石的比表面积约为 $100m^2/g$，而高岭石为 $10\sim20m^2/g$，由于比表面积相差悬殊，故毛细管力相差甚大。一般说来，可塑性的大小顺序是：蒙脱石>高岭石>水云母。

可塑性的高低，用塑性指数表示。矸石泥团呈可塑状态时，含水率的变化范围代表着岩石泥团的可塑程度，其值等于液性限度（简称液限）与塑性限度（简称塑限）之差。这时所讲的液限，就是矸石泥团呈可塑状态的上限含水率（相对于干基），当矸石泥团中含水率超过液限，则泥团呈流动状态。所谓塑限，就是矸石泥团呈可塑状态时的下限含水率（相对于干基），当矸石泥团中含水率低于塑限时，矸石泥团即成为半固体状态。

3.2.2 煤矸石的建材化利用

3.2.2.1 烧结砖

煤矸石中富含黏土类矿物，可替代天然黏土或其他天然资源，用于制备烧结砖，而且煤矸石中的碳可为砖的烧结提供燃料。因此，利用煤矸石制备烧结砖属于煤矸石的全组分利用，有利于煤矸石的大量消纳。煤矸石烧结砖在20世纪50~60年代的欧洲，取得了很大成就，因为那时煤的使用及煤矿开采仍非常兴盛。利用煤矸石制砖不仅可以实现煤矸石的大宗消纳，保护环境，而且可以获得较好的经济效益。但随着能源结构、市场需求的变化，燃料价格对生产成本和毛利的影响，使煤矸石烧结砖在欧洲的发展几经兴衰。

1960年到1970年间，燃料比较便宜，在生产成本中只占16%~20%。利用黏土生产可以盈利4%~5%，毛利达19%~24%。但到1979年石油危机时，燃料价格上升，在生产成本中的比重上升至35%，影响着盈利水平。加上煤矿恢复生产，此时利用煤矸石烧砖再度受到人们重视。法国重开煤矸石烧结砖研究，在欧洲 1985 年新建的煤矸石砖厂，燃料在成本中仅占 1%，利润可达 15%，毛利润达 35%，以至法国不仅对已运行 20 多年的 Hulluch 砖厂进行了技术改造，而且还在扩建新厂。很多产煤国家，如苏联、美国和英国等都委托 Ceric 公司进行以煤矸石为原料生产烧结砖的研究，还向南非、英国、美国和澳大利亚等国的煤矸石砖厂、粉煤灰砖厂和其他采用工业固体废弃物生产烧结砖的工厂提供了全套技术和装备。

法国 Ceric 公司建成了年产 12 万吨的全煤矸石烧结砖厂，该公司以 100%煤矸石为原料，完全利用内燃烧结的方法制备高质量清水墙砖、饰面砖和各种空心砖。Ceric 公司创造了半硬塑挤出成型、一次码烧、全内燃烧砖工艺和技术，使利用煤矸石为原料生产烧结砖成为现实，简化了工艺，节省了投资。真正做到“制砖不用土，烧砖不用煤”（即不用任何外部能源，大大节省了优质能源）。这个技术不仅解决了煤矸石利用问题还为其他硬质黏土类原料生产烧结砖提供了新的途径。

法国 Hulluch 煤矸石烧结砖厂的生产技术在煤矸石生产烧结砖方面具有较好的代表性，本节对该技术进行详细的介绍，具体的生产过程如下。

A 煤矸石筛分及粉碎加工

Hulluch 煤矸石烧结砖厂建在法国产煤区有 800 万吨煤矸石的山坡下。煤矸石用铲斗车运至带格栅的筛分车处经皮带输送机送至振动筛上。粒径小于 100mm 的煤矸石块用于煤矸石砖生产，大于 100mm 的煤矸石块用于筑路。

煤矸石原料制备及粉碎方法的确定不仅取决于它的物理、化学特性，还要考虑是否能满足所要求的颗粒尺寸大小和合适的颗粒级配。生产优质煤矸石烧结砖要求处理后的煤矸石应具有如下颗粒级配的颗粒组成：0.08~0.1mm，35%；0.1~0.3mm，35%；0.3~0.5mm，10%；0.5~1.0mm，10%；1.0~2.0mm，10%。为了具有好的塑性，其颗粒级配如下：0~0.1mm，30%；0.1~0.3mm，30%；0.3~0.6mm，30%。其中，小于 0.1mm 的颗粒是使煤矸石物料具有塑性的重要因素。这部分颗粒含量不足会使空心砖难以成型。其他粒径的颗粒比例可使物料具有良好的级配，经混合均匀后，在挤出成型过程中能最大限度地排出空气而使砖坯具有很高的密实度，这是高强度砖所必需的。

煤矸石性能不同、生产的产品不同都对煤矸石加工要求不同，因而要求有不同的原料制备技术和设备。Ceric 公司曾对锤式破碎机、圆锥式破碎机以及棒磨机用于煤矸石粉碎进行过研究、比较，并在部分煤矸石烧结砖厂采用过。比较情况如表 3-7 所示。

表 3-7 不同破碎机的能耗及优缺点对比

项 目	能 耗	优 点	不 足
锤式破碎机	粉碎 1t 煤矸石，电耗 15kW，消耗钢材 80g	安装简单；粉碎成本不高	不能使用含水分高的煤矸石；调整颗粒级配比较困难；需经常维修，不够安全
圆锥式破碎机	粉碎 1t 煤矸石，电耗 7.5kW，消耗钢材 100g	配有自除堵塞装置；噪声小	不宜用于高塑性原料加工，仅适用于某些原料；筛子易堵塞；安装、保养较困难；颗粒级配不规则；粉尘多

续表 3-7

项　目	能　耗	优　点	不　足
棒磨机	粉碎 1t 煤矸石，电耗 10.0kW，消耗钢材 200g	可粉碎块度较大的和水分较高的煤矸石； 安装简单，易于保养、维修；较安全；加工成品的颗粒级配比较理想	粉碎成本相对较高

Hulluch 煤矸石烧结砖厂选用了两台 2000mm×4000mm 棒磨机，其装填有 40% 的 80mm×3500mm 的钢棒。含水 7%~8%、粒度达 100mm 的煤矸石由皮带运输机从磨头喂入，经棒磨从磨尾的周边出料。每台棒磨机的产量为 18t/h，出磨的粉料由振动筛筛分。粉料中 70%的颗粒粒径小于 0.5mm，大于 0.5mm 的物料占 30%，大于 0.5mm 的物料返到磨头回磨。合格的粉料由皮带输送机送到生产车间的陈化库陈化。经比较分析，棒磨能使煤矸石磨细后具有良好的级配，能保证原料质量，有利于挤压成型，在经济方面也可取得良好效果。

B　煤矸石粉料陈化

煤矸石粉料的陈化在陈化库进行，陈化的目的是使吸附于颗粒表面的水分渗透到颗粒内部，使其润湿、膨化、熟化，激发和释放其潜在塑性。同时，使原料更加均匀，防止煤矸石热值不稳定而对产品造成损害。

在选择堆取料方式时，应尽可能采用多层水平布料、垂直切取料以保证物料充分均匀，防止煤矸石粉料中的热值不稳定造成的损害及使物料湿度均匀，水分充分渗入到颗粒之间和颗粒内部，避免因发热量的波动引起焙烧时窑内温度的忽高忽低。由棒磨机粉碎的煤研石粉料经筛分、加水搅拌后，用皮带输送机运至陈化库，再由倾斜式输送带卸到库内不同部位进行陈化。完成陈化的物料，由多斗取料机卸至皮带运输送到生产车间内，由两台 30~100t/h 的箱式给料机供料用于生产。陈化库必须封闭，保持库内湿度和空气温度稳定，保证颗粒湿度平衡。Ceric 公司特别强调煤矸石粉料在使用前应在陈化库内贮存 15 天。

C　煤矸石砖坯挤出成型

经陈化的煤矸石粉料由两台箱式给料箱送入两台 80t/h 的双轴搅拌机，加水调湿，然后再送到两台 55t/h 的箱式给料机供挤出成型机使用。

挤出成型机的泥缸直径最大可达 800mm，挤出压力 2.2MPa，抽真空度 85%。挤出成型的物料含水率为 12%~16%，每小时产能为 40~50t，最高可达 80~90t。整套砖机的功率达 350kW，其中挤出部分 225kW，可以挤出生产实心砖、多孔砖、空心砖及砌块等泥条。

（1）普通墙砖。泥条挤出后，直接经切条、切坯。

（2）清水装饰砖。用煤矸石做原料，可以通过对泥条表面进行特定加工，生产清水装饰砖，共有三类。

（3）去表皮装饰砖。在挤出机出口处加装切削刀，泥条从机口出来后，就用切削刀片将泥条 4 个表面的表层切削掉。

（4）压花、喷砂、釉面装饰砖。挤出的泥条经切边、扒皮，进入加工中心。经过压花、喷砂、施釉后，切条、切坯。

(5) 贴面及拐角贴面砖。泥条经过机口加工成薄片贴面砖和拐角贴面砖泥坯。经过压花、喷砂、施釉后，切条、切坯。

D 砖坯的干燥与焙烧

湿坯干燥：Hulluch 煤矸石砖厂没有独立的干燥室。干燥窑与焙烧窑排成一条线并直接连成一体。干燥窑加焙烧窑共长 240m，宽 9~10m，其中干燥窑长 56m。湿坯在窑车上缓慢干燥。从焙烧窑的冷却带抽取热空气供给干燥窑干燥湿坯。干坯进入焙烧窑的含水率不得超过 2%。

干坯焙烧：焙烧是煤矸石砖生产的关键。它直接关系到利用煤矸石烧砖的成败。因为采用一次码烧工艺，干燥好的砖坯直接从干燥窑进入焙烧窑焙烧。焙烧窑长 184m（预热带 40m）内装 53 辆窑车、焙烧温度为 1020~1100℃。干燥、焙烧时间 92h，焙烧 45~50h。

焙烧窑上不设任何点火器，焙烧过程不使用任何外部能源（即不用外燃），完全依靠煤矸石自身所含有的碳及挥发分，挥发分的燃点为 300~400℃。砖坯在 800~850℃自动燃烧，其放出的热量保证砖坯在 1020~1100℃温度下焙烧。要控制燃烧区，避免由于预热区自燃而使烧成带位置发生移动。

在 1020~1100℃温度下烧砖仅需 1.67~2.09MJ/kg（400~500kcal/kg）的热量即可，而大多数煤矸石的含热量都超过此值，有的甚至超出很多。煤矸石的来源不同，其发热值不同，有时波动很大。煤矸石发热值的波动会导致窑内温度忽高忽低，严重影响窑内焙烧过程和砖成品的质量。为此，Ceric 公司开发了一套自动操作系统，掌握了窑内焙烧热能控制技术。当窑内焙烧温度超过规定值时，及时将窑内多余的热量从烧成带抽出。通过减少热量控制烧成带温度，解决了高热值使焙烧变得困难的问题。当温度低的时候，自动减少抽出热量，使窑的烧成温度保持恒定。

采用煤矸石内燃烧砖，由于煤燃烧不充分或煤矸石氧化不良，而在表面出现黑色斑点或经常产生黑心。为了消除砖内黑心，Ceric 公司将砖在一特定温度下，保持足够的停留时间。停留时间的长短由砖坯的厚度决定。

制定正确的焙烧曲线是保证砖正常生产和质量的前提。烧成曲线是通过试验中心试验而来，其经半工业试验验证后，用于隧道窑设计。焙烧过程严格按照烧成曲线运行。通过自动测温、测压力、测风速传感器自动控制所有风机，随时调节风速、风量。按照不同煤矸石、装窑密度、产品密度及厚度确定最理想的焙烧温度，制定焙烧曲线，以获得高强度、高抗冻性、无裂痕的产品。自动测定、自动控制和调节是砖坯在焙烧阶段保证 98%合格率不可缺少的手段。

3.2.2.2 水泥

水泥是目前用量最大的胶凝材料，广泛用于建筑领域。煤矸石中富含黏土类矿物质，可替代天然黏土与石灰石、铁粉及硅质胶等混合烧制水泥，煤矸石中的碳可提供部分燃料，而且煤矸石中含有一定量的钙、铁和其他易熔元素，降低熟料的熔点，使得液相提前形成，氧化钙与硅酸二钙（C_2S）在液相的作用下逐步熔解，煤矸石中的硅铝酸盐矿物与钙发生反应逐渐生成水泥的主要成分硅酸三钙（C_3S）。

用煤矸石生产水泥的工艺过程与普通硅酸盐水泥生产工艺基本相同：首先将煤矸石和

石灰石等块状原料破碎、磨细，掺入一定量的氧化铝粉或氧化铁粉，经研磨搅拌后配制成生料；然后，将生料在回转窑中煅烧生产水泥熟料；最后将石膏与水泥熟料混合制成水泥。在配料过程中，应该按照煤矸石中的 Al_2O_3 含量进行配料，所配生料的化学成分应该满足生产高质量水泥的需求。一般来说，如果煤矸石中 Al_2O_3 的含量在25%以下，则可使用煤矸石直接代替黏土进行生产；如果 Al_2O_3 含量在25%以上，在实际配料过程中应该适当地加入石膏进行配制，以防止水泥发生快速凝结的现象。

此外，煤矸石还可用于生产新型煤矸石水泥。新型煤矸石水泥有两种制备工艺：一种是流化床煅烧煤矸石生产水泥；另一种是低温合成煤矸石水泥。流化床煅烧煤矸石生产水泥是将煤矸石、氯化钙、萤石、石灰石、胶黏剂等工业原料配料后一起粉磨成球，再经流化床锅炉中燃烧，生产出具有特性的新型煤矸石水泥。一般流化床温度为850~950℃，物料在炉中停留时间为30min。利用煤矸石流化床低温煅烧水泥工艺简单，煤矸石用量大，设备投资少，生产成本低，同时可供热或发电，有较好的环境、经济和社会效益。低温合成煤矸石水泥的工艺是将煤矸石在700~800℃下煅烧1~2h，自燃冷却后磨细，按配比加入生石灰，按照消解、成型、蒸汽养护、低温煅烧的流程制备低温合成煤矸石水泥熟料。

3.2.2.3 胶凝材料

煤矸石中无机组分的胶凝活性较差，但煤矸石经活化处理后，其中的高岭土发生分解生成偏高岭土和无定形的二氧化硅及氧化铝等组分，具备火山灰活性，因此可用于制备胶凝材料。常见的胶凝材料包括：免烧砖、混凝土砌块、地质聚合物和其他复合胶凝建筑材料。

激发煤矸石胶凝活性的手段主要有：煅烧活化、机械研磨、化学助剂活化和微波活化等。通常情况下，将煤矸石煅烧活化和机械研磨组合使用来提高煤矸石的胶凝活性。煅烧煤矸石比较容易研磨，随着研磨时间的延长，比表面积不断增大，煅烧磨细煤矸石的活性也不断增强。当研磨时间达到25min以后，粉体的比表面积趋于稳定。综合考虑研磨能耗和粉体活性，研磨时间为15min，即可满足实际使用对活性的需求。煅烧活化过程中，煅烧温度和时间是最重要的影响因素。研究表明，煤矸石的煅烧温度一般控制在700~900℃，当温度高于900℃时，煅烧产生的无定形硅铝酸盐会进一步转化为莫来石，莫来石的结构稳定，不具备胶凝活性，从而导致粉体的胶凝活性降低。当煤矸石在煅烧炉中的时间过短，可能会使煤矸石中的碳未烧尽，同时黏土矿物可能分解不完全，使得产生的活性组分较少；而当煅烧时间过长时，会使活性组分转化为稳定的晶相，降低胶凝活性。

免烧砖是利用粉煤灰、煤矸石、炉渣、冶金渣、尾矿和天然砂等作为主要原料，经过机械压制成型的一种建筑材料。利用煤矸石制备免烧砖，主要采用碳质页岩和泥质页岩的自燃煤矸石为主要原料，经粉碎加工，掺入适量水泥、石膏和少量化学外加剂，搅拌均匀后以半干法压制成型，自然养护而成。利用煤矸石制备免烧砖具有以下优点：生产工艺简单，能耗低，消耗量大。

煤矸石混凝土砌块是一种性能稳定的新型墙体材料，主要分为两类：实心砌块和空心砌块。以自燃煤矸石为硅源，石膏、石灰、水泥等为钙源，按一定配比，经加水搅拌、振动成型、蒸汽养护等工艺制成。煤矸石混凝土砌块的制备具有生产工艺简单、技术成熟、性能稳定等优点。

煤矸石空心砌块是以自燃或人工煅烧煤矸石和少量的生石灰、石膏混合磨细物为胶结料，以破碎、分级后的自燃煤矸石（或人工煅烧煤矸石、其他工业废渣、天然砂石等）为粗细集料。按一定比例经计量配料、加水搅拌、振动成型、蒸汽养护等工艺制成。这种砌块产品性能稳定，使用效果良好，是一种很有发展前途的新型墙体材料。以人工煅烧煤矸石或自燃煤矸石为主要原料，加入适量磨细的生石灰粉、生石膏粉，经湿碾、振动成型、静停、蒸汽养护，可制成一种硅酸盐混凝土，即湿碾煤矸石混凝土。另外，由煤矸石、硅质材料、钙质材料、水、发气剂和外加剂等按一定比例配合可制成煤矸石加气混凝土制品。它具有密度低、保湿吸声好，可用于生产配筋或不配筋的墙体砌块、内外墙板、屋面板、楼板、保温块和保温管等多种制品。

地质聚合物是1978年由法国科学家Davidovits教授提出的一种新型无机聚合物建筑材料，它是具有火山灰活性（或潜在火山灰活性）的硅铝酸盐类矿物在碱性激发剂的作用下发生反应生成的建筑结构材料。与传统硅酸盐水泥相比较，地质聚合物制备过程中CO_2的排放量仅为硅酸盐水泥的1/6，且地质聚合物具有更加优异的力学性能、抗酸碱侵蚀性、抗冻融性及耐久性。利用煤矸石碱激发制备地质聚合物时，通常采用煅烧活化后的煤矸石，使煤矸石中的黏土类矿物质完全分解为活泼的无定形硅铝酸盐，煅烧活化最佳温度区间为700~750℃。常用的碱激发剂溶液有：MOH、M_2SiO_3（M＝Na或K）或两者的混合物，NaOH溶液对煅烧煤矸石的激发效果通常优于KOH溶液。以NaOH和Na_2SiO_3混合溶液激发剂为例，说明煅烧煤矸石合成地质聚合物的反应历程。煅烧煤矸石中的无定形硅铝酸盐在碱溶液的作用下分解为硅酸钠和铝酸钠单体，单体聚合后形成低聚体，低聚体之间再次聚合形成水化硅酸钠（N—S—H）、水化铝酸钠（N—A—H）或水化硅铝酸钠（N—A—S—H）凝胶，凝胶失水聚合为具有三维网络空间结构的地质聚合物。地质聚合物的制备过程如下：将煅烧煤矸石粉体与一定模数的碱溶液按照一定的比例混合，利用搅拌机搅拌成均匀的浆体，在振实机上振动5~10min，倒入硅胶模具中，用聚乙烯膜封口，然后置入恒温恒湿养护箱中养护至1天，脱模后继续养护至一定龄期。有研究表明，煤矸石基地质聚合物的抗压强度和弹性模量随碱溶液模数和液固比增加而减小，随固体含量增加先增大后减小，其中固体含量影响最显著，液固比和模数影响较显著。

3.2.2.4 混凝土集料

煤矸石可以作为集料应用在混凝土中。在混凝土组分中，煤矸石既可以作为细集料又可以作为粗骨料使用，同时还可以作为混合材与煤矸石骨料、煤矸石砂共同应用于混凝土中。煤矸石作集料主要因其表面粗糙，具有很强的吸湿性，能够提高集料和水泥界面的黏结力。此外，煤矸石还可以与水泥中氢氧化钙发生火山灰反应，能改善混凝土的各项性能。在一定掺量范围内，煤矸石集料不会对煤矸石混凝土力学性能产生明显的不利影响。煤矸石集料是非碱活性集料，发生碱骨料反应的可能较小；各种煤矸石集料的水泥石的集料界面结构存在差异，优质煤矸石集料的界面结构接近普通集料，而内部孔隙较多的煤矸石界面结构明显不同于其他集料，对混凝土的整体性能产生一定的不利影响。煤矸石集料可以代替天然集料制备出C15~C40不同强度等级的混凝土，且配制的混凝土各种性能优良。

煤矸石集料包括煤矸石用作混凝土普通集料与煤矸石轻集料，煤矸石轻集料包括煅烧煤矸石轻集料和自燃煤矸石轻集料。我国堆存的煤矸石中有40%左右适合于烧制轻集料，以煤矸石为主要原料，经烧制而成的轻集料称为煅烧煤矸石轻集料。过火的煤矸石经筛分后，可直接得到轻集料，我国有10%左右的过火煤矸石经破碎筛分即可直接制得轻集料，这种轻集料称为自燃煤矸石轻集料。自燃煤矸石作为一种轻集料，以其质量好、储量大、开采容易和价格低的优势，在轻集料家族中占有一席之地。

煤矸石煅烧制备轻集料对煤矸石原料组成有一定的要求，煤矸石中SiO_2含量最好在55%~65%，Al_2O_3含量最好在13%~23%，CaO和MgO的总含量最好控制在1%~8%，Na_2O和K_2O的总含量在2.5%~5%为宜，Fe_2O_3的含量宜为4%~9%，碳含量应控制在2%左右。煤矸石烧制轻集料的方法主要有两种：成球法与非成球法。成球法是将煤矸石破碎、粉磨后制成球状颗粒，将球状颗粒送入回转窑，预热后进入脱碳阶段，料球内的碳开始燃烧，随之进入膨胀段。此后经冷却、筛分成具有规定粒度分布的集料，其松散密度一般在1000kg/m^3左右。非成球法是指将煤矸石破碎到5~10mm的颗粒，铺在烧结机炉排上，当煤矸石点燃后，料层中部温度可达1200℃，底层温度低于350℃。未燃的煤矸石经筛分分离，再返回重新烧结，烧结好的轻集料经喷水冷却、破碎、筛分成具有规定粒度分布的集料，其密度一般在800kg/m^3左右。与非成球法相比，成球法具有以下优点：(1) 筒压强度高达1~2MPa，其原因是成球法制备过程中原料经混合搅拌后，各种成分分布均匀，煅烧后无明显的强度缺陷方向，成球法样品一般为规则的球形，通常情况下圆球体抗压强度要高于其他几何形体；(2) 内部结构均匀，气孔分布无明显的方向性。而非成球法样品沿层理方向膨胀较大，使得气孔沿层理方向定向分布。

除了用煤矸石制备轻集料混凝土外，煤矸石也可以直接用于配制低强度等级的普通混凝土。虽然煤矸石集料的强度低于普通天然集料（碎石、卵石），但是由于混凝土拌合物搅拌时，煤矸石的孔隙具有吸水作用，造成煤矸石颗粒表面的局部低水胶比，增加了矸石集料表面附近水泥石的密实性，同时因为煤矸石颗粒表面粗糙且具有微孔，提高了煤矸石与水泥石的黏结力，这样在煤矸石的周围就形成了坚硬的水泥石外壳，约束了集料的横向变形，使得煤矸石在混凝土中处于三向受力状态，从而提高了煤矸石混凝土的极限强度，使得煤矸石混凝土的强度与普通混凝土的强度接近。

3.2.2.5 煤矸石在公路路基工程中的应用

煤矸石具有较强的硬度，可用作公路路基材料。在黑龙江依七高速公路建设过程中，考虑依七高速沿线七台河市丰富的煤炭资源，且堆积了大量十年以上的已燃煤矸石，在K102~K117路基填筑15km路段全部采用煤矸石作为填筑材料，在有效减少工程造价的同时，推动了七台河地区煤矸石的合理利用。2011年9月通车至今，已经经历了8年的道路使用。依七高速高填方路段（最高填方约12m，位于依七—鹤大高速立交填方路基段）采用煤矸石作为路基填筑材料，区域路段路基整体质量良好，高速公路车行道沥青路面及路基未发生不均匀沉降的问题，且高速公路路基与桥涵台背回填衔接段未发生台背不均匀沉降问题，表明煤矸石作为依七高速路基回填填筑材料是完全可行的。

级配良好的路基填筑材料是确保路基压实的关键，考虑不同矿区的煤矸石存在颗粒粒径的较大差异，在进行填筑之前首先需要对堆积的煤矸石进行筛分。不同矿区堆积的煤矸石存在明显的级配差异，部分矿区煤矸石存在较好的级配特征。建议将煤矸石作为高速公路路基材料之前，应保证选用的煤矸石颗粒级配满足不均匀系数不小于5和曲率系数在1~3的取值，对于级配不良的煤矸石可采取破碎处理，同时确保最大和最小粒径满足现有规范要求。

为有效确保依七高速填筑的煤矸石路基各项性能满足本工程施工技术指标要求，避免施工过程中出现返工，在进行煤矸石路基大面积摊铺之前，需在施工现场按规范要求选择100~200m的路基段作为试验段，结合项目试验段的现场施工数据分析，确定煤矸石的现场施工机械组合、最佳含水量、分层摊铺厚度、松铺系数等施工数据。高速公路路基填筑煤矸石完整的施工工艺见图3-9所示。

在煤矸石的选择上，现场摊铺的煤矸石各项性能需满足现有规范要求，对烧失量大于15%的或软质煤矸石不得用于路基填筑；为确保煤矸石的压实效果和路基强度，煤矸石中含有的5mm以上粗颗粒含量应控制在60%以上且承载比应控制在20%以上。

依七高速公路K102~K117段煤矸石路基填筑完成后，采用常规弯沉检测方法（贝克曼梁法）对施工结束后的路基进行了弯沉检测，结果表明，采用煤矸石填筑的路基具有强度较高、稳定性好的特点。

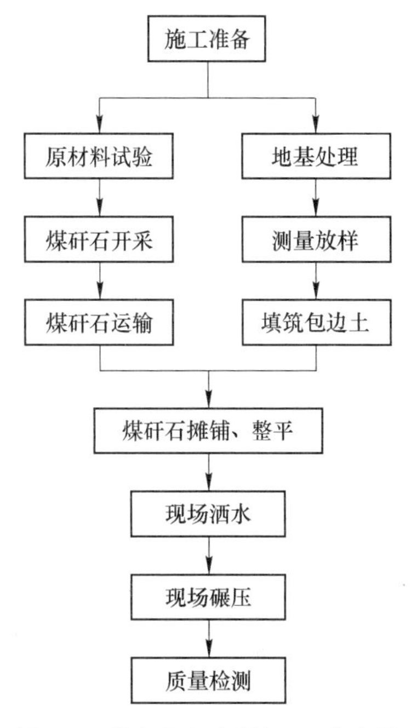

图3-9 依七高速路基施工工艺流程

3.2.3 煤矸石的高值化利用

3.2.3.1 超细高岭土

高岭土，特别是超细煅烧高岭土，作为一种非常重要的无机非金属材料，凭借其优异的物理性能在涂料、造纸、橡胶和塑料制品、电缆、陶瓷等领域广泛应用，其中，涂料和造纸是我国优质煅烧高岭土最主要的消费领域，分别占国内超细、高白度优质煅烧高岭土消费量的50%和40%左右。造纸工业使用的煅烧高岭土是一种多孔的高白度结构性功能材料，这种材料主要用于替代价格昂贵的钛白粉等高级颜料。造纸工业对煅烧高岭土的质量要求主要表现为对煅烧高岭土的粒度、白度及遮盖力、吸油率、黏浓度、pH值、磨耗值等指标的要求。我国北部地区产生的煤矸石富含高岭土，部分地区煤矸石的高岭土含量高达50%~60%，因此，利用煤矸石制备超细煅烧高岭土，可实现煤矸石的高值化利用。

利用干法分选技术可实现煤矸石中高岭土的分离，工艺过程如图3-10所示。(1) 煤矸石物料首先进入双层分级筛分级，上层筛孔为80mm，下层筛孔为13mm，将煤矸石物料分级为三个粒度级，即小于13mm粒级、13~80mm粒级和大于80mm粒级。(2) 筛上大于80mm粒级采用机械分选工艺，实现大块高岭土和白砂岩的分离。(3) 13~80mm粒级物料进入高密度干法重介质分选机分选，分选密度设定为2.4g/cm^3，选出重产物和轻产物两种产品，重产物为白砂岩和高岭土的混合物，轻产物为部分高灰煤及其他低密度杂质。(4) 分级筛筛下小于13mm的物料和干法重介质分选机轻产物进入ZM矿物高效分离机分选出煤炭和废弃岩石。(5) 高密度干法重介分选机分离出的重产物为高岭土和白砂岩的混合物，通过智能分选机排除白砂岩，得到纯净高岭土矿石。

利用煤矸石生产造纸涂布级高岭土的工艺主要包括两个部分：粉碎超细过程与煅烧增白过程。

粉碎超细过程是决定高岭土质量的一个重要环节。煤系高岭土的粉碎超细属硬质高岭

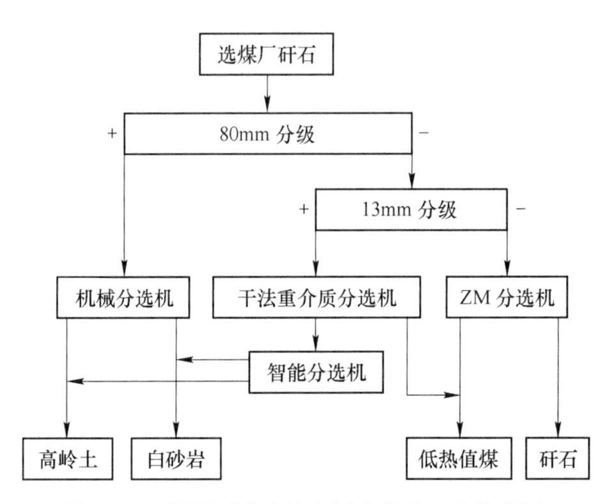

图 3-10 煤矸石中高岭土干法分选工艺流程图

土粉碎（由 5~20mm 至 40~80μm）超细（由 40~80μm 至 10μm 或 2μm）。尽管各种设备的功能、破碎范围、能耗等不尽相同，不同类型的粉碎机粉碎物料的方法各不相同。在一台粉碎机中也不是单纯使用一种方法，通常都是由两种或两种以上的方法结合起来进行粉碎的。现有高岭土粉碎超细过程中粗碎、中碎过程一般使用以挤压法或冲击法为主的粉碎设备，而超细过程所使用的设备则是以磨剥力为主的振动磨、辊压机。

由于煤矸石中含有一定量的有机质，使其原矿白度仅有 6%~40%，远不能满足造纸工业对涂布级高岭土的质量要求，因而必须采用煅烧脱碳增白工艺。煤系高岭土中有机质及固定碳在煅烧增白过程中经历如下反应：

$$C_mH_n + \left(m + \frac{n}{4}\right)O_2 \longrightarrow mCO_2 + \frac{n}{2}H_2O \tag{3-1}$$

$$C + O_2 \longrightarrow CO_2 \tag{3-2}$$

以上两种形式的碳一般在 300~800℃间发生反应，经历一定时间反应便可完成并达到脱碳的目的。在进行加热的过程中，高岭石族矿物热反应历程如表 3-8 所示。

表 3-8 高岭石族矿物热反应历程

温度/℃	热 反 应
100~110	脱除物理水
400~800	脱除结构水，形成偏高岭土
925	偏高岭土发生晶形转化，形成铝硅尖晶石
1100	铝硅尖晶石转化为拟莫来石
1300	拟莫来石转变为莫来石

其中，形成莫来石及方石英的温度在 1000℃以上。为了避免形成有害矿物晶形（莫来石和方石英），在生产造纸级高岭土的工艺过程中，一般控制煅烧温度在 1000℃以下。根据对高岭土质量的不同要求，又可分为中温煅烧高岭土及高温煅烧高岭土两种产品。当煤矸石中含有较多铁时，可采用氯化焙烧除铁，主要是将煤矸石与氯化剂混合，在一定的

温度和气氛下进行焙烧，物料中的金属或金属氧化物转变为气相，即以气态金属化合物（$FeCl_2$ 和 $TiCl_4$）的形式挥发，从而与高岭土分离，达到提纯、除铁、钛的目的，使煅烧高岭土的白度随之提高。影响氯化焙烧的重要因素为温度（金属氯化物生成和挥化的温度范围）和气氛（为保证金属氧化物向金属氯化物转化的反应气氛），以及一定的气体流速确保产生的气态金属氯化物及时排走。

3.2.3.2 陶瓷/耐火材料

在高温煅烧过程中，煤矸石中的矿物质之间、矿物质与添加剂、矿物质与煤矸石中的碳等发生相互反应形成新物相，这是利用煤矸石制备耐火材料的理论依据。将煤矸石及添加剂在氧化性气氛下煅烧可以制备莫来石和堇青石等耐火材料，在非氧化性气氛下煅烧可制备碳化硅（SiC）、氮化硅（Si_3N_4）、塞隆（Sialon）陶瓷及 $SiC-Al_2O_3$ 复相材料等。

A 莫来石耐火材料

莫来石是在 $Al_2O_3-SiO_2$ 二元相图中唯一稳定的结晶硅酸盐，具有极好的化学稳定性，典型化学成分为 $3Al_2O_3 \cdot 2SiO_2$，但实际上莫来石的成分可以从 $3Al_2O_3 \cdot 2SiO_2$ 到 $2Al_2O_3 \cdot SiO_2$ 连续变化。研究表明，莫来石并非一个固定的化学组成，它不仅有经典的 3∶2 型莫来石（α-莫来石），也有 2∶1 型莫来石（β-莫来石），还存在 1∶1 过渡型莫来石。莫来石的通式可以表示为：$Al_{4+2x}Si_{2-2x}O_{10-x}$，其中 x 表示单位晶胞中的氧空位，$0 \leqslant x \leqslant 1$，氧空位是由于莫来石晶格中的两个硅原子被两个铝原子替代所致：$O^{2-}+2Si^{4+} \rightarrow 2Al^{3+}+\square$。莫来石具有高熔点、高温蠕变小、热膨胀率低、热震稳定性极好、荷重软化点高、硬度大及优良的抗腐蚀性能，可以用作许多工业上的耐火材料。莫来石耐火砖可用在各种高温窑炉的内衬，如它是熔炉、鼓风炉及浇铸炉中内衬的主要材料，高铝莫来石耐火砖已用于钢铁行业。莫来石陶瓷被广泛用于热电偶管、防护管及坩埚等耐热材料之中，这主要是利用了其优良的抗腐蚀性和气密性。

天然莫来石在地壳中非常稀少，工业用莫来石主要由人工合成，目前已成功采用多种原料合成莫来石，如 SiO_2 和 Al_2O_3 粉体、高岭土、铝矾土、高铝粉煤灰、煤矸石和其他富含硅铝的工业固体废弃物等。煤矸石中富含高岭土等黏土类矿物质，辅以其他物料调控混合原料的化学组成，利用固相反应烧结法即可合成莫来石耐火材料。利用煤矸石合成莫来石产品的工艺流程如图 3-11 所示。具体工艺流程为：将块状煤矸石破碎磨细，过标准筛，将煤矸石粉末加入盐酸中进行酸浸除杂，除去含钙、铁、钾、钠和镁的易熔矿物，抽滤干燥，将粉体进行焙烧除碳，分析除碳后粉体的化学组成，将粉体、氧化铝和助烧剂按一定比例混合均匀，加入氧化铝的作用为调整混合原料的化学组成，使其与莫来石的化学组成相近。将混合均匀的物料成型，置于高温下焙烧，

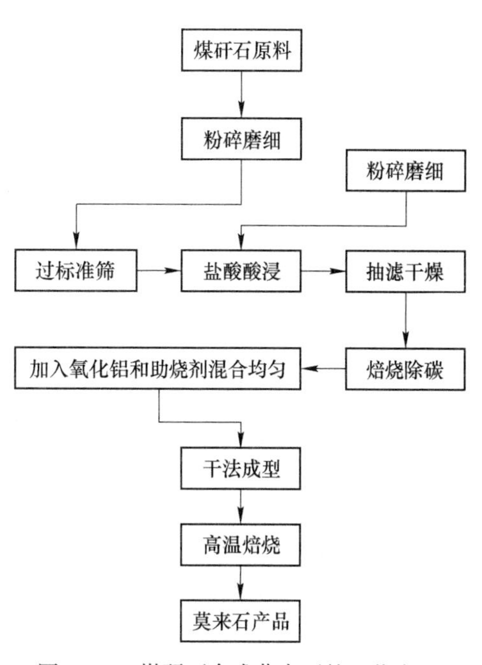

图 3-11 煤矸石合成莫来石的工艺流程

即可获得莫来石产品。

煤矸石合成莫来石过程中的矿物质转化历程如下：煤矸石中的高岭土在450~550℃脱水形成偏高岭土，偏高岭土在1000~1200℃分解形成一次莫来石和SiO_2，同时SiO_2逐渐由石英转变为方石英，这个反应称为一次莫来石化反应。煤矸石中的Al_2O_3与来源于高岭石的SiO_2在1200~1500℃反应生成二次莫来石，并伴有较大的膨胀，这个反应称为二次莫来石化反应，区别于前阶段由偏高岭石分解而生成莫来石的一次莫来石化反应。当烧成温度高于1400℃时二次莫来石由刚玉相熔于瞬时高温液相析晶而生成，在1555℃以下二次莫来石形成速率很低。当温度超过1555℃，由于高温液相增多，二次莫来石生成速率急剧增大；此时一次莫来石迅速长大。莫来石的增加主要来源于二次莫来石化反应生成的莫来石。最有利于莫来石生成的温度在1400~1500℃。

保温时间是影响产品中莫来石含量及产品性能的另一个重要因素。保温时间与烧成温度有关，当烧成温度在1400℃以下时，随着保温时间的增加，煤矸石在此温度段充分分解生成一次莫来石，从而利于其在以后升温过程中进一步发育完全，且随着温度的升高，一次莫来石的生成量逐渐增加。在1400℃以上烧成时，由低温向高温的加热过程中，一次莫来石生长速度加快，逐渐发育完全。在高温保温阶段，较短的保温时间下，生成的二次莫来石量相对较少，同时发育不完全，相互穿插得较少，所以一次莫来石在高温保温阶段内有足够空间进行发育。随着高温保温时间的延长，二次莫来石生成量增多。同时发育时间更充足，数量较多发育完全的二次莫来石就限制了一次莫来石的生长空间，使一次莫来石的发育受到限制，一般而言，保温时间以2~6h为宜。

莫来石耐火材料的性能指标主要有：产品收缩率、体积密度、显气孔率、吸水率、抗压强度和荷重软化点等。利用煤矸石制备莫来石耐火材料的主要影响因素有：焙烧温度、保温时间、成型压力和添加剂种类及含量等。通常情况下，莫来石产品的体积密度和抗压强度随着焙烧温度的增加而增加，显气孔率和吸水率随着焙烧温度的增加先减小后增加。随着保温时间的增加，产品收缩率、体积密度和抗压强度逐渐增加，显气孔率和吸水率逐渐减小，但当保温时间高于6h时，莫来石产品的性能几乎不变。

B 煤矸石合成塞隆（Sialon）材料

Sialon是由硅（Si）、铝（Al）、氧（O）、氮（N）四种元素组成的化合物，实际上它是Al_2O_3固溶到Si_3N_4中，Al、O原子取代Si_3N_4中的Si、N原子形成的一类固溶体的总称。与氮化硅相比，Sialon材料具有更为优良的机械性、高温稳定性和化学稳定性，可用来制造机械轴承、热能设备和航天用具，也可用作其他耐火材料的结合剂等，在化工、冶金、航空等领域具有广泛的应用前景，Sialon材料被认为是最有潜力的高温功能陶瓷之一。Sialon根据晶体结构和固熔状态，可分为α、β、O、X型和AlN多型体等多种类型，其中以β-Sialon（一般写为$Si_{6-Z}Al_ZO_ZN_{8-Z}$，其中$0<Z\leq 4.2$）的综合性能最佳。

目前Sialon材料的合成方法主要有直接合成法、燃烧合成法和碳热还原氮化法。直接合成法采用的原料需要具备一定的纯度和性能，对于原料的要求较为严格。燃烧合成法是合成难焙烧组分的一种方法，在反应过程中，强烈的放热使混合物的反应自发维持，将其转化为生成物。燃烧合成法具有快速、高效和产品纯度高的优点。然而，燃烧合成法需要加入铝粉和硅粉作为强还原剂，同时对于工艺条件和原料要求也较为严格。碳热还原氮化法是采用碳为还原剂，使原料在氮气气氛下还原氮化生成Sialon材料的一种方法，原料除可以采用Al_2O_3和SiO_2粉体以外，也可以是高岭石、蒙脱石等天然黏土矿物，或粉煤灰、煤矸石等以铝硅为主要成分的固体废弃物。

自 20 世纪 70 年代，美国犹他大学的 Lee 等人利用黏土矿物碳热还原法制备出 β-Sialon 之后，国内外学者开始关注利用煤矸石等固体废弃物碳热还原氮化法制备 Sialon 材料。碳热还原氮化反应是将煤矸石和含碳助剂按一定比例混合，然后在氮气气氛下高温煅烧，最后得到以 Sialon 为主晶相的材料。当煅烧温度低于 1100℃时，煤矸石中矿物质在氮气气氛下的转化历程与在空气气氛下的转化历程基本一致，都是由高岭土转化为偏高岭土、再转化为莫来石和石英，莫来石和石英的碳热还原氮化反应主要发生在 1300~1500℃，煤矸石在氮气气氛下煅烧时发生的主要化学反应如下：

$$Al_2O_3 \cdot 2SiO_2 \cdot 2H_2O(\text{高岭石}) \xrightarrow{450℃} Al_2O_3 \cdot 2SiO_2(\text{偏高岭石}) + 2H_2O \quad (3-3)$$

$$3[Al_2O_3 \cdot 2SiO_2] \xrightarrow{1100℃} 3Al_2O_3 \cdot 2SiO_2(\text{莫来石}) + 4SiO_2 \quad (3-4)$$

$$2[3Al_2O_3 \cdot 2SiO_2] + 9C + 3N_2 \xrightarrow{1300℃} Si_4Al_2O_2N_6(Z=2) + 5Al_2O_3 + 9CO \quad (3-5)$$

$$3[3Al_2O_3 \cdot 2SiO_2] + 39C + 5N_2 \xrightarrow{1300℃} 2Si_3Al_3O_3N_5(Z=3) + 12Al_2O_3 + 39CO \quad (3-6)$$

$$10[3Al_2O_3 \cdot 2SiO_2] + 45C + 14N_2 \xrightarrow{1300 \sim 1400℃} 4Si_5AlON_7(Z=1) + 27Al_2O_3 + 45CO \quad (3-7)$$

$$3[3Al_2O_3 \cdot 2SiO_2] + 12C + 4N_2 \xrightarrow{1300 \sim 1400℃} 2Si_3N_4 + 9Al_2O_3 + 12CO \quad (3-8)$$

$$6[3Al_2O_3 \cdot 2SiO_2] + 39C + 4N_2 \xrightarrow{1400 \sim 1500℃} Si_{12}Al_{18}O_{39}N_8(\text{X 型}) + 9Al_2O_3 + 39CO \quad (3-9)$$

目前普遍认为，高温氮气气氛下莫来石和石英首先与碳发生反应生成 SiC 和 SiO 等中间体，中间体再进一步与氮气发生反应生成 Si_3N_4 和 Sialon 相，该过程需要在强还原性气氛下进行。通常情况下，煤矸石中的碳含量较低，不足以将莫来石和石英全部转化为 Sialon 相，因此需在原料中添加含碳助剂，以增强还原性气氛，常用的含碳助剂是烟煤、无烟煤、炭黑、活性炭和石墨等，对于不同的黏土矿物，通过碳热氮化还原反应生成 β-Sialon 的碳含量临界值不同：蒙脱土为 23%，锂皂石为 14%，高岭石为 21%，过量的碳会使 β-sialon 向 SiC 相转化。

除碳含量影响 Sialon 相的生成量外，煤矸石中氧化钙（CaO）、氧化镁（MgO）和氧化铁（Fe_2O_3）等易熔组分也会影响莫来石向 Sialon 相的转化。随着原料中氧化钙含量的增加，莫来石与 CaO 反应生成钙长石和钙黄长石，使得产物中 Sialon 相的生成量降低；当原料中含有一定量的 MgO 时，莫来石可能会与 MgO 反应生成硅酸镁，也会降低 Sialon 相的生成量；原料中的 Fe_2O_3 能够促进 β-Sialon 晶须的形成，但当 Fe_2O_3 含量超过 7%时，容易与莫来石发生低温共熔，造成样品的烧结，会降低 Sialon 相的生成量。

3.2.3.3 有价元素提取

我国山西北部和内蒙古东部地区部分煤田中的铝元素异常富集，由于煤矸石中的无机组分含量较高，因此这些煤田所产生的煤矸石中含有较高含量的铝，提取煤矸石中的铝用于制备氧化铝、结晶氯化铝和聚合氯化铝等铝系产品，可实现煤矸石的高值利用。此外，高铝煤矸石中还可能富集锂、镓和稀土等战略金属元素，如果在提取铝的同时，将这些微量金属元素协同提取，可大幅提升元素提取的经济性。

煤矸石中主要的含铝矿物是以高岭土（$Al_2O_3 \cdot 2SiO_2 \cdot 2H_2O$）为代表的黏土矿物，有些煤矸石中可能含有一定含量的勃姆石（AlOOH），这些晶体矿物比较稳定，直接提取时反应活性较差，因此，在提取有价元素前，需要对煤矸石进行活化。传统活性激发的方式主要包括热活化、机械力活化、化学活化、微波活化及这些活化方式相结合的复合活化等。热活化是通过加热的方式使物料中的各微粒产生剧烈的热运动从而形成热力学不稳定结构，加热过程中矿物质可能会发生分解或相互反应，生成活性较高的矿物质或无定形组分。物理活化主要是通过机械粉磨方式改变物料粉体颗粒的粒径及微观结构，使其发生机械力化学效应，从而提高活性；化学活化是通过添加化学试剂使其与矿物组分发生化学反应而形成具有反应活性的新物相。

对煤矸石来说，热活化是相对简单有效的活化方法。在热活化过程中，煤矸石中的有机质发生燃烧，可提供活化所需的部分能量。煤矸石活化的最佳温度区间为700~900℃，在该温度范围内，煤矸石中的高岭土发生脱水和分解反应生成偏高岭土，偏高岭土是无定形态，具有较高的反应活性。然而，当温度高于900℃后，偏高岭土开始重结晶生成莫来石前驱体，逐渐转化为具有稳定结构的莫来石，反应活性随之降低。在煤矸石热活化时，可以通过微波加热，微波可透入物料内部深层，使物料吸收的能量转换为热能对物体直接加热，使物料整体被加热，基本无温度梯度。因此煤矸石的煅烧比较充分，能够解决传统加热方式中物料加热不均匀、煅烧时间长和能耗高的问题。

相较于未活化的煤矸石，经过热活化后粉体中的铝、锂、镓和稀土等元素在酸溶液中的溶出率大幅提高，因此酸法工艺是煤矸石中有价元素提取常用的方法，常用的酸溶液有盐酸和硫酸溶液。在酸法工艺中，酸浓度、浸取温度、固液比和浸取时间等都会影响元素的溶出率。当浸取温度在80~120℃时，溶出率随温度的升高而明显提高，但当温度超过120℃时，溶出率基本不随温度变化而变化。有研究表明，活化煤矸石中元素在酸溶液中的溶出率受氢离子（H^+）的扩散过程控制，加压可促进H^+从颗粒表面向内部的扩散，从而进一步提高元素的溶出率。然而，加压条件下酸溶液对设备的腐蚀性大大加剧，对设备材质的要求较高。当以盐酸溶液为浸取剂时，可制备结晶氯化铝（$AlCl_3 \cdot H_2O$）和聚合氯化铝（PAC）等铝系产品。结晶氯化铝是一种净水剂，能吸附水中的铁、氟、重金属、泥沙和油脂等。由于煤矸石中的铁对结晶氯化铝的纯度和颜色影响较大，因此煤矸石原料中的铁含量最好较低，以减小除铁的成本。酸浸液经除杂和蒸发结晶后，即可得到结晶氯化铝产品。聚合氯化铝是一种应用广泛的无机高分子絮凝剂，它的絮凝效果比硫酸铝、氯化铝和三氯化铁等传统絮凝剂要高3~5倍。PAC是介于$AlCl_3$与$Al(OH)_3$之间的水解产物，其化学通式为［$Al_2(OH)_nCl_{6-n}$］$_m$，其中$m<10$，$n=1\sim5$。聚合氯化铝有较强的交联吸附性能，水解过程伴随发生电化学、凝聚、吸附、沉淀等物理化学过程，是一种很好的无机絮凝剂，主要用于净化饮用水。在结晶氯化铝产品进行加热，使其分解析出一部分氯化氢气体和水，变成粉末状碱式氯化铝（聚合铝单体），再加入50%~70%水分解，放置一段时间后即得PAC。当以硫酸溶液为浸取剂时，还可利用煤矸石酸浸液制备聚合硫酸铝铁和硫酸铝等产品。当酸浸液中的锂、镓和稀土等元素富集到一定程度时，可以通过吸附法、萃取法和络合沉降法等方法提取其中的稀有元素。

活化煤矸石中大部分的铝、铁和钙等元素在酸浸过程中已溶出，酸浸渣的成分主要以二氧化硅（SiO_2）为主，这为煤矸石酸浸渣制备白炭黑产品提供了基础，白炭黑又称沉淀无定形二氧化硅，无毒、质轻、耐高温，可广泛用于橡胶、塑料、日用化工制品和造纸填料等工业领域。利用氢氧化钠（NaOH）溶液处理酸浸渣得到硅酸钠溶液，通过模数调整和除杂后，可采用沉淀法或溶胶-凝胶法制得白炭黑。沉淀法白炭黑表面存在大量羟基，具有很强的亲水性，在有机相中易于团聚，可使用硅烷偶联剂等对其表面功能化，消除表面羟基的同时，增加其与有机质发生化学交联的活性官能团，以提高白炭黑的有机相容性。

3.3 粉煤灰的循环利用

3.3.1 粉煤灰的理化特性

3.3.1.1 物理性质

粉煤灰的颜色一般随残碳含量的多少而有一定的差异，在乳白色到灰黑色之间变化，外观类似于水泥。通常高钙粉煤灰的颜色偏黄，而低钙粉煤灰的颜色偏灰。粉煤灰颗粒的粒径一般在 0.5~300μm 之间。不同来源粉煤灰的物理性质差异较大。我国目前主要的燃煤发电炉型为煤粉炉和循环流化床锅炉，煤粉炉（PC）运行温度在 1200~1700℃，而循环流化床锅炉（简称 CFB）运行温度为 750~950℃，因此两种锅炉所产生粉煤灰的理化特性差异较大。不同类型粉煤灰的微观形貌如图 3-12 所示，PC 粉煤灰大多为光滑的球形颗

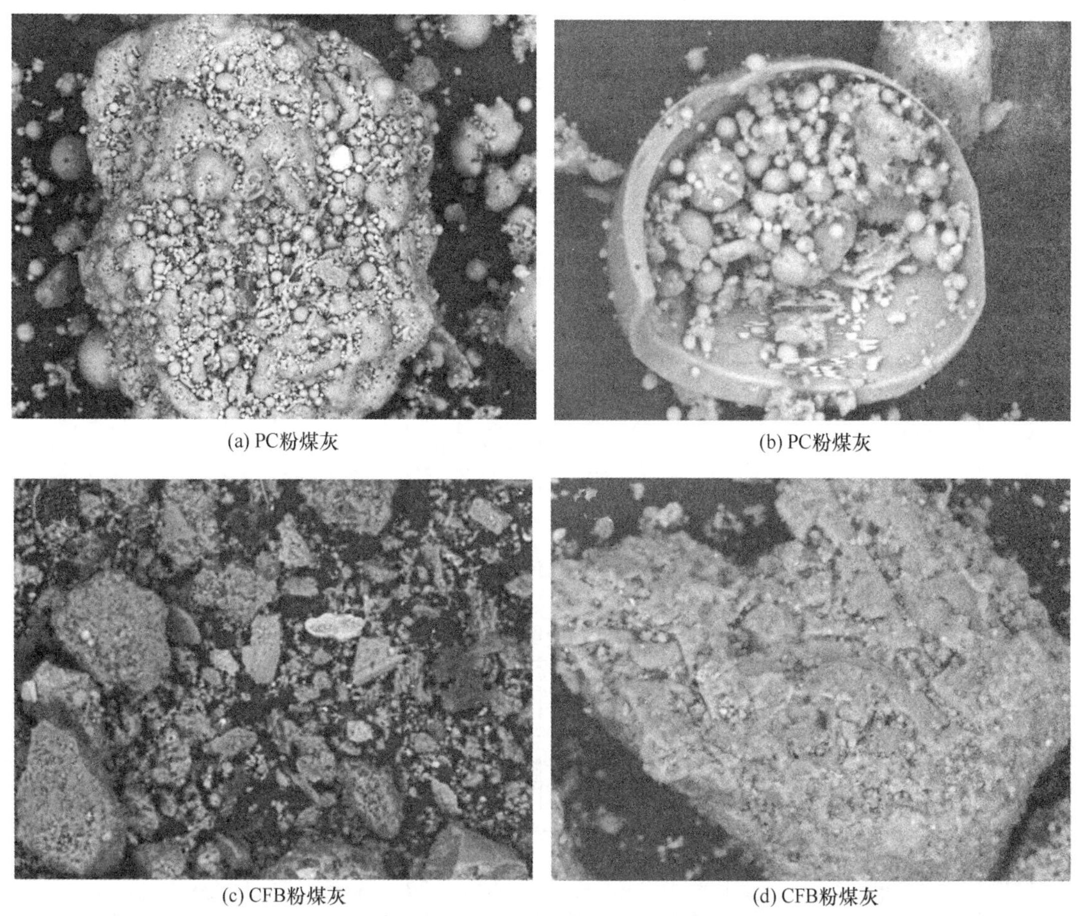

(a) PC粉煤灰　(b) PC粉煤灰

(c) CFB粉煤灰　(d) CFB粉煤灰

图 3-12　不同类型粉煤灰的微观形貌

粒，含有少量不规则颗粒，球形颗粒是燃料在熔融状态下，受表面张力的作用使得表面能达到最小而形成的，这种球形玻璃体颗粒具有光滑而致密的外壳，外壳表面的光滑程度取决于煤燃烧过程中温度的高低，空腔则是由煤燃烧过程中产生的挥发物或某些矿物分解产生。CFB 灰颗粒则主要呈不规则块状，不存在球形颗粒，一方面是由于 CFB 锅炉燃烧温度不足以实现大多数矿物的熔融，矿物保持原来的形貌，另一方面则是由于 CFB 粉煤灰中非晶体矿物结构蓬松，粒度分布不均一，且大部分粘连在一起。

3.3.1.2 化学组成

粉煤灰化学组成复杂，除含有少量的有机残碳外，主要由无机组分组成。燃料中无机矿物的化学组成决定了粉煤灰的化学组成，因此受燃料无机组成的影响，粉煤灰的化学组成波动较大。表 3-9 为国内不同地区粉煤灰的化学组成。从表中可以看出粉煤灰的烧失量（LOI）基本在 20%以内。粉煤灰中无机组分主要以 SiO_2 和 Al_2O_3 为主，二者之和占其总质量的 65%~85%。以山西北部或内蒙古中东部矿区高铝煤为燃料时，所获得的粉煤灰中 Al_2O_3 含量较高，有些粉煤灰中 Al_2O_3 含量高达 50%以上。此外，粉煤灰中还含有少量的 CaO、Fe_2O_3、K_2O、TiO_2、SO_3、Na_2O 和 MgO 等。CFB 粉煤灰中 CaO 和 SO_3 的含量较高，这主要与 CFB 锅炉采用炉内喷石灰石粉的方法进行炉内固硫有关，石灰石粉分解产生的 CaO 与烟气中 SO_2 反应生成固相的硫酸钙。

表 3-9 不同地区粉煤灰的化学组成 （%）

序号	产区	化学组成					
		SiO_2	Al_2O_3	Fe_2O_3	CaO	MgO	LOI
1	安徽巢湖	54.92	27.24	6.51	4.35	0.94	4.21
2	安徽滁州	48.12	22.84	4.02	5.91	1.27	14.09
3	安徽亳州	47.49	29.42	3.35	4.03	3.14	10.46
4	安徽岐阳	53.58	31.49	4.69	3.03	1.94	3.86
5	安徽中城	48.52	22.80	4.92	10.99	2.30	7.57
6	安徽中城	50.56	30.79	4.31	2.87	1.10	8.05
7	内蒙古鄂尔多斯	50.77	13.70	11.03	14.15	5.56	1.12
8	福建三明	41.52	21.79	8.71	3.14	2.71	10.72
9	甘肃平凉	53.66	25.96	7.66	5.73	1.68	1.66
10	甘肃张掖	45.52	23.75	5.39	6.26	5.39	3.42
11	贵州咸宁	52.18	26.64	5.94	5.03	1.53	3.27
12	贵州银龙	37.59	16.64	13.07	8.34	4.50	18.50
13	河北保定	50.87	28.75	5.81	4.39	1.94	2.89
14	河北唐山	47.63	35.67	3.79	3.34	1.27	3.47
15	河北西柏坡	52.29	31.55	5.27	2.86	1.11	5.32
16	河南获嘉	49.36	22.36	5.94	11.26	3.90	5.59
17	河南焦作	48.46	23.35	3.97	8.27	1.23	11.13
18	河南漯河	33.06	9.97	6.95	19.19	11.14	15.14

续表 3-9

序号	产区	化学组成					
		SiO_2	Al_2O_3	Fe_2O_3	CaO	MgO	LOI
19	河南郑州	53.76	21.62	6.56	6.61	2.34	6.49
20	河南驻马店	37.71	24.34	6.19	5.49	0.95	8.44
21	黑龙江大庆	56.12	11.87	5.36	4.71	2.23	5.15
22	黑龙江鹤岗	57.86	18.75	2.85	5.05	2.42	4.52
23	黑龙江鸡西	56.08	26.85	3.75	5.26	2.60	3.25
24	黑龙江伊春	54.22	20.19	2.95	3.47	1.84	14.51
25	湖北监利	48.49	32.30	3.84	4.72	2.37	4.74
26	湖北麻城	53.86	20.42	8.27	0.21	2.15	1.04
27	湖北宜昌	55.54	12.65	3.84	11.79	1.21	11.29
28	湖南湘潭	57.73	25.16	5.82	3.75	1.72	4.70
29	湖南益阳	52.45	25.08	8.36	3.62	2.04	6.14
30	湖南岳阳	38.67	25.99	12.96	3.77	1.35	13.87
31	湖南岳阳	57.84	23.35	5.46	2.36	0.96	1.28
32	吉林白城	58.15	22.14	5.75	5.39	2.18	1.39
33	吉林双辽	59.51	19.88	5.89	6.23	0.82	1.79
34	吉林延边	43.89	24.74	8.46	6.82	2.40	8.25
35	山东济宁嘉祥	53.76	22.69	7.15	3.77	2.71	5.00
36	黑龙江佳木斯富锦	42.42	24.34	2.69	21.39	0.76	4.75
37	江苏昆山	41.18	33.97	5.39	2.27	1.49	3.93
38	江苏宿迁	55.06	26.06	5.75	7.07	3.14	1.83
39	江苏徐州	48.67	19.58	4.65	8.70	1.88	4.94
40	江西丰城	52.89	21.88	5.75	7.75	1.94	6.88
41	江西南昌	48.12	25.06	12.01	4.05	2.70	3.60
42	江西南昌	44.51	16.91	11.71	7.24	2.25	15.58
43	辽宁辽阳	58.12	24.86	7.19	2.69	1.69	1.85
44	辽宁营口	47.79	27.90	6.30	5.93	1.88	6.41
45	内蒙古阿拉善	45.00	22.10	8.14	11.78	2.66	2.63
46	内蒙古大兴	45.37	35.37	4.37	5.49	2.16	6.05
47	内蒙古通辽	59.51	16.90	6.39	7.89	1.98	1.79
48	宁夏石嘴山	47.07	34.60	5.25	4.07	1.19	3.91
49	青海大通	51.79	23.40	5.65	3.47	1.33	6.97
50	青海西宁	56.35	21.66	5.77	4.58	2.53	7.57
51	青海西宁	50.86	28.73	8.13	4.02	0.99	4.38
52	山东滨州	40.69	31.42	4.80	8.44	1.21	10.52
53	山东德州	49.37	29.65	4.77	4.22	1.82	8.06

续表 3-9

序号	产区	化学组成					
		SiO_2	Al_2O_3	Fe_2O_3	CaO	MgO	LOI
54	山东东营	42.75	19.43	5.27	19.19	4.12	6.50
55	山东高密	34.97	28.09	4.47	9.42	1.15	13.98
56	山东广饶	33.68	28.29	2.69	20.45	2.85	10.42
57	山东莱阳	55.98	14.57	6.71	11.11	3.63	5.44
58	山东莱州	58.26	16.88	4.21	4.28	1.89	6.25
59	山东临朐	39.44	22.65	8.08	4.74	1.63	17.02
60	山东临淄	52.54	25.76	5.22	3.36	1.69	8.28
61	山东青州	42.06	25.07	7.85	2.41	1.48	19.86
62	山东荣成	53.18	29.06	5.73	5.08	1.62	2.57
63	山东寿光	40.76	28.89	5.75	3.02	0.85	12.99
64	山东滕州	47.63	15.87	14.43	9.11	2.11	4.65
65	山东威海	44.60	29.91	5.62	3.95	1.65	6.04
66	山东潍坊	43.52	24.56	8.24	6.13	2.45	12.97
67	山东淄博	48.85	25.76	5.82	4.09	2.69	11.60
68	山东邹平	45.01	24.79	6.26	2.51	2.26	12.82
69	山西保德	40.85	37.02	3.88	7.50	3.13	5.03
70	山西大同	44.13	16.98	6.26	7.85	2.71	15.43
71	山西关铝	55.09	30.49	7.14	3.30	1.50	0.18
72	山西河津	49.62	29.76	8.27	6.16	0.63	3.41
73	山西交城	40.61	27.50	7.52	6.87	1.27	14.77
74	山西柳林	55.54	26.37	5.75	5.05	2.14	1.19
75	山西平遥	41.88	30.28	5.90	4.85	1.02	14.17
76	山西祁县	52.45	23.94	5.27	6.06	1.94	7.95
77	山西沁心	35.84	19.39	3.56	7.93	2.39	22.88
78	山西三佳	43.27	21.98	7.15	3.83	1.08	9.88
79	山西山阴	42.76	32.01	6.93	8.11	1.63	4.99
80	山西朔州	49.18	26.67	4.31	6.73	2.66	2.68
81	山西太原	54.65	25.15	8.63	2.02	2.78	4.23
82	山西万竹	49.10	29.89	6.51	4.35	0.63	4.42
83	山西闻喜	53.33	28.73	6.71	2.86	1.55	3.05
84	山西孝义	45.72	33.93	4.85	2.59	1.11	10.39
85	山西阳泉	38.40	24.51	7.36	2.06	0.99	9.77
86	山西榆次	54.66	29.92	5.75	3.30	1.43	1.37
87	山西运城	49.27	30.86	9.59	4.04	1.21	3.51
88	陕西宝鸡	54.22	23.92	7.60	5.97	4.51	1.33

续表 3-9

序号	产区	化学组成					
		SiO_2	Al_2O_3	Fe_2O_3	CaO	MgO	LOI
89	陕西神木	55.61	19.58	5.70	8.70	2.81	5.27
90	陕西咸阳	48.07	30.26	7.28	5.97	1.84	5.40
91	内蒙古乌兰浩特	53.72	28.16	6.23	5.73	1.69	1.47
92	新疆阿苏克	53.86	20.42	8.27	10.21	2.15	1.04
93	新疆博乐	50.87	23.09	7.20	6.68	1.72	7.45

3.3.1.3 物相组成

燃烧温度的不同导致不同类型粉煤灰物相组成也存在一定的差异，煤粉炉粉煤灰（简称PC灰）的物相组成相对简单，晶体矿物质主要有莫来石（$3Al_2O_3 \cdot 2SiO_2$）和刚玉（Al_2O_3）等，利用Rietveld全谱图拟合定量分析方法对矿物质进行定量分析发现，晶体矿物质含量之和约30%~45%，其余均为矿物质熔融固化后形成的非晶相玻璃体。煤中高岭土等黏土矿物在1000℃以上转化为莫来石，莫来石在高温下比较稳定，高温下矿物质熔融生成的非晶态玻璃体通常将莫来石、石英和刚玉等晶体相包裹。由于燃烧温度相差较大，CFB灰与PC灰的物相组成有较大差异，CFB灰中的晶体矿物质主要有石英（SiO_2）、硬石膏（$CaSO_4$）、赤铁矿（Fe_2O_3）和锐钛矿（TiO_2）等，含量之和占20%~30%，其余的组分则主要由无定形态硅铝酸盐组成；由于CFB锅炉燃烧温度通常在850℃以下，达不到矿物质的熔融温度，因此，与PC灰中非晶相玻璃体不同，CFB灰中的无定形态硅铝酸盐不是来自矿物质的高温熔融固化，而是主要来自煤中矿物质的分解和转化。硬石膏主要来自石灰石固硫反应，赤铁矿主要来自煤中黄铁矿的氧化，锐钛矿主要来自煤中原有的矿物质。CFB灰中一部分硅以石英晶体相存在，另一部分硅和全部的铝则以无定形态硅铝酸盐存在。

3.3.2 粉煤灰的建材化利用

从20世纪50年代开始，我国用粉煤灰制作建筑材料进行了大量研究工作，七十多年来一直没有间断，产品的种类、应用的范围逐步增加和扩大，消纳的粉煤灰数量一直占我国粉煤灰利用的首位。利用粉煤灰生产建筑材料产品有20余种，其主要产品有：粉煤灰水泥、烧结粉煤灰砖、粉煤灰饰面砖、粉煤灰陶粒、粉煤灰硅酸盐砌块、粉煤灰加气砌块、蒸压粉煤灰砖、硅钙板等。目前，这些产品大部分都制定了国家或主管部门的标准，产品生产也形成了产业化，应用技术也十分成熟，已形成粉煤灰利用比较稳定的领域。

3.3.2.1 水泥

国家标准GB 1344—92中对粉煤灰水泥定义为：“凡由硅酸盐水泥熟料和粉煤灰、适量石膏磨细制成的水硬性胶凝材料称为粉煤灰硅酸盐水泥（简称粉煤灰水泥）代号P·F”。粉煤灰水泥分为275、325、425、425R、525、525R、625R七个标号，该标准中规定了“水泥中粉煤灰掺加量按质量百分比计为20%~40%”。

利用粉煤灰生产水泥以上海、江苏等厂家的生产历史最长，产量也较高。粉煤灰水泥同其他品种的水泥一样，有优点和缺点。粉煤灰水泥具有抵抗硫酸盐类侵蚀的能力、抗水性较好、水化热低、干缩性较好、耐热性好、后期强度增进率较大，适用于一般民用和工业建筑工程、水工大体积混凝土、用蒸汽养护的构件、混凝土、钢筋混凝土的地下及水中结构；粉煤灰水泥也有诸如抗冻性和抗碳化性能较差的缺点，不适用于受冻工程、有水位升降的混凝土工程、气候干燥和气温较高地区的混凝土及要求抗碳化的工程。

粉煤灰水泥的强度（特别是早期强度）随粉煤灰的掺入量增加而下降。当粉煤灰加入量小于25%时，强度下降幅度较小；当加入量超过30%时，强度下降幅度增大。粉煤灰水泥虽早期强度较低，但后期强度较高，而且可以超过硅酸盐水泥。为了弥补粉煤灰水泥早期强度低的缺点，上海、江苏等厂家生产以粉煤灰、矿渣为混合材的双掺水泥。这种水泥既具有粉煤灰水泥的优点，又具有矿渣水泥的优点，而且水泥早期强度的下降幅度减小。此外，还有很多厂家利用粉煤灰代替黏土配料，同时引进石膏、萤石复合矿化剂，使水泥熟料中形成含硫铝酸钙（C_4A_3S）和氟铝酸钙（$C_{11}A_7 \cdot CaF_2$）的早强矿物，克服了粉煤灰水泥早期强度低等缺点。

A 粉煤灰水泥原材料

粉煤灰水泥生产所用原材料有主要原料和辅助材料两大类。主要原料是石灰质原料和粉煤灰，这两种原料占水泥总料的92%~95%；辅助材料有铁粉、石膏、萤石等，占总料的5%~8%，辅助材料虽数量少但起的作用不小。现以机立窑生产工艺为主，对生产粉煤灰水泥所用原材料做一一介绍。

主要原料包括：(1) 石灰质原料，粉煤灰水泥生产中，常用的石灰质原料是石灰石，它的主要成分是碳酸钙。石灰石的二级品和泥灰岩在一般情况下均需与石灰石一级品搭配使用。搭配后的氧化钙含量要达到48%；SiO_2、Al_2O_3、Fe_2O_3 的含量应满足熟料的配料要求。(2) 粉煤灰，由于各电厂所用煤的品种不同，各地粉煤灰的化学成分有较大差别。一般对替代黏土配料粉煤灰的技术要求是：烧失量小于15%，SiO_2>45%，Al_2O_3<35%，MgO<2%，SO_3<3%，R_2O<2.5%。用作混合材的粉煤灰要求含碳量低、活性高，国家标准 GB 1596—91 对用作水泥混合材粉煤灰品质标准的技术规定是：烧失量不得超过8%，含水量不得超过1%，三氧化硫含量不得超过3%，水泥胶砂28d 抗压强度比不得低于62%。

辅助材料包括：(1) 石膏。石膏在水泥生产中一是作矿化剂，二是作缓凝剂。用作矿化剂的石膏可使用工业废渣氟石膏和磷石膏，要求 SO_3 含量大于35%。用作缓凝剂的石膏要求使用天然石膏 $CaSO_4 \cdot 2H_2O$，除调节水泥的凝结时间外，还能提高水泥的强度。石膏加入量一般为3%~5%，以水泥中总的 SO_3 含量不超过3.5%来控制最大掺入量。(2) 萤石。采用粉煤灰配料时，生料中 Al_2O_3 含量高，萤石能与铝酸盐矿物形成氟铝酸钙 $C_{11}A_7 \cdot CaF_2$，降低烧成温度，改善烧成条件，有利于提高水泥的早期强度。用作矿化剂的萤石，除用 CaF_2 含量较高的矿石外，还可采用 CaF_2 含量略低，SiO_2 含量高的萤石尾矿。这样萤石既作矿化剂，又作硅质校正材料，有利于高铝粉煤灰的配料。(3) 铁质校正材料。铁质校正材料用于补充生料中 Fe_2O_3 含量的不足。一般 Fe_2O_3 含量较高的矿石或废渣，都可作铁质原料，最常用的是硫铁矿渣（硫酸厂的废渣），铁矿石或炼铁厂的尾矿都可作为铁质原料。其他含 Fe_2O_3 的工业废渣只要 Fe_2O_3 含量大于40%也可用作铁质原料。

原料中各成分的限制：(1) 对氧化镁含量的要求。水泥中的氧化镁含量过高将影响水泥的安定性。原料中的氧化镁经高温煅烧后，除部分存在于固体中外，大部分仍处于游离状态，以方镁石晶体存在。这种晶体水化速度缓慢，生成的氢氧化镁能在硬化后（甚至1~2年后）的混凝土中发生体积膨胀，从而造成建筑物崩溃。因此，要求原料中氧化镁含量在3%以下。（2）对碱含量的要求。碱含量主要指氧化钾和氧化钠的含量。当原料中碱含量较高时，对水泥窑的正常生产和熟料质量会带来不利的影响，如易使粉体发黏、煅烧操作困难和熟料中游离氧化钙增加等。因此，要求原料中的碱含量少于4%。（3）对燧石或石英的要求。燧石主要来源于石灰石，燧石以隐晶的α-石英为主要矿物，石灰石中燧石含量一般应控制在4%以下，如超过此限，磨机和窑的产量会相应降低。（4）对五氧化二磷含量的要求。水泥生料中如果有少量的五氧化二磷对水泥有益，可以提高水泥的强度；但如超过1%时，熟料的强度便显著下降。所以对原料来说，特别是使用工业废渣配料时，要对五氧化二磷的含量予以限制。（5）对氧化钛含量的要求。水泥熟料中含有适量的氧化钛（0.5%~1.0%）时，对水泥硬化过程有利，但如超过3%，水泥强度就会降低，如果含量继续增加，水泥就会溃裂。所以，原料中的氧化钛含量应控制在2%以下。

B　熟料的矿物组成

以粉煤灰替代黏土并使用石膏和萤石复合矿化剂烧成的水泥熟料，矿物组成是一种多矿物及玻璃体组成的集合体。粉煤灰硅酸盐水泥熟料有以下几种矿物。

硅酸三钙与A矿（阿利特）：纯的硅酸三钙分子式为$3CaO \cdot SiO_2$（缩写为C_3S），晶体无色，相对密度为1.15，熔融温度为2150℃。它是硅酸盐熟料中的主要矿物，含量通常在50%~60%。水泥熟料中的硅酸三钙并不以纯的硅酸三钙存在，而是在硅酸三钙中有少量其他氧化物，如Al_2O_3、MgO、Fe_2O_3、K_2O和Na_2O等。含有少量氧化物的硅酸钙通常称为A矿。

硅酸二钙与B矿（贝利特）：纯的硅酸二钙分子式为$2CaO \cdot SiO_2$（缩写为C_2S），它是熟料中的另一种重要矿物。当采用粉煤灰替代黏土配料并引入石膏、萤石复合矿化剂后，通常熟料中的C_2S含量在10%左右。硅酸二钙也不以纯的形式存在，而是与MgO、Al_2O_3、Fe_2O_3等氧化物形成固溶矿物，通常称为B矿。纯的硅酸二钙有α、α′、β、γ四种晶形，但实际生产的熟料中，C_2S一般以β-C_2S存在。

铁铝酸钙与C矿（才利特）硅酸盐水泥熟料中，含铁矿物是铁铝酸四钙，分子式为$4CaO \cdot Al_2O_3 \cdot Fe_2O_3$（缩写为$C_4AF$），又称C矿或才利特，含量为8%~10%。C矿硬化较慢，后期强度较高，水化热较低，具有弹性，抗冲击力强，抗硫酸盐腐蚀性能较好，但含C_4AF的慢冷熟料非常难磨。

铝酸钙：在普通硅酸盐水泥熟料中，铝酸钙分子式为$3CaO \cdot Al_2O_3$（缩写为C_3A），含量为7%~15%，但采用粉煤灰替代黏土配料并引入石膏和萤石复合矿化剂后，熟料中的C_3A含量大大减少，有时甚至不存在。C_3A水化硬化非常迅速，它的强度在3天之内就能充分发挥出来，所以早期强度较高，但强度绝对值较小，且后期强度不再增长，甚至反而降低，水化时能放出大量水化热，干缩变形较大，抗硫酸盐腐蚀能力较差。

硫铝酸钙与氟铝酸钙：在粉煤灰代黏土配料中，引进石膏、萤石复合矿化剂可形成硫铝酸钙与氟铝酸钙两种矿物。这两种矿物的生成使熟料中的C_3A含量大幅降低。硫铝酸钙和氟铝酸钙是早期强度高的矿物，它们在熟料中的总量占10%~15%。同时石膏和萤石的主要作用是促进C_3S生成，并使游离氧化钙（f-CaO）含量迅速降低，大大提高了熟料质量。

水泥熟料中的有害元素主要为方镁石和游高氧化钙。由于方镁石（MgO）与 SiO_2、Al_2O_3 和 Fe_2O_3 的化学亲和力很小，在熟料煅烧过程中一般不参加化学反应，它可能有三种形式存在于熟料中：（1）溶解于 C_4AF、C_3S 中形成固溶体；（2）溶于玻璃体中；（3）以游离状态的方镁石（即结晶状态 MgO）存在于熟料中。

经研究证明，MgO 以前两种状态存在于熟料中时，对水泥石没有破坏作用。以游离状态存在于水泥熟料中时，由于方镁石水化速度非常慢，要等到水泥硬化后它才开始水化，水化后体积增大从而引起水泥破坏。游离氧化钙通常是指未化合完全而成烧死状态的氧化钙。由于熟料慢冷，在还原气氛下使 C_3S 分解出氧化钙，熟料中的碱取代 C_2S、C_3S 和 C_3A 中的氧化钙，而形成二次游离氧化钙等。由于游离氧化钙水化速度很慢，在水泥硬化后，游离氧化钙才开始水化而产生破坏作用。致使水泥制品强度下降、开裂，甚至整个水泥制件崩溃。

粉煤灰水泥熟料中，除以上矿物外，还有很多中间物质及玻璃体，还可能存在少量的游离二氧化硅：在碱含量较高的熟料中，还可能含有 K_2SO_4、Na_2SO_4 等；在贮存较久的熟料中，由于空气的水汽和 CO_2 作用，还可能生成氢氧化钙、碳酸钙及水化铝酸钙。

C 粉煤灰水泥的配合比

根据各种原料的化学成分，按一定的比例混合，以达到烧制熟料所必需的生料成分称配料。生料配料是为了确定原料各组分石灰质、硅质和辅助原料的数量比例，以保证得到成分和质量合乎要求的水泥熟料。因此生料配料是水泥生产必不可少的重要环节，在进行配料设计时，应考虑以下问题：

（1）原料的可能性。选择生产原料必须根据原料的资源情况、物理性质、化学成分及有害成分的含量，决定是否可以使用或将不同品种进行搭配。与黏土相比，粉煤灰中的活性硅含量偏低，所以在选择石灰石、铁粉和矿化剂等原料时，应尽量选用高活性硅的原料，一般粉煤灰替代黏土配料，并使用石膏和萤石复合矿化剂时应配制较高的石灰饱和系数。但当原料中含碱量较高时，石灰饱和系数亦不能配得太高。

（2）燃料质量。当燃料较差、灰多和发热量低时，一般烧成温度都较低，则熟料的石灰饱和系数不宜选择过高；反之，则可配制高饱和比。

（3）配料要求。在考虑上述条件的基础上，配料方案应满足的要求是：1）保证获得特定要求的高质量熟料；2）要求熟料在烧制过程中化学反应完全，且易于控制，易于操作，如不炼窑、不结大块、不塌窑、燃料消耗低等。配料的目的是为烧制水泥熟料提供高强、易烧、易磨的生料，以达到优质、高产、低消耗和设备长期安全运转的目的。配料计算的依据是物料平衡。任何化学反应的物料平衡是：反应物的量应等于生成物的量。生料配料计算方法繁多，有代数法、图解法、尝试误差法、矿物组成法、最小二乘法等。

D 粉煤灰特种水泥介绍

粉煤灰除作为水泥工业的原料代替黏土和作混合材生产粉煤灰硅酸盐水泥外，根据其物理化学特性和外加剂的不同，采用不同的工艺方法，还可生产出具有特殊性能的水泥（简称粉煤灰特种水泥）。用粉煤灰生产特种水泥，生产工艺简单，产品成本低，性能可靠，综合效益较好。下面就目前我国试制和生产的粉煤灰特种水泥进行简单介绍。

a 粉煤灰早强型水泥

生产粉煤灰早强型水泥可使用石膏和萤石复合矿化剂，用粉煤灰替代黏土烧制成熟料或用脱炭后的粉煤灰作混合材生产早强型粉煤灰硅酸盐水泥，产品的各项性能均达到或超过国家425R型水泥标准。这种水泥的主要矿物是C_3S和C_4A_3S及$C_{11}A_7CaF_2$，并有部分C_2S，而C_3A则大量消失甚至一点没有。由于C_2S的含量高达60%，并且晶体发育良好，所以产品的早期强度较高，后期强度稳定，是一种性能优良的水泥。生产粉煤灰早强型水泥的工艺过程同生产普通水泥一样，只需改变配料和部分工艺参数。粉煤灰代黏土配料加入量在20%左右，作混合材生产425R水泥加入量在20%左右。由于使用粉煤灰作混合材和代黏土原料，粉煤灰起了助磨剂的作用，使生料磨和水泥磨的产量提高，电耗降低，综合能耗降低，生产成本比普通水泥低。粉煤灰水泥在正常烧制中底火稳定，易于操作和控制，有较好的适应性。粉煤灰早强型水泥用于工程中可加快施工进度，提高工程质量，降低工程造价；用于构件制作中可加快模具周转；用蒸汽养护时可降低蒸汽消耗。

b 硅硫酸盐粉煤灰水泥

硅硫酸盐粉煤灰水泥的生产工艺特点是：将粉煤灰、石灰石、石膏及萤石等原料按一定比例配料，压制成砖，用烧制普通黏土砖的轮窑生产线进行烧制，出窑冷却后粉磨成水泥。这种水泥的粉煤灰掺入量可达到40%，主要矿物是C_3S、C_2S和C_4A_3S等，因而具有早强特点。生产硅硫酸盐粉煤灰水泥要掌握好烧成温度，避免还原气氛，并尽可能加快熟料的冷却速度，防止γ-C_2S的生成，避免物料粉化。

c 粉煤灰砌筑水泥

目前我国水泥标准中虽规定了275号低标号水泥，但很少有厂家生产，一般水泥厂大都生产325号以上水泥。实际工程中的砌筑砂浆多为25号和50号，有时用75号和10号，因而建筑工程中普遍存在用高标号水泥配制低标号砂浆的现象。为了达到砂浆标号，就要加大砂率而少用水泥，因而经常出现砂浆和易性不良等问题，所以发展粉煤灰砌筑水泥非常必要。粉煤灰砌筑水泥又分粉煤灰无熟料水泥、粉煤灰少熟料水泥和纯粉煤灰水泥。近年来出现的磨细双灰粉，实际上也属于粉煤灰砌筑水泥的一种。

（1）粉煤灰无熟料水泥。以粉煤灰为主要原料（65%~70%），配以适量的石灰（25%~30%）、石膏（3%~5%），有时加入部分化学外加剂或矿渣等，共同磨细制成的水硬性胶凝材料（粉磨细度一般要求控制在80μm方孔筛筛余量在5%~7%之间）。生产这种水泥不需要煅烧用的窑炉，生产方法简单，投资少，成本低，生产规模可大可小。生产的水泥标号可达225~275号，可用来配制25~50号砂浆，也可用于生产蒸汽养护的非承重构件。

（2）粉煤灰少熟料水泥。与粉煤灰无熟料水泥生产工艺大致相同，粉煤灰少熟料水泥也是以粉煤灰为主要原料（65%~70%），加少部分熟料（25%~30%）、石膏（3%~5%），有时也加入部分石灰或部分矿渣，磨制而成的水硬性凝胶材料（粉磨，细度一般控制在80μm方孔筛筛余不大于7%）。由于用熟料代替了无熟料水泥中的石灰，水化产物与无熟料水泥不同，凝结硬化规律也不一样。粉煤灰少熟料水泥标号一般可达275~325号，可用来配制25号、50号、70号、100号砂浆及低标号（200号以下）混凝土构件。粉煤灰无熟料水泥和粉煤灰少熟料水泥都要求使用干排灰、含碳量低于8%且活性高的粉煤灰。石灰最好采用新烧制的，新烧制的石灰有效CaO含量高。石膏可用二水石膏，也可用半水石膏或煅烧石膏，不可使用含 SO_3 较高的工业下脚料代替。少熟料水泥所用熟料应尽量采用质量较好的熟料，且 C_3S 和 C_3A 含量高一些，以确保水泥性能，并获得较高的早期强度。

（3）纯粉煤灰水泥。纯粉煤灰水泥是指火力发电厂燃料煤中 CaO 含量较高，或采用炉内增钙的方法在磨煤粉的同时加入一定量的石灰石或石灰，混合磨细后进入锅炉内燃烧，在高温条件下，部分石灰与煤粉中的硅铝氧化物发生化学反应，生成硅酸盐、铝酸盐等矿物。收集下来的粉煤灰具有较好的水硬性，再加入少量石膏作激发剂共同磨细后制成水硬性凝胶材料，称为纯粉煤灰水泥。由于炉内增钙会影响锅炉的正常煅烧，所以除燃料煤中含 CaO 较高时可利用其粉煤灰生产纯粉煤灰水泥外，一般不提倡用炉内增钙的方法生产纯粉煤灰水泥。

（4）磨细双灰粉。磨细双灰粉是将粉煤灰和石灰按一定比例磨细后而制成的水硬性胶凝材料，一般用于砌筑砂浆和装修用灰等。根据不同的要求，采用不同的配比。

d 低温合成粉煤灰水泥

低温合成粉煤灰水泥所用的原料是粉煤灰和生石灰（要求生石灰有效氧化钙含量在70%以上）。这种水泥粉煤灰利用率可达 70%，而且干灰和湿灰都能利用。石灰用量25%~30%，并加入部分外加剂，如石膏、晶种等（晶种可采用蒸养粉煤灰硅酸盐碎砖或低温合成水泥生产中的蒸养料）。将石灰与少量外加剂混合粉磨后与一定比例的粉煤灰混合均匀压制成型，先经蒸汽养护再低温煅烧（烧成温度 700~850℃），冷却后磨制成水泥。低温合成粉煤灰水泥标号可达 325 号，具有早期强度较好和水化热低等特点。水泥中的 C_2S 与高温合成的 β-C_2S 相比，其晶体细小，呈无定形状，化学活性高，易于水化，机械强度高，因煅烧温度低而无死烧状态的 f-CaO，故安定性好。低温合成粉煤灰水泥强度发挥较快，常压蒸养或高压蒸养强度均增长，但 6 个月后很少增长。冬季在 5℃ 以上也能正常施工，并且具有很好的抗硫酸盐性能。

3.3.2.2 砖

A 粉煤灰烧结砖

粉煤灰烧结砖与普通黏土砖（红砖）一样，是烧结而成的，粉煤灰烧结砖（粉煤灰砖）以粉煤灰和黏土为原材料。高掺量粉煤灰烧结普通砖是指掺灰量在 50%以上的烧结普通砖，产品按《烧结普通砖标准》（GB 5101—1998）执行。粉煤灰是无塑性原料，掺灰量多少要根据黏土的塑性指数确定，粉煤灰的掺量随黏土塑性指数的提高而增多。有关部门的试验结果表明，每掺入 1%的粉煤灰，配合料的塑性指数降低 0.10~0.13。因此，当胶结材料（黏土、页岩等）塑性指数在 7 以下时不能掺入粉煤灰；当胶结材料塑性指数在 7~10 时，掺灰量应控制在 30%以下（体积比）；当胶结材料塑性指数在 10~13 时，掺灰量应控制在 50%以下；当胶结材料塑性指数在 13~16 时，掺灰量应控制在 70%以下。当然，掺灰量的高低和企业生产工艺、设备和生产技术的先进程度、原料处理的好坏密切相关，其中挤出机的挤出压力和挤出机的真空度起重要作用。研究表明，混合料的最低塑性指数应大于 7，塑性偏低时靠挤出压力来提高产品质量是不可行的。由于掺灰量的增加，粉煤灰烧结普通砖单位体积质量降低，绝热性能达到或超过了黏土烧结多孔砖，成为既承重又有较好绝热性能的墙体材料。该产品能达到吃灰量大、节土、节能、利废和环保的目的。

B　蒸压粉煤灰砖

我国砖瓦企业从 20 世纪 60 年代就开始研制生产蒸压粉煤灰砖，70 年代颁布了产品质量标准。标准规定的各项主要技术指标和烧结普通砖大体相同，可代替黏土实心砖用于建筑工程。当时，因粉煤灰砖是用灰量最大、投资较少、技术相对成熟、建设比较快的项目，电力和排渣部门都很感兴趣。为此，在 70 年代末和 80 年代初，水电部门和排渣单位投资十几亿元，建设了上百条年产 3000 万块蒸压粉煤灰砖生产线，加上 60 年代末和 70 年代初建设的生产厂，全国有 100 多个蒸压粉煤灰砖生产厂，蒸压粉煤灰砖年生产能力达 40 多亿块，年用灰量 800 多万吨。

C　免烧粉煤灰砖

免烧粉煤灰砖指自然养护、免蒸免烧的砖，是在 1990 年后国家提出墙材革新，限制黏土砖生产和节土节能的形势下发展起来的。它以粉煤灰为主要原料，添加适量水泥、石膏和一些黏结剂，经搅拌压制成型，自然养护而成，产品尚无国家或行业标准。由于产品自然养护需要较大的坯场，所以一般生产规模较小。由于生产该产品的工艺和设备比较简单，技术含量不高，投资较少，所以在广大城乡建厂较多，发展较快。据不完全统计全国有免烧砖企业几千家，年生产免烧砖产品 6 亿~8 亿块，年用灰量 150 万吨。

3.3.2.3　砌块

粉煤灰砌块是指以水泥、粉煤灰、各种轻重集料和水为主要成分（也可加入外加剂）拌和制成的砌块，其中粉煤灰用量不应低于原材料质量的 20%，水泥用量不应低于原材料质量的 10%。

A　粉煤灰砌块介绍

由于粉煤灰具有火山灰效应，其与氧化钙等碱性物质反应后可以生成与水泥成分相似的硅酸盐、铝酸盐等水化产物，从而产生强度，但是在常温下粉煤灰的火山灰效应发生较缓慢，采用蒸汽养护则是加速其反应、提高早期强度的常用手段。国际上过去一般均采用高压蒸汽养护（即蒸压养护），而根据我国在 20 世纪 50~60 年代时的国情，因需要钢板量甚多的高压釜来养护这种制品无法大量应用，所以我国在 50 年代末选择了一种适合我国国情的蒸养石灰-粉煤灰砌块的方法，即采用常压蒸汽养护的工艺路线，来生产这一类墙体材料。粉煤灰小型空心砌块是以粉煤灰、水泥、各种轻重集料和外加剂为原料制成的小型空心砌块。标准《粉煤灰小型空心砌块》（JC 862—2000）已于 2000 年 10 月 1 日正式实施，使粉煤灰小型空心砌块正式成为我国混凝土小型空心砌块中除普通混凝土小型空心砌块、轻集料混凝土小型空心砌块和装饰混凝土砌块之外的一个新品种。这将对粉煤灰小型空心砌块的试验研究、生产、应用和发展起到极大的推动作用。由于我国粉煤灰中适合作水泥混合材与混凝土活性掺合料的优质灰较少，大部分粉煤灰的活性较低，目前这部分灰的利用率最低。因此，充分利用大量堆积的低等级粉煤灰发展粉煤灰小型空心砌块，对于推进墙体材料革新与建筑节能及治理环境污染具有十分重要的意义。

B　粉煤灰小型空心砌块的生产

a　原材料

（1）粉煤灰。粉煤灰在砌块中既是胶凝材料的组分，也起细集料和微集料的作用，干排灰与湿排灰均可使用。为了节约优质灰及降低成本，一般采用低等级粉煤灰。粉煤灰的技术要求应符合《用于水泥和混凝土中的粉煤灰》(GB/T 1596—2017) 的规定，45μm 筛筛余量不大于 60%。当采用灰渣混排灰或炉底渣生产粉煤灰小型空心砌块时，其 0.16mm 筛筛上部分的烧失量应不大于 15%，以限制未燃尽炭的含量，以免含碳量过多使粉煤灰的活性组分减少并导致砌块强度降低。当生产粉煤灰高强度等级小型空心砌块时，为提高强度，可对湿排灰进行预激活处理，即将湿排灰与适量石灰、石膏及外加剂混合陈化一定时间，制成预激活处理粉煤灰，其活性将比原灰提高数倍。

(2) 水泥。可采用普通水泥或矿渣水泥，为了在砌块中多掺粉煤灰，一般不宜采用火山灰水泥及粉煤灰水泥。当生产强度等级较低的砌块时，也可采用粉煤灰水泥及复合水泥。

(3) 集料。根据粉煤灰小型空心砌块的用途，可采用不同品种的集料，如普通集料的建筑用砂、石，轻集料的建筑用炉渣、钢渣以及膨胀珍珠岩、高炉重矿渣等。由于空心砌块的最小允许肋厚为 20mm，为保证成型，各种集料的最大粒径不应大于 10mm。另外，集料还应符合各自的质量标准。

(4) 外加剂。粉煤灰小型空心砌块一般采用活性较低的低等级粉煤灰，通常需加入化学激发剂激发其活性。化学激发剂能促使粉煤灰玻璃体网络解聚，释放出活性 SiO_2 和 Al_2O_3，进而与水泥水化产生的 $Ca(OH)_2$ 发生火山灰反应，生成具有胶凝特性的凝胶。粉煤灰常用的化学激发剂有 Na_2SO_4、$CaSO_4$、$Ca(OH)_2$、NaCl、Na_2CO_3、NaOH、Na_2SiO_3 等，采用何种激发剂应经过实验确定。另外，一般用于普通混凝土的外加剂也可采用。

b 配合比

生产粉煤灰小型空心砌块时，各原料的配合比应根据砌块的性能，特别是强度等级，经过专门的设计计算和实验来确定。影响粉煤灰小型空心砌块强度的因素很多，包括粉煤灰的品质与用量、集料的种类与用量、孔洞率的大小、外加剂及生产工艺等。用于承重墙体的砌块强度等级应不小于 MU7.5 确定原料配合比时，首先应根据砌块用途确定砌块的强度等级，再根据砌块强度与混凝土立方体强度的关系式确定粉煤灰混凝土的设计强度，而粉煤灰混凝土的配制强度应比设计强度提高 10%~15%。然后设计计算一系列配比在实验室进行试配，经检验达到配制强度后，提出供现场生产试验用的原料配合比。经现场生产试验与调整，确定最终配合比。

非承重粉煤灰小型空心砌块强度等级 MU2.5~MU5.0，表观密度 800kg/m^3 以下，原材料质量参考配比为：粉煤灰 50%~60%，炉渣 25%~35%，水泥 8%~10%，外加剂适量。

承重粉煤灰小型空心砌块强度等级 MU7.5~MU10.0，表观密度 1200kg/m^3 以下，原材料质量参考配比为：粉煤灰 50%~60%，石渣 20%~30%，水泥 10%~15%，外加剂适量。

c 生产工艺

粉煤灰小型空心砌块的生产流程为：分别计量的外加剂与水混匀后和经计量的粉煤灰、集料、水泥一起搅拌、成型，经养护、检验、成品堆放，出厂。由于粉煤灰的表观密度小，单位质量体积大，颗粒较细，因此采用普通混凝土小型空心砌块的生产工艺制作粉煤灰小型空心砌块是不可取的，易造成物料搅拌时成球、料仓卸料困难、物料成型的压缩比大，以及排气不好，产生裂纹、掉角等。为此，针对上述问题研发了适合粉煤灰小型空心砌块特性的生产工艺，并对生产设备做了适当改进。

(1) 搅拌。生产实践中发现，采用强制式搅拌机搅拌，粉煤灰小型空心砌块的拌和物易成球，不易搅拌均匀，直接影响砌块的成型质量与强度；而采用轮碾式搅拌机拌和，可解决搅拌中物料成球的问题。轮碾机兼具疏解、碾压粉碎与搅拌混合三大功能，可大大提高原料混合的均匀性及成型质量，减少砌块强度的离散性。并且经过碾压后，粉煤灰表面致密的玻璃微珠结构有一定程度的破坏，有利于其活性的激发。

(2) 成型。由于粉煤灰小型空心砌块拌和物黏滞性较大、流动性差，成型过程中卸料、布料困难，脱模时易形成真空，砌块的壁肋有被拉裂、破损的可能，因此，要注意解决下料、排气问题。另外，由于物料的压缩比大，模箱高度要适当增加。目前，我国的砌块设备制造厂家已研究出解决这些问题的措施，对砌块成型机进行了改进，效果较好。为避免粉煤灰掺量大于60%时物料在料仓易结饼而不易下料的现象，可通过调整颗粒级配，加入炉渣、粗砂、碎石等骨料来解决，加骨料后还可改善砌块的成型质量。由于采用加压振动成型，对掺合料加水量的控制要求较高：加水量不足，振捣不易密实，制品容易产生裂缝，粉煤灰也得不到充分水化；加水量过多，则会导致制品黏模、变形、泡浆、缝漏等，更严重的是制品强度降低，几何尺寸不合格。合适的物料含水率是确保制品外观质量良好和成品率高的必要条件。影响掺合料含水率的因素较多，应及时测定其中各组分的含水率，调整加水量。

(3) 养护。可采用自然养护与蒸汽养护两种方式。粉煤灰小型空心砌块的强度发展对温度比较敏感，气温高时强度发展较快，气温低时发展缓慢。南方炎热地区宜采用自然养护以节省能源，寒冷地区宜采用蒸汽养护。当采用自然养护时，成型后的砌块连同托板一起平稳放入场地，表面覆盖塑料膜，保温保湿养护，以提高早期强度。静养1天后，进行码垛覆盖喷水养护；也可利用太阳能养护（如放入塑料大棚养护）。每日浇水次数应视气候、季节而定，以保持潮湿状态为度，为水泥的水化反应及粉煤灰火山灰反应的正常进行创造外部条件。养护2周左右后可去掉表面覆盖物，自然养护至28天。冬季生产要采取保温措施或促进砌块硬化的技术手段（如掺早强剂等）。由于粉煤灰小型空心砌块的早期强度较低，搬运的环节多了，容易使砌块损伤、缺棱掉角，因此有条件的地方最好采用蒸汽养护。

(4) 成品堆放与检验。砌块应按强度等级、质量等级分别堆放，并加以标明。堆放场地应平整，堆放高度不宜超过1.6m，堆垛之间保持适当通道，应有防雨措施，防止砌块上墙时因含水率过大而导致墙体开裂。砌块经检验合格后方可出厂。

d 产品性能

粉煤灰小型空心砌块的表观密度较小，抗压强度较高，吸水率小于22%，软化系数不小于0.75，抗冻性合格，符合《轻集料混凝土小型空心砌块》（GB 15229—1994）的要求。干燥收缩率未超过0.06%，与蒸汽加压混凝土砌块、粉煤灰砖、粉煤灰砌块等建材产品相比是较小的。另外，其热导率比普通黏土砖的热导率（0.78W/(m·K)）小，说明其保温隔热性较好。

挤压强度有不同要求，其表观密度在1500~1700kg/m^3范围内时，分别为10~20MPa，棱柱体强度为挤压强度的0.8~0.95倍，弹性模量为（1.0~2.2）$\times 10^4$MPa。根据大量的研究证明，粉煤灰砌块的碳化性能主要取决于有效氧化钙的含量。如果有效氧化钙含量大于15%，则其长期强度不会有明显的下降。相反如果低于此值，那么其长期强度会有所下降，甚至有疏松裂缝等现象发生。

C　建筑应用效果

目前，粉煤灰小型空心砌块已在全国许多城市的一些试点建筑中得到应用，使用效果较好。据有关部门测算，与实心黏土砖相比，采用粉煤灰小型空心砌块作墙体材料可降低墙体自重约1/3，提高建筑物的抗震性，建筑物基础工程造价可降低约10%；施工工效提高3~4倍，砌筑砂浆的用量可节约60%以上；增加建筑使用面积，提高建筑物使用系数4%~6%，建筑总造价可降低3%~10%；墙体热绝缘系数可达到0.346m^2·K/W，建筑物保温效果提高30%~50%，可节约建筑能耗。另外，它还具有隔声、抗渗、节能、方便装修和利废环保等优点，经济效益、环境效益和社会效益均十分明显。

3.3.3　粉煤灰高值化利用

3.3.3.1　陶粒

所谓粉煤灰陶粒，实际上就是用粉煤灰作为主要原料，再加一定量的黏结剂如黏土、页岩，经过混合、成球和烧结而成的球状或块状物，其直径与混凝土中的石子相仿，故用其来代替石子作混凝土的轻骨料。粉煤灰陶粒具有容重轻、强度高、热导率低、耐火度高、保温、防冻、抗腐蚀、抗冲击、抗震、耐磨等特点，是变废为宝的一种绿色建筑材料。因此，它在建筑工业上的应用是非常广泛的。例如：粉煤灰陶粒可用来配制高强度轻质混凝土、陶粒空心砌块、素陶粒混凝土、钢筋陶粒混凝土、预应力陶粒混凝土，可现浇、泵送、预制；可制作保温隔墙板条、地面砖、护堤植草砖、民用砖瓦、高层大开间住宅楼承重或充填砌块，桥梁、公路、输送管道、电缆杆等。在国外也用于花卉无土培植中代替黏土。

A　粉煤灰陶粒制备技术

a　焙烧粉煤灰陶粒

烧结粉煤灰陶粒是以粉煤灰为主要原料，掺加少量黏土、页岩、煤矸石、固化剂等黏结剂和固体燃料，经混合、成球、高温焙烧（1200~1300℃）而制得的一种性能较好的人造轻骨料。其用灰量大，还可以充分利用粉煤灰中的残碳，当使用的黏土塑性指数在15%~20%左右时，粉煤灰掺量可达85%~90%。生产工艺一般由原料的磨细处理、混合料加水成球、焙烧等工序制成。烧结通常采用烧结机、回转窑或立波尔窑。其中烧结机烧结技术较好，对原料的适用范围大，生产操作方便，产量高，质量较好，工艺技术成熟。用烧结机生产的粉煤灰陶粒容重一般为650kg/m^3，可以配制300号混凝土。含铁比较高的矿物及固体废物皆可以作为陶粒生产中的复合助熔剂。焙烧好的陶粒经破碎筛分分级后，将粒径0.2mm的尘粒回收到原材料中重新进行成球烧结。

（1）烧结机法。只用于原本具有空心或微孔结构的细颗粒制成粗颗粒的生产，该法产量高、成本低、吃灰量大、对原材料要求不严格、机械化程度高，但陶粒表层质量不易控制，设备耗钢多，能耗大，产品质量不如回转窑好。烧结粉煤灰陶粒的工艺主要包括原材料处理、配料、混合、成球、干燥、焙烧、筛分等工序，其中成球与焙烧是关键。生料球经烧结机焙烧，形成高强度粉煤灰陶粒。原材料全部为粉煤灰，当灰中小于45μm的颗粒大于55%时可以全部利用，否则需经选粉器进行预处理，不需添加任何黏结剂。生产中，细度合格的粉煤灰在混合仓中均化24h后，送入混合器。如灰中含碳量不足5%，需按比例加入细度小于150μm的煤粉，或者为调整粉煤灰的化学成分需加入定量改性剂，将它们同时输入混合器。混合均匀后的粉煤灰与一定比例的水搅拌，形成生料球核，输入成球机，喷洒适量水，形成合格的料球。料球喂入烧结机焙烧，在900～1200℃焙烧后的陶粒通过振动筛分级，不合格颗粒通过锤式破碎机破碎后分选出陶砂，粉料返回原料贮仓。产品粒径8～14mm，堆积密度650～750kg/m³，吸水率14%～16%，筒压强度7～8MPa，可配制高强度混凝土。

（2）回转窑法。回转窑法焙烧粉煤灰陶粒在俄罗斯应用最广，我国应用此法比较成熟。此法对粉煤灰质量无特殊要求，物料在窑内受热均匀，陶粒质量好。不利方面是生料球强度要求高、热效率低、煤耗大。

（3）机械化立窑。适合于焙烧烧结粉煤灰陶粒，工艺流程与回转窑相同，产品质量好，热效率高，生产成本低，但对粉煤灰质量要求严格，不利于推广，而且产量低，陶粒易在窑内烧结，影响生产。

b 蒸养粉煤灰陶粒

蒸养粉煤灰陶粒是以电厂干排粉煤灰为主要原料，掺入适量的激发剂（石灰、石膏、水泥等），经加工、制球、自然养护或蒸汽养护而成的球形颗粒产品。与烧结陶粒相比，不用烧结、工艺简单、能耗少、成本低，而且可以解决烧结粉煤灰陶粒散粒的问题，因而具有较强的竞争力。

新制成的陶粒外面裹有一层松散的粉煤灰，避免其在运输和养护过程中发生凝聚，其养护比较简单。通过控制养护条件可以控制陶粒内发生的火山灰反应，以使陶粒硬化。养护条件一般控制在：常压、温度80～90℃、相对湿度100%。为解决蒸养陶粒密度大（800～850kg/m³）的问题，有研究表明，分别掺加泡沫剂、铝粉或轻质掺合骨料到粉煤灰及胶结料中，经搅拌制成多孔芯材再成球而得陶粒坯体，养护后得陶粒，其自然状态下含水的堆积密度为780kg/m³左右，绝干状态下堆积密度为650～720kg/m³，筒压强度及吸水率都能达标。

（1）粉煤灰包壳免烧轻质陶粒。为克服传统工艺生产的陶粒或多或少存在能耗高、强度低等缺点，选择利用粒径1～2mm的膨胀珍珠岩粉或硬质泡沫塑料粒作陶粒的核，以干排粉煤灰、水泥和外加剂为壳对核进行包裹，形成一种壳核结构的粉煤灰免烧轻质陶粒。该产品具有能耗低、容重小、强度高、吸水率小、保温性能好、生产工艺简单等特点，可取代烧结粉煤灰陶粒，广泛用于生产新型节能保温建材，以便降低墙体自重，提高墙体的保温性能。

膨胀珍珠岩粉作芯材制作的粉煤灰陶粒：选择粒径1～2mm的膨胀珍珠岩粉作陶粒的核，干排粉煤灰、水泥和外加剂混合的胶结料为壳对核进行包裹，制成陶粒坯料，最后经养护而成。该产品轻质、高强、吸水率小、保温性能好、生产工艺简单，粉磨与养护是重要环节，最好采用蒸汽养护。

硬质泡沫塑料粒为芯材制作的粉煤灰陶粒：将硬质泡沫塑料在高速搅拌机中破碎成粒，与粉煤灰胶结料混合成球，成球过程中喷胶，制成的坯料在太阳能养护棚中养护，最后分级获得成品。产品粒径为5～15mm，堆积密度650～750kg/m³，24h吸水率小于19%，筒压强度4～5MPa。

（2）荷兰安德粒技术。该技术是使粉煤灰在蒸汽养护下与石灰混合后制成具有一定凝结硬化能力的粉煤灰陶粒。原料中的粉煤灰含碳量应小于9%，石灰氧化钙含量不小于80%。粉煤灰的物理性能为：密度2.48t/m^3，堆积密度900kg/m^3。将粉煤灰和消石灰按比例输入混合器先行干混，再喷水混合，然后输入成球盘淋水成球，排出的料球埋置在相当于料球4倍的干粉煤灰中，一起送入养护仓，蒸汽养护16~18h，温度80℃，最后将物料分离，料球按设定粒径大小分级。产品堆积密度约1100kg/m^3，筒压强度约3MPa，耐久性差，主要用于陶粒混凝土空心砌块和低标号无筋混凝土。

（3）双免粉煤灰陶粒。以粉煤灰为主，掺入固化剂、成球剂和水，经强制搅拌、振压成型、自然养护而成。相对于前两种而言，明显具有能耗低、工艺简单、成本低等优点。其主要原理是利用激发剂来激发粉煤灰的活性，使粉煤灰受激发后，形成类似水泥水化产物的水化硅酸钙和钙矾石，依靠水化产物来获得强度。

c 全粉煤灰陶粒

全粉煤灰陶粒用羧甲基纤维为黏结剂，取代传统粉煤灰陶粒生产所用的黏土，采用高温快速烧结、快速冷却，使陶粒球外表烧结而内部又未充分燃烧致密或增加可燃物质炭，使陶粒气孔率增加且燃烧均匀。生产全粉煤灰陶粒要有良好的粉煤灰原料，最好有成分和细度均适宜的干粉煤灰固定来源，湿粉煤灰和粗灰应进行脱水和烘干处理，进行磨细或在使用中掺加细粉煤灰，应控制粉煤灰中的Fe_2O_3和SO_3，前者含量应控制在10%以下，后者含量按标准要求越低越好。

B 粉煤灰陶粒的应用

（1）粉煤灰陶粒混凝土。以粉煤灰陶粒代替普通石子配制的轻骨料混凝土已广泛用于高层建筑、桥梁工程、地下建筑工程等，不仅能降低混凝土的表观密度，而且可以改善混凝土的保温、耐火、抗冻、抗渗等性能。

1）高强轻集料混凝土。粉煤灰陶粒混凝土的强度通常较大，与其他轻集料相比，该陶粒更适于配制高强度轻集料混凝土。我国在永定新河大桥首次使用CL40陶粒混凝土代替原设计的混凝土，使桥梁跨度加大、改变立梁结构形式、减小下部结构尺寸，增强了结构的整体性和抗震性，节约工程造价约10%以上。

2）粉煤灰陶粒混凝土复合屋面。粉煤灰陶粒混凝土复合屋面和粉煤灰陶粒钢筋混凝土复合屋面可有效解决传统保温屋面渗漏问题，且具有良好的隔热保温性能，构造简单，施工方便。

（2）粉煤灰陶粒混凝土砌块。粉煤灰陶粒泡沫混凝土砌块不但轻质高强，保温性能好，而且收缩性和抗冻性满足国家规范要求，具有显著的技术、经济和社会效益。

（3）过滤材料。利用破碎型轻质陶砂的开口孔隙发育和高吸附比表面的特点，在滤水工程中使用效果颇佳，陶粒有吸水不吸油的特点，油田使用它可以除去重油中的水分。

（4）应用在农业方面，可作无土栽培的介质或作土壤的调节剂。

3.3.3.2 有价元素提取

高铝煤炭是我国特色煤炭资源，因其无机组分中氧化铝含量高达40%以上而得名。高铝煤炭属于晚古生代石炭——二叠纪时期的产物，其含煤地层主要是上石炭统太原组和下二叠统山西组。在空间分布上，其主要分布于内蒙古中西部的准格尔煤田、大青山煤田、卓子山煤田；山西北部的宁武煤田、大同煤田和河东煤田；宁夏地区的贺兰山煤田也有少量分布。氧化铝含量较高的原因主要是煤层及其夹矸中富含大量的勃姆石和高岭石等富铝矿物。我国高铝煤炭探明储量为319.08亿吨，在内蒙古、山西和宁夏三个地区已探明储量分别可达236.4亿吨、76.4亿吨和6.28亿吨。近年来，上述地区大型能源基地快速兴起，托克托电厂、国华电厂、岱海电厂等大型电厂总装机容量已达2000万千瓦以上，在助力华北经济发展的同时也产生了大量的高铝粉煤灰。据统计，高铝粉煤灰潜在蕴藏量达62.5亿吨，相当于我国已探明铝土矿总量的2倍，是宝贵的含铝资源。目前高铝粉煤灰年排放量可达3000万吨以上，但综合利用率却低于20%，现堆存量已达2亿吨，对环境造成了严重危害。山西平朔地区每年煤炭产量达8600万吨，其高铝粉煤灰年产生量达800万吨，累计堆存4000万吨；内蒙古自治区目前高铝煤炭每年开采量可达1亿吨，产生粉煤灰每年高达1180万吨以上。另外，高铝粉煤灰中 Al_2O_3 含量可达50%左右，与我国中低品位铝土矿相当，还含有约40%的 SiO_2，少量的铁、钙、钛、镁等有色金属及微量的锂、镓等稀有金属元素，是一种宝贵的二次矿产资源。每年排放高铝粉煤灰中 Al_2O_3、SiO_2 含量分别可达900万吨和800万吨，Li、Ga含量分别可达4000t和1386t。蕴含资源若充分利用，将缓解我国铝、锂、镓等资源紧张状况。

目前高铝粉煤灰提取氧化铝方法主要包括酸法、碱法、酸碱联合法及烧结法等。粉煤灰酸法提取工艺可以分为直接浸出法和氟氨助溶法。直接浸出法主要是通过将粉煤灰研磨破碎、焙烧活化后与酸溶液（盐酸或硫酸）充分混合，使灰颗粒中的铝与酸溶液反应生成氯化铝或硫酸铝，并溶解于溶液中，通过结晶获得 $AlCl_3 \cdot 6H_2O$ 或 $Al_2(SO_4)_3 \cdot 18H_2O$ 晶体，随后将晶体经过煅烧、碱溶、杂质去除、晶种分解、$Al(OH)_3$ 煅烧后即得冶金级 Al_2O_3。氟铵助溶法是通过加热粉煤灰与酸性氟化铵溶液，达到破坏粉煤灰中Si—O—Al键的目的，使得粉煤灰中惰性铝硅转化为活性铝硅后溶于溶液。

粉煤灰碱法工艺可以分为石灰石烧结法和预脱硅-碱石灰烧结法。石灰石烧结法是20世纪中叶波兰科学家发明的，通过将粉煤灰与石灰石按一定比例混合配料后，在1300~1400℃下高温焙烧，灰中的铝硅与石灰石中氧化钙反应生成 $12CaO \cdot 7Al_2O_3$ 和 $2CaO \cdot SiO_2$，焙烧完成后的熟料在 Na_2CO_3 溶液中发生分解反应，生成可溶性的 $NaAlO_2$ 和不溶性的 $CaCO_3$，$NaAlO_2$ 溶液在1200℃下分离焙烧即得 Al_2O_3，不溶性的 $2CaO \cdot SiO_2$ 和 $CaCO_3$ 进入回转窑煅烧用于制备水泥熟料。预脱硅-碱石灰烧结法是在石灰石烧结法的基础上经过改良产生的一种方法。该方法首先利用NaOH溶液将粉煤灰玻璃相中的一部分硅浸出，以提高原料中的铝硅比，然后将脱硅灰、碳酸钠和石灰石在1400℃左右混合焙烧，生成不溶于NaOH溶液的 Na_2CaSiO_4 和可溶于NaOH溶液的 $NaAlO_2$，熟料粉碎后在NaOH溶液中浸出并分离，固相可用于制备 $CaSiO_3$，液相经两段脱硅和碳化焙烧后得到 Al_2O_3 产品。

硫酸铵烧结法是通过将粉煤灰与硫酸铵混合后在350~400℃下焙烧，粉煤灰中的铝和铁与硫酸铵反应生成 $NH_4Al(SO_4)_2$ 和 $NH_4Fe(SO_4)_2$，硅不参与反应，然后将熟料溶于热水，固液分离后，将不溶于水的硅渣去除，溶于水的 $NH_4Al(SO_4)_2$ 和 $NH_4Fe(SO_4)_2$ 通过重结晶法实现分离提纯。将结晶后的 $NH_4Al(SO_4)_2$ 重新溶入水中，通过氨气将 $NH_4Al(SO_4)_2$ 分解为 $Al(OH)_3$，焙烧后即可得到纳米级 Al_2O_3。

当前产业化程度较高的有内蒙古大唐国际再生资源开发有限公司开发的预脱硅-碱石灰烧结法，通过预脱硅处理可有效脱除高铝粉煤灰中非晶态 SiO_2，减少烧结过程氧化钙添加量，进一步通过调控氧化钙和碳酸钠添加比例，在高温焙烧过程中强化分解莫来石，实现铝硅高效分离，目前已完成20万吨/年工业化装置稳定运行。

3.3.3.3 莫来石耐火材料

莫来石耐火材料因其具有较高的热稳定性和抗蠕变性、合适的强度、断裂韧性、较低的热导率和良好的耐化学性，在玻璃、冶金、化工和陶瓷生产等行业得到了广泛的应用。目前，莫来石耐火材料主要由铝土矿煅烧而成，随着铝土矿用量的减少，莫来石耐火材料的生产成本也在增加。降低生产成本的方法之一是使用更便宜的原料，如煤矸石、粉煤灰等。近年来，利用粉煤灰制备莫来石耐火材料在国内备受关注。粉煤灰中的主要结晶矿物是莫来石，且含有丰富的 SiO_2 和 Al_2O_3，粉煤灰的这些特性决定了它可以用来生产莫来石耐火材料。

莫来石中 SiO_2 与 Al_2O_3 的比例较低（$SiO_2/Al_2O_3=1:2.55$），而粉煤灰 SiO_2/Al_2O_3 比例一般较高（2∶1~1.5∶1）。此外，粉煤灰中含有一定含量的 CaO、Fe_2O_3、Na_2O、MgO 和 K_2O，这不利于用粉煤灰制备莫来石，会降低耐火材料的强度。因此，在用粉煤灰制备莫来石耐火材料的过程中，有必要调整粉煤灰的化学组成。此外，粉煤灰中含有30%~40%的非晶玻璃相，这对所得陶瓷产品的机械性能和耐碱腐蚀性造成不利影响，并限制了它们的应用范围。因此，玻璃相的脱除是利用粉煤灰制备莫来石材料的关键，在此过程中莫来石的结构不会被破坏。预脱硅是提高 SiO_2/Al_2O_3 和调整粉煤灰化学组成的有效途径之一。有学者指出在莫来石陶瓷的制备过程中使用碱和酸来去除玻璃相并调节粉煤灰的化学组成。将粉煤灰在120℃下用20%（质量分数）的 NaOH 溶液预处理，然后在60℃下用15%（质量分数）的盐酸溶液处理1.5h。NaOH 可以破坏粉煤灰玻璃相的 Si—O 和 Si—O—Al，与玻璃相中的 SiO_2 反应形成硅酸钠。碱处理过程中释放的铝溶解在盐酸溶液中。因此，粉煤灰玻璃相中的一部分 SiO_2 被脱除。处理后的粉煤灰中 Al_2O_3 含量可达65.35%（质量分数），经碱和酸处理后，粉煤灰中的大部分杂质被去除。利用粉煤灰制备莫来石材料的流程图如图3-13所示。

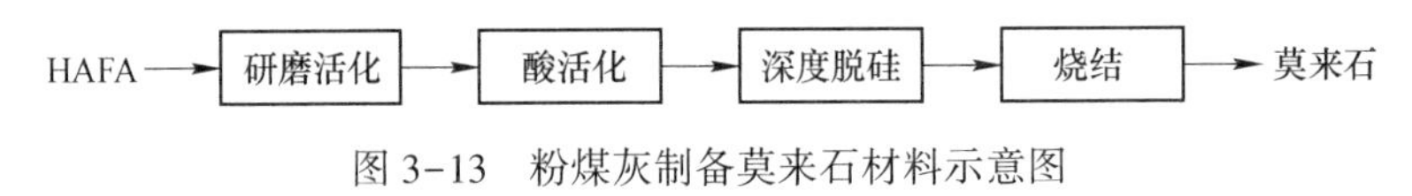

图3-13 粉煤灰制备莫来石材料示意图

一般来说，莫来石含量高的粉煤灰有利于制备莫来石材料，而火力发电厂的粉煤灰中莫来石含量大多偏低，在粉煤灰中添加含铝物质混合煅烧可以显著提高莫来石的含量，可外加的铝源包括勃姆石、氧化铝粉和氢氧化铝等。在煅烧过程中，粉煤灰玻璃相中的 SiO_2 与外加含铝物质高温下发生反应生成莫来石晶相，从而提高材料中的莫来石含量。

3.4 脱硫石膏的循环利用

3.4.1 脱硫石膏的来源

石膏分为天然石膏和工业副产石膏，天然石膏是硫酸钙的水合物，在自然界中除少量的无水硫酸钙以外，主要以二水硫酸钙的形式存在。工业副产石膏是指工业生产排放的以硫酸钙为主要成分的副产品总称，又称合成石膏或化学石膏。按其生成途径可分为烟气脱硫石膏（又称脱硫石膏）、磷石膏、柠檬酸石膏、钛石膏、氟石膏、芒硝石膏、硼石膏、盐石膏、模型石膏等。

脱硫石膏是燃煤电厂烟气脱硫过程中产生的废弃物，是细石灰或石灰石粉料浆在吸收塔内与烟气中的二氧化硫发生反应形成的二水硫酸钙（$CaSO_4 \cdot 2H_2O$），其品位高低与具体脱硫工艺有关。脱硫工艺按照脱硫特点及设备选型包括干法、半干法和湿法三种，目前以石灰石-石膏湿法脱硫为主。

截至 2019 年，我国脱硫石膏年产量已超过 7000 万吨（图 3-14）。近年来随着脱硫石膏利用领域的拓宽，其综合利用率提高了近一倍，但始终未完全利用。我国的脱硫石膏主要有两种利用方式，一种是不经任何后期加工，对其进行直接利用，如作为缓凝剂加入水泥、作为改良剂混入盐碱地土壤等；另一种是进行适当加工后再利用，如将其煅烧成建筑石膏后用于制作石膏条板和石膏砌块等。

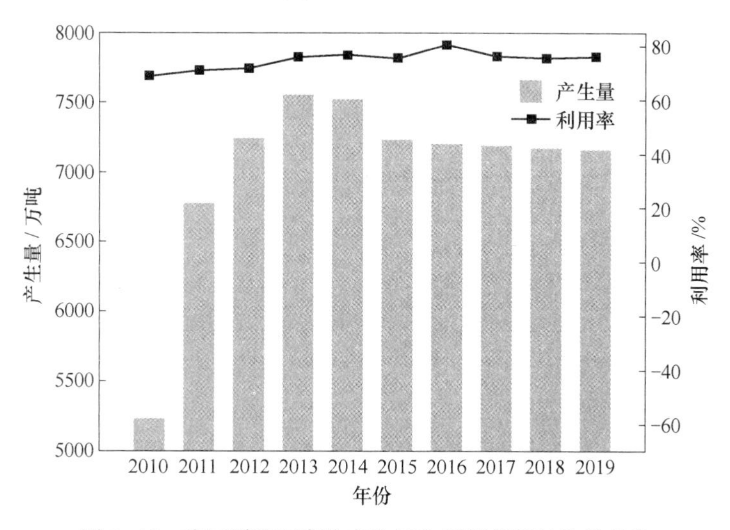

图 3-14　我国脱硫石膏的产生量和利用率随年份的变化

3.4.2 脱硫石膏的理化性质

脱硫石膏中二水硫酸钙（$CaSO_4 \cdot 2H_2O$）的含量一般在 92%~95%，并含有少量重金属离子、放射性元素和游离酸等杂质，此外还存在碳酸钙和半水亚硫酸钙。pH 值为 1.5~4.5，呈酸性，含水率较高，一般在 8%~15%，堆积密度为 $1000kg/m^3$，与水的密度相当。常以单独的棱柱状晶体形态存在，颗粒大小不均，晶体周围存在细颗粒状杂质。整体粒径在 1~200μm，平均粒径为 20~60μm。

3.4.2.1 颗粒特性

脱硫石膏呈湿粉状，含水率高，由于烟气湿法脱硫工艺中对石灰石的特殊要求及其加工工艺，脱硫石膏颗粒直径一般为 20~60μm，颗粒过细会带来流动性和触变性问题，故在工艺中常常进行特殊处理，改善晶体结构。

脱硫石膏虽为细颗粒材料，但其比表面积相对较小。粒度分布区间较为集中，高细度（74μm以上）颗粒主要集中在20~60μm之间，颗粒级配不合理，这种颗粒级配会造成煅烧后建筑石膏加水量不易控制，流变性不好，颗粒离析、分层现象严重等。对于脱硫石膏的颗粒特性，经过生产控制可改变级配分布，但其颗粒细小的特性无法改变。石膏本身又是脆性材料，若要改变颗粒细小的特性并使其结构紧密，可在制造过程中添加不同种类的添加剂，如增韧剂、减水剂、发泡剂、调凝剂、防水剂等，以改善制品的性能。而对于脱硫石膏的合理细度和级配范围，则须通过实验研究确定，良好的石膏颗粒级配可使建筑石膏的性能有较大提高。在一定细度范围内，制品的强度随细度的提高而提高，但超过一定值后，强度反而会下降或出现开裂现象。这是因为颗粒越细越容易溶解，其饱和度也越大，饱和度增长超过一定数目后，石膏硬化体就会产生较大的结晶应力，破坏硬化体的结构。

3.4.2.2 化学组成

脱硫石膏的主要化学成分是二水硫酸钙，并且纯度较高，含有较多的附着水，少量的二氧化硅。此外，通常含有氯离子、可溶性硫酸盐等杂质。脱硫石膏与天然石膏相似的化学组成是其作为天然石膏替代资源的基础，如表3-10和表3-11所示。

表3-10 脱硫石膏和天然石膏的典型成分 （%）

成　分	脱硫石膏	天然石膏
自由水	7~10	1
石膏	94~99	78~95
Cl	<0.01	<0.001
MgO	0.1	—
Na_2O	<0.01	0.02
Fe	<0.05	—
SO_2	<0.05	—
CO_2	1	—
pH值（-）	5~8	6~7

表3-11 脱硫石膏和天然石膏的化学成分 （%）

成　分	脱硫石膏	天然石膏
CaO	31.12	31.42
SiO_2	2.38	3.12
Al_2O_3	0.82	1.38
SO_3	35.16	44.72
Fe_2O_3	0.35	0.34
MgO	4.39	0.35
K_2O	≤0.3	≤0.4
Na_2O	≤0.15	≤0.1
烧损	23.85	18.04

3.4.2.3 物相组成

脱硫石膏主要矿相是二水石膏，晶体大部分单独存在且完整均匀，但也有双晶态存在，以六角板状、菱形、短柱状为主。脱硫石膏本身是淡黄色，白度较低，用浓酸洗过的脱硫石膏白度有很大提高，如用浓盐酸洗涤过的脱硫石膏白度可提高136%，用浓硫酸洗涤过的脱硫石膏白度可提高148%。需要指出的是，用浓盐酸处理后的脱硫石膏主要矿相仍是二水石膏，但用浓硫酸处理后的脱硫石膏主要矿相是无水石膏。因此，在保证脱硫石膏其他性能的情况下多用浓盐酸处理脱硫石膏。

3.4.2.4 性能分析

技术性能：脱硫建筑石膏与天然建筑石膏标准稠度相差不大，凝结时间非常接近，但抗压强度相差较大。在标准稠度需水量时，脱硫建筑石膏的抗压强度、抗折强度分别比天然建筑石膏高出100%和80%，比国家标准优等品指标高78%和72%。脱硫建筑石膏的强度之所以高于天然建筑石膏，源于脱硫建筑石膏的晶体为柱体，其结构紧密，致密的结晶结构网使水化、硬化体有较大的表观密度，比天然建筑石膏硬化体高10%~20%。此外，天然建筑石膏水化产物多为针状、片状结晶，晶体接触点间压力较大，晶体结构较疏松。

安全性能：基于《建筑材料放射性核素限量》（GB 6566—2010）标准，对脱硫石膏的放射性物质和有害杂质含量进行检测，发现脱硫石膏中天然放射性核素符合要求，不含对人体有害的环芳香烃和二噁英物质，汞的含量低于0.0001%，用脱硫石膏可安全生产各种建筑制品。

3.4.3 脱硫石膏的建材化利用

3.4.3.1 水泥外加剂及水泥产品

脱硫石膏在水泥方面的利用途径主要包括作水泥缓凝剂和制硫酸联产水泥。

A 水泥缓凝剂

石膏在水泥中的主要作用是延缓水泥的凝结时间，有利于混凝土的搅拌、运输和施工。当水泥中掺有适量石膏时，铝酸三钙和石膏反应生成钙矾石。钙矾石是难溶于水的稳定针状晶体，沉淀在水泥颗粒表面，形成一层薄膜，封闭水化组分的表面，阻滞水分子及离子的扩散，从而延缓了水泥颗粒特别是铝酸三钙的继续水化，直到结晶压力达到一定数值将钙矾石薄膜层局部胀裂，水化才得以继续进行。

脱硫石膏中有害成分较少，可用作水泥缓凝剂，主要原因有：(1) 脱硫石膏中含有部分未反应的$CaCO_3$和部分可溶盐，如钾盐、钠盐等，这些杂质的存在对水泥水化进程产生促进作用，同时，这些杂质还可激发混合材的活性，有利于水泥后期强度发展；(2) 利用脱硫石膏作水泥缓凝剂时，相同粉磨时间内，与天然石膏相比，脱硫石膏制成的水泥比表面积偏大。这与脱硫石膏良好的易磨性有关。在水泥中掺入适量的脱硫石膏，主要发挥两个作用，其一是对水泥中的活性物质起到激发作用，水化产物钙矾石和硅酸钙凝胶可提高水泥基材料强度；其二是脱硫石膏颗粒小，填充于骨架的孔隙中，对致密性的提高有一定辅助作用。此外，脱硫石膏水分蒸发后可形成孔隙较少的微观结构，且Cl^-等腐蚀性杂质少，有利于增强混凝土的力学强度和持久性。

尽管脱硫石膏用作水泥缓凝剂有许多优点，但并未得到大规模的应用。这是由于脱硫石膏自身含有较高的水分，一般高达10%~15%，且呈潮湿、松散的小颗粒状或团状，黏性也较强，使其难以远距离输送和精确计量。目前，采用脱硫石膏作为水泥缓凝剂的企业，主要采用两种方式对脱硫石膏进行处理。第一种方式是原状利用，将脱硫石膏与煤矸石、炉渣等其他混合材先按比例进行混合，然后将混合好的原料输送至原料库中进行水泥配料，这样虽然解决了脱硫石膏料湿、发黏的问题，但增加了铲车配料环节，产生扬尘，而且不能保证配合均匀，脱硫石膏及混合材在水泥中的掺入量不稳定，不利于水泥性能的稳定和调整。第二种方式是造粒后利用，采用石膏造粒机，将黏性较强的粉末状的脱硫石膏颗粒通过机械外力挤压成球，然后再入原料库，进行水泥配料，这样可以解决配料不稳定的问题，有效保证水泥性能的稳定性。两种方式均需人工干预，但后者在输送和计量方面可取得与天然石膏相同的效果。由于脱硫石膏用作水泥缓凝剂需对现有设备进行改进，因此还未得到全面推广。

B 制酸联产水泥

以脱硫石膏为原料制备硫酸联产水泥工艺是利用高温将脱硫石膏分解成 CaO 和 SO_2，分解出来的 SO_2 用于制备硫酸，而脱硫后的 CaO 可以代替石灰石与研磨好的矿渣、黏土、铁矿粉、硅石等原料按一定比例混合煅烧生产水泥。其生产过程具体如下：首先将脱硫石膏脱水至半水石膏，经过原料均化、烘干脱水、生料制备、分解煅烧、水泥磨制等过程生产水泥，产生的窑气经过旋风除尘器、电除尘器、稀酸洗涤净化两转两吸工艺制取硫酸。脱硫石膏如果直接进行加热，温度需在1200~1400℃，如果加焦炭对部分石膏进行还原，则分解在900℃开始，其过程分为两个阶段（见式（3-10）~式（3-12））：

$$CaSO_4 + 2C \xrightarrow{900 \sim 1000℃} CaS + 2CO_2\uparrow \tag{3-10}$$

$$3CaSO_4 + CaS \xrightarrow{1000 \sim 1200℃} 4CaO + 4SO_2\uparrow \tag{3-11}$$

$$2CaSO_4 + C \xrightarrow{900 \sim 1200℃} 2CaO + 2SO_2\uparrow + CO_2\uparrow \tag{3-12}$$

脱硫石膏生料煅烧时，有两个阶段的反应，两个阶段部分交错进行。主要副反应如下（式（3-13）~式（3-15））：

放出硫磺：
$$3CaS + CaSO_4 \longrightarrow 4CaO + 2S_2\uparrow \tag{3-13}$$

放出 H_2S：
$$CaS + H_2O \longrightarrow CaO + H_2S\uparrow \tag{3-14}$$

放出 COS：
$$SO_2 + 3CO \longrightarrow COS\uparrow + 2CO_2\uparrow \tag{3-15}$$

当温度在980℃以下，有碳氢化合物存在时，还原会向 CaS 进行；当温度在1150℃以上，有碳存在时，还原产物为 CaO 和 SO_2。

生成的 CaO 与配料中的 SiO_2、Al_2O_3、Fe_2O_3 等形成水泥熟料的四种主要矿物成分：即硅酸三钙（C_3S）、硅酸二钙（C_2S）、铝酸三钙（C_3A）、铁铝酸四钙（C_4AF），反应如式（3-16）所示。

$$12CaO + 2SiO_2 + 2Al_2O_3 + Fe_2O_3 \longrightarrow 2CaO \cdot SiO_2 + 3CaO \cdot SiO_2 + 3CaO \cdot Al_2O_3 + 4CaO \cdot Al_2O_3 \cdot Fe_2O_3 \tag{3-16}$$

南京工业大学李东旭教授课题组对利用脱硫石膏制酸联产水泥工艺技术进行了研究，主要探索了气氛、组分作用和控制问题，结果发现当脱硫石膏中的 SiO_2、Al_2O_3 含量较高时，石膏的分解效率较高。采用活性炭或焦炭等作为还原剂对脱硫石膏进行煅烧可以提高石膏的脱硫效率。此外，通过添加 $CaCl_2$、Fe_2O_3 等外加剂可以降低脱硫石膏的分解温度。脱硫石膏制酸联产水泥技术目前还存在一些问题。为使该技术成功应用于工业生产，除了应对回转窑建立稳定的热工制度和娴熟的操作技术以外，还必须控制好影响脱硫石膏制硫酸联产水泥技术的关键因素，如煅烧气氛、生料组分和温度控制等。

山东鲁北集团采用脱硫石膏生产硫酸和水泥，建成关键技术研究中试装置（4 万吨/年硫酸、6 万吨/年水泥）。脱硫石膏经煅烧后的分解率不小于 97%，并能获得 SO_2>10%的窑气，可以保证制酸系统的热量平衡和水平衡。同时产出的熟料可以生产硅酸盐水泥，产品质量达到 GB 175—1999 标准 52.5MPa 强度等级以上。

3.4.3.2 混凝土

脱硫石膏在混凝土中的应用主要集中在三个方面：一是将脱硫石膏作为胶凝材料取代部分水泥应用于混凝土中，目前国内外脱硫石膏在混凝土行业尚未进行大规模应用；二是作为一种激发剂对混凝土中的其他掺合料，如矿渣等进行激发；三是利用脱硫石膏制备混凝土膨胀剂。

A 胶凝材料

尽管目前国内外对脱硫石膏作为胶凝材料取代部分水泥配制混凝土的研究较少，但已有研究仍表明，在混凝土中掺加适量石膏可以配制出 C30 等级的混凝土，但并非所有的工业副产石膏均可配制混凝土。目前研究中仅局限于脱硫石膏和磷石膏，主要原因是这两种工业副产石膏产量较大，成分稳定，硫酸钙的含量较高，杂质少。

利用脱硫石膏配制混凝土时，一般其取代水泥的量在 30%左右，在混凝土中掺加少量脱硫石膏，可明显改善混凝土的流动性。脱硫石膏中含有的球状玻璃微珠在混凝土中起到一种润滑作用，减小了新拌浆体的内摩擦角和黏滞系数，使混凝土流动性增加。但随着脱硫石膏掺量的增加，由于其比表面积较大，需水量增大，反而会使混凝土的流动度降低。

B 激发剂

随着建筑工程要求的提高，混凝土也有了更高要求。仅用水泥配制混凝土有时无法达到所需性能，矿渣作为混凝土矿物掺合料的技术应运而生。在配制混凝土时掺入一些矿物掺合料如矿渣、粉煤灰等，可以改善混凝土的工作性能，提高后期强度，降低温升并改善混凝土的内部结构，提高抗侵蚀能力，同时混凝土掺入矿渣微粉和粉煤灰等掺合料后可以节约水泥，改善环境，减少二次污染，有良好的经济效益和社会效益。

利用矿渣取代部分水泥配制混凝土时，可在混凝土中加入适量脱硫石膏以激发矿渣的潜在活性，使配制的混凝土具有更好的性能。脱硫石膏作为激发剂在混凝土中的掺量很少，一般不高于 5%。脱硫石膏对矿渣的激发机理主要是：石膏中含有的硫酸钙对矿渣的激发作用。当矿渣中加入脱硫石膏后，加入的硫酸盐与矿渣中溶出的 Ca^{2+} 和 Al^{3+} 反应，形成钙矾石，导致液相中 Ca^{2+} 和 Al^{3+} 等离子浓度降低，从而激发了矿渣的水化活性。早期生成的水化硫铝酸钙可形成以针棒状为主的连续均匀的空间网络骨架，并通过 C—S—H 凝胶的均匀填充，在水泥浆体中使硬化体的结构不断密实，促使胶凝材料的强度逐渐增长。

C 膨胀剂

普通混凝土的极限拉伸变形值为 0.01%~0.02%，收缩值为 0.04%~0.06%，前者小于后者，所以由于干缩和冷缩等原因，普通混凝土往往开裂进而影响其结构使用功能，使耐久性降低。在混凝土硬化过程中，产生适度膨胀是消除或减少干缩和冷缩裂缝的有效途径。国家标准《混凝土膨胀剂》（GB/T 23439—2009）将混凝土膨胀剂分为三类，硫铝酸钙类膨胀剂、氧化钙类膨胀剂和硫铝酸钙-氧化钙类膨胀剂。硫铝酸钙类膨胀剂的膨胀源为钙矾石，利用脱硫石膏制备的膨胀剂属于硫铝酸钙类膨胀剂。目前市场上使用的硫铝酸钙类膨胀剂大部分采用天然硬石膏为原料，采用工业副产石膏制备膨胀剂的研究在国内刚刚起步，实际应用尚未成熟。

利用工业副产石膏制备混凝土膨胀剂，目前主要有两种方法：一种是对工业副产石膏进行煅烧处理，将二水石膏煅烧成无水石膏；另一种是直接采用二水石膏配制混凝土膨胀剂，但处理过程稍显繁琐。

3.4.3.3 建筑石膏

石膏按晶形特征和含水形态可分为五个相、七个变体，在不同的温度区间反应将生成不同的石膏结晶体，目前常用的煅烧方法有连续炒锅法、回转窑法、循环流化床法、沸腾炉法等。脱硫石膏的主要成分二水石膏，在特定条件下经脱水工艺可获得半水石膏产品，依据工艺差别，有 α 型和 β 型两种半水石膏产品。其中 β 型半水石膏一般由二水石膏经 120~200℃煅烧而成，煅烧温度和煅烧时间对后续建筑石膏品质有重要影响，可用作生产纸面石膏板、石膏砌块、石膏空心条板、石膏刨花板等建材类石膏产品。

A 纸面石膏板

纸面石膏板是以建筑石膏为主要原料，掺入适量添加剂与纤维做板芯，以特制的板纸为护面，经加工制成的板材。因具有质轻、防火、隔声、保温、隔热、加工性能良好（可刨、可钉、可锯）、施工方便、可拆装性能好、增大使用面积等优点，被广泛应用于各种工业建筑、民用建筑，尤其在高层建筑中作为内墙材料和装饰装修材料等。

1890 年美国奥格斯汀·萨凯特和费雷德勒·卡纳发明了纸面石膏，1917 年传入欧洲，随后日本、英国、德国等发达国家相继建厂。我国的纸面石膏板工业始于 20 世纪 70 年代后期，通过国内自主开发与引进技术装备、消化吸收相结合，目前国产化的年产 2×10^7 ~ $3\times10^7m^2$ 纸面石膏板生产线技术及装备已基本成熟，这为今后建设大型纸面石膏板生产线提供了技术支持。

纸面石膏板与普通板材相比有如下特点：(1) 轻质性。用纸面石膏板作空心隔墙，重量仅为同等厚度砖墙的 1/15，砌块墙体的 1/10。优异的轻质性主要源于石膏的体积密度较小，在生产过程中板芯的添加也有利于重量的减轻。(2) 耐火性。纸面石膏板的芯材由建筑石膏水化而成，以 $CaSO_4 \cdot 2H_2O$ 的结晶形态存在，其中两个结晶水的重量占全部重量的 20%左右，常温下稳定，遇火时因释放化合水会吸收大量的热，延迟周围环境温度的升高，耐火极限可达 4h。(3) 保温性。纸面石膏板是多孔结构，密度小，热导率低，因此具有良好的保温性能。(4) 隔声性。纸面石膏板独特的空腔结构使其具有良好的隔声性。(5) 施工性。纸面石膏板质地较软，施工性能优越，可任意切割钻孔等。(6) 膨胀收缩性。纸面石膏板的线膨胀系数很小，加上石膏板又在室温下使用，其线膨胀系数可忽略不计，受湿以后的体积变化程度也很小。(7) 呼吸性。石膏板的孔隙率较大并且孔结构分布适当，具有较高的透气性能。当室内温度较高时可以吸湿，当空气干燥后又可放出一部分水分，对室内湿度可起到一定的调节作用。(8) 环保性。纸面石膏板不含对人体有害的石棉。

B 石膏砌块

石膏砌块是以建筑石膏为主要原料，经加水搅拌、浇筑成型和干燥制成的轻质建筑石膏制品。在生产中根据性能要求可加入纤维增强材料或轻集料，也可加入发泡剂或高强石膏。主要用于框架结构和其他结构建筑的非承重墙体，一般作为内隔墙用。掺入特殊外加剂的防潮砌块还可用于浴室、卫生间等非持续潮湿的场所。

欧洲是世界上石膏砌块产量最高、用量最大的地区。国外工业发达国家石膏胶凝材料产量占水泥产量的5.7%~26%，而我国的石膏胶凝材料产量仅占水泥产量的3%。近年来我国石膏砌块行业得到快速发展。

脱硫石膏制得的石膏砌块具有以下特点：(1) 耐火性。石膏砌块中的二水硫酸钙在遇火高温状态下会释放结晶水，因此具有优良的防火性能。(2) 隔声性。60mm的石膏空心砌块可满足《民用建筑隔声设计规范》(GB 50118—2010) 的隔声要求。在石膏砌块中掺加轻集料，如膨胀珍珠岩、陶粒等，或采用空腔结构加吸声材料等，还能改善砌块的保温性，提高隔声性能。(3) 舒适性。石膏砌块在硬化过程中会形成蜂窝状呼吸孔，当室内湿度较大时，呼吸孔自动吸湿，反之自动释放水分，可将室内湿度控制在适宜范围内。(4) 环保性。在水泥、石灰、石膏三大胶凝材料的生产过程中，建筑石膏的能耗最低，具有节约能源、保护环境的作用。(5) 稳定性。石膏砌块内无数均匀微小气泡及孔道的构造，不仅可降低密度，还使其具有可变性能，是具有延长特点的墙体材料。此外，石膏的体积稳定在框架中，使墙体材料可与框架结构同步变形，是用于抗震设防地区高层框架的良好抗震材料。(6) 施工性。石膏砌块墙体施工具有以下优点：干法作业，墙体内的构造柱或门窗洞口过梁可采用钢构件或混凝土预制构件，基本无需混凝土现浇作业，可加快施工进度；石膏砌块产品尺寸精确、表面平整度好，墙面浇筑完成后只需局部用抹灰石膏找平，用石膏腻子罩面，省去了墙面抹灰工序；墙体安装完毕经几天干燥后即可进行墙面装饰，可大大缩短工期。

C 石膏空心条板

石膏空心条板是以建筑石膏为基材，掺以无机轻集料、无机纤维增强材料制成的空心条板。石膏空心条板按板材厚度分3种规格：厚60mm、90mm和120mm。60mm适用于厨、厕墙及管道包装；90mm适用于分室墙和较大的管道包装；120mm适用于分户墙及楼道走廊。石膏空心条板按性能不同分为普通型和防水型两种。厨房、卫生间的墙体应采用防水型石膏条板，其他房间的墙体可采用普通型石膏条板。石膏空心条板（砌块）是我国目前较理想的轻质非承重内隔墙材料之一。

脱硫石膏空心条板以脱硫建筑石膏为胶结材料，粉煤灰为填充材料，玻璃纤维为增强材料，聚苯乙烯颗粒为轻质材料，添加适当的外加剂，采用立模成型工艺制成。脱硫石膏空心条板具有如下特点：(1) 质量轻。90mm厚的石膏空心条板的密度为600~900kg/m^3，比240mm厚的砖墙轻60%左右。(2) 强度高。集中破坏荷载为1300N，抗压强度为7.37~10.8MPa，抗折强度为1.57MPa，抗拉强度为1.45~2.42MPa。(3) 隔声与保温性能好。90mm厚石膏空心条板隔声大于43dB；热绝缘系数为0.8~1.10m^2·K/W。(4) 抗震性能好。由于石膏空心条板是将建筑石膏与纤维充分搅拌后经浇筑、抽芯开模压制成型的，因此材料致密，同时又采用非刚性连接，故有良好的抗震性能。(5) 防火性能好。石膏空心条板的耐火极限大于2.5h。

D 石膏刨花板

石膏刨花板是以石膏作为胶凝材料，用木质材料（如木材加工剩余物、小径材、枝丫材或者植物纤维中的棉秆、蔗渣、亚麻秆、椰壳等）的刨花作为增强材料，再加入一定比例的化学助剂和水，在受压状态下完成石膏与木质材料的固结而形成的板材。具有轻质、高强、隔声、隔热、阻燃、耐水等性能和可锯、刨、钻、铣、钉等可加工性能，同时具有不含挥发性污染物、不吸收静电组合物等特性，可用作框架建筑工程中的内、外墙体材料，顶棚、活动房、家居制造和包装以及音响材料等。

我国的石膏刨花板生产开始于1985年，经历了多年发展后，我国在其生产工艺和技术装备方面积累了一定的生产和实践经验。但总体而言，石膏刨花板的推广和应用较缓慢，目前我国石膏刨花板的设计年产量约为$1\times10^7m^3$。

石膏刨花板兼具石膏和木材的优点，其特点主要包括：(1) 节约能源、成本低、生产效率高。由于刨花是水的载体，不需要干燥，同时制板采用冷压法，可以节约大量能源；石膏价格低，凝固速度快，可以连续生产，效率高且成本低。(2) 物理力学强度好。石膏刨花板物理力学性能较好，特别是吸水厚度膨胀率远远好于普通刨花板。由2块厚10mm的石膏刨花板组成的墙体阻燃时间可以达到30min，符合难燃材料的要求。(3) 隔声性能好。一块厚12mm的石膏刨花板的隔声指数为32 dB，由两块厚为10mm的石膏刨花板组成的结构墙，其隔声系数可达43dB，如果中间填以矿棉，则可达到51dB。(4) 可装饰性能好。板材具有很好的机械加工性能，可对其进行钻、锯、磨、钉、胶结等加工，板材表面可以装饰纸、喷灰浆、刷涂料。(5) 具有环保功能。石膏刨花板的主要组成材料是石膏与木刨花，这不同于木质刨花板、纤维板、胶合板等因必须以醛系树脂为胶黏剂而存在游离甲醛和游离酚的污染问题，也不同于以聚氯乙烯塑料为基料的塑料壁纸、地板及壁板，这些化学建筑材料存在由于老化、降解及层析而导致氯气析出散发的问题。所以石膏刨花板更符合人们的健康需求。

3.4.3.4 路基材料

石灰及粉煤灰是良好的路用材料，直接使用二灰土作为道路的路面结构，存在早期强度过低、抗冲刷能力较低、水稳定性较差等问题。粉煤灰-石灰-石膏可直接改善二灰土强度过低的问题，并不同程度地改善二灰土的其他性能。脱硫石膏改性二灰碎石混合料不仅可减少反射裂缝，获得高质量道路，而且可降低工程造价，减少脱硫石膏对当地环境的污染。

国内研究人员在研究不同石膏掺量下灰膏混合体渗透性和抗剪强度的变化规律时，发现混合体的渗透系数、黏聚力和内摩擦角均随脱硫石膏掺量的增加呈先增后减的趋势，且当石膏掺量为30%时，渗透性最大，强度最高。当水泥与脱硫石膏与粉煤灰按一定比例掺入水泥稳定碎石基层中时，其抗压强度随外掺量的增加而提高，并且强度达到国家一级道路基层的标准要求（3MPa），耐水性也得以提高。这是因为脱硫石膏与粉煤灰、钢渣、矿渣等材料与水泥组成无机结合材料，利用脱硫石膏对硅酸盐的激发作用、火山灰效应，产生的C—S—H凝胶、AFt等物质明显对于提高固结材料的强度和水稳性有辅助作用，可以作为路面基层材料。

3.4.3.5 墙体材料

脱硫石膏制备墙体材料主要有两种方式：引入气泡和掺加轻质骨料。常用的轻质骨料有玻化微珠、聚苯颗粒和膨胀珍珠岩等。通过以脱硫石膏、粉煤灰、矿粉为三元胶凝材料，玻化微珠和泡沫玻璃边角料为轻质骨料可制备出一种新型的轻质保温板材，其密度均低于 620kg/m^3，导热系数均低于 0.09W/(m·K)，抗压强度均高于 0.5MPa。而利用脱硫石膏和水泥制备复合胶凝材料，以双氧水为发泡剂，掺加一定量的聚丙烯纤维可制备出密度低、力学性能好、保温隔热性能优异的轻质保温材料。目前研究人员已相继开发出石膏膨胀珍珠岩保温墙体材料、发泡石膏墙体材料、石膏基相变墙体材料等新型墙体材料。

3.4.3.6 建筑砂浆

建筑砂浆是由胶结料、细集料、掺合料和水配制而成的建筑工程材料，在建筑工地中起黏结、衬垫和传递应力的作用。

A 抹灰石膏

抹灰石膏是二水硫酸钙经脱水或无水硫酸钙经煅烧和激发，其生成物半水硫酸钙和Ⅱ型无水硫酸钙单独或两者混合作为主要胶凝材料，掺入外加剂制成的抹灰材料。可以克服水泥砂浆抹墙后出现的空鼓、干裂、脱落等问题，且具有防火、保温隔热、施工方便、表面美观等优点，已逐渐发展为建筑装饰装修的环境友好型材料。

抹灰石膏由建筑石膏、细集料、功能性外加剂（如保水剂、缓凝剂）等组成，根据使用部位的不同分为底层抹灰石膏、面层抹灰石膏、轻质底层抹灰石膏、保温层抹灰石膏。不同使用部位的抹灰石膏因功能有差异，组成材料也需随之调整。

2014 年我国在抹灰石膏行业的主要消费市场集中在京津冀、长三角地区，随着我国对建筑节能和业主对新交房装修要求的提高，抹灰石膏将凸显出更多优势。

B 特种干粉砂浆

特种干粉砂浆是将二水脱硫石膏改性成胶凝材料，然后添加外加剂、掺合料、集料混合而成的各种砂浆。具有产品强度高、耐水性好、不用缓凝剂、可操作时间长、成本低、应用范围广、节能环保的特点。具体工艺为：根据二水脱硫石膏的特性，不经过传统的煅烧工艺，通过火山灰活性材料和激发剂将其改性，使其具有水硬性兼气硬性、自硬性和胶凝性，再添加掺合料、外加剂，制成耐水保温砂浆、抹面砂浆、耐水石膏基自流平特种干粉砂浆等。

C 复合胶凝材料

脱硫石膏添加到复合胶凝材料中，可改善胶凝材料的性能。其作用机理主要有：(1) 脱硫石膏作为复合胶凝材料中矿物原料、掺合料的活性激发剂，可起到硫酸盐激发作用；(2) 脱硫石膏可与水泥水化产生的 $Ca(OH)_2$ 及含铝相发生反应，生成钙矾石晶体。钙矾石晶体在胶凝材料内部通过生长，不断填充孔隙，提高了材料的密实度，改善了材料力学性能；(3) 延缓胶凝材料的凝结时间，脱硫石膏可对一些水化较快的矿物（如 C_3A）起到一定的缓凝作用，因为由脱硫石膏生成钙矾石晶体包裹在矿物颗粒表面，降低了水分的渗透速度，起到了一定减缓矿物水化凝结的作用；(4) 析晶效应，脱硫石膏有助于加速胶凝材料水化产物晶体析出，缩短诱导期，进而加速胶凝材料抗压强度增长。一般脱硫石膏在复合胶凝材料中的掺量在 10%以下。

脱硫石膏作为胶凝材料被应用于建筑材料时，具有以下特点：(1) 生产能耗低，制备简单。二水石膏在150~180℃下脱水形成半水石膏，与其他建筑材料相比能耗可降低2/3。(2) 水化速度快。脱硫石膏拌水后快速生成 $CaSO_4 \cdot 2H_2O$ 晶体，凝结时间在15min内，水化在两天左右基本完成。(3) 水化时膨胀收缩率小。脱硫石膏水化时体积略微发生膨胀，但不会出现裂纹或开裂现象，后期的体积基本不受温度影响。(4) 可加工性好，可回收利用。脱硫石膏由于水化速度快，所以成型时间短，施工效率高，废弃的脱硫石膏制品经过破碎煅烧后可以继续使用。(5) 耐火性能优异。脱硫石膏水化后主要由 $CaSO_4 \cdot 2H_2O$ 组成，遇火时 $CaSO_4 \cdot 2H_2O$ 首先会吸收热量放出结晶水，形成一层水汽，缓解温度升高和阻止火势蔓延。(6) 质量轻，隔音性能好。脱硫石膏水化时用水量较大，在形成 $CaSO_4 \cdot 2H_2O$ 晶体时，随着水分的蒸发会形成大量微孔，这些微孔结构一方面可降低制品重量，另一方面具有较好的吸声效果。(7) 对人体亲和，具有调湿、调温性能。脱硫石膏水化过程中不会产生对人体有害的物质，形成的微孔结构可以吸收空气中的水分，降低湿度，在高温时也会释放水分，降低温度。(8) 拌和需水量大、强度低。脱硫石膏水化的理论需水量为脱硫石膏质量的18.7%左右，而实际常常需要70%以上的拌和水，较大用水量使脱硫石膏成型后内部有较多孔隙，致密性较低，进而强度较低。(9) 防水性能差。脱硫石膏的内部微孔较多，导致吸水量较大，$CaSO_4 \cdot 2H_2O$ 晶体具有微溶性，故脱硫石膏制品实际软化系数仅为0.3左右。

脱硫石膏耐水性能差的特性，导致其应用受到限制。目前提高脱硫石膏耐水性的措施主要有两类：一类是掺加有机硅、沥青、石蜡等有机防水剂，有机分子会与钙离子发生化学反应形成凝胶物质，填充脱硫石膏基体的孔隙，从而降低脱硫石膏的孔隙率和吸水率；另一种是掺加无机胶凝材料，如水泥、粉煤灰、钢渣、硅灰等。水泥熟料中含有大量的 C_3S、C_2S、C_3A 等矿物，与脱硫石膏经过水化反应后，可在脱硫石膏晶体表面形成高强度不溶性的C-S-H凝胶和钙矾石，有利于脱硫石膏力学性能和耐水性能的提高。粉煤灰、脱硫石膏和钢渣可以通过化学成分的协同作用生成更多的水化硅酸钙和钙矾石，从而有利于材料力学性能的提高。

3.4.4 脱硫石膏的高值化利用

3.4.4.1 晶须

脱硫石膏（主要成分为 $CaSO_4 \cdot 2H_2O$，DH）转化为α-半水石膏（$CaSO_4 \cdot 0.5H_2O$，α-HH）是脱硫石膏高附加值利用的方式之一。α-HH又称高强石膏，具有高胶凝强度、标稠需水量小、高生物相容性等优异特性，被广泛应用于高强建材、贵金属模具铸造、牙齿修补与骨修复等领域。

α-HH的应用领域很大程度上取决于石膏晶体的形貌与结构。为进一步拓展其应用市场，提升经济效益，近年来一些学者尝试以脱硫石膏为原料制备晶体形貌呈现针状的α-HH，又称α-HH晶须。α-HH晶须具有耐高温、抗腐蚀、抗拉强度高、韧性好，且价格相对其他晶须材料低廉的优点，经表面改性可作为功能填料应用于橡胶、塑料、纸张、黏结剂、沥青、摩擦材料和隔音涂层等。

目前以脱硫石膏为原料制备α-HH晶须的主要方法有常压盐溶液法、重结晶法及水热法。

A 常压盐溶液法

常压盐溶液法制备 α-HH 晶须是在一定温度的常压条件下，高浓度的二水硫酸钙在盐溶液中转化为纤维状的半水硫酸钙晶须。常压盐溶液法的反应条件较温和，酸用量低，易于工业化生产，但制备出的 α-HH 晶须品质一般，制备周期较长且产率较低，目前初步应用于工业生产。

B 重结晶法

重结晶法制备 α-HH 晶须是基于 0~100℃内二水硫酸钙在水溶液中的溶解度随温度的升高呈现先增大后减小的规律，通过把脱硫石膏和适量浓度盐、酸以一定比例加入反应装置中，恒温水浴加热并搅拌使其溶解，然后通过降温不断结晶得到半水硫酸钙晶须。重结晶法具有反应条件温和、制备工艺操作简单易控制等优点，但制备的晶须平均长径比较低，产物一般呈针状或棒状，品质无法有效控制且产率较低，因此重结晶法未得到较好的工业应用。

C 水热法

水热法是目前以脱硫石膏为原料制备 α-HH 晶须最常用的方法。水热法是以水溶液为介质，放置适量的脱硫石膏在密闭的反应釜中，加入一定浓度的盐、酸作为添加剂，使脱硫石膏中的二水硫酸钙以溶解-再结晶的方法生长为半水硫酸钙晶须。

根据溶液介质的不同，可分为纯水介质和非纯水介质反应体系。纯水介质反应体系需在加压下进行，又称水热压法；非纯水介质反应体系通过改变溶液介质，如添加一些无机酸、无机盐或有机溶剂来调整 α-HH 晶须的热力学制备窗口，以达到常压、较低温度下的制备条件。

纯水介质反应体系：α-HH 晶须的首次制备是 Eberl 在 1974 年通过水热压法实现的。水热压法制备的硫酸钙晶须纯度高、分散性好，转化率高，但对设备要求较高、设备能耗大、工艺复杂不易操作，水热环境对晶须品质影响大。

非纯水介质反应体系：通过往反应介质中添加电解质（无机酸、无机盐等）可以降低 DH 的转化温度，实现常压低温下的 α-HH 晶须制备。但是非纯水电解质体系也存在诸多弊端。如无机酸体系对生产设备腐蚀性较大；无机盐体系通常以碱金属氯盐体系为主导体系，氯根易残留于产品中，降低产品品质。为解决上述问题，无杂质离子、无腐蚀性的醇水溶液介导的非电解质体系应运而生。

醇水溶液中 DH 和 α-HH 相变热力学溶液介导的 DH 制备 α-HH 遵循溶解-结晶机理，即在符合石膏相变热力学条件下，DH 首先溶解，释放出晶格离子 Ca^{2+} 和 SO_4^{2-}，经过一定时间的诱导后，α-HH 从溶液中结晶析出。

$$CaSO_4 \cdot 2H_2O \longrightarrow Ca^{2+} + SO_4^{2-} + 2H_2O \qquad K_1 = K_{sp,\ DH} \tag{3-17}$$

$$Ca^{2+} + SO_4^{2-} + 0.5H_2O \longrightarrow CaSO_4 \cdot 0.5H_2O \qquad K_2 = 1/K_{sp,HH} \tag{3-18}$$

$$CaSO_4 \cdot 2H_2O \longrightarrow CaSO_4 \cdot 0.5H_2O + 1.5H_2O \qquad K \tag{3-19}$$

式中，K_{sp}表示溶解平衡常数。式（3-19）表示 DH 与 α-HH 达到热力学相变平衡，其平衡常数 K 等于式（3-17）与式（3-18）平衡常数之积，如式（3-20）所示：

$$K = K_1K_2 = K_{sp,DH}/K_{sp,HH} = a_{H_2O}^{1.5} \tag{3-20}$$

式（3-20）表明在一定温度下，DH 向 α-HH 发生转化的热力学决定性因素是溶液水活度。当溶液水活度的 1.5 次方小于热力学平衡常数时，从热力学角度认为转化才能发生。在盐溶液体系或酸体系中，阳离子通过静电力和水分子形成离子团，限制水分子的自由运动，由此降低溶液水活度。醇水溶液体系中醇羟基通过氢键与水分子相互作用，也会降低溶液水活度。

3.4.4.2 纳米碳酸钙

碳酸钙存在三种无水晶体结构（方解石、文石和球霰石）。按晶体形貌可分为立方形、纺锤形、链状、球形、片状、针状等。不同类型的碳酸钙被应用于塑料、橡胶、轮胎、纸张、建材、涂料、食品、医药、饲料等行业，如油墨行业需要立方形或球形 $CaCO_3$，橡胶行业需要针状或链状 $CaCO_3$，陶瓷行业需要高纯、微细球形 $CaCO_3$。为满足各行业对 $CaCO_3$ 的需求，需要控制 $CaCO_3$ 的结晶过程以生产不同晶体结构的 $CaCO_3$。

A 合成工艺

碳化法制备碳酸钙是以脱硫石膏为 Ca^{2+} 源，反应体系中通入 CO_2 得到 CO_3^{2-} 源，二者结合生成 $CaCO_3$ 沉淀，经过分离、脱水及干燥工艺后得到较纯的 $CaCO_3$。该工艺主要有直接法和间接法两类。

直接法是指用碱液将脱硫石膏中的 Ca^{2+} 溶解出来，与 CO_3^{2-} 反应生成 $CaCO_3$ 沉淀，按反应步骤分为二步法和一步法两类。二步法是先将 CO_2 通入强碱（NH_4OH 或 NaOH 等）溶液中制得碳酸盐（$(NH_4)_2CO_3$ 或 Na_2CO_3 等）溶液，随后加入脱硫石膏，在 20~60℃、pH 值为 11~13 的条件下通过水热合成法生成 $CaCO_3$ 沉淀；一步法是将脱硫石膏溶解于强碱溶液中，并持续通入 CO_2，在 20~180℃、pH 值为 8~13 的条件下不断生成 $CaCO_3$ 沉淀直至反应完全。

间接法是指将脱硫石膏在 800~1000℃下高温烧结后制得以 CaO 为主要成分的脱硫石膏钙渣，加水消化，经分级除杂后得到石灰乳液，匀速通入 CO_2，在 50~60℃、石灰乳质量分数为 9.8%~16.4%等条件下生成 $CaCO_3$ 沉淀。目前脱硫石膏碳化法制备碳酸钙以直接法为主，随着 CO_2 气体的持续通入，脱硫石膏可不断转化，较为方便；但该法对反应条件较为敏感，尤其是二步法，当温度较高时，碳酸盐中的 CO_2 会逸出，影响反应进程。相比而言，间接法操作较为简单，缺点是能耗大，不符合国家绿色节能的产业政策。

B 品质控制

为了使脱硫石膏碳化法所得的碳酸钙能应用于实际工业生产中，需对其进行品质控制，依据《普通工业沉淀碳酸钙》（HG/T 2226—2010）规定，$w(CaCO_3) \geq 97\%$，沉降体积不小于 2.4mL/g。品质控制主要包括转化效率和晶型形貌两方面。

影响转化效率的因素主要有反应条件（CO_3^{2-} 浓度、反应温度、反应时间）和杂质离子（PO_4^{3-}、Mg^{2+}、Fe^{3+}和 F^-等）。在反应条件方面，CO_3^{2-} 浓度（CO_2 流量）增加，体系中 CO_3^{2-} 含量增大。反应温度提升，则 Ca^{2+}和 CO_3^{2-} 运动更为剧烈。反应时间延长，则 Ca^{2+}和 CO_3^{2-} 运动轨迹更长，这都将导致 Ca^{2+}和 CO_3^{2-} 的碰撞概率增加，进而提高 $CaCO_3$ 的转化效率。在杂质离子方面，脱硫石膏中的 PO_4^{3-}、Mg^{2+}、Fe^{3+}和 F^-等杂质离子，易导致晶体生长形态改变，造成其内部结构缺陷，抑制晶体生长。

在三种碳酸钙晶体结构中，方解石型碳酸钙为热力学稳定状态，是最易制得的碳酸钙晶型，广泛应用于橡胶、塑料及纸张等领域；文石型碳酸钙为亚稳晶相，其平均折射率（1.63）高于方解石型碳酸钙（1.58），适用于纸张等领域，可提高制品表面的光泽度；球霰石型碳酸钙为热力学不稳定状态，具有分散性好、溶解度高、比表面积大及相对密度小等优点，因而在填充性能方面表现优异，适用于纸张、涂料及塑料等领域，可提高制品流动性和光泽度等物理性能，且其具有较好的可塑性，形貌塑造难度小。

目前碳酸钙的形貌主要有立方形、纺锤形、玫瑰形、链形、球形、片形及针形等。其中，立方形主要用作涂料的填充剂；纺锤形和玫瑰形一般应用于造纸及橡胶等领域，特别是高档卷烟纸中，可以提高其燃烧性能和透气性能等；链形分散性好，断裂点具有活性，与基体连接紧密，具有补强作用，可用于造纸、涂料及塑料等领域；球形不易团聚，填充性能好，多用于橡胶、造纸等领域；片形适用于造纸领域，可提高制品的吸墨能力、白度及平滑性等；针形长径比大，主要用作塑料及橡胶中的填料，可提高制品的抗冲击及抗弯曲性能，具有补强效应。

在脱硫石膏碳化法制备 $CaCO_3$ 过程中，反应条件、晶型控制剂和杂质离子对 $CaCO_3$ 晶体晶型及颗粒形貌有重要影响。其中反应条件主要包括温度、pH 值、搅拌速率及 CO_3^{2-} 浓度（CO_2 流量）等。晶型控制剂主要有无机盐类和醇类等，是通过质点进入晶体内部影响构造、在晶体表面选择性吸附或者改变晶面表面能等方式使样品产生特定的晶型及形貌的一种添加剂。当反应体系中存在 Mg^{2+}、Fe^{3+} 和 Al^{3+} 等杂质离子时，其作用与无机盐类晶型控制剂相似。

球形球霰石型 $CaCO_3$ 因具有良好的平滑性、流动性、分散性和耐磨性等特性，被广泛应用于橡胶、涂料油漆、油墨、医药、牙膏和化妆品等领域，具有重要的经济价值。目前球霰石型 $CaCO_3$ 的制备方法主要包括：复分解法、碳酸化法和扩散法。复分解法制备球霰石是将钙盐溶液与碳酸盐溶液进行混合反应，但需控制混合方式、混合顺序等因素。碳酸化法制备球霰石是通过 CO_2 与 $Ca(OH)_2$ 浆液或者 CO_2 与钙盐溶液在氨水介质中反应制得。扩散法制备球霰石是在一个封闭的容器中，碳酸铵（$(NH_4)_2CO_3$）或碳酸氢铵（NH_4HCO_3）缓慢分解成的氨气和 CO_2 扩散进入钙盐溶液进行反应而制得。

3.4.4.3 CO_2 吸附材料

脱硫石膏矿化 CO_2 是在碱性介质中，选用粒径在 75~147μm CaO 质量分数较高的脱硫石膏，金属氧化物质量分数较高且以中小孔为主、孔径分布较为均一的粉煤灰作为反应原料，以脱硫石膏作为主要 Ca 源，粉煤灰和煤层气产出水作为少量 Ca 源的矿化反应。脱硫石膏含有丰富的钙、硫等元素，经矿化反应后其产物是 $CaCO_3$、硫酸盐（$(NH_4)_2SO_4$、Na_2SO_4），具有一定的经济价值，可一步实现 CO_2 减排和脱硫石膏资源化利用双赢。

影响矿化反应的因素有：固化剂用量、脱硫石膏/粉煤灰、液固比、初始压力、反应温度、反应时间等。固化完成后固化剂中的石膏基本全部转化为方解石，生成产物主要在固化剂表面，且产物呈大小不一的多种分布形态：其中体积较大的棒状物质是未完全反应的硬石膏，体积较小的球状颗粒是固化反应的产物方解石。复合固化剂中钙浸析是 CO_2 固定的关键，提高固化剂中钙的浸出速率可促进体系固化反应速率。脱硫石膏矿化 CO_2 技术主要分为直接湿法矿化和间接湿法矿化两种。

A 直接湿法矿化工艺

直接湿法矿化工艺是指 CO_2、脱硫石膏和碱性物质（如 NH_4OH 或 NaOH）在一个反应器中发生矿化反应。具体流程为：首先在浆液槽中配制脱硫石膏和氨水的悬浊液，之后将配制好的悬浊液加入矿化反应器中，并通入 CO_2 进行矿化反应，反应结束后进行固液分离，固体产物是 $CaCO_3$。液体进入结晶器中进行结晶，结晶完成后对体系进行固液分离可获得较纯的硫酸铵（$(NH_4)_2SO_4$）产品，母液返回结晶器中进行回用。通过氨回收槽回收挥发的氨气，回收的氨进一步用于配制脱硫石膏和氨水的悬浊液。产品 $CaCO_3$ 和 $(NH_4)_2SO_4$ 可广泛用于建筑、化肥等行业。整个反应方程式如下所示：

$$CaSO_4 \cdot 2H_2O + 2NH_4OH + CO_2(g) \rightleftharpoons CaCO_3(s) + (NH_4)_2SO_4 + 3H_2O \tag{3-21}$$

脱硫石膏直接湿法矿化 CO_2 具有工艺和操作简单的特点。作为气液固三相反应体系，氨浓度、CO_2 流速、固液比、CO_2/N_2 浓度、反应温度、CO_2 压力等参数均会对脱硫石膏转化率及 CO_2 封存效率产生影响。如在低浓度 CO_2（15%）条件下，脱硫石膏矿化反应速率比高浓度 CO_2（100%）条件下的矿化反应速率小，这是因为大量惰性 N_2 降低了反应温度导致反应速率降低，但脱硫石膏的最终转化率基本不变（95%），因此燃煤电厂排放的 CO_2 有望不经过捕集过程，而直接被脱硫石膏矿化固定。又如当反应温度在40℃下时，脱硫石膏矿化固定 CO_2 的碳酸化速率几乎是室温下的两倍，所以在脱硫石膏矿化实际燃煤电厂排放的 CO_2 过程中，可通过加热矿化反应体系从而加速碳酸化速率。但当温度进一步升高（60℃或80℃）时，脱硫石膏的转化率逐渐降低，这是由于高温导致 CO_2 溶解度降低和铵盐分解。再如当反应体系中的 CO_2 压力为0.2MPa时，80℃下脱硫石膏的转化率比常压下提高很多，可能原因是高压有助于 CO_2 和氨的吸收。

在脱硫石膏直接湿法矿化 CO_2 工艺中，除了氨介质外，氢氧化钠（NaOH）作为碱性介质也可用于脱硫石膏直接湿法矿化 CO_2 过程，其总反应方程式如下所示：

$$CaSO_4 \cdot 2H_2O + 2NaOH + CO_2(g) \rightleftharpoons CaCO_3(s) + Na_2SO_4 + 3H_2O \tag{3-22}$$

此外，有机碱（如三乙醇胺（TEA）、六亚甲基四胺（HMT））也可作为碱性介质用于脱硫石膏直接湿法矿化固定 CO_2。有机碱可以克服 NH_4OH 在高温条件下的挥发问题。在矿化过程中，有机碱与无机碱（NH_4OH 或 NaOH）具有相似的作用，通过与 CO_2 反应生成碳酸根（CO_3^{2-}）。然后，脱硫石膏中溶解的钙离子（Ca^{2+}）与 CO_3^{2-} 反应生成 $CaCO_3$。总体而言，高温（60℃以上）条件下脱硫石膏碳酸化过程存在 NH_4OH 的损失问题，但是可以通过回收挥发的氨气来解决。尽管 NaOH 或有机碱可以避免高温造成的损失，但从环境角度而言，NH_4OH 作为脱硫石膏矿化 CO_2 的碱性介质仍具有较大潜力，且 NH_4OH 价格便宜，在多种工业过程中，NH_4OH 是一种现成的碱性来源。

B 间接湿法矿化工艺

脱硫石膏间接湿法矿化 CO_2 的具体流程为：首先使用酸、碱和其他萃取剂从脱硫石膏中萃取反应活性组分（Ca），然后反应活性组分在水溶液中和 CO_2 进行碳酸化反应。具体的化学反应方程式如下所示：

$$CaSO_4 \cdot 2H_2O + 2NaOH \rightleftharpoons Ca(OH)_2(s) + Na_2SO_4 + 2H_2O \tag{3-23}$$

$$Ca(OH)_2(s) + CO_2(g) = CaCO_3(s) + H_2O \tag{3-24}$$

上述反应中脱硫石膏中的杂质会转移到 $Ca(OH)_2$ 中。因此，矿化产物 $CaCO_3$ 的纯度不高。利用氯化铵溶液对脱硫石膏进行盐浸处理可以促进脱硫石膏的溶解，使其与不溶杂质高效分离，同时以盐浸液为钙源对 CO_2 进行碳酸化固定，通过控制碳酸化条件（添加剂、溶液 pH 值、CO_2 流速、搅拌速度等），可获得纯度较高的菱形方解石和球形球霰石型 $CaCO_3$。但工艺复杂、成本高等问题限制了该技术的大规模推广应用。

3.5 废旧脱硝催化剂的循环利用

自环境保护部颁布《火电厂大气污染物排放标准》（GB 13223—2011）以来，新建火电机组氮氧化物最大排放量不得超过 100mg/m^3，此后我国燃煤电厂又进行了“超低排放”改造，氮氧化物最大排放量须低于 50mg/m^3。绝大多数火电企业需布置脱硝装置，选择性催化还原（SCR）技术是目前最为广泛采用的脱硝技术之一。脱硝过程用到的催化剂寿命有限，因而每年产生大量的废旧脱硝催化剂。

3.5.1 废旧脱硝催化剂的来源和理化特性

3.5.1.1 废旧脱硝催化剂的来源

最常用的 SCR 脱硝催化剂是 V_2O_5/TiO_2 基 WO_3 催化剂，脱硝催化剂使用周期为 16000~24000h，按照火电年运营小时数 5000 计算，催化剂 3~5 年需要更换。截至 2019 年底，我国火电装机容量达到 11.9 亿千瓦，以当前燃煤机组“超低排放”标准来计算，SCR 催化剂的总填装量约为 120 万立方米。有学者预测，到 2025 年脱硝催化剂废弃量将达到 40.01 万立方米，年报废量达到 20 万吨。2014 年环境保护部《关于加强废烟气脱硝催化剂监管工作的通知》中将废烟气脱硝催化剂（钒钛系）纳入危险废物进行管理，处理费用较高，因而其循环利用有巨大的经济价值和良好的环境效益。如果将废旧催化剂全部作为危废处理，按照危险废物最低处理费 2000 元/吨计算，处理费用在千亿级以上。且除火电行业外，我国还对钢铁、水泥和玻璃行业提出了脱硝要求，未来还可能扩大到化工行业和工业锅炉等。每年废弃脱硝催化剂的数量可能会逐渐增加。

燃煤电厂锅炉采用的 SCR 系统主要是由 SCR 催化反应器、氨气注入系统、烟气旁路系统、氨的储存和制备系统等组成，如图 3-15 所示。SCR 催化反应器一般采用高尘布置方式，即布置在省煤器和空预器之间的高温烟道内，此处烟气温度在 300~400℃之间，刚好达到脱硝催化剂的最佳性能工作温度。反应器上游烟道布置还原剂喷入装置，喷入氨或其他合适的还原剂，在固体催化剂的作用下，发生多相反应，还原剂与烟气中的 NO 在催化剂表面发生反应生成氮气和水，反应方程式如下：

$$4NH_3 + 4NO + O_2 \longrightarrow 4N_2 + 6H_2O \tag{3-25}$$

$$6NO + 4NH_3 \longrightarrow 4N_2 + 6H_2O \tag{3-26}$$

SCR 技术的核心是脱硝催化剂，主流脱硝催化剂主要以 TiO_2 为载体，V_2O_5 为主要活性成分，WO_3 和 MoO_3 等为抗氧化、抗毒化辅助成分；结构形式主要分为蜂窝式脱硝催化剂、平板式脱硝催化剂以及波纹板式脱硝催化剂，一般每个反应器布置催化剂层 2~3 层，模块化布置，便于更换。

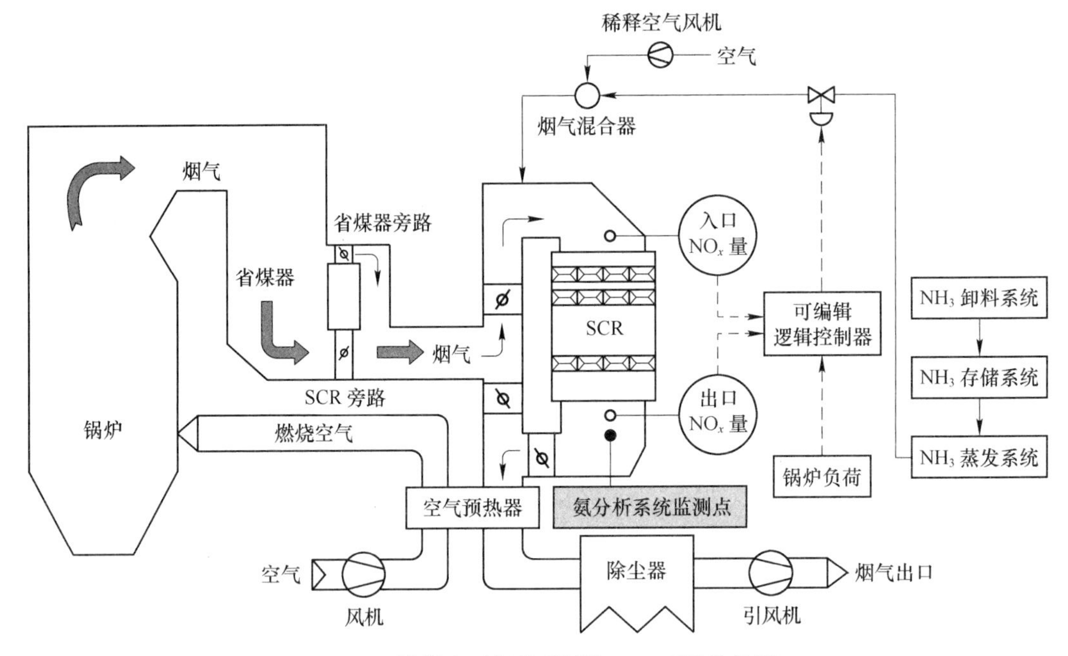

图 3-15　燃煤电厂锅炉采用的 SCR 系统结构图

燃煤电厂 SCR 脱硝催化剂经过 3~5 年的运行，脱硝单元对 NO_x 的去除效率会出现不同程度的降低，说明 SCR 脱硝催化剂在经过长期运行后也会出现失活现象。研究表明，燃煤电厂 SCR 脱硝催化剂失活主要由物理结构改变和元素化学反应两大类因素引起。催化剂的各种失活情况如图 3-16 所示，按其机理分为催化剂热烧结、催化剂中毒和催化剂堵塞三种情况。温度过高会出现催化剂微晶尺寸逐渐增大，微晶之间发生黏附，微小颗粒黏附聚结成大颗粒，起活性作用的不完整性晶格减少或消失；载体 TiO_2 由锐钛型转化成金红石型，比表面积急剧下降，细孔直径增大，孔容减少，综合作用使活性下

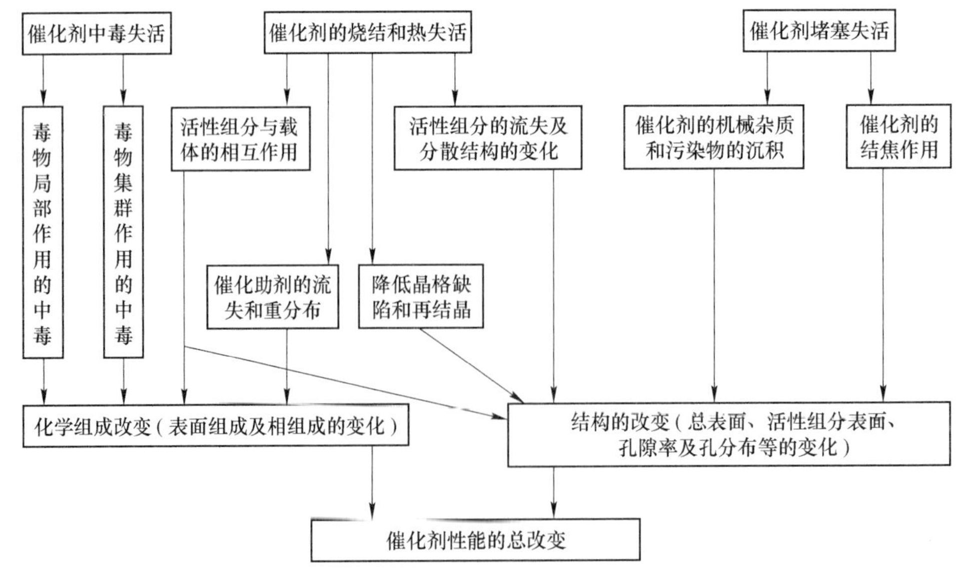

图 3-16　催化剂失活原因示意图

降。脱硝催化剂中毒失活即为催化剂的活性和选择性下降，其原因是飞灰中微量外来物质的存在而导致的活性下降。飞灰中的碱金属、碱土金属、砷和磷四类元素及盐类物质会造成催化剂失活。催化剂堵塞主要是由于细小飞灰掉落到催化剂表面，最终搭桥造成催化剂堵塞。

3.5.1.2　废旧脱硝催化剂的组成和危害

脱硝催化剂是SCR烟气脱硝工艺的核心，目前使用的脱硝催化剂中，大部分燃煤发电厂使用蜂窝式和板式催化剂。蜂窝式催化剂由于其强耐久性、高耐腐蚀性、高可靠性、高反复利用率和低压降等特性，得到广泛应用，从已投入运行的SCR系统来看，约75%采用蜂窝式催化剂。催化剂本体全部是催化剂材料，采用钛钨粉、偏钒酸铵和玻璃纤维等物料充分混合，经模具挤压成型后煅烧而成。现有的商用钒钛系SCR催化剂由80%~90%二氧化钛（TiO_2）、0.5%~2%五氧化二钒（V_2O_5）和5%~10%三氧化钨（WO_3）构成 。针对不同项目的烟气工况及脱硝要求，催化剂供应商都有不同的催化剂配方设计，特别是针对脱硝效果要求较高的装置。因此，各电厂产生的废催化剂成分有一定差异，主要成分和含量相差不大，表3-12是某电厂SCR催化剂的化学组成。

表3-12　典型SCR催化剂的化学组成　（%）

催化剂	成分	含量
主要原材料	TiO_2	78
	WO_3	9
	MoO_3	0.5~1
活性剂	V_2O_5	0~3
纤维	SiO_2	7.5
	Al_2O_3	1.5
	CaO	1
	Na_2O+K_2O	0.1

废旧脱硝催化剂成分与新鲜催化剂相似，但在运行过程中，由于接触高灰烟气且温度较高，失活后的催化剂表面元素含量有所变化（见表3-13）。由于灰分冲刷，引起了催化剂磨损，造成五氧化二钒含量降低；由于长时间的运行，在催化剂的表面，沉积了大量的灰分，造成碱金属氧化物的增多；在烟气成分中，由于三氧化硫、氨、氧化钙和水长期存在，生成了具有黏性的硫酸氢铵和附着在表面上的硫酸钙层。

表3-13　新鲜SCR及失活催化剂的化学组成比较　（%）

种　类	V_2O_5	WO_3	TiO_2	Na_2O	K_2O	CaO	SO_3
新鲜催化剂	1.07	6.40	85.10	0.020	0.035	1.25	1.42
失活催化剂1	0.90	6.43	85.20	0.095	0.085	2.35	2.95
失活催化剂2	0.94	6.35	84.95	0.10	0.080	2.42	2.93

废脱硝催化剂除了含有TiO_2、V_2O_5和WO_3外，还含有铬、铍、砷和汞等重金属。

SCR 催化剂中的有毒物质 V 和重金属对生态系统的危害主要体现在对人体健康的危害，通常以吸入、食入或经皮接触吸收途径进入人体，对呼吸系统和皮肤造成损害。此外，催化剂表面吸附有飞灰中的铬、砷和汞等有害物质，中国环境科学研究院对我国部分燃煤电厂产生废烟气脱硝催化剂的危险特性分析表明，废脱硝催化剂的主要危险特性为浸出毒性，其中铍、铜和砷的浸出浓度普遍高于新脱硝催化剂的浸出浓度；部分企业废脱硝催化剂中铬、砷和汞的浸出浓度超过《危险废物鉴别标准浸出毒性鉴别》（GB 5085.3—2007）的有关要求，如不能妥善进行资源化、无害化处理，极易造成环境污染。

3.5.2 废旧脱硝催化剂的再生

废 SCR 脱硝催化剂再生是指采用物理和化学等方法使其（废钒-钛系脱硝催化剂）恢复活性并达到烟气脱硝要求的过程。目前失活催化剂再生技术主要有水洗再生、酸液处理、热再生与热还原再生和补充活性组分等方法。一般再生工艺过程如下：（1）清除催化剂模块上面的积灰；（2）采用专用化学清洗药剂对失活催化剂进行化学清洗，去除导致催化剂表面化学和物理中毒的物质；（3）补充催化剂活性成分；（4）漂洗催化剂，以除去催化剂表面黏附的化学药剂；（5）干燥催化剂。

3.5.2.1 水洗再生

水洗是一种简单、常用的再生方法。水洗再生的具体操作过程为：首先，用压缩空气对失活 SCR 脱硝催化剂进行冲刷，去除催化剂表面黏附不牢的粉尘；其次，用去离子水冲洗、清洗和溶解沉积在催化剂表面的可溶性物质和部分颗粒物；最后，用压缩空气进行干燥。水洗再生分在线清洗和离线清洗两种形式。在线清洗在反应器中进行，催化剂模块不必拆除；而离线清洗需将催化剂模块拆下来，在专门设施中清洗。水洗过程中需要记录清洗液的温度和 pH 值等参数，在清洗液中加入活性组分的前驱体，催化剂边清洗边浸渍，同时还需不断地补充流失的活性组分。水洗再生过程简单、效果显著，催化性能可恢复到80%以上。水洗再生一般用作催化剂再生前的预处理。针对不同的催化剂污染物中毒情况，水洗再生对 SCR 催化剂活性的影响和再生效果不同。

水洗再生碱金属（钠、钾）中毒脱硝催化剂。碱金属钠和钾在催化剂表面吸附和沉积是钒系催化剂最重要的失活原因之一，钠、钾中毒使其氧化能力和表面酸性位下降，导致催化剂对氨的吸附能力大幅下降。水洗可以有效地去除催化剂表面的一部分碱金属，使其含量下降，同时不会明显影响催化剂表面孔尺寸、孔结构和机械强度。研究表明，水洗再生后催化剂的脱硝活性有很大程度上的恢复，但水洗并不能完全恢复催化剂的活性。其原因在于单独依靠水的溶解能力，并不能去除全部的碱金属氧化物及其他不溶性的污染物，尤其对一些强吸附于催化剂表面酸性位的碱金属元素，水洗去除能力非常有限。另外，长时间的水冲洗，反而会导致催化剂表面活性物种（如钒和钨）的流失，从而造成不可逆的脱硝催化剂失活。

水洗再生硫酸盐沉积中毒的脱硝催化剂。由于脱硝过程中催化剂表面有易溶于水的硫酸铵盐和硫酸氧钒生成，这部分固体物质沉积在催化剂表面，也容易造成催化剂失活。水洗催化剂微孔中的硫酸，在迁移过程中如遇到活性组分五氧化二钒，可以反应生成硫酸氧钒，从而造成部分五氧化二钒流失，使催化剂脱硫活性降低。然而，对于其他非钒系的低温 SCR 催化剂，如锰-铈/二氧化钛催化剂，当遭遇硫酸铵中毒原料气中含有少量 SO_2 造成的中毒后，通过超声水洗再生，锰-铈/二氧化钛催化剂的脱硝活性几乎达到新鲜催化剂的水平，沉积在催化剂表面的硫和氮大部分被水洗去除，相比于热再生和还原再生，水洗再生是最有效的硫酸铵中毒再生方法。

3.5.2.2 酸洗再生

酸洗处理对于碱金属（钠、钾）中毒 SCR 催化剂的活性再生效果显著。碱金属中毒的 V_2O_5-WO_3/TiO_2 催化剂进行酸洗再生时，催化剂经1%的硫酸溶液酸洗后，其脱硝活性几乎完全恢复。其原因在于硫酸能增加活性位的酸性，在洗掉催化剂表面碱金属的同时，恢复了 V-OH 等活性位。酸洗后的催化剂检测不到碱金属，但检测到了硫，表明酸洗能够彻底洗掉氧化钾、氧化钠，同时在催化剂表面有硫酸根残留，硫酸根的存在能够产生 Lewis 酸性位和 Bronsted 酸性位。另外，酸洗再生后，样品恢复了新鲜催化剂的微观形貌，催化剂的机械强度有微小的增加。因此，酸洗是一种较好的催化剂再生方法。同样，对于钠中毒的钒-钨/二氧化钛催化剂采用硫酸（0.5mol/L）清洗，样品活性基本可以达到新鲜催化剂水平，酸洗已基本清除了催化剂表面的钠。除了硫酸作为酸洗液外，其他酸液（如硝酸和氢氟酸）也可作为 SCR 的再生酸液。其中，硝酸对碱金属的溶解性提升显著，催化剂表面沉积的铁、钾、钠和硫（以硫酸根计）含量大幅减少，脱硝活性增强。另外，针对二氧化硅沉积中毒的 SCR 催化剂，采用氢氟酸作为酸洗液，可以取得更好的再生效果。这是由于催化剂表面沉积污垢的主要成分（二氧化硅和硫酸钙）很难溶于硫酸，反而使催化剂表面活性组分在超声波的剥离作用下溶解于硫酸，导致催化剂活性下降；相反，二氧化硅在氢氟酸的化学作用和超声波的剥离作用下被清洗下来，使催化剂表面的活性组分暴露出来，从而使催化剂活性升高。

3.5.2.3 热再生

热再生是指在惰性气体保护下，以一定的升温速率提高反应器内的温度，保持一段时间，然后逐步降温，使沉积在催化剂表面上的铵盐受热气化、分解，使吸附在催化剂表面的 SO_2 气体发生脱附，一起随惰性气体吹出反应器，使催化剂的比表面积、孔容和孔径等物理性能得到恢复，催化活性得以改善。为改善再生效果，一般惰性气体中混有少量其他气体，如 NH_3 和 SO_2。

热还原再生在惰性气体中混入了一定比例的还原性气体（例如氨），可利用还原性气体和催化剂表面的硫酸盐发生反应，以实现催化剂的再生。比如，采用氨（5%）-氩（95%）混合气体对 V_2O_5/活性炭催化剂进行热再生和热还原再生，结果表明热还原再生对催化剂活性的恢复效果优于单纯的热再生。此外，热还原再生过程中产生的 SO_2 可以与还原性气体氨气在室温下发生反应，生成固体亚硫酸铵盐，可以实现硫的资源化利用，简化后处理工艺，提高脱硝反应的整体经济效益。将失活 SCR 催化剂置于一定浓度的 SO_2 气氛中一段时间，可达到恢复催化剂脱硝活性的目的，SO_2 酸化热再生主要提高催化剂表面的酸活性点位数。同时，载体 TiO_2 用 SO_2 气体处理后，可以部分形成 SO_4^{2-}/TiO_2 超强酸，增加载体的酸性和抗 SO_2 毒性的能力。

3.5.2.4 补充活性组分再生

失活催化剂在经过水洗和酸洗再生后，其表面活性物质必然会部分流失，从而导致催化剂活性降低，因此需要补充催化剂的活性组分并修复其微孔结构。在催化剂再生过程中，还可以根据原有催化剂的主要中毒原因，添加一些抗中毒的金属元素，提高催化剂的抗毒性能，从而达到再生后延缓催化剂失活的目的。催化剂的活性成分补充方法主要有浸渍法和沉淀法。

浸渍法即将预先处理好的催化剂放入活性盐溶液中进行浸渍，干燥后重新在高温反应气氛生成金属氧化物，以达到恢复和提高催化剂脱硝活性的目的。活性盐的成分一般包含具有较强去污能力的渗透促进剂和表面活性剂，以及能够增加催化剂活性的其他成分，如偏钒酸铵、仲钨酸铵、仲钼酸铵草酸和去离子水等。活性盐溶液活化的有益效果至少有两点：（1）对 SCR 脱硝催化剂在进行清洗的同时又能同时补充活性成分，因此可以显著提高失活催化剂的活性；（2）经过再生后的催化剂完全能够被继续正常使用。

补充活性组分也可以和酸洗步骤一起再生失活催化剂。比如，采用混合溶液再生的催化剂，其脱硝活性大幅度提高，基本恢复到新鲜催化剂的水平。也有报道称，把催化剂放入含有 10g/L 硫酸和 0.4%草酸溶液中进行酸洗（酸洗装置底部鼓入气泡），最后放入含有 0.1mol/L 的硫酸氧钒和 0.15mol/L 的偏钨酸铵溶液中进行活性组分浸渍得到再生催化剂。活性测试表明，在 375℃时，再生催化剂一氧化氮转化率恢复为新鲜催化剂的 89%，并且再生催化剂和新鲜催化剂的 SO_2/SO_3 转化率都小于 1%，再生催化剂的强度没有明显减弱。除了含钒、钨等活性盐再生溶液外，针对失活 $V_2O_5-WO_3/TiO_2$ 催化剂，也可以补充不同的金属离子，如稀土金属铈。铈负载到失活催化剂表面，虽然钒、钨元素的百分含量均有所降低，比表面积相比新鲜催化剂也略微减小，但负载铈后催化剂的氧化能力相比中毒催化剂有所增强，脱硝活性得到一定程度上的提高。

脱硝催化剂再生企业一般根据实际运行过程中催化剂的失活情况，将多种再生技术综合利用，形成完整的工艺流程，实现工业化生产。

3.5.3 废旧脱硝催化剂的有价组分回收

对失活程度较深，不具有再生价值的废旧催化剂可采取有价组分回收的办法实现综合利用。目前，废旧脱硝催化剂元素回收工艺分为三种：（1）采用钠盐与废脱硝催化剂混合焙烧，使其中的钛、钨和钒转变成相应的钠盐，然后再采用水、碱或酸浸出；（2）先采用酸选择性地浸出其中的钒，然后再从浸出渣中回收钛和钨；（3）先采用碱直接浸出废脱硝催化剂中的钨和钒，剩余的渣即为二氧化钛载体，可以返回用于制备脱硝催化剂。

3.5.3.1 钛的回收

钛的回收方法分为干法回收和湿法回收技术。

干法回收通常是采用固体碱（NaOH 或 Na_2CO_3）与清洗后的废旧脱硝催化剂混合，于 650℃左右灼烧熔融，使其中的 V_2O_5 和 WO_3、MoO_3 转变为水溶性的钒酸盐、钨酸盐和钼酸盐，TiO_2 转变为钛酸盐，再加入水进行过滤浸渍，钛酸盐遇水形成微溶于水的偏钛酸，滤液中的钒酸盐和钨酸盐、钼酸盐经沉淀、过滤工艺分离得到钒、钨、钼。其具体反应式如下：

$$V_2O_5 + Na_2CO_3 \longrightarrow 2NaVO_3 + CO_2\uparrow \tag{3-27}$$

$$MoO_3 + Na_2CO_3 \longrightarrow Na_2MoO_4 + CO_2\uparrow \tag{3-28}$$

$$5TiO_2 + Na_2CO_3 \longrightarrow Na_2O\cdot 5TiO_2 + CO_2\uparrow \tag{3-29}$$

湿法回收通常采用强酸、强碱及其他溶剂，借助还原、水解及络合等化学反应，将部分金属氧化物溶解到溶液中，随后再进行提取和分离的技术。例如，采用浓 NaOH 溶液（也可同时加入助剂 Na_2CO_3）在高温高压条件下浸取经粉碎研磨的催化剂粉末，生成钛酸的钠盐沉淀，从而将钛元素从催化剂中分离出来。也有学者将清洗后的废旧催化剂酸浸（H_2SO_4+Na_2SO_3）使 V_5^+ 被还原成溶于水的 V_4^+，即可分离 V_4^+ 溶液和钛、钨、钼固体，然后利用常温下 NaOH 溶液能溶解 WO_3^-，但不与 TiO_2 反应的原理分离钨、钼和钛。

碱性干法和湿法分离所得钛酸钠盐可通过酸洗法回收得到 TiO_2。湿法回收技术能耗较低，但在该工艺过程中需用到大量的酸和碱，且废旧催化剂本身含有大量有毒有害的元素，因此湿法回收过程中产生废液的处理就显得尤为重要。

3.5.3.2 钒的回收

V_2O_5 是以酸性为主的两性氧化物，微溶于水，可溶于强酸、强碱，在 SCR 脱硝催化剂中的含量较低，失活后部分 V_2O_5 转变为 $VOSO_4$ 形式存在，钒类化合物属于剧毒物质。钒元素的回收，现有的方法大多是分离钛元素后，得到含钒、钨（或钼）的溶液，再对溶液进行处理以实现钒的回收，主要包括沉淀法和萃取法等。

A 沉淀法

铵盐沉钒法。在钒、钼和钨三种金属中，金属钒能够以偏钒酸根离子与铵根离子结合生成不溶于水溶液的沉淀，而金属钼和钨无法形成沉淀，从而将金属钒分离出来。操作方法为：废催化剂经过机械粉碎，加酸调节含钼、钨和钒溶液的 pH 值至 8.0~9.0，偏钒酸钠与铵盐生成沉淀偏钒酸铵，将钒从废催化剂的溶液中分离出来，金属钒的沉淀率为 97%~99%，而钼的沉淀率为 3%~9%，一般铵盐可以选择氯化铵、硫酸铵、硝酸铵和草酸铵等，其反应式如下：

$$NH_4^+ + VO_3^- \longrightarrow NH_4VO_3 \downarrow \tag{3-30}$$

硫化沉淀分离。利用加压浸出的方法从废催化剂中得到含钼和钒的碱性溶液，在其中添加硫酸，以便将溶液调节到合适的 pH 值。然后，通入硫化氢气体将 99.8%的钼沉淀出来，剩下 99.8%的金属钒留在溶液中。

氧化沉钒法。V_2O_5 是两性氧化物可碱性浸出，也可酸性浸出，浸出液中基本为四价钒。氯酸钾溶液将四价钒氧化为五价钒，过滤、浓缩浸出液，再加入氯化铵使钒以偏钒酸铵形式沉淀，干燥、煅烧可得到五氧化二钒产品。

B 萃取法

对于废钒钨系 SCR 催化剂中钒钨的分离，溶剂萃取法利用两种元素在水相和有机相中溶解度差异而实现其分离。北京赛科康仑环保科技有限公司先将钒钨溶液进行萃取分离，得到富钒萃余液再处理后，氧化得到五氧化二钒；分离得到的富钨有机相经反萃后，进行二段萃取提钨，反萃得到钨酸铵溶液，处理后可得到纯度为 99%的仲钨酸铵。攀枝花市晟天钛业有限公司提出一种萃取法回收钒元素的方法，具体方案如下：首先调节含钒溶液的 pH 值至 10~11，加入 $MgCl_2$ 过滤除去硅杂质；继续调节溶液的 pH 值至 9~10，加入 $CaCl_2$，得到 $CaWO_4$ 和 CaV_2O_7（焦钒酸钙）沉淀，过滤所得沉淀并用盐酸进行酸洗，得到含钒溶液和钨酸沉淀。含钒溶液经过萃取（萃取剂溶液组分为N235或P204、仲辛醇、磺化煤油；萃取相比O/A=1/1~1/3，萃取级数3~5级）、氨水反萃、过滤结晶和干燥等步骤可以回收得到偏钒酸铵。

3.5.3.3 钨和钼的回收

金属钛和钒分离后，剩余金属钼和钨也有较高的回收价值，但钼和钨的分离难度比分离钛和钒要大得多，原因在于钨和钼有镧系收缩效应，化学性质相近。研究人员对钨钼分离进行了大量的研究，现代几乎所有的分离方法（如沉淀法、离子交换法、溶剂萃取法、活性炭吸附法、液膜分离法等）均有报道，但工业化应用均不太成熟。以下主要介绍被认为最具有工业化潜力的沉淀法和离子交换法。

A 沉淀分离法

硫化钼沉淀法。利用钼在弱碱性介质中对硫离子亲和性比金属钨大的特点，在弱碱性的环境中使钼酸根离子硫化成硫代钼酸根离子，再在酸性条件下加热使硫代钼酸盐分解成三硫化钼，反应式如下：

$$Na_2MoO_4 + 4Na_2S + 4H_2O \longrightarrow Na_2MoS_4 \downarrow + 8NaOH \tag{3-31}$$

$$Na_2MoS_4 + 2HCl \longrightarrow MoS_3 + 2NaCl + H_2S \uparrow \tag{3-32}$$

络合均相沉淀法。利用钨和钼相应的过氧化物（如过氧络合物）之间稳定性差异来分离金属钨和钼，钼的过氧化物稳定性更强。用过氧化氢（俗称双氧水）作为络合剂，使得钨、钼离子在酸化的过程中形成过钨酸［$H_4W_4O_{12}(O_2)_2$］和过钼酸［$H_4Mo_4O_{12}(O_2)_2$］，而过钨酸不稳定易解离成钨酸和双氧水，反应式如下：

$$[H_4W_4O_{12}(O_2)_2] + 8H_2O \longrightarrow 4WO_3 \cdot 2H_2O + 2H_2O_2 \tag{3-33}$$

向其中通入SO_2，使钨更多地转化成钨酸，钨酸溶解度小而形成沉淀，过钼酸留在溶液中，以此达到分离钼钨的目的。但该方法用的双氧水成本较高，制约了其工业化应用。

B 离子交换法

离子交换法提取钨的研究主要围绕钨湿法冶金工艺中利用离子交换树脂对粗钨酸钠溶液进行净化除杂。离子交换提钨过程中所采用的树脂类型主要是弱碱性阴离子树脂和强碱性阴离子树脂。

弱碱性阴离子交换树脂提钨：通过采用弱碱性阴离子树脂（如AH-80Ⅱ），先调节除杂后Na_2WO_4溶液的pH值至2.5~3.0，此时钨以偏钨酸根的形式存在，溶液流经树脂后，大孔碱性离子交换树脂优先吸附溶液中的钨，而对钼酸根离子几乎不吸附，再用稀盐酸洗涤树脂后用氨水解吸得到钨酸铵溶液。该方法的WO_3回收率比传统方法略高，但该方法需要进行预除杂和调节pH值，工艺步骤相对复杂。

强碱性阴离子树脂提钨是我国钨冶金领域中广泛采用的工艺，通常采用的离子交换树脂是201×7（Cl^-型），该工艺使钨酸钠转化为钨酸铵的同时实现去除砷、磷、硅等杂质，其原理是利用粗钨酸钠溶液中各阴离子对树脂亲和力的不同：$WO_4^{2-} > MoO_4^{2-} > HAsO_4^{2-} > HPO_4^{2-} > SiO_4^{2-} > SO_4^{2-} > Cl^- > OH^-$，钨优先被树脂吸附而实现钨钼分离与砷、磷、硅等杂质的去除。该工艺的主要缺点是粗钨酸钠原料液中的WO_3浓度要求控制较低，国内关于离子交换法提钨的一个主要研究方向是提升树脂对原料液中高WO_3浓度的适应性。

3.6　焦化固废的资源循环利用

3.6.1　焦化固废的来源及性质

煤焦化过程作为煤炭深加工的主要途径之一，以生产冶金用焦炭为主要目的，生成过程中产生的固体废弃物主要有煤沥青、焦油渣、粗苯再生渣等。

3.6.1.1　煤沥青的来源与性质

煤沥青全名煤焦油沥青，是煤焦油经进一步蒸馏工艺去除液体馏分（轻油、萘油、酚油和蒽油等）后剩余的固体物料，占煤焦油总量的50%~60%，为一种成分复杂的有机化合物的混合物。煤沥青根据来源不同可分为高温炼焦焦油沥青、低温干馏热解焦油沥青、煤气化焦油沥青和煤液化沥青。

煤沥青为黑色脆性块状物，有光泽、味臭，为二级易燃物，致癌，无固定熔点，呈玻璃相，受热后软化继而熔化，密度为1.25~1.35g/cm^3，不溶于水、丙酮、乙醚和稀乙醇，溶于二硫化碳、四氯化碳和氢氧化钠等溶剂。燃烧分解产物为一氧化碳、二氧化碳和成分未知的黑色烟雾。高温稳定性比较低，与其他矿质的黏附性较好，冷热变化大。主要由5000多种三环以上多环芳烃化合物和少量与炭黑相似的高分子物质构成多相体系和高碳物料，分子量在170~2000之间。元素组成中碳含量在91%~95%之间，氢含量为3%~5%，其余为氧、氮、硫等元素，煤沥青的组成既受焦煤组成和种类的影响，又受焦化工艺、煤焦油质量和焦油蒸馏工艺的影响。通常采用甲苯和喹啉两种溶剂将煤沥青分为三个组分，溶剂组分分析如图3-17所示。各组分的性能如表3-14所示。

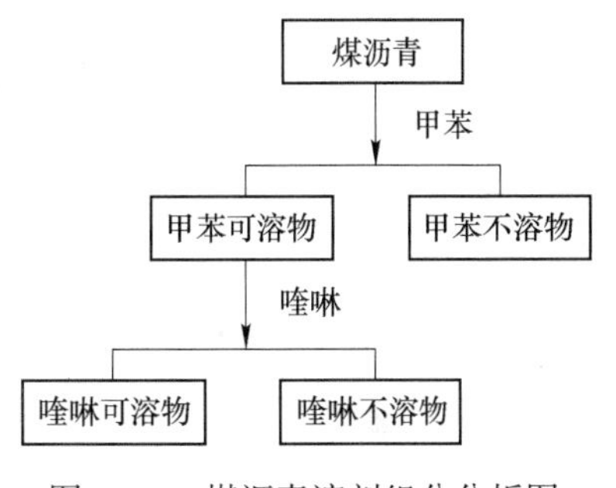

图3-17　煤沥青溶剂组分分析图

表3-14　煤沥青溶剂组分性能影响表

名称	苯环数量/个	相对分子量	C/H原子比	性能影响
甲苯可溶物（γ树脂）	4~6	200~1000	0.56~1.25	作溶剂，降低煤沥青的软化点、黏度，保持流动性，提高针入度
喹啉不溶物（α树脂）	大分子苯环聚缩物	1800~2600	>1.67	含量越高，结焦值越大，提高炭制品的强度及电极材料的导电性
甲苯不溶喹啉可溶物（β树脂）	≥7	1000~1800	1.25~2.0	黏结作用，决定炭糊的塑性，含量越高，理化指标越好，但一般35%以下，过高沥青则变硬，质脆

3.6.1.2　焦油渣的来源与性质

从焦炉顶部逸出的煤气在集气管和初冷器冷却，部分高分子量高沸点的有机物凝结成煤焦油。焦炉煤气中夹带的残留煤粉、焦粉、石墨颗粒和飞灰，清扫上升管和集气管带入的硅铝化合物均混合于煤焦油中，形成不规则的大小不等的固体团，这些固体团块即为焦油渣。因焦油渣与焦油的密度差小，粒度小，易与焦油黏附在一起，所以难以完全分离，一般大颗粒采用沉降分离方法，小颗粒需再用离心分离法处理，可使焦油除渣率达 90%左右。焦油渣的数量与性质和配煤原料的含水量、粒度分布、无烟装煤的方法及装煤时间有关。焦油渣的固定碳含量为 40%~60%，挥发分含量为 30%~50%，灰分为 10%~20%。

3.6.2 煤沥青的资源循环利用

煤沥青经改质后的主要用途有：(1) 制备浸渍剂和黏结剂，可用于普通电极、炼铝阳极糊和超高功率电极的骨料。使用改质沥青作黏结剂原料，生产出的炭素制品具有电阻小、导电导热性能好、机械强度大、电容密度大、耗电低、电极的抗氧化性和热稳定性能好、不掉渣、寿命长和热膨胀小等优点。(2) 煤沥青改质后生产针状焦、碳纤维等高技术产品，附加值高。(3) 生产防水防腐料或筑路混合材料。

3.6.2.1 改质沥青

沥青改质是为了让原料沥青的性质得到提升。改质沥青主要用于电解铝行业生产预焙阳极块，制造高功率电极棒，也可作为电极黏结剂，使之更容易进行深加工利用，满足碳材料生成的各项指标要求。工业应用比较成熟改质方法的主要有热聚合法和真空闪蒸法等。

A 浸渍沥青

《浸渍煤沥青》是 2017 年 4 月 1 日实施的一项行业标准，规定了浸渍煤沥青的技术要求、试验方法、检验规则、包装、储存、运输等内容。浸渍沥青是用来浸渍炭素制品、减少孔隙率和提高体积密度或达到不渗透目的的沥青。通过浸渍来降低气孔率、渗透率，增加体积密度，提高产品理化性能。浸渍沥青黏度越小，表面张力越低、流动性越好，浸渍能力越强，决定炭素产品的质量。浸渍沥青普遍应用于电极、电炭和高性能炭材料（C/C 复合材料、高密高强炭块）等制品。

石墨电极通常使用中温煤沥青作为浸渍剂，由于煤沥青的喹啉不溶物（QI）含量较高（10%左右），制得的炭素制品孔隙入口处形成不渗透滤饼而降低沥青浸入率，影响电极产品性能，一般采取脱除 QI 方法，使得煤沥青浸渍剂在浸渍过程中顺利通过气孔浸润到石墨电极的内部，达到最佳浸润效果。研究表明，浸渍沥青应具有较低的软化点、QI 含量和较高的碳含量。

B 黏结剂沥青

黏结剂沥青是指能将炭制骨料及粉料黏结到一起、混捏后形成可塑性糊料的沥青。黏结剂质量对炼钢、铝电解及耐火材料行业主要原材料的质量有重要的影响。我国为铝生产大国，铝电解工业使用大量的阴、阳极炭素材料，需要质量好、软化点高的沥青作为黏结剂，在铝用炭素材料生产过程中，煤沥青的添加量一般为 16%左右，黏结剂沥青的优劣直接决定了预焙阳极的使用性能，影响电解铝的生产情况和电解效果。

耐火材料以沥青作黏结剂由来已久，镁碳砖是以高熔点碱性氧化镁和难以被炉渣浸润的高熔点碳素材料作为原料，各种非氧化物为添加剂，用炭质黏结剂黏结而成的不烧炭复合耐火材料，有效地利用了镁砂的抗渣侵蚀能力强和碳的高导热性及低膨胀性，补偿了镁砂耐剥落性差的最大缺点。主要用于转炉、交流电弧炉、直流电弧炉的内衬和钢包的渣线等部位。

C 中间相沥青

中间相沥青是相对分子质量为370~2000的多种扁盘状稠环芳烃组成的混合物，又叫液晶相沥青，在常温下为黑色无定形固体。沥青的中间相组分具有光学各向异性的特征，形成初期呈小球状，称中间相小球体。中间相沥青具有来源广泛、性能优异、价格低廉、碳产率高和可加工性强等优势，被公认为一些先进功能材料的母体，可制备中间相沥青基碳纤维、针状焦、碳-碳复合材料和泡沫炭等，在军事国防、航空航天、尖端科技和日常生活等领域发挥巨大作用。制备方法主要有：热过滤法、溶剂法、闪蒸法、加氢法和回流气体吹扫缩聚法。

3.6.2.2 煤沥青生产碳材料

A 煤沥青生产碳纤维

将精制的煤沥青经原料净化、可纺沥青的调制、熔融纺丝、不熔化处理、碳化处理后得到碳纤维材料，这种材料具有良好的导电性、导热性、抗氧化性、抗腐蚀性、耐磨性、润滑性和化学稳定性等。沥青基碳纤维分为高性能碳纤维和普通碳纤维。目前市场上碳纤维主要以聚丙烯腈基碳纤维为主，沥青基高性能碳纤维的模量接近于石墨的理论模量，具有超高强度、超高模量、高传导性和低热膨胀系数等特点，性能远远高于聚丙烯腈基碳纤维，一直以来都是碳材料研究的热点，它可以和树脂、金属、碳等复合制成高性能复合材料，用于航空、航天、核能等聚丙烯碳纤维性能所不及的高技术领域，作为高温烧蚀材料和高温结构材料使用。沥青基普通碳纤维主要应用于兼有蓬松性和耐热性的过滤材料、绝热材料、车辆抗静电部件、电池的电极、部分建材、混凝土的增强等领域。

B 煤沥青针状焦

煤系针状焦是以煤沥青为主要原料，经原料预处理、延迟焦化、高温煅烧制造而成，工艺流程简图如图3-18所示。针状焦是我国大力发展的一种优质炭素产品，它所制成的高功率和超高功率石墨电极具有电阻率小、热膨胀系数小、耐热冲击性强、机械强度高和抗氧化性能好等突出特点，也用作热结构石墨、内串石墨化系统（LWG）的石墨电极和特种炭素制品的原材料。生成过程为：原料→不稳定中间相小球体→堆积中间相→针状焦。煤系针状焦核心技术关键为煤沥青的预处理工艺，常用溶剂萃取法去除低温煤沥青中的杂质（QI）得到精制沥青（QI<0.1%）。目前国内已经达到工业化、连续生产煤系针状焦的企业主要有鞍山开炭、山西宏特、方大喜科墨、宝武炭材料、宝泰隆新材料等，部分企业产品水平与国外相当，近年来，随着国家钢铁工业的蓬勃发展，针状焦的价格更是井喷式的增长。锂离子电池因其能量密度高、环境友好、结构多样化及价格低廉等优异特性使其成为未来混合动力汽车和空间技术等高端储能系统的理想电源，煤针状焦大多作为中高端锂电池负极，在“碳达峰、碳中和”的政策目标下，锂电池产量以每年15%左右的速度增长，对针状焦的需求也迅速增加。

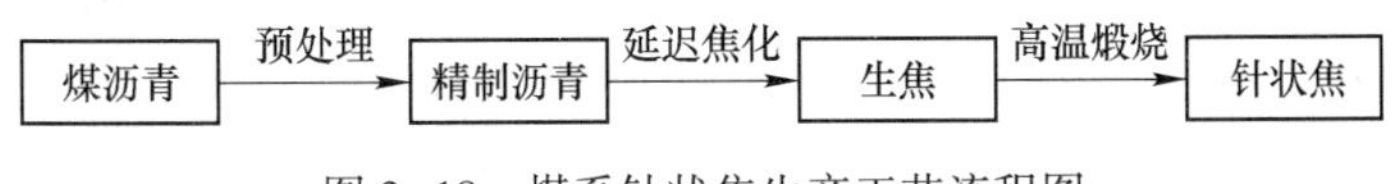

图3-18 煤系针状焦生产工艺流程图

C 沥青基泡沫炭

泡沫炭是由孔泡和相互连接的孔泡壁组成的一种具有三维海绵状结构的新型碳材料，

依据其孔泡壁的微观结构，可以分为石墨化和非石墨化泡沫炭两类，按合成原料来划分，分为中间相沥青基泡沫炭和聚合物泡沫炭两种。中间相沥青基泡沫炭是以中间相沥青为原料，利用发泡、炭化和石墨化等工艺制备的泡沫炭，具体流程如图 3-19 所示。其独特的网状泡孔结构使其具有轻质高强度、高孔隙率、导热率可调、耐高温、耐腐蚀、电磁屏蔽和高导电性等优异性能，应用于导电、吸附、热防护、热传导和电磁防护等方向。

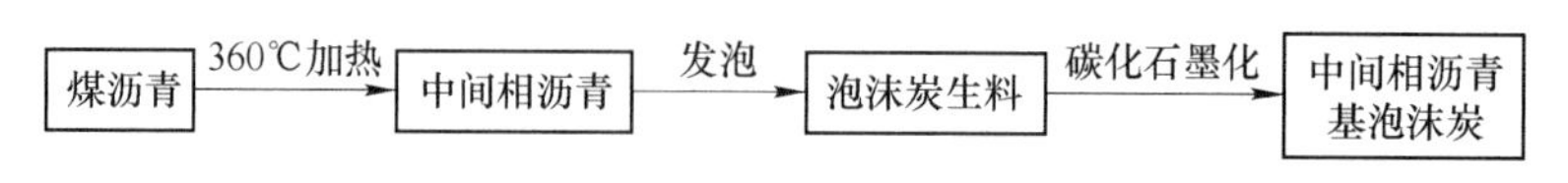

图 3-19 中间相沥青基泡沫炭制备流程图

D 煤沥青基碳微球

碳微球是高档活性炭替代品，具有球形度好、装填密度均匀、比表面积大、强度高、耐磨损、耐腐蚀及在固定床使用时阻力小的优点。制备工艺主要包括球化、氧化和炭化活化等。在球化与氧化方面，近年来有许多研究成果出现，丰富了沥青基碳微球的开发应用。沥青成球技术以悬浮法、乳化法、圆盘造粒法和喷雾法为主。用于制备碳微球的沥青软化点最好在 150~250℃，常采用的方法是在高软化点沥青中加入萘等添加剂，一方面在成球时降低其软化点，易于成球；另一方面在氧化前脱除萘，回升软化点同时也产生初级的孔隙。氧化不熔化方法主要有气相氧化、液相氧化及混合氧化，将沥青球表面由热塑性转变为热固性。空气氧化使沥青球中的沥青分子与氧气在 150~350℃时发生氧化反应，氧化完全最重要的标志是使易熔融膨胀的 β 树脂转变成耐热性的 QI 组分。有学者通过硝酸氧化的方法，达到了沥青球不熔化的目的，硝酸浓度对沥青球氧化和炭化的过程都有很大的影响，最佳质量分数为 30%，炭化温度为 900℃。沥青球的氧化是目前制备球形活性炭的瓶颈。

3.6.2.3 煤沥青生产防水防腐涂料或筑路混合材料

A 煤沥青涂料

根据煤沥青良好的耐水、耐腐蚀及防潮等特性，由环氧树脂、煤焦油沥青、防锈颜料、助剂和改性胺等按一定配比配制而成，环氧煤沥青涂料具有机械强度高、黏结力大、耐化学腐蚀、耐水、抗微生物、抗油、电绝缘性好和抗植物根系等诸多优点，是性能优良的防腐绝缘涂料，广泛用于船底、压载水仓、码头钢桩、矿井钢铁支架、酸槽、自来水管道及地下管道的外壁防腐用底、面漆等。

B 筑路沥青

随着公路事业的发展，对道路沥青质量的要求也显著提高，通常将石油沥青与煤沥青进行混合改性制成煤石油基混合沥青，混合沥青中石油沥青的比例各国都有所不同，一般比例为 65%~85%。这种混合沥青具有与石料的黏附性能好、路面坚固、养护简洁、路面摩擦系数大、车辆行驶的安全系数高、抗油侵蚀性能好、路面抗荷载性能高等优势，广泛受到高负荷公路的青睐。然而，由于沥青含有大量稠环芳烃等有毒化合物，危害环境及人类健康，尤其是其中的苯并芘（BaP）类为强致癌物，限制了其应用空间，解决沥青无毒化已经成为大量应用的前提。

3.6.3 焦油渣的资源循环利用

3.6.3.1 作为燃料燃烧

考虑到焦油渣中含有大量的可燃物质，而多环芳烃在高温（>1000℃）和氧气充足的条件下进行充分燃烧，可以全部转化为 CO_2 和 H_2O。因此，只要能保证高温与完全燃烧的条件，就能将焦油渣作为能源使用，达到化害为利的目的。利用粉状的焦油渣作能源在高温的转窑中喷烧，以烧制水泥熟料，便是一种简便易行和经济合理的利用办法。某重机厂进行了这一方面的研究和实践，取得了较好的经济和环境效益。具体的做法有两种：（1）用脱除部分挥发分的焦油渣与原煤混合作燃料，即用自然晾干的焦油渣经 200~300℃ 加热处理，以脱除部分挥发分，使其达到水泥生产对燃料的成分要求，然后与原煤混合，经烘干、磨细后在回转窑中喷烧；焦油渣与原煤混合比为 3∶7，这种方法必须同时对脱除的挥发分进行处理，以免造成二次污染。（2）用自然晾干的焦油渣与炉灰渣（煤气发生炉炉渣）及少量原煤混合作燃料，焦油渣∶炉灰渣∶原煤=76∶17∶7，混合燃料经烘干、粉磨后在回转窑中喷烧；之所以要配成混合燃料使用，一方面是调整燃料成分，另一方面是降低焦油渣的黏性，使之有利于粉磨、输送和喷烧。此外，还可以将焦油渣与粉煤灰、煤粉等混合压制煤球，再返回煤气发生炉或作为锅炉的燃料。

3.6.3.2 配煤炼焦

将酸焦油残渣送往储煤场与煤进行混合，经粉碎后送往焦炉炼焦。用这种方法处理后，由于焦油渣在粉碎机内易与煤粉黏合，增加了机壳内壁的附着量，使粉碎机的运转负荷和磨损增加。又由于焦油渣只能分批加入煤料中，使装炉煤的堆密度产生波动，影响焦炭质量的稳定。为此，一般在系统中增加混煤机，酸焦油渣和煤先在混煤机混匀后再进入粉碎机进一步粉碎混合进入炼焦炉内。也有焦化厂按焦粉与焦油渣按 3∶1 的比例混合进行炼焦，不仅增大了焦炭块度，增加装炉煤的黏结性，而且解决了焦油渣污染问题，焦炭抗碎强度提高，耐磨强度有所增加，达到一级冶金焦炭质量。

3.7 煤转化固废的资源循环利用

3.7.1 煤转化固废的来源及性质

3.7.1.1 煤气化渣的来源与性质

在煤气化炉内，高温下煤中的有机物和气化剂反应转变为气体燃料，而矿物质形成为灰渣。三种气化排渣方式示意图如图 3-20 所示。

A 固定床气化排渣

固态排渣常压固定床气化炉通常使用块煤或煤焦为原料，筛分范围为 6~50mm。气化原料由上部加料装入炉膛，整个料层由炉膛下部的炉栅（炉箅）支撑。气化剂自气化炉底部鼓入，煤或煤焦与气化剂在炉内进行逆向流动，并经燃烧层后基本燃尽成为灰渣，灰渣与进入炉内的气化剂进行逆向热交换后自炉底排出。

加压液态排渣气化炉为保证熔渣呈流动状态，使排渣口上部区域的温度高达 1500℃。

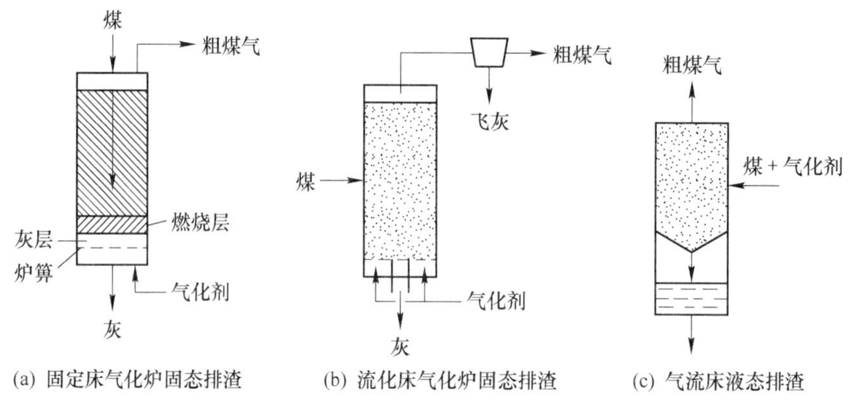

(a) 固定床气化炉固态排渣　(b) 流化床气化炉固态排渣　(c) 气流床液态排渣

图 3-20　三种气化排渣方式示意图

从排渣口落下的液渣，再经渣箱上部增设的液渣急冷箱淬冷而形成渣粒。当渣粒在急冷箱内积聚到一定高度后，卸入渣箱内，然后定期排出。液态灰渣经淬冷后成为洁净的黑色玻璃状颗粒。

B　流化床气化排渣

以温克勒气化炉为例，氧气（空气）和水蒸气作为气化剂自炉箅下部供入，或由不同高度的喷嘴输入炉中，通过调整气化介质的流速和组成来控制流化床温度不超过灰熔点。在气化炉中存在两种灰，一种灰密度大于煤粒，沉积在流化床底部，由螺旋排灰机排出，在温克勒炉中，30%左右的灰分由床底排出；另一种是均匀分布并与煤的有机质聚生的灰，与煤有机质聚生的矿物质构成灰的骨架，随着气化过程的进行骨架崩溃，富灰部分成为飞灰，其中带有未气化的碳，由气流从炉顶夹带而出。在气化炉中适当的高度引入二次气化剂，在接近于灰熔点的温度下操作，此时气流夹带而出的碳充分气化。煤气再经废热锅炉的冷却作用，使熔融灰粒在此重新固化。

C　气流床气化排渣

气流床气化，一般将气化剂夹带着煤粉或煤浆，通过特殊喷嘴送入炉膛内。气流床采用很高的炉温，气化后剩余的灰分被熔化成液态，即液渣排出。液渣经过气化炉的开口淋在水中迅速冷却然后成为粒状固体排出。

气化渣的成分和性质主要与原煤种类、进料方式及气化炉类型等因素有关，目前主流的气化炉类型为 Shell、德士古和航天炉等气流床气化炉。尽管不同的煤气化工艺、煤种及原煤产地所产生的气化渣成分有所不同，其主要化学成分为 CaO、SiO_2、Al_2O_3、CaO、Fe_2O_3 和残余碳，这 4 种化学物质占煤气化渣总质量的 80%以上，细渣残碳含量较粗渣高。煤气化渣主要矿相为非晶态铝硅酸盐。富含硅、铝、碳资源的化学组成特点和特殊的矿相构成是煤气化渣回收利用的基础。

3.7.1.2　煤液化渣的来源与性质

煤炭液化主要分为直接液化和间接液化两种。目前国内投产的煤液化项目主要为间接液化，间接液化指的是首先将煤气化，得到合成气，即一定比例混合的一氧化碳和氢气，合成气经脱除硫、氮和氧净化后，经水煤气反应使 H_2/CO 比例调整到合适值，再经

Fischer-Tropsch（费托合成）催化反应合成液体燃料，因而间接液化的残渣主要为煤气化渣，附带有少量废催化剂（蜡渣等）、精脱硫废脱硫剂、废分子筛、废触媒、废吸附剂等。煤直接液化在国内大型应用只一家企业——国家能源集团，建立了世界首套百万吨级工业化示范生产线，直接液化又称为加氢液化，即将煤粉、催化剂和溶剂混合在反应器中，在较高的温度（400℃以上）和压力（10MPa以上）下通入氢气，在如此高的温度和压力下将煤的大分子结构裂解成小分子液体产物，煤经过一系列高温高压加氢后，其中大部分有机质都被转化成了轻质组分并以气体或液体的形式排出，但同时会产生约为原煤质量30%的重质产物，通常称为液化残渣（常温下为固体）。煤液化残渣主要由原煤中未反应的有机物、无机矿物质外加催化剂构成的混合物，含有较高的碳元素、硫元素和灰分。间接液化过程中主要产生煤气化渣，因而本书中煤液化渣主要指煤直接液化渣。

煤直接液化残渣由3个部分组成：(1) 能够被有机溶剂溶解的组分，主要是煤中有机成分加氢形成的分子量相对较低的组分；(2) 难以溶解于有机溶剂的未反应煤，包括惰质组分及在液化、蒸馏过程中形成的分子量更大的组分，如小球体及其微变形体，半焦；(3) 煤中的无机矿物质和加入的催化剂，部分矿物质在煤粉的研磨和液化过程中会有变化，但黄铁矿或方解石等矿物质在显微分析时较容易找到。由于液化残渣组成较复杂，常用的方法是根据残渣在不同溶剂中的溶解能力将其分成几个组分，《煤直接液化残渣组分分析快速溶剂萃取法》是2016年6月1日实施的行业标准。目前国内将残渣分为正己烷可溶物（即重质油，含量为15%～37%）、正己烷（正庚烷）不溶物-甲苯可溶物（即沥青烯，含量为12%～22%）、甲苯不溶物-四氢呋喃（吡啶）可溶物（即前沥青烯，含量为20%～46%）和四氢呋喃（吡啶）不溶物。煤液化残渣有机组分分离工艺如图3-21所示。液化残渣都具有如下特点：(1) 重质油，主要来自煤液化产物中的轻质有机物，分子量较低（300以下），由分子结构相对简单的饱和或部分饱和的脂肪烃和芳香烃组成，如烷烃、环烷烃、氢化芳香烃等，含有少量树脂，沸点分布范围较大；(2) 沥青烯，与石油沥青质的重质煤液化产物相似，平均相对分子质量约为500，是以缩合芳香结构或部分加氢饱和的氢化芳香结构为主体的复杂芳香烃类结构，芳香结构主体与原煤结构模型中的核心单元类似，有些残渣结构上会有碳原子较多的正构烷烃类的支链；(3) 前沥青烯，与沥青烯主体结构相同，具有较大的相对分子质量（一般在1000左右）和较高的杂原子含量，主要是缩合芳香结构或部分加氢饱和的氢化芳香结构为主体的复杂芳香核结构，但是芳香缩合度明显更大，支链结构比沥青烯中的支链要少；(4) 四氢呋喃（吡啶）不溶物，指原煤中未反应的有机物、无机物及加入的催化剂。

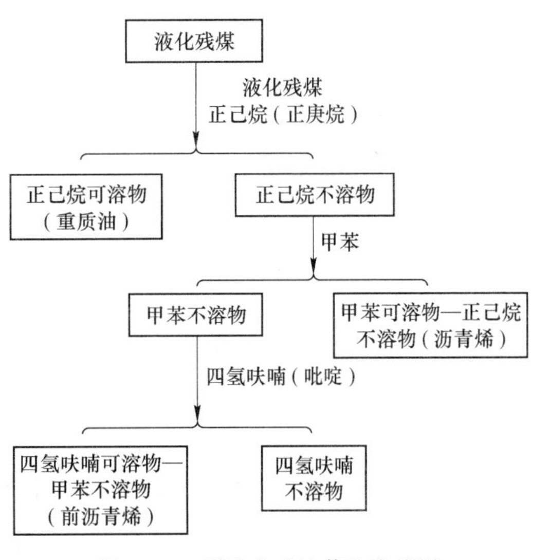

图3-21 煤液化残渣萃取流程图

3.7.2 煤气化渣的资源循环利用

国内外针对煤气化渣资源化利用的研究主要集中于以下几个方面：(1) 建工建材制备：骨料、胶凝材料、墙体材料和免烧砖等；(2) 土壤与水体修复：土壤改良、水体修复等；(3) 残碳利用：残碳材料化利用、循环掺烧等；(4) 高附加值材料制备：催化剂载体、橡塑填料、陶瓷材料、硅基材料等。

3.7.2.1 煤气化渣用于建材

煤气化渣用于建材是实现煤气化资源化利用简单有效的方式，能够实现煤气化渣的大宗利用，有普适性较强和不产生二次污染物等优点。煤气化渣在建工建材方面的应用主要包括制备陶粒、水泥、混凝土、墙体材料及砖材等。煤气化渣的残碳含量是影响煤气化渣建材利用的主要影响因素，煤气化渣中残碳含量较高会阻碍气化渣与石灰或水泥发生胶凝反应，从而阻止两者结合，这是由于残碳属于多孔惰性物质，会增加需水量，降低混凝土的强度和耐久性。此外由于残碳的存在使得颗粒表面形成一层憎水膜，这种水膜会破坏混凝土内部结构降低混凝土性能，因此残碳量较高将不利于煤气化炉渣用作水泥和混凝土原料。根据前述煤气化渣的组成可知煤气化渣烧失量一般在10%以上，根据GB/T 1596—2017，用于水泥和混凝土中的粉煤灰烧失量不得高于15%，较多的煤气化渣难以达到该要求，因此需通过分选富集来降低煤气化渣中残碳含量，但干法分选对原料要求较高、分选效率低，湿法分选流程长、投资高等，目前更好的分选方法是煤气化渣应用的重要研究方向。

A 煤气化渣作骨料

以灰渣陶粒作为骨料，具有重量轻、耐火性强、隔热性能好、抗震性好和降低墙体自重等优良性能，在建筑工程、耐火材料和轻骨料领域应用广泛。目前陶粒的制备途径主要是页岩和黏土基陶粒，开采过程中会造成严重的植被、粉尘、水体等环境破坏。有学者用煤气化粗渣制备非烧结陶粒，最佳原料配比为：气化粗渣73%、水泥15%、石英砂12%，制得的陶粒抗压强度为6.76MPa，吸水率为20.12%，由于煤气化渣颗粒具有一定的级配，可作为混凝土生产过程中的骨料和掺合料。混凝土中掺入研磨后的气化粗渣，其抗压强度远高于基准混凝土，且随着龄期延长后期强度持续上升，可以在混凝土中使用研磨后的气化粗渣部分替代天然砂作为细集料。

B 煤气化渣制备水泥或混凝土

煤气化渣的化学成分主要为SiO_2、Al_2O_3、Fe_2O_3和CaO等，与硅酸盐水泥成分相近，且具有一定的火山灰活性，是优良的水泥原料。煤气化细渣的残碳含量高，会阻碍气化渣与水泥或石灰之间的胶凝反应；粗渣中丰富的活性矿物有利于胶凝反应，提高砂浆强度。地质聚合物是一种兼具有机物、水泥、陶瓷特点的新型胶凝材料，近年来在国际上受到广泛关注，其具有强度高、耐腐蚀、耐高温和硬化快等优点，有望在未来替代水泥。有学者以壳牌炉气化渣和钢渣为原料合成了一种地质聚合物复合材料，最佳原料配比为：气化渣67%，钢渣30%，偏高岭土3%，在液固比为0.33的条件下，用8mol/L的NaOH和Na_2SiO_3混合溶液活化，得到的地质聚合物复合材料的3天、7天和28天无侧限抗压强度值分别为11.2MPa、37.4MPa和65.6MPa。

C 煤气化渣制备墙体材料

利用气化渣中的残碳作为造孔剂和内部燃料，可降低烧结制品的密度和导热率，从而制备保温隔热、低密度的墙体材料。冯银平等以气化渣为原料，采用挤出成型法，制备轻质隔热墙体材料。在1000℃烧成时，添加20%黏土可制备出体积密度为1.00g/cm^3、导热系数为0.19 W/(m·K) 和耐压强度为5.3MPa的轻质烧结自保温墙体材料；添加30%黏土可制备出体积密度为1.20g/cm^3，导热系数为0.23W/(m·K) 和耐压强度达到20.1MPa的烧结自保温可承重墙体材料；添加40%黏土可制备出体积密度为1.18g/cm^3、导热系数为0.26W/(m·K) 和耐压强度达到16.6MPa的烧结自保温可承重墙体材料。

D 煤气化渣制备免烧砖

随着环保压力的增大，传统的烧砖企业生存困难，部分黏土烧砖企业关停，砖价上涨。免烧砖的制备过程节能环保，具有良好的发展前景。某企业以气化渣和锅炉渣为主要原料，以生石灰、水泥和除尘灰为辅料，以石膏为激发剂制备免烧砖。最佳原料配比为：气化渣35.6%，锅炉渣32.4%，除尘灰14%，石灰8%，石膏4%，水泥6%，在100℃条件下蒸养18h可制备出符合《非烧结砖垃圾尾矿砖》（JC/T 422—2007）和《蒸压灰砂砖》（GB 11945—1999）要求的免烧砖。

3.7.2.2 煤气化渣用于土壤水体修复和污染治理

将煤气化渣应用于土壤水体修复是气化渣资源化利用的重要途径之一，符合以废治废的环保理念，将气化渣用作土壤改良剂、污泥调理剂、水处理吸附剂等。

A 煤气化渣用于土壤改良

在碱沙地土壤中添加煤气化细渣能有效改善碱沙地土壤的容重、pH值、阳离子交换能力和保水能力。石煤渣也是强碱性物质，pH值在10~12以上，所以直接施用石煤渣后可以不同程度地提高土壤的碱度，其很适合在南方酸性土壤中施用，特别是在南方缺钾需硅的酸性水稻田。灰渣中含有钙、镁等盐基离子，由于碱性强、盐基离子多，能促进土壤有机质的分解，对改善土壤的供肥和保肥能力有一定的作用。一些气化灰渣如石煤渣、循环流化床灰渣等是热性材料，遇水后有一个放热过程，因此可以提高土壤温度。另外，灰渣中因含有植物生长所需的营养元素，还可以不同程度地供给作物的各种营养需要。

B 煤气化渣用于水体净化

煤气化渣富含铝、硅、碳资源，是制备硅吸附材料、碳吸附材料、碳硅复合材料及聚合氯化铝等水处理剂和污染物吸附剂的优良原料。以煤气化细渣为硅源，利用酸浸、活化、表面改性等技术，制备出比表面积较高的介孔玻璃微球，可作为水中有机污染物吸附剂。研究者利用水蒸气对气化粗渣中的炭进行活化，通过水热晶化反应制备出活性炭-沸石复合吸附材料，其对水溶液中亚甲基蓝和重金属Cr^{3+}的去除率可达90%和85%。煤气化渣作为一种高温烧结的非晶态混合物，利用酸浸方式能有效除去可溶性金属盐，得到具有丰富介孔结构的无定形二氧化硅材料，二氧化硅多孔材料具有广阔的应用前景，同时酸浸处理是一种简单、经济、方便的工艺，进而可作为硅源制备出性能和孔结构可控的沸石分子筛。

3.7.2.3 煤气化渣残碳利用

煤气化渣残碳含量高、发热量低、水分高，导致其掺烧比例较低，掺烧需增加辅助设备，从而增加运行成本。无机物和残碳二者的利用相互制约，气化渣的碳灰分离是实现其规模化消纳与高附加值利用的重要保障。气化细渣表面具有一定的疏水性，采用浮选机或浮选柱分选，均可将气化细渣的灰分降低50%以上。有学者利用分级浮选技术对煤气化细渣进行浮选脱碳，对于较小颗粒采用旋流-微泡浮选柱，对于较大的颗粒采用机械搅拌式浮选，浮选后的精炭采用KOH活化法和CO_2活化法制备活性炭，浮选无机物尾矿作水泥混合材和玻璃微珠的原料，由于煤气化渣中残碳含有的有机物及挥发分很少且已经具有了一定的孔隙结构，制备过程省去了碳化过程，只需活化过程即可制备活性炭，简化了制备工艺，因此利用煤气化渣中的残炭直接活化制备活性炭是煤气化渣资源化利用的有效途径。

3.7.2.4 煤气化渣高值利用

A 气化渣中硅铝的回收与利用

随着国内优质铝土矿的日益枯竭和环保压力的与日俱增，从工业含铝固废提取铝元素的应用成为热点。煤气化渣中铝含量约10%~30%，特别在利用高铝煤作为原煤进行气化时，煤气化渣中Al_2O_3含量达到46%。煤气化渣中铝元素主要以非晶态铝硅酸盐与石英相、铁钙等杂质嵌黏夹裹的形式存在，通过浸出的方式可将煤气化中活性铝提纯并制备高附加值的聚合氯化铝、分子筛、催化剂载体等含铝产品，剩余的硅可以制备硅基介孔材料，实现煤气化渣的梯级综合利用。

B 煤气化渣制备陶瓷材料

Sialon材料是Si_3N_4中元素经置换而形成的一大类固溶体的总称，具有强度高、化学稳定性高、耐磨性强、热稳定性好等优点，广泛应用于钢铁冶金、陶瓷和航空航天等领域。部分学者利用煤气化渣合成了Sialon材料，为气化渣在陶瓷领域的高效利用开辟了新途径，碳热还原氮化法是制备氮化物粉末的一种简单、低成本的方法，利用这一方法，各种炉型气化渣均可合成Ca-α-Sialon粉体。利用煤气化粗渣，采用改进后的免烧方式制备陶粒，在最佳试验条件下陶粒筒压强度符合GB/T 17431.1—2010要求，陶粒性能符合环境安全标准；经过浸出毒性测试后，发现免烧工艺能够对煤气化粗渣中的重金属起到固化作用，有良好的市场化前景。

3.7.3 煤液化渣的资源循环利用

3.7.3.1 煤液化渣的传统应用

A 煤液化渣气化

煤液化残渣气化制氢是残渣最早的利用方式，将残渣和气化剂（空气、氧气或水蒸气）在一定的温度和压力下进行反应，使残渣中有机质转化为可燃气体，而残渣中的灰分以废渣的形式排出。所生成的煤气再经过净化，就可作为燃气或合成气来合成一系列化工产品，或为直接液化工艺提供氢气。液化残渣的气化利用，不仅使得煤直接液化工艺更加经济，而且也满足了越来越严格的环保要求，该方法不仅能够消耗残渣，还能提供煤液化所消耗的氢气和热能，避免使用煤或者额外的氢气补给。

多个国内外企业和研究机构尝试建设中小型试验装置进行工业试验与研究，对煤直接液化残渣气化的工业化提供了宝贵试验数据。美国某公司对残渣的气化试验证明，残渣具有较高的反应性，即使在较低的气化温度下，碳的转化率也可达到80%以上，完全可以替代煤制氢。日本对NEDOL工艺1t/d的装置产生的液化残渣进行了系统研究，包括化学结构、残渣中液化重质产物的性质和塔底产物的化学结构对二次加氢的影响，液化残渣的流动性、热解特性、气化行为和液化操作条件对残渣性质的影响等。由于油价与煤价的差异，国外工业发达国家大多将煤炭液化技术作为重要能源储备技术，残渣利用也基本处于实验室研究阶段。

国内中国科学院山西煤炭化学研究所首先提出了两种液化残渣制氢的方案。一是先焦化，后气化；二是直接气化。如果固液分离的效率不高，残渣中富含未被分离出的液态产物，应用第一种方案，可先对残渣进行热裂解，将这部分产物分离出，固体残焦作为气化原料。第二种方案认为现代气化工艺允许在高温高压下将分离出的残渣直接加入到加压气流床内（如Texaco、Shell等气化炉），而不需将气化原料制成水煤浆，如果气化介质为空气和水蒸气，就可以生产燃料气。随着我国液化示范厂的建设，国家能源集团也完成了残渣气化制氢的前期调研工作，并选择了Texaco和Shell气化工艺分别进行了液化残渣气化的尝试。

B 煤液化渣提取沥青类物质

煤液化油渣中沥青类物质约占50%，按照煤液化油渣溶剂萃取特性，能被溶剂萃取部分称为沥青相，不能被溶剂萃取部分称为固相。2020年11月1日，国家标准《煤液化沥青》（GB/T 38772—2020）的实施，不但规范了煤液化沥青的质量标准，完善质量控制指标，拓宽利用途径和沥青材料品种范围，而且提升了生产企业的产品附加值，较大提升了中国煤液化沥青的高效清洁利用水平；也填补了中国煤制油在国标领域的空白，完善了中国现代煤化工标准体系。中国国家能源集团具有完全自主知识产权的35万吨/年世界首套煤直接液化油渣萃取工业化示范装置成功打通生产工艺全线流程，在油渣萃取装置内，煤直接液化装置产出的油渣与溶剂洗油相混合，经过萃取离心分离等处理，生产出不同品质的煤液化沥青产品。方法包括以下步骤：（1）将煤直接液化残渣与萃取溶剂混合，热溶萃取，得到热溶萃取混合物；（2）将热溶萃取混合物进行一级固液分离，得到一级萃取液和一级萃余物；（3）将一级萃取液中的部分萃取液进行二级固液分离，得到二级萃取液和二级萃余物；（4）将一级萃取液中的剩余萃取液进行溶剂回收，得到第一沥青类物质；将二级萃取液进行溶剂回收，得到第二沥青类物质；萃取溶剂为煤液化过程中产生的馏分油。沥青类物质混合物中灰分含量低，挥发分适中且软化点较高，无需将沥青类物质中液化重质油分离，可根据混合物的性质作为不同级别碳素材料的制备原料来合理利用。经过萃取的沥青产品具有高软化点、低硫、低氮和高芳烃环烷烃等特点，由于全流程加氢，相较市场的其他沥青产品更加环保，可用于生产高品质中间相沥青、电极负极材料、导热材料、碳纤维和高端活性炭等，具有广阔的应用前景。

C 煤液化渣对道路沥青的改性

煤液化残渣可应用于道路石油沥青的改性，中国科学院山西煤炭化学研究所和国家能源集团在这方面开展了大量研究，中国科学院山西煤炭化学研究所研究人员提出将残渣作为道路沥青的改性剂，首先将残渣粉碎至74μm以下，控制残渣掺入量为5%～30%，在100～250℃范围内与道路沥青混合均匀，能达到美国标准ASTM D5710：95的40～55针入度级别。国家能源集团煤制油公司提出将残渣熔融后，在100~280℃范围内掺入道路沥青中进行改性；神华煤直接液化残渣对泰州90号重质沥青的改性，残渣掺入量为7%时，可以达到国家要求的TMA—50产品指标，残渣用量明显低于TLA。研究人员将石油沥青、煤直接液化残渣和聚乙烯进行充分混合，制备了具有颗粒状的抗车辙剂，该抗车辙剂较好地改进了沥青路面的抗车辙性能。若残渣能够成功应用于道路沥青的改性，不但能够解决液化残渣的利用问题，而且能大大降低道路沥青的经济成本，拓宽道路沥青的来源。然而，目前的研究主要集中在将残渣直接掺入基质沥青中进行改性，虽然部分指标能达到美国改性沥青或我国道路沥青的标准，但由于液化工艺条件的不同，残渣掺入量会有较大幅度的变动，而且残渣对基质沥青的选择性较强，目前还没形成残渣对道路沥青改性的通用工业化办法。

3.7.3.2 煤液化渣的高值应用

A 煤液化渣制备多孔碳材料

煤液化渣中碳含量达80%左右，可直接作为前驱体通过化学和物理活化法制备多孔碳材料。活化剂一般为KOH、CO_2和H_2O，也可采用NaOH，在500℃以上进行活化，刻蚀部分碳原子形成孔结构，可通过添加模板剂和有机添加剂调控孔径结构。研究人员采用化学活化法制备了具有发达孔结构的煤液化残渣基多孔碳，认为煤液化残渣中的无机矿物质及其与KOH反应生成的无机盐是形成多孔炭的主要原因，所得碳材料孔径为3~5nm，相比于炭黑BP2000、商业活性炭和其他类似多孔碳材料，在催化甲烷裂解反应中，煤液化残渣基多孔碳表现出较高的稳定性和催化活性。泡沫炭由孔泡和相互连接的孔泡壁组成，呈三维网状结构，具有密度小、强度高、抗热震和易加工等优点，在高性能结构材料方面具有广泛的应用，以煤液化渣为碳源，聚氨酯为模板可合成泡沫碳复合材料，作为结构型吸波材料和电化学电极等。

B 煤液化渣制备碳纤维

绝大部分国家生产碳纤维的原料为价格昂贵的聚丙烯腈（PAN），当生产1t碳纤维时就要消耗2.5t聚丙烯腈，造成生产碳纤维的成本居高不下，而制造过程中产生的有毒气体氢氰酸严重污染环境，破坏大气层。制备碳纤维主要分为三个步骤：（1）预氧化，PAN的TG在低于100℃时分解会出现软化熔融的现象，所以不能直接置于惰性气体中进行碳化，要先在空气中对PAN低温处理；（2）碳化，碳化是碳纤维生成的主要阶段，需要在400~1900℃的惰性环境中进行。这一步骤的主要目的是用来去除大量的氮、氢、氧等非碳元素，从而改变原PAN纤维的结构，制得含碳量95%左右的碳纤维原丝。（3）石墨化，碳纤维石墨化需要在2500~3000℃的温度及惰性气体保护的情况下进行，将碳纤维原丝放入密封装置中，并不断地加压，能够让纤维中的结晶碳往石墨晶体转变，将其与纤维轴方向的夹角不断缩小，这一步可以有效提高碳纤维的弹性模量。与聚丙烯腈原料相比，以高缩合程度的芳烃为原料理论上可以制备出性能更高的碳纤维，关键是如何切割煤液化残渣为窄馏分和完全除去无机质。我国研究人员基于煤及其衍生物的溶剂萃取和萃取物的分析，研制出煤焦油精细分离的实验系统，掌握了通过溶剂萃取将重质有机混合物切割为窄馏分的技术，用所得煤焦油沥青成功地制备了长丝碳纤维。有学者从环境和经济效益角度出发，以液化渣提取的沥青质为原料，通过静电纺丝技术制备了纳米纤维膜，经预氧化与碳化处理获得碳纳米纤维薄膜，并将其作为超级电容器电极。以煤液化残渣中的前沥青烯为碳源，以聚丙烯腈为助纺剂，经过静电纺丝、不熔化和碳化处理，获得了前沥青烯基炭纤维无纺布，所得材料可直接作为锂离子电池负极材料。

C　制备纳米级碳材料

一维碳材料碳纳米管、二维碳材料石墨烯与零维碳量子点由于具有优异的电学、光学和力学等性质，在多个领域中展现出重要应用。煤液化残渣具有缩合芳香环基本单元结构，有利于通过一定的方式制备出碳量子点、碳纳米片（或石墨烯）材料。有学者采用直流电弧放电法，以填充液化残渣的石墨棒为阳极，高纯石墨棒为阴极，放电结束后收集沉积在反应器底部的样品。这种由未经任何处理的煤液化残渣制备出的多壁碳纳米管具有很好的石墨化程度，长度在几十纳米到数微米之间，含有部分纳米颗粒和无定型碳。

随着国家能源集团百万吨级煤直接液化项目的顺利运行及今后煤直接液化项目的发展，合理利用煤液化残渣成为降低液化工艺成本和完善煤炭液化技术的重要课题。目前相关利用基本处于实验室研发和中试阶段，针对不同种类原煤、不同液化技术和不同生产条件，需从多方面考虑，借助煤液化渣含有杂环芳香烃的结构特点，开发分级分质多源利用，方有望实现规模化、产业化的液化残渣再加工再利用，发挥煤液化残渣的最大价值，提高煤液化技术的经济效益。

本章小结

本章介绍了含碳固废的燃烧利用技术及煤矸石、粉煤灰、脱硫石膏、废旧脱硝催化剂、煤焦化和煤转化固废的理化特性和资源化利用途径，包括可大宗消纳固废的建材化利用方式和经济效益较高的高值化利用方式。叙述了固废不同利用方式的工艺过程及反应原理，重点对具有市场前景的主流方法进行了论述，对处于研究前沿的部分新兴技术的原理和发展前景进行了简要概况。

思考题

3-1　煤矸石中常见的矿物质种类主要有哪些？

3-2　煤矸石的主要利用途径有哪些，不同利用途径对煤矸石原料的要求有哪些？

3-3　煤矸石中主要矿物质在不同温度和气氛下加热时是如何转化和反应的？

3-4　提高煤矸石反应活性的方法主要有哪些？

3-5　煤矸石中的矿物质种类对其资源化利用有哪些影响？

3-6　粉煤灰水泥与传统水泥相比有何优劣？

3-7　粉煤灰掺量与水泥强度的变化关系是什么？

3-8　粉煤灰能用于建材生产的主要原理是什么？

3-9　粉煤灰活性取决于什么？

3-10　试论述符合制备水泥的粉煤灰的条件。

3-11　从粉煤灰中提取有价元素时，粉煤灰的活化方式主要有哪些？

3-12　利用粉煤灰制备莫来石时，调整原料硅铝比的方法有哪些？

3-13　试思考脱硫石膏的理化性质与利用途径的关系。

3-14 试分析脱硫石膏用作水泥缓凝剂的优缺点。

3-15 请论述以脱硫石膏为原料制备硫酸联产水泥工艺的原理及生产过程。

3-16 试论述脱硫石膏作为激发剂，对矿渣的激发机理。

3-17 脱硫石膏作为胶凝材料被应用于建筑材料的作用机制是什么？

3-18 请介绍脱硫石膏制 CO_2 吸附材料的工艺有哪些，并进行比较。

3-19 脱硝催化剂的主要成分有哪些，失活的原因是什么？

3-20 请简述废旧催化剂的再生技术有哪些？

3-21 主要的煤基产业含碳固废有哪些，它们的产生途径对它们的燃烧特性有什么影响？

3-22 请简述可用于燃烧含碳固废的燃烧技术，并试述针对不同固废，各燃烧技术需要进行的改进有哪些？

3-23 试比较各含碳固废燃烧技术的优缺点，论述不同燃烧技术的适用范围。

3-24 焦化固废有哪些，主要利用途径是什么？

3-25 简述煤气化残渣的性质，含碳量对其建材应用有哪些影响？

3-26 煤气化残渣的高值利用方法有哪些？

3-27 煤液化工艺主要有哪些？

3-28 简述煤液化残渣的萃取利用工艺流程。

参 考 文 献

[1] 陶有生．法国煤矸石烧结砖生产技术［J］．砖瓦，2020，11：36-41.

[2] 张凯峰，吴雄，杨文，等．煤矸石建材资源化的研究进展［J］．材料导报，2013，27（21）：290-293.

[3] 郭彦霞，张圆圆，程芳琴．煤矸石综合利用的产业化及其展望［J］．化工学报，2014，65（7）：2443-2453.

[4] 董建勋，徐玉晓，姜利．煤矸石在依七高速公路路基工程中的应用研究［J］．黑龙江交通科技，2020，11：1-3.

[5] 王栋民，房奎圳．煤矸石资源化利用技术［M］．北京：中国建材工业出版社，2021.

[6] 李亚林．粉煤灰-偏高岭土复合基地质聚合物的结构与性能研究［D］．绵阳：西南科技大学，2017.

[7] 张卫清，柴军，冯秀娟，等．煤矸石基地质聚合物的制备及微观结构［J］．中国矿业大学学报，2021，50（3）：539-547.

[8] 张长森．煤矸石资源再生利用技术［M］．北京：化学工业出版社，2017.

[9] 郭辉．利用煤矸石固相反应合成莫来石研究［D］．西安：西安科技大学，2014.

[10] 马壮，闫翠娟，陶莹．煤炭固体废弃物制备莫来石材料研究进展［J］．中国陶瓷，2011，47（12）：5-7.

[11] Lee J G，Cutl Er I B. Sinterable sialon powder by reaction of clay with carbon and nitrogen［J］．American Ceramic Society Bulletin，1979，58（9）：869-871.

[12] Baldo J B，Pandolfelli V C，Casarini J R. Relevant parameters in the production of β-Sialon from natural raw materials via carbothermic reduction［J］．Ceramic Powders，Elsevier，Amsterdam，1983：437-444.

[13] Bergaya F，Kooli F，Alcover J F. Synthesis of Sialon ceramics from various clays and different sources of carbon［J］．Journal of Materials Science，1992，27（8）：2180-2186.

[14] Sugahara Y，Kuroda K，Kato C. The carbothermal reduction process of a montmorillonite-polyacrylonitrile intercalation compound［J］．Ceramics International，1988，23（10）：3572-3577.

[15] Liu X J，Sun X W，Zhang J J. Fabrication of β-Sialon powder from kaolin［J］．Materials Research Bulletin，2003，38（15）：1939-1948.

[16] 曹珍珠，潘伟，房明浩，等．碳热还原氮化煤矸石制备 β-Sialon 结合复相陶瓷粉体［J］．稀有金属

材料与工程，2002，31（9）：28-31.
[17] 段锋，刘民生，马爱琼，等．由煤矸石制备塞隆材料的反应条件研究［J］．西安建筑科技大学学报（自然科学版），2013，45（5）：744-748.
[18] Luo X，Sun J，Deng C，et al. Synthesis of β-Sialon from coal gangue［J］. Journal of Material Science and Technology. 2003，19（1）：93-96.
[19] 岳昌盛，郭敏，张梅，等．高纯 β-Sialon 粉料的可控合成［J］．无机材料学报，2009，24（6）：1163-1167.
[20] 马刚，岳昌盛，郭敏，等．采用煤矸石和用后 Al_2O_3-SiC-C 铁沟料合成 β-Sialon［J］．耐火材料，2008，42（4）：274-278.
[21] 曹珍珠，潘伟，房明浩，等．碳热还原氮化煤矸石制备 β-Sialon 结合复相陶瓷粉体［J］．稀有金属材料与工程，2002，31（9）：28-31.
[22] 燕可洲．煤基固废中铝硅酸盐矿物在碳酸钠作用下的物相转变机理［D］．太原：山西大学，2018.
[23] 杨利霞．高铝煤矸石制备超细氧化铝和硅酸钠联产工艺的研究［D］．呼和浩特：内蒙古工业大学，2010.
[24] 高占国，华珞，郑海金，等．粉煤灰的理化性质及其资源化的现状与展望［J］．首都师范大学学报（自然科学版），2003（1）：70-77.
[25] 边炳鑫，曹敏，艾淑艳，等．粉煤灰理化性质及其综合利用［J］．能源环境保护，1997，11（3）：44-47.
[26] 单雪媛．粉煤灰中有价元素分布规律及浸出行为研究［D］．太原：山西大学，2019.
[27] Zhang J B，Li H Q，Li S P，et al. Mechanism of mechanical-chemical synergistic activation for preparation of mullite ceramics from high-alumina coal fly ash［J］. Ceramics International，2018：3884-3892.
[28] Ma Z B，Zhang S，Zhang H R，et al. Novel extraction of valuable metals from circulating fluidized bed-derived high alumina fly ash by acid-alkali-based alternate method［J］. Journal of Cleaner Production，2019（230）：302-313.
[29] 王恩．煤粉炉粉煤灰与循环流化床粉煤灰矿物学性质比较［J］．洁净煤技术，2016，22（4）：26-29.
[30] 张建波．高铝粉煤灰协同活化制备莫来石工艺基础研究［D］．北京：中国科学院大学，2017.
[31] 张学里．循环流化床粉煤灰有价元素梯级利用研究［D］．太原：山西大学，2021.
[32] 马志斌，常可可，燕可洲，等．不同负荷下循环流化床锅炉粉煤灰的理化性质研究［J］．洁净煤技术，2016，22（4）：20-25.
[33] 徐硕，杨金林，马少健．粉煤灰综合利用研究进展［J］．矿产保护与利用，2021，41（3）：104-111.
[34] 孟宪彬，李明君，丁国光，等．燃煤电厂粉煤灰综合利用分析［J］．电力科技与环保，2017，33（4）：50-52.
[35] Juenger M，Bernal S A，Snellings R. Supplementary cementitious materials：New sources，characterization，and performance insights［J］. Cement and Concrete Research，2019，122：257-273.
[36] 易龙生，王浩，王鑫，等．粉煤灰建材资源化的研究进展［J］．硅酸盐通报，2012，31（1）：88-91.
[37] 王维春，白旭，宣焱啉．利用粉煤灰及钢渣等生产混凝土实心砖的应用研究［J］．中国建材科技，2019，28（3）：60-61.
[38] 朱晓东，钱惠生，钱红宇，等．粉煤灰火山渣泡沫混凝土砌块的研制［J］．砖瓦，2010（5）：43-45.
[39] 梁斌，王静，牛向辉．砂、粉煤灰复合硅质材料生产蒸压加气混凝土砌块工艺条件探讨［J］．砖

瓦，2020（3）：23-26.

[40] 柴春镜，宋慧平，冯政君，等．粉煤灰陶粒的研究进展［J］．洁净煤技术，2020，26（6）：11-22.

[41] 王志轩，潘荔，杨帆．火电厂脱硫石膏资源综合利用［M］．北京：化学工业出版社，2018.

[42] 董胤喆．常压醇盐体系由脱硫石膏制备 α-半水石膏的工艺条件研究［D］．合肥：合肥工业大学，2019.

[43] 黄建时．醇水体系中脱硫石膏制备 α-半水石膏晶须及重金属铅（Pb）迁移分配规律［D］．杭州：中国计量大学，2019.

[44] 李海红．电厂脱硫石膏协同粉煤灰固化 CO_2 研究［D］．北京：中国矿业大学，2018.

[45] 段思宇．钢渣-粉煤灰-脱硫石膏复合胶凝体系的反应机制及应用研究［D］．太原：山西大学，2020.

[46] 林艳．工业副产石膏制备高纯硫酸钙（晶须）的工艺技术研究［D］．绵阳：西南科技大学，2018.

[47] 朱蓬莱．利用烟气脱硫石膏配制底层抹灰石膏的研究［D］．杭州：浙江大学，2018.

[48] 桂佑杰．水泥-脱硫石膏-粉煤灰复合胶凝材料力学性能研究［D］．淮南：安徽理工大学，2018.

[49] 刘同卫．脱硫石膏基轻质节能保温材料的制备与性能［D］．济南：济南大学，2020.

[50] 赵华．压制成型法制备高强度脱硫石膏制品的实验研究［D］．太原：山西大学，2018.

[51] Anderas P. Review of design operating and financial considerations in flue gas desulfurization systems［J］. Energy Technology & Policy，2015，2：92-103.

[52] 刘林程，左海滨，许志强．工业石膏的资源化利用途径与展望［J］．无机盐工业，2021，53（10）：1-9.

[53] 李丽，盘思伟，赵宁，等．燃煤电厂 SCR 脱硝催化剂评价与再生［M］．北京：中国电力出版社，2014.

[54] 陈晨，陆强，蔺卓玮，等．燃煤电厂废弃 SCR 脱硝催化剂元素回收研究进展［J］．化工进展，2016，35（10）：3306-3312.

[55] 林晓，刘晨明，潘尹银，等．一种废钒钨系 SCR 催化剂的钒、钨分离和提纯方法：104862485A［P］．2015-08-26.

[56] 曾瑞．含钨、钒、钛的蜂窝式 SCR 废催化剂的回收工艺：102936039A［P］．2013-02-20.

[57] 刘丁丁．废 SCR 脱硝催化剂中钒钨的分离和提取［D］．杭州：浙江大学，2018.

[58] Liu X J，Liang X Y，Liu C J，et al. Pitch spheres stabilized by HNO_3 oxidation and their carbonization behavior［J］. Carbon，2010，48（7）：2124.

[59] 谷小会．煤直接液化残渣的性质及利用现状［J］．洁净煤技术，2012，18（3）：4.

[60] 曲江山，张建波，孙志刚，等．煤气化渣综合利用研究进展［J］．洁净煤技术，2020，26（1）：10.

[61] Acosta A，Iglesias I，Aineto M，et al. Utilisation of IGCC slag and clay steriles in soft mud bricks（by pressing）for use in building bricks manufacturing［J］. Waste Management，2002，22（8）：887-891.

[62] Li Z，Zhang Y，Zhao H，et al. Structure characteristics and composition of hydration products of coal gasification slag mixed cement and lime［J］. Construction and Building Materials，2019，213：265-274.

[63] Yca C，Xian Z F，Sha W，et al. Synthesis and characterization of geopolymer composites based on gasification coal fly ash and steel slag -ScienceDirect［J］. Construction and Building Materials，2019，211：646-658.

[64] 姚阳阳．煤气化粗渣制备活性炭/沸石复合吸附材料及其性能研究［D］．长春：吉林大学．

[65] 高春新，井云环，陈慧君，等．煤气化渣脱除燃煤烟气中汞的性能研究［J］．燃料化学学报，2021，49（4）：10.

[66] 张晓峰，王玉飞，范晓勇，等．煤气化细渣浮选脱碳分析［J］．能源化工，2016，37（5）：4.

[67] Li C C, Qiao X C, Yu J G. Large surface area MCM-41 prepared from acid leaching residue of coal gasification slag [J]. Materials Letters, 2016, 167 (Mar. 15): 246-249.

[68] 张凯, 刘舒豪, 张日新, 等. 免烧法煤气化粗渣制备陶粒工艺及其性能研究 [J]. 煤炭科学技术, 2018.

[69] 赵鹏, 艾涛, 王振军, 等. 煤直接液化残渣制备沥青混凝土路面抗车辙剂的制备方法:, 101844892B [P]. 2012.

[70] 张建波. 煤直接液化残渣基炭材料的制备及应用 [D]. 大连: 大连理工大学, 2013.

[71] Li X, Tian X, Yang T, et al. Coal liquefaction residues based carbon nanofibers film prepared by electrospinning: An effective approach to coal waste management [J]. ACS Sustainable Chemistry & Engineering, 2019.

[72] Ying Z, Nan X, Qiu J, et al. Preparation of carbon microfibers from coal liquefaction residue [J]. Fuel, 2008, 87 (15/16): 3474-3476.

4 煤基产业废水的资源循环利用

本章提要：

本章主要讲解了煤基产业过程中的各种废水来源、水质特征及资源循环利用。

(1) 了解高悬浮废水（如矿井水、洗煤废水、冲灰冲渣废水及直接循环冷却水）、高有机废水（焦化废水、煤气化/液化废水）及高盐废水（如脱硫废水和反渗透浓水）的主要水质特征；

(2) 了解各种煤基产业废水资源循环利用途径；

(3) 重点掌握各种废水处理技术及循环利用的实际应用，并通过工程案例加深对处理工艺的理解。

采煤、洗煤和煤炭利用等过程中排放的废水根据污染物质成分不同主要有高悬浮废水、高有机废水和高盐废水等。

高悬浮废水主要有矿井废水、洗煤废水、冲灰冲渣废水及直接循环冷却水等多种废水。每种废水因产生的来源不同，其污染物浓度不同，主要与煤质、生产工艺及操作条件等因素密切相关。高悬浮废水排放量较大，对环境污染较严重。各种高悬浮废水因回用途径不同，其处理工艺有所差异。

高有机废水主要有焦化废水、煤气化废水和煤液化废水。这些废水中含有大量的酚类、氰化物、苯等有毒有害、难生物降解的污染物，种类繁多且浓度很高，使出水水质具有很高的COD、色度、氨氮，且生化性很差，是典型的高浓度难降解有机废水，其引起的水污染问题一直是工业废水处理领域的一大难题。

高盐废水主要来自燃煤烟气脱硫过程产生的脱硫废水及不同行业在废水再生回用等过程中产生的反渗透浓水等。高盐废水中无机盐和有机物成分复杂，直接排放会威胁生态环境与人体健康。随着我国“水十条”法规的颁布，高盐废水的治理要求正在逐步走向近“零排放”，最大程度减少对环境的危害和实现水资源的循环利用。

4.1 矿井废水的资源循环利用

4.1.1 矿井废水水质特征

煤矿矿井水是指在煤矿开采过程中，大气降水、地表水及地下水等通过渗入、滴入、淋入、涌入等方式进入开采空间的所有水。这种与煤层伴生的矿井水，原本属于地下水的性质，因在开采过程中混入煤粉和岩尘及受到人为污染等，失去原地下水的物理性状，而被列入废水范畴。为了保证安全的开采空间和良好的作业环境，防止矿井水害发生，这部分矿井水必须进行外排。

煤矿矿井水的组成与煤炭的开采有着密切联系，未被采煤活动污染时的水质与矿区地下水源水质基本相同，主要受当地岩层的地质年代、地质构造、岩石性质、各种煤系伴生矿物成分、所在地区的自然环境条件等因素影响。在煤炭开采过程中，未被污染的水与煤层、岩层、乳化液、废坑木及其他生活垃圾等接触，发生一系列的物理、化学及生化反应，其水质与原水水质有明显的差异，具有显著的煤炭行业特征。

地下水在流经采煤工作面时会携带大量的煤粉、岩粉等悬浮物杂质，使矿井水浑浊，颜色多呈灰黑色。有的煤矿煤层与碳酸盐矿物、硫酸盐、石灰岩等可溶性岩石共生在一起，地下水与岩石发生氧化作用，使矿井水呈高矿化度。对于开采高硫煤层的矿井，由于煤层及其围岩中硫铁矿的氧化作用，使矿井水呈现酸性和高铁性等。若煤层中含有硫、苯、酚、磷、焦油等杂质，矿井水中有害物质的含量也随之增高。因此，按照污染物质特征，煤矿矿井水主要包括洁净矿井水、高悬浮物矿井水、高矿化矿井水、酸性矿井水及特殊污染物质矿井水等。我国煤矿矿井水主要是含悬浮物矿井水，并且其他类型矿井水中均含有一定数量的悬浮物，尤其是随着煤炭综采设备的广泛使用，悬浮物质是多数矿井水的普遍特征。本书中主要介绍高悬浮物矿井水和酸性矿井水水质特征及其相关处理。

4.1.1.1 高悬浮矿井水水质特征

高悬浮物煤矿矿井水水质特征具体表现在如下几方面：

（1）悬浮物含量高，变化大且感官性差：煤矿矿井水中悬浮物的含量明显高于地表水中悬浮物的含量，一般为 100～3000mg/L；由于悬浮物主要是煤粉和岩粉等，感官性差，一般呈灰黑色。

（2）悬浮物粒径小，密度小，沉降性能差：近年来由于采煤方式不断提升，采煤过程中矿井水悬浮物粒径越来越小，平均密度为 1.2～1.3g/cm^3，粒径大于 80μm 的悬浮物占比不超过 5%，50μm 以下的占比高达 80%以上，粒径 5μm 及以下占比达 50%以上，因此沉降效果差。

（3）悬浮物负电性强：由于煤炭颗粒表面的—COOH 基团中的 H 容易失去，并且煤炭颗粒易于吸附水中油性物质，因此煤炭颗粒表现出不同程度的负电性，表 4-1 是我国平顶山、大同、介休、牛马司及皖北等代表性矿区的高悬浮矿井水悬浮物 ζ 电位，一般 ζ 电位介于-19mV 到-31mV 之间，均表现出较强的负电性，因此悬浮物难以自由沉淀。

表 4-1 矿井水悬浮物的 ζ 电位

水样编号	1	2	3	4	5	6	7	8
电位/mV	-24.87	-20.7	-22.01	-19.14	-30.15	-27.63	-26.12	-29.3

（4）混凝过程中矾花形成困难，煤炭表面的湿润性较差，煤粉表面与水及混凝剂的亲和力低于地表水中泥砂颗粒，因此混凝剂的选择很重要。

（5）高悬浮矿井水多数 pH 值呈现中性或弱碱性。

从 2007 年以来，我国采煤区域多集中在新疆、贵州、陕西、山西及内蒙古 5 个区域，这些区域的煤炭生产总量占全国煤炭生产总量的 80%左右，这 5 个区域的矿井水水质具有一定代表性。5个采煤区域的矿井水水质如表4-2所示。

表4-2　我国主要产煤地区煤矿矿井水水质特征

区　域	pH值	悬浮物/mg·L^{-1}	COD/mg·L^{-1}
内蒙古自治区	6.0~9.5	300~1200	113~535
山西省	6.0~9.0	114~2000	80~600
陕西省	6.0~9.0	70~3000	30~260
贵州省	6.0~9.0	34~1296	2~259
新疆维吾尔自治区	7.1~9.0	220~240	0.86~1.53

4.1.1.2　酸性矿井水水质特征

酸性矿井水水质特征具体表现在如下几方面：

（1）pH值低：酸性矿井水的pH值小于6.0。酸性矿井水是在煤矿开采过程中，煤层暴露及地下水的渗入，由于微生物的参与作用，将原来煤中的硫化矿物经过氧化、水解等一系列物理化学生物等反应转化成游离的硫酸或硫酸盐，从而使矿井水呈酸性。酸性与煤的存在状态、含硫量、微生物的种类数量以及矿井的空气流动状态等相关。

（2）矿化度高，总硬度大：由于酸性矿井水pH值低，对周围岩石具有侵蚀性，煤矿开采时将岩石中的各种离子带入矿井水中，因此矿井水中含有大量的SO_4^{2-}、Fe^{2+}、Fe^{3+}、Ca^{2+}、Mg^{2+}及其他金属离子（如Cu^{2+}、Al^{3+}、Mn^{2+}等）。

（3）悬浮物浓度较高：开采过程中带入的煤粉和岩粉等。

酸性矿井水除上述特点之外，还含有较多的细菌等。

煤矿矿井水无论是高悬浮矿井水还是酸性矿井水，不经处理直接外排，对环境会产生不良影响，如污染水体，影响生态环境；影响工农业生产；危害人体健康；造成水资源浪费等。因此，做好高悬浮物矿井水净化利用工作，变废水为资源，化害为利，是煤炭企业贯彻落实我国有关水污染防治法律、法规应尽的义务和责任，也是建设资源节约型、环境友好型和谐社会的必然选择。

4.1.2　矿井废水的资源循环利用

煤矿矿井水受矿区地质构造、水动力学和开采技术影响。我国矿井水水量较大，据不完全统计，2005年全国煤炭产量约为20×10^8t，吨煤排水量为2.1t，全国矿井水排放量为42亿吨；2010年，全国煤炭产量约为32.4×10^8t，吨煤排水量约为1.9t，全国煤矿矿井水量为61亿吨；2018年，吨煤排水量约为1.87t，全国煤矿矿井水量高达68.8亿吨。表4-3是我国2018年煤矿矿井水产生量。

表4-3　2018年我国煤矿矿井水产生量

区域	煤炭产量/万吨	煤矿吨煤排水量/t	矿井水产生量/亿吨
东部	41105	2.59	10.6
西部	281474	1.52	42.8
其他	45421	3.38	15.4
全国	368000	1.87	68.8

从水资源上看，全国70%的煤矿缺水，40%的煤矿严重缺水，水资源匮乏已成为矿区可持续发展的重要制约因素。在这14个大型煤炭基地中，除云贵基地、两淮基地、蒙东（东北）基地水资源相对丰富外，其余的11个基地都存在不同程度的缺水。尤其是晋、陕、蒙、宁、新等地区水资源最为匮乏，该地区2010年煤炭产量为19.45亿吨，占全国煤炭产量的60%，而水资源占有量却不足全国总量的20%。

因此，煤矿矿井水的资源循环利用，既减少了矿区开采过程中地表及地下水资源的大量使用，改善了矿区水资源匮乏问题，又能避免过度开采造成地下水位下降和地面下沉的问题，同时也能杜绝直接排放对矿区周围水源及生态环境的危害，最后为我国煤基产业的可持续发展提供保障。

4.1.2.1　高悬浮矿井水处理技术

高悬浮煤矿矿井水中的悬浮物主要来自开采煤矿时采掘工作面细小的煤粉及岩粉等，因此煤矿矿井水一般呈现灰黑色，浑浊度也比较高。另外，由于井下工作人员的生活影响，矿井水中微生物指标也超标。因此，根据高悬浮物矿井水水质特征，悬浮物浓度高、颗粒粒径小，密度低且负电性强，具有胶体性质，无法通过自然沉淀得以去除，必须依靠投加混凝剂进行混凝沉淀的方法去除水体中的悬浮物质，即一般采用澄清净化常规处理方法进行处理，处理后能够达到生产及生活用水标准。目前煤矿矿井水常用的常规处理流程：矿井水→调节池→混凝→沉淀（澄清）→过滤→消毒→回用。常规处理流程图如图4-1所示。

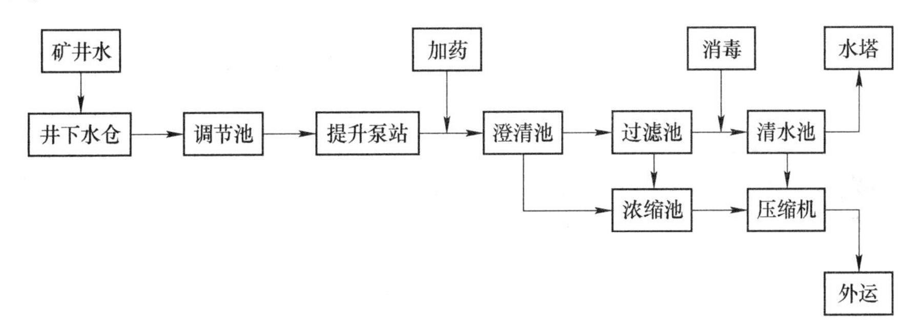

图4-1　高悬浮矿井水常规处理方法

该处理流程与城镇净水厂的常规处理工艺相同，将高悬浮矿井水提升至地面上的调节池，经预沉处理之后，然后通过混凝、沉淀、过滤、消毒等一系列处理程序之后，出水水质可达生产或生活使用。其中，预沉淀和消毒可根据原水水质和循环利用的目的来确定是否设置。

A　调节池

与城市污水相比，煤矿矿井水的水质和水量相对波动大，往往会影响后续水处理设施的正常运转，甚至在较大冲击负荷下，将会破坏处理设备，因此一般均设置调节池。调节池可以将不同时间段和不同来源的矿井水进行混合，调节水量或均和水质，有时还兼具沉淀池的功能和临时事故储水的功能，满足后续矿井水处理设施连续稳定工作的要求。

根据主要调节功能可把调节池分为水量调节池和水质调节池。就矿井水而言，水质变化比水量变化要大，因此需设置水质调节池。水质调节使矿井水中悬浮物浓度和组分的变化得到均衡，不仅要求调节池要有足够的调节容积，而且要求在设计停留时间内不同时间的进出水水质均和，以保证流入调节池的矿井水都能达到完全混合的状态。煤矿矿井水水质调节的基本方法有两种：

（1）外加动力混合。外加动力混合就是在调节池内添加鼓风空气搅拌、叶轮机械搅拌和水泵强制循环等设备或装置进行强制混合。这类设备相对比较简单，混合效果较好，但需要消耗动力而使运行费用增加，主要包括曝气混合、机械搅拌混合和水泵混合调节池。

（2）水力混合。水力混合就是采用差流方式，即通过调节池内部特殊构造形成的水流，使不同时间和不同浓度的矿井水进入调节池后，进行水质自身水力混合并实现均质效果。该方式基本无运行费用，但调节池内部结构复杂，施工困难。

B 混凝

高悬浮物煤矿矿井水中，悬浮物浓度较高，一般是 100~3000mg/L。与地表水中悬浮颗粒相比，矿井水中的悬浮物颗粒粒径小（5μm 以下占比 50%以上），密度低（一般为 1.2~1.3g/cm^3，远小于地表水中的颗粒密度 2.4~2.6g/cm^3），负电性强，与水形成溶胶状态的胶体微粒。这些胶体微粒由于布朗运动和静电排斥力或者水化膜阻碍而呈现沉降稳定性和聚合稳定性，通常不能利用重力自然沉降的方法去除。因此，必须向矿井水中添加一些化学药剂，如某种电解质或高分子金属盐类或高分子物质，使化学药剂与矿井水快速混合均匀，破坏矿井水中悬浮胶体微粒的稳定性，此过程常称为“凝聚”，该过程是化学反应过程，速度很快，一般 2min 以内完成；然后脱稳的胶体相互吸附聚集成大颗粒，使胶粒逐渐形成絮状沉淀物（俗称矾花），此过程称“絮凝”，该过程是物理过程，所需时间较长，一般需 10~30min。“混凝”即是这两种过程同时发生的总称。实际生产过程中，这两个过程很难分开。过程中所用的这些化学药剂统称为混凝剂。

a 混凝机理

混凝是高悬浮矿井水处理过程中常用的一种物化处理方法。混凝处理的对象就是矿井水中煤粉和岩粉等胶体粒子及微小悬浮物。混凝除了能够使矿井水中悬浮物澄清外，还能降低矿井水的浊度并去除附着于悬浮物杂质上的细菌和病毒等。

混凝机理很复杂，它与矿井水的组成、混凝剂的种类及混凝剂的投加量等有关。不同条件下，混凝机理也有所不同。目前比较认同的混凝机理主要包括四种：压缩双电层、吸附电中和、吸附架桥、网捕或卷扫作用。

（1）压缩双电层。矿井水中的煤粉、岩粉等细小悬浮颗粒呈现出胶体特性，能够在水体中保持稳定分散的状态。胶体稳定性包括动力学稳定和聚集稳定。细小悬浮物由于布朗运动强烈抵抗其重力而保持悬浮于水中，这是胶体的动力学稳定的原因；同时细小胶体颗粒表面具有巨大的表面自由能，吸附能力强，在布朗运动的作用下，颗粒间有自发聚集、互相碰撞的机会，然而因细小颗粒表面同种负电荷的斥力或者水化膜阻碍而影响胶粒之间的聚合，这是胶体聚集稳定性的原因。

矿井水中的细小悬浮物具备胶体特性，带负电的胶核表面与扩散于矿井水溶液中的正电荷离子正好电性中和，构成双电层结构。胶体滑动面（或胶粒表面）的电位即 ζ 电位。ζ 电位越高，同性电荷排斥力越大。当在高悬浮矿井水中投入带正电荷的混凝剂后，大量正离子会进入胶体扩散层甚至吸附层，从而增加吸附层和扩散层中的正离子浓度，扩散层厚度变薄，胶粒 ζ 电位降低，胶粒之间的排斥力减小；扩散层厚度减小，胶粒和胶粒之间碰撞的距离减小，相互吸引力增大，从而胶粒之间发生明显聚集现象；当大量正离子进入吸附层以致扩散层完全消失，ζ 电位为 0 时，胶粒最容易发生聚集。矿井水中的细小悬浮物稳定性破坏，大量聚集而被去除。

(2) 吸附电中和。高悬浮矿井水中带负电的细小悬浮物对异性离子和异性胶粒等有强烈的吸附作用，由于这种吸附作用中和了部分电荷，ζ 电位降低，静电斥力减小，更容易与其他颗粒接近而相互吸附，此时静电引力为絮凝的主要作用。另外，混凝剂的投加量若过多，胶粒吸附过多的反离子而使原来带负电胶体转变为带正电胶体，胶粒发生再稳现象。

(3) 吸附架桥。链状高分子絮凝剂在静电引力、范德华引力、氢键和配位键等作用下，通过活性部位与矿井水中的细小悬浮物等发生吸附桥联，即高分子链的一端吸附了某一胶粒后，另一端又吸附另一胶粒，形成“胶粒-高分子-胶粒”的絮凝体，高分子絮凝剂在胶粒之间起到桥梁作用，因此成为吸附架桥作用。带异性电荷的高分子物质与胶粒有强烈吸附作用，不带电甚至带有同性电荷的高分子物质与胶粒也有吸附作用。通过高分子吸附架桥作用，矿井水中的细小悬浮物逐渐聚集变大，形成肉眼可见的絮凝体（矾花）。矾花形成过程和吸附架桥示意图分别如图 4-2 和图 4-3 所示。

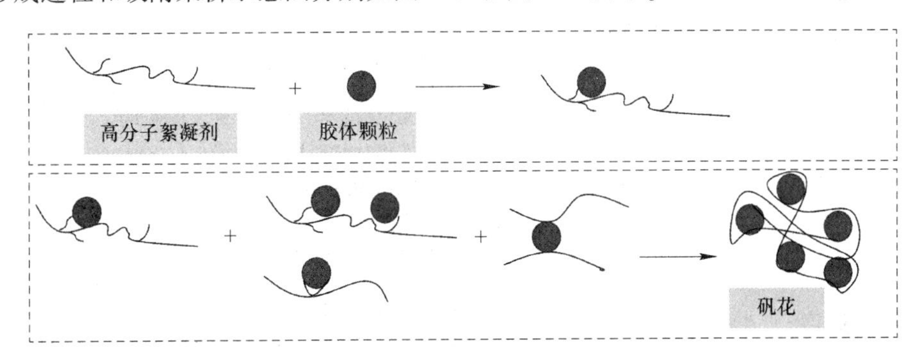

图 4-2　矾花的形成过程

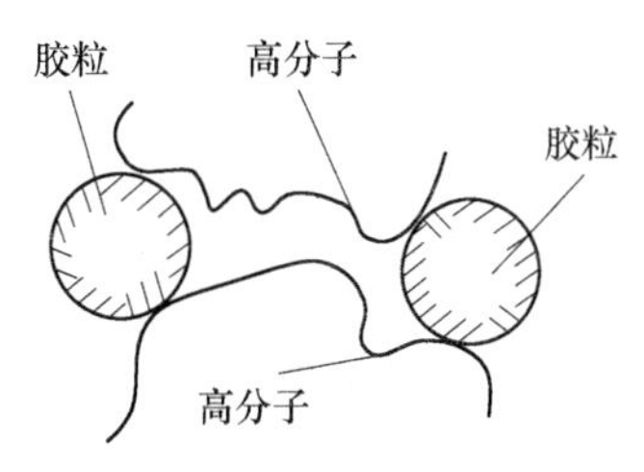

图 4-3　吸附架桥示意图

高分子混凝剂的投加量不能过少，过少不足以将胶粒架桥连接起来；同时投加量也不能过多，过多将胶粒表面全部覆盖而使其他胶粒无法接近而产生“胶体保护”作用。根据吸附理论可知，胶粒表面高分子覆盖率为 1/2 时，絮凝效果最好。

(4) 网捕或卷扫。当无机盐混凝剂，如铝盐和铁盐投加量很大时，在水体中形成大量氢氧化物沉淀时，这些沉淀物在沉降过程中，可以通过网捕或者卷扫的作用将矿井水中细小的悬浮物和胶粒一起包裹起来，进而将其沉淀分离，称为网捕或卷扫。这种作用是一种机械作用。混凝剂的投加量与原水杂质含量成反比。

实际矿井水处理过程中，不是单独的某一种混凝机理，往往是多种机理综合发挥作用。

b　混凝剂和助凝剂。

(1) 混凝剂。高悬浮矿井水处理过程中，混凝剂选择的基本要求：混凝效果好；对人体健康无害；使用方便；货源充足，价格低廉。目前由于水质的复杂性，用于水处理过程的混凝剂很多，最常用的有无机盐类、无机盐的聚合物及有机类高分子化合物，在矿井水处理过程常见的混凝剂如表 4-4 所示。

表 4-4 常用混凝剂种类及性能

类别		名称	化学式	主 要 性 能
无机混凝剂	铝盐及其聚合物	硫酸铝	$Al_2(SO_4)_3 \cdot 18H_2O$	◆ 白色结晶体，无水硫酸铝含量为 50%~52%，Al_2O_3 约为 15%，相对密度 1.62 ◆ 适用于 pH 值为 4~8，温度为 20~40℃的水质 ◆ 低温时水解困难，形成松散絮凝体，混凝效果不如铁盐
		聚合氯化铝（PAC）	$[Al_2(OH)_nCl_{6-n}]_m$	◆ 碱式氯化铝或羟基氯化铝，无机高分子混凝剂 ◆ 水质适用范围广：低浊度、高浊度、高色度的水均适用 ◆ 水温、pH 值适用范围宽：pH 值为 5~9 ◆ 矾花形成速度快，颗粒大，沉淀性能好，投药量比硫酸铝低 ◆ 对设备腐蚀性小 ◆ 处理出水 pH 值和碱度下降小
		聚合硫酸铝（PAS）	$[Al_2(OH)_n(SO_4)_{3-n/2}]_m$	◆ 使用条件与硫酸铝基本相同 ◆ 用量小，性能好 ◆ 最佳 pH 值：6.0~8.5
	铁盐及其聚合物	三氯化铁	$FeCl_3 \cdot 6H_2O$	◆ 黑褐色结晶体，强吸水性，易溶于水 ◆ 矾花相对密度大，易沉降 ◆ pH 值适用范围宽 ◆ 具有强腐蚀性 ◆ 处理后水的色度高
		聚合硫酸铝（PFS）	$[Fe_2(OH)_n(SO_4)_{3-n/2}]_m$	◆ 无机高分子混凝剂 ◆ 适宜水温：10~50℃ ◆ pH 值适用范围广：4~11，最适为 5.0~8.5 ◆ 投加量小，絮体生成快 ◆ 腐蚀性较 $FeCl_3$ 小 ◆ 水质适应范围广
有机混凝剂	人工合成	聚丙烯酰胺（PAM）	$-[CH_2-CH]_n-$ $\qquad\quad \vert$ $\qquad\; C{=}O$ $\qquad\quad \vert$ $\qquad\; NH_2$	◆ 丙烯酰胺聚合而成，非离子型高分子有机混凝剂，也称三号混凝剂 ◆ 可作为混凝剂，也可作为助凝剂 ◆ 与其他混凝剂混合使用：原水浊度低时，先投加其他混凝剂，再投加 PAM；原水浊度高时，先投加 PAM，再投加其他混凝剂 ◆ 单体丙烯酰胺有毒
	天然	淀粉、动物骨胶、纤维素、树胶等		◆ 电荷密度小、分子量低，容易降解失去活性 ◆ 使用较少

（2）助凝剂。当矿井水处理过程中，单独使用某一混凝剂无法实现预期混凝效果时，需投加其他药剂以提高混凝效果，该药剂称为助凝剂。助凝剂的使用主要是为了改善絮凝体结构，形成较大表面积且密度大的矾花。作用机理主要是增加絮凝体密度或高分子物质

的吸附架桥作用。

矿井水处理过程中常用的助凝剂有：改善絮凝体结构的高分子助凝剂：聚丙烯酰胺、骨胶、海藻酸钠、活性硅酸等；调节 pH 值和酸碱度的助凝剂：NaOH、Na_2CO_3、$NaHCO_3$、$Ca(OH)_2$、H_2SO_4 等，改变废水的 pH 值，以达到混凝剂的最适 pH 值；破坏水体中的有机物，改善混凝条件的助凝剂：Cl_2、$Ca(ClO)_2$、NaClO。

混凝剂和助凝剂选择及投药量确定：高悬浮矿井水处理过程中混凝剂的选择和混凝剂的投加量非常关键。不同矿区的矿井水中悬浮物浓度有所差异，其混凝剂的选择和投加量有所不同。有关混凝剂的选择和投加量的确定目前仍然是通过六联搅拌机混凝剂试验确定，通过一系列试验确定最佳混凝剂及其最佳投加量。

由于高悬浮矿井水一般为中性或者偏弱碱性，pH 值符合混凝剂使用要求，无需外加碱试剂。混凝剂的种类需要通过试验测试之后进行选择。目前在高悬浮矿井水处理过程中主要多使用无机混凝剂聚合氯化铝（PAC）和有机絮凝剂或助凝剂聚丙烯酰胺（PAM）配合使用。PAC 对矿井水水质、水温及 pH 值适应范围广泛，具有较好的架桥和网捕作用，可弥补普通无机混凝剂对煤粉和岩粉的亲和力差的不足，即双电层不易压缩而使微粒脱稳聚集效果差的缺点，使矾花形成速度加快；同时 PAM 主要适用于高浊度矿井水处理中，具有较好的吸附架桥作用，两者配合使用既可以保证处理出水水质，又能减少药剂用量。

高悬浮矿井水中细小的煤粒和岩粒与地表水中的悬浮物相比，其密度较小，因此与无机混凝剂的亲和力要小，混凝剂投加量与城镇净水厂混凝剂的投加量有较大差异。一般需要通过试验确定加药量并进行及时调整。表 4-5 是我国一些矿区高悬浮矿井水混凝剂投加量总结，研究者或者运行者可参照相似条件的运行经验确定。一般对于高浊度矿井水处理过程中，PAC 的投加量在 10mg/L 以上。

表 4-5　我国部分矿区高悬浮矿井水混凝剂投加量

序号	省份	煤矿	原水悬浮物 /$mg \cdot L^{-1}$	混凝剂投加量/$mg \cdot L^{-1}$		出水悬浮物 /$mg \cdot L^{-1}$
				PAC	PAM	
1	陕北	大川沟煤矿	159~168	14	0.2	6.5~8.9
2	辽宁	阜新五龙矿	140	20	2.5	0.9
3	河北	柳江煤矿	150（277NTU）	30	0.5	2.06 NTU
4	湖南	衡阳耒阳煤矿	436	CH 混凝剂：15mL（2.5%）		40
5	黑龙江	鹤岗南山煤矿	810	24	0.23	3
6	内蒙古	西部某煤矿	915	60	0.8	1.88
7	山东	济宁三号煤矿	300~2000	55~90	4~8	≤3
8	河北	唐山马家沟矿	9961	100	200（NCF）	1

c　混合和絮凝过程

高悬浮矿井水混凝处理过程中，包括水体中细小煤粉及岩粉等悬浮或胶体物质脱稳及脱稳胶体聚集的两个过程。胶体脱稳的效果取决于混凝剂与矿井水的混合过程，而脱稳胶体聚集也需要保证合适的水力条件，因此在高悬浮矿井水处理过程中，混凝剂与矿井水的混合及絮凝过程是很关键的。

（1）混合。混合的目的是让混凝剂在高悬浮矿井水中迅速而均匀地扩散并保持浓度一致，进而使混凝剂的水解产物与矿井水中的煤粉或岩粉等细小悬浮物或者胶体充分接触完成胶体脱稳的过程，为后续更好地絮凝做准备，因此混合是提高混凝效果的重要因素。混合过程很短，一般是10~30s，理论上最多不超过2min，此阶段速度梯度G在700~1000s^{-1}之内（速度梯度G值是控制混凝效果的水力条件，是混凝过程中重要的控制参数），因此在混合阶段需要对矿井水进行剧烈搅拌，产生涡流或水流速度差。混凝剂的种类也会影响混合方式，一般使用高分子混凝剂时，由于其作用机理主要是絮凝作用，因此只要求药剂均匀地分散于矿井水中，而不要求剧烈混合。

$$G = \sqrt{\frac{P}{\mu}}$$

式中，P为单位体积水体所耗散的功率，W/m^3；μ为水的动力黏度，Pa·s；

（2）絮凝。矿井水混凝处理过程中，絮凝是澄清处理的关键。絮凝主要是在一定的水力条件下，将矿井水中脱稳胶体相互碰撞聚集形成较大絮凝体的过程，该絮凝体应有较大的粒度、强度和密度，才能在后续沉淀澄清过程中有良好的效果。

絮凝阶段，通过机械或水力搅拌，扰动水体，产生速度梯度或者涡流促使矿井水中的脱稳颗粒相互碰撞聚集，搅拌水体的强度以速度梯度G来表示大小，此阶段通常用G和GT作为控制指标，搅拌强度不能太大，否则絮凝体容易破碎。在絮凝过程中，絮凝体尺寸逐渐增大，由于大的絮凝体容易破碎，因此从絮凝开始至絮凝结束的过程中，G值逐渐减小。此阶段平均$G=20\sim70s^{-1}$，平均$GT=10^4\sim10^5$。

絮凝一般在絮凝反应池内进行，要达到较好的絮凝效果，需具备两个条件：一是充分絮凝能力的颗粒；二是保证颗粒能够获得适当的碰撞接触而不被破碎的水力条件。根据能量来源不同，絮凝池有水力絮凝池和机械絮凝池。絮凝池宜与后续的沉淀池合建，这样布置紧凑，节省造价，可避免絮凝池水体在管道中流动造成絮凝体破碎。

C　沉淀或澄清

（1）沉淀。高悬浮矿井水处理过程中，原水中若含有较大的煤粒和岩粒等，无需添加药剂，依靠重力作用直接在预沉池可沉淀下来得以去除。用于沉淀的设备称为沉淀池，在矿井水处理过程中根据沉淀池的结构类型可分为平流沉淀池、辐流沉淀池、斜板和斜管沉淀池等。常用的预沉池有平流沉淀池和辐流沉淀池。

高悬浮矿井水中细小的煤粉和岩粉等悬浮物质或胶体，无法依靠重力自然沉降，需通过投加混凝剂将悬浮物质或胶体脱稳并絮凝，在絮凝池形成的较大的絮凝体，这些絮凝体再依靠其本身重力作用，在水中沉降分离出来，这种沉淀称为混凝沉淀。目前用于矿井水混凝沉淀的沉淀池有平流沉淀池、斜板斜管沉淀池和辐流沉淀池。

（2）澄清。澄清池是将混凝沉淀集中在同一设备或装置内完成，处理效果好，处理能力高，因此在矿井水处理过程中应用较多。

澄清池是利用构筑物内已经形成的絮凝体和新进入的颗粒发生碰撞黏附，然后聚集成较大的颗粒提高颗粒沉淀速度。澄清池运行时，可通过投加较多的混凝剂，适当降低负荷或投加黏土等技术措施，使絮凝颗粒形成一定的浓度和粒径，因其具有较大的表面积和吸附活性被称为活性泥渣，当进入澄清池的细小颗粒与活性泥渣接触时，即可发生絮凝作用并被泥渣拦截下来，使高浊度废水得以澄清。在澄清池中发挥主要作用的是处于悬浮状态的活性泥渣层。排泥系统定期排除多余老化泥渣，泥渣层始终处于浓度相对平衡状态。

澄清池有泥渣悬浮澄清池和泥渣循环澄清池，矿井水处理过程中使用泥渣循环澄清池较多。为充分发挥活性泥渣接触絮凝作用，可使泥渣在池内循环流动，回流量约为设计流量的3~5倍。泥渣循环借助机械抽升的为机械搅拌澄清池，借助水力抽升的为水力循环澄清池。高悬浮矿井水中悬浮物颗粒细小，不易沉降，利用回流泥渣类似网捕卷扫作用，沉淀效果较好，因此矿井水处理中应用较多的是机械搅拌澄清池和水力循环澄清池。

D 过滤

高悬浮矿井水经过混凝沉淀后，可以去除水体中大部分悬浮物质。过滤是为了进一步降低水体浊度，尤其当处理水回用至矿区生活用水时，过滤能保证更好的消毒效果。

过滤是利用滤料分离水中杂质的一种水处理技术，该技术不是简单的机械筛滤作用，而是悬浮颗粒与滤料颗粒的黏附作用。高悬浮矿井水混凝沉淀之后剩余的细小悬浮颗粒随水流流动的过程中，首先通过筛滤、拦截、沉淀、惯性、扩散和水动力等某种作用或几种作用后，脱离原流线而与滤料表面接近，即发生悬浮颗粒迁移的过程；然后上述迁移与滤料接触的悬浮颗粒，通过范德华引力和静电力、接触凝聚和吸附等作用，黏附在滤料颗粒表面或者黏附在滤料表面上原先黏附的颗粒上，即发生悬浮颗粒黏附的过程。以上是过滤的基本原理。

滤料有颗粒滤料和多孔滤料。一般在矿井水处理过程中采用颗粒滤料。由于高悬浮矿井水悬浮物浓度较高，应该选择粒径较大，机械强度较好的滤料，如无烟煤、石英砂、石榴石、陶粒、大理石、磁铁矿等，还有近几年研发的纤维球、聚氯乙烯或聚丙烯球等。

用于矿井水处理过程中常用的滤池有普通快滤池、虹吸滤池和无阀滤池等。各种形式滤池，其过滤原理基本一致，基本工作过程也相同，即过滤和反冲洗交错进行。滤池中选择合适的滤料层（如无烟煤、石榴石、石英砂等），高浊度水流通过滤料层时，水中杂质被截留，随着滤料层中截留杂质越来越多，滤料层中水头损失也逐渐增加，当水头损失增至滤池产水量减少或出水水质不符合要求时，滤池停止过滤进行反冲洗；受污染的滤料层由反向水流或气流使其处于悬浮状态进行反向冲洗，将截留杂质冲洗下来，滤料得以清洗。

滤池的选择主要取决于矿井水的水量、出水水质及处理工艺的协调布置，如水力循环澄清池常与无阀滤池连用。高浊度矿井水处理过程中，不宜选用翻砂困难或冲洗强度受限的滤池。矿井水处理过程中常用的滤池有普通快滤池、虹吸滤池、无阀滤池、V型滤池、移动罩滤池和接触双层滤料滤池等。

综上所述，高悬浮矿井水经过混凝、沉淀、过滤处理之后的出水，已将大部分悬浮物质得以去除，可根据具体的水质进行回用。若出水要给矿区生活使用，则必须进行相应的消毒，才能回用。常用的消毒方法有液氯消毒、紫外线消毒、臭氧消毒等。

4.1.2.2 酸性矿井水处理技术

酸性矿井水在悬浮物质处理之前，主要的处理方法大致可分为以下几类。

（1）化学中和法：即向酸性矿井水中投加碱性中和剂，如碱石灰和石灰石，利用酸碱的中和反应提高废水的 pH 值，使废水中的金属离子形成溶解度小的氢氧化物或碳酸盐沉淀而中和酸性矿井水。使用较普遍的处理工艺有普通滤池中和法、石灰石中和滚筒法和升流膨胀过滤中和法，该方法可处理各种酸性矿井水。

（2）生物化学法：使用微生物处理含铁酸性矿井水，该理技术在美国和日本等国已经进行实际工程应用，该方法的优势在于对二价铁处理效果好、实用性强、投资低、操作运行管理方便，不存在二次污染。

（3）人工湿地法：利用自然生态系统中的物理、化学和生物的协同作用，通过过滤、吸附、沉淀、离子交换、植物吸收和微生物分解来实现对污水的高效净化，有微生物法和植物法两种。该方法出水水质稳定，对 N、P 等营养物的去除能力强，基建和运行费用低，维护管理方便，耐冲击负荷强，适用于间歇排放矿井水的处理，并具有景观美学价值等优点。因此，在北美、欧洲的许多国家得到了广泛应用。

（4）其他工艺方法：主要有粉煤灰法和赤泥法处理，或者采用投加钡渣、轻烧镁粉和纯碱，或者使用碱性纸浆废液、硼泥等代替石灰乳，以废治废，综合利用。

酸性矿井水中的悬浮物质的处理方法仍然是混凝沉淀（澄清）、过滤和消毒等工艺。

4.1.2.3 矿井水资源循环利用途径

近年来我国煤矿矿井水资源循环利用技术日渐成熟并完善，且得到广泛应用。根据不同矿区及地域特点，煤矿矿井水的资源循环利用途径很多。目前，我国煤矿矿井水的利用主要有以下几种方式：

（1）矿区其他生产工业用水：该方式是煤矿矿井水资源循环利用的主要方式，约占总用水量的 70%，如用于煤炭生产、洗选加工、煤化工及电厂等；在很大程度上节约了地下水及地表水资源。

（2）矿区生态建设用水：该循环利用方式占比为 15%左右，如矿区内部的降尘、绿化及景观等生态用水。

（3）矿区生活用水：该资源循环利用方式约占比为 10%，在缺水或极度缺水矿区，因水资源极度匮乏，加之矿井水大量产生，为避免水资源的严重浪费，将矿井水进行深度处理之后，水质指标达到生活饮用水标准，进而供矿区居民生活使用。

（4）矿区其他用水：部分矿区利用矿井水源热泵技术，为矿区进行供热、供暖和生活热水等；还有少数矿区矿井水中含有人体所需的微量元素，可加工为矿泉水为人们生活饮用。

4.1.2.4 矿井水资源循环利用工程案例

A 混凝沉淀法处理高悬浮物矿井水资源循环利用工程

河南焦作某矿区是我国一个著名的大矿区，每年矿井水排放量为 1.5 亿吨，该矿区矿井水的水质受当地水文、地质、气候、地理等自然条件影响。矿井水流经采煤工作面后，将带入大量煤粒、煤粉、岩粒以及岩粉等悬浮物；井下工作人员的生产生活，使矿井水中微生物指标超标，该矿井水主要为含悬浮物矿井水，其水质如表 4-6 所示。然而焦作人均水资源占有量低于 500m^3，属于严重缺水区。矿区矿井水若不进行资源化回收利用，将会造成水资源的浪费，因此，对该矿区矿井水进行集中回收处理并回用，将会缓解矿区水资源匮乏问题。

表 4-6　焦作某矿区九里山矿含悬浮物矿矿井水水质指标

指标	浑浊度/NTU	总大肠菌群/CFU · $100mL^{-1}$	锰/mg · L^{-1}	铜/mg · L^{-1}
矿井水	140	84	0.12	3.10
生活饮用水卫生标准 GB 5749—2006	<1（<3）	不得检出	<0.1	<1.0

考虑原有矿井水处理技术的不足，根据矿井水原水水质分析、通过大量试验研究和分析对比，该矿区采用典型的混凝沉淀过滤常规处理工艺进行处理。其工艺流程如图 4-4 所示。

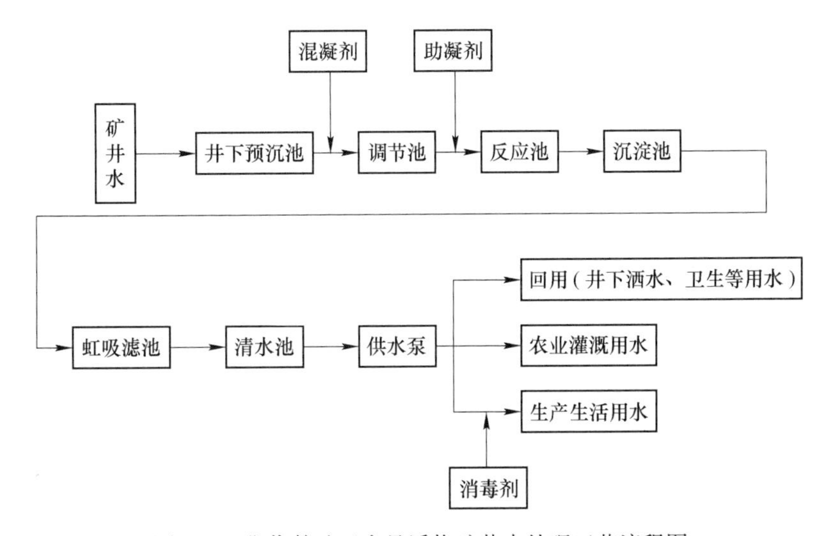

图 4-4　焦作某矿区含悬浮物矿井水处理工艺流程图

该矿区产生高悬浮矿井水，首先由井下排水泵泵入井下预沉池，较大的煤粒和岩粒在预沉池沉淀之后，矿井水中剩余的悬浮物主要为细小的悬浮煤粉和岩粉等；随后经提升泵直接提升至地面的调节池进行水量及水质的均化，在进入调节池之前加入混凝剂；再由提升泵泵入涡流絮凝反应池，在进入絮凝反应池之前加入助凝剂；涡流反应絮凝池出水自流进入斜管沉淀池，进行絮凝体的沉淀过程；沉淀池出水自流进入虹吸滤池，进一步去除细小悬浮物质，降低矿井水浊度；过滤池出水自流进入清水池储存，最后清水池的水由供水泵提升回用至不同途径，如井下洒水等生产用水、农业灌溉用水或经消毒之后回用至矿区生活用水，缓解矿物水资源匮乏问题。经该一系列工序处理之后的出水水质如表 4-7 所示，与原矿井水水质对标发现，原来超标的水质指标经处理之后完全达到了《生活饮用水卫生标准》（GB 5749—2006）。

表 4-7　焦作某矿区含悬浮物矿井水处理出水水质指标

指　标	浑浊度/NTU	总大肠菌群/CFU · $100mL^{-1}$	锰/mg · L^{-1}	铜/mg · L^{-1}
矿井水	<3	未检出	<0.05	<0.05
生活饮用水卫生标准 GB 5749—2006	<1（<3）	不得检出	<0.1	<1.0

B　一体化净水器处理高悬浮矿井水资源循环利用工程

山西某煤电集团公司某矿生产能力为500万吨/年，该矿区矿井涌水量大，矿井水排放量每年高达200万吨左右。该矿区矿井水为高悬浮矿井水，悬浮物含量高，浑浊度高，呈现灰黑色，其水质成分如表4-8所示。该矿区根据自身水质特点，通过调研确定该矿井水处理工艺如图4-5所示。

表4-8　山西某煤电集团公司某矿高悬浮矿井水水质成分

水质指标	SS/mg·L^{-1}	COD/mg·L^{-1}	BOD/mg·L^{-1}	DO/mg·L^{-1}	pH值
数值	500~3000	50~350	8.5	2.8	6~9

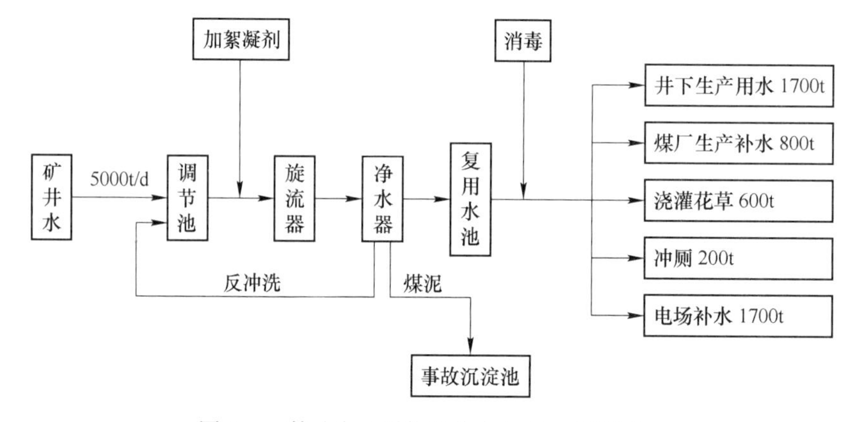

图4-5　某矿含悬浮物矿井水处理工艺流程图

该矿区采用一体化处理设备，该设备集混凝、沉淀和过滤三个程序于一个装置中。一体化净水器是20世纪80年代在国内发展起来的一种小型净水设备，一般为钢制或者塑料材质。该设备占地面积小，操作简单，投资小，建设周期短，投入运行很快，易于保温和维护。在煤矿企业应用较广泛，处理原理上与上述常规处理工艺是相同的。该矿区矿井水经井下水仓由提升泵提升至地面的调节池，经调节池调节水质和水量之后，进入后续的一体化处理设备，同时投加聚合氯化铝（PAC）混凝剂，投加量为60mg/L，经水泵叶轮搅拌与原矿井水混合均匀，在一体化设备中进行混凝、沉淀并过滤的程序，去除水体中的SS，出水经消毒后储存至清水池，然后进行回用。该矿区将处理之后的矿井水分别用于井下生产用水、电厂生产补水、绿化用水及办公场所卫生设施冲洗等。

经该一体化处理设备处理之后，其出水水质如表4-9所示，该高悬浮矿井水中悬浮物去除率高达97%以上。

表4-9　山西某煤电集团公司某矿高悬浮矿井水处理水质

水质指标	SS/mg·L^{-1}	COD/mg·L^{-1}	BOD/mg·L^{-1}	DO/mg·L^{-1}	pH值
数值	11	10	2.3	4.0	7.2

C　中和+混凝沉淀法处理酸性矿井水资源循环利用工程

某煤矿矿井水污染物质主要如下：悬浮物浓度为593mg/L，pH值为2.84，COD为

467mg/L，铁、氟和硫含量为 11.3mg/L、2.01mg/L 和 0.005mg/L。该矿的矿井水是高悬浮酸性矿井水，悬浮物质主要是以浓度较大、密度较小的煤粉和岩粉为主，通过投加混凝剂去除；pH 值低于 3，必须添碱性试剂，提高 pH 值；另外，矿井水中含有较多的铁等金属元素及无机盐类。

根据上述矿井水水质特征，处理工艺流程中必须有酸碱中和、去除悬浮物质和除铁的过程。因此工艺流程如图 4-6 所示，从处理流程中可以看出该矿井水首先通过投加碱性试剂进行中和，提高废水 pH 值，然后通过曝气氧化方式除铁，最后通过混凝沉淀过滤的方式去除废水中的悬浮物质。同时锰砂过滤器也能继续除铁。

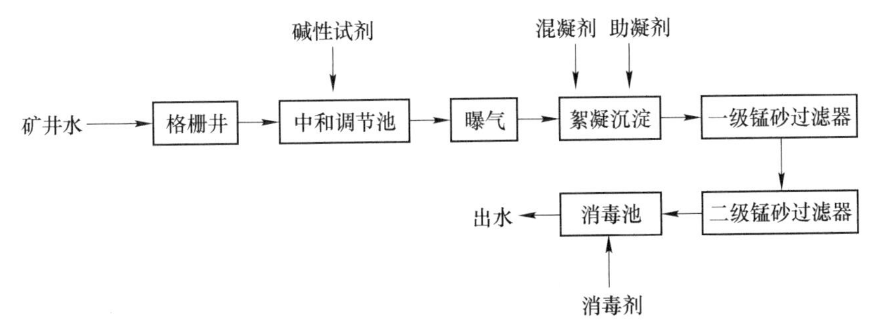

图 4-6　某矿酸性矿井水处理工艺流程

经该工艺流程处理后矿井水的水质：悬浮物浓度低至 29.65mg/L，去除率大于 95%，COD 低至 47.3mg/L，去除率大于 90%，出水各项指标均能满足井下消防、洒水水质标准要求。因此该矿井水处理工艺，对于去除 SS、COD、Fe 及调节 pH 值是可行的。

4.2　洗煤废水的资源循环利用

4.2.1　洗煤废水水质特征

在煤矿直接开采的原煤中含有大量的杂质和灰分，如果直接燃烧不仅会造成煤炭资源浪费，而且还会加重大气的环境污染。选煤是合理利用煤炭资源、保护环境的最经济和最有效的技术，是煤炭加工、转化为洁净煤燃料必不可少的基础和关键环节，通过选煤可以优化产品结构，提高利用效率。选煤就是要通过降低原煤中固有的杂质（如硫化物等）和灰分的含量，提高煤炭在使用过程中的结焦性能及发热量，同时减轻煤燃烧过程对大气环境的污染，最终实现煤炭的高效及洁净利用。不同地区的煤质成分虽然有所差异，但是选煤方法主要有两种，即可分为干式选煤和湿式选煤。

干式选煤就是利用煤炭与煤矸石在物理性质上的差异来达到分选的方法。我国煤炭资源主要集中在北部或西北区域，同时这些区域属于水资源匮乏区域，干选因在选煤过程中无需使用水资源而备受青睐。煤干选的方法主要包括风选、电选、磁选、微波选、摩擦选及流化床选等，其中空气重介流化床选和风选目前在工业上已经应用。采用流化床选煤，主要利用煤质颗粒的粒度差别或者密度，形成相应的流化床层，从而达到分离的效果。风选是以空气为介质，上升气流场中，煤炭因密度不同而实现分选，该方法操作费用较低，无煤泥水处理系统，适合在缺水地区使用。但该方法所需风量较大，效率低，同时存在粉尘污染等不足，因此实际应用范围较窄。

湿式选煤主要是利用水流作为选煤介质，使水与煤中的矿物质组成悬浮液，利用水流的冲击作用，从而分选出优质煤和劣质煤，同时降低煤炭中的杂质成分。湿式选煤也称洗煤，目前常用的洗煤技术主要有浮选、跳汰及重介选煤。该方法一般耗水量较大，操作费用较大，但分选效果好，我国目前选煤厂多采用此方法。表4-10是我国目前选煤厂选煤方法。

表4-10 我国选煤厂选煤方法及比例

选煤方法	浮选	跳汰	重介	其他
比例/%	14	52	28	6

洗煤废水是湿式洗选煤时排出的废水。湿法选煤时需要大量的水，一般1t原煤经过湿式选煤法需3~5t循环水，并且循环过程中仍需补充一部分清水，而这些水经过洗选过程后就含有了大量的粒径小于50μm的悬浮物，通常把含有这些细小悬浮粒子的洗煤水叫煤泥水，也称洗煤废水。

洗煤废水主要成分为微煤粉、砂、黏土、页粉岩等。洗煤废水水质与原煤煤质有关。原煤煤质较好，洗选过程中产生的废水悬浮物浓度较低，颗粒粒度较大，处理简单。若原煤煤质差，如年轻煤种高泥质煤，洗选过程中产生的废水悬浮物浓度较高，颗粒粒度较小，处理难度大，本书中重点讨论高浓度洗煤废水。在我国，有很多原煤属于高泥质煤，每年选煤用水量约$8.4\times10^8m^3$，占全国工业用水量的0.74%，因此洗煤废水排放量较大。

洗煤废水是呈弱碱性的稳定胶体分散体系，其水质特征主要如下：

（1）高悬浮物浓度：一般SS浓度高达70000mg/L以上，远远高于城镇污水处理厂污泥浓缩池中SS浓度。该悬浮物颗粒表面带负电，在水中较稳定，自然状态下，无法通过沉淀或者上浮的方法去除，因此处理难度较大。另外，悬浮物的粒径分布显示，微细颗粒的含量在SS中含量较高，粒径小于75μm的颗粒所占比例高达一半以上，这些微细颗粒的性能直接增加了洗煤废水的处理难度。

（2）高COD浓度：一般COD浓度高达20000mg/L以上，COD高的主要原因是SS浓度较大。一般情况下，废水中SS浓度高，COD浓度也高，因为COD有一部分主要来源于废水中悬浮物，即煤泥颗粒。因此，SS被去除的同时，COD也被去除，两者可以同时满足回用或者排放标准。

（3）低过滤性能：一般洗煤废水的污泥比阻值高于$0.4\times10^{13}m/kg$，说明洗煤废水过滤性能较差，处理时不能直接进行压滤脱水，需首先通过采取一定措施，如混凝法，改善其过滤性能。

洗煤废水水质特征如表4-11所示。

表4-11 洗煤废水水质特征

项目	SS/$mg\cdot L^{-1}$	COD/$mg\cdot L^{-1}$	pH值	污泥比阻/$10^{13}m\cdot kg^{-1}$	粒径比例（<75μm）/%
数值	70000~100000	25000~43000	8.14~8.46	3.47~3.63	62~65

综上所述，洗煤废水是煤矿湿法洗煤加工工艺的工业尾水，因含有大量的煤泥颗粒、泥土颗粒和矿物质而导致悬浮物浓度很高。煤质较好的原煤洗选时产生的洗煤废水一般采

用浓缩沉淀的物理方法处理之后即可回用洗煤；煤质不好的原煤洗选时产生的洗煤废水一般为高悬浮浓度洗煤废水，由原煤废水、次生煤泥和水混合组成，该悬浮物颗粒粒径小（粗煤泥颗粒为0.5~1mm，细煤泥颗粒0~0.5mm），表面带有较强的负电荷，具有胶体特性，处理难度高，采用一般的自然沉淀处理效果不佳。

煤矿洗煤废水水量大且含有多种污染物质。表4-12是世界主要产煤国家对洗煤废水中SS排放标准限值，远远低于洗煤废水的浓度。高悬浮洗煤废水若不治理直接排放水体将会带来很多危害，如污染周围环境，大量煤泥流失，水资源浪费等。因此对洗煤废水进行处理和资源循环利用不仅对保护环境有重要意义，还能给企业带来显著的经济效益，同时还能实现水资源的可持续发展，达到一定的社会效益。

表4-12 世界主要产煤国家洗煤废水允许排放标准（SS最高浓度标准）

国家	SS/mg·L^{-1}	国家	SS/mg·L^{-1}
中国	100	罗马尼亚	70
美国	200	日本	150
法国	100	韩国	250
英国	100~150	俄罗斯	500

4.2.2 洗煤废水的资源循环利用

近年来，作为产煤大国，我国经济飞速发展，全国各地煤炭开采业发展速度，突飞猛进，某种程度上加大了洗煤废水的总排放量。我国有很多原煤属于高泥质煤，每年选煤用水量约$8.4\times10^8m^3$，占全国工业用水量的0.74%，因此洗煤废水排放量较大。我国又是一个水资源匮乏的国家，同时我国很多煤炭企业主要分布在中国华北及西北水资源严重缺乏区域，因此煤炭洗选行业若能将大量的洗煤废水回收利用，对煤炭企业本身的可持续发展是有利的。

我国是一个产煤大国，因原煤煤质、选煤技术和选煤设备等因素，入选率远低于世界平均水平，但近年来原煤入选量和入选率大幅提高。洗煤废水的处理与回用与原来相比有了长足进步，同时洗煤废水的闭路循环率也有了很大提升。表4-13为我国原煤入选量、入选率及选煤厂洗煤废水闭路循环率。

表4-13 我国原煤入选量、入选率及选煤厂洗煤废水闭路循环率

年份	1985	1990	1995	2000	2005	2010	2015
入选量/亿吨	1.65	2.35	3.38	5.21	7.0	16.5	24.7
入选率/%	16.40	17.70	21.18	33.70	31.90	50.9	65.90
洗水闭路循环率/%	16.5	75.00	84.95	86.63	88.00	92.00	95.00

虽然闭循环率提高，但是目前由于洗煤废水浓度较高，处理难度大，一些煤炭企业尤其是小型选煤厂处理系统不完善，因此我国每年仍然有大量的洗煤废水排放至周围环境中，并随着原煤的入选率的提高而逐年增多，洗煤废水的排放量也呈现出逐年提高的趋势，若洗煤废水未处理达标进行排放，必将对水资源造成较为严重的污染，同时还有煤泥流失等现象，这样会加剧煤炭行业利用水资源的紧张程度，降低煤炭生产效率和能源利用率，阻碍煤炭行业发展水平的提升。因此加强洗煤废水的处理力度并实现资源循环利用迫

在眉睫。若对洗煤废水根据其回用途径，对其进行相应的处理并回收利用，这样一方面减少对周围生态环境的破坏，另一面有大量的水资源和煤泥回收，有效地避免了水资源及煤炭资源的浪费。因此大量洗煤废水的资源循环利用对水资源、煤炭资源及环境的保护都有着非常重要的意义和价值。

4.2.2.1 洗煤废水处理技术

处理高浓度洗煤废水的主要目标是将泥水分离，不仅有清洁并适合洗煤标准的水回收，形成洗煤废水闭路循环，同时还有含水率低、容易脱水的煤泥回收。目前我国洗煤废水完善的处理工艺与国外基本一致，即煤泥分选→尾矿浓缩（沉淀或气浮）→压滤，但也有相当一部分选煤厂处理工艺不完善。以下是我国洗煤废水处理几种典型工艺。

（1）直接浮选→尾煤浓缩→压滤：该种处理工艺适用于大中型炼焦选煤厂，容易实现洗水闭路，同时精煤回收率高，但投资较大，运行成本较高；

（2）煤泥重介选→尾煤浓缩→压滤：该种处理工艺适用于全重介、难浮选煤泥选煤厂，能够精确的分离粗煤泥，煤泥回收下限为0.1mm，投资较小，尾煤量大。

（3）煤泥水介重力选→粗煤泥直接回收→细煤泥浓缩压滤：该种处理工艺适用于动力煤选煤厂及小型炼焦选煤厂，其投资运行比第一种工艺流程低，但仅适于分选密度在1.6kg/L以上的易选粗煤泥，细煤泥量较多，脱水困难。

（4）洗煤废水浓缩→直接回收：该种处理工艺适用于动力煤选煤厂及小型炼焦选煤厂，投资较小，但煤泥脱水困难，设备用量较大，洗水闭路难度大，经济效益低。

（5）煤泥沉淀池：该种处理工艺适用于小型选煤厂，投资较小，生产费用低，但洗水不能闭路循环，容易造成严重的环境污染和水资源及煤炭资源的浪费。

后两种处理工艺仅仅在小型选煤厂中使用，该方法因为没有煤泥分选造成后续洗煤水处理很难达标，造成环境污染及资源浪费。

A 煤泥分选

从洗煤废水中进行煤泥分选的方法主要有：浮选及重介选等。但目前我国煤泥分选主要是以浮选为主，在煤泥浮选设备的占比高达90%以上，适用于细煤粒的分选，以下主要讲浮选基本原理及相关流程。

a 浮选及其基本原理

煤泥浮选主要就是依靠煤粒与煤矸石表面性质的差异进行分选的过程。当在洗煤废水中通入空气或由于水的搅动引起空气进入水中，疏水的煤颗粒黏附在气泡上并随气泡上升至泡沫层，经机械刮泡或自流进入泡沫收集槽成为浮选精煤，而亲水的煤矸石则留在煤浆中成为尾煤。该方法是处理细煤粒最有效的分选方法。然而当煤粒和煤矸石本身表面性质的差异不足，难以实现两者有效分离时，需在浮选过程中加入浮选药剂提升煤粒表面的疏水性。常用的浮选剂有捕收剂、起泡剂和调整剂。捕收剂一般是非极性的烃类油，能选择性地提高煤粒的疏水性，促使煤粒与气泡附着。起泡剂为表面活性物质，一般为工业副产品，能够降低气液界面张力，促使空气在矿浆中形成小气泡。调整剂可调整捕收剂与煤粒表面的作用和矿浆的性质，提高浮选过程中的选择性。

煤泥浮选过程可以分为以下4个过程：

（1）接触阶段：该阶段悬浮的煤粒在流动煤浆中以一定的速度接近气泡，并进行碰撞接触。

（2）黏着阶段：该阶段煤粒与气泡接触后，煤粒和气泡之间水化层逐渐变薄、破裂，在气、固、液三相之间形成三相接触周边，实现煤粒与气泡的附着，即形成矿化气泡。

（3）升浮阶段：该阶段矿化气泡互相之间形成煤粒气泡的联合体，在气泡上浮力的作用下由矿浆区进入泡沫层。

（4）泡沫层形成阶段：该阶段矿化气泡在泡沫区聚集形成稳定的三相泡沫层，并及时刮出或自流进入泡沫收集槽。

b　浮选流程

煤泥浮选是洗煤废水处理系统中的一个重要环节，根据原料煤中煤泥性质和数量及选煤厂厂型等具体情况确定洗煤废水处理原则。洗煤废水原则流程主要有 3 种形式：浓缩浮选、直接浮选、半直接浮选。

（1）浓缩浮选。浓缩浮选是指重选过程中产生的洗煤废水经浓缩后再进行浮选的流程，如图 4-7 所示。该流程在我国早期的选煤厂中使用。

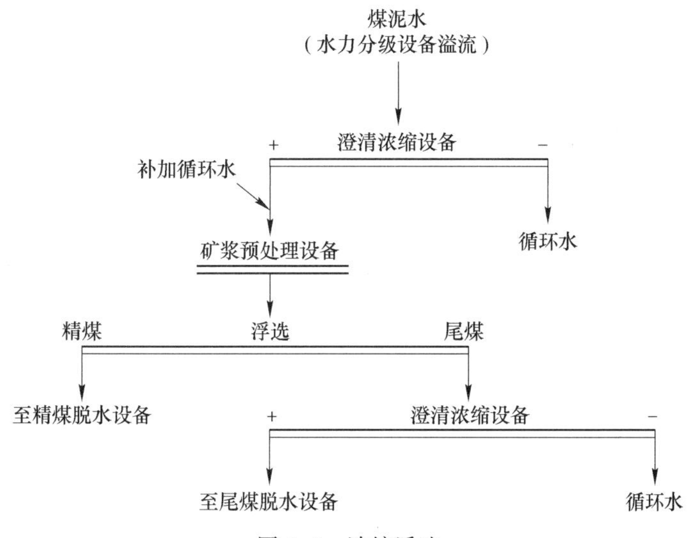

图 4-7　浓缩浮选

浓缩浮选流程具有以下特点：浓缩机底流浓度一般高达 300g/L，作为浮选入料输送到矿浆预处理设备后需要添加较多的补充水；细粒含量高时，大量微细颗粒在浓缩机中不易沉降下来，集中在溢流中，往复循环，继续泥化，循环水出现细泥积聚，浓度逐渐上升，影响重选、浮选等环节效果；洗煤废水澄清浓缩设备一般容量很大，起到了重选作业和浮选作业之间的生产缓冲调节作用。澄清浓缩设备的溢流浓度较高时，影响水力分级设备的粒度控制，使得浮选入料中粗粒含量增多，甚至还有数量可观的超粒。

（2）直接浮选。直接浮选是指重选过程中产生的洗煤废水经水力分级设备或机械分级设备控制入浮粒度上限后，不经浓缩就直接输送到浮选作业。目前，我国新建选煤厂及国外均采用此流程，如图 4-8 所示。浮选尾煤水进入澄清浓缩设备，彻底澄清回用至循环水使用。循环水浓度大幅度降低，很大程度上提高了分级、浓缩、重选、浮选和过滤等作业的效果。很重要的一点是，取消了浓缩机，简化了工艺，降低了费用，便于管理。

直接浮选流程具有以下特点：消除了循环水中携带细泥的现象，可实现清水选煤，降低了重选分选下限，提高了精煤质量和产率；浮选入料粒度组成均匀，粗粒含量少，基本杜绝超粒；入浮煤浆浓度低，可改善细粒级和细泥的选择性；煤泥在水中浸泡时间大大缩

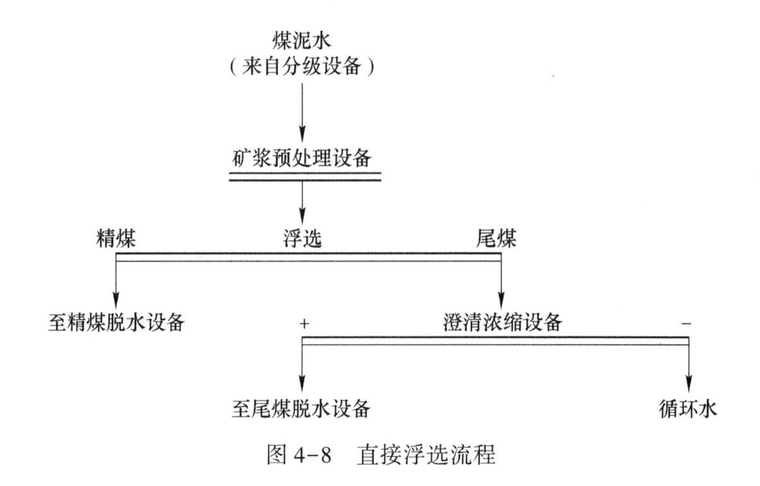

图 4-8 直接浮选流程

短，减轻了氧化程度，避免了煤泥反复在洗水循环中大量泥化，从而改善了可浮性。但也存在一些问题：一般最佳浮选浓度为 100g/L 以上，而直接浮选时入浮煤浆浓度仅有 60~70g/L，甚至低至 40g/L，因此，采用直接浮选流程的选煤厂，在生产中要严格控制添加清水量；煤泥全部直接浮选的入粒浓度低，煤浆流量大，浮选药剂耗量大，所需的浮选机比浓缩浮选要多。

(3) 半直接浮选。半直接浮选是在直接浮选入浮浓度低的基础上采取的改进措施，主要包括两种形式，一种是部分浓缩，部分直接浮选流程；一种是部分循环，部分直接浮选流程。

部分浓缩，部分直接浮选，流程如图 4-9 (a) 所示，水力分级设备分出小部分溢流水不经浓缩直接去作浮选入料稀释水，既降低入浮浓度，减少了清水补加量，又减轻浓缩机负荷，提高了沉降效果，降低了循环水中煤泥的循环量。

部分循环，部分直接浮选，流程如图 4-9 (b) 所示，水力分级设备的部分溢流直接去浮选，另一部分溢流返回与尾煤浓缩机澄清水混合在一起作为循环水使用。这种流程与全部直接浮选流程一样，取消了煤泥浓缩机，简化了流程。

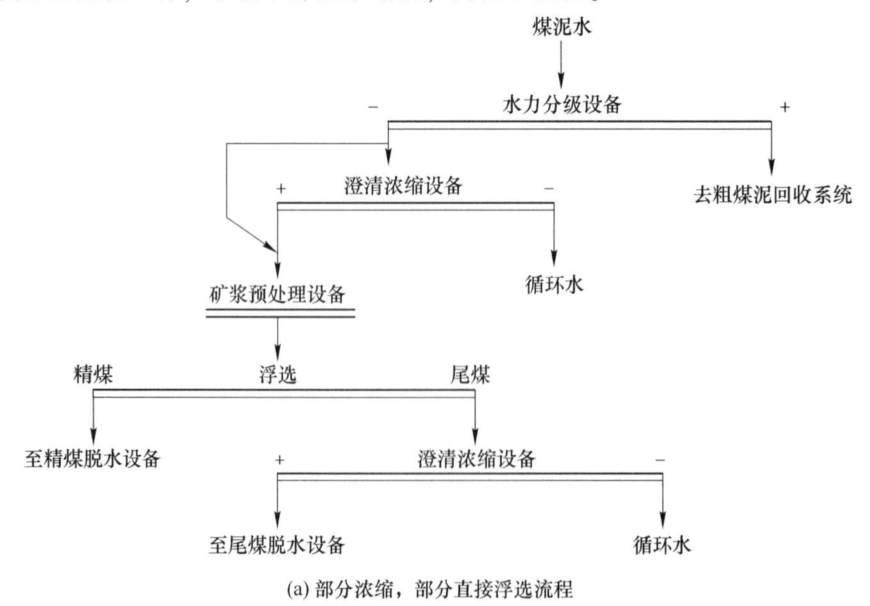

(a) 部分浓缩，部分直接浮选流程

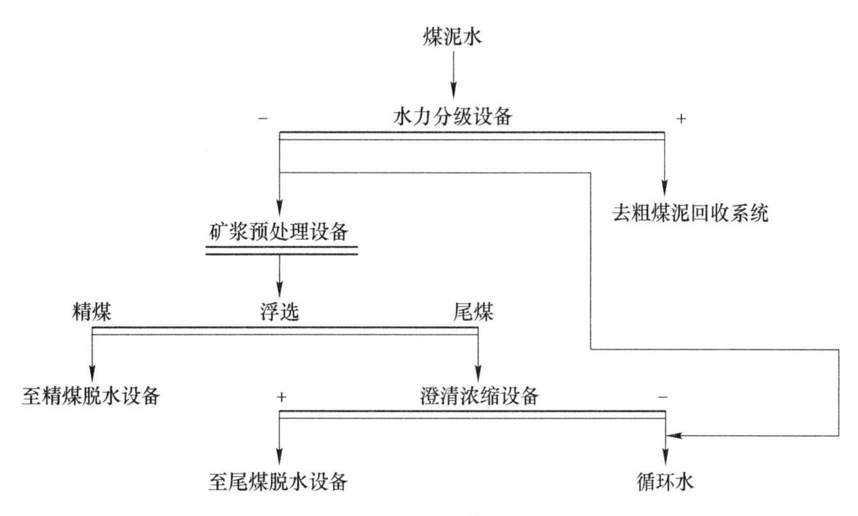

(b) 部分循环、部分直接浮选流程

图 4-9　部分浓缩、部分循环、部分直接浮选流程

洗煤废水在浮选过程中，浮选作业的好坏对后续洗煤废水的循环利用将会产生重要影响，若浮选程度不够或者是不完善，在尾煤中悬浮物浓度仍然较高，影响尾煤浓缩澄清水浓度，并进一步影响洗水闭路；同时还会影响后续脱水性能。因此煤泥浮选技术及设备就非常重要。

B　尾矿浓缩

洗煤废水经过煤泥分选之后的尾矿再通过浓缩机浓缩、混凝沉淀或者气浮等方法可以降低尾水的浓度，使处理之后的水质符合作为闭路循环洗选标准的循环用水或者国家排放标准的杂用水水质等，不需要外排洗煤废水或再补充新鲜水，在洗选煤厂内实现洗煤废水的用水循环，实现“零排放”才是洗煤废水处理的最终目标。目前我国洗煤厂在洗煤废水的浓缩过程中主要采用的方法有重力浓缩沉淀、混凝沉淀及结团絮凝沉淀等。

a　重力浓缩沉淀

重力浓缩是利用重力作用的自然沉降分离方式，不需要外加能量，是一种最节能的浓缩方法。洗煤废水处理过程中一般是借助浓缩机、沉淀池、旋流器以及高频振动筛等辅助设备的辅助作用，将其悬浮颗粒进行沉降处理。单独采用重力浓缩处理后，出水悬浮物尚不能达标。因此该方法一般通过改进机械性能以及改善洗煤废水中颗粒沉降性能来提高处理效率，如洗煤废水先进捞坑再进浓缩机，浓缩机与斜管沉淀连用以及添加少量絮凝剂加快颗粒沉降速度。

b　混凝沉淀

经分选之后的洗煤废水中悬浮物颗粒更细小，表面带有较强的负电荷，ζ 电位较低，沉淀速度较小，自然状态下很难沉降，因此往往在煤泥浓缩的时候需要投加混凝剂或者是单独使用混凝沉淀处理洗煤废水时，混凝剂的投加可降低细小悬浮颗粒表面的 ζ 电位，进行混凝沉淀，强化煤泥的浓缩或沉淀。

混凝剂

尾煤浓缩时常投加的混凝剂有铝盐、铁盐和有机高分子絮凝剂。有关每种絮凝剂的优缺点详见表4-4。以下介绍洗煤废水中混凝剂的一些基本知识。

（1）无机盐絮凝剂。常用的无机盐混凝剂有铝盐（如硫酸铝和氯化铝）、铁盐（如氯化铁）等。无机盐的投加主要是通过压缩双电层和吸附电中和的作用降低悬浮颗粒表面负电荷，使煤泥颗粒与颗粒之间的引力增大，开始发生明显聚集。一般洗煤废水处理过程中，只投加无机盐混凝剂，混凝效果不好。要提高混凝效果，一般需将无机盐混凝剂与有机高分子混凝剂混合使用，提高其絮凝效果。

（2）无机高分子絮凝剂。在洗煤废水处理中采用的无机高分子絮凝剂主要有聚合氯化铝（PAC）、聚合硫酸铁（PFS）、聚合氯化铝铁（PAFC）、聚硅硫酸盐等。PAC是氯化铝水解产物，水解后产生多种核羟基络合物，这些多核络合物可吸附煤泥颗粒并中和煤泥颗粒表面的负电荷，压缩颗粒双电层，降低ζ电位，破坏煤泥水胶体稳定性，促进颗粒絮凝沉淀。PFS是硫酸铁水解产物，与聚合氯化铝作用机理类似。聚硅金属盐混凝剂是一种无机高分子混凝剂，由活性硅酸和金属盐复配而成。因此，它既有硅酸分子量高，吸附架桥能力强的特点，又具有金属较强电中和能力。聚合氯化铝铁絮凝剂（PAFC）是一种新型无机高分子絮凝剂，既具有聚合铝盐碱基度高，对原水适应性强的特点，又具有聚合铁分子量大，絮体沉降快的优点。当洗煤废水中加入PAFC絮凝剂后，PAFC中高电荷的铝铁多核络合物充分发挥电中和作用，使带负电荷的煤泥胶体相互凝结成更大的胶团。由于PFAC分子量高，该絮凝剂的水解产物对脱稳的煤泥胶团和氢氧化铁微絮体具有良好的黏接架桥和网捕卷扫作用。

（3）有机高分子絮凝剂。有机高分子絮凝剂是洗煤废水处理过程中最常用的一种絮凝剂，对于粗颗粒含量多的洗煤废水，只要投加一种有机高分子絮凝剂就可以保证洗煤废水达到闭路循环的标准。对于细颗粒含量多、黏土含量高的洗煤废水，只投加有机高分子絮凝剂难以保证洗煤废水的处理效果。在这种情况下，需将无机盐类混凝剂和有机高分子絮凝剂配合使用。

洗煤废水处理过程中常用的有机高分子絮凝剂主要是聚丙烯酰胺（PAM）或其衍生物的高聚物或共聚物，具体可分为非离子型、阴离子型和阳离子型，主要通过压缩双电层及吸附架桥的作用破坏煤泥颗粒胶体的稳定性，进而促进其絮凝沉淀。PAM也可以作为助凝剂与其他混凝剂混合使用，产生更好的混凝效果，同时也可以降低其他混凝剂的用量。PAM对高浓度洗煤废水的处理有比较好的效果，能够提高沉降速度，形成粒度较大的絮体。PAM的分子量与洗煤废水的混凝处理效果有着一定关系，分子量越大，沉降效果越好，沉降速度也越大。这主要是因为PAM的分子量与其分子链的直线长度有关，链长度长，分子量就大，而长度越长，絮凝作用就越好。但PAM分子量过大，溶解困难，实际使用不方便，因此，选用分子量为500万的非离子型PAM作为絮凝剂处理高浓度洗煤废水效果较理想。

（4）含钙混凝剂。含钙混凝剂溶解水体之后，能够电离出正离子Ca^{2+}，可压缩洗煤废水中带负电的煤泥颗粒和黏土胶体的双电层结构，进而降低其ζ电位，破坏其稳定性，达到混凝效果。洗煤废水处理中常用的含钙混凝剂主要有：石灰和氯化钙等。前者来源广泛，价格低，但产生的泥渣较多；后者处理效果好，产生泥渣较前者少，但价格高。

除了这些化学絮凝剂之外，目前已经开始在微生物絮凝剂及电絮凝方面有相关的报道。微生物絮凝剂是应用生物学方法利用微生物本身或其分泌物中提取的具有絮凝能力的代谢产物。常见的微生物絮凝剂有：以微生物细胞体为絮凝剂，如某些细菌、酵母菌、霉菌及放线菌等；以微生物细胞壁的提取物为絮凝剂，如丝状菌细胞壁、酵母菌细胞壁、褐藻细胞壁等；以微生物发酵过程中产生的代谢产物为絮凝剂，如核酸、蛋白质、多糖、脂类等；利用基因工程技术合成高效快速生产絮凝剂的工程菌。电絮凝是在外部电压的电解作用下，可溶性阳极产生大量的阳离子，对洗煤废水中的细小悬浮颗粒进行絮凝沉淀的过程。

强化混凝

使用PAM处理洗煤废水过程中，PAM也常与石灰、电石渣及氯化钙联合使用强化混凝效果。石灰是灼烧石灰石的产物，其有效成分为氧化钙，加水后生成氢氧化钙。石灰能降低洗煤废水的电位，而且能够使高浓度洗煤废水实现泥水分离，因此，选用石灰作为混凝剂，与PAM联用处理高浓度洗煤废水。电石渣是在电石发生乙炔气过程中排放的一种废渣，呈粉末状，其主要化学成分为$Ca(OH)_2$，而石灰悬浊液的主要成分也是为$Ca(OH)_2$。因此，从理论上讲是可以替代石灰。另外，用电石渣替代石灰，不仅能够降低处理成本，而且电石渣本身就是煤矿的一种工业固体废物，用其处理洗煤废水，环境效益和经济效益将更为显著。在洗煤废水处理过程中，采用电石渣做混凝剂，不仅使洗煤废水得到治理，而且还解决了电石渣的堆放问题，同时也符合以废治废的原则。由于电石渣悬浊液与石灰悬浊液的性质相似，因此，电石渣与PAM联用处理洗煤废水也能够取得较好的处理效果。氯化钙是一种常用的混凝剂，分子式为$CaCl_2$。氯化钙是全溶物质，其水溶液中含有Ca^{2+}。因此，从理论上讲，氯化钙能够对高浓度洗煤废水起混凝作用。当洗煤废水中含有一定量的Ca^{2+}时，投加PAM处理洗煤废水能够获得较理想的处理效果。

c　结团絮凝沉淀

结团絮凝沉淀法是一种新型的水处理技术，借助悬浊液创造颗粒物的技术，通过控制加入的药剂量、水流速度、搅拌速度等，使洗煤废水中细小悬浮颗粒形成高密度结团絮凝体，达到高效去除悬浮物的目的。

C　压滤

经过浓缩沉淀或混凝沉淀之后的洗煤废水上清液回用至洗煤生产用水，形成闭路循环，而对于沉淀的煤泥需要进行进一步脱水，才能回收煤泥，因此煤泥脱水也是洗煤废水处理中的一个重要环节。浮选尾煤粒度细、黏度大、细泥多，采用一般的脱水机械不能满足脱水要求。目前国内煤泥脱水主要是通过压滤方式，经常使用的脱水设备主要有：板框压滤机、带式压滤机、离心分离机和真空过滤机等。压滤机脱水效果要优于真空过滤机等，其滤饼水分低，滤液基本上是清水，是煤泥回收及洗水闭路循环的关键设备。

4.2.2.2　洗煤废水资源循环利用工程案例

A　浓缩压滤法处理煤矿洗煤废水

新疆焦煤集团某选煤厂洗选能力为270万吨/年，入洗原煤来自3个不同的矿井，分别为气煤、肥煤和焦煤。洗选工艺采用不脱泥无压给料三产品重介质旋流器+粗煤泥重介质旋流器+细煤泥浮选联合工艺。该洗煤厂原洗煤废水处理工艺因处理能力不足，需进行改进，改进之后工艺流程如图4-10所示。

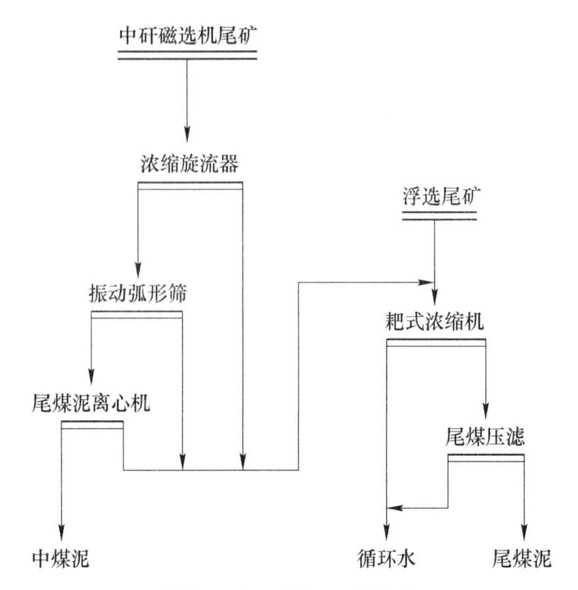

图 4-10　新疆焦煤集团某选煤厂洗煤废水处理工艺流程

洗煤废水中的粗中煤在主厂房内回收，其后洗煤废水采用耙式浓缩机浓缩+尾煤压滤机脱水回收，提升洗煤废水处理能力。

中矸磁选机尾矿入尾煤泥池，用泵输送至浓缩分级旋流器，旋流器底流自流至振动弧形筛，振动弧形筛筛上物流入煤泥离心机脱水，经脱水之后的中煤泥进入中煤胶带。浓缩旋流器溢流、振动弧形筛筛下物和煤泥离心机离心液与浮选尾矿一起进入耙式浓缩机进行浓缩沉淀，浓缩机底流用泵输送至尾煤压滤机进行脱水，浓缩机上清液和尾煤压滤机滤液均达到洗煤水标准，返回作为生产水循环使用，泥饼回收外运。

B　电石渣—PAM 混凝沉淀法处理煤矿洗煤废水

某矿洗煤厂建于 1969 年，经三次扩改后洗选能力为 140 万吨/年，每年要排放的洗煤废水 40 万立方米，该洗煤厂洗煤废水水质如表 4-14 所示。

表 4-14　洗煤废水水质特征

项目	SS/mg · L^{-1}	COD/mg · L^{-1}	pH 值	污泥比阻/10^{13}m · kg^{-1}	粒径比例（<75μm）/%
数值	70000~100000	25000~43000	8. 14~8. 46	3. 47~3. 63	62~65

该洗煤废水是悬浮物浓度和 COD 浓度都较高的弱碱性废水，且悬浮颗粒 ζ 电位较高，过滤性能较差。根据此水质，该厂在原处理基础上采用电石渣—PAM 联合混凝的方法进行改进处理，其处理工艺流程如图 4-11 所示。

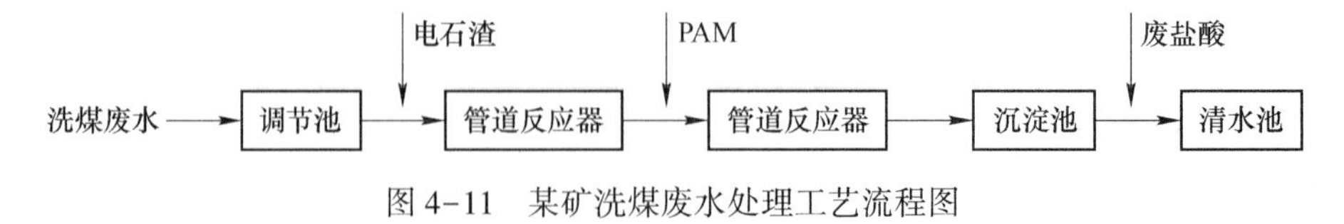

图 4-11　某矿洗煤废水处理工艺流程图

该洗煤厂采用钙混凝剂+PAM 混凝沉淀法进行悬浮物去除，洗煤废水首先进入 150m^3

的调节池进行水质水量调节，接着投加电石渣和 PAM 依次进入 FD-200-2000（直径 200m，长度 2m）和 FD-250-2000 的两个管道反应器进行悬浮颗粒脱稳聚集，随后进入 6 座原先修建的大型沉淀池进行沉淀处理，上清液直接排入洗煤用水的储水池，用废盐酸调节至中性回用至洗煤过程，沉淀池底部煤泥并没有机械脱水设备，而是靠自然干化，然后人工清挖。该厂属于老厂，处理方式采用常规的混凝沉淀方法。

该厂洗煤废水处理系统正式投入生产之后，处理效果相对稳定，出水水质指标达标，处理水全部返回用至洗煤，实现了洗煤废水的闭路循环。处理效果如表 4-15 所示。由于洗水闭路减轻周围水体的污染，减少清水使用量，节约水费 12 万元左右，同时干煤泥可回收 2 万吨，具有显著的环境效益和社会效益。

表 4-15　洗煤废水处理效果

进　水			出　水		
SS/mg · L^{-1}	COD/mg · L^{-1}	pH 值	SS/mg · L^{-1}	COD/mg · L^{-1}	pH 值
80578	32009	8.18	57	35	7.62
108122	37549	8.28	79	52	7.97
65337	26587	8.32	49	28	8.04
77569	29564	8.41	40	34	8.10
89014	35967	8.25	64	49	7.88
76912	31332	8.31	55	41	8.19

4.3　冲灰冲渣废水的资源循环利用

4.3.1　冲灰冲渣废水水质特征

在煤基产业中，冲灰冲渣废水也是一项用水量较大的主要污染废水，如来自于燃煤电厂的除尘器、锅炉房冲洗地坪的污水及炼铁过程中的高炉冲渣废水等。

燃煤电厂中，锅炉在燃烧过程中排出的灰渣大体上可分为飞灰和炉渣两部分。灰渣的处置方式既有灰渣分除，也有灰渣混除，目前新建电厂一般采用“灰渣分除”方式。火电厂除灰分为水力除灰和干法除灰两种方式。水力除灰系统主要由碎渣、排渣、冲灰浓缩池、输送与配套辅助设备及除灰渣管沟、水池等组成。它具有对不同灰渣适应性强、运行安全可靠、操作维护方便、在输送过程中灰渣不会扬散等优点。采用湿式除尘时，将会排出冲灰水。水力除渣系统流程为炉渣落入渣池，高温渣块遇到冷水立即炸裂成碎块，碎渣由捞渣机链条带动的刮板捞起，通过双向皮带机输送至渣仓中，在此沥干水分，然后用车运至渣场储存。水力除渣系统产生的废水包括刮板捞渣机的冷却水溢流、输渣皮带的回流水及渣脱水仓的沥水。

高炉炼铁时会排出废渣，主要成分是硅酸钙或铝酸钙等。高炉渣被粒化之后可用作水泥、渣砖和建筑材料。然而高炉矿渣需要进行处理，其处理方法有急冷处理（水淬和风淬）、慢冷处理（自然冷却）和慢急冷处理（加水并在机械设备作用下冷却）。高炉冲渣废水是指水淬处理时产生的废水，尤其是炉前水淬所产生的废水。

这些冲灰冲渣废水因与灰渣直接接触，导致其悬浮物含量较高，有时甚至高达3000mg/L，不经处理直接外排或者回用将会影响生态环境及设备的运行。

4.3.2 冲灰冲渣废水的处理与循环利用

水力冲灰系统是火力发电厂最大的耗水系统。灰渣系统产生的废水基本上全部循环使用。以前火力发电厂冲灰、渣要消耗大量的新鲜水，现在几乎所有的火力发电厂都已通过改造，不再使用新鲜水冲灰。在除渣、除灰过程中，因蒸发、灰渣携带、泄漏等会消耗一部分水，因此，灰渣系统不会产生过剩的废水。但是，如果灰水比太小，则需要向冲灰系统大量补水。如果灰场的清水不能回收，就会使冲灰系统的水量过剩，产生外排废水。在很多火力发电厂，灰渣处理系统实质上是全厂各种废水的受纳体，包括循环水排污水、化学车间酸碱废水等难以回用的废水都排入冲灰系统。如果这些废水的量过大，补入冲灰系统的水就会超过其消耗量，由此也会造成冲灰系统产生多余的废水。

冲灰冲渣水对水质要求低，一般只要悬浮颗粒浓度满足要求，不堵塞设备即可。所以经渣水或灰水分离后即可循环回用，可设计成只有补充水和循环水，无排污水。

4.3.2.1 简单沉淀或浓缩处理

将电除尘器等设备的排灰用水冲到灰浆前池，然后用灰水泵送至灰浆浓缩池。在灰浆浓缩池中，低浓度的灰水被浓缩，底部较高浓度的灰浆用柱塞泵输送到灰场，上部的水送回冲灰水池循环使用。电厂产生的冲渣废水一般输送至沉淀池，经沉淀处理之后返回继续冲渣循环使用（图4-12）。

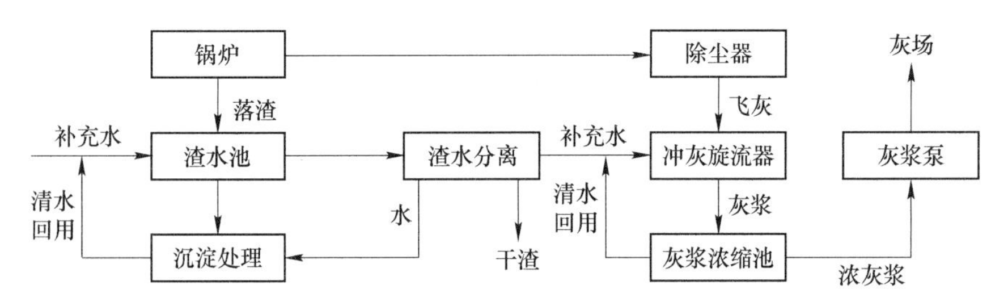

图4-12 灰、渣系统的水循环示意

4.3.2.2 混凝沉淀处理

冲灰冲渣废水的处理过程中，主要针对水体中的悬浮物质进行去除。悬浮物质的去除主要采用混凝沉淀过滤的方法进行处理。一般这种工艺在灰水系统使用较少，因为灰水量较大且冲灰用水水质要求不高。以两个工程实例进行说明。

某锅炉冲灰冲渣废水来自水膜除尘器和锅炉房冲洗地坪的污水，悬浮物浓度最高达3000mg/L，原有处理工艺为：冲灰冲渣废水→平流沉淀池→排放或回用，其出水悬浮物浓度仍然高达1000mg/L，由于国家环保政策的要求提升，在原来处理的基础上将平流沉淀池的出水加压送入一体化净水器进行处理，该一体化净水器的主要工艺就是混凝、沉淀、过滤，处理之后出水悬浮物浓度下降至10mg/L以下（图4-13）。

除尘器的冲渣冲灰水首先进入预沉池，在进入预沉池之前使用石灰乳调节pH值，经过预沉之后的污水进入取水池中，再由提升泵提升至两个管道混合器，在管道混合器上分

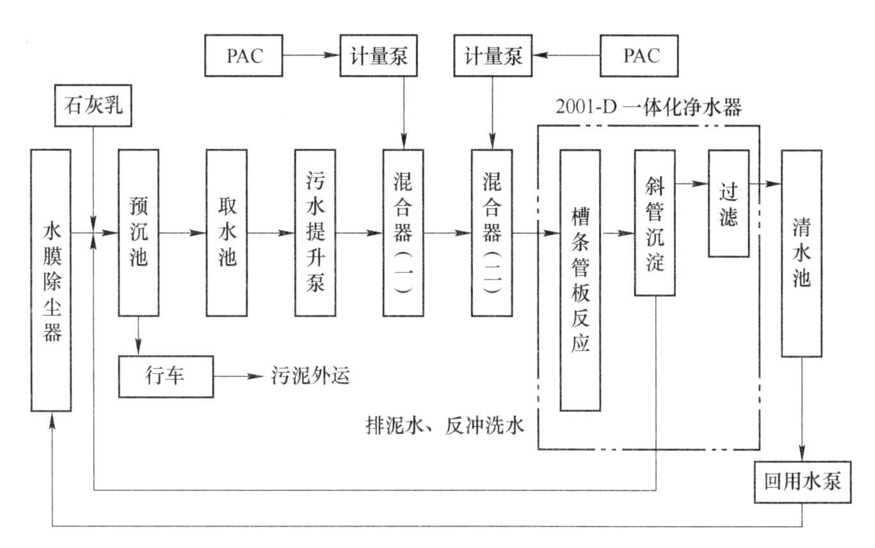

图 4-13　某锅炉冲灰冲渣废水处理工艺流程示意图

别投加混凝剂 PAC 和助凝剂 PAM 之后，水体中胶体脱稳后，进入一体化净水器。在一体化净水器内先后经絮凝体聚集反应、斜管沉淀和过滤后，清水留至清水池，清水由回用水泵送至锅炉除尘器冲渣冲灰，净水器的排泥水和反冲洗水排入预沉池，污泥通过抓斗行车抓泥，然后外运到水泥厂制水泥，实现了泥和水变废为宝，循环使用，整个处理系统实现"零排放"，达到节能减排的目标，具有良好的社会效益和经济效益。

燃煤电厂冲灰水中有时含有 $CaCO_3$、$CaSO_4$、$CaSiO_3$、$Mg(OH)_2$ 等难溶物以胶体状态存在于回水中，通过混凝沉淀处理，可以有效去除这种杂质，减少悬浮物浓度。这种方法只适用于灰场清水处理。如宁夏大武口电厂采用混凝澄清工艺处理灰水，处理流程为：灰场排水→灰水池→回水泵→机械搅拌→澄清器→清水池→清水泵→回用至原除灰系统，混凝过程中采用 $FeSO_4 \cdot 2H_2O$ 作为混凝剂。该方法处理效果较好，实现冲灰水的循环利用，节省了大量的水资源。

4.4　直接循环冷却水的资源循环利用

4.4.1　直接循环冷却水水质特征

工业生产中，冷却的方式有很多，有用空气来冷却的称为空冷，有用水来冷却的称为水冷。但是，在大多数工业生产中是用水作为传热冷却介质的。水作为冷却介质在生产设备的正常运行、产品的质量控制等方面发挥着十分重要的作用。冷却水在煤基产业中的使用范围面广量大，在钢铁工业中用大量的水来冷却高炉、转炉、电炉等各种加热炉的炉体；在化工等生产中用大量的水来冷却半成品和产品；在发电厂、热电站则用大量的水来冷凝汽轮机回流水；这些煤基产业冷却水用量占工业用水总量的 70%左右，其中又以化工和钢铁工业为最高。

煤基产业冷却水根据生产过程中水冷却的对象不同，可分为间接冷却水和直接冷却水。间接冷却水在使用过程中仅受热污染，经冷却即可回用。直接冷却水，因与产品物料等直接接触，含有同原料、燃料、产品等成分有关的多种物质如大量煤粉、氧化铁皮和少量润滑设备的油脂会进入水体，导致水中含有大量的悬浮物而使水体浊度增加受到污染，这些悬浮物的成分在水环境中大多是无毒的，但会导致水体变色、缺氧和水质恶化，无法直接冷却回用，必须经过处理之后才能循环使用。如在钢铁厂中，设备与产品的直接冷却废水主要包括对钢锭模喷淋冷却、连铸坯二次冷却、钢坯火焰清理的设备冷却等所产生的废水。另外，在轧钢过程中也会产生部分直接冷却废水。因此，在煤基产业中的直接冷却水是一种高悬浮废水。

在煤基产业中，高悬浮废水处理矿井水、洗煤废水、冲灰冲渣废水、直接冷却水之外，还有一些其他的高悬浮废水，如燃煤电厂脱硫废水也是一种高悬浮且高含盐量废水，其相关内容见 4.5 节内容。

4.4.2 直接冷却水的处理与循环利用

直接冷却水中含有大量的悬浮物而使水体浊度增加受到污染，随着水资源短缺制约煤基产业发展问题的出现及直接冷却水用水水质的要求，必须对直接冷却水的水质进行有效控制才能实现循环利用，进而提高水循环率，达到节约用水的目的。

目前针对直接冷却水中的悬浮物质一般采用常规的混凝沉淀过滤的方法进行处理。另外有些直接冷却水中除了悬浮物之外，还存在油脂污染和热污染等，同时由于其特殊性还得考虑结垢和腐蚀问题等。有关直接冷却水的处理工程实践如下：

（1）除铁屑+除油+混凝沉淀过滤+冷却。如图 4-14 所示为某钢铁厂直接冷却水循环利用流程。该厂产生的直接冷却废水首先进入铁屑池进行铁屑的处理，出水进入除油池进行油脂的去除，随后与絮凝剂混合进入混凝沉淀过滤池，以除去水中悬浮固体物，降低浊度，最后经冷却塔冷却后方可回用。其中，沉淀池底部污泥排出，进行污泥脱水处理，反冲洗废水返回混凝池进行处理。该处理流程实现了直接冷却水的循环利用，节省了大量的新鲜冷却水，另外因在生产过程中有部分水损耗，需额外补充部分新鲜用水。

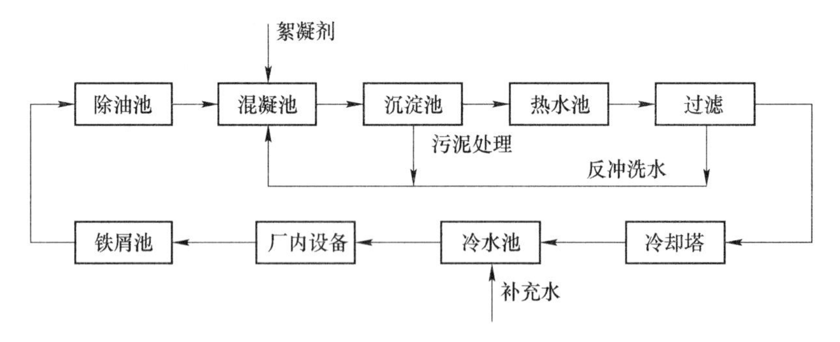

图 4-14 某钢铁厂直接冷却水循环利用流程

（2）除铁屑+除油+混凝沉淀过滤+冷却+防腐蚀结垢。某大型不锈钢有限公司位于我国珠江三角洲地区，年产量 80 万吨。炼钢二厂冷却水处理和生产回用工程于 2008 年 4 月建设，2009 年底完成，本工程包括间接冷却水、直接冷却水和密闭冷却水系统。直接冷却水系统设计水量和要求如表 4-16 所示。

表 4-16 直接冷却水系统设计处理水量和要求

参数	设计水量和要求	水质		参数	设计水量和要求	水质	
		进水	出水			进水	出水
水量/$m^3 \cdot h^{-1}$	600			出水压/MPa	0.04		
供水温度/℃	<34			SS/$mg \cdot L^{-1}$		150	<20
进水温度/℃	<54			油/$mg \cdot L^{-1}$		10	<5
温差/℃	20			Fe/$mg \cdot L^{-1}$		10	<5
供水压	1.35						

直接冷却水因与钢产品接触而受到悬浮物及热污染等，该废水首先经过除铁屑、除油之后的出水，进入混凝沉淀过滤及冷却塔冷却处理后，返回至生产线回用。冷却时因蒸发飞溅而有部分水的耗损，以自来水补充，同时需要添加除垢防垢防腐蚀药剂及除藻剂。另外，压滤式砂率器反冲洗废水经过混凝沉淀处理之后返回至直接冷却水混凝池进一步处理。其处理工艺流程如图 4-15 所示。因此该厂直接冷却水经一系列处理之后回用至生产过程中，实现直接冷却水闭路循环。

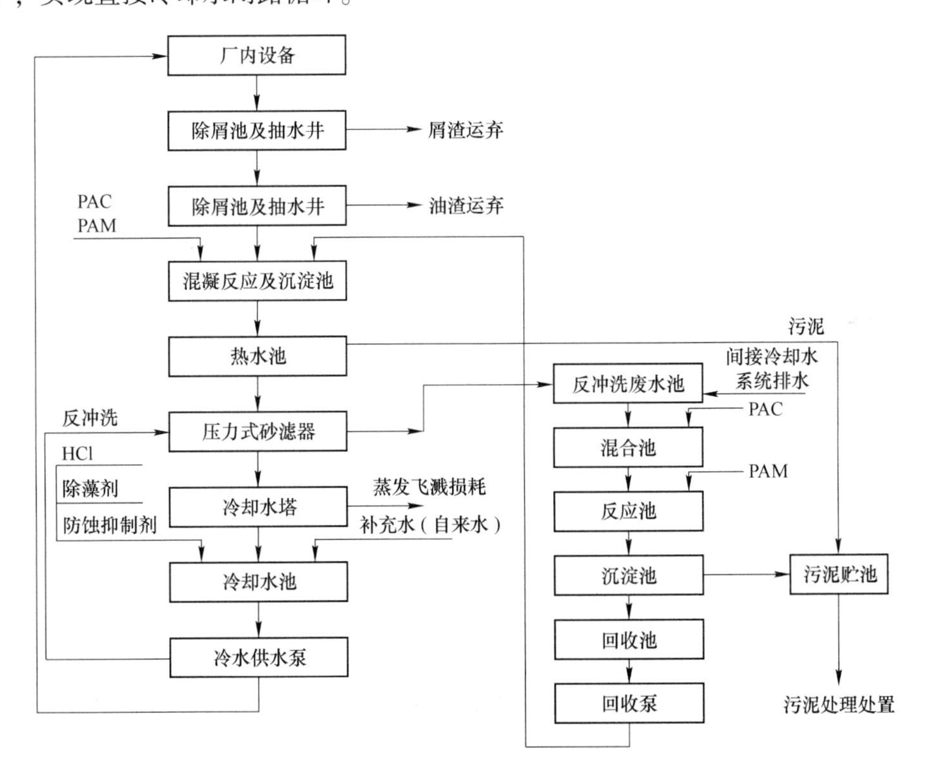

图 4-15 某钢铁厂直接冷却水处理及循环利用

4.5 脱硫废水的资源循环利用

4.5.1 脱硫废水水质特征

石灰石-石膏湿法烟气脱硫是目前燃煤火电厂应用最广泛、最成熟的一种脱硫技术。

烟气在脱硫塔中与经过喷淋层雾化的石灰石浆液进行逆向接触，浆液可以吸收烟气中的 SO_2 生成亚硫酸钙，亚硫酸钙被氧气进一步氧化成石膏（$CaSO_4$），从而实现烟气脱硫。脱硫循环浆液在吸收 SO_2 的过程中，烟气及石灰石中的污染物质也被不断地吸收，产生浆液废水，随着石灰浆液在吸收塔内不断循环使用，pH 值不断下降，悬浮物、氯离子和盐分等污染物浓度不断升高，容易造成石膏品质下降，影响系统脱硫效率，同时也会造成设备结垢或堵塞现象等，为了避免这种负面影响发生，需要使用清水不断冲洗，维持系统安全可靠地运行，因此湿法脱硫过程将产生相当数量的废水。这些废水中一部分是吸收剂制备和输送、储存设备的冲洗废水；一部分是石膏脱水设备的排水和石膏冲洗水。前一部分废水中的杂质主要以吸收剂为主，可直接返回利用；后一部分废水含有大量的污染物，如悬浮物质、氯离子和无机盐等，一般当脱硫系统中的氯离子达到一定浓度后（一般在20000mg/L 以内），必须排出部分脱硫浆液，同时补充新的石灰和水来降低脱硫系统中的氯离子浓度，这部分从脱硫系统中排出来的浆液即为高悬浮高盐度脱硫废水。

脱硫废水的水质主要与燃煤种类、脱硫剂（石灰石）及补充水等有关，同时脱硫系统的设计及运行也会影响脱硫废水的水质。煤是脱硫废水中污染物的主要来源，煤种类的不同将会影响脱硫废水的排放量：高硫煤的燃烧会产生更多的二氧化硫，增加脱硫剂用量，进而增加脱硫废水排放量；高氯煤的燃烧会增加烟气中氯含量，进而增加脱硫浆液中的氯含量，为了防止脱硫系统的腐蚀，维持脱硫浆液中氯离子浓度在一定的水平，会增加脱硫浆液的排除，使脱硫废水的排放量增加。一般煤中9.19%~15.95%的氯转移到石膏中，68.88%~77.31%的氯通过脱硫废水排放。锅炉净烟气及燃煤副产物中氯的分布数据如图4-16所示。脱硫废水中另一部分污染物来源于石灰石，包括石灰石中的黏土杂质含惰性细微颗粒、铝及硅等很多种物质。

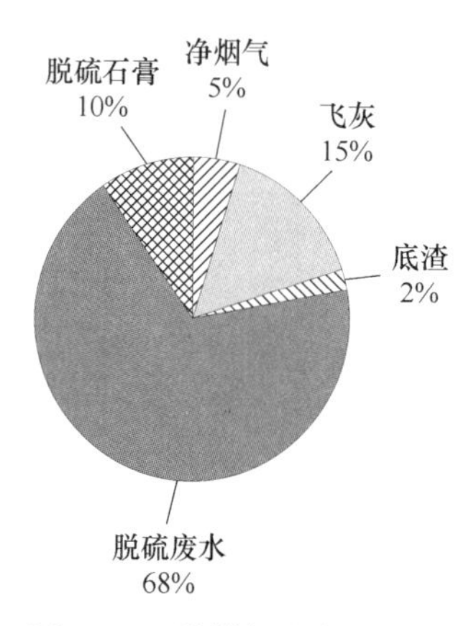

图 4-16 燃煤锅炉净烟气及燃煤副产物中氯的分布

在石灰石-石膏湿法脱硫中，烟气、石灰石及补充水中的可溶性氯化物进入到脱硫浆液中，浆液经过旋流器后分离出来的废水在不断的回用过程中导致水中氯离子及盐分浓度升高，将会引起脱硫设备发生结垢与腐蚀，因此脱硫废水中的氯离子和盐分是主要污染物质之一。另外，燃煤过程产生的 HF 气体、其他一些杂质及难溶盐沉淀物进入烟气，随之在脱硫废水中呈现 F^- 和高浓度的悬浮物；脱硫过程中石灰石和补充水中的 Ca^{2+} 和 Mg^{2+}、烟气和石灰石中的重金属也会随之进入废水中，同时，石灰石是脱硫废水中镍和锌的重要来源，因此脱硫废水污染成分复杂。

脱硫系统的设计及运行对脱硫废水水质的影响主要体现在添加剂的使用、氧化方式或氧化程度及脱硫系统的建设材料等方面。酸性添加剂的使用增加脱硫废水中的 BOD_5；氧化方式或氧化程度对脱硫废水中污染物的存在形式有重要影响，在强制氧化系统中或氧化充分的情况下，脱硫废水中的硒以硒酸盐的形式存在，而在非强制氧化系统中或是氧化不充分的情况下，硒以亚硒酸盐的形式存在，Se（Ⅳ）的毒性比 Se（Ⅵ）大，但 Se（Ⅳ）可以通过铁的共沉淀去除，而 Se（Ⅵ）不易去除，只能通过生物处理方法解决。耐腐性材料可以承受浆液中更高浓度氯离子的腐蚀，能增加脱硫浆液的循环次数，减少脱硫废水的排放量。

综上所述，燃煤火电厂脱硫废水主要表现为高溶解盐、高悬浮物、高硬度、高 Cl^- 等，然而部分燃煤企业的脱硫废水还兼具高 COD、高 NH_4^+、高重金属等特点。COD 与脱硫系统使用的工艺水和石灰石品质直接相关，NH_4^+ 主要与风烟系统配套的 SCR/SNCR 的脱硝装置的运行状况直接相关，重金属主要与机组燃煤煤质直接相关。由于不同燃煤电厂脱硫系统中所用水的水质、水量、煤炭的性质及电厂机组容量和脱硫工艺存在差异，所以脱硫废水的水质差别较大，脱硫废水主要存在以下特点：

（1）盐含量高：一般维持在 20000~50000mg/L 之间。特别是 Cl^-、SO_4^{2-}、Ca^{2+}、Mg^{2+}、F^- 等离子的含量很高，其中 Cl^- 等无机盐离子对脱硫系统管道和设备有较强的腐蚀性，对脱硫废水处理装置也有较强的腐蚀性。Ca^{2+} 和 Mg^{2+} 含量高，水体硬度较大，容易导致设备和管道结垢；

（2）悬浮物浓度大：一般在 10000mg/L 以上，在某些特殊工况及煤种条件下，可高达 20000~60000mg/L。主要成分为石膏颗粒、SiO_2、Al 和 Fe 等氢氧化物，其含固率可达到 1%~4%，黏附性和沉淀性高；

（3）废水呈弱酸性：pH 值变化范围为 4.5~6.5，金属离子易溶于废水中；

（4）废水中其他污染物质：COD、重金属等，包括 Hg、As、Pb 等一类污染物。

脱硫废水与燃煤电厂其他工业废水相比，水质污染差别较大，所含无机盐离子浓度较高，如果不能及时高效处理，将会限制脱硫废水的循环利用。高悬浮高含盐量的脱硫废水不仅对脱硫系统造成危害，还会对生态环境、水生生物及人体健康造成威胁，因此脱硫废水的治理是必然的。

4.5.2　脱硫废水的资源循环利用

4.5.2.1　脱硫废水处理技术

燃煤电厂脱硫废水处理针对废水中各种污染物质不同，如高悬浮物、高盐分等，主要有预处理技术、浓缩技术和固化技术等。预处理技术主要有三联箱沉淀法；浓缩技术主要是膜分离技术；固化技术主要有烟道蒸发和结晶技术等。

A　三联箱沉淀法

三联箱沉淀法是我国燃煤电厂常用的脱硫废水处理方法。三联箱沉淀法是通过中和、沉淀和絮凝等物理及化学方法，使废水依次流经中和箱、沉淀箱和絮凝箱三个单元，从而去除脱硫废水中的悬浮固体和重金属。三联箱沉淀法的工艺流程如图 4-17 所示。

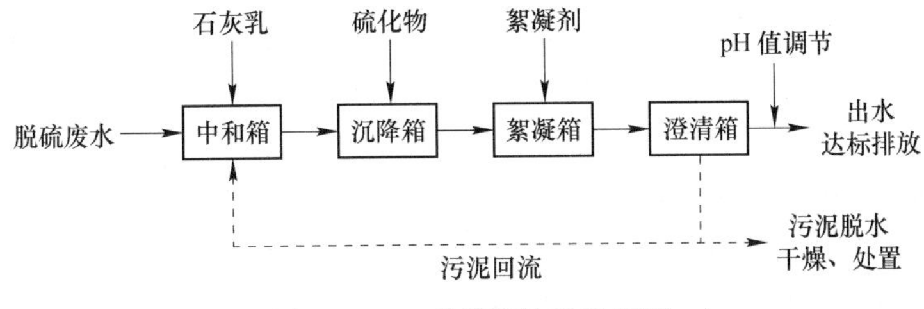

图 4-17　三联箱沉淀法流程图

（1）中和箱。脱硫废水通过调节池流经中和箱，在中和箱中加入碱性试剂，如石灰乳调节废水 pH 值。由于 $Ca(OH)_2$微溶于水，可以对废水 pH 值有很好的缓冲作用，同时因其在市场上较为常见且售价便宜，因此使用较多。$Ca(OH)_2$ 可以中和脱硫废水的酸性，同时将脱硫废水的 pH 值调节为碱性，可以使得脱硫废水中的 Pb、Sn、Fe、Hg 等重金属离子以氢氧化物的形式形成沉淀从而得到去除。各金属离子完全形成沉淀时所需的 pH 值不尽相同，一般情况下 pH 值为 9.0~9.5 时比较适合。

（2）沉淀箱。脱硫废水流经上述中和箱，通过加入氢氧化钙，调节 pH 值至 9.0~9.5 时，废水中的大部分金属离子，如 Pb、Sn、Fe、Cu 等以沉淀的形式得以去除。然而对于少部分重金属离子，如汞、镉等，因其氢氧化物溶度积较大，因此无法在中和箱中得到完全去除。重金属硫化物的溶度积远远小于其氢氧化物的溶度积，因此可以通过向脱硫废水中加入硫化物的方法，使中和箱中难沉淀的重金属离子在沉淀箱中形成沉淀物从而得到去除。一般常用于沉淀重金属的硫化物为有机硫、硫化钠、硫化亚铁和硫化氢等。

（3）絮凝箱。脱硫废水中含有大量的悬浮物质，长期稳定在水体中，无法通过沉淀或上浮的方法进行去除；另外在中和池中金属离子形成的氢氧化物沉淀和沉淀箱中形成的硫化物沉淀，有一部分沉淀会被水流带走并随废水排出。因此从反应池流出的废水中含有大量的悬浮物，需要在絮凝池中加入混凝剂，通过电性中和、吸附架桥及网捕卷扫等方式破坏细小悬浮物质的稳定性，然后将其去除。脱硫废水处理中常用的混凝剂主要有聚铁、聚铝和铝铁盐等。常用的助凝剂为聚丙烯酰胺。

虽然三联箱是脱硫废水处理中的常用方法，但是三联箱沉淀法中依然存在一些问题。沉淀法处理脱硫废水时虽然可以将水中的固体悬浮物及众多金属离子去除，但是废水中的溶解性物质，如盐离子等无法得到去除。经过沉淀处理后的废水由于含有高浓度的氯离子等，腐蚀脱硫设备，因此仍然无法实现循环利用。目前，国家出台一系列政策鼓励电厂进行脱硫废水循环利用的升级改造，2017 年 1 月 10 日环境保护部发布了《火电厂污染防治技术政策》，鼓励实现脱硫废水的不外排。因此需要合适的脱硫废水的处理方法来去除水中氯离子，从而实现脱硫废水循环利用。三联箱工艺与膜分离技术组合是去除悬浮物和大分子有机物的重要手段，是目前“零排放”形势下最普遍采用的处理技术。

B 膜分离技术

近年来，膜分离技术作为一种高效分离技术在废水处理和纯水制造领域得到快速发展和应用。膜分离技术是以外界能量或化学位差为推动力，利用特定膜的渗透作用，对溶液中的双组分或多组分进行选择性透过，进而实现混合物分离、分级、提纯或富集的方法。该技术也被应用于电厂脱硫废水处理中，主要去除脱硫废水中的盐类物质等。膜法除盐技术有较高的除盐率，而且对有机物有一定的耐受和较好的去除效率，产水水质稳定，投资运行成本合理，是目前废水回用的主要脱盐技术，适用于含盐量超过 500mg/L 的水。目前膜分离技术主要有：微滤技术（MF）、超滤技术（UF）、纳滤技术（NF）和反渗透技术（RO）等，这几种技术都是以压力差为推动力。当在膜两侧施加一定的压差时，可使溶液中的一部分溶剂及小于膜孔的组分透过膜，而大分子和盐类等被截留而达到分离的目的。这四种膜分离技术的区别在于被分离物质的大小和所采用膜结构和性能的不同。微滤膜孔径为 0.05~10μm，膜两侧压力差为 0.015~0.2MPa；超滤膜孔径为 0.001~0.05μm，膜两侧压力差为 0.1~1.0MPa；反渗透膜孔径为 0.0001~0.001μm，膜两侧压力差为 2.0~10.0MPa；纳滤的膜孔径与压力差介于超滤和反渗透之间。其中微滤和超滤主要作为反渗透预处理技术，而反渗透和纳滤能够截留溶液中的盐类或其他小分子物质，适合脱硫废水除盐。

a　反渗透技术

反渗透是最精密的膜法液体分离技术，将溶剂和溶剂中离子范围的溶质分开，它能阻挡几乎所有溶解性盐，只允许水溶剂通过，可脱除水中绝大部分的悬浮物、胶体、有机物及盐分，因此反渗透除盐是目前最有效的除盐方法。反渗透原理如图4-18所示。用半透膜（允许溶剂透过而不允许溶质透过）将液面高度相同的含盐废水和淡水隔开，随着时间推移，水将从淡水侧透过膜自动渗透到含盐废水一侧，废水侧液面升高，含盐浓度降低，该现象称为渗透，渗透推动力为浓度差；渗透继续进行，两侧水位差导致含盐废水侧化学位增加，直至与淡水侧化学位相同，渗透停止，此时为渗透平衡，两侧液面差为渗透压；若在含盐废水侧液面施加一个超过渗透压差的外加压力，驱使含盐废水侧的一部分水分子流向淡水侧，该过程为反渗透，反渗透过去的水分子随压力的增加而增多，废水中的盐及其他小分子物质被截留在废水一侧，实现了废水脱盐净化。因此反渗透除盐必须具备的两个条件：一是具备透水而不透盐的选择性半透膜；二是含盐废水侧施加压力必须大于渗透压。

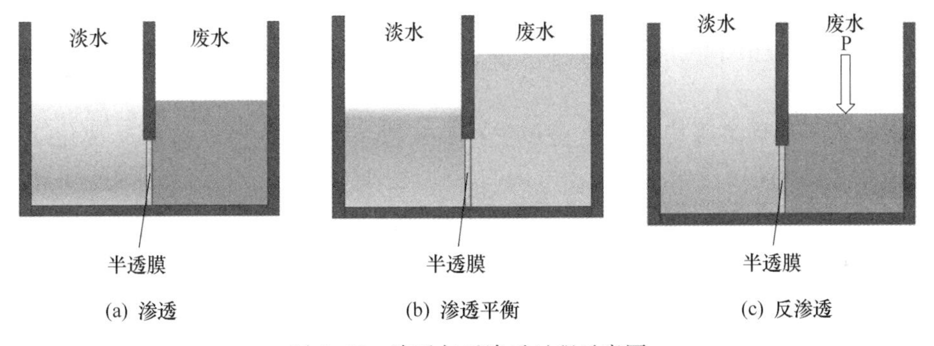

图4-18　渗透与反渗透过程示意图

需要注意的是，随着反渗透进行，由于水透过半透膜，污染物被截留，废水侧污染物浓度逐渐上升，渗透压也会逐渐增加，当渗透压与所施加压力相等时，反渗透将会停止，因此反渗透处理废水时，施加压力需超过浓水的渗透压，一般实际操作压力包括渗透压、反渗透装置的水流阻力、维持膜足够透水速度所必需的推动压力之和，大致是渗透压的2~20倍，甚至更高。

反渗透废水处理过程中，反渗透膜组件是非常重要的。常用的反渗透膜组件主要有板框式、管式、螺旋卷式和中空纤维式等4种，其中抗污染卷式膜已成为废水回用膜技术的首选。目前抗污染反渗透膜的材质均为聚酰胺，膜使用寿命通常为3年左右，回收率视原水含盐量而定，除盐率通常维持在95%以上。值得指出的是，含盐废水回用处理系统中，因反渗透膜造价高，需要预处理除油和除固体颗粒等。预处理工艺主要有化学加药+多介质过滤器+活性炭过滤器、大孔隙树脂提取或吸附技术和膜法预处理工艺。国内外主要采用膜法预处理工艺。膜法预处理工艺技术目前有微滤、外压式超滤和浸没式超滤，该预处理工艺具有以下优点：（1）出水水质大幅度提高，可以去除绝大部分悬浮物及大分子有机物。一般超滤系统出水的污染指数SDI≤3，而传统预处理产水SDI<5（SDI值是对RO膜

进水质量和前处理工序效果评价的重要检测指标，为了保持膜性能的稳定，SDI 平均值应低于 3）。（2）出水水质稳定，不随时间及进水水质的变化而变化。（3）可有效去除进水中的悬浮物、有机物及胶体等杂质，延长反渗透系统的使用寿命。（4）操作强度大大减轻，易实现全自动控制。（5）节省占地面积。

另外，目前工程中应用的膜组件还有高压和高强度膜组件，如高压反渗透有碟管式高压反渗透（DTRO）、卷式高压反渗透（STRO）和高强度膜组件（GTRO）。碟管式高压反渗透组件（DTRO）主要把 RO 膜片和导流盘叠放在一起，用中心拉杆和端盖法兰进行固定，然后置入耐压外壳中，就形成一个碟管式膜组件。卷式高压反渗透（STRO）为开放式反渗透膜，结合了开放式通道和卷式膜组件优势，具有狭窄且开放的通道，克服了其他普通反渗透膜组件的缺点，优化了流体动力学性能，很大程度上减少了其他反渗透膜组件中常见的污染和结垢问题。高强度膜组件（GTRO）是起源于垃圾渗滤液处理的特种抗污染膜技术，浓缩倍率往往要高达 10 倍以上，适应国内高盐水难沉降、高钙镁硬度、高 COD 等要求，并表现出优异的抗污染和耐清洗性能。振动膜（DM）技术也是新型膜分离技术，是通过机械振动，在滤膜表面产生高剪切力的新型、高效的“动态”膜分离技术。该技术可有效解决目前困扰“静态”膜分离技术的膜污染、堵塞等膜性能变化问题，大大增加过滤效率，减少膜的清洗周期，延长膜的使用寿命。另外，其宽进液通道和膜表面大剪切力可防止膜表面结晶，可使常规反渗透膜浓水再浓缩，大幅减少蒸发量和蒸发器投资。

目前国内外的反渗透技术基本是成熟的，主要差异在价格、膜的反洗化学清洗频率（抗污染性）和使用寿命；其次是采用的预处理技术是否投资低、效果好。因此含盐废水处理技术工艺关键是预处理技术的选择和膜的选择。

b 纳滤技术

纳滤膜的相对截留分子量介于反渗透膜和超滤膜之间，纳滤和反渗透在本质上相似，分离所依据的原理也相同，即借助于半透膜对溶液中低分子量溶质进行截留，截留分子量约为 200~2000，与微滤和超滤相比，截留分子量界限更低，对许多中等分子量的溶质，如消毒副产物的前驱物、农药等微量有机物、致突变物等杂质能有效去除。纳滤的脱盐率和操作压力通常比反渗透低。因此通常在浓水反渗透前考虑设置纳滤设备，一是利用其工作压力低，节能效果明显，只有水、小分子有机物和一价离子能够通过，除盐率维持在 50%左右，但可以去除掉约 90%的有机物，经过纳滤脱除 COD 后，反渗透入水没有 COD 污染压力，可延长其清洗周期；二是作为反渗透的前处理，可以进一步提高系统的回收率。纳滤膜是一种新的脱盐技术，用于水净化处理、废水排放处理等方面。纳滤膜的一个显著特征是膜本体带有电荷性，具有在很低压力下仍有较高脱盐率（主要是二价离子）和在截留分子量为数百时也能截留有机物的性能。

C 高温烟道蒸发处理技术

高温烟道蒸发处理技术包括直接烟道蒸发处理技术和旁路烟道蒸发处理技术。该技术将化学沉淀法难以去除的 Cl^- 等溶解性盐分及重金属污染物分散到灰中，实现电厂脱硫废水的“零排放”，满足电厂对废水“零排放”的需求。

直接烟道蒸发技术的基本原理是先将脱硫废水进行预处理以提高废水浓度，减少后续废水处理量。浓缩后的脱硫废水被输送至空气预热器与除尘器之间的烟道内，使用喷嘴将脱硫废水雾化，利用烟气余热将废水完全蒸发，水成为水蒸气排出烟囱，而蒸发后残留的固体物质随飞灰一起被后续除尘器收集（图4-19）。该技术工艺简单、投资费用低、占地面积小，但需要脱硫废水在进入除尘器之前完全蒸发，并且控制烟气温度高于酸露点温度，否则会对除尘器造成腐蚀，因此需要对脱硫废水在烟道内的蒸发过程进行精准控制。另外该技术受限于原有设备，由于处理的废水含氯等杂质多，容易造成烟道腐蚀和堵塞，影响机组正常运行。同时因使用烟道余热，受限于出口烟温，因此处理废水量较化学法来说少。

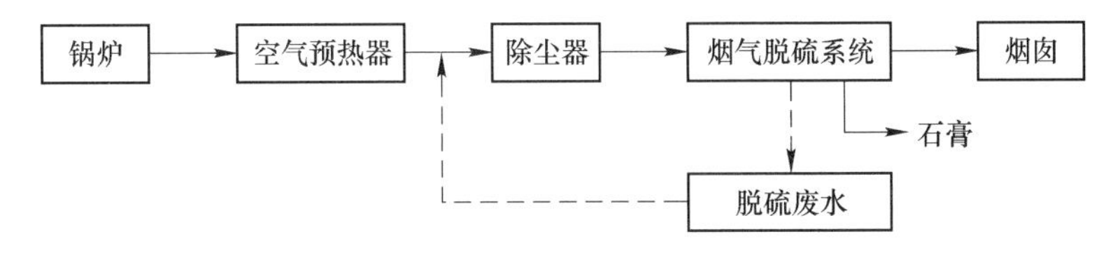

图4-19　直接烟道蒸发处理技术

旁路烟道蒸发技术的原理与直接烟道蒸发技术原理相似，区别在于旁路烟道蒸发法需要把高温烟气从旁路引出，并增加雾化干燥系统（图4-20）。相对于直接烟道法技术，该技术的优点是操作较简单，安全性较高，并且由于旁路系统的加入，对原设备影响小，腐蚀和堵塞现象低于直接烟道蒸发技术。缺点是设备和流程更加复杂，占地面积和投资较高，后期设备保养和维护较多。

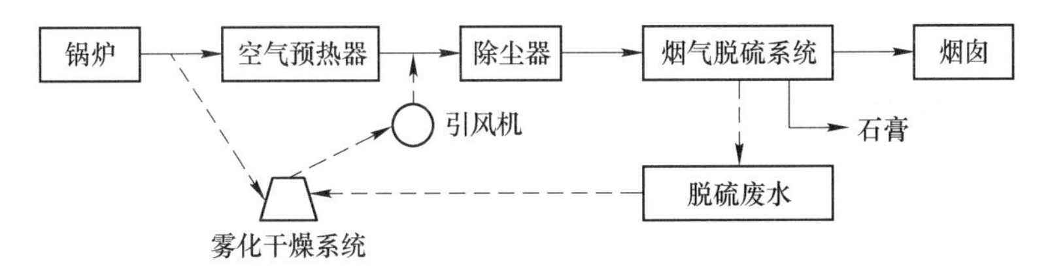

图4-20　旁路烟道蒸发处理技术

脱硫废水烟道处理工艺系统结合了喷雾干燥技术和烟气除尘技术。喷雾干燥是将原料液用雾化器分散成雾滴，并用热空气（或其他气体）与雾滴直接接触的方式而获得粉粒状产品的一种干燥过程。喷雾干燥技术已广泛应用于化学工业、食品工业、药品与生化工业、林产工业、渔业加工工业及环境控制领域。烟气除尘技术主要包括采用电除尘器的电除尘技术和采用布袋除尘器的空气过滤技术。电除尘器利用高压直流电源产生的强电场使烟气中的电负性气体电离，产生电晕放电，使悬浮在气体中的粉尘荷电，荷电粉尘在电场力作用下到达与其相反的电极上，再通过振打等方式将电极上的粉尘振落到灰斗中，从而将悬浮粉尘从气体中分离出来。电除尘技术已在电力工业、建材工业、钢铁工业、有色金属冶炼及工业炉等领域得到广泛应用。布袋除尘器是采用空气过滤技术将气体中固体颗粒物进行分离的设备。布袋除尘器在国外已经得到较广的应用，在国内的应用也不断发展。

4.5.2.2　脱硫废水资源循环利用工程案例

A　三联箱沉淀法处理脱硫废水

某燃煤电厂1脱硫废水系统设计流量为16m³/h，废水水质如表4-17所示，出水水质按 GB 8978—1996 的二级新建排放标准设计，该电厂脱硫废水处理系统设备按满足二期和三期共 4 套烟气脱硫装置要求设计。

表 4-17 脱硫废水设计进水水质

pH 值	温度/℃	P（悬浮物）/$mg \cdot L^{-1}$	P（悬浮物）/$mg \cdot L^{-1}$
4.0~6.0	46	58000	11000
P(Cl^-)/$mg \cdot L^{-1}$	P(Ca^{2+})/$mg \cdot L^{-1}$	P(K^+)/$mg \cdot L^{-1}$	P(Mg^{2+})/$mg \cdot L^{-1}$
20000	580	570	7400

该工程中脱硫废水处理流程如图 4-21 所示。整个脱硫系统包括废水处理、加药、污泥处理 3 个分系统。脱硫废水经废水泵泵入废水缓冲池，废水缓冲池配置搅拌器防止沉淀，然后分别流经中和池、絮凝池进行处理。中和池中投加石灰乳将弱酸性的废水 pH 值调至 9~10，将大部分重金属离子形成沉淀物除去，絮凝池中投加 $FeClSO_4$ 使废水中的悬浮固体反应生成絮凝体。上述各池废水停留时间经过优化设计，以保证良好的处理效果。经絮凝后的废水进入澄清/浓缩池进一步絮凝并充分沉淀，上清液溢流至出水箱，由出水输送泵泵出用于干灰拌湿。澄清/浓缩池中产生的底部污泥一部分回流至中和箱以增强处理效果和充分地利用投加的化学药剂，另一部分污泥周期性地利用高压偏心螺杆给料泵输送至板框压滤机进行脱水处理，泥饼外运，滤液回送废水缓冲池循环处理。

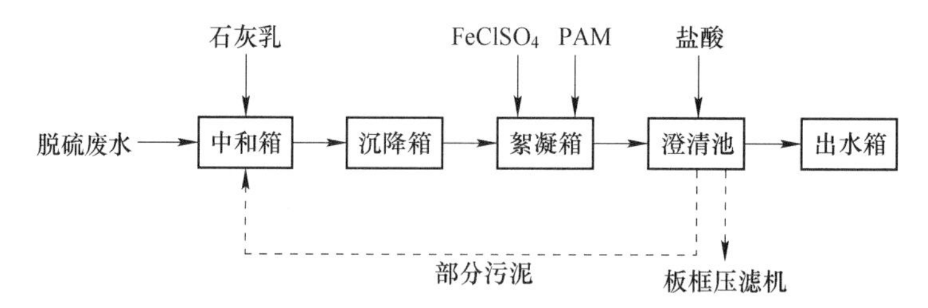

图 4-21 某燃煤电厂 1 脱硫废水处理流程

该电厂脱硫废水处理系统顺利投运后，按照调试中的加药量对废水进行处理，处理后主要污染物浓度都有明显的降低，达到了《污水综合排放标准》（GB 8978—1996）的二级新建排放标准的要求。处理能力也达到了设计要求。需要指出的是，由于烟气中 90%以上的 HCl 气体会被石灰石浆液洗涤下来，致使脱硫废水 Cl^-浓度很高，而上述废水处理工艺对 Cl^-去除十分有限，影响了处理后脱硫废水的再利用。

某燃煤电厂 2 脱硫废水水质复杂，含有的杂质主要包括悬浮物、过饱和的亚硫酸盐（$CaSO_3$）、硫酸盐（$CaSO_4$）及铜、汞等重金属，呈弱酸性（pH 值一般为 4~6），悬浮物多，主要是石膏颗粒、二氧化硅及铁铝的氢氧化物，颗粒细小，含盐量高。主要超标项目有 pH 值、悬浮物、重金属离子等，氟离子也有可能超标。

根据脱硫废水的水质特点，其处理工艺以化学、机械分离重金属和其他可沉淀物质为主。脱硫废水由废水旋流器脱水产生，经管道送至废水池均衡水质后，再通过泵输送至 pH 值调整池。脱硫废水 pH 值一般为 4~6.5，呈弱酸性，在调整池内加入石灰乳，调整 pH 值在 8.8~9.2 范围内，以产生部分重金属氢氧化物并自流进入反应池。在反应箱中添加有机硫化物，使那些不能以氢氧化物形式沉淀的重金属离子形成溶度积更小的硫化物沉淀下来，自流进入絮凝池，加入絮凝剂和助凝剂使废水中分散的悬浮物颗粒和部分 COD 凝聚成集中的絮凝体，再自流进入澄清池。絮凝物在澄清池中实现固液分离，上清液从上部的集水槽流出后至后续处理设备，凝聚物在澄清池底部的泥斗内浓缩成污泥，由污泥输送泵排至脱泥系统。经污泥脱水机脱水后将污泥外运处置，水重新回到反应池。澄清池的清水从上部溢流至最终中和池，并加入氧化剂，以氧化水中的 COD，在最终中和池内加入盐酸将 pH 值调整到 6~9，通过在线监测仪检测，处理达标后排放。工艺流程见图 4-22。

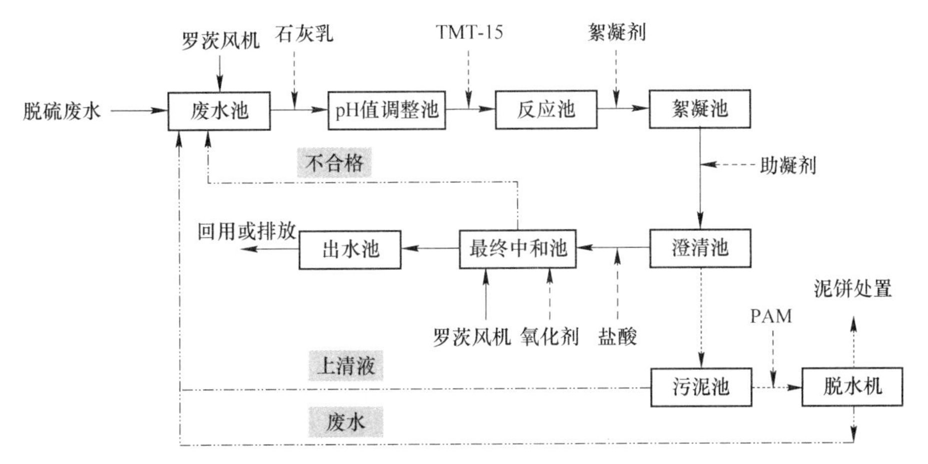

图 4-22　某燃煤电厂 2 脱硫废水处理工艺图

该脱硫废水处理工程规模为 240m^3/d，总投资为 341 万元。运行费用包括电费、药剂费和人工费等。用电量约为 255kW · h/d，电价以 0.5 元/(kW · h) 计，日均电费为 127.69 元/天，折合单位水量电费为 0.532 元/立方米；药剂包括石灰、絮凝剂、氧化剂等，合计费用为 6.25 元/立方米；设管理人员一名，工资为 2500 元/月，则人工费为 0.347 元/立方米，以上合计为 7.13 元/立方米。该废水处理站 2014 年 9 月运行以来，已经稳定运行超过一年，各项污染物监测指标均小于设计出水指标。目前，该项目实现处理后 75%回用，25%排放。该工程已经实现了稳定运行，出水水质达到了企业回用的要求。首先，在 pH 调节池前增加了废水池用以调蓄脱硫系统排放废水，并均衡废水水质，保证处理系统有足够的缓冲能力。pH 调整系统也为后续的处理提供了较为重要的保障，在 pH 值调整至 8.8~9.2 的情况下，确保了重金属离子、氟离子形成沉淀。其次，在反应池中投加了有机硫化物和絮凝剂，使得以氢氧化物难以沉淀的重金属离子形成溶度积更小的硫化物沉淀下来，絮凝剂的投加为重金属提供更多的微絮体，形成的沉淀化学稳定性好，不易反溶。

B　三联箱+膜法处理脱硫废水

某电厂三期扩建工程拟建设 2×1000MW 超超临界燃煤机组，分阶段实施，先行建设 5 号 1×1000MW 超超临界燃煤机组，后建设 6 号机组 1×1000MW 超临界燃煤机组。工程主机采用国产超超临界参数机组，同步建设烟气脱硫、脱硝装置。1~6 号机组配套烟气脱硫系统均采用石灰石-石膏湿法脱硫工艺，系统产生脱硫废水量共计 36m^3/h，已按常规方案，即采用“中和（碱化）+絮凝+澄清”方案建成并投运。2015 年对全厂脱硫废水实施深度处理及“零排放”工程。

该电厂对脱硫废水提出“零排放”整体要求，主要由预处理软化+膜浓缩减量+蒸发结晶三个单元组成，是一套集成管式超滤膜、纳滤、特殊流道卷式反渗透膜、高压反渗透膜的全膜法废水“零排放”工艺系统。该系统实施前期，对电厂不同来源的废水进行精细化分类分质处理，根据不同水质、水量等特性合理组织分级处理与回用，提高废水的重复利用次数，有效地处理了循环水排污水和脱硫废水等电厂各分、子系统的生产废水，对末端脱硫废水使用全膜法深度处理，实现了废水的深度处理、梯级浓缩减量及资源化利用。

如图4-23所示，该电厂“零排放”项目中，选用了压力等级较低、抗污染能力较强的中压卷式SCRO作预浓缩，之后选用压力等级较高、抗污染能力很强的碟管式高压反渗透DTRO作进一步浓缩，经过2次膜浓缩之后，产水率可达到80%，采用膜浓缩工艺后可大大降低蒸发结晶运行费用。工程设计中实现了卷式中压膜与碟片式高压膜两级膜在纳滤浓水处理量和蒸发结晶设计量之间的匹配。采用碟管式宽流道高压反渗透膜组件最大程度上减少膜表面结垢、污染及浓差极化现象，实现了废水的深度处理、梯级浓缩减量及资源化利用。

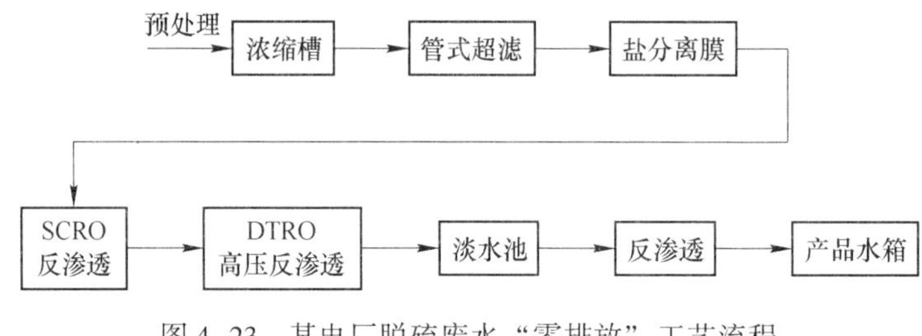

图4-23 某电厂脱硫废水“零排放”工艺流程

软化预处理产水经纳滤分盐处理后TDS约为27900mg/L，进入卷式SCRO进行初步浓缩减量。SCRO系统采用两段式设计，一段设计2套装置（产水量每套8m^3/h），系统产水率为45%，浓水量为20m^3/h；二段装置1套，产水能力为4m^3/h，产水率为20%。两段卷式SCRO浓缩后浓水水量为16m^3/h，TDS达到59200mg/L左右。之后该股浓盐水进入高压DTRO，进一步浓缩至TDS约118400mg/L，淡水回收率为50%。此时浓盐水水量可显著减量至8m^3/h，后续进入蒸发结晶处理单元进行结晶处理。两级反渗透工艺的产水的TDS大于500mg/L，未达到回用标准，因此，后置苦咸水反渗透装置（单套处理能力为14m^3/h）对产水作脱盐处理，以满足锅炉补给水回用的要求。

以全膜法为核心技术，形成了“化学软化+管式膜+纳滤分盐—两级反渗透浓缩+机械蒸汽再压缩”的火电厂废水“零排放”成套技术，运行两年期间，保持淡水回收率高于93%。纳滤分盐+两级反渗透浓缩的工艺，实现了一、二价盐离子的分别富集，产水经浓缩直接蒸发结晶产出高纯NaCl，无需二次分盐，解决了传统方法存在的杂盐问题。卷式SCRO与DTRO两级反渗透系统，实现了高通量、高效率的浓缩，淡水产水率高达80%，装配电子阻垢器件及自控系统，可在运行期间高效防垢并根据不同水质工况下的各参数影响系数设定控制方案。

4.6 焦化废水的资源循环利用

4.6.1 焦化废水水质特征

高温炼焦是煤炭综合利用的一种重要方法，也是非常重要的煤基产业。焦化废水是在化工厂炼焦和煤气生产过程中产生的废水。在煤焦化过程中，煤气洗涤、冷却、净化和其他化工产品回收以及精制过程中将消耗大量的水资源，因此在该过程中产生大量废水，该废水为焦化废水。焦化废水主要来源于两方面：一是炼焦煤中表面水及化合水，炼焦过程中这部分水称为剩余氨水，含有高浓度的氨、酚、氰化物、硫化物及其他有机物等，是焦化废水的主要来源。二是生产过程引入的生产用水及蒸汽等形成废水，包括生产净排水和与物料直接接触生产废水两部分。前者主要包括间接冷却水及排放的蒸汽冷凝水等，该部分水基本不含污染物；后者包括3部分：(1) 接触煤及焦粉尘物质的废水，这部分废水一般是高悬浮废水，一般经澄清处理可重复使用；(2) 煤气冷却、粗苯加工、焦油精制等过程中产生的含酚、氰、硫化物和有机油类，这部分水水量大，成分复杂，危害大，与剩余氨水一起统称为酚氰废水，是焦化废水处理的重点；(3) 生产古马隆树脂过程中的洗涤废水，这部分废水水量小，出现在少数生产古马隆产品的焦化厂，一般是白色乳化状，含有酚、油类物质及所用催化剂所含的其他物质等。

上述所有废水中酚氰废水属于高浓度有机废水，成分复杂，处理难度大，其特点主要有以下几方面：

(1) 成分复杂。焦化废水成分复杂，主要包括有机污染物质和无机污染物质。有机污染物质种类多，主要有苯系物、酚类、多环芳烃类、杂环类化合物（如吡啶、喹啉、吲哚等）及多环类化合物（如萘、蒽等）等多种难降解有机物，由于有机物的存在，因此一般焦化废水COD在3000mg/L以上，有的甚至高达20000mg/L以上，难降解有机物处理难度较高，无机污染物质主要有氨氮、氰化物、硫氰化物、Cl^-、S^{2-}等。

(2) 可生化性差。焦化废水中含有的有机物多为芳香族化合物及杂环化合物，属于难生物降解的有机物，一般BOD_5/COD在0.28~0.32之间，微生物难以直接利用，因此焦化废水的可生化性较差。

(3) 氨氮浓度高。焦化废水中氨氮浓度较高，后续处理必须设置氨氮处理工艺，高浓度氨氮对微生物活性有抑制作用。

(4) 毒性大。焦化废水中的氰化物、多种杂环化合物等都属于毒性物质，对微生物有毒害作用，其浓度甚至超过微生物耐受限度。

(5) 水量大、水质变化幅度大。一般焦化废水水量较大（每年全国焦化废水的排放量约为2.85亿吨），水质波动大，如COD浓度变化系数可达2.3，氨氮浓度变化系数可高达2.7，酚、氰等浓度变化系数分别为3.3和3.4。

综上所述，焦化废水中含有大量的有机化合物和其他化合物，废水中COD和氨氮均很高，可生化性较差，属于难处理的高浓度有机废水，这些污染物质若不经处理直接排入水体，将影响水环境及水生生物，同样会影响人体健康。因此焦化废水对自然生态的破坏极其严重，对人类生存的威胁较大。

4.6.2 焦化废水的资源循环利用

4.6.2.1　焦化废水处理技术

目前，焦化废水的处理宜采用物化预处理与生化处理技术相结合的方法，根据需要选择深度处理技术，进而达到焦化废水循环利用的目的。预处理主要是对焦化废水中的部分污染物进行处理或回收利用，如氨、酚、油等，提高其生化性；生物处理主要是指酚氰废水的无害化处理，以活性污泥为主，包括强化生物法处理技术，如生物铁法、投加生长素法、强化曝气法等；深度处理主要是对生化处理出水不达标而进行的深度净化，主要采用吸附法、混凝沉淀及高级氧化法等。

A 焦化废水预处理技术

焦化废水的预处理技术主要采用物化预处理，预处理的主要目的是提高焦化废水的可生化性，减轻后续处理的负荷。焦化废水中的高浓度氨氮、油类、有毒有害物质（如酚类、杂环化合物等）均会抑制生化处理中的微生物，因此焦化废水的预处理主要是对这些物质进行处理。另外，焦化废水有时也会含有悬浮物质，堵塞后续构筑物的管路及生物处理构筑物，也可将其作为预处理的对象。

a 蒸氨预处理

焦化废水中氨氮的去除无疑是一项挑战性任务。从环境工程的角度出发，焦化废水中的氨氮主要是通过生物处理工艺的硝化-反硝化反应来去除。无论利用哪一种生物处理工艺的硝化反应来去除氨氮，微生物的活性均会受到高浓度氨氮的抑制。由于焦化废水中存在着较多的生物抑制性物质，所以目前的试验水平下很难得到生物工艺中对微生物产生抑制作用的临界氨氮浓度。目前一般认为，当焦化废水中氨氮浓度小于200mg/L时，硝化菌的活性基本不受抑制；当焦化废水中氨氮浓度高于300mg/L时，硝化菌的活性会受到强烈的抑制。因此进入生物处理阶段的焦化废水中氨氮浓度最好不要超过200mg/L。

煤化工企业不同生产工序排出的废水中氨氮浓度差别非常大，含量最高的废水中氨氮浓度高达7000mg/L。由于实际生产中不同工序排出的废水水质和水量并不能恒定在一个固定值上，尤其是发生生产事故时废水水质和水量的变化更大，排入废水处理装置的煤化工废水中氨氮浓度变化也会非常大，氨氮浓度超过200mg/L的情形肯定会发生，甚至也会发生氨氮浓度超过1000mg/L的情形。

一般来说，焦化废水中氨氮的预处理主要是通过蒸氨去除。尽管焦化生产工艺本身带有蒸氨工艺，但进水氨氮仍然较高，超过生化工艺中微生物能够承受的范围，因而有时需要采取预处理工艺降低进水中氨氮的浓度。

现有的蒸氨工艺按热源是否与氨水接触分为直接蒸氨工艺与间接蒸氨工艺；按蒸馏塔内的操作压力不同，可分为负压蒸氨工艺与常压蒸氨工艺；还有应用新技术及新设备的一种直接蒸氨工艺，即加装喷射热泵的直接蒸氨工艺。以下就直接蒸氨和间接蒸氨分别进行介绍。

（1）直接蒸氨。直接蒸氨工艺流程如图4-24所示，该工艺简单，设备相对较少，流程短，但废水产生量大。此工艺中将水蒸气通入蒸氨塔的塔底作为蒸馏热源。进料氨水与塔釜废液经进料预热器进行换热，被加热至90~98℃左右后进入蒸氨塔中，利用直接蒸汽进行汽提蒸馏，塔顶氨分缩器后的氨气（约70℃）送到其他工段或进一步冷凝成浓氨水，氨分缩器冷凝所得液相直接进入塔内做回流。蒸氨塔底部排出的蒸氨废水，在与进料氨水换热冷却后送往生化处理装置处理或送去洗氨。

（2）间接蒸氨。间接蒸氨工艺流程如图4-25所示，与直接蒸氨工艺比较，工艺流程较长，设备多，能耗相当。但是间接蒸氨的优点是蒸汽冷凝水可回收再利用，冷却水使用量小，设备维修少。该工艺与直接蒸氨工艺不同之处就是利用再沸器或管式炉等加热蒸氨塔塔底的废水，根据加热塔底废水的热源不同又可分为：水蒸气加热、导热油加热和煤气管式炉加热三种。虽然加热介质不同，但是工作原理是相同的，各焦化厂多根据自己的具体情况选定不同加热介质。

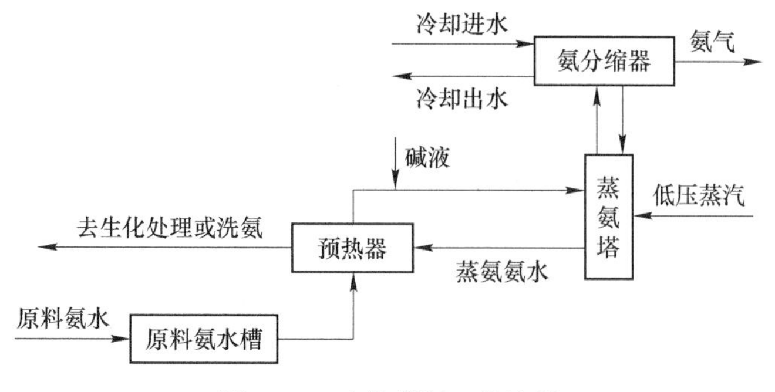

图 4-24 直接蒸氨工艺流程

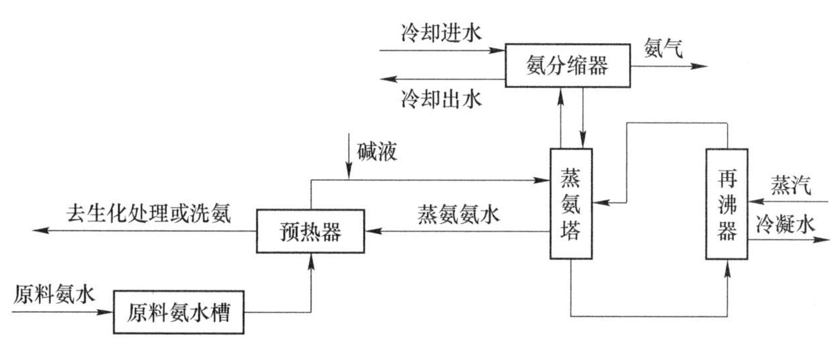

图 4-25 间接蒸氨工艺流程

b 除油预处理

焦化废水中的焦油能够抑制后续生物处理构筑物中活性污泥的活性。关于对活性污泥活性产生抑制作用的临界焦油浓度，不同文献给出了不同的数据，这些值之间也存在较大的差别。实际上由于焦化废水中生物活性抑制物较多，抑制物浓度也不是一成不变的，而且目前对于抑制物之间的协同机制研究较少，所以几乎不可能得出一个科学的临界浓度。一般焦化废水中焦油含量约为 500~800mg/L，为了减轻焦油对后续生物处理构筑物中的活性污泥的抑制作用，应该将焦化废水中的油含量降到 100mg/L 以下。

油类物质在废水中通常以以下四种状态存在：

（1）浮上油，油品在废水中分散的颗粒较大，油滴粒径大于 100μm，易于从废水中分离。

（2）分散油，油滴粒径介于 10~100μm 之间，悬浮于水中。

（3）乳化油，油滴粒径小于 10μm，油品在废水中分散的粒径很小，呈乳化状态，不易从废水中分离。

（4）溶解油，油类溶解于水中的油，油滴粒径比乳化油还小。

含油废水的治理应首先利用隔油池，回收浮油或重油，处理效率为 60%~80%，出水中含油量约为 100~200mg/L。隔油分离油水是在油水经斜板向上流的过程中，由于油水密度有差异油浮在水面上，沿斜板底面向上浮，水在下面沿斜板向下流；再通过一系列的集水设备，使下面的水流出设备外，油浮于设备上方；油通过集油管，流入浓缩池中，经浓缩后排出，从而达到油水分离的效果。废水中的乳化油和分散油比较难处理，故应防止或减轻乳化现象。方法一是在生产过程中注意减轻废水中油的乳化；方法二是在处理过程中尽量减少用泵提升废水的次数以免增加乳化程度，处理方法通常采用浮选法和破乳法。浮选法除油就是在含油污水中通入空气并使水中产生微气泡（有时还需加入浮选剂或混凝剂），使污水中粒径为0.25~2.5μm的浮化油、分散油或水中悬浮颗粒附着在气泡上，随气泡一起上浮至水面并加以回收的技术。

焦化废水生化处理前的除油设施有隔油池、除油池和浮选池，现代煤化工生产的企业当中，煤化工废水的除油基本在蒸氨前完成，蒸氨后废水中含油量非常低，一般在50mg/L以下，有些甚至低于30mg/L，目前所设除油设施基本闲置，只设一个防御性的隔油池。但原煤化工企业，尤其是焦化企业，其蒸氨废水中的含油量可能会较高，此时需要设置除油设施。设置废水除油设施的原则主要有以下三点：

（1）当废水中含油超过150mg/L时，需设置重力除油和浮选除油。

（2）当废水中含油100~150mg/L时，可仅设置重力除油。

（3）当废水中含油在100mg/L以下时，可设置简化的除油池，其作用是阻截事故状态下氨水中带来的焦油。

c　脱酚预处理

由于酚类物质对微生物有较强的抑制作用，又有回用价值，因此，在废水进行生化处理前，必须首先降低其浓度，同时采用物理化学方法将其加以回收。焦化废水脱酚预处理方法有蒸汽脱酚、吸附脱酚和溶剂萃取脱酚等方法。其中溶剂萃取脱酚在焦化废水实际处理工程中应用最多。

（1）蒸汽脱酚。蒸汽法的实质在于废水中的挥发酚与水蒸气形成共沸混合物，利用酚在两相中的平衡浓度差异（即酚在汽相中的平衡浓度大于酚在水中的平衡浓度），因此含酚废水与蒸汽强烈对流时，酚即转入水蒸气中，从而使废水得到净化，再用氢氧化钠洗涤含酚的蒸汽以回收酚。此法不仅不会在废水处理过程中带入新污染物，而且回收酚的纯度高，但脱酚效率仅约为80%，效率偏低，耗用蒸汽量较大。在实际应用中可以合理调整影响汽脱效果的各主要因素之间的关系，进一步提高脱酚装置的脱酚效果。缺点是未挥发酚不能再使用，且设备庞大，目前基本不为厂家所采用。

（2）吸附脱酚。吸附脱酚是采用一种液固吸附与解吸相结合的脱酚方法，将废水与吸附剂接触，发生吸附作用达到脱酚的目的。吸附饱和的吸附剂再与碱液或有机溶剂作用达到解吸的目的。随着廉价、高效、来源广的吸附剂的开发，吸附脱酚法发展很快，是一种很有前途的脱酚方法。但焦化废水处理中采用吸附法回收酚存在一定困难，因有色物质的吸附不可逆，活性炭吸附有色物质后，极难将有色物质洗脱下来，无法再生从而影响活性炭的使用寿命。

（3）溶剂萃取脱酚。溶剂萃取脱酚是指选用一种与水互不相溶但对酚具有比水溶解能力大的有机溶剂，使其与水密切接触，则水中的绝大部分酚将转移到有机溶剂中去，从而实现水中酚的脱除。该法脱酚效率高，可达95%以上，而且运行稳定，易于操作，运行费用也较低。在我国焦化行业的废水处理中应用最广。新建焦化厂都采用溶剂萃取法。萃取剂多为苯溶剂（重苯）和N-503煤油溶剂。萃取效果的好坏，与所用萃取剂和设备密切相关。

B 焦化废水生化处理技术

焦化废水中含有大量的有机物、氨氮和氰化物等污染物质，这些污染物质的去除主要采用生物处理技术。根据微生物代谢过程中是否需要氧气，生物处理技术主要包括好氧生物处理技术和厌氧生物处理技术。

好氧生物处理技术包括活性污泥法和生物膜法，前者微生物以悬浮状态与污水混合，后者微生物附着在滤料或某些载体上，并形成膜状污泥——生物膜。好氧处理技术是在有氧气存在的条件下，污水中的有机物等污染物质作为好氧微生物的营养物质，被微生物所摄取，污水得到净化，同时微生物也得到繁殖。图 4-26 为好氧条件下微生物代谢模型。好氧处理技术在焦化废水处理中应用广泛，是焦化废水中有机物转化为无机物的重要技术。

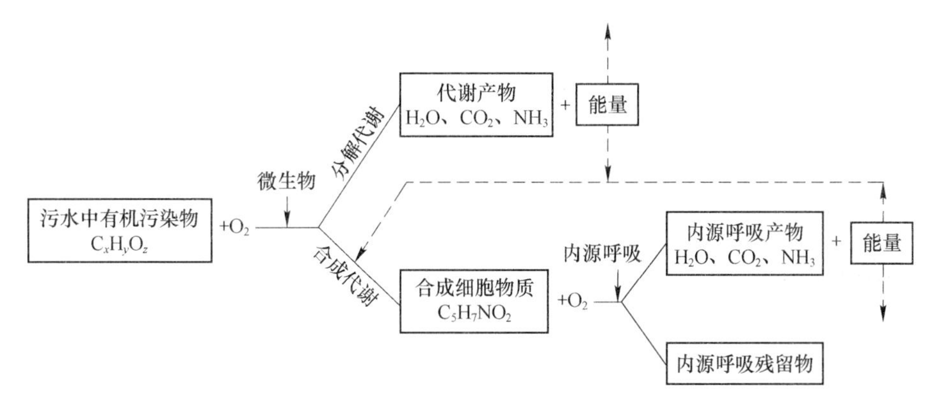

图 4-26 微生物对有机物的分解代谢和合成代谢模型

厌氧生物处理技术是利用厌氧微生物或者兼性微生物在无氧气存在的条件下，将大分子有机污染物质降解为小分子物质并产生甲烷的一种技术。厌氧生物处理过程主要分为三个阶段（图 4-27）：（1）水解酸化阶段：水解发酵菌（厌氧菌和兼性厌氧菌）在胞外酶的作用下，将大分子物质降解为小分子物质的过程；（2）产氢产乙酸阶段：产氢产乙酸菌将第一阶段产生的小分子物质，如有机酸和醇类转化为乙酸和 H_2/CO_2 等；（3）产甲烷阶段：产甲烷菌在严格厌氧条件下将乙酸和 H_2/CO_2 转化为甲烷。厌氧处理技术在焦化废水的处理过程中备受青睐，因焦化废水中含有较多大分子难降解有机物，无法直接被好氧微生物利用，只能利用厌氧微生物将大分子物质分解为小分子易降解物质，因此其对焦化废水这种毒性废水的适应能力较强。

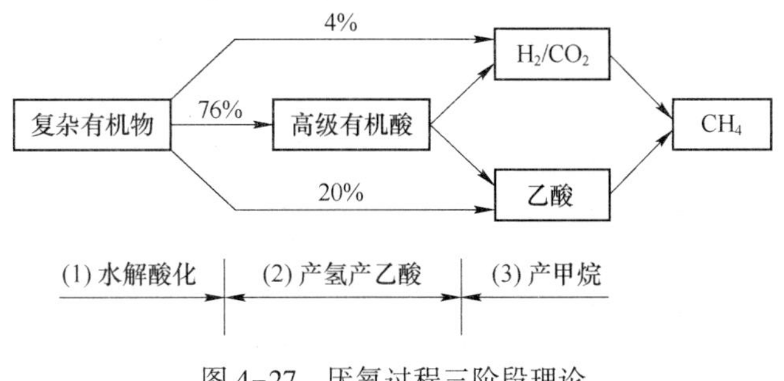

图 4-27 厌氧过程三阶段理论

焦化废水中除含有有机物之外，还含有氨氮等含氮物质，主要以氨氮、有机氮、氰化物和硫氰化物的形式存在，氨氮占总氮的60%~70%，氰化物、硫氰化物及绝大部分有机氮也能在微生物的作用下转化为氨氮。对于焦化废水来说，氨氮经蒸氨预处理之后，氨氮浓度仍然高达300mg/L左右，不能达到排放标准，容易造成水体富营养化，因此焦化废水中的氨氮等含氮物质的进一步去除也非常重要。

焦化废水中氨氮等含氮物质的去除主要是通过微生物的代谢作用，即生物脱氮。生物脱氮的基本原理包括三阶段：（1）氨化反应：有机氮化合物在氨化菌的作用下，分解转化为氨氮；氨化作用对环境条件没有严格要求，转化率很高，异养型微生物均能进行氨化作用；（2）硝化作用：好氧条件下，硝化菌将氨氮进一步分解氧化为硝酸盐氮；该过程分为两个阶段，首先氨氮在亚硝酸菌的作用下转化为亚硝酸盐氮，亚硝酸盐氮再在硝酸菌的作用下转化为硝酸盐氮；亚硝酸菌和硝酸菌统称为硝化菌，该菌是化能自养菌，以 CO_2 获取碳源，以氨氮和亚硝酸盐为能源；（3）反硝化作用：在缺氧条件下，反硝化菌将硝态氮和亚硝态氮还原为氮气；反硝化菌属于兼性厌氧异养菌，反硝化过程中，以有机物为电子供体，硝态氮和亚硝态氮为电子受体。因此，焦化废水中氮的去除都是由氨氮经一系列微生物作用，发生生化反应转化为 N_2 等气体形式，从水中散逸出去而被去除。焦化废水处理中传统的生物脱氮工艺，即全程硝化-反硝化生物脱氮技术是在20世纪70年代于加拿大开始实验室的实验研究的。80年代，英国BSC公司将该技术投入生产应用。我国的焦化废水生物脱氮技术研究始于20世纪80年代末90年代初，90年代中期取得了传统生物脱氮技术即全程硝化-反硝化生物脱氮技术的研究成功，开发了焦化废水生物脱氮的A/O、A^2/O 等工艺。同时，上述工艺在上海宝钢、山东薛城等焦化厂污水处理站投入生产实际应用，取得了良好的运行效果。

目前，焦化废水处理过中常用的生化处理工艺有传统活性污泥法、AB、A/O、A^2/O、SBR、MBR等工艺。

a 传统活性污泥法及其改进工艺

我国自1960年起陆续建起了一批以活性污泥法处理焦化废水的工程，由于焦化废水成分复杂，含有多种难生物降解的物质，因此在已建的活性污泥法处理工程中，大多数采用鼓风曝气的生物吸附曝气池，少数采用机械加速曝气池。传统活性污泥法的工艺流程如图4-28所示，焦化废水主要在曝气池内利用好氧微生物代谢进行有机污染物质的去除，在沉淀池中进行泥水分离。传统活性污泥法主要能够去除焦化废水的酚类物质，对其中的难降解有机物及氨氮降解效果不是很好。一般情况下，活性污泥法处理焦化含酚废水的流程是：废水先经预处理（除油、调均、降温）后，进入曝气池，曝气后进入二次沉淀池进行固液分离，处理后废水含酚质量浓度可降至0.5mg/L左右，废水送回循环利用或用于熄焦，活性污泥部分返回曝气池，剩余部分进行浓缩脱水处理。

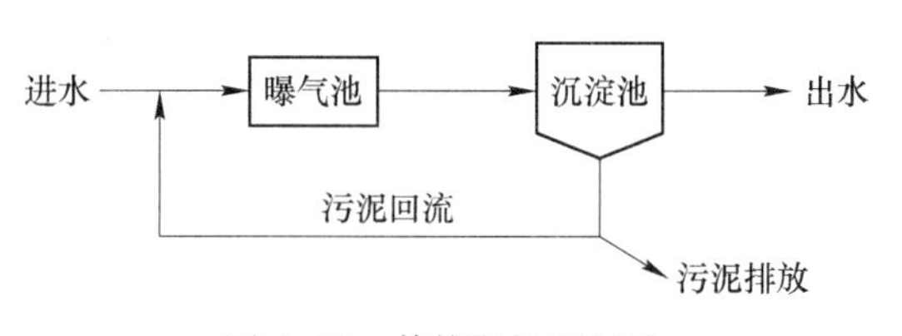

图4-28 传统活性污泥法

传统活性污泥法处理的关键是微生物正常生长繁殖，一要保证营养物质，如碳源、氮及磷等，焦化废水中一般磷含量不足，需向水中投加适量的磷；二要有足够的氧气供微生物代谢；三要保证适宜的pH值、水温等。近几年来，有的新建或改建成二段延时曝气处理设施。由于活性污泥法的处理工艺有多种组合形式，如分散进水曝气法、完全混合法、接触稳定法及氧化沟法等，所采用的预处理方法也有较大差异，因而其处理流程和设计、运行参数也不尽相同。

b 延时曝气法

延时曝气法（extended aeration）是在20世纪40年代末到50年代初在美国得到广泛应用。延时曝气法又称完全氧化活性污泥法，是在普通活性污泥法的基础上延长曝气时间（一般为24h甚至更长），使微生物处于内源呼吸阶段，污水中有机污染物最大限度地被微生物所利用。该工艺特征主要如下：

（1）剩余污泥量少：由于将微生物控制在内源呼吸阶段，使得该工艺系统大大地减少了剩余污泥量，无需消化，可直接排放；

（2）曝气池中有机负荷低，处理水稳定性高；

（3）曝气池中MLSS较高，可达到3~6g/L，对水质、水量变化适应性强；

（4）占地面积大，曝气动力消耗高，基建运行费用也高；

（5）污泥老化及流失：运行时曝气池内的活性污泥因曝气时间长易产生部分老化现象而导致二沉池出水有污泥流失。

延时曝气法中微生物可充分地将污水中较复杂的大分子有机物分解，适合应用于焦化废水的处理。20世纪80~90年代，延时曝气工艺在我国焦化废水处理领域中应用较广，如由鞍山焦化耐火材料设计研究总院改造设计的鞍钢化工总厂炼焦与化产回收生产废水处理站，采用延时曝气工艺代替传统活性污泥法，解决了该焦化废水酚、氰处理长期不达标的困扰，出水酚、氰化物浓度在0.1~0.2mg/L左右。

c 氧化沟

氧化沟又称循环曝气池，是于20世纪50年代由荷兰的巴斯维尔（Pasveer）所开发的一种污水生物处理技术，是传统活性污泥法的变形。氧化沟一般呈环形沟渠状，平面多为椭圆形、圆形或马蹄形，总长可达几十米，甚至百米以上。氧化沟为生物处理单元的污水处理流程如图4-29所示。

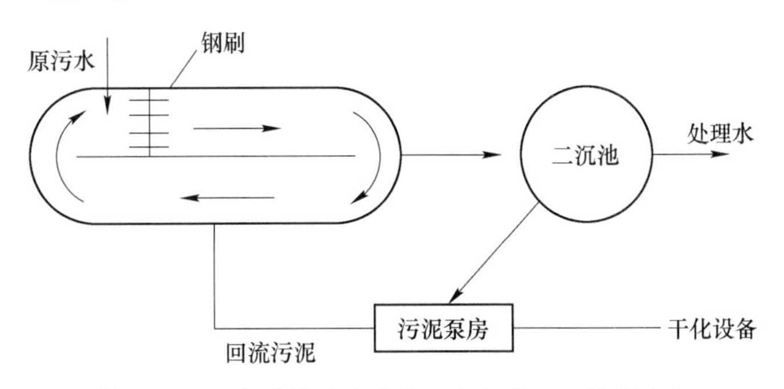

图4-29 以氧化沟为生物处理单元的污水处理流程

与传统活性污泥法曝气池相比，氧化沟具有下列各项特征：

（1）具有脱氮功能：氧化沟一般采用转刷曝气或者转碟曝气装置进行供氧，曝气装置下游，溶解氧浓度从高向低变动，存在曝气区、需氧积累区和缺氧区，可以进行硝化和反硝化，取得一定脱氮效果，比传统活性污泥法脱氮效果好。

（2）氧化沟工艺流程简单，构筑物少，运行管理方便。可考虑不设初沉池，也可考虑不单设二次沉淀池，使氧化沟与二次沉淀池合建，可省去污泥回流装置。

（3）BOD 负荷低，同活性污泥法的延时曝气系统类似，对水温、水质、水量的变动有较强的适应性。

（4）污泥龄长，利于硝化菌的繁殖，在氧化沟内可能发生硝化反应。一般的氧化沟能使污水中的氨氮达到 95%～99%的硝化程度，如设计、运行得当，氧化沟能够具有反硝化脱氮的效果。因此，氧化沟处理效果稳定、出水水质好。

与传统活性污泥法相比，氧化沟处理焦化废水效果较好，除了实现酚类物质的去除，还能实现脱氮效果。

d　AB 法

AB 法处理工艺，即吸附-生物降解工艺，该工艺是德国亚琛工业大学 Bohnke 教授于 20 世纪 70 年代中期开创发明的，80 年代开始用于生产实践。使用 AB 法处理焦化废水主要在于其能够解决传统的二级生物处理系统存在的去除难降解有机物和脱氮效率低及投资运行费用高等问题。AB 法处理工艺流程如图 4-30 所示。

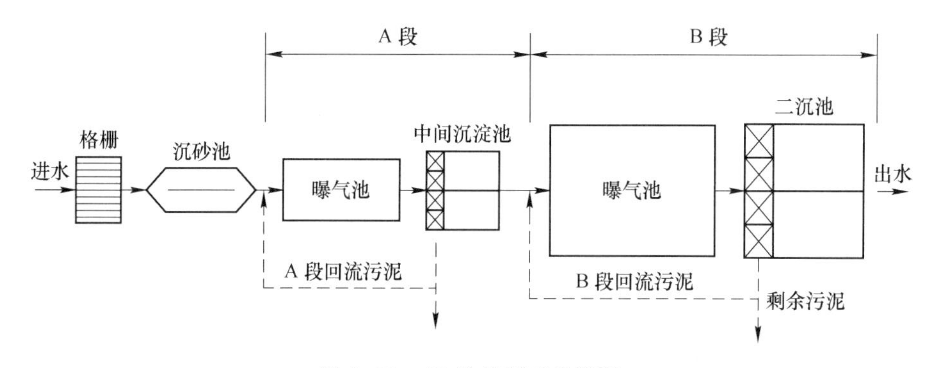

图 4-30　AB 法处理工艺流程

AB 法工艺特征如下：

（1）该工艺是两段活性污泥法，由 A 段和 B 段组成。A 段由吸附池和中间沉淀池组成，B 段则由曝气池及二次沉淀池组成。A 段与 B 段各自拥有独立的污泥回流系统，两段完全分开，每段能够培养出各自独特的，适于本段水质特征的微生物种群，从而使生物处理的功能发挥得更加充分，处理效果更好、效率更高。

（2）A 段曝气池具有较高的有机负荷，一般 F/M 大于 2kgBOD_5/（kgMLSS · d），微生物抗冲击负荷能力强；该段对污染物质的去除主要是依靠生物污泥的吸附作用；BOD_5 的去除率一般为 40%～70%，SS 去除率可达 60%～80%。

（3）B 段曝气池在低有机负荷条件下工作，一般 F/M 小于 0.15kgBOD_5/（kgMLSS · d）；A、B 两段对 BOD_5 的去除率约为 90%～95%，COD 去除率约为 80%～90%，TN 去除率约为 30%～40%。

（4）AB 法脱氮效率高于普通活性污泥法，但无法预防水体富营养化，因此 B 段有时被改为强化脱氮工艺，成为 A+AO 工艺。

（5）该工艺的预处理阶段只设格栅、沉砂池等，不设初沉池。

AB 法工艺处理焦化废水时，由于焦化废水中有机物污染浓度高，并含有大量的酚、氰化物和硫化物等，可利用 A 段的超高负荷工艺条件，吸附、絮凝和部分降解焦化废水中的有毒有害污染物质，即一部分结构复杂、难生物降解的有机物经酸化转变为结构简单的可生物降解的有机物，可生化性提高，减轻这类物质对 B 段好氧微生物的毒害和活性抑制作用，使 B 段微生物进一步高效降解焦化废水中的污染物质。

e A/O 工艺

A/O（Anoxic/Oxic）工艺是缺氧-好氧活性污泥脱氮系统，是 20 世纪 80 年代后期开发的，其工艺流程如图 4-31 所示，是目前焦化废水处理常用的一种同步生物脱氮除碳工艺。该工艺的主要特点是将反硝化反应池放在系统前端，又称为前置反硝化生物脱氮工艺，应用比较广泛。在该系统中，缺氧池主要进行反硝化脱氮，反硝化菌主要以废水中的有机物作为碳源对硝态氮进行还原；好氧池主要进行 BOD 去除、氨化及硝化反应。该工艺的特点主要有以下几点：

（1）因缺氧池前置使得反硝化过程直接利用废水中碳源而无需外加碳源，保证了反硝化过程中 C/N 比的要求；

（2）前置反硝化消耗了一部分有机物，降低了好氧池的有机负荷，减少了好氧池中有机物氧化和硝化的需氧量，提高了出水水质；

（3）反硝化产生的碱度可补充硝化反应所需的部分碱度，可减少投碱调节 pH 值；

（4）设置内循环系统，保证了反硝化过程中硝态氮的需求，因此内循环比控制非常重要；

（5）缺氧池在好氧池之前，可起到生物选择器的作用，混合菌群交替处于缺氧和好氧状态及有机物浓度高和低的条件，可改善污泥的沉降性能，利于污泥膨胀的控制；

（6）工艺流程简单、构筑物少、投资费用低。

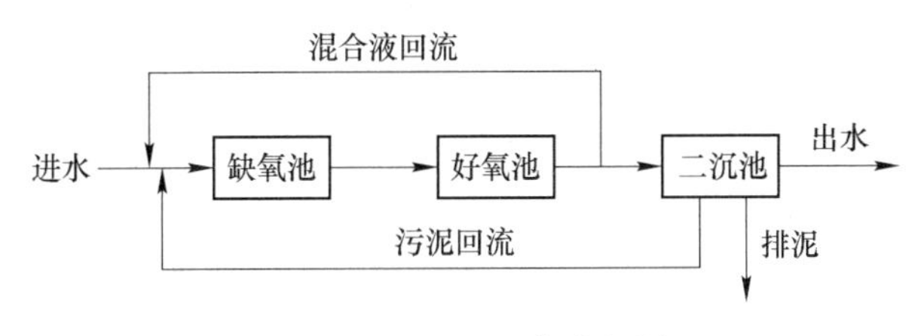

图 4-31 A/O 工艺流程图

A/O 工艺基本满足焦化废水脱氮要求，广泛应用于生产运行中的流程组合多改为缺氧段生物膜，硝化段采用活性污泥法，安钢焦化厂、昆钢焦化厂等均采用该工艺进行焦化废水脱氮。该工艺出水中含有一定浓度硝态氮，若沉淀池运行不当，会发生反硝化反应，使污泥上浮，水质恶化；混合液回流来自好氧池，反硝化池难于维持理想的缺氧状态，影响脱氮效率。

f A^2/O

A^2/O（Anaerobic-Anoxic-Oxic）工艺是厌氧-缺氧-好氧工艺，20 世纪 70 年代水处理专家在 A/O 脱氮工艺的基础上开发的污水处理工艺（图 4-32），旨在能同步去除污水中的氮和磷。因它特有的技术经济优势和环境效益，越来越受到人们的高度重视，现已为具有脱氮除磷要求的城市污水处理厂所广泛采用的工艺。

A^2/O 工艺是在 A/O 工艺的基础上发展起来的，具有 A/O 工艺所有的优点。该工艺是

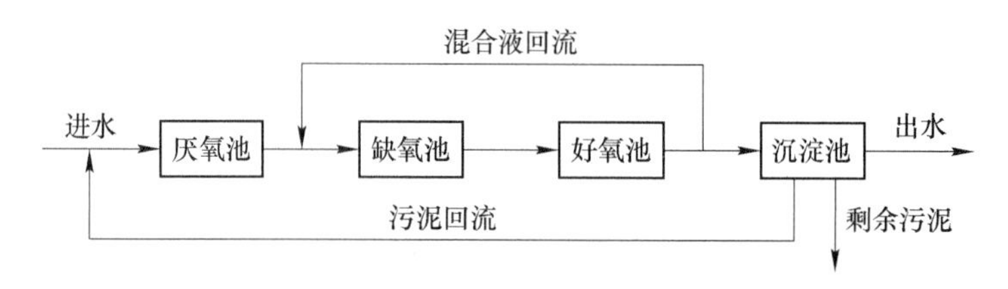

图 4-32 A^2/O 工艺流程图

在 A/O 基础上添加厌氧池而形成的，厌氧池的添加在城市污水处理过程中可以实现同步脱氮除磷目的；而在焦化废水处理过程中，厌氧池的存在提高了焦化废水的可生化性，由于焦化废水中含有大量的喹啉、吡啶和异喹啉等难降解的化合物，在厌氧条件下，水解酸化细菌可将焦化废水中难降解的高分子有机物开环变为链状化合物，长链化合物开链为短链化合物，即转化成易降解的小分子物质，利于后续有机物及含氮物质的去除。缺氧池进行反硝化脱氮及部分有机物的去除，好氧池进行有机物进一步氧化、氨化及硝化反应，厌氧、缺氧、好氧三段共同完成焦化废水中有机物和氨氮的去除，三种不同环境的交替运行，能更好地控制丝状菌的增长，避免污泥膨胀，使其运行稳定，管理方便，但基建投资会增加。

A^2/O 工艺法处理焦化废水是切实可行的，目前在焦化厂中应用较广泛，具有其特有的优势，但同样存在着缺陷和不足。因此，许多研究者提出了诸多改进措施，从而完善了 A^2/O 工艺，厌氧缺氧段采用生物膜膜法，硝化段采用活性污泥法。如在 A 段采用软性填料具有长期不结泥球的优点。鞍钢焦化厂和山西焦化厂均采用此工艺，取得了较好的处理效果，COD、氨氮、挥发酚、氰化物、硫氰化物等污染物均达到相应的排放标准。

以 A/O 工艺为基础的焦化废水脱氮除了上述 A/O 工艺和 A^2/O 工艺之外，为了寻求更好的脱氮除碳效果，出现了如 A/O^2 工艺和 A^2/O^2 工艺等。A/O^2 工艺即缺氧-好氧-好氧工艺，缺氧池中反硝化脱氮之后，两级好氧池将焦化废水中残留的有机物充分氧化，同时氨和含氮化合物被硝化。A^2/O^2 工艺即厌氧-缺氧-好氧-好氧工艺，使用该工艺进行焦化废水处理过程中，厌氧池主要作用是将焦化废水中结构复杂的难降解大分子有机物转化为简单的易降解小分子有机物，便于后续微生物利用；缺氧池主要是利用厌氧出水中易降解有机物作为碳源，进行反硝化脱氮；好氧池 1 主要进行硝化反应，同时进行有机物的降解；好氧池 2 的主要作用是进一步提升出水水质，即将未硝化的氨氮进一步硝化，有机物进一步降解，保证出水达标排放。这四种工艺中，A^2/O 和 A/O^2 工艺的处理效果和投资介于 A/O 和 A^2/O^2 工艺之间；A^2/O^2 工艺处理流程长，生化处理效果好，投资费用高，在焦化废水处理中应用较为广泛。另外，因在传统脱氮过程中硝化菌和反硝化菌种类及所需环境条件差异较大，能耗较高的情况下，出现了很多新型脱氮工艺，如同步硝化反硝化脱氮工艺、厌氧氨氧化工艺及短程硝化反硝化工艺等。

g SBR

SBR 是序批式活性污泥法的简称，该工艺将曝气池与沉淀池合为一体，在同一反应池内进行，一般按照基本运行模式进水、曝气、沉淀、排水和闲置五个基本工序运行（图 4-33）。SBR 技术的核心是 SBR 反应池，该池集均化、初沉、生物降解、二沉等功能于一池，无污泥回流系统。该工艺具有如下特征：

（1）具有一定脱氮效果：SBR 工艺存在厌氧、缺氧和好氧环境的交替，可将焦化废水

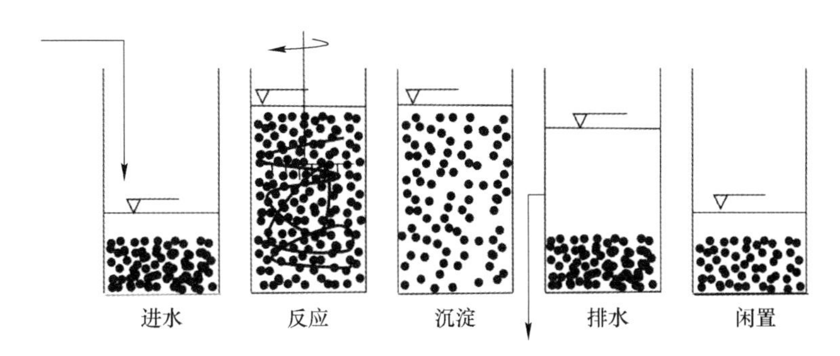

图 4-33 SBR 工艺运行操作模式

先进行好氧硝化阶段，再使其进入厌氧、缺氧阶段，通过反硝化菌进行生物脱氮；

（2）工艺流程简单，基建与运行费用低；

（3）相对于 A/O 系统，SBR 工艺省去了混合液回流和污泥回流，大大降低了运行费用；

（4）SBR 法耐冲击负荷能力高，处理能力强，沉降性能好，可抑制污泥膨胀；

（5）由于 SBR 工艺自身条件所限，不能采用充分长的周期进行硝化反硝化脱氮，因此，在处理含高浓度氨氮、高浓度难降解有机物的焦化废水方面脱氮率不高，未能达到推广应用的程度。

h MBR

膜生物反应器（membrane bioreactor，MBR）是将传统生物处理技术和膜处理技术进行组合，综合了两者的特点（图 4-34）。膜生物反应器内的微生物利用污水中的有机物进行生长繁殖，并逐渐开始在系统内形成适合有机污染物降解的微生物链，而膜的分离作用将微生物截留在生物反应器内，使污染物得到比较充分的氧化分解，最终出水得到了净化。由于膜的分离作用，生物反应器内的活性污泥浓度较传统的生物处理法要高，这就提高了污水的处理效率与出水水质，同时，降低了运行能耗。

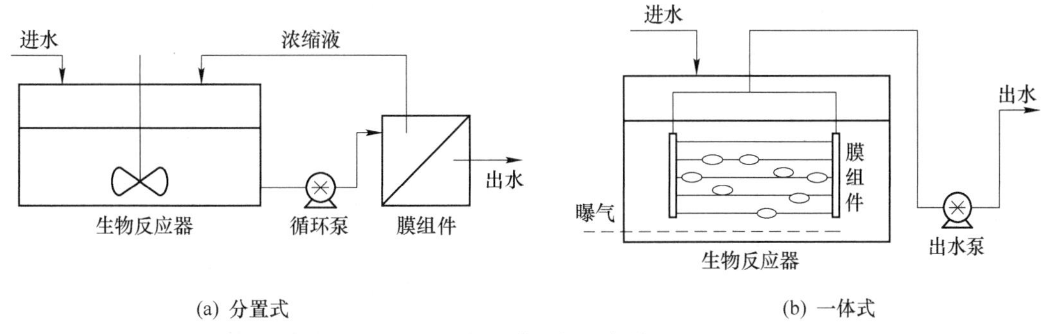

(a) 分置式　　(b) 一体式

图 4-34 膜生物反应器

我国采用 MBR 工艺处理焦化废水的研究起步较晚，由于传统 A/O 或 A^2/O 工艺处理焦化废水只能将出水 COD 降到 100mg/L，而膜生物反应器能进一步降低出水 COD 浓度。将 SBR 工艺与聚偏氟乙烯 PVDF 中空纤维膜组件结合的一体化膜序批式生物反应器强化焦化废水的处理，出水 COD 浓度低于 100mg/L，氨氮浓度低于 1mg/L。

i 生物铁法

生物铁法是在生物曝气池中投加铁盐，主要目的是提高曝气池中活性污泥浓度，充分发挥生物氧化和生物絮凝作用的强化生物处理方法。生物铁法是冶金部建筑研究院于20世纪70年代研究开发的技术，我国目前普遍用于焦化废水的处理。该法污泥浓度高达9~10g/L，对焦化废水中的酚氰化物的降解能力加强。

投加铁离子作用：（1）微生物生长所必需的微量元素；（2）刺激生物黏液分泌；（3）加速生物降解：铁盐在水中生成氢氧化物与活性污泥形成絮凝物共同作用，使吸附和絮凝作用更有效地进行，有利于有机物降解。在生物与铁的共同作用下，能够强化活性污泥的吸附、凝聚、氧化及沉淀作用，达到提高处理效果、改善出水水质的目的。

生物铁法工艺生化处理过程包括一段曝气、一段沉淀、二段曝气、二段沉淀。这是生物铁法的核心工序。由鼓风机供给曝气池中的好氧菌足够的空气，并使之混合均匀，这样含有大量好氧菌和原生动物的活性污泥对废水中的溶解状和悬浮状的有机物进行吸附、吸收、氧化分解，从而将废水中的有机物降解成无机物。经过一段曝气池降解的废水和污泥流入一段沉淀池，将废水与活性污泥分离。上述废水再流至二段曝气池，对较难降解的氨氮等有机物进一步降解。一段沉淀池下部沉淀的污泥再回到一段曝气池的再生段，经再生后再进入曝气池与废水混合，多余污泥通过污泥浓缩后混入焦粉中供烧结配料用。二段曝气池、二段沉淀池的工况与一段相仿、二段生化处理可使活性污泥中的微生物菌种组成相对较为单纯、能处理含不同杂质的废水。

在焦化废水处理技术方面，除了上述处理方法之外，还有炭-生物法、投加生长素强化法、高温好氧微生物以及近年来出现的生物强化技术等方法，这些方法在煤气化/煤液化废水处理里面详细介绍。

C 焦化废水深度处理技术

由于焦化废水中含有高浓度难降解有机物，单纯依靠生物处理技术难以达标排放，一般焦化废水二级生化工艺处理出水的COD浓度仍在200mg/L以上，氨氮维持在10~20mg/L。二级生化处理出水回用于熄焦、高炉冲渣时必然会使废水中的氨氮和部分有机物散发到空气中，感官刺激强烈，形成较大的二次污染。近年来随着新的焦化废水排放标准（GB 16171—2012）及“零排放”的实行，焦化废水生化出水必须经过一系列深度处理工艺才能达标排放或者工业回用，常用的深度处理工艺主要包括混凝沉淀、吸附、膜分离、高级氧化等，而且实际应用中往往还需要多种深度处理技术的组合应用才能最终满足焦化行业“零排放”的回用要求。

a 混凝沉淀法

混凝沉淀基本原理及影响因素

混凝沉淀法是焦化废水深度处理的方法之一。焦化废水二级生化处理出水仍然有一部分悬浮和有机污染物质，因颗粒细小具有胶体性质，稳定悬浮在焦化废水中，因此采用混凝沉淀法去除。混凝沉淀主要是利用混凝剂将焦化废水中的细小悬浮胶体微粒吸附连接形成聚集体，从而团聚沉淀的过程。

混凝沉淀处理流程包括投药、混合、反应及沉淀分离四个过程，混凝沉淀对废水中的悬浮颗粒、胶体杂质及部分无机、有机污染物均有明显的去除效果，其机理主要是利用混凝剂特有的电中和、压缩双电层、吸附架桥和网捕卷扫作用（具体可参考4.1节）。混合阶段主要是通过剧烈短促搅拌作用将药剂迅速、均匀地分配到焦化废水中，降低或消除胶粒的稳定性；反应阶段主要是通过缓慢搅拌促使失去稳定的胶体粒子碰撞聚集，形成较大的易沉颗粒。混凝沉淀效果受混凝剂类型、投加量、温度、pH 值等多因素影响，目前应用最为广泛的主要是铝系和铁系混凝剂。焦化废水处理中常用的混凝剂有无机高分子混凝剂聚合氯化铝和有机高分子混凝剂聚丙烯酰胺等。

新型混凝剂研究

近年来研究者们不断研发出各种混凝剂，如无机高分子混凝剂、有机-无机复合絮凝剂等，对焦化废水中污染物的去除效率进一步提升。

(1) 无机高分子絮凝剂研究。本研究团队合成了聚硅酸铝（PASiC）、聚合硅酸铁（PFSiC）和聚合硅酸铝铁（PAFSiC）三种无机高分子絮凝剂，并分别考察其对焦化废水生化处理出水中有机污染物的去除。这三种絮凝剂都能够降低焦化废水中的色度、UV_{254}（UV_{254}为水样中有机物在 254nm 处的紫外吸收值，反映了废水中大分子腐殖质类和含不饱和键有机物的多少）和 COD，说明对焦化废水中有机污染物有去除效果，三者相比聚硅酸铝铁（PAFSiC）的性能最优。其中 PASiC 对焦化生化出水中类溶解性微生物代谢产物和类富里酸具有较好的去除作用，而 PFSiC 则对类腐殖酸的去除效果显著；PASiC 对长链烃、多环芳烃和羧酸/醇/酯类有机物都有较好的去除能力，而 PFSiC 主要对含—COOH、—COO—、—CO—等官能团的羧酸/醇/酯类有机物去除效果明显；因 PAFSiC 结合了前两者的优势具有更宽范围的有机物去除能力，主要原因可能是生成絮体较大，网链结构良好，能够对有机物进行有效吸附、捕集和卷扫，这几种絮凝剂与有机污染物之间的相互作用机理如图 4-35 所示。需要注意的是：PAFSiC 中的 Si、Al 和 Fe 含量比影响其对焦化废水中有机污染物去除性能；以煤矸石制备的 PAFSiC 中硅含量对 PAFSiC 热稳定性、絮凝效果和絮体性质均有影响，絮体中 Si—O—Al 和 Si—O—Fe 键随着硅含量的增加而增加，当（Al+Fe）/Si 摩尔比为 10∶1~13∶1 时有利于网链结构的形成，硅含量过高或过低均会影响絮体中网链结构的形成，因此絮凝剂中引入硅有利于增强其絮凝效果。

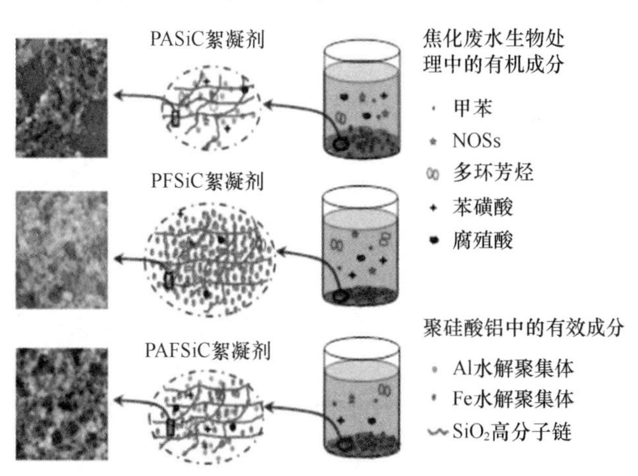

图 4-35 不同聚硅酸盐混凝剂与有机物相互作用机制

为了进一步提高絮凝材料对有机物的去除性能，设计合成聚硅酸钛（PTSC）絮凝剂和聚硅酸铁钛絮凝剂（PSFTC），将其应用于焦化废水的原水和生化出水混凝处理中，经过 PTSC 絮凝剂处理后的焦化废水原水和生化出水，有机物浓度下降，种类也减少，说明通过混凝预处理可以降低后续生化处理或深度处理的毒性。其原因可能是 Ti 离子可以调控絮凝剂和污染物之间的静电相互作用并且赋予絮体对有机物更强的吸附与网捕作用，提升了对高污染物浓度焦化废水原水的强化混凝效果。PSFTC 对焦化废水原水中悬浮物质和有机物均有优良的去除效果，其中浊度去除达 95%以上；对于十六烷酸与十八烷酸的去除效果较好，对生物难降解有机物如乙二酸双（2-乙基己基）酯与间苯二甲酸二（2-乙基己基）酯去除率可达 23%与 51%。PSFTC 对生化出水中十六烷酸与十八烷酸的去除率均达到 90%以上，对 9-十八碳烯酰胺去除率达到 83.9%。说明混凝过程对长链的羧酸、酰胺类去除效果明显，对生物难降解有机物有一定针对性去除效果。PSFTC 对原水中类腐殖酸与类溶解性微生物代谢产物有较强的去除作用，对生化出水中类富里酸与多环/杂环芳香化合物去除效果明显。

（2）有机/无机杂化絮凝剂研究。为了解决无机絮凝剂使用量大、COD 去除率不理想、无机和有机絮凝剂协同作用不明显和效果不满意的问题，作者研究团队又针对焦化废水的多相多组分复杂体系污染物的典型特征，设计合成了具有界面调控性能的有机/无机杂化絮凝材料。采用原位聚合方法制备了离子键合型无机/有机杂化絮凝剂 PASi-P（AM-ADB）。该杂化絮凝剂中无机组分与有机组分之间是通过离子键相连接，具有致密的孔隙形貌和三维空间网络结构。对焦化废水原水浊度、UV_{254}、DOC（溶解性有机碳）和 COD 的去除率分别为：95.3%、19.9%、18.8%和 26.2%；对焦化生化出水浊度、UV_{254}、DOC 和 COD 的去除率分别为：96.2%、42.3%、34.1%、46%。混凝效果优于复合絮凝剂聚硅酸铝和商品絮凝剂 PAC，主要因为焦化废水中含有大量 C═O、C═C 键结构的芳香族有机物及腐殖质类有机物物质；经过混凝处理，杂化絮凝剂对焦化废水中的强疏水性、高芳香性、腐殖化程度高的大分子物质具有良好的去除效果。另外，经混凝处理，焦化废水中有机物的种类和含量均降低，特别是具有较大分子量的难降解杂环化合物、PAHs、长链烷烃等疏水性难降解物质被有效去除，有利于促进生化处理，生化出水中的多环芳烃、邻苯二甲酸酯类化合物等有毒物质被杂化絮凝剂有效去除，对环境的危害降低。

为改善杂化体系的稳定性，采用 γ-氨丙基三乙氧基硅烷（APTES）为有机硅源，采用水解聚合法缓慢滴碱与无机组分 $AlCl_3$ 共聚，制备了共价键合型无机-有机杂化絮凝剂 PAAP。PAAP 中无机组分与有机组分之间以共价键形式键合，Si/Al 摩尔比、碱化度（B）对 PAAP 的形貌均有较大影响。PAAP 对焦化废水原水浊度、UV_{254}、DOC 和 COD 的去除率分别为：82.1%、12.1%、9.3%、24.2%；对生化出水浊度、UV_{254}、DOC 和 COD 的去除率分别为：97.8%、37.7%、29.9%和 63.4%，混凝效果优于商品絮凝剂 PAC。此外，PAAP 具有优异的储存稳定性能，室温保存 18 个月后，仍呈现均一透明状，未出现沉淀和凝胶，混凝性能仍保持良好。进一步以 γ-氨丙基甲基二乙氧基硅烷为硅源，通过与 $TiCl_4$ 聚合制备出共价键型有机/无机杂化硅钛絮凝剂（PTAP），投加量仅为 50mg/L 时，对高岭土-腐殖酸模拟废水浊度和 UV_{254}的去除率就可达 98%和 98.7%，相比无机絮凝剂聚硅酸钛对模拟废水的处理效果，投加量减少，但浊度去除率和 UV_{254}去除率更高，混凝效果更好。

在杂化絮凝剂混凝处理模拟废水和焦化废水过程中，絮凝剂加入废水中经过搅拌快速分散到水体中，杂化絮凝剂中铝盐水解生成带正电荷的氢氧化物聚合产物，在这些聚合产物与杂化絮凝剂分子中固有的季铵基团共同作用下，絮凝剂吸附在废水中带有负电荷的碱颗粒物、胶体的表面，发生电中和作用和压缩双电层作用，使得颗粒物、胶体物质之间的排斥力显著降低，发生“脱稳”现象，相互碰撞聚集形成小的絮体，絮凝剂的聚硅铝大分子、有机分子链等存在大量的吸附位点，这些小絮体在絮凝剂的吸附架桥作用下相互结合形成大絮体，进而实现固液分离去除。关于 DOM 的强化混凝去除，主要包括以下几个方面的作用：一是铝盐的氢氧化水解聚合物对 DOM 的络合、吸附、网捕作用；二是废水中有机物含有羧基、羟基等功能基团，这些基团与杂化絮凝剂分子中的羟基、氨基、季铵基团之间存在氢键作用；三是杂化絮凝剂分子中含有的苄基基团与有机污染物分子中的芳香环之间产生 π-π 作用；四是杂化絮凝剂的有机疏水分子基团或分子链，能够与有机物分子发生疏水作用。经过以上多种作用和絮凝剂的网状结构，均匀分布的无机和有机组分充分发挥协同作用，吸附捕获 NOM 分子形成不溶性可沉降物质、可溶性复合物及不溶性但不足以沉降的物质，其中不溶性物质在混凝沉降过程中去除，而后两者则留在水体中，此外形成的絮体中功能基团仍可通过氢键等作用对有机物进行吸附，进一步强化有机物的去除。

（3）磁耦合有机/无机杂化絮凝剂研究。传统混凝工艺依靠在重力作用下絮体自然沉降去除污染物，固液分离时间长，工程应用中水力停留时间也较长，水力紊动会影响混凝的处理效果。在前期工作的基础上，选择制备过程简单温和的 PAAP 与 Fe_3O_4 耦合使用，采用磁混凝方法强化处理焦化废水，磁混凝对焦化废水的处理效果优于普通混凝，先投加磁粉、后投加絮凝剂、再在磁场下静置沉降的方式最优，对焦化原水浊度、UV_{254}、DOC 和 COD 的去除率为：87.08%、14.56%、11.54%和 27.5%，均高于相对应的普通混凝过程，虽然高出的幅度不大，但是对于混凝处理焦化废水已实属不易。对于焦化生化出水，对浊度、UV_{254}、DOC 和 COD 的去除率为：99.34%、39.78%、32.58%和 65.1%。与普通混凝相比，磁混凝产生的絮体粒径较小且更为密实，絮体的抗破碎能力和破碎恢复能力提高，沉降速度明显加快，有效降低了沉降时间。磁粉经过多次循环回收再利用，磁混凝的效果仍保持在较好的水平，可降低焦化废水混凝处理的运行成本，具有推广价值和前景。杂化絮凝剂中不同的组分和官能团协同作用，展现出良好的混凝性能，加入磁粉可以起到增加颗粒物浓度、吸附和强化絮凝剂的作用，进一步提高混凝效果，并加速沉降。

加入磁粉可分别起到颗粒物吸附和强化絮凝剂的作用（图 4-36）。使体系中颗粒物的含量增大，碰撞概率增大，可以促进以磁粉为核心的磁性小絮体快速形成，在传统混凝吸附架桥的基础上，磁絮体、磁粉可通过长程磁吸引力促进小絮体的进一步聚集长大，生成密实的大絮体，絮体的密度和强度均较大，在自身重力或外加磁场的作用下快速沉降。在磁混凝中磁粉可以作为吸附剂，磁粉的 Fe-OH 或 $Fe-OH^+$ 通过氢键与有机物的芳香和脂肪族的羧基或羟基发生吸附，使 UV_{254} 的去除率升高。铝盐氢氧化水解物和絮凝剂分子上羟基、氨基与磁粉的 Fe-OH 作用形成 Fe_3O_4-絮凝剂复合体，可以有效强化对 DOM 的混凝，形成可沉降性的 Fe_3O_4-絮凝剂-DOM 复合体，提高混凝去除效果。

b　吸附法

吸附法及基本原理

焦化废水中部分有机物用常规生物法很难或无法去除，如某些杂环化合物，这些污染物质可用吸附法加以去除。

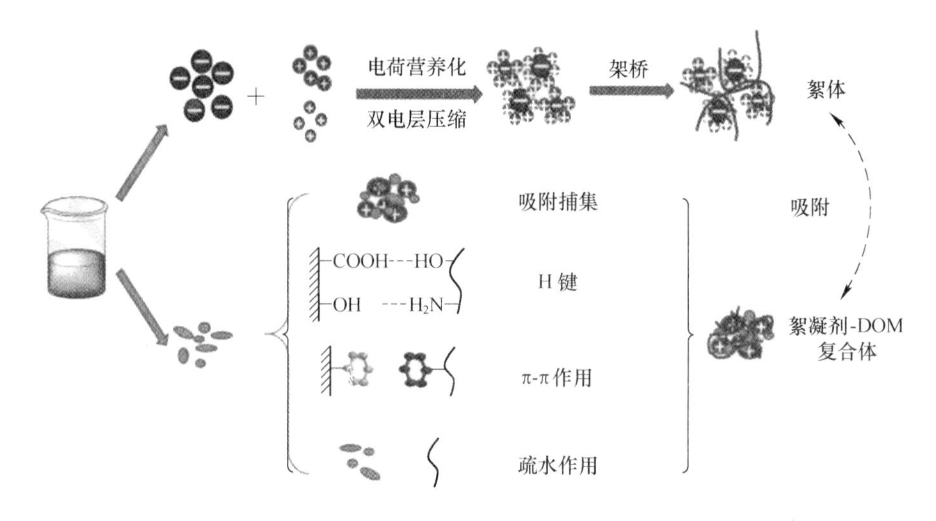

图 4-36 杂化絮凝剂混凝处理废水机理示意图

吸附法就是利用多孔性的固体物质，使废水中的一种或多种物质被吸附在固体物质表面而去除的方法。具有吸附能力的多孔性物质为吸附剂，废水中被吸附的物质为吸附质。焦化废水中的污染物与吸附剂充分接触的过程中，污染物附着在吸附剂构造的孔道中从而达到分离脱除的目的，是一种高效便捷的去除焦化废水中有机物污染物的方法。

吸附类型

根据吸附剂表面吸附力的不同，吸附可分为物理吸附和化学吸附两种类型。物理吸附指吸附剂与吸附质之间通过范德华力而产生的吸附；而化学吸附则是由原子或分子间的电子转移或共有，即剩余化学键力所引起的吸附。在水处理中，物理吸附和化学吸附并不是孤立的，往往相伴发生，是两类吸附综合的结果，例如有的吸附在低温时以物理吸附为主，而在高温时以化学吸附为主。

吸附剂及影响因素

废水吸附处理过程中常用的吸附剂有活性炭、磺化煤、活化煤、沸石、硅藻土、焦炭、木炭及木屑等。吸附过程受吸附剂、废水中的吸附质及操作条件等多种因素影响，即吸附剂的孔径、比表面积、堆积密度、表面官能团、吸附质浓度及分子大小、废水的 pH 值、水温及接触时间等。因此，针对不同水质特性的废水，吸附剂的选择至关重要。

焦化废水处理过程中常采用的吸附剂是活性炭，活性炭比表面积可达 500~2000m^2/g，有效孔径一般为 1~10000mm。小孔半径在 2mm 以下，容积一般为 0.15~0.90mL/g，占比表面积的 95%以上；过渡孔半径为 2~100mm，容积一般为 0.02~0.10mL/g，占比表面积的 5%以下；大孔半径为 100~10000mm，容积一般为 0.2~0.5mL/g，表面积只有 0.5~2m^2/g。活性炭孔径大小及占比与活性炭制造条件有关，延长活化时间、减慢加温速度或用药剂活化时，可得到过渡孔特别发达的活性炭。通过活性炭吸附可以去除焦化废水中生化处理单元难以去除的微量污染物质，如高分子烃类、卤代烃、氯化芳烃、多环芳烃、酚类及苯类等。

新型吸附剂研究

近年来研究者们也在不断开发新型吸附剂，如活性焦、新型活性炭及磁性吸附剂等。本研究团队利用褐煤基活性焦（LAC）和焦油基活性炭材料（TAC）对焦化废水生化出水中有机物进行吸附研究，发现LAC表面对多环芳烃和杂环化合物具有吸附的特异性。LAC比表面积约为TAC的1/6，对有机物的吸附量比TAC高出约20%。LAC表面碱性含氧官能团明显多于TAC，在吸附时可能起到更重要的作用。

制备了介孔 SiO_2 包裹磁性纳米球吸附剂（Fe_3O_4@SiO_2），对水溶液中双酚A的吸附量可达87mg/g。进一步通过有机/无机杂化在 Fe_3O_4@SiO_2 的表面接枝二苯基二乙氧基硅烷得到具有pH值响应性能的 Fe_3O_4@SiO_2@DPDES，对废水中的双酚A的吸附率可达120mg/g且95%能够通过调控pH值脱附回收，Fe_3O_4@SiO_2@DPDES也能磁回收多次循环利用，在焦化废水中酚类有机物的回收再利用具有潜在的应用前景。

利用共沉淀法制备了磁性煤基活性炭、磁性椰壳活性炭、磁性净水活性炭，以苯酚为目标污染物，研究了磁性活性炭的吸附行为。磁性煤基活性炭、磁性椰壳活性炭、磁性净水活性炭对苯酚的吸附量分别为61.3mg/g、76.5mg/g、49.9mg/g，吸附过程符合拟二阶动力学模型，吸附等温线模型符合Langmuir单分子吸附模型。采用以上三种磁性活性炭对疏水性较强的双酚A和疏水性更强的有机物邻苯二甲酸二丁酯进行吸附测试，磁性煤基活性炭、磁性椰壳活性炭、磁性净水活性炭对双酚A的吸附量分别为211.8mg/g、90.4mg/g、72.3mg/g，对邻苯二甲酸二丁酯的吸附量分别为240.0mg/g、155.6mg/g、205.2mg/g，说明此类吸附剂对疏水性有机物具有更强的吸附能力。这主要是由于活性炭表面的苯环能够以π-π共轭方式与有机物分子中的苯环发生作用，从而提高磁性活性炭对双酚A和邻苯二甲酸二丁酯的吸附性能。此外，双酚A为目标污染物，对吸附双酚A饱和后的磁性煤基活性炭进行解吸和再生研究，采用乙醇溶液对煤基活性炭进行再生，循环五次后，材料的脱附率仍可达到95%以上。

c 高级氧化法

高级氧化技术是近30年来发展起来的水处理新技术，它通过化学或物理化学的方法将污水中的污染物直接氧化成无机物，或将其转化为低毒的易生物降解的中间产物。高级氧化技术（advanced oxidation technology，AOT）又称为深度氧化技术，在一定条件下，依靠体系实时生成的具有强氧化性的羟基自由基（·OH）使有机物中的碳键发生断裂，对焦化废水中的高毒性难降解有机物有显著的去除效果，具有很好的应用前景。能激发产生羟基自由基的过程，如图4-37所示，主要包括湿式氧化、Fenton氧化、光催化、臭氧氧化及电化学氧化等多种技术。

羟基自由基（·OH）的氧化还原电位为2.85V，仅次于氟，是一种强氧化剂，因此在高级氧化过程中，所产生的羟基自由基能氧化大部分的有机物和具有还原性的无机物。

（1）湿式氧化技术/超临界氧化技术。湿式氧化法也是湿式空气氧化法（wet air oxidation，WAO）是在高温（150~350℃）、高压（5~20MPa）条件下，利用氧气或空气中的氧作为氧化剂，将废水中的有机物氧化成无机物 CO_2 和 H_2O 或者小分子有机物，从而达到去除难降解污染物的目的。湿式氧化法发生的氧化反应是自由基反应，分子态氧参与了各种自由基的形成，经历诱导期、增殖期、退化期以及结束期四个阶段。反应过程如下：

诱导期：

$$RH + O_2 \longrightarrow R\cdot + HOO\cdot$$
$$2RH + O_2 \longrightarrow 2R\cdot + H_2O_2$$

增殖期：

$$R\cdot + O_2 \longrightarrow ROO\cdot$$
$$ROO\cdot + RH \longrightarrow ROOH + R\cdot$$

退化期：

$$ROOH \longrightarrow RO\cdot + HO\cdot$$
$$ROOH \longrightarrow R\cdot + RO\cdot + H_2O$$

结束期：

$$R\cdot + R\cdot \longrightarrow R-R$$
$$ROO\cdot + R\cdot \longrightarrow ROOR$$
$$ROO\cdot + ROO\cdot \longrightarrow ROH + R_1COR_2 + O_2$$

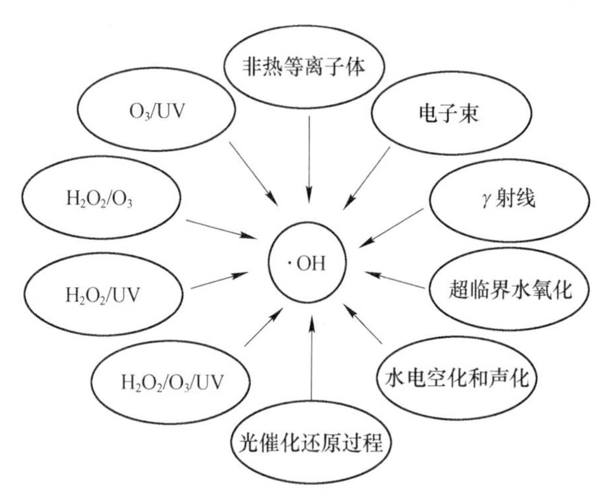

图 4-37 能激发产生羟基自由基的过程

与常规方法相比，湿式氧化具有氧化速率快，处理效率高，适用范围广，极少有二次污染，可回收能量及有用物料等特点。尽管湿式氧化技术具有很多优点，但是在实际推广应用方面仍然存在着一定的局限性：湿式氧化一般要求在高温、高压的条件下进行，其中间产物往往为有机酸，对设备材料的要求较高，须耐高温、高压和耐腐蚀，故设备费用大，处理系统的一次性投资高。

为降低反应温度和压力并提高处理效果，出现了使用催化剂的催化湿式氧化技术（catalytic wet air oxidation，CWAO）和加入更强氧化剂（过氧化物）的湿式过氧化物氧化法（wet peroxide oxidation，WPO）。为彻底去除 WAO 难以去除的有机物，还出现了将废液温度升至水的临界点温度以上，利用超临界水的良好特性来加速反应进程的超临界水氧化技术（supercriticalwateroxida-tion，SCWO）。

（2）Fenton 氧化技术。Fenton 氧化技术是 19 世纪末法国科学家 H. Fenton 发现的，即利用过渡金属铁盐催化 H_2O_2 产生强氧化性的羟基自由基进而氧化有机物，尤其是难降解有机物。亚铁盐来催化的 H_2O_2 试剂就是著名的 Fenton 试剂。Fenton 试剂与有机物的反应也是一个链式反应，其反应机理如下：

$$Fe^{2+} + H_2O \longrightarrow Fe^{3+} + OH^- + \cdot OH$$

$$Fe^{3+} + H_2O_2 \longrightarrow Fe^{2+} + HO_2 \cdot + H^+$$

第一个反应是一个快速反应，反应产生了羟基自由基（$\cdot OH$），同时氧化产生的 Fe^{3+} 与 H_2O_2 反应，产生自由基（$HO_2 \cdot$），并且 Fe^{3+} 被还原为 Fe^{2+}。Fe^{2+} 在反应中起激发和传递的作用，链式反应持续进行，不断生成 $\cdot OH$ 和 $HO_2 \cdot$，这两种自由基能够将有机物进行氧化。

（3）臭氧氧化技术。臭氧（O_3）氧化技术是20世纪60年代起在水处理中得到广泛的应用，前期主要用于饮用水、冷却水、游泳池水等的杀菌消毒，改善色度、嗅和味，氧化还原性的锰和铁离子等。近年来还开始应用于工业废水处理过程中，氧化和降解废水中有机物。臭氧与有机物的反应方式有两类：一类是臭氧与有机物直接作用，另一类是臭氧转化为羟基自由基后与有机物反应。后一个反应主要过程是臭氧在水中通过与 OH^- 或溶质的反应，被消耗而转化为 H_2O_2 或 HO_2^-。臭氧将一个氧转移给 OH^- 产生 HO_2^-，后者与 H_2O_2 形成平衡。而全部 H_2O_2 中有一部分离解成为 HO_2^-，又与臭氧很快反应产生 O_3^- 和 $HO_2 \cdot$，整个反应过程 OH^- 是链反应的促发剂，H_2O_2/ HO_2^- 作为次生促发剂。所以，在高 pH 值时臭氧容易与离解的物质发生亲电反应，从而有较快的反应速度。

在实际废水处理过程中，许多污染物与臭氧竞争羟基自由基。大多数反应产物进一步被 O_2 氧化生成过氧自由基和氧自由基，它们又与 O_2 反应生成 $HO_2 \cdot /O_2^- \cdot$ 或者 H_2O_2。废水中的有机物将非选择性的羟基自由基转变成高选择臭氧的 $HO_2 \cdot /O_2^- \cdot$ 或者 H_2O_2，从而使链反应不断继续。

（4）光催化氧化技术。光催化氧化技术是利用光和催化剂或氧化剂产生很强的氧化作用进而氧化分解废水中有机物和无机物的一种水处理方法。常用的催化剂有二氧化钛（TiO_2），氧化剂有臭氧、氯、次氯酸盐、过氧化氢及空气等，一般使用的光源是紫外灯。

用作光催化剂的半导体大多为金属的氧化物和硫化物，一般具有较大的禁带宽度。当光子能量高于半导体吸收阈值的光照射半导体时，半导体的价带电子会发生带间跃迁，即从价带跃迁到导带，从而产生光生电子（e）和空穴（h^+），光生电子（e）和空穴（h^+）将进一步与水中的离子和分子发生反应而产生强氧化性的 $\cdot OH$、$\cdot HO_2$、$\cdot O_2^-$ 等活性自由基，这些自由基进一步与水中的有机物发生反应。

$$H_2O + h^+ \longrightarrow \cdot OH + H^+$$

$$OH^- + h^+ \longrightarrow \cdot OH$$

$$O_2 + e \longrightarrow \cdot O_2^-$$

$$H_2O + \cdot O_2^- \longrightarrow HO_2 \cdot + OH^-$$

$$2HO_2 \cdot \longrightarrow O_2 + H_2O_2$$

$$HO_2 \cdot + H_2O + e \longrightarrow OH^- + H_2O_2$$

$$H_2O_2 + e \longrightarrow \cdot OH + OH^-$$

d 膜分离法

经过混凝、吸附和高级氧化等深度处理方法后，需要采用微滤（MF）、超滤（UF）、纳滤（NF）、反渗透（RO）等膜分离技术实现焦化废水的进一步处理回用，对废水中的无机盐和有机物均能保持较高的截留率，但长期运行下往往会产生不同程度的膜污染，需要配制一定浓度的酸碱洗液清洗膜表面，而且实际应用中多采用膜组合工艺来维持膜系统的长期高效运行。另一方面，随着膜分离技术的不断发展，正渗透、膜蒸馏、离子交换膜等一部分新型高效的膜分离技术也在废水处理领域展现出良好的发展潜力。有关膜分离技术的原理在4.5节中已介绍，本节主要介绍膜蒸馏技术。

膜蒸馏技术原理

膜蒸馏技术（membrane distillation，MD）是一种将膜技术与蒸馏过程相结合的膜分离技术，采用疏水微孔膜以膜两侧蒸汽压力差为传质驱动力的膜分离过程，膜孔仅允许气态分子通过，膜的一侧直接接触温度较高的待处理溶液（热侧），另一侧连接冷却介质（冷侧），在膜两侧因温度差而引起的蒸汽压差作用下，热侧溶液产生的水蒸气透过膜孔，在冷侧冷凝，进而得到产水或实现热侧溶液的浓缩，与常规蒸馏中的蒸发、传质、冷凝过程十分相似，所以称其为膜蒸馏过程。

膜蒸馏在焦化废水处理中的研究

（1）膜蒸馏深度处理焦化废水的截留性能与膜污染行为。作者研究团队在膜蒸馏技术深度处理焦化废水方面研究较多。焦化废水经XAD-8大孔吸附树脂吸附分级，分为疏水碱性（HOB）、亲水性（HIS）、疏水酸性（HOA）、疏水中性（HON）四种组分，焦化废水及各分离组分经过膜蒸馏后，各组分色度明显降低，表明膜蒸馏对焦化废水中带有生色团和助色团的有机物具有较好的截留性能。根据各组分具体的色度和UV_{254}的去除率，膜蒸馏对HON色度的去除率最高，可以达到96.86%，其次为HIS（83.13%）、HOB（79.31%）和HOA（69.90%）。通过对各组分及对应膜蒸馏产水中UV_{254}的测定可以发现，去除率由高到低依次为HON（98.61%）、HOA（96.21%）、HIS（94.49%）、HOB（91.00%），均高于90%，表明膜蒸馏对UV_{254}有较高的截留效果。另外，膜蒸馏对原水的色度和UV_{254}的去除率分别为94.94%和98.97%，高于除HON外其余三种组分单独的色度和UV_{254}去除率，可能是因为原水中污染物之间及污染物与膜之间相互作用更加复杂，抑制了含有生色团、助色团及不饱和结构有机物的扩散作用，同时膜表面滤饼层也对上述污染物起到了一定的截留效果。

分离组分经膜蒸馏后，产水中溶解性污染物的浓度明显降低，甚至未检测到，但是酚类、含氮杂环化合物中吲哚类和喹啉类物质在渗透侧仍有检出量，说明挥发性有机物能够产生相变，并在渗透侧积累影响产水水质。在HOB中，膜蒸馏前后DOM种类基本没有变化，可见膜蒸馏在分子量较小的挥发性物质的去除效果上还有待提升。HIS中污染物含量有所降低，但降低的程度较低，1-羟基异喹啉和八硫杂环辛烷在膜蒸馏后几乎未检测到，己二酸二（2乙基己基）酯含量相较进水中升高。HOA渗透侧前25min检出的污染物均降低了50%以上，没有新污染物的出现，仍以酚类为主。HON中以吲哚类为主，经膜蒸馏后明显减少，咔唑-9-甲醇和4-氨基-9-芴酮几乎消失，可见30min以后有机物扩散性相对较差。在HOB、HIS和HOA三种组分膜蒸馏产水中均检测到了酚类，其中苯酚的含量最高，同时HOB中检测到的喹啉、HON中检测到的吲哚均为焦化废水中的代表性有机物且在膜蒸馏过程中的迁移没有受到有效抑制。

膜蒸馏过程中产水随时间变化，HIS膜通量与原水相近，HOB膜通量略高于原水，HON膜通量略低于原水，四者的通量衰减趋势基本相同，HOA的水通量一直保持较高，但前10h通量衰减速度较快，后期有所减缓，可能是HOA膜蒸馏初期疏水性污染物与疏水膜之间的相互作用力占主导，污染物不断吸附导致通量迅速下降，随着滤饼层的形成，污染物之间的力成为主要作用力，通量衰减速率减缓。HOB和HIS组分通量衰减规律均为经过一个拐点后开始迅速下降，可能是前期有机物中挥发性组分在与水蒸气分子竞争膜孔通道时占优势，能够优先快速扩散通过膜孔，在此过程中会携带水分子在渗透侧积累，因而通量较高衰减较慢，随着该类污染物浓度降低，水分子的扩散占主导，通量明显下降，也可能是后期表面形成的污染层对分子的筛分作用更加严苛，污染物更不容易通过导致了膜通量的显著下降。HON的膜通量衰减速率基本保持一致，归因于污染物与膜较为温和的相互作用。对于原水来说，通量衰减速率保持较高，其中前4h的膜通量衰减速度最快，主要是因为膜蒸馏运行初期原水中大量疏水性物质在膜表面形成滤饼层，使得膜有效面积减小，水蒸气通道减少，产水通量减少。

（2）超疏水疏油改性强化膜蒸馏处理焦化废水。作者研究团队针对膜蒸馏处理焦化废水过程中有机污染物和无机污染物在膜表面的吸附和沉积导致膜污染和膜润湿问题，通过纳米SiO_2表面涂覆与氟硅烷表面修饰PVDF膜，成功制备出具有超疏水超疏油性能PVDF复合膜。分别采用静电吸附和化学键将纳米SiO_2表面涂覆在碱溶液活化的PVDF膜表面，而后氟化降低膜表面能，原膜通量衰减最严重，在膜蒸馏运行48h内，其膜通量急剧减小，表面在此期间疏水膜孔被污染物所堵塞。在膜蒸馏运行结束时，其通量衰减达65%。这表明在膜蒸馏过程中原膜被严重污染，水蒸气的传质减小，膜通量降低。相比较原膜，经过超双疏改性复合膜-1膜通量衰减15%，明显改善了原膜膜通量衰减。相比较复合膜-1，复合膜-2膜通量只衰减了6%，这主要归因于共价接枝法相比较静电吸附，其多级微纳米结构稳定，在运行过程中膜表面润湿性变化小。由于超双疏涂层的存在，使得膜表面对液滴有很强的排斥作用，焦化废水中有机污染物很难接触到膜表面，因此膜表面污染最轻，通量衰减最小。原膜在MD运行48h内，其电导率下降，这归因于膜表面污染层的截留保护作用，使得截盐率增大。随着MD运行时间的增加，原膜膜孔被部分润湿，期间膜截盐率下降，出水中有机物含量增加，在72h左右渗透液TOC含量最大，出水电导率增加，其产水电导率最高可达30μS/cm。在MD运行后期由于膜污染层的增加和进一步压实，其润湿作用影响减小，此时污染层仍起到一定的保护作用，因此在此阶段膜通量下降缓慢，截盐率有所提升，此时出水中有机物含量开始降低。而相比较原膜，复合膜出水中TOC值明显降低，电导率均维持在12μS/cm以下。超双疏涂层的存在极大减缓了膜污染导致的膜润湿效应，因此其产水水质较好。另外，复合膜-1在MD运行120h末时，有升高的趋势，可能是由于静电作用对涂层的作用力较弱，在水流的长期冲刷作用下，导致其表面抗润湿性降低。

膜蒸馏后膜表面无机物和有机物污染研究显示，原膜在膜蒸馏后表面检测到大量O、Ca等元素，除此之外还有少量S、Mg、P、S、Na、Si和N存在，这表明原膜受到来自焦化废水中无机盐的污染，这类污染沉积在膜表面极易造成膜孔堵塞。相比较原膜，复合膜表面除自身特征元素的峰外，没有其他无机污染物存在，说明超双疏层的存在减轻了无机盐的污染。另外，原膜表面红外光谱显示除膜本身的特征峰外新出现了有机污染物的特征峰，改性膜却无明显变化。在峰位置 3250cm^{-1}处存在酚类化合物的 O—H 官能团的伸缩振动（3330~3240cm^{-1}），而在 1645cm^{-1}、1508cm^{-1}和 800cm^{-1}处的吸收峰则可能是由于吡啶、呋喃、喹啉、苯及含 C—H 键的平面弯曲振动（900~670cm^{-1}）所致。由此可知，原膜在膜蒸馏运行过程中容易被无机盐和有机物黏附。相比较原膜，两种复合膜的红外峰没有明显的变化，这主要归因于表面双疏涂层对焦化废水排斥作用，焦化废水中有机物接触表面的概率减小，并且随着进料液的不断循环，被黏附的有机污染物也极易被水流带走，因此表面抗污染。

（3）亲水/疏水复合膜的构建及其用于膜蒸馏处理焦化废水的性能。焦化废水多环芳烃等疏水性有机物在膜表面的吸附，酚类等具有两亲基团的有机物中疏水基团在膜表面的吸附及其对膜表面润湿性的改变，苯系物等小分子有机物的挥发扩散。而前期研究发现经过 PAC/PAM 预混凝后的膜蒸馏过程能表现出较优异的抗润湿特性，主要是因为 PAM 聚合物在膜表面的沉积在原有的疏水膜表面引入了亲水性的酰胺基，从而与原膜构成了亲水-疏水复合结构。因此膜表面的亲水改性可能适合于焦化废水膜蒸馏过程的效果强化。因此，将氧化石墨烯 GO 结合在 PTFE 原膜表层构建亲水-疏水复合膜结构，用于焦化废水的深度处理，探究改性复合膜对焦化废水中复杂污染物的抗污染抗润湿性能，揭示复合膜对焦化废水膜蒸馏过程的强化机制。PTFE 原膜和表面改性后 GO/PTFE 复合膜表面特性为：PTFE 原膜在 1220cm^{-1}和 1150cm^{-1}有明显出峰，这主要是由于 F—C—F 键的伸缩振动引起，而经过 GO 表面改性之后，F—C—F 键的出峰强度明显降低，而且在 3409cm^{-1}、1623cm^{-1}和 1724cm^{-1}处出现新的吸收峰，这些出峰分别对应于 GO 特有的 O—H、C═C 和 C═O 官能团的伸缩振动，说明 GO 已经成功涂覆于 PTFE 膜表面，形成的复合膜表面带有更多的含氧官能团。

另外，PTFE 原膜在空气中与水的接触角为 121. 7°±0. 9°，表现出较强的疏水性。经过 GO 表面改性后，复合膜空气中与水的接触角明显降低为 77. 5°±0. 6°，这应当与 GO 改性后膜表面出现了羟基、羧基、环氧基等亲水基团有关，说明 GO 改性后复合膜表面具有一定的亲水性。环己烷是典型的疏水性有机物，膜表面与环己烷的水下接触角反映了膜表面的水下疏油特性，而焦化废水中含有多种疏水性有机物，因而膜表面的水下疏油特性对其处理焦化废水过程中污染物的截留性能非常重要。PTFE 原膜极易吸附疏水性有机物并发生膜润，而经过 GO 改性的复合膜在水下表现出明显的疏油特性，与环己烷的接触角达到 140. 2°±0. 4°，这可能由于 GO 亲水改性后复合膜表面形成的水化层对疏水性有机物具有较高的排斥力。因此，GO 改性时原膜表面的亲疏水特性发生较大的变化，膜表面由原来的空气中超疏水水下超亲油，转变为空气中亲水水下超疏油的状态，这种膜表面性质的改变对后续膜蒸馏处理焦化废水过程中污染物与膜表面的相互作用产生较大的影响。

焦化废水生化出水中含有多种酚类、多环芳烃类、杂环类复杂有机污染物，多数有机物具有较强的疏水性，在常规的膜蒸馏过程中容易与疏水性微孔膜表面产生较强的疏水-疏水界面相互作用，从而导致严重的膜污染和膜润湿现象。GO 表面改性能有效增强蒸馏膜对焦化废水中无机盐和有机物的截留效率，还能提高产水通量并减缓通量衰减，其强化机制如图 4-38 所示，经过膜表面亲水改性后，表层 GO 亲水层能有效减缓疏水组分在膜

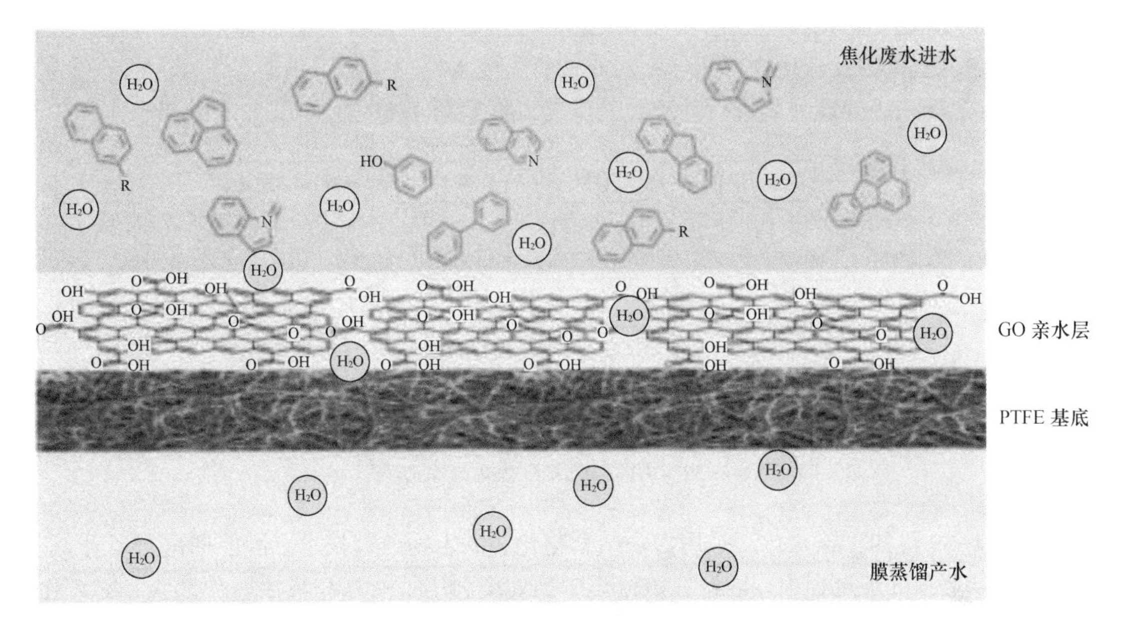

图 4-38 GO 表面改性对膜蒸馏深度处理焦化废水的强化机制示意图

表面的吸附及其对内部膜孔截留性能的影响，对内部的 PTFE 疏水层起到了一定的保护作用，而内层的疏水性微孔膜可以持续保持对污染物的高效截留。

GO 亲水改性具体的强化机制主要是由于 GO 表面含有丰富的羟基、羧基和环氧基等亲水性基团，其与 PTFE 原膜结合后，在原有疏水性基底表面形成一层具有亲水特性的 GO 层，使复合膜具有表层亲水且水下疏油的特性，有效抑制了焦化废水中疏水性有机物在膜表面的吸附，从而减轻膜污染与膜润湿的发生。另一方面，GO 具有光滑的二维平面结构，其在原膜表面形成的纳米孔道可以选择性地加速水蒸气分子通过，降低膜蒸馏过程中水蒸气分子的传质阻力，同时 GO 产生的毛细管效应可以增强对其他污染物的筛选截留，这种特性不仅有利于膜蒸馏过程中通量的提高，同时也能强化膜表面的抗污染抗润湿性能。此外，GO 相比于 PTFE 还具有更好的导热特性，将其涂覆在膜表面还有利于增强膜蒸馏过程中热侧表层的热传导，从而减缓由于温差极化导致的通量衰减。

4.6.2.2 焦化废水资源循环利用工程案例

A A^2/O 生化处理+物化处理焦化废水

山西某焦化厂经脱酚、除苯、蒸氨等回收工序处理后的焦化废水流量为 $50m^3/h$，设计进水水质和排放标准如表 4-18 所示。

表 4-18 设计进水水质及排放标准

项目	pH 值	COD_{Cr} /mg·L^{-1}	挥发酚 /mg·L^{-1}	CN /mg·L^{-1}	硫化物 /mg·L^{-1}	氨氮 /mg·L^{-1}	石油类 /mg·L^{-1}
进水水质	6~9	2500	200	50	70	250	130
排放标准	6~9	200	0.5	0.5	1.0	25	10

注意：COD_{Cr} 和氨氮执行国家《污水综合排放标准》（GB 8978—1996）二级标准。

从表 4-18 可知，该焦化废水除了 pH 值符合排放标准，其余指标如 COD、氨氮、油类、挥发酚、氰化物及硫化物都超标。因此该焦化废水处理站采用隔油、气浮+A^2/O 生物工艺+混凝沉淀三级处理方式进行处理，其工艺流程如图 4-39 所示。

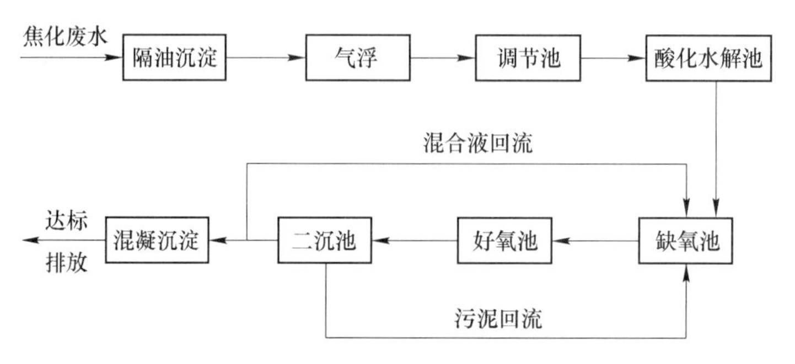

图 4-39　山西某焦化厂焦化废水流程

从图 4-39 可知，该焦化厂采用的是结合物化法的生物处理技术。因前期进行了蒸氨、脱酚、脱苯等预处理过程中，因此在该流程中预处理利用了隔油和气浮两种形式，对焦化废水中的油类物质进行处理，防止其影响后续生化处理阶段的效果；预处理出水进入二级生化处理工艺，其核心工艺为 A^2/O 生物脱氮技术，在此过程中，焦化废水中的有机物和氨氮等污染物质均在微生物代谢过程中被处理；由于焦化废水的成分复杂，且含有难降解有机物，因此焦化废水要回用，必须采用深度处理，此流程中深度处理采用混凝沉淀技术，处理出水达标。废水回用，较少外排，实现资源的再利用才是最终目的，对于湿式熄焦的焦化厂，可用作熄焦补水；对于钢铁联合企业，可用于钢铁转炉除尘水系统补充水和高炉冲渣水；对于洗煤的焦化厂，可用作洗煤循环水补充水等。

B　A/O+MBR 生化处理+物化+化学处理焦化废水

沧州某焦化废水深度处理与回用项目。焦化废水总量为 $360m^3/h$，其中蒸氨废水 $96m^3/h$、低浓度焦化废水 $64m^3/h$、LNG 生产排水 $40m^3/h$ 和循环排污水 $160m^3/h$。该项目要求：(1) 产水直接回用于工业水系统。因为该厂将对以各种水源制取的工业水进行统一调配，产水水质要求达到以新水为水源制取工业水的标准；(2) 对浓水的消纳量有限，要求回收率不小于 90%。

根据项目对新建焦化废水深度处理回用系统的要求，既要达到 90%以上的回收率，又要优良的产水水质，这在国内的所有焦化企业中并无先例。为了应对这一挑战，单一技术环节的突破不能解决全部问题，必须对全流程的工艺系统进行整体优化，充分发挥每个工艺单元的优势，才有可能取得实质性成功。该焦化废水深度处理与回用项目工艺流程如图 4-40 所示。

该项目中首先采用除油和蒸氨预处理方式对焦化废水中的油类物质及高浓度氨氮进行处理，提高焦化废水的可生化性，为后续二级生物处理减轻负荷，缓解其对微生物的抑制作用。预处理出水进入二级生物处理，生物处理核心工艺为 A/O 法与 MBR 膜生物反应器，将焦化废水中的有机物和氨氮等污染物质得以去除；二级生物处理出水进入深度处理程序，通过高级氧化及过滤等技术进行深度处理，由于出水要求达到以新水为水源制取工业水的标准，因此该项目通过膜法（超滤、反渗透）进行脱盐深度处理。

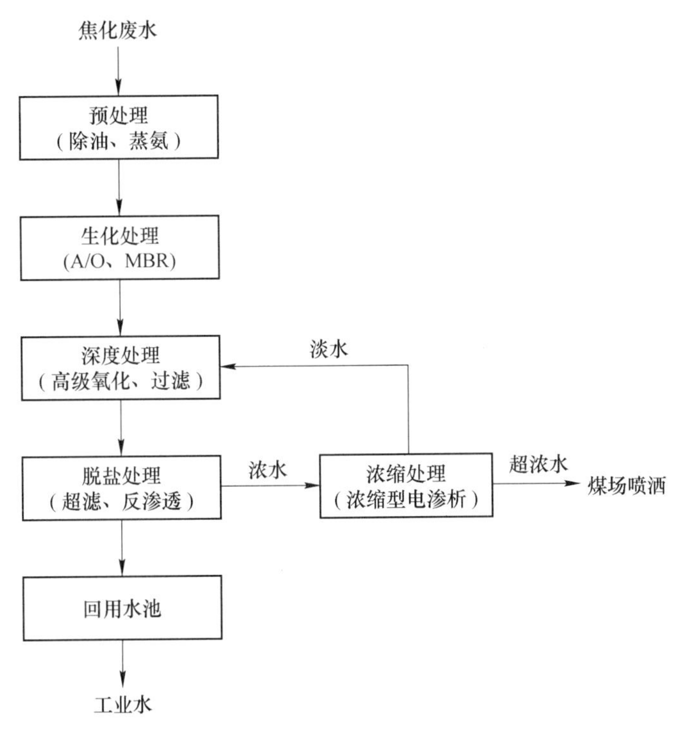

图 4-40 沧州某焦化废水深度处理与回用项目工艺流程图

4.7 煤气化/液化废水的资源循环利用

4.7.1 煤气化/液化废水水质特征

4.7.1.1 煤气化废水的水质特征

煤气化过程中，由发生炉内流出的煤气温度高达 500~600℃，并夹带大量的煤尘、焦油及水蒸气。为保证煤气质量，满足生产需要，必须对粗煤气进行洗涤净化，以除去煤气中的焦油和煤尘。另外，为方便输送，减少水分，提高热值，还要使煤气的温度降到 30~40℃。因此粗煤气要经过竖管、电捕焦油器和洗涤塔等设备进行冷却。在净化冷却过程中，需要大量的水来洗涤和冷却煤气。由此产生的含酚、焦油和悬浮物的废水，称之为煤气化废水。总之，煤气化废水来源于气化炉排出的粗煤气洗涤、冷却及净化过程中，包括煤中所含水分、未分解蒸汽水、造气废水（气化炉冷凝液）及反应生成水等。

煤气化废水的量和组成随原料煤、操作条件和废水系统的不同而变化。气化工艺废水是在煤的气化过程中，煤中含有的一些氮、硫、氯和金属元素，在气化时部分转化为氨、氰化物和金属化合物；一氧化碳和水蒸气反应生成少量的甲酸，甲酸和氨复反应生成甲酸铵。这些有害物质大部分溶解在气化过程的洗涤水、洗气水、蒸汽分流后的分离水和贮罐排水中，一部分在设备管道清扫过程中放空。与炼焦相比，气化对环境的污染要小得多。相对于煤的焦化，煤气化产生的废水比较少，每气化一吨煤产生 0.5~1.1m^3 废水，实际中因为工艺设备和方法的不同而产生的污水量不同。

煤气化废水水质因气化炉工艺不同而不同，固定床、流化床和气流床技术在产排废水节点上并没有明显的区别，但是水质差别较大。表 4-19 是几种典型气化工艺产生的废水水质情况。

表 4-19　几种典型气化工艺产生的废水水质情况

污染种类	污染物浓度/mg·L^{-1}		
	固定床（鲁奇炉）	流化床（温克勒炉）	气流床（德士古炉）
焦油	<500	10~20	无
苯酚	1500~5500	20	<10
甲酸化合物	无	无	100~1200
氨氮	3500~9000	9000	1300~2700
氰化物	1~40	5	10~30
COD	3500~23000	200~300	200~760

由表可见，3 种气化工艺产生的废水最明显的区别是以鲁奇炉为代表的固定床煤气化技术，因气化温度低，产生的废水水质复杂，总酚含量高、所含有机污染物 COD 浓度高，污染最严重，属于一种高浓度有机废水，最难处理。而流化床和气流床技术因气化温度高，在气化过程中有机物挥发，产生的废水中有机物浓度较低。另外，3 种工艺产生的废水中氨氮含量均很高，且均含有氰化物。固定床工艺产生的酚含量高，其他两种气化工艺酚含量较低；固定床工艺产生的焦油含量高，其他两种气化工艺较低；气流床工艺中产生的甲酸化合物较高，其他两种工艺基本不产生。因此，固定床气化废水是一种典型的高浓度、高污染、有毒、难降解的工业有机废水，是本书重点讨论的废水。总体上来讲，气化废水的水质特征为：

（1）色度大，有机污染物浓度高。废水一般呈深褐色，有一定黏度，多泡沫，pH 值在 6.5~8.5 范围内波动，呈中性偏碱，有浓烈的酚、氨臭味。COD 值一般在 6000mg/L 以上，氨氮浓度为 3000~10000mg/L。

（2）成分复杂。废水中不但存在着大量悬浮固体和水溶性无机化合物，且还有大量的酚类化合物、苯及其衍生物、吡啶等，有机物种类多达上百种。

（3）毒性高。废水中不但氰化物和酚类具有毒性，且焦油中含有致癌物质。

（4）水质波动大。废水水质因各企业使用的原煤成分及气化工艺的不同而差异较大。德士古气化工艺产生的废水量少，污染程度较低，但是对煤种的适应性不如鲁奇气化工艺；而鲁奇气化工艺、传统的常压固定床间歇式气化工艺等产生的废水污染程度较大，特别是鲁奇气化工艺产生的含酚废水很难处理，运行成本高；以褐煤、烟煤为原料进行气化产生的污染程度高于以无烟煤和焦炭为原料的工艺。因此针对不同的煤气化工艺和所采用的煤种，应采用有针对性的工艺对其废水进行处理。

4.7.1.2　煤液化废水的水质特征

煤液化废水产生于煤直接液化与煤间接液化过程中，主要来源于液化过程中的加氢裂化、加氢精制及液化等，水质与液化工艺相关。

煤直接液化是煤燃料在高温、高压的状态下，促使煤中的大分子有机物质转化为小分子有机物质的液态燃料。废水量较少，但硫化物和氨等物质的浓度高。煤直接液化生产工艺排放的高浓度污水是指经汽提、脱酚装置处理后的出水，主要包括煤液化、加氢精制、加氢裂化及硫磺回收等装置排出的含酚、含硫污水。根据神华煤制油汽提、脱酚的工艺资料及煤液化废水水质分析报告，确定出高浓度污水的进水水质特点：油含量低，盐离子浓度低；COD 浓度很高，已超出一般生物处理的范畴，其中多环芳烃和苯系物及其衍生物、酚、硫等有毒物质浓度高，属于典型的高浓度有机废水，生化性差，较难处理。

煤间接液化是煤气化后，在与催化剂共同作用下，产生液体燃料及化工产品，在这个过程中产生的具有污染物质的废水。该废水主要来源于煤气化过程中产生的废水，合成气净化及合成气合成液态产品过程的废水，即费托合成废水。常见的煤液化有煤制甲醇、煤制烯烃、煤制油等。煤制甲醇和煤制烯烃液化废水包括气化废水、脱硫工序的脱硫废水、变化工序的变化冷凝液、含油污水及精馏残液等。

综上所述，煤液化废水主要包括煤直接液化废水和煤间接液化废水。煤直接液化废水产生量少，COD 浓度高；氨氮和硫化物浓度高，毒性大；油类、盐类、悬浮物质 SS 浓度低；pH 值为 7.0~9.0 的偏碱性废水。因此煤直接液化废水属于高浓度有机废水。煤间接液化废水主要包括煤气化过程中产生的煤气化废水，合成气净化及合成气合成液态产品过程的废水，即费托合成废水。气化废水与之前所述的气化废水水质一样，主要与气化工艺有关。固定床气化废水属于高浓度难降解有机废水；气流床和流化床气化废水污染程度相对低。煤气化之后的节点废水排放强度相对较低，排放的废水污染物大多属于易降解的有机物，处理相对容易。煤制油中，高温费托合成废水 COD 浓度高达 15000~17000mg/L，低温费托合成废水可控制在 1000~4000mg/L，相对易于生化处理。

从煤液化的整个流程分析，煤液化产生的废水主要分为高浓度有机废水、含油废水、含盐废水及催化剂废水等四种废水。

（1）高浓度有机废水。该部分废水主要有煤直接液化废水、煤间接液化过程中固定床煤气化废水、费托合成废水等。前两种废水油含量低，盐离子浓度低，COD 浓度很高，可生化性差是一种比较难处理的污水，该部分高浓度有机废水是本书重点讨论的内容。而费托合成废水中有机物浓度较高，但多数是易降解有机物。

（2）含油废水。低浓度含油废水包括来自煤液化厂内的各种装置塔、容器等放空、冲洗排水，机泵填料排水，围堰内收集的污染雨水、煤制氢装置低温甲醇洗废水等。污水含油量较高，COD 及其他污染物浓度不高，水中阴、阳离子的组成与新鲜水相似，经过除油及生化处理后出水可以达到污水回用指标。

（3）含盐废水。含盐污水中 COD 含量不高，盐含量已达到新鲜水的 5 倍以上。要想回用，首先要将水中的 COD 处理到回用水要求指标，同时脱盐也是必须要进行的一步。

（4）催化剂废水。含有大量的硫酸铵，其总溶解固体含量为 4.8%，已超过一般海水中的盐含量，而有机物的含量很少。

后三种废水的处理在本节中不做详细介绍，其中高盐废水的处理 4.8 节已进行介绍。本节主要介绍高浓度有机废水的资源循环利用。

4.7.2 煤气化/液化废水的资源循环利用

4.7.2.1 煤气化/液化废水处理技术

煤焦化、煤气化和煤液化废水的水质组分比较接近，但是不同组分的浓度及浓度比例存在区别。例如，气化炉冷凝液中 COD 和酚类物质的浓度高于焦化废水，但是焦化废水中氰化物和硫氰化物的浓度高于气化炉冷凝液。煤气化/液化高浓度有机废水的处理与焦化废水的处理方法类似，宜采用物化预处理+生化处理+物理化学深度处理相结合的三级处理方法进行处理，进而达到煤气化/煤液化循环利用的目的。预处理主要是对废水中的部分污染物进行处理或回收利用，如氨、酚、油等，提高其生化性；生物处理主要是指酚氰废水的无害化处理，以活性污泥为主，包括强化生物法处理技术，如生物铁法，投加生长素法，强化曝气法等；深度处理主要是对生化处理出水不达标进行的深度净化，主要采用吸附法、混凝沉淀及高级氧化法等。

A 预处理

煤气化/液化废水的预处理内容主要包括蒸氨、脱酚和除油。预处理除了这三种主要处理之外，有时还包括除浊预处理、化学氧化预处理和吸附预处理，焦化废水预处理也可能包括这三种处理。

a 除浊预处理

因为气流的夹带作用，煤炭在焦化、气化过程中会带走大量的煤尘，这些煤尘在冷却的时候进入水中，并和废水中不溶于水的油类物质引起废水浊度升高。一部分煤尘和焦尘在焦油氨水分离槽中会沉淀下来，但是仍然会有部分煤尘和粉尘与油类一起构成废水中的悬浮物，这些悬浮物容易导致管道堵塞、腐蚀，影响后续生物处理的氧气传质及增加后续生物处理负荷，可采取有效措施去除这些悬浮物，从而降低废水浊度或悬浮物浓度。欧洲煤化工废水处理工艺一般先去除悬浮物和油类污染物质，然后利用蒸氨法去除氨氮，再采用生物氧化法去除酚硫氰化物和硫代硫酸盐。

目前，通过预处理工艺降低废水浊度或者去除废水中的悬浮物可以采取混凝沉淀、气浮及过滤等方法。

从理论的角度，采用过滤法对煤气化/液化废水进行预处理是可行的，但是从工程的角度来说，很难取得较好的经济性，过滤系统的堵塞很难避免。尽管不少研究报道显示，一些新开发的滤料和过滤系统对煤化工废水预处理除浊能够产生较好的效果，但尚未在工程中得到验证。目前，混凝沉淀和气浮工艺常被用来作为煤气化/液化废水实际处理工程的预处理工艺，但从废水处理的经济可行性方面分析，单独采用混凝沉淀或气浮工艺进行预处理除浊并不经济，因在煤气化/液化废水除油预处理过程中可去除悬浮物质，因此有时不单独开展除浊预处理设计。

b 化学氧化预处理

高浓度煤气化/煤液化废水含有难降解有毒有害物质，其可生化降解性差，生物主体处理工艺的处理负荷高，并且对微生物的抑制作用较大。为提高废水的可生化性，可在预处理阶段采用化学氧化的方法（尤其是高级氧化的方法）进行预处理，提高其可生化降解性，同时也降低后续生物主体处理工艺的处理负荷。常用的化学氧化法包括 Fenton 试剂化学氧化法、异相催化 Fenton 试剂化学氧化法、臭氧氧化法、催化臭氧氧化法、光催化氧化法、电化学氧化法等。这些氧化法主要是利用反应过程中产生的强氧化性物质，如羟基自由基对难降解物质进行氧化处理，将其降解为小分子易降解物质，利于后续生化处理过程。

c 吸附预处理

采用吸附法对煤气化/液化废水进行预处理可以提高其可生化降解性如采用改性焦粉、废弃焦炭作为吸附剂等，吸附饱和的焦粉或焦炭通过混烧进一步处理，达到“以废治废”

的目的。“以废治废”是一种较好的思路，但是需要考虑废物原材料稳定供应的问题，同时必须找到合适的改性工艺提高焦粉和焦炭等材料的吸附容量。还有某些特殊吸附材料对煤气化/液化废水中难生物降解物质具有专属吸附能力。这些处理方法目前处于研究阶段，需要在实际煤化工废水处理工程中进行工程论证。

B 生物处理

高浓度煤气化/煤液化废水生物处理技术除了焦化废水处理章节介绍的方法之外，还有一些其他的生物处理方法，如生物接触法和生物强化技术等。

a 生物接触法

近年来，生物接触氧化处理技术在国内外都得到了广泛的研究与应用。我国从 20 世纪 70 年代开始引进该技术，并在处理高浓度有机废水中得到了广泛的应用，取得了良好的处理效果。

生物接触氧化法是一种介于活性污泥法与生物滤池两者之间的生物处理技术。也可以说是具有活性污泥法特点的生物膜法，兼具两者的优点，因此，深受污水处理工程领域人们的重视。生物接触氧化处理技术，在工艺、功能及运行等方面具有下列主要特征：

(1) 使用多种形式的填料，有利于氧的转移，溶解氧充沛，适于微生物存活增殖。除细菌和多种原生动物和后生动物外，还能够生长氧化能力较强的球衣菌属的丝状菌，且无污泥膨胀问题。

(2) 填料表面全被生物膜所布满，形成了生物膜的主体结构，由于丝状菌的大量滋生，有可能形成一个呈立体结构的密集的生物网，污水通过起到类似“过滤”的作用，能够有效地提高净化效果。

(3) 生物膜表面不断地接受曝气吹脱，有利于保持生物膜的活性，抑制厌氧膜的增殖，也易于提高氧的利用率，能够保持较高浓度的活性生物量。因此，生物接触氧化处理技术能够接受较高的有机负荷，处理效率较高，有利于缩小池容，减少占地面积。

(4) 耐冲击负荷能力强，在间歇运行条件下，仍能够保持良好的处理效果，对排水不均匀的企业，更具有实际意义。

(5) 操作简单、运行方便、易于维护管理，无需污泥回流，不产生污泥膨胀现象，也不产生滤池蝇。

(6) 污泥生成量少，污泥颗粒较大，易于沉淀。

生物接触氧化处理技术具有多种净化功能，可有效地去除有机污染物，甚至运行得当还能够脱氮，因此，可以作为三级处理技术。

生物接触氧化处理技术的主要缺点是：如设计或运行不当，可能会出现填料堵塞，此外，布水、曝气均匀性差，可能在局部部位出现死角。

b 生物强化技术

生物强化技术是在生物处理体系中投加具有独特特定功能的微生物来改善原有处理效果，投加的微生物可以来源于原有处理体系，经过驯化、富集、筛选，培养等达到一定功能后投加，也可以是原来不存在的外源微生物。实际应用时这两种方法都有采用，主要取决于原有处理体系中微生物组成及所处的环境。该技术可以充分发挥微生物潜力，改善煤化工废水中难降解有机物生物处理效果。

要提高现有焦化废水生化设施处理效率，可通过减小污泥负荷来实现。减小污泥负荷有两个办法：一是提高曝气池污泥浓度；二是加大曝气池容积。对于后者，再加大曝气池容积一般难以进行，而提高曝气池污泥浓度一般较易做到，如投加高效菌种、生物铁法、生长素法和 PACT 法。下面分别介绍相关生物强化技术。

（1）生物固定法。生物固定化技术是指利用化学或物理手段将游离的细胞（微生物）或酶定位于限定的空间区域，并使其保持活性和可反复使用的一种基本技术，包括固定化酶技术与固定化细胞技术。

固定化方法按照固定载体与作用方式不同，可分为 4 种类型：吸附法（载体结合法）、包埋法、交联法（架桥法）和共价键结合法。在煤化工废水处理技术中，采用固定化细胞技术有利于提高生物反应器内原微生物细胞浓度和纯度，并保持高效菌种，其污泥量少，利于反应器的固液分离，也利于除氨和除去高浓度有机物或某些难降解物质。如分离纯化降解苯酚、吡啶等的细菌，经驯化提高其对苯酚及吡啶等的难降解物质的耐受力，然后用琼脂、海藻酸钙、卡拉胶和聚乙烯酰胺等载体包埋固定化微生物进行降解，与游离菌相比之下，固定化细胞降解苯酚的速率大大提高，且固定化细胞生物产量低。

（2）PACT 法。PACT 粉末活性炭处理技术（powderd activated carbon treatment process，PACT）是将粉末活性炭（PAC）作为吸附剂投加到曝气池中的废水处理新工艺。对于含有一些不可生物降解或抑制化合物的煤化工废水，可采用生物法与活性炭吸附的联合流程进行处理。

PACT 工艺在活性污泥曝气池前投加粉状活性炭，使之与回流的炭污泥混合后一起进入曝气池曝气。曝气池出水经澄清池澄清，上清液即为处理后的出水。澄清池中沉降的污泥部分回流，部分作为剩余污泥处理。PACT 工艺将物理吸附和生物氧化法相结合，对煤化工废水中的 COD、BOD、SS、氨氮、颜色及酚氰化合物和硫氰酸盐等去除率较高，成本低，对出水的消毒、固体物的沉淀和浓缩氧的转移、处理系统的稳定性及臭味的控制等方面均有改善。PACT 法废水处理装置，自 1997 年以来已在美国和日本投入运行。

（3）生物铁法与投加生长素法。生物铁法也是煤化工废水生化处理的一种技术，该技术是在曝气池中投加铁盐，以提高曝气池中活性污泥浓度为主，充分发挥生物氧化和生物絮凝作用的强化生物处理方法。由于铁离子不仅是微生物生长必需的微量元素，而且对生物的黏液分泌也有刺激作用。铁盐在水中生成氢氧化物，与活性污泥形成絮凝物共同作用，使吸附和絮凝作用更有效地进行，从而有利于有机物富集在菌胶团的周围，加速生物降解作用。该法能够降低 SVI 值，显著提高 MLSS，MLSS 高达 9~10g/L；降解酚氰化物的能力也大大加强，当氰化物的质量浓度高达 40mg/L 时，仍有良好的处理效果；与传统方法比，COD 的降解效果好，处理费用低。

投加生长素强化化学法是在现有生化处理曝气池容积偏小、酚氰化物和 COD 降解效率较差的情况下，用投加生长素来提高活性污泥的活性和污泥浓度，强化现有装置处理能力。在曝气池中投加生长素（如葡萄糖-氧化铁粉）的方法，对高浓度或低浓度煤化工废水生化处理都很有效，尤其是对酚、氰的去除率较高，对 COD_{Cr} 去除率也比普通方法高。该法不仅能提高容积负荷和降低污泥负荷，而且成本低，适宜推广使用。该项生化处理技术的关键是细菌的繁殖与生长。细菌内存在着各种各样的酶，在细菌分解污染物的过程中，主要是借助于酶的作用。因酶是一种生物催化剂，若酶系统不健全，则生物降解不彻底。投加生长素的目的不是对细胞起营养供碳作用或提供能源作用，而是健全细菌的酶系统，从而使生物降解有效进行。

很多新型的或改进的生物处理方法在煤气化/煤液化废水和焦化废水中的基本一致，因此在此介绍的这些处理技术同样适用于焦化废水的治理。

C　深度处理

高有机物浓度的煤气化/煤液化废水深度处理技术除了混凝沉淀、吸附、高级氧化及膜分离技术之外，近年来还有使用曝气生物滤池进行深度处理的。

采用曝气生物滤池深度处理煤化工废水，主要是进一步去除二级生化处理出水中的氨氮和硝氮，有时候与臭氧结合使用也能够进一步降低废水中的有机物浓度。曝气生物滤池（biological aerated filter，BAF），是20世纪80年代末90年代初在普通生物滤池的基础上，借鉴给水滤池工艺而开发的污水处理新工艺，该技术突出特点是采用粒状填料，具有处理效率高、占地面积小、基建及运行费用低、管理方便和抗冲击负荷能力强等特点，在污水的有机物去除、硝化去氨、反硝化脱氮、除磷等过程中起到了良好的作用。

BAF是生物接触氧化法的一种特殊形式。曝气生物滤池的构造示意图如图4-41所示。池内底部设承托层，上部是滤料填料层。在承托层设置曝气用的空气管及空气扩散装置，处理水集水管兼作反冲洗水管也设置在承托层内。被处理的原污水，从池上部进入池体，并通过有微生物栖息形成的生物膜填料滤层。在废水通过滤层的同时，由池下部通过空气管向滤层进行曝气，空气由填料的间隙上升，与下流的污水相向接触，空气中的氧转移到废水中，向生物膜上的微生物提供充足的溶解氧和丰富的有机物。在微生物的新陈代谢作用下，废水中的污染物被降解，污水得到处理。原污水中的悬浮物及由于生物膜脱落形成的生物污泥，被填料所截留。滤层具有二次沉淀池的功能。当滤层内的截污量达到某种程度时，对滤层进行反冲洗，反冲水通过反冲水排放管排出。

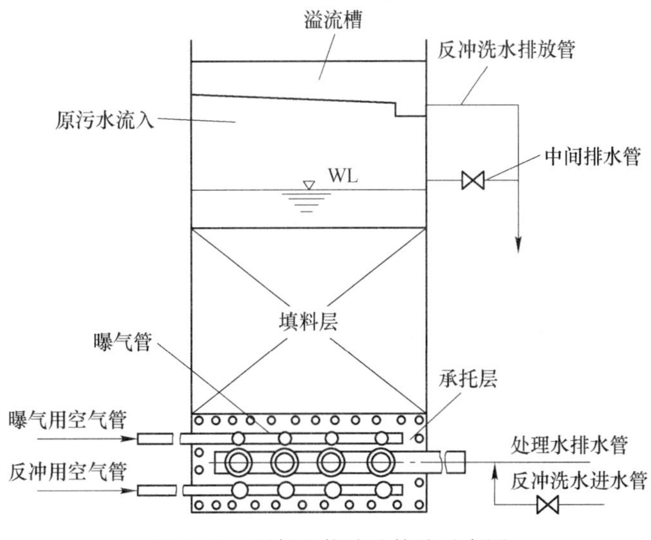

图4-41　曝气生物滤池构造示意图

4.7.2.2　煤气化/液化废水资源循环利用工程案例

A　伊犁某煤制气项目煤气化废水处理工艺

伊犁某煤制气项目是目前国内最大的煤制气项目，其中气化装置采用鲁奇炉。该项目废水处理为“零排放”项目，废水主要来自煤气化洗涤废水，设计规模为1200m^3/h。该废水中COD、BOD、挥发酚和固酚浓度分别为3506mg/L、1168mg/L、124mg/L和420mg/L，氨氮和有机氮浓度分别为124mg/L和100mg/L，氰化物为0.001mg/L，总油含量为115mg/L，全盐量和总碱度分别为3542mg/L和1941.99mg/L。从进水水质数据可知，本废水油含量较高，影响后续生化处理，因此需设置除油设施。废水中含有氰化物、酚等有机物，生化较为困难；废水中COD和氨氮浓度较高，需要进行水质调节，满足生化需要。

该企业针对废水水质，选择采用“物化预处理+生化处理+深度处理”三阶段进行处理，其处理流程如图4-42所示。预处理主要由“均质+调节+隔油+气浮+水解酸化”组成，主要目的是去除水中的油，同时对水质进行调节。经过预处理后的废水，进入生化处理系统，该项目中生化处理采用双级A/O工艺，主要脱除COD、氨氮、酚等有机物，一级A/O工艺中75%COD和80%氨氮被去除；二级A/O工艺COD的去除率为60%，氨氮的去除率为75%。废水经生化处理后进入深度处理系统，深度处理采用“臭氧氧化+生物滤池+活性焦吸附”，进一步降解废水中的剩余污染物质。经过上述一系列处理之后，处理出水中COD、BOD和氨氮分别为60mg/L、5mg/L和5mg/L，总油和挥发酚浓度分别低至5mg/L和0.5mg/L。最后回收水用于循环水的补充水。

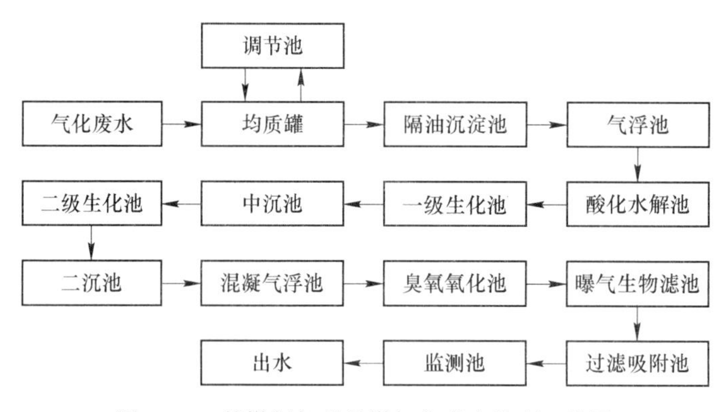

图4-42 某煤制气项目煤气化废水处理工艺图

B 某煤直接液化废水处理

我国经过多年的实验和研究，选出了15种适合液化的煤，并与国外合作采用其先进的工艺技术建成多个液化厂，最典型的是2008年开始运行的某烟煤液化厂，该厂是我国也是世界首个煤炭直接液化项目。煤液化项目中的高浓度废水主要是经汽提、脱酚装置处理后的出水，主要包括煤液化、加氢精制、加氢裂化及硫磺回收等装置排出的含酚、含硫废水。该废水经脱酚后从脱酚装置送至废水处理厂进行处理，处理流程如图4-43所示。

该高浓度废水首先进入气浮池进行油水分离，大部分油类物质在汽提装置中已被去除，进入废水处理厂的高浓度废水中含油量不大于100mg/L，因此本项目中采用涡凹气浮处理后，可以将废水含油量降到10mg/L以下，部分SS、挥发酚及部分COD在此也能够被去除。随后自流进入生化吸水池，用泵提升进入均质罐，进行水量和水质调节，保证生物处理阶段进水的稳定性，防止较大的负荷冲击，影响微生物活性。接着进入生物处理阶段，该系统中主要设置三个生化池，分别为一段厌氧生物流化床AF1、二段兼氧生物流化床AF2和三段固定化高效微生物曝气滤池BAF，生化池1主要在厌氧条件下，将高浓度废

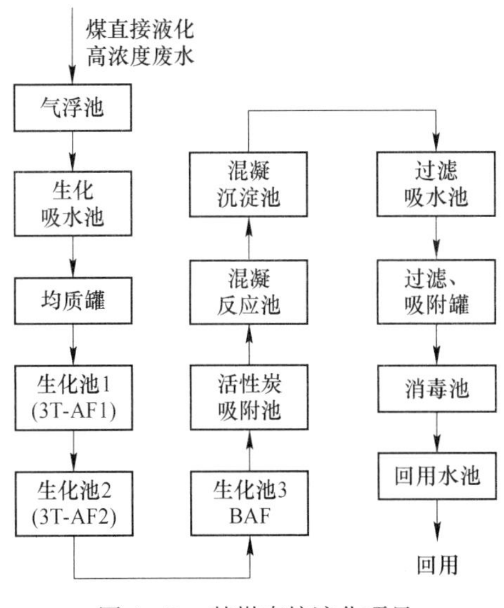

图 4-43 某煤直接液化项目

水中的大分子难降解有机物水解酸化为小分子易降解有机物，提高废水的可生化性；生化池 2 是厌氧和好氧的过渡阶段，利用进水中的有机物作为碳源进行反硝化脱氮处理，产生碱度为后续硝化过程补充，同时可抑制硫化氢气体产生；生化池 3 是好氧池，大部分 COD 和氨氮在此去除，去除率全都维持在 90%以上。经生化处理的出水进入深度处理，再通过“粉末活性炭吸附和混凝沉淀过滤”等过程能进一步去除生化过程中没有去除的污染物质，如废水中的 COD 和悬浮物质，最后进行消毒处理，作为循环水厂的补充水进行回用。

4.8 反渗透浓水的资源循环利用

4.8.1 反渗透浓水水质特征

煤基产业在废水治理过程中，一部分废水经混凝、沉淀等适当处理之后可以实现回用，如矿井水、洗煤废水和循环冷却水等；然而仍然有一部分废水需要经过反渗透等膜分离过程才能实现回用，与此同时带来一部分膜浓缩高盐废水，即反渗透浓水。因此煤基产业要真正实现“零排放”，必须重视这部分水的资源循环利用，这是煤基产业实现可持续发展的关键。

煤基产业中反渗透浓水来源较多，主要包括燃煤火电厂除盐反渗透浓水和煤化工深度处理反渗透浓水等。

4.8.1.1 燃煤火电厂除盐反渗透浓水

燃煤火电厂中水、汽品质的好坏直接影响热力发电设备的安全经济运行。若水未经处理将会引起热力设备结垢，增加煤耗量及检修清洗费用，严重的造成爆管等；同时还会引起热力设备的腐蚀和过热器及汽轮机积盐，影响效率，造成事故。因此火电厂水处理是至关重要的。一般火电厂采用的水处理流程是：原水→预处理（混凝沉淀+过滤）→除盐+除氧。除盐是至关重要的步骤，一般除盐技术有离子交换、反渗透及电除盐技术等。在除盐过程中均会产生高含盐量的水，如离子交换再生水、反渗透浓水及电除盐浓水等。另外，火电厂中湿法脱硫过程中产生的脱硫废水也是一种高含盐量废水。火电厂中这些高盐废水治理过程中一般都会选择膜法处理。近年来膜技术的日益成熟，尤其是反渗透膜（RO）的应用越来越多，但该技术在得到高品质净水的同时也产生大量的反渗透浓水。这部分反渗透浓水的含盐量大概是原水含盐量的 2~3 倍。

4.8.1.2　煤化工废水深度处理反渗透浓水

煤化工过程产生大量的高浓度有机废水，如焦化废水、部分煤气化废水和煤液化废水，这些废水水质成分复杂，在处理过程中，一般使用预处理+生物处理+深度处理的工艺流程，在水处理时所使用的添加剂及生产用水回收与膜浓缩过程中会产生高含盐废水。图 4-44 是煤化工焦化废水深度处理的典型处理流程；此外，煤化工废水中也会产生一些高盐水，主要来自循环冷却水多次循环使用之后的排污水等，这些高盐水中均含有许多无机含盐离子，主要有钠离子、钾离子、镁离子、钙离子及氯离子等。这些高盐水一般处理都会选择反渗透处理技术，反渗透工艺作为一种高效脱盐技术，已被广泛应用于煤化工企业污水深度处理及回用工程。反渗透装置的系统脱盐率不小于 98%，水的回收率不小于 75%，煤化工企业中，反渗透系统水的回收率一般在 60%~65%之间，此时将会产生 35%左右的浓盐水，浓度一般在 10000mg/L 以上。

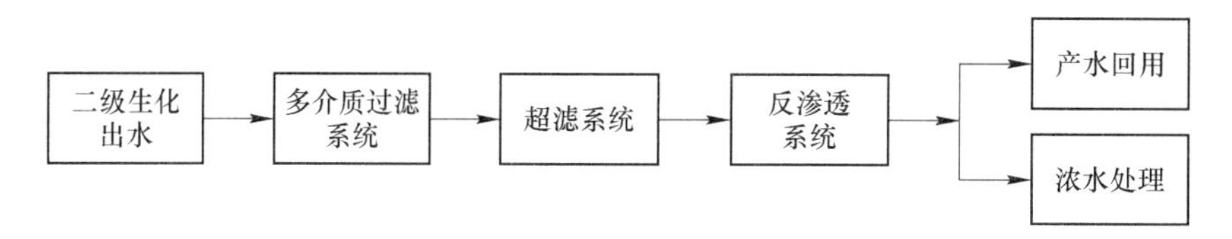

图 4-44　某焦化废水深度处理过程中的高盐水处理

反渗透浓水的水质取决于反渗透工艺的操作模式（回收率），反渗透膜透过性能，原水水质，前期预处理措施及化学添加剂的种类。因此不同煤基产业的反渗透浓水水质会有较大差异，但具备一个共同特征就是高含盐废水。反渗透工艺处理的原水水质不同，导致反渗透浓水中含有的污染物种类也不相同，但是主要分为两类：无机盐离子和有机物两部分。对于火电厂单纯的高含盐废水进行反渗透处理，反渗透浓缩水主要污染物质就是无机盐，其浓度约为原水浓度的 2~3 倍，有机物浓度相对较低。对于煤化工企业高浓度有机废水，如焦化废水，煤气化/液化废水深度处理之后进行反渗透处理，由于煤化工废水中的高浓度有机物的存在导致反渗透浓缩水主要污染物质除了含有高盐量，还含有一部分有机物。这部分总溶解性固体 TDS（含盐量和有机物含量）一般在 10000mg/L 以上。无机盐离子主要有钙、镁、钠、钾等阳离子及碳酸根、碳酸氢根、氯、硫酸根和硝酸根离子等阴离子。有机物主要有水体中天然有机物或者工业废水中难处理的有机物及残余的有机物（包括溶解性微生物产物及阻垢剂等），有机物浓度一般是进水的 3~4 倍。如焦化废水中反渗透浓水中 COD 含量为 200~2000mg/L，主要组成是由极性较强的醇类、醋类、石油酸类、多环芳烃类、含杂环化合物类及其盐类等构成。TDS 值越大，说明反渗透浓缩水中污染物质含量越高。反渗透浓盐水除了含无机盐和有机物之外，还含有预处理、脱盐等过程中使用的少量化学品，如阻垢剂、酸和其他反应产物。

反渗透浓缩废水若不经处理直接排放，不仅会对生态环境造成严重污染，而且也会给土壤、地表水和地下水带来严重污染，最终整个生态系统遭受破坏。因此，反渗透浓水必须进行有效去除并实现资源循环利用。

4.8.2 反渗透浓水的资源循环利用

4.8.2.1 反渗透浓水处理技术

对于反渗透浓盐水的处理，国内很多企业将浓盐水作为煤堆场及灰渣场的除尘洒水，但目前渣场或煤场大多要求为封闭式，通过调湿消纳的水量有限。其次，浓盐水中氯离子浓度高，进入原料煤容易腐蚀气化设备。浓盐水进入灰渣场也容易造成二次污染，影响灰渣综合利用产品的质量。因此，将反渗透浓盐水作为煤堆场及灰渣场的除尘洒水已不被行业所接受。另外，若直接将反渗透浓盐水进行蒸发，由于其处理规模大，需要消耗大量能源，不经济。目前一般需要将浓盐水进一步浓缩，提高水中含盐量，使水中 TDS 浓度达到 50000~80000mg/L，减少后续蒸发规模，节约投资及能源。因此目前反渗透浓盐水的处理工艺为预处理+膜浓缩+蒸发结晶相结合技术，满足煤基产业废水“零排放”要求。

A 膜浓缩

目前用于浓盐水的膜浓缩工艺主要有纳滤膜浓缩、反渗透膜浓缩、电渗析膜浓缩、膜蒸馏浓缩和正渗透浓缩等。由于纳滤、反渗透、膜蒸馏的基本原理在 4.5 节和 4.6 节已介绍，本节主要介绍电渗析和正渗透技术。

a 电渗析

电渗析是膜分离技术的一种，在直流电场的作用下，以电位差为推动力，利用离子交换膜的选择透过性，把电解质从溶液中分离出来，从而达到溶液的淡化、浓缩、精制或纯化的目的。电渗析的核心部件是膜堆（图 4-45（a）），膜堆主要是由电极、离子交换膜、隔板、夹紧装置等部件组成。在电极板之间，阴、阳离子交换膜交替排列，相邻的离子交换膜之间由隔板隔开。

电渗析除盐机理如图 4-45（b）所示，在直流电场的作用下阳离子向阴极移动，阴离子向阳极移动。又由于离子交换膜的选择透过性，使阴离子只能透过阴离子交换膜、阳离

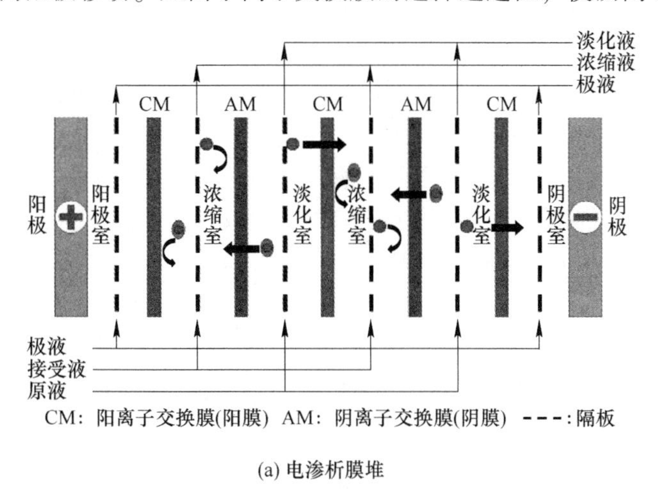

(a) 电渗析膜堆

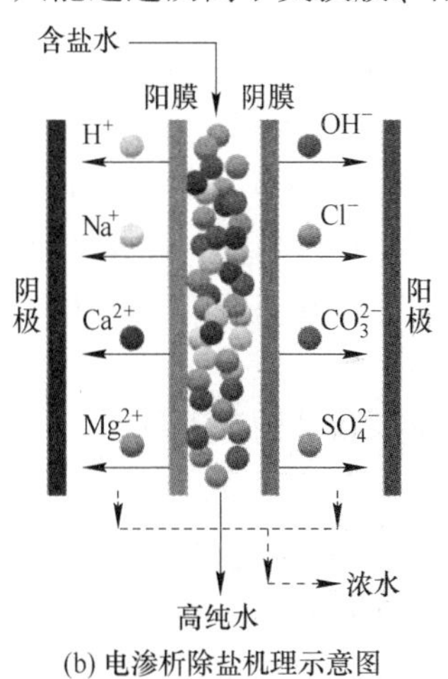

(b) 电渗析除盐机理示意图

图 4-45 电渗析示意图

子只能透过阳离子交换膜。阴离子和阳离子都迁出的隔室为淡化室，阴离子和阳离子都迁入的隔室为浓缩室。从淡化室出来的溶液为淡化液或纯水；从浓缩室出来的溶液为浓缩液或浓水。

另外，电极板和与其相邻的离子交换膜组成的隔室称为极室；与阳极板相邻的隔室为阳极室，与阴极板相邻的隔室为阴极室；在极室中循环的溶液称为极液。在电极板的表面因有电流通过，会发生电解反应。当极液为氯化钠或氯化钾溶液时，经过极室的溶液会发生电化学反应，其反应如下：

阳极：$2Cl^- - 2e = Cl_2\uparrow$

阴极：$2H_2O + 2e = H_2\uparrow + 2OH^-$

离子反应式：$2Cl^- + 2H_2O = 2OH^- + Cl_2\uparrow + H_2\uparrow$

因此，阳极室溶液会呈现酸性，阴极室溶液会呈现碱性。但前者产生的氯气具有刺激性气味，且对电极板和离子交换膜损害性较大。另外，极液中若含有 Ca^{2+} 和 Mg^{2+}，因为易与 OH^- 和 SO_4^{2-} 生成沉淀化合物，附在电极板或离子交换膜表面。

电渗析作为一种高效的盐浓缩技术，目前已被广泛应用于高盐废水的浓缩过程当中，以实现高盐废水中水和盐的回收和利用。为了降低盐浓缩工艺的能耗和提高水的回收率，电渗析通常会和反渗透（RO）进行集成或耦合，充分发挥各自的优势。

在盐浓缩过程中电渗析的操作模式一般可分为间歇式、溢流式和连续式。在连续式操作过程中，料液只经过电渗析膜堆一次即排出。实际使用时，为了增加料液的脱盐率，可采用多级式操作方式。因为多级式操作方式需要大量的膜堆，所以多级连续式比较适合工业化大规模使用。间歇式批次处理一般适合小规模使用，操作过程中待脱盐的料液在膜堆中不断循环，直至达到脱盐要求再排出，更换新的料液。溢流式操作模式中，待脱盐料液连续循环通过膜堆，浓缩液由于储罐体积较小，所以浓缩一定时间后浓缩液储罐会产生溢流，同时盐浓度逐渐增高，直至达到所需的值。溢流式操作模式一般适合中型或大型规模的应用。

b　正渗透

正渗透（forward osmosis，FO）技术是近年来逐渐兴起的一种膜处理技术，是一种以非均相选择透过性膜两侧溶液渗透压差为驱动力、实现水分子跨膜运输的膜分离技术，不同于反渗透技术，无需外加压力驱动，因此相对于传统压力驱动膜技术而言具有低能耗、低污染和高截留能力等优点。FO 膜浓缩原理如图 4-46 所示，正渗透膜一侧为低浓度原料液（待浓缩液体），另一侧为高浓度汲取液，原料液中的水分子在正渗透膜两侧渗透压差作用下通过膜进入汲取液，导致汲取液浓度下降，原料液浓度升高，从而达到从原料液中回收水资源并浓缩原料液的双重目的。

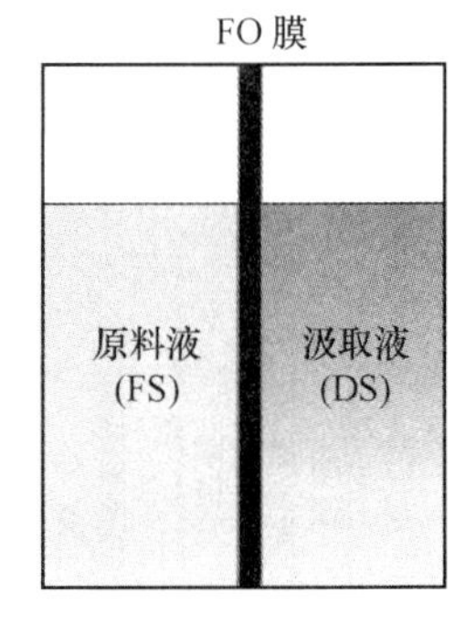

图 4-46　正渗透原理示意图

B　蒸发结晶

对经膜浓缩的高盐废水进行加热，逐渐蒸发浓缩，随后浓缩液中溶质浓度越来越高，达到饱和状态后结晶析出，蒸发的水分冷凝后重复使用，达到“零排放”的目的。目前较为成熟的人工强制蒸发结晶技术主要有多效蒸发技术和机械蒸汽再压缩技术两种。

a 多效蒸发

蒸发结晶过程中，要蒸发浓盐水中大量水分必需消耗大量的加热蒸汽，在多效蒸发中将前一效的二次蒸汽作为后一效的加热蒸汽，仅第一效消耗生蒸汽，多效蒸发时要求后一效的操作压强和溶液的沸点均较前一效低，因此引入前一效的二次蒸汽可作为加热介质，即后一效的加热室成为前一效二次蒸汽的冷凝器，这就是多效蒸发（图4-47）。该技术可提高蒸汽的利用效率。

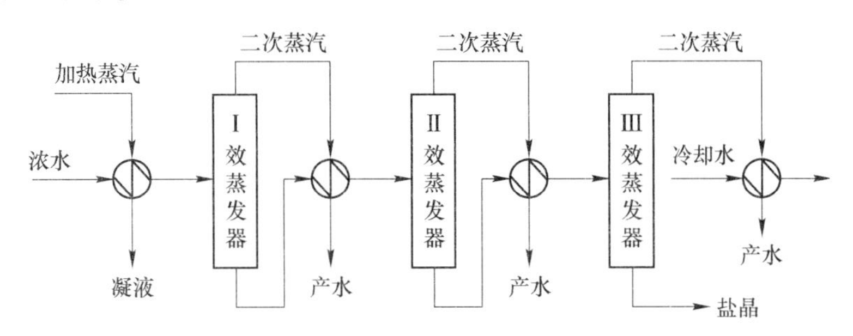

图4-47 多效蒸发（顺流式）流程示意图

多效蒸发因二次蒸汽和溶液的流向不同，包括顺流式、逆流式、平流式和混流式四种方式。(1) 顺流式：浓水和二次蒸汽同向依次通过每一效，由于前效压力高于后效，浓水可借压差流动。但末效浓水浓度高而温度低，黏度大，因此传热效率低。它主要用于浓水温度较高，并且蒸发浓缩后的物料仍然便于输送的情况。(2) 逆流式：被蒸发的浓水与蒸汽的流动方向相反，即加热蒸汽从第一效通入，二次蒸汽顺序至末效，而浓水从末效进入，依次用泵送入前一效，最终的浓缩液，从第一效排出。逆流法主要用于浓水温度较低，要求出水温度较高的情况下。浓水无需预热或少许预热即可蒸发，节约蒸汽用量，但需要泵来输送，耗能高。(3) 平流式：把浓水向每效加入，而浓缩液自每效放出的方式进行操作，浓水在各效的浓度均相同，而加热蒸汽的流向仍由第一效顺序至末效。二次蒸汽多次利用，对易结晶的物料较合适。浓水与蒸汽的流动方向有的效间相同，有的效间相反。(4) 混流式：蒸汽流程由第1效至第2效……第 N 效，浓水流程一般为第 M 效……第 N 效至第1效。从第 N 效出来的半浓料液经过预热器预热到一定温度，用泵送入第1效，借助压差进入第2效，依次类推，从第 $M-1$ 效出来的料液达到最终浓度。

b 机械蒸汽再压缩

机械式蒸汽再压缩技术（mechanical vapor recompression，MVR），是利用蒸发系统自身产生的二次蒸汽及其能量，将低品位的蒸汽经压缩机的机械做功提升为高品位的蒸汽热源。如此循环向蒸发系统提供热能，从而减少对外界能源需求的一项节能蒸发技术。MVR蒸发工艺流程如图4-48所示。在该系统中，预热阶段的热源由蒸汽发生器提供，直至物料开始蒸发产生蒸汽。物料经过加热产生的二次蒸汽，通过压缩机压缩成为高温高压的蒸汽，在此产生的高温高压蒸汽作为加热的热源，蒸发器内的物料经加热不断蒸发，而经过压缩机的高温高压蒸汽通过不断的换热，冷却变成冷凝水，即处理后的水。压缩机作为整个系统的热源，实现了电能向热能的转换，避免了整个系统对外界生蒸汽的依赖与摄取。

MVR蒸发系统由各个设备串联组成，各设备之间需在热力学和传热学方面相匹配，以

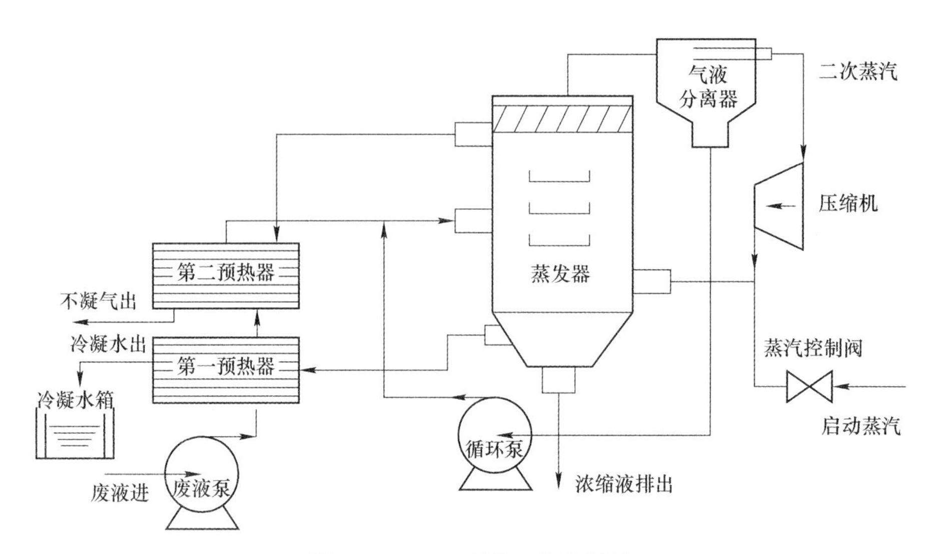

图 4-48　MVR 蒸发工艺流程图

使整个系统达到最佳效果。系统中主要设备有：压缩机、蒸发器、热交换器和气液分离器等。

（1）压缩机。MVR 压缩机的选型主要有罗茨压缩机和离心压缩机两种。罗茨鼓风机常被用来压缩小流量的蒸汽，属于是容积型压缩机，其提供风量小，温升大，适用于蒸发量小，沸点升高大的物料。罗茨压缩机滚子不宜使用刚度较低的不锈钢等，一般选用碳钢或者碳钢镀镍铬等材质。罗茨压缩机对加工精度的要求较高，这样才能将漏气率降低到可接受范围内，从而提高效率。离心式压缩机为压差式风机，提供的压差小，流量大，温升小，排气均匀，气流无脉冲，适合蒸发量较大，沸点升高较小的物料。其稳定性一般情况下优于罗茨压缩机，但离心式压缩机有时会发生喘振现象，会导致压缩机不稳定。材质上离心式机可以使用超级不锈钢，设备耐腐蚀性大大提升。

（2）蒸发器。蒸发器是蒸发操作单元中极为重要的设备，蒸发处理装置的型式一般分为升膜蒸发和降膜蒸发两种，主要根据处理物的特性、能耗进行选择。目前，国内主要采用降膜蒸发方式。降膜蒸发是将溶液从降膜蒸发器的加热室上的管箱加入，由布液装置均匀地分配到各换热管中，液体在重力、真空诱导和气流的作用下，呈均匀的膜状自上而下流动。

（3）热交换器。在 MVR 热泵蒸发工艺过程中，所使用的换热器多为间壁式换热器。在这类换热器内，冷热流体不直接接触，而是通过间壁进行换热。生产中常用的间壁式换热器类型有：列管式换热器、波纹式换热器和螺旋式换热器。

（4）气液分离器。气液分离器是提供物料和二次蒸汽分离的场所，其作用为：1）将雾沫中的溶液聚集成液滴；2）把液滴与二次蒸汽分离。这些装置又称为捕沫器、除沫器。分离器的设计要充分考虑蒸发量、蒸发温度、物料黏度、分离器液位等因素。

该技术具备的优势：对比传统的蒸发系统，MVR 系统只需要在启动时，通入生蒸汽作为热源，而当二次蒸汽产生，系统稳定运行，将不需要外部的热源，系统的能耗只有压缩机和各类泵的能耗，所以节能效果相当显著；MVR 蒸发器系统能耗主要是压缩机的电耗，运行费用大幅下降，运维成本低，由于系统不需要工业蒸汽，其安全方面的隐患较低，操作简单；在同样的蒸发处理量下，MVR 蒸发器所需的占地面积是远远小于传统多效的蒸发设备。

4.8.2.2 反渗透浓水资源循环利用工程案例

A 膜浓缩+高效蒸发处理反渗透浓水

中煤集团内蒙古某新能源化工基地年产 50 万吨工程塑料项目，对生产过程中产生的达标废水、循环排污水和脱盐水排水进行处理回用。根据此含盐废水特征，经过石灰软化预处理后，进入高浓盐水处理工艺（超级再浓缩（SCRM）膜法+蒸发），处理后产水达到该厂回用要求，浓水排放至蒸发塘晒干，最终实现废水“零排放”。该技术将投资大、运行费用高的蒸发工段水量进行最大化减量，减少了一次性投资规模及运行费用。

污水处理站达标废水约为 $295m^3/h$，脱盐水及冷凝液精制装置排污水约为 $150m^3/h$，循环水场排污水约为 $105m^3/h$，总设计水量为 $550m^3/h$。各种废水合并后其水质特点为悬浮物、COD_{Cr}、硬度及含盐量均较高，需要经过严格的预处理后才能进入后续的处理工艺。整体工艺主要包括预处理工段、膜处理工段和浓盐水处理工段 3 个工段，核心部分为浓盐水处理工段。

（1）预处理工段。废水首先进入回用水调节池，稳定水质、水量后进入石灰软化池中进行软化处理，依次加入石灰乳、PAC、PAM 进行混凝沉淀，沉淀后的澄清水进入 V 型滤池过滤。V 型滤池出水经过加压后进入膜处理工段。

（2）膜处理工段。膜处理工段包括超滤与反渗透两部分。预处理工段出水全部进入超滤单元处理后部分超滤出水进入反渗透系统，反渗透淡水与其余的超滤出水混合，回用于循环水系统。

（3）浓盐水处理工段。膜处理工段浓水进入浓盐水处理工段，经浓盐水反渗透膜及超级再浓缩膜（SCRM）进一步浓缩后，产水进入回用水池回用于循环水系统。浓水进入多效蒸发器经蒸汽加热浓缩后，冷凝水用于循环水补水，浓盐水排往蒸发塘。废水处理工艺流程如图 4-49 所示。

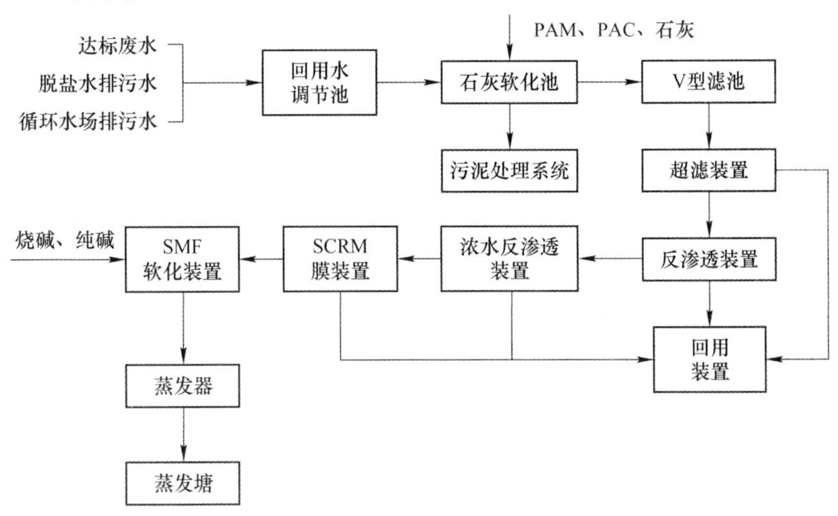

图 4-49 废水处理工艺流程

主要工艺说明：

（1）SCRM膜装置。废水进入浓盐水工段时已被浓缩了10倍以上，盐的质量分数将近2%。普通抗污染型反渗透膜及海水淡化膜多级浓缩工艺无法在此高含盐的情况下应用，并且结垢是膜技术发展至今一直难以克服的难题，膜表面的结垢层会导致膜通量下降，缩短膜的使用时间SCRM膜装置采用振动膜技术，与一般卷式膜不同，振动膜配置有高频振动装置，组件内部为多层碟片式膜结构，通过振动在膜表面产生高剪切力，阻止颗粒在膜表面沉积吸附，降低结垢倾向从而保持较高的过滤速率，可以处理含盐量高的液体，可进一步浓缩废水回用中含有复杂污染物及高TDS的浓水。

（2）蒸发器。蒸发工段采用四效蒸发工艺，由于浓水中的氯离子浓度很高，对不锈钢材质的腐蚀严重。因此蒸发器的制造材质、接触物料部分将选择耐腐级别较高的钛材。蒸发器采用顺流升降膜四效形式，一效进料，经二效、三效浓缩，最终四效出料的工艺路线，其中一效至三效为降膜式，四效为升膜式。为避免可能出现的浓缩结晶导致加热室结垢现象，四效加热室采用强制循环形式。

工程回用水处理整体回收率高达98%，用于回用的产水最后出水中盐的质量浓度为265mg/L，达到产水水质要求。最终排放到蒸发塘的含盐浓浆约为$3m^3/h$，在蒸发塘蒸发后，实现“零排放”。预处理工段主要去除水中的悬浮物、硬度，保证后续工序的稳定运行。膜处理工段采用双膜法，大部分进水经处理后达到回用水要求，回收率超过90%，进水量从$550m^3/h$缩减至$40m^3/h$。浓盐水处理工段为本工程核心，采用SCRM膜与蒸发器结合。SCRM膜可将蒸发装置的进水量从$40m^3/h$减少至$10m^3/h$，盐的质量分数从2%提高到6%，使得蒸发器的投资及运行费用节约75%，蒸汽耗量约为2t/h。

B 预处理+膜浓缩+蒸发结晶处理煤化工浓盐水

某煤化工浓盐水站设计规模为$300m^3/h$，该浓盐水含盐量为12500mg/L，经处理后出水达到《污水再生利用工程设计规范》（GB 50335—2016）要求，回用作循环水补充水，系统水回收率达99%以上，杂盐产生量为4t/h。

针对该浓盐水COD_{Cr}硬度、碱度高的特点，采用软化、过滤、离子交换的预处理措施，降低有机物和结垢离子对反渗透的影响。针对进水氨氮浓度高的情况，本方案采用了几种方法相结合的氨氮脱除工艺：软化预处理在高pH值下运行，去除部分氨氮；反渗透去除部分氨氮；膜脱氨装置去除氨氮。浓盐水处理工艺流程主要由3部分组成：预处理单元、膜浓缩单元、蒸发结晶单元；具体工艺主流程为：高密度澄清池→双介质过滤器→活性炭过滤器→弱酸阳床交换器→一级反渗透系统→膜脱氨装置→二级反渗透系统（图4-50）。浓盐水在进入反渗透前经过一系列的预处理除去水中的悬浮物、硬度、碱度等。浓盐水首先进入高密度澄清池，通过液碱-纯碱法进行化学软化，然后再经过双介质过滤器和活性炭过滤器去除悬浮物质、固体颗粒、胶体、有机物，经过活性炭过滤器后，水中仅有少量的硬度及部分碱度，进水的总硬度小于总碱度，采用弱酸阳离子树脂能够去除水中所有的硬度，保证进水水质符合反渗透系统的要求。经弱酸阳床处理后的产水送至一级反渗透装置进行脱盐处理，一级反渗透产水经膜脱氨后，部分进入二级反渗透继续脱盐，产水与剩余的一级反渗透产水勾兑后回用。一级反渗透浓水送至浓水反渗装置处理，浓水反渗透产水进入一级反渗透产水箱，浓水反渗透浓水进入蒸发单元。反渗透系统设置单独的冲洗系统与化学清洗系统。一级反渗透产水箱出水进入膜脱氨装置，脱气膜中装有大量的中空纤维，废水的 pH 值在 10 以上，温度在 35～50℃，NH_4^+ 就会变成 NH_3 透过中空纤维，被酸液吸收形成铵盐回收利用。浓水蒸发单元采用多效蒸发技术，本设计为三效蒸发浓缩，采用逆流式运行，冷凝液去膜脱氨装置。

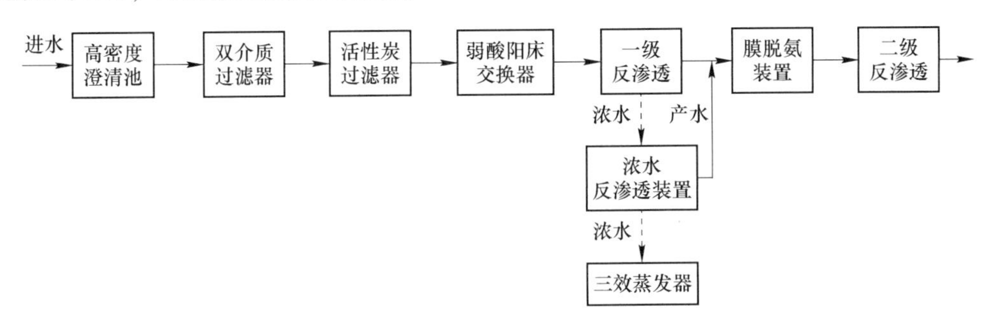

图 4-50　废水处理工艺流程

采用膜浓缩-蒸发结晶的浓盐水处理工艺，膜浓缩预处理为软化澄清池-双介质过滤器-活性炭过滤器-弱酸阳离子交换器，蒸发单元选用三效蒸发方案。产水水质达 GB 50335—2016 要求后，会作为循环冷却系统补充水，系统水资源回收率达到 99%以上。系统产杂盐量为 4t/h，作为危废送往有资质的危废处置中心，实现浓盐水“零排放”。

本章小结

本章主要以煤基产业中的高悬浮废水（如矿井水、洗煤废水、冲灰冲渣废水、直接冷却水等），高有机废水（如焦化废水、煤气化废水和煤液化废水等）及高浓度含盐废水（如脱硫废水和反渗透浓水）为对象分析了其水质特征，系统地介绍了各种废水的主要处理技术，包括预处理技术、生化处理技术和深度处理及回用技术等。同时，依据一些治理技术的实际应用情况，选取废水处理工程实例进行了相关的资源循环利用分析。

思考题

4-1　煤基产业废水主要有哪些，各种废水的来源与水质特征是什么？

4-2　混凝的基本原理是什么，矿井水处理过程中常用的混凝剂有哪些？

4-3　请简述矿井水处理过程中过滤的基本原理及常用的滤料有哪些？

4-4　洗煤废水的处理方法有哪些？

4-5　焦化废水的来源及水质特征是什么？

4-6　焦化废水预处理的常用方法有哪些，二级生物处理方法有哪些？

4-7　煤气化废水的来源及水质特征是什么？

4-8　煤液化废水的来源与水质特征是什么？

4-9　煤气化、煤液化废水处理的常用方法有哪些？

4-10　煤化工废水二级生化处理 A^2/O 工艺、SBR 及 MBR 的原理是什么？

4-11　煤基产业废水深度处理的方法有哪些，分别具有哪些特点？

4-12　目前最常用的烟气脱硫的方法是什么？简述其原理和废水特点。

4-13　煤基产业中的高盐废水如何实现“零排放”？

4-14　膜浓缩技术有哪些？

4-15　反渗透的原理是什么，反渗透浓水为什么危害大？

4-16　试简述三联箱沉淀法原理。

4-17　试简述电渗析除盐的原理。

4-18　什么是正渗透？简述与反渗透的区别在除盐方面的优缺点。

4-19　蒸发结晶技术有哪些？分别简述其原理。

参考文献

[1] 高延耀，顾国维，周琪．水污染控制工程（下册）[M]．4版．北京：高等教育出版社，2015.

[2] 任南琪，丁杰，陈兆波．高浓度有机工业废水处理技术[M]．北京：化学工业出版社，2012.

[3] 崔玉川，曹昉．煤矿矿井水处理利用工艺技术与设计[M]．北京：化学工业出版社，2015.

[4] 王绍文，钱雷，邹元龙，等．钢铁工业废水资源回用技术与应用[M]．北京：冶金工业出版社，2008.

[5] 李亚峰，田葳．高浓度洗煤废水处理技术[M]．北京：化学工业出版社，2018.

[6] 余淦申，郭茂新，黄进勇．工业废水处理及再生利用[M]．北京：化学工业出版社，2013.

[7] 杨小平．重力选煤技术[M]．北京：冶金工业出版社，2012.

[8] 焦红光，赵继芬，高雪明，等．粗煤泥干扰沉降分选技术研究[M]．徐州：中国矿业大学出版社，2011.

[9] 孙体昌，娄金生．水污染控制工程[M]．北京：机械工业出版社，2009.

[10] 黄波．煤泥浮选技术[M]．北京：冶金工业出版社，2012.

[11] 金雷．选煤厂固液分离技术[M]．北京：冶金工业出版社，2012.

[12] 刘伟韬．矿井水害与防治[M]．北京：煤炭工业出版社，2016.

[13] 曾郴林，刘情生．工业废水处理工程设计实例[M]．北京：中国环境出版社，2017.

[14] 潘国营，郑继东，武亚遵．矿井水害防治[M]．北京：煤炭工业出版社，2014.

[15] 桂和荣．矿井水资源化技术研究[M]．徐州：中国矿业大学出版社，2011.

[16] 何绪文，贾建丽．矿井水处理及资源化的理论与实践[M]．北京：煤炭工业出版社，2009.

[17] 蒋展鹏，杨宏伟．环境工程学[M]．北京：高等教育出版社，2013.

[18] 李娟．虫生真菌蝉花产絮凝剂机理及对洗煤废水的生态处理应用[D]．贵阳：贵州大学，2017.

[19] 檀朝阳，季献华，吴军．电絮凝法应用于洗煤废水处理的研究[D]．扬州：扬州大学，2017.

[20] 刘莉君．优质稀缺煤种难选煤泥的分选过程强化研究[D]．沈阳：东北大学，2011.

[21] 付金金．洗煤废水复配混凝剂的筛选及其絮凝效果[D]．长春：长春工业大学，2014.

[22] 王冬冬．液固气流化床粗煤泥分选规律研究[D]．太原：太原理工大学，2017.

[23] 李亚峰．高浓度洗煤废水处理与回用技术研究[D]．沈阳：东北大学，2005.

[24] 闫龙．陕北地区洗煤和炼油废水的处理研究[D]．西安：陕西师范大学，2011.

[25] 朱蒙恩．混凝沉淀物化法处理弱酸性洗煤废水试验研究[D]．西安：长安大学，2012.

[26] 顾大钊，张勇，曹志国．我国煤炭开采水资源保护利用技术研究进展[J]．煤炭科学技术，2016（11）：1-7.

[27] 杨成方，叶正华，吴语．洗煤废水处理工艺及药剂研究进展[J]．环境生态学，2021（3）：68-73.

［28］张超，王宏义，李红伟．含悬浮物矿井水处理技术现状及发展趋势［J］．煤炭加工与综合利用，2019（12）：72-75.
［29］甄亮．煤炭洗选废水处理技术与运用［J］．现代矿业，2015（6）：235-236.
［30］顾大钊，李井峰，曹志国，等．我国煤矿矿井水保护利用发展战略与工程科技［J］．煤炭学报，2021，49（1）：11-18.
［31］顾大钊，李庭，李井峰，等．我国煤矿矿井水处理技术现状与展望［J］．煤炭科学技术，2021（49）：11-18.
［32］秦晓祖．洗煤废水处理技术研究［J］．能源与节能，2017（1）：86-87.
［33］季晓艳，主迎春，邓强．絮凝沉淀和 BAF 组合方法处理洗煤废水技术研究［J］．山东煤炭科技，2016（10）：151-153.
［34］张常明，李如明．艾维尔沟选煤厂煤泥水系统技术改造［J］．煤质技术，2020（35）：84-88.
［35］刘开连，仲伟刚，奚道云，等．带式压滤机用于洗煤废水及煤泥脱水工程研究［J］．环境工程，2001，19（2）：51-53.
［36］陈伟．丁集选煤厂煤泥水系统工艺优化改造［J］．煤炭与化工，2020（44）：110-112.
［37］高伟．高浓度洗煤废水处理与回用技术分析［J］．能源与节能，2019（1）：78-79.
［38］高晓亮．高浓度洗煤废水处理与回用技术研究［J］．山西冶金，2018（3）：130-134.
［39］郭帅，李洋，郝金刚，等．高浓度洗煤废水处理技术探讨［J］．内蒙古煤炭经济，2018（7）：121-122.
［40］李亚峰，胡筱敏，陈健，等．高浓度洗煤废水处理技术与工程实践［J］．工业水处理，2004，24（12）：68-70.
［41］李雍，楚风旭，王晓云．高浓度洗煤废水处理与回用技术研究［J］．技术与市场，2019（5）：155-156.
［42］张建伟．高浓度洗煤废水处理难度高的影响因素及处理技术探讨［J］．资源节约与环保，2016（10）：109.
［43］刘长敏，高颖．洗煤废水常用处理工艺及药剂［J］．辽宁化工，2013（4）：431-433.
［44］郭创业．洗煤废水常用处理工艺与药剂探讨［J］．能源与节能，2019（2）：89-90.
［45］张常明．新疆焦煤集团艾维尔沟选煤厂极难选煤洗选实践［J］．选煤技术，2018（1）：66-68.
［46］陶亚东，王振龙．选煤厂生产用水管理及洗水闭路循环实践［J］．煤炭科学技术，2017（45）：38-41.
［47］王恩生，李勇，苑金朝，等．潘集选煤厂实现一级洗水闭路循环的主要经验［J］．煤炭加工与综合利用，2019（10）：1-4.
［48］赵旭．黑眼泉洗煤厂尾煤回收系统改造［J］．应用能源技术，2018（8）：17-19.
［49］王建兵．煤化工高浓度有机废水处理技术及工程实例［M］．北京：冶金工业出版社，2015.
［50］单明军，吕艳丽，丛蕾．焦化废水处理技术［M］．北京：化学工业出版社，2007.
［51］王绍文．焦化废水无害化处理与回用技术［M］．北京：冶金工业出版社，2005.
［52］胡庆彪．煤化工高含盐废水资源化处理技术的工程应用分析［J］．化工管理，2019（27）：121-125.
［53］邹海旭，刘中存．煤化工高含盐废水资源化处理技术的工程应用探讨［J］．化工管理，2019（21）：104-105.
［54］郑利兵，魏源送，焦赟仪，等．零排放形势下热电厂脱硫废水处理进展及展望［J］．化学工业与工程，2019（36）：24-37.
［55］赵永恒．煤化工高含盐废水资源化处理技术的工程应用研究［J］．化工管理，2019（30）：97-98.

［56］潘祥伟，高良敏，包文运，等．燃煤电厂脱硫废水化学需氧量吸附性能研究［J］．安徽理工大学学报（自然科学版），2020，40（4）：60-66.
［57］关莹．电渗析法深度处理农药生产废水［D］．南京：南京理工大学，2014.
［58］李彬，王雷雷，吕锡武，等．云南曲靖电厂湿法脱硫废水处理工程设计实例［J］．中国给水排水，2016，32（4）：91-93.
［59］彭足仁，高然．燃煤电厂脱硫废水零排放处理工程实例研究［J］．中国设备工程，2021（13）：22-23.
［60］姬江，顾强，冉玲慧．伊犁新天 20 亿 m^3/a 煤制气项目污水处理工艺介绍［J］．煤炭加工与综合利用，2015（2）：37-39.
［61］雒建中．神华煤直接液化示范工程废水处理工艺分析［J］．洁净煤技术，2012，18（1）：82-85.

5 煤基产业废气的资源循环利用

本章提要：

(1) 了解煤炭开采、燃煤发电、焦化、气化和液化等煤基产业废气的主要成分及特性。

(2) 熟悉含低浓度甲烷、含硫氮元素、含挥发性有机化合物和含二氧化碳的典型煤基废气资源化利用技术及相关的原理与工艺。

以煤为原料的煤基产业生产过程会产生大气污染物，这些废气的排放一方面会造成环境污染，另一方面会造成废气中某些有价值组分的浪费，因此从可持续发展的角度来看，相比于净化技术，废气的资源化循环利用技术更值得引起关注。

5.1 煤基产业废气的特性

虽然煤炭通过不同的利用方式会得到不同的产物，并产生不同的污染物，但是由于生产原料都是煤炭，所以煤基产业废气的组成成分和特点具有一定的相似性。

5.1.1 煤炭采选过程废气的主要成分与特性

在煤炭资源开发过程中，露天矿开采、矸石自燃、煤层瓦斯抽排等作业都会产生大量废气，主要包括 CO、CO_2、SO_2 和 CH_4 等，当含有有害成分的矿井废气排至地表，则会污染矿区及其周边地区的空气，给矿区的生态环境及人们的健康带来危害。当井下空气中 CH_4 的含量达到一定程度后，将有爆炸或燃烧的危险。废气中的 CH_4 主要来自煤矿瓦斯，它是从煤和围岩中逸出的 CH_4、CO_2 和 N_2 等组成的混合气体。当空气中瓦斯含量为 5%～16%时，遇火会引起爆炸，造成事故。从资源化利用的角度来看，含有 CH_4 的煤矿瓦斯是可贵的自然资源，既可用作高质量的燃料，又可作为化工原料，用途较为广泛。

5.1.2 燃煤发电过程废气的主要成分与特性

燃煤发电行业产生的废气主要来自煤炭的完全燃烧，组成相对简单，除黑烟和飞灰等气溶胶状态的污染物外，主要是以 SO_2、NO_x、CO_2 为主的无机气态污染物。燃煤发电行业废气的特点是排放量大，排放温度高，如一台 300MW 的煤粉炉，每小时排放的烟气量约为 100 万立方米。气态污染物浓度相对较低，典型的锅炉炉膛出口烟气中颗粒物、SO_2 和 NO_x 浓度如表 5-1 所示。

表 5-1　典型锅炉炉膛出口烟气污染物浓度　(mg/m^3)

炉　型	污染物浓度		
	颗粒物	SO_2	NO_x
层燃炉	2000~12000	450~2200	200~400
室燃炉	15000~30000		200~600
流化床炉	10000~25000		150~400

5.1.3　煤炭焦化过程废气的主要成分与特性

炼焦的产品中，焦炭约占 75%，焦炉煤气约占 18%，煤焦油约占 4%，此外还包括有粗苯和氨等。焦炉在生产过程中通常以焦炉煤气为燃料，燃烧后的废气中主要包括烟尘、SO_2、NO_x 和 CO_2 等。此外，焦炉因炉膛温度高达 1700~1900℃，烟气中 NO_x 浓度一般在 600~1500mg/m^3 范围内，有的甚至高达 1800mg/m^3。烟气中的 SO_2 含量一般在 50~1000mg/m^3。并且典型的机械化炼焦厂的装煤、出焦、熄焦和筛焦等工序均会产生大气污染物。装煤过程中产生的粉尘和气态污染物，气态污染物主要包括 CO、SO_2、H_2S 和 C_nH_m 化合物等；出焦、推焦过程的污染物主要是烟尘及气态污染物 CO、H_2S 及 VOCs；熄焦过程的废气主要来自湿熄焦过程中喷入的大量冷却水蒸发而携带出的 CO、H_2S，以及包含 HCN 和酚类在内的几十种有机化合物。由此可以看出，炼焦废气含有的污染物种类繁多，不仅含有无机类的 H_2S、SO_2、NO_x、NH_3 和 CO_2 等，特别是还含有苯、酚、多环和杂环芳烃等有机物。

5.1.4　煤气化和煤液化过程废气的主要成分与特性

煤气化过程产生的废气是指在粗煤气的生产环节中因反应不完全、生产工艺不完善、生产过程不稳定、产生不合格的产品、生产过程中的跑冒滴漏及事故性的排放等原因产生的有毒有害气体。除煤场仓库、煤堆表面粉尘颗粒的飘散和气化原料准备工艺煤破碎、筛分现场产生的含尘气体外，主要的废气来自煤气的泄漏及放散，因此煤气化过程产生的废气中除颗粒物外，主要成分还包括具有化学热的 CO 和 CH_4，以及含硫化合物，如 H_2S 和 COS 等。煤炭液化产生的废气主要包括锅炉废气和工艺废气。锅炉废气来源于煤液化工艺因需消耗大量电能而配套的锅炉，其气态污染物主要为 SO_2、NO_x 和 CO_2 等。工艺废气主要来源于原料气中的 H_2S、有机硫及 CO_2 等。

综上所述，虽然煤基产业废气根据具体行业和工艺过程的不同而有所不同，但由于根本来源均为煤炭，因此其组成和特点有一定相似性。煤炭的采选、燃烧发电、焦化、气化和液化过程均会产生颗粒污染物，利用颗粒物控制技术可将废气中的粉尘加以分离和收集，并作为固废进行循环利用，如粉煤灰。而气态污染物则根据加工过程有所差异，煤炭开采过程的主要气态污染物是 CH_4；燃煤发电过程中煤炭经过充分燃烧，气态污染物以 SO_2、NO_x 和 CO_2 等无机气体为主；煤炭焦化、气化和液化等过程中煤炭经历了高温热解，气态污染物则会含有挥发性 VOCs。另外，煤基废气都具有产生量比较大，而其中有害组分浓度却比较低的特点，这也决定了煤基产业废气通过分离途径而实现净化或资源化利用是相当困难的。接下来分别针对煤炭开采过程产生的低浓度瓦斯气，燃煤发电、煤炭焦化、气化和液化过程产生的含硫氮元素的废气、含 VOCs 的废气，以及 CO_2 的资源循环利用相关原理和技术进行介绍。

5.2 低浓度瓦斯气的资源循环利用

中国是产煤大国，也是全球人为 CH_4 排放量最多的国家，煤炭开采、油气开发等能源活动所导致的甲烷排放量约占我国甲烷排放总量的 44.8%。在煤炭开采过程中 CH_4 回收利用率低是导致我国煤炭能源行业 CH_4 排放量大的关键原因。根据 CH_4 体积含量的不同，可以将煤矿瓦斯分为三种：中高浓度瓦斯，即 CH_4 含量大于 30%；低浓度瓦斯，即 CH_4 含量在 1%~30%之间；超低浓度瓦斯，是指 CH_4 含量小于 1%的瓦斯，也称为乏风瓦斯。中高浓度瓦斯由于有效成分 CH_4 多，利用途径也比较广泛，可以发电，也可以作为民用燃气、汽车燃料和工业燃料等使用。低浓度瓦斯是在井下抽采瓦斯的过程中混入了空气，也称为含氧瓦斯气，处于瓦斯的爆炸范围。目前低浓度瓦斯气的利用途径主要包括瓦斯发电、浓缩利用和直接焚烧获取热量。超低浓度瓦斯产量大，约占矿井生产瓦斯总排放量的 90%，但由于 CH_4 含量过低难以利用，瓦斯氧化技术是目前比较受到认可的利用方式。我国煤矿井下抽采瓦斯浓度总体偏低，井下抽采浓度 30%以上的瓦斯仅占约 43.58%，由此使得我国煤矿每年 CH_4 排放量超 500 亿立方米。因此，大力发展低浓度瓦斯特别是超低浓度瓦斯利用技术是提高煤矿瓦斯利用率的关键所在。

5.2.1 低浓度瓦斯资源化利用技术

低浓度瓦斯利用可以通过内燃机发电机组来发电，也可用燃气轮机、乏风氧化作采暖或者制冷使用，流程如图 5-1 所示。

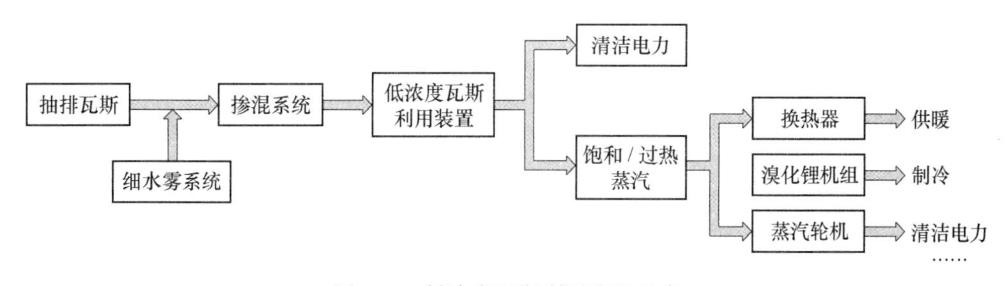

图 5-1 低浓度瓦斯利用流程示意

5.2.1.1 低浓度瓦斯发电

低浓度瓦斯发电技术已经比较成熟，也是目前低浓度瓦斯利用的最佳途径之一。目前瓦斯发电主要有 3 种方式：大功率燃气轮机发电、蒸汽轮机发电和往复活塞式内燃机组发电。燃气轮机的热效率不超过 30%，蒸汽轮机的热效率更低，仅为 10%左右。利用燃气轮机和蒸汽轮机发电建站周期长，一次性投入大，要求燃气流量充足，只适合瓦斯抽采量大且气体成分较稳定的大型矿井。利用内燃机组发电，建站周期短，一次性投入低，内燃机组台数和功率范围可根据瓦斯气量的大小进行确定，非常适合大、中、小型煤矿。

浓度在 30%以下的瓦斯可以通过水环式抽采泵从地下煤层抽采出来，经过安全性较强的输送管道输入发电机组缸体，在发电机组缸体内经点燃爆炸来推动活塞运动，从而将化学能转化为机械能并进一步产生电能，使低浓度瓦斯得到充分利用。

5.2.1.2 低浓度瓦斯浓缩利用

将低浓度瓦斯中的 O_2 和 N_2 等成分脱除，提高 CH_4 含量，可以进一步拓宽利用范围。当 CH_4 含量提升至 35%，可以达到民用燃气和工业燃料的要求，CH_4 含量达到 90%以上时，还可以作为汽车燃料和化工工业原料，其经济价值也可以得到更大的提升。目前正在研究的低浓度瓦斯气浓缩提纯技术较多，包括膜分离法、深冷液化法、变压吸附法、水合物分离法和溶剂吸收法等，其中变压吸附法被认为是最有前景的浓缩技术。变压吸附技术在天然气领域是非常成熟的技术，有系列的装置可供选择。变压吸附技术是利用吸附剂的平衡吸附量随组分分压升高而增加的特性，进行加压吸附、减压脱附。

5.2.1.3 低浓度瓦斯直接焚烧

中国煤炭科工集团重庆研究院研发的低浓度瓦斯直接焚烧余热制冷系统，将瓦斯安全利用与热害治理相结合，利用瓦斯焚烧高温余热作为热源，采用溴化锂吸收式制冷，在利用低浓度瓦斯的同时形成一种治理煤矿热害的新模式。

5.2.2 超低浓度瓦斯资源化利用技术

超低浓度瓦斯有流量大、瓦斯浓度低、浓度波动大的特点，我国每年通过乏风排入大气的甲烷约为 100 亿~150 亿立方米，CH_4 浓度一般在 0.2%~0.75%之间。由于煤矿乏风中 CH_4 含量极低，分离提纯的能耗巨大，而且该浓度范围的 CH_4 不能直接燃烧，通常采取的措施是直接排空，造成了巨大的能源浪费和环境污染。目前对于煤矿超低浓度瓦斯的利用方法主要是热逆流氧化方法，采用热逆流氧化反应器和催化热逆流氧化反应器，将氧化反应产生的热量通过高性能的蓄热材料蓄积，用于预热超低浓度瓦斯，形成交替循环自热氧化，多余的热量通过在反应器内植入换热管或在尾气排放管安设热交换器等方式取出，用于供热或发电等。我国胜利油田胜利动力机械集团有限公司开发的煤矿乏风甲烷氧化技术是目前国内最早通过现场工业性试验的技术成果，该技术的热逆流氧化装置主要由固定式逆流蜂窝陶瓷氧化床和控制系统两部分构成。CH_4 在其中发生氧化反应，生成 CO_2 并产生热量，反应产生的热量可以用来取暖或发电。减少温室气体排放的同时也带来较好的经济效益，实现了煤炭开采过程废气的资源循环利用。

5.3 含硫氮元素废气的资源循环利用

如表 5-2 所示，煤基产业废气中的 SO_2 和 NO_x 浓度一般较低，常作为污染物进行净化处置，但也可将其视为硫氮元素资源，对其进行循环利用。

表 5-2 部分行业 NO_x 和 SO_2 初始浓度 （mg/Nm^3）

行　业	NO_x 初始浓度	SO_2 初始浓度
火电行业	350~1300	1800~2100
钢铁行业	100~400	400~1500（烧结烟气）
水泥工业	600~1400	800~2000

5.3.1 含 SO_2 废气的资源化利用技术

5.3.1.1 生产硫酸盐

目前烟气脱硫技术种类多达几十种，根据不同的脱硫剂可分为钙法、氨法、镁法、钠法、有机碱法、海水法等，其基本的脱除原理是相似的，主要包括两个化学过程：

吸收过程　　碱性脱硫剂 + $SO_2 \longrightarrow$ 亚硫酸盐　　(5-1)

氧化过程　　亚硫酸盐 + $O_2 \longrightarrow$ 硫酸盐　　(5-2)

烟气中的 SO_2 最终转化成硫酸盐，可以进一步加工为所需的产品，如以石灰石或石灰浆液吸收烟气中的 SO_2，首先生成 $CaSO_3$，进一步被氧化为 $CaSO_4$，脱水后以石膏 $CaSO_4 \cdot 2H_2O$ 的形式回收。因此，脱硫技术也可以认为是一种资源化利用技术。然而现实情况是烟气脱硫作为环保技术，通常为了追求低廉的成本而选择便宜且易得的脱硫剂，如钙、镁、钠等原料，SO_2 与这些脱硫剂主要生成的产物是钙、镁、钠的硫酸盐，应用市场有限，且附加价值不高。

5.3.1.2 生产硫酸

废气中的 SO_2 也可以被加工为具有更高附加价值的含硫化学品。活性焦是一种具有吸附和催化双重功能的粒状物质，具有十分丰富的微孔结构。利用活性焦强大的吸附能力，可以吸附烟气中的 SO_2、NO_x、重金属和 VOCs 等，同时利用活性焦的催化能力，可以将 SO_2 进一步催化氧化为 SO_3，再与水反应生成 H_2SO_4，实现硫元素的循环利用。活性焦催化 SO_2 生产硫酸通常由 SO_2 催化氧化和活性焦再生两个过程组成。

A　SO_2 催化氧化

当烟气中没有氧和水蒸气存在时，活性焦吸附 SO_2 仅为物理吸附，吸附量较小；而当烟气中有 O_2 和水蒸气存在时，在物理吸附的基础上也发生了化学吸附，吸附的 SO_2 在活性焦的催化作用下，与烟气中的 O_2 反应生成 SO_3，之后再与水蒸气反应生成 H_2SO_4，使 SO_2 的吸附量进一步增加。SO_2 的催化转化机理可以用以下反应表示：

氧的化学吸附　　$C+\frac{1}{2}O_2 \longrightarrow C\text{-}O$ 或 $C(O)$　　(5-3)

瞬时结构　　$C\text{-}O \longrightarrow C(O)$　　(5-4)

SO_2 的吸附　　$C(O)+SO_2 \longrightarrow C\text{-}SO_3$　　(5-5)

H_2SO_4 的形成　　$C\text{-}SO_3+H_2O \longrightarrow C\text{-}H_2SO_4$　　(5-6)

表面再生　　$C\text{-}H_2SO_4 \longrightarrow C+H_2SO_4$　　(5-7)

总反应　　$C+SO_2+\frac{1}{2}O_2+H_2O \longrightarrow C+H_2SO_4$　　(5-8)

可以看出，在进行 SO_2 的催化氧化反应时，活性焦表面的碳元素会先与体系中存在的 O_2 形成结构瞬时可变的 C—O 表面活性物，之后该物质会发生一系列的催化氧化反应生成 H_2SO_4。在表面活性位再生阶段，H_2SO_4 从活性焦表面脱附下来，表面活性的 C 位重新暴露出来，可以再次进行吸附。

B 活性焦再生

活性焦可以通过水洗或加热再生，利用水洗方式的活性焦再生法需要大量的水，而且产生的稀酸会造成二次污染，因此通常采用加热再生法，将吸附饱和的活性焦加热到350℃以上，释放出吸附的气态污染物而实现再生。在该工艺过程中，SO_2 的脱除反应优先于 NO_x 等其他气态污染物的脱除反应。

活性焦回收烟气中硫元素的工艺流程主要包括三部分：吸附、解吸再生和副产品回收，具体如图 5-2 所示。

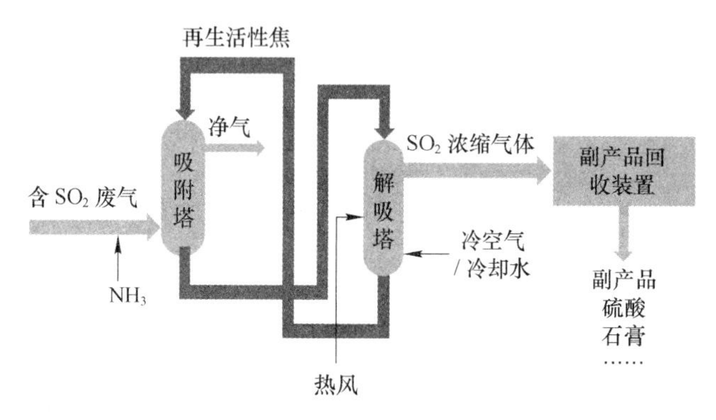

图 5-2 活性焦回收烟气中硫元素的工艺流程示意

该工艺采用移动床吸附加热再生法。活性焦靠重力作用，由移动床顶部下降到底部，烟气先水平通过吸附塔完成脱硫过程，然后由下而上逆向移动。此时，向塔内注入 NH_3，NH_3 与 NO 在活性焦催化还原作用下生成 N_2，因此移动床的下段脱硫，上段脱硝。

再生阶段，吸附饱和的活性焦由吸收塔的底部送入再生反应器进行再生。再生反应器是移动床反应器，用蒸气或热风炉尾气以间接加热的形式把吸附过 SO_2 的活性焦加热到350℃左右，使活性焦得到再生。再生反应器内的活性焦从上往下移动，停留一段时间后排出反应器，经筛分后送回活性焦吸附塔循环使用。

5.3.1.3 回收单质硫

煤基产业废气中的 H_2S 气体或是已经回收的高浓度 SO_2 气体，可以进一步采用克劳斯过程处理获取硫单质。酸性气中的 H_2S 转化为元素硫，分为两个阶段：首先是酸性气在燃烧炉内的高温热反应阶段，少部分 H_2S 在燃烧反应炉内被氧化为 SO_2，并释放大量反应热；第二个阶段为催化反应阶段，燃烧炉内燃烧剩余的 H_2S 在催化剂作用下与 SO_2 继续反应生成元素硫，其回收工艺流程如图 5-3 所示。

反应方程式如下：

$$H_2S + 3/2O_2 = SO_2 + H_2O \quad (5\text{-}9)$$

$$2H_2S + SO_2 = 3/nS_n + 2H_2O \quad (5\text{-}10)$$

煤基产业废气中 NO_x 和 SO_2 通常是共存的，并且如表 5-2 所示，煤基产业废气中 SO_2 的含量通常高于 NO_x，因此目前几乎没有仅对 NO_x 单独进行资源化利用的技术，而是对含硫、氮元素废气同时实现资源化利用。

5.3.2 含硫氮元素废气的同时资源化利用技术

高能电子氧化法包括电子束法（EBA）、脉冲电晕等离子体技术（PCDP）、流光放

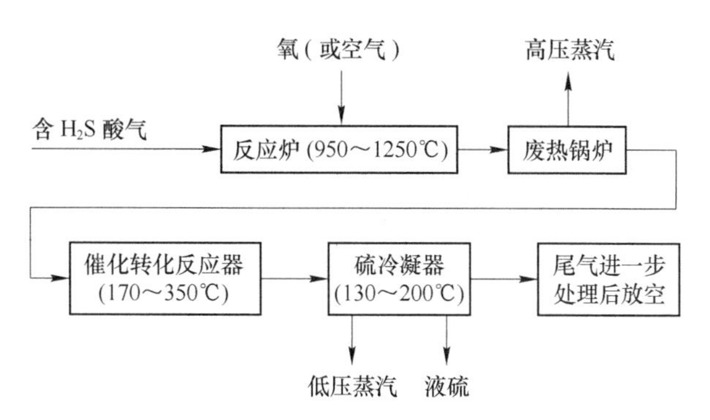

图 5-3 克劳斯回收单质硫工艺示意

电（coronaries）等离子体技术等。虽然各类技术使用的高能电子性质不同，但其核心原理相似，利用电子加速器、高压脉冲电源或高电位差来产生强氧化性的自由基，如 O_2^*、$H_2O_2^*$、OH 等活性物质，进而把烟气中的 SO_2 和 NO 氧化为 SO_3 和 NO_2，这些高价的硫氧化物和氮氧化物与水蒸气反应生成雾状的硫酸和硝酸，并与加入的 NH_3 反应生成硫铵和硝铵，实现废气中硫氮元素的同时资源化转化。下面以电子束照射法为例介绍同时对烟气中低浓度 SO_2 和 NO_x 实现资源循环的基本原理。

电子束照射法，简称 EBA 法，是利用电子能量为 800keV～1MeV 电子束照射烟气，将烟气中的 SO_2 和 NO_x 转化成硫酸铵和硝酸铵的一种既能够实现烟气脱硫脱硝，同时也能实现硫氮元素资源化的技术，主要包括自由基生成、SO_2 及 NO_x 的氧化、生成的酸与氨反应生成硫酸铵（$(NH_4)_2SO_4$）和硝酸铵（NH_4NO_3）的过程。

5.3.2.1 自由基的生成

煤基产业废气通常的主要组成为 N_2、O_2、CO_2 和 H_2O 等。电子束照射法利用电子加速器产生高能等离子体，这些高能电子的能量被 O_2 和 H_2O 等分子吸收，则生成大量反应活性很强的自由基，如以下反应式所示：

$$\begin{aligned} O_2 + e^{\cdot} &\longrightarrow 2O^* + e^{\cdot} \\ H_2O + e^{\cdot} &\longrightarrow H^* + OH^* + e^{\cdot} \\ H^* + O_2 &\longrightarrow HO_2^* \\ O_2 + O^* &\longrightarrow O_3 \end{aligned} \tag{5-11}$$

5.3.2.2 SO_2 及 NO_x 的氧化

在大量具有强氧化性质的自由基作用下，烟气中的 SO_2 和低化合态的 NO_x，主要是 NO 和 NO_2 被氧化。由于自由基对烟气中的 SO_2 和 NO 等氧化作用强烈，所以在很短时间内即可氧化其生成 SO_3 和 N_2O_5，并且由于烟气中存在水蒸气，SO_3 和 N_2O_5 进一步与 H_2O 化合，最终生成 H_2SO_4 和 HNO_3，具体的反应过程如下所示：

SO_2 的氧化

$$\begin{aligned} SO_2 + 2OH^* &\longrightarrow H_2SO_4 \\ SO_2 + O^* &\longrightarrow SO_3 \\ SO_3 + H_2O &\longrightarrow H_2SO_4 \end{aligned} \tag{5-12}$$

NO 和 NO_2 的氧化

$$\begin{aligned} NO + O^* &\longrightarrow NO_2 \\ NO_2 + OH^* &\longrightarrow HNO_3 \end{aligned}$$

$$NO_2 + O^* \longrightarrow NO_3 \qquad (5-13)$$

$$NO_2 + NO_3 \longrightarrow N_2O_5$$

$$N_2O_5 + H_2O \longrightarrow HNO_3$$

5.3.2.3　生成硫酸铵和硝酸铵

将 NH_3 注入反应器，使其与在氧化过程中生成的 H_2SO_4 和 HNO_3 发生反应，生成 $(NH_4)_2SO_4$ 和 NH_4NO_3，反应如下：

$$H_2SO_4 + 2HN_3 \longrightarrow (NH_4)_2SO_4 \qquad (5-14)$$

$$HNO_3 + NH_3 \longrightarrow NH_4NO_3 \qquad (5-15)$$

生成的铵盐呈微细粉粒状，经过捕集器回收作化肥，从而实现氮元素和硫元素的资源化再利用。

目前电子束法通常将硫、氮元素转化为化肥，但考虑到 SO_2 和 NO 首先氧化为 H_2SO_4 和 HNO_3，而 H_2SO_4 和 HNO_3 是附加值更高的重要化工原料，因此直接将 H_2SO_4 和 HNO_3 进行回收也是值得探索的路径，开发低成本高效率的 H_2SO_4 和 HNO_3 富集技术可以进一步提升电子束法的经济效益，值得关注。

5.3.2.4　典型工艺流程

利用电子束法使硫元素转化率达到90%以上，氮元素的转化率达到80%以上，是一种非常有前景的含低浓度硫氮元素废气资源化处理的技术路线，典型的电子束法工艺流程如图 5-4 所示。

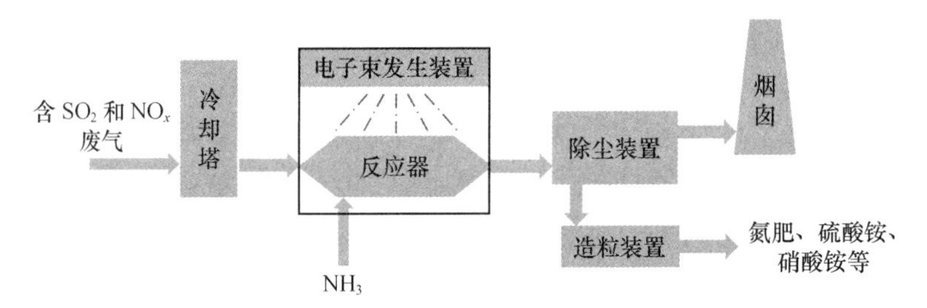

图 5-4　电子束法工艺流程示意

除尘后的烟气进入冷却塔，在塔中由喷雾水冷却到 65~70℃。在烟气进入反应器之前，注入接近化学计量的 NH_3，然后进入反应器，经受高能电子束照射，使烟气中的 O_2 和水蒸气等发生辐射反应，生成大量的离子、自由基、电子和各种激发态的原子、分子等活性物质，它们将烟气中的 SO_2 和 NO_x 氧化为 SO_3 和 N_2O_5。这些高价的硫氧化物和氮氧化物与水蒸气反应生成雾状的硫酸和硝酸，这些酸再与事先注入反应器的 NH_3 反应，生成硫氨和硝氨。净化后的烟气经烟囱排放，副产品经造粒处理后可作化肥销售。

电子束法的主要特点是能同时实现低浓度废气中硫氮资源的回收，系统简单，操作方便，过程易于控制，对不同含硫量的烟气和烟气量的变化有较好的适应性和负荷跟踪性。

5.4　含 VOCs 废气的资源化利用

VOCs 的排放不仅造成空气污染，而且在光照作用下会发生光化学反应，导致光化学烟雾、二次有机气溶胶和大气有机酸的浓度升高，刺激人体呼吸系统、皮肤和眼睛，从而导致血液、神经系统和肝肾脏的病变，近年来引起人们的广泛关注。VOCs 污染防治可根据污染控制阶段分为两个方面，即源头控制和末端治理综合防治法。源头控制是通过采用先进的清洁生产技术，提高转化效率，从而减少排放。相比于源头控制，末端处理技术更易于实现，主要分两大类：净化处理技术和资源化回用技术。净化处理技术基本思路是通过燃烧等化学反应或生化反应，用热、光、催化剂或微生物等，把 VOCs 分解转化为水和 CO_2 等无毒无害的物质。但 VOCs 本身含有丰富的有机官能团，并且具有热值，单纯的净化污染治理忽视了其自身价值，因此应当从资源化的角度探索其循环利用方式。

5.4.1 含 VOCs 废气的热能利用技术

有机物的基本组成是 C 和 H 元素，因此所有的 VOCs 都有可燃性，通过燃烧释放其热量，在净化气体的同时，可以进一步利用燃烧放出的热量。燃烧法分为直接燃烧法、热力燃烧法和催化燃烧法。

5.4.1.1 直接燃烧法

将 VOCs 作为燃料直接燃烧，在高温下分解为无害物质且放出热量的方法称为直接燃烧法。直接燃烧法温度要求比较高，一般要达到 1100℃ 以上，而且对氧气浓度有一定限制，氧气浓度低会导致 VOCs 燃烧不彻底，容易造成二次污染，而氧气浓度过高则间接导致可燃物浓度降低达不到着火浓度界限。因此直接燃烧法常以燃油或燃气作为辅助燃料。虽然直接燃烧法操作简便，投资小，对处理气体的种类、性质没有要求，降解率可达到 98%以上，但因能耗过高，对安全技术和操作要求较高，近年来该方法已很少使用。为了提高热利用效率，降低设备的运行费用，近年来发展了蓄热式热力焚烧技术和蓄热式催化燃烧技术，这两项技术换热效率高，可在 VOCs 浓度较低时使用。

5.4.1.2 热力燃烧法

VOCs 浓度较低时一般采用热力燃烧法，它与直接燃烧法的区别在于，需对含有 VOCs 的废气进行预热处理，燃烧温度大大降低，一般在 350~600℃，属于无焰燃烧，减少了能耗，增加了安全性。工业上常用的设备为蓄热式热氧化器（RTO），设备基本原理如图 5-5 所示。

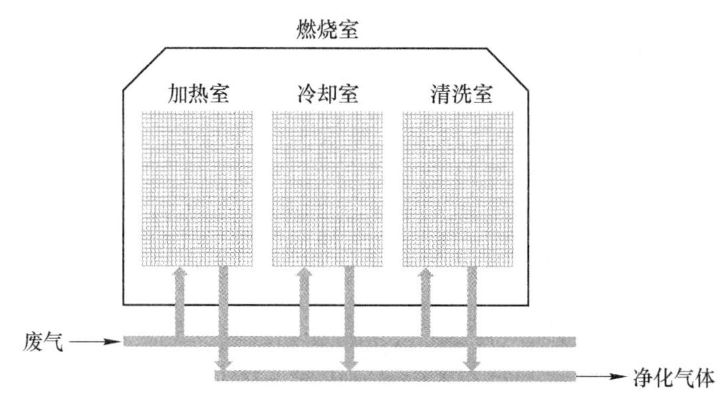

图 5-5 蓄热式热力燃烧设备示意

废气首先通过蓄热体加热到接近热氧化温度，而后进入燃烧室进行热氧化，氧化后的气体温度升高，VOCs 基本上转化成 CO_2 和 H_2O。氧化产生的高温气体流经特制的陶瓷蓄热体，使陶瓷体升温而“蓄热”，此“蓄热”用于预热后续进入的有机废气。从而节省废气升温的燃料消耗。陶瓷蓄热体分成两个或两个以上的室，每个蓄热室依次经历蓄热-放热-清洗等程序连续工作。蓄热室“放热”后应立即引入部分已处理合格的洁净排气对该蓄热室进行清洗。净化后的气体，温度下降，达到排放标准后可以排放。不同蓄热体通过切换阀或者旋转装置，随时间进行转换。

5.4.1.3　催化燃烧法

采用催化剂降低 VOCs 氧化所需的活化能，从而提高反应速率，使氧化反应在更低的温度（200~400℃）下进行的技术为催化燃烧法。按热能量回收方式不同催化氧化器也可分为不回收热量、间壁式和蓄热式的催化氧化器（RCO）。如图 5-6 所示，相比于 RTO，RCO 中多了一层催化剂床层，催化燃烧的效果主要取决于催化剂的性质，如何制备高活性、多选择性的催化剂是国内外研究者的研究重点之一。

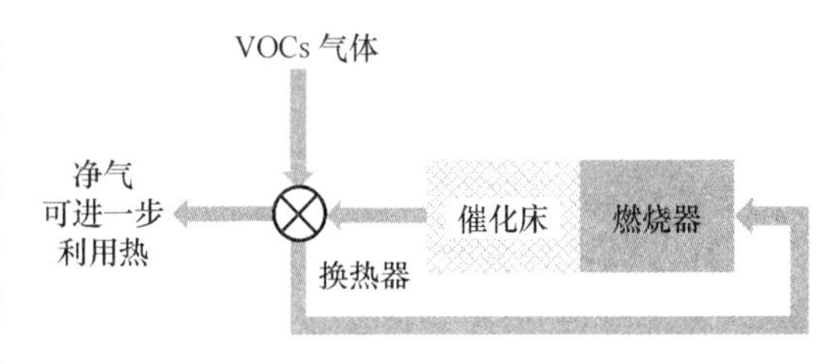

图 5-6　催化燃烧技术流程示意

催化燃烧起燃温度低，大部分有机物和 CO 在 200~400℃ 即可完成反应，故辅助燃料消耗少，而且大量地减少了 NO_x 的产生，但不允许废气中含有影响催化剂寿命和处理效率的尘粒和雾滴，也不允许有使催化剂中毒的物质，以防催化剂中毒，因此采用催化燃烧技术必须对废气作前处理。

5.4.2　含 VOCs 废气的有用成分回收技术

5.4.2.1　VOCs 吸附法

吸附法利用某些具有吸附能力的物质，如活性炭、硅胶、沸石分子筛、活性氧化铝等吸附废气中的有用组分，而达到回收或消除有害污染的目的。吸附法的回收或净化原理是利用吸附质表面分子官能团拥有的巨大表面能，形成较大的范德华力来捕捉 VOCs 气体分子，再经过升高温度、降低压力或置换等方式进行脱附，实现吸附质的再生，同时对脱附下来的高浓度的 VOCs 气体进行冷凝或吸收，以实现含 VOCs 废气中有用成分的回收利用，典型的工艺流程如图 5-7 所示。

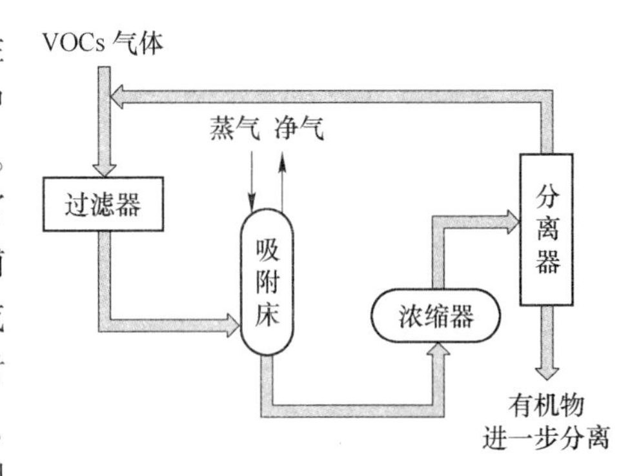

图 5-7　吸附法回收含 VOCs 废气中有用组分的工艺流程示意

吸附效果取决于吸附剂性质（比表面积、孔径与孔隙等）、气相污染物种类和吸附系统的操作温度、湿度、压力等因素。吸附剂要具有密集的细孔结构，内表面积大，吸附性能好，化学性质稳定，耐酸碱，耐水，耐高温高压，不易破碎，对空气阻力小。常用的吸附剂主要有活性炭（颗粒状和纤维状）、活性氧化铝、硅胶、人工沸石等。

吸附法在 VOCs 的处理过程中应用极为广泛，主要用于低浓度、高流量有机废气，特别适用于含碳氢化合物废气的净化回收。吸附法的优点在于去除效率高、能耗低、工艺成熟、脱附后溶剂可回收。缺点在于设备庞大，流程复杂，投资后运行费用较高且有二次污染产生，当废气中有胶粒物质或其他杂质时，吸附剂易中毒。吸附法也可以与其他净化方法结合，有针对性地治理不同行业的有机废气。如采用液体吸附和活性炭吸附法联合处理高浓度可回收苯乙烯废气，采用吸附法和催化燃烧法联合处理丙酮废气等。吸附法与其他净化方法联用的集成技术不仅避免了两种方法各自的缺点，而且具有吸附效率高，无二次污染等特点。

5.4.2.2 VOCs 吸收法

吸收技术依据相似相溶的原理，采用低挥发或不挥发性溶剂使含有 VOCs 气体的废气与吸收剂充分接触，从而使一种或几种 VOCs 气体溶解于吸收剂中，达到净化有害组分或回收有用组分的目的，随后再利用 VOCs 分子和吸收剂物理性质的差异进行分离，使吸收剂再生。吸收法通常在填料塔和喷淋塔中进行，如图 5-8 所示，含 VOCs 的气体从吸收塔底部进入，在上升过程中与来自塔顶的吸收剂逆流接触而被吸收，被净化后的气体由塔顶排出。吸收了 VOCs 的吸收剂随后进入汽提塔，在高温低压的条件下发生解吸，吸收剂得到更新，用于循环使用。

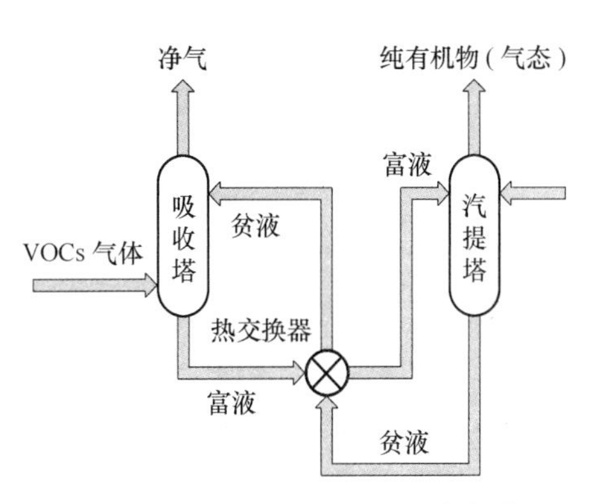

图 5-8 吸收法回收含 VOCs 废气中有用组分的工艺流程示意

吸收效果主要取决于吸收剂的吸收性能和吸收设备的结构特征，吸收法对 VOCs 的回收效率高，甚至高达 95%~98%，但对吸收剂和吸收设备有较高的要求，而且需要定期更换吸收剂，过程复杂。

5.4.2.3 VOCs 冷凝法

冷凝法是利用不同的 VOCs 组分在不同温度及压力下具有不同饱和蒸气压，在降低温度或增加大气压力条件下，使其中一种或某些污染物凝结出来，以达到净化或回收的目的，其基本原理如图 5-9 所示。

所需设备和操作条件比较简单，回收物质纯度高，但净化程度不高，耗能较高，对低浓度废气的净化更是如此。冷凝法适用于处理高浓度有机废气，特别是组分单纯的气体的回收。

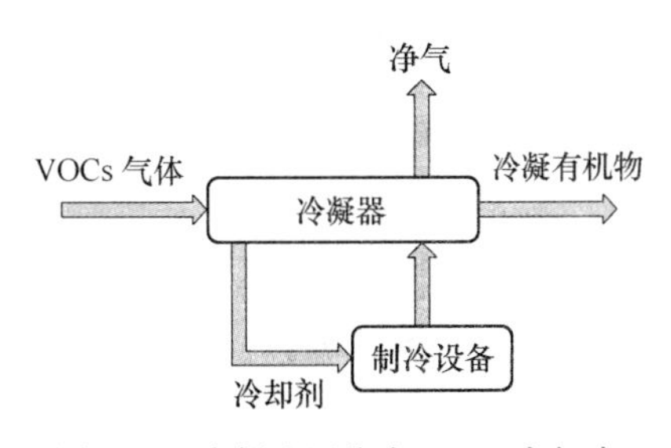

图 5-9 冷凝法回收含 VOCs 废气中有用组分的工艺流程示意

5.5 CO_2 的资源循环利用

大气中部分组分可以吸收地表的长波辐射，阻碍地表散热，导致全球气候变暖，这类气体被称为温室气体，主要包含 CO_2、CH_4 和 N_2O 等。其中，CO_2 是大气中含量最多的温室气体，也是受人为影响最严重的温室气体之一。人为排放的 CO_2 主要来自工业活动和人类活动，其来源途径如图 5-10 所示。工业上，煤在电力生产和工业制造领域依旧为主要能源，燃煤电厂烟气未经脱碳处理的直接排放是导致大气中 CO_2 含量逐年上升最主要的原因，因此控制燃煤电厂 CO_2 的排放至关重要。

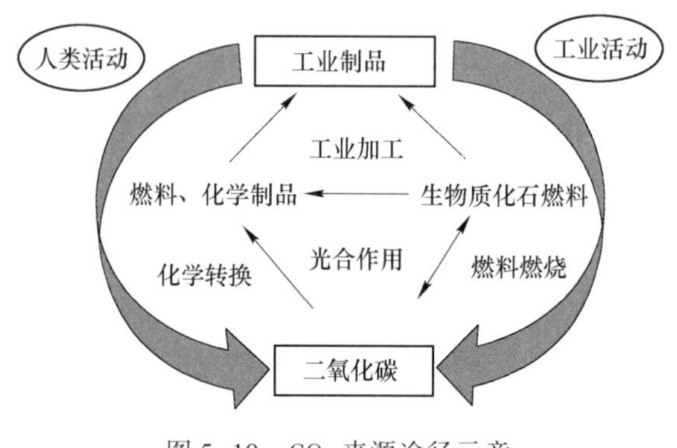

图 5-10　CO_2 来源途径示意

5.5.1　CO_2 的减排技术

实现 CO_2 减排的路径通常有两种：一种是从源头减少 CO_2 的排放，如开发新型能源或调整能源产业结构；另一种是对已排放的 CO_2 进行捕集、封存和利用，从而减少 CO_2 排入大气的总量。

5.5.1.1　新能源的开发

近年来，人类一直致力于探索开发绿色环保和可再生的新型能源，对太阳能、地热能、风能、海洋能、生物质能和核聚变能等新型能源的探究不断深入。未来新能源产业的发展会改变当前以化石燃料为主体的能源格局，从根本上降低 CO_2 产生和排放量。因此，发展绿色能源，改变能源结构是实现 CO_2 减排的重要方式。

新能源的开发得益于技术革新，其中“绿氢”是新能源的后备军，可助力工业与交通等领域进一步降低碳排放。电价占电解水制氢成本的 60%～70%，随着电价大幅度下降，“绿氢”成本将快速下降。由此可见，“绿氢”有望比化石燃料制氢更具成本优势，预计 30 年内，全球氢能占终端能源消费比重有望达到 18%，“绿氢”技术完全成熟，大规模用于难以通过电气化实现“零排放”的领域，主要包括钢铁、炼油、合成氨等工业用氢，以及重卡、船舶等长距离交通运输领域。

5.5.1.2　碳捕集技术

目前，碳捕集、封存和利用（CCUS）技术被认为是最有效的控制 CO_2 排放的方式。CO_2 捕集可以分为三个途径，包括燃烧前捕集，燃烧后捕集和富氧燃烧。燃烧前捕集主要运用于整体煤气化联合循环发电系统，即 IGCC，将煤在高压富氧的条件下气化变成煤气，再与水反应转化为 CO_2 和 H_2。由于 CO_2 浓度较高，此时可以直接捕集高浓度的 CO_2。富氧燃烧在采用传统燃煤电站的技术的基础上，通过制氧技术，直接采用高浓度的 O_2 与烟道气的混合气体来替代空气，因此燃烧后得到的烟气中 CO_2 的浓度较高，有利于进一步压缩，甚至直接进行封存。但是，这两种方法都需要对现有的燃煤电厂进行改造。目前应用最广泛的是燃烧后捕集技术（PCC），即在燃烧后的烟气中捕集 CO_2，再利用吸收法、吸附法、膜分离法或低温分离法回收较纯的 CO_2 的过程。

A　CO_2 吸收法

吸收法是采用不同的吸收剂对 CO_2 气体进行选择性吸收，从而实现气体分离和提纯的方法。目前，吸收分离方法技术相对成熟，且有工业化应用的前景。CO_2 吸收法根据吸收剂种类的不同，按照分离的原理分为物理吸收和化学吸收两大类。目前 CO_2 化学吸收法常见的吸收剂包括：氨水、醇胺溶液、离子液体和钙基吸收剂等。化学吸收法具有分离纯度高、效率高和适用范围广等优点，但存在对设备腐蚀、溶剂易挥发和再生能耗高等缺点。典型工艺流程如图 5-11 所示。烟气和化学吸收剂在吸收塔内反应形成富液，富液在解析塔内被加热解析分离出 CO_2。

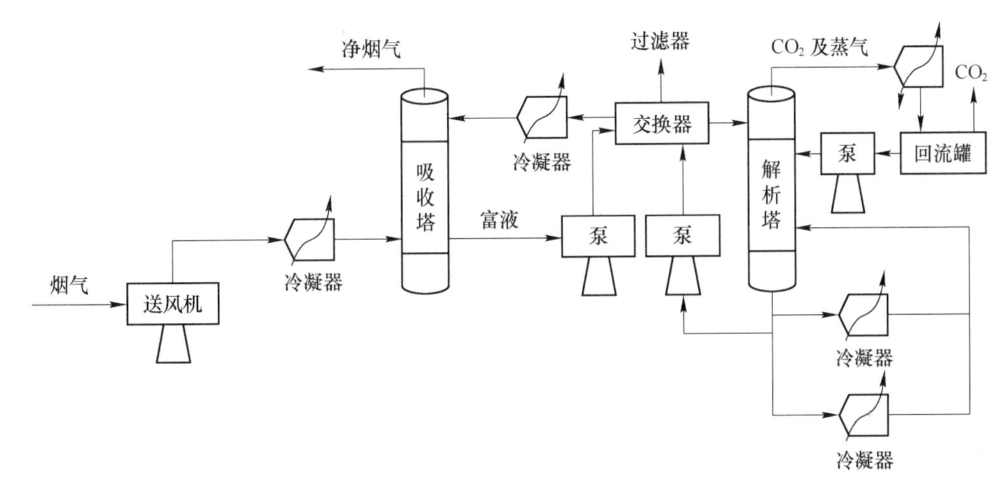

图 5-11　化学吸收法工艺流程

B　CO_2 吸附法

吸附法依靠吸附剂表面对与其接触的 CO_2 分子表现出的强烈亲和力，使 CO_2 分子被捕获或结合到表面，然后在特定的条件下使 CO_2 解吸，并加以浓缩的过程。CO_2 吸附剂可分为物理吸附剂和化学吸附剂。物理吸附剂通常包括金属-有机骨架、沸石、活性炭和工程碳纳米材料等，但碳基吸附剂用于燃烧后 CO_2 捕获的研究仍处于起步阶段。大规模应用还需进一步的研究。化学吸附剂包括金属氧化物和表面改性多孔材料等。

C　CO_2 膜分离法

膜分离法捕集 CO_2 是一项比较新兴的技术，它是利用 CO_2 和其他气体通过特定膜的渗透率不同，利用膜与烟气中的 CO_2 之间发生物理或化学反应来进行选择性的吸收，从而实现对 CO_2 气体的分离和提纯。膜分离法具有高接触面积，模块性好，操作灵活等优点，所以在脱碳技术中被认为是最有发展潜力的。按照膜材料的不同，可以将膜分为无机膜、有机膜及金属膜三类。不同的膜材料对气体的分离机理和效果的不同，但对目标气体的良好的选择性和渗透性是膜材料应具备的特性。

D　CO_2 低温分离法

低温分离法是通过低温冷凝分离 CO_2 的一种物理过程，是根据烟气中各气体挥发性的差异，将烟气进行重复压缩和冷凝，把常温常压下气体 CO_2 压缩，使 CO_2 达到的临界值，从而从气态转成液态，与烟气中其他气体分离。该方法可提取出纯度较高的 CO_2，便于管道输送及汽运，也可直接用于食品加工等行业，但在冷凝压缩过程中会消耗大量能耗，经济成本比较大，因此限制了此技术的发展。为了解决能耗高这一问题，也有许多研究学者提出了新的方法，例如 CryoCell 低温 CO_2 脱除技术，可以有效降低在低压条件下捕集 CO_2 的能耗。

5.5.2　CO_2 的封存技术

从烟气中捕集下来的 CO_2 可以进行封存或进一步加以利用，封存主要包括地质封存和海洋封存。地质封存是把 CO_2 封存在地质构造中，例如石油和天然气田、不可开采的煤田及深盐沼池，海洋封存是将捕获的 CO_2 直接注入 1000m 以上深海。但是单纯的封存技术不仅存在再次泄漏的可能，而且忽视了 CO_2 自身的价值，因此研究者们进一步在封存技术的基础上对 CO_2 进行地质利用，如 CO_2 驱提高石油采收率和 CO_2 驱替煤层气技术。

5.5.2.1　CO_2 地质封存技术

CO_2 的地质封存是指将固定的大型工业源释放的 CO_2 在排放到大气之前进行捕获、运输并储存在深部地下构造中的一项技术。在这一过程中，选取地下深部多孔及渗透性高的地层岩石（通常为砂岩），将 CO_2 注入，并将具有低渗透性的盖层放在上部，使其作为密封层阻止注入的 CO_2 在“浮力”的作用下溢出，从而达到 CO_2 长期贮存的目的。地质封存 CO_2 已经获得了广泛认可和大规模的实践应用，该技术所需的场地需具有分布广泛、储存规模大及可以将储存 CO_2 转化为碳酸盐矿物或其他高附加值产品的潜力。目前可以封存 CO_2 的地质包括石油天然气储层、不可开发煤层、深地咸水层、富含有机质的页岩等。

5.5.2.2　CO_2 驱油技术

CO_2 驱油技术（CO_2-EOR）是指将 CO_2 注入枯竭的油藏、页岩地层和无法开采的煤层中，进行三级采收，有效提高油和煤层气的采收率。通过注入 CO_2 来提高石油生产的原理是由于在第二次石油开采结束后，由于毛细管作用，许多原油留在岩层间隙中，无法流入生产井，因此油和水（或气体）彼此溶解，形成一个相位，无法形成两相界面，无法实现自行分离，而 CO_2 的注入，能够提供强大的驱动力，从石缝中挤出原油，轻质油气在萃取和气化过程中产生混相效应，同时发生分子扩散作用使界面张力降低、气体熔融驱除和渗透率等价性增强，提高了原油采收率，实现了利用 CO_2 来强化采油的目的，如图 5-12 所示。该技术通过把捕集来的 CO_2 注入到油田中，一方面将枯竭油藏中的石油得以充分开采，另一方面将 CO_2 永久地储存在地下，实现了 CO_2 的地质封存。尽管 CO_2 碳强化采油的主要目标并不是 CO_2 封存，但是在实施的过程中部分 CO_2 被保留在地下环境中，因此实现了对其长期储存的效应。CO_2-EOR 的实施一方面抑制了 CO_2 排放，另一方面在很大程度上提高了能源产率，增加了经济效益。

5.5.2.3　CO_2 驱气技术

CO_2 驱天然气技术（CO_2-EGR）是指将 CO_2 以超临界相态形式注入天然技术气藏部，将天然气藏中更多的天然气驱替开采出来，包括致密气藏和衰竭天然气藏，该项不仅能够

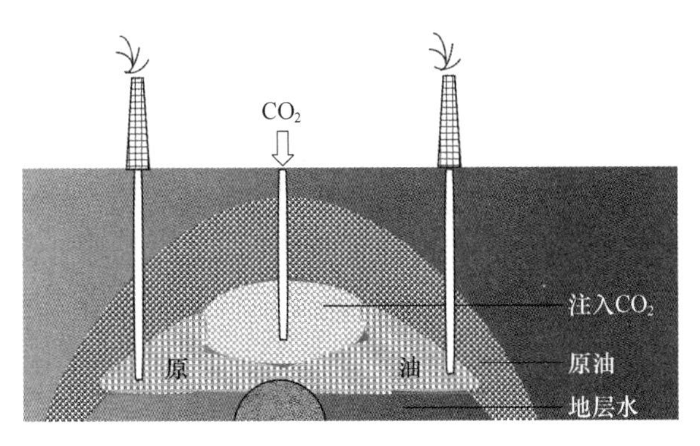

图 5-12 CO_2 驱油技术示意图

提高天然气气藏采收率，而且也能实现 CO_2 地质封存。强化采气技术的原理主要利用超临界 CO_2 和天然气的物性差别和重力分异，结合天然气藏的地质特征，提高天然气采收率。具体过程是：从气藏底部注入超临界 CO_2，垂向波及区内，由于重力分异的作用，较轻的天然气会聚集在气藏圈闭的上部，而超临界 CO_2 则沉降在气藏圈闭下部形成埋存。在这个过程中，随着超临界 CO_2 的持续注入，沉降在气藏圈闭下部的超临界 CO_2 "垫气"逐渐增厚，将地层剩余天然气驱替至气藏圈闭的上部进行开采。通过注入 CO_2 来恢复地层压力并驱替天然气，可以获得最高的天然气采收率和最大的 CO_2 地下封存量。

5.5.3 CO_2 的固定与矿化技术

5.5.3.1 固废碳酸化固定 CO_2

用于固定 CO_2 的固体废弃物一般含有钙或镁，如电石渣、钢渣、磷石膏、脱硫石膏、建筑垃圾等，因此这种既能消纳固废，又能固定 CO_2 的技术具有良好的发展前景，矿化途径如图 5-13 所示。根据介质组成不同，可以将固废固定 CO_2 的方法分为湿法和干法。干法碳酸化是将固体废弃物直接与 CO_2 进行反应，但是存在废弃物转化率比较低，反应速率慢的问题，要得到理想的 CO_2 吸收效果则需要在高温高压条件下进行反应，由于反应条件要求苛刻，目前对干法处理研究较少。湿法碳酸化是指固体废弃物在液相中与 CO_2 进行反应以达到固定 CO_2 的目的，其实质是 CO_2 溶于水形成碳酸，固体在酸性物质存在下逐步溶解并沉淀出碳酸盐。目前湿法碳酸化被认为是最有效的 CO_2 固定工艺途径之一。

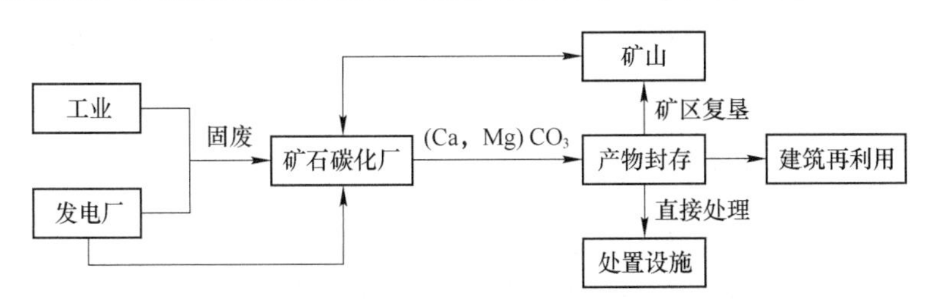

图 5-13 CO_2 矿化途径

5.5.3.2 CO_2 的原位矿化与非原位矿化

CO_2 矿化指的是模仿并加速自然界中岩石风化并吸收 CO_2 的过程，即 CO_2 溶解在水中产生碳酸，然后与碱性矿物发生中和反应，得到稳定的固态碳酸盐。CO_2 矿化过程分为原位和非原位矿化。

原位矿化是将 CO_2 注入地质层中的特定区域，通过矿化反应实现 CO_2 的储存固定，过程中矿石的空间位置不发生改变。原位反应技术对地质特性要求较高，需要高渗透率、高孔隙率和富含碱金属成分。由于原位矿化必须在特定的地质层中进行反应，所以矿化产物碳酸盐的再应用受到限制。

非原位矿化过程是指 CO_2 和已开采的天然矿物或者碱性工业固废在地面上发生的反应。相比于原位矿化技术对于矿化场地和条件的限制，非原位矿化技术应用范围更广，技术形式也更为灵活。非原位矿化过程可采用天然矿石，如蛇纹石、橄榄石、硅灰石等，或者工业碱性固体废弃物，如粉煤灰、高炉矿渣、钢渣、废弃水泥等为原料进行 CO_2 矿化反应。矿化产品具有潜在的利用价值，可以用于建筑、防火、填料等行业。矿化产物的再利用有助于进一步降低 CO_2 矿化的成本，提高其经济性。

5.5.3.3 CO_2 矿化发电与 CO_2 氨化矿化

CO_2 矿化燃料电池（CMFC）是利用 CO_2 作为潜在的低位能源来直接发电的新兴技术。CO_2 矿化发电的反应方程式如下所示：

$$2CO_2 + Ca(OH)_2 + NaCl \longrightarrow NaHCO_3 + CaCl_2 \tag{5-16}$$

CMFC 系统包括阳极、阴极、阳离子交换膜（CEM）和阴离子交换膜（AEM）等。CMFC 系统产电路径中，阴极侧通入的 CO_2 形成 H_2CO_3，其部分电离成 HCO_3^- 和 H^+。然后，H^+得电子生成 H_2。HCO_3^- 留在溶液中。在阳极侧，H_2 失去了两个电子形成 H^+，H^+和 $Ca(OH)_2$ 反应产生 H_2O 和 Ca^{2+}。在内部电场作用下中间的盐室会提供 Na^+和 Cl^-。而 AEM 和 CEM 起选择性通过作用，Na^+在阴极侧与 HCO_3^- 反应生成 $NaHCO_3$。Cl^-在阳极侧与 Ca^{2+} 生成 $CaCl_2$。不同浓度的 CO_2 均可直接进行矿化发电，不需要进行 CO_2 捕捉过程。

CO_2 氨化矿化是 CO_2 矿化利用领域的重要新技术之一，是 CO_2 综合利用和煤低碳、低成本清洁利用的全新路径。CO_2 氨化矿化技术实际上是工业尿素的深加工过程，原料来源简单，仅需要煤、水和空气，产物为三聚氰酸，反应方程式如下所示：

$$3CO_2 + 1.5N_2 + 4.5H_2 \longrightarrow C_3H_3N_3O_3 + 3H_2O \tag{5-17}$$

CO_2 氨化矿化过程为放热反应，整个工艺过程反应温度、压力较低，不仅节能，而且没有 CO_2 排放。另外，在 CO_2 氨化矿化过程中，NH_3 是过剩的，也就是说这是一条“负碳”工艺路线，碳转化率达 100%。因此，CO_2 氨化矿化技术具有原料用量少、工艺可行、产品价值高及用途广泛等优点。

5.5.4 CO_2 的催化转化技术

5.5.4.1 CO_2 的光催化转化技术

CO_2 的光催化转化技术是将 CO_2 作为原料转换为含碳化合物的重要手段之一，可以利用半导体材料在太阳光照下将 CO_2 还原为烃或醇类化学燃料。

在光催化还原 CO_2 过程中产物选择性是值得研究的问题之一。控制还原产物的生成具有一定的前景意义，更有利于还原为所需产物以便于运输和利用。产物选择性一般由半导体催化剂、反应条件及反应电位等条件所决定。半导体材料实现在还原剂 H_2O 的存在下，根据不同的还原电势和电子转移数目而得到的 CO_2 还原产物不同，光催化还原 CO_2 制备 CH_4 是多电子反应，反应过程需要几个步骤完成，目前该反应存在的路径可能有两种：一种是 $CO_2 \rightarrow CO \rightarrow C \cdot \rightarrow CH_2 \rightarrow CH_4$；另一种是 $CO_2 \rightarrow HCOOH \rightarrow HCHO \rightarrow CH_3OH \rightarrow CH_4$。

相较于其他转化方法，光催化还原 CO_2 生产氨具有以下优点：过程可以在相对温和的条件下进行，如常温、常压；过程利用了被遗弃的大量 CO_2 作为碳源和充裕的太阳能为输入能源；CO_2 被还原后生成氨，可作为燃料，如甲烷、甲醇和乙烷等，能一定程度地缓解日益紧张的能源危机；这一技术可通过还原和固定 CO_2 实现碳中性能源供给和全球碳平衡。

5.5.4.2 CO_2 的催化加氢技术

CO_2 的催化加氢指的是在催化剂的作用下，使 CO_2 和氢发生加成反应生成相应的有机产物。实质上，CO_2 是典型的基态线形分子，标准生成热为-394.38kJ/mol，不易活化，通常需要采用高温、高压或者催化剂使其发生化学反应，因此大大增加了化学固定和转化 CO_2 的成本。目前，催化加氢技术已应用到多类产品生产加工过程中，如苯胺、对氨基酚等。催化加氢还原过程通常需要在高压条件下进行，对设备要求高，因此常压催化加氢技术的研究与开发显得尤为迫切。同时，CO_2 加氢还原产物种类及分布很大程度上受催化剂的影响，催化剂的合理选择及反应条件的优化都将有利于 CO_2 转化率及催化加氢产物选择性的提高。

在 20 世纪中期，由于在铜铝催化剂作用下成功合成甲醇，人类进行了大量的工作致力于 CO_2 加氢合成甲醇催化剂的研究，主要研究的催化剂体系有 $CuO-ZnO/Al_2O_3$、Cu/SiO_2、Cu/ZrO_2 等催化剂及贵金属催化剂。21 世纪初，对 CO_2 加氢制甲醇催化剂研究进一步深入，升高温度、增大压力或氢碳比的增加都有利于 CO_2 转化率及甲醇选择性的增加。铜基催化剂在低温合成甲醇过程中催化剂的催化作用由铜离子引起。应用 Cu-Cr 和铜基催化剂反应需要在高温高压条件下进行，不利于经济性生产，因而过渡金属催化剂和金属络合物催化剂的开发具有重要的现实意义。

5.5.4.3 CO_2 的催化转化制备环状碳酸酯技术

CO_2 与环氧化合物加成制备环状碳酸酯是目前为数不多的在 CO_2 资源化利用方面能够进行工业化生产的技术之一。该反应具有原料价格低廉、原子利用率高、副产物少等优点。环状碳酸酯是十分重要的化学产品及化工中间体，它具有良好的生物降解性和溶解性，是很好的清洁型极性溶剂和原料，可以作为化妆品添加剂、高能密度电池和电容的电解液及金属萃取剂等。作为固定 CO_2 的产物，环碳酸酯是重要的生物医药前体、非质子极性溶剂及工程塑料的原料。迄今为止，已经有许多催化体系用于 CO_2 和环氧化合物的反应，如金属配合物、离子液体和金属氧化物等。利用此法固定 CO_2 生产碳酸酯的原理如图 5-14 所示。

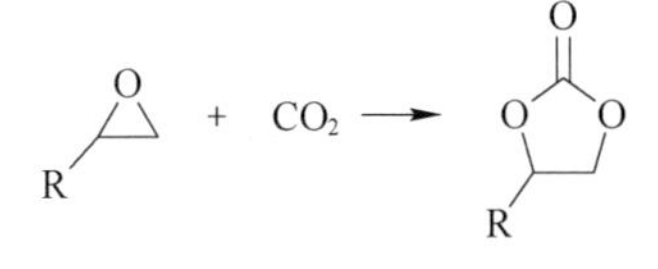

图 5-14 合成碳酸酯原理

其中最简单的环氧化合物就是环氧乙烷与 CO_2 发生反应生成碳酸乙烯酯。许多催化剂都能够催化 CO_2 与环氧化合物反应形成碳酸酯及其共聚物。这些催化剂包括金属卤化物、铵盐、磷盐、配合物催化剂等。其中，简单的四元盐，如烷基季胺、磷卤化物都能很有效地催化 CO_2 与环氧化物的反应，形成环状碳酸酯；简单的碱金属盐，如氯化钾或氢氧化钠也是有效的催化剂。由于季铵盐的正离子不与电正性的基团相互作用，因此它的阴离子具备了很高的亲核活性。在碱金属催化剂中，由于与 M^+ 的静电相互作用，卤离子的亲核活性被削弱，但在低浓度下，由于与氧的相互作用，卤离子的亲核活性有所增强。

5.5.4.4 超临界 CO_2 的催化转化技术

临界二氧化碳（$SCCO_2$）中的催化加氢是高效利用 CO_2 的途径之一。CO_2 的临界点是 33.1℃、7.38MPa，在简单的实验室条件下就可以达到。许多过渡金属的有机配合物，包括磷配合物、卟啉配合物、金属茂合物、金属羰基化合物和金属二酮类化合物等都可以溶解在 $SCCO_2$ 中。既作反应底物，又作反应介质的催化加氢反应具有重要的研究和应用价值。$SCCO_2$ 中可以大量溶解氢气，并可以溶解某些过渡金属配合物催化剂，形成均相体系，有利于催化加氢的快速进行，是 CO_2 高效利用的可行途径。与同一反应条件下的溶液相比，在超临界流体中，催化剂的活性要高得多，其主要原因是在超临界流体中，减弱了配合物周围的溶剂化效应，使氧气与 CO_2 达到了高混合比。例如，采用双环戊二烯镍为催化剂，以丁醇水混合液为溶剂，使 $SCCO_2$ 在液相中催化加氢制取甲醛，甲醛选择性高达 100%。用钌磷配合物 $RuH_2[P(CH_3)]_4$ 或 $RuCl_2[P(CH_3)]_4$ 作催化剂，用 $SCCO_2$ 作溶剂，在三乙胺存在下制备甲酸，此时 CO_2 既作溶剂又是反应物。在超临界状态下溶剂和氢气完全互溶，反应起始生成速率是普通溶剂，如四氢呋喃的 18 倍。类似的方法还可用来制备 N，N-二甲基甲酸胺（DMF）和甲酸甲酯。固载化钌基催化剂用于超临界 CO_2 条件下的 CO_2 加氢合成甲酸反应，其中 SiO_2 和 MCM-41 分子筛载体的催化剂都具有较高的 $SCCO_2$ 加氢制甲酸反应活性。

实现 CO_2 的资源转化，不仅能生成有机燃料，合成其他有机化工原料，中间体或有机化工产品，同时还可以减少由其他化工原料反应而带来的环境污染问题。虽然目前的 CO_2 催化加氢研究都还不成熟，但前景是良好的。因此，研究 CO_2 活化规律，开发合适的多相催化体系，将高活性和高选择性的均相催化剂同载化，并结合 $SCCO_2$ 流体的优势，克服均相催化的诸多缺点，改善多相催化反应体系中传质和传热，促进反应的产业化转化，使 CO_2 有效地成为有用的化工资源，对解决环境问题、能源问题和化工原料问题都具有重大的意义。

本章小结

煤基产业的废气通常由净化技术处理后达到排放标准而被排放，但从循环利用的角度来看，这些废气也可以进行资源化处理。本章针对煤基产业常见的低浓度瓦斯气、含硫氮元素废气、含 VOCs 废气和含 CO_2 废气，介绍了它们常见的资源化利用途径及资源化利用过程涉及的基本原理与工艺过程。

思考题

5-1 煤基产业废气具有哪些共同点?

5-2 为何超低浓度瓦斯气不能直接燃烧?

5-3 煤基产业的含 VOCs 废气通常来自哪些工艺流程?

5-4 谈一谈煤基产业废气资源化利用技术面临的最大挑战。
5-5 CO_2 捕集的途径和捕集材料有哪些？
5-6 CO_2 封存技术的优缺点有哪些？
5-7 请简要说明 CO_2 不同的矿化过程，并指出不同矿化过程之间的区别。
5-8 请指出碱性固体废弃物在 CO_2 矿化方面存在的优势。
5-9 请说明 CMFC 系统指的是什么系统，包括哪些部分，并说明该系统如何发电。
5-10 为什么 CO_2 常压催化加氢技术的研究与开发极为迫切？

参 考 文 献

[1] 周世宁，林柏泉．煤层瓦斯赋存与流动理论［M］．北京：煤炭工业出版社，1999.
[2] 曲思建，董卫国，李雪飞，等．低浓度煤层气脱氧浓缩工艺技术开发与应用［J］．煤炭学报，2014，39（8）：1539-1544.
[3] 郑斌，刘永启，刘瑞祥，等．煤矿乏风的蓄热逆流氧化［J］．煤炭学报，2009，34（11）：1475-1478.
[4] 李庆钊，张桂韵，刘鑫鑫，等．煤矿超低浓度瓦斯蓄热燃烧特性及其关键影响因素分析［J］．机电工程学报，2021，41（23）：8078-8087.
[5] 逄锦伦．煤矿低浓度瓦斯直接焚烧余热制冷技术在煤矿热害治理领域的探索［J］．矿业安全与环保，2014，41（5）：105-107.
[6] 胡予红．加强通风瓦斯利用实现减排目的［J］．中国煤炭，2009，35（5）：83-85.
[7] 丁玲，张宗飞．硫回收及尾气处理技术综述［J］．化肥设计，2012，50（6）：15-18.
[8] Figueroa J D，Fout T，Plasynski S，et al. Advancesn in CO_2 capture technology-The US department of energy's carbon sequestration program［J］. International Journal of Greenhouse Gas Control，2008，2（1）：9-20.
[9] Moon D K，Park Y，Oh H T，et al. Performance analysis of an eight-layered bed PSA process for HZ recovery from IGCC with pre-combustion carbon capture［J］. Energy Conversion and Management，2018，156：202-214.
[10] Gladysz P，Stanek W，Czarnowska L，et al. Thermo-ecological evaluation of an integrated MILD oxy-fuel combustion power plant with CO_2 capture，utilisation，and storage-A case study in Poland［J］. Energy，2018，144：379-392.
[11] NETL. Carbon Sequestration Atlas［R］. 2015：114.
[12] NETL. Carbon Sequestration Technology Roadmap and Program Plan［R］. US Department of Energy，2007.
[13] National Energy Technology Laboratory. The United States 2012 Carbon Utilization and Storage Atlas［R］. 4th Edition. Search Report，2012：130.
[14] Warwick P D，Attanasi E D，Blondes M S，et al. Carbon dioxide-enhanced oil recovery and residual oil zone studies at the U. S. Geological Survey［C］. 14th Greenhouse Gas Control Technologies Conference（GHGT-14），Melbourne，21-26 October，2018.
[15] Heidug W，Lipponen J，McCoy S，et al. Storing CO_2 through enhanced oil recovery［J］. France：International Energy Agency，2015：46.
[16] 李阳．CCUS 的关键利用［J］．中国石油石化，2018（23）：17-19.
[17] 杜振宇．氮掺杂碳材料的制备及其 CO_2 吸附性能研究［D］．青岛：中国石油大学，2014.
[18] 杨支秀，鲁博，郭丁丁，等．CO_2 捕集及分离方法研究现状与进展［J］．山东化工，2020，49

(18)：62-64.

[19] Creamer A E，Gao B. Carbon-based adsorbents for post combustion CO_2 capture：A critical review [J]. Environmental Science & Technology，2016，50 (14)：7276.

[20] Warmuzinski K，Tanczyk Marek，Jaschik M. Experimental study on the capture of CO_2 from flue gas using adsorption combined with membrane separation [J]. Int J Greenh Gas Con，2015，37：182-190.

[21] 张艺峰，王茹洁，邱明英，等. CO_2 捕集技术的研究现状 [J]. 应用化工，2021，50 (4)：5.

[22] 李培源，苏炜，霍丽妮. 二氧化碳分离捕集技术研究进展 [C] //中国功能材料科技与产业高层论坛论文集，2009.

[23] Dahlin D C. A method for permanent CO_2 sequestration：Supercritical CO_2 mineral carbonation [J]. Fuel & Energy Abstracts，2002，43 (4)：286.

[24] 李兰兰，叶坤，郭会荣，等. 矿物封存二氧化碳实验研究进展 [J]. 资源与产业，2013 (2)：117-123.

[25] Lange L C，Hills C D，Poole A B. The influence of mix parameters and binder choice on the carbonation of cement solidified wastes [J]. Waste Management，1996，16 (8)：749-756.

[26] Johan S，Sebastian T，Ron Z. Carbon dioxide sequestration by mineral carbonation：Literature review update 2005—2007 [R]. Report Vt，2008-1.

[27] Peter B Kelemen，Jürg Matter. In situ carbonation of peridotite for CO_2 storage [C]. Proceedings of the National Academy of Sciences，2008，105：17295-17300.

[28] Juerg M Matter，Ws Broecker，Sr Gislason，et al. The CarbFix Pilot Project-storing carbon dioxide in basalt [J]. Energy Procedia，2011 (4)：5579-5585.

[29] Ioannis Rigopoulos，Michalis A Vasiliades，Ioannis Ioannou，et al. Enhancing the rate of ex situ mineral carbonation in dunites via ball milling [J]. Advanced Powder Technology，2016 (27)：360-371.

[30] Erin R Bobicki，Liu Qingxia，Xu Zhenghe，et al. Carbon capture and storage using alkaline industrial wastes [J]. Progress in Energy and Combustion Science，2012 (38)：302-320.

[31] Ron Zevenhoven，Johan Fagerlund，Joel Kibiwot Songok. CO_2 mineral sequestration：Developments toward large-scale application [J]. Greenhouse Gases：Science and Technology，2011 (1)：48-57.

[32] Aimaro Sanna，Marco Dri，Matthew R Hall，et al. Waste materials for carbon capture and storage by mineralisation (CCSM)-A UK perspective [J]. Applied Energy，2012 (99)：545-554.

[33] Xie Heping，Wang Yufei，He Yang，et al. Generation of electricity from CO_2 mineralization：Principle and realization [J]. Science China Technological Sciences，2014 (57)：2335-2343.

[34] 朱维群. 二氧化碳资源化利用的工业技术途径探讨 [C] //中国化学会·第一届全国二氧化碳资源化利用学术会议，2019.

[35] 俞炳丞. 二氧化钛纳米材料与其他材料的复合及光催化还原二氧化碳的应用 [D]. 南京：南京大学，2016.

[36] 张媛媛，罗胜联，尹双凤. 离子液体催化 CO_2 与环氧化物合成环状碳酸酯 [J]. 化学进展，2012，24 (5)：674-685.

[37] 许文娟，马丽萍，黄彬，等. CO_2 催化加氢研究进展 [J]. 化工进展，2009，28 (S1)：284-289.

6 煤基产业循环经济园区

本章提要：

(1) 掌握循环经济的内涵与特征。

(2) 掌握循环经济园区、煤基产业循环经济园区的定义、分类及特点。

(3) 了解循环经济园区的理论基础。

(4) 掌握循环经济园区评价与规划建设的原则与要求。

(5) 熟悉典型煤基产业循环经济园区的构成及特点。

6.1 循环经济概述

循环经济的基本原则是“减量化（reduce）、再利用（reuse）、再循环（recycle）”(3R)，以资源高效利用及污染减排为目的，实现资源环境要素闭环流动，以减少经济社会发展的资源环境压力。党的十九大报告在论述加快生态文明体制改革中指出，要推进绿色发展，建立健全绿色低碳循环发展的经济体系。实现经济建设与生态文明建设的有机结合，增强可持续发展后劲，发展循环经济是一个重要的抓手和突破口，更加突出了循环发展的重要现实意义。因此，循环经济发展方式是实现资源可持续利用的重要模式。本章将着重介绍循环经济的内涵、特征、发展及其模式类型。

6.1.1 循环经济的内涵

与资源单向流动的传统线型经济相比，循环经济是一种新型的经济模式，资源的循环流动是循环经济的关键特征。英国著名的经济学家 K·E·鲍尔丁提出两种经济模式，一种是对自然界进行掠夺、破坏式的经济模式，称之为“牧童经济”；另一种是通过完善的循环系统来满足人类的一切物质需要的经济模式，叫作“宇宙飞船经济”（Spaceship Economy）。“牧童经济”如同在草原放牧的牧童，只管放牧而不顾草原的破坏；“飞船经济”则通过能源利用系统的不断循环转化来维持飞船里的生命。线型经济模式与循环经济模式最大的区别在于资源流动形式不同。通过再利用设计和再循环设计，循环经济将线型经济模式中单向连接的过程联系起来，形成过程之间相互连接的闭路系统，两者在物质流动形式方面的差别如图 6-1 和图 6-2 所示。

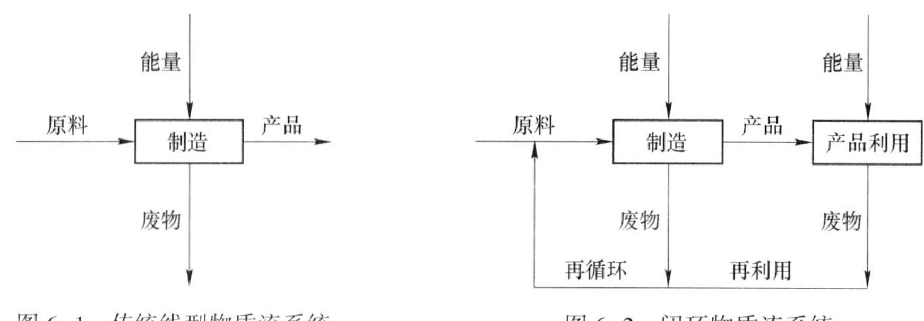

图 6-1　传统线型物质流系统　　图 6-2　闭环物质流系统

在传统线型经济模式中，物质能量运动的方式为“资源—产品—废物”，资源以单向和直线形式流动。在循环经济模式中，资源运动方式为“资源—产品—再生资源”，通过资源回收、资源化及再利用等，将传统线型经济模式中资源流动链条的首尾两端连接起来形成资源闭环流动系统。线型经济模式由于采用单程方式利用资源，资源未得到充分利用即变为废弃物，大量消耗资源的同时造成环境污染，对于废物的处置方式采用“末端治理”的思维，存在高消耗、高污染和低利用率的问题。循环经济则将线型经济模式中的废物和资源联系起来，突破了“末端治理”惯性思维的限制。在循环经济的理念里，没有“废弃物”这一概念，所有废弃物都是“放错了位置的资源”，其对废弃物的概念赋予了新的含义。某一生产过程所产生的废弃物和废能对于另外的生产过程可能就是资源，通过对产业链的重新组合就可以将所谓的废物（能）转变成资源，实现资源多次利用，变废为宝，进而达到低排放甚至“零排放”。相比于传统经济，循环经济通过增加系统的反馈机制对经济活动进行调节，形成“资源—产品—再生资源”的反馈式流程，通过“低开采—高利用—低排放”的循环利用模式，使经济系统与自然生态系统和谐地统一起来，达到经济活动生态化。与传统线型经济相比较，循环经济模式的物质能量流动方式以及指导理论有很大区别，两者的比较具体如表 6-1 所示。

表 6-1　循环经济与线型经济模式的比较

经济增长方式	特　征	物质流动	理论指导
循环经济	对资源的低开采、高利用、污染物的低排放	“资源—产品—再生资源”的物质反复循环流动	生态学规律
线型经济	对资源的高开采、低利用、污染物的高排放	“资源—产品—废物”的单向流动	机械论规律

“3R”原则是循环经济活动的三项准则，即减量化（reduce）原则、再利用（reuse）原则、再循环（recycle）原则，这三项准则相互联系互为补充形成循环经济模式的基本判断准则，每一项原则都是循环经济成功实施的必备条件。减量化原则要求用较少的原料和能源投入达到既定的生产目的或消费目的，针对的是输入端，从经济活动的源头就注意节约资源和减少污染；再利用原则要求产品和包装容器能够以初始的形式被反复使用，针对的是过程，目的是提高产品和服务的使用时间，尽可能多次或多种方式地使用物品，避免物品过早地成为垃圾；再循环原则要求生产出来的物品在完成其使用功能后能重新成为可以利用的资源，而不是不可利用的垃圾，针对的是输出端。再循环的途径有两种，一是原

级资源化，即将消费者遗弃的废物资源化后形成与原来相同的新产品，例如用废纸生产再生纸、废玻璃生产玻璃、废钢生产钢铁等；二是次级资源化，即将废物生产成与原来不同类型的产品，例如用粉煤灰制砖、粉煤灰提取漂珠、地沟油制造工业柴油、秸秆制造沼气等。一般认为原级资源化利用再生资源比例高，而次级资源化利用再生资源比例低，但随着科技的发展次级资源化利用再生资源的比例正在逐步提高。

循环经济涵盖经济发展、社会进步、生态环境三个方面。学界从资源综合利用、环境保护、技术范式、经济形态和增长方式等角度对循环经济作了多种界定。大多数认为循环经济就是生态经济，其实循环经济不仅涉及按生态学的方式实现资源循环利用，还涉及按资源经济学的要求实现资源减量投入，以实现资源投入的最有效规模，并涉及实现污染减排，以获得更大的环境容量。因此，循环经济包含了资源经济学、生态经济学、环境经济学的理论与方法，追求三者之间达到理想的组合状态，这与当前资源环境生态问题的复杂性、综合性一脉相承。

从相关国家的循环经济发展实践也可以看出这点。德国是全球再生资源利用率最高的国家，其循环经济起源于垃圾处理，然后逐渐向生产和消费领域扩展和转变。德国的废弃物处理法最早于 1972 年制定，但当时的主导思想仍停留在废弃物的末端治理。直到 1986 年德国才将其修改为《废弃物限制及废弃物处理法》，主导思想从怎样处理废弃物提高到怎样避免废弃物的产生，将避免废弃物产生作为废弃物管理的首要目标。1991 年德国首次按“资源—产品—再生资源”的循环经济理念，制定了《包装废弃物处理法》。规定制造者必须负责回收包装材料或委托专业公司回收。实现了包装材料上所附的充分使用的义务，不随商品流转而转移的目标，从法律上确保了包装材料的充分回收利用。这就是现在多数国家所采纳的生产者责任制度。1994 年德国新的《循环经济及废弃物法》由联邦议会通过，明确了废弃物管理政策方面的新措施。中心思想是系统地将资源闭路循环的循环经济思想理念从包装，推广到所有的生产部门。促使更多的物质资源保持在生产圈内。《循环经济及废弃物法》清楚而明确地规定了当事人各自应承担的责任，要求生产商、销售商及个人消费者，从一开始就要考虑废弃物的再生利用问题。在生产和消费的初始阶段，不仅要注重产品的用途和适应性，而且还要考虑产品在其生产周期终结时发生的问题。德国走上了针对废物的“循环经济”之路，逐步从单纯废物处理发展到减少废物和处理并举的制度措施。

我国 2009 年开始实施的《循环经济促进法》也明确定义了循环经济、减量化、再利用和资源化等。《循环经济促进法》第二条规定“本法所称循环经济，是指在生产、流通和消费等过程中进行的减量化、再利用、资源化活动的总称。本法所称减量化，是指在生产、流通和消费等过程中减少资源消耗和废物产生。本法所称再利用，是指将废物直接作为产品或者经修复、翻新、再制造后继续作为产品使用，或者将废物的全部或者部分作为其他产品的部件予以使用。本法所称资源化，是指将废物直接作为原料进行利用或者对废物进行再生利用。”

目前被广泛接受的循环经济的定义为：是一种以资源的高效利用和循环利用为核心，以“减量化、再利用、资源化”为原则，以低消耗、低排放、高效率为基本特征，符合可持续发展理念的经济增长模式。循环经济要求运用生态学规律来指导人类社会的经济活动，强调把经济活动组织成一个“资源—产品—再生资源”的反馈式流程，以把经济活动对自然环境的影响降低到尽可能小的程度。

6.1.2 循环经济的基本特征

循环经济是相对于线性经济提出的一种新型的经济模式。在线型经济模式中，物质流动形式为单向流动，资源在经过开采、生产、消费和废弃几个环节后最终变为废弃物，要维持社会经济系统的正常运转，就需要不断地投入资源。可以看出在线型经济模式中，资源利用的特征是高投入、高消耗、高排放和低效率，这样不但增加了资源压力还增加了环境压力。与传统的线型经济模式相比较，循环经济具有以下几个方面的基本特征：

（1）生态环境的弱胁迫性。传统的线型经济方式过度依靠生态环境，从生态环境中索取大量的资源换取产业的发展，最终引起生态破坏、环境污染。而循环经济发展方式，则占用更少的资源及生态、环境要素，从而使得快速的经济发展对于资源、生态、环境要素的压力大大降低。

（2）资源利用的高效率性。随着经济发展规模的不断扩大，资源消耗日益增多，也在一定程度上使得全球经济发展尤其是处于快速工业化时期的国家或地区经济发展开始从资金制约型转为资源制约型。据 2007 年 11 月 28 日的《环球时报》报道：目前处于世界前十五位的发达国家占有世界一半的资源，而其余的国家占有另一半资源，因而使众所周知的“后发展优势”——技术优势在人们尚关注不够的“后发展劣势”——资源劣势的抵消下大打折扣。循环经济的建设与发展，实现了资源的减量化投入、重复性利用，从而大大提高了有限资源的使用效率。

（3）行业行为的高标准性。循环经济要求原料供应、生产流程、企业行为、消费行为等都要符合生态友好、环境友好的要求，从而对于行业行为从原来的单纯的经济标准，转变为经济标准、生态标准、环境标准并重，并通过有效的制度约束，确保行业行为高标准的实现。

（4）产业发展的强持续性。在资源环境生态要素占用成本不断提升的情况下，循环经济产业的发展将更具备竞争优势，同时由于循环经济企业或行业存在技术进步的内在要素，这样就会更有效地推进循环型产业的可持续发展。

（5）经济发展的强带动性。循环型产业的发展对于经济可持续发展具有带动作用，且产业之间及内部的关联性，实现了产业协作与和谐发展。例如循环型三产的发展，也将对于循环型农业、循环型工业乃至循环型社会的建设与发展产生有效的带动作用，从而提升区域经济竞争力，并有效推进区域经济可持续发展战略的全面实现。

（6）产业增长的强集聚性。循环经济的发展，将在一定层次上带来区域产业结构的重组与优化，从而实现资源利用效率高、生态环境胁迫性弱的产业部门的集聚，这将更有效地推进循环经济及循环型企业的快速、健康发展。

（7）物质能量的闭环流动。循环经济作为一种经济模式，区别于传统线型经济的最大特征是物质能量流动方式采用了闭环系统。就物质闭环流动而言，可以在单个企业、单个家庭实现，但是，就一定区域或者一个国家而言，整个区域在资源利用形成闭环系统才算得上实现了循环经济模式。当然区域层次物质闭环系统的形成也离不开家庭和企业这样的社会经济细胞对资源循环利用行为的支持。

6.1.3 循环经济的提出与发展

自然资源是人类赖以生存和发展的物质基础，具有自然和社会的双重属性。自然资源有三个特征：有限性、区域性、整体性。自然资源的数量是巨大的，但又是有限的，尤其是不可再生资源，大量的开采使其面临枯竭的危险，严重威胁人类社会的可持续发展，与人类的愿望相违背。因此资源环境问题迫使人类社会开始重新思考建立在资源单向流动基础上的线型经济模式，以及由线型经济模式发展的生产工艺和形成的消费习惯。如同前面分析的那样，线型经济模式使得人类社会不可避免要过早面对资源短缺乃至资源枯竭问题，同时还不可避免地要承担环境破坏所带来的恶果。

在人类社会发展史上，最初认为资源是没有限制的，技术的发展可以突破资源开采困难导致的资源限制问题，但是人类很快认识到这一观念的错误性，发现人口增长与资源供给之间的矛盾，对此，200 多年前英国人口学家马尔萨斯就从人口与资源的关系角度指出线型经济系统所面临的资源危机。然而，技术的发展使得人类需求的满足可以由不同资源来实现，资源功用的可替代性在一定程度上分散了人类对于资源危机的担忧。工业革命使得人类技术进步加快，技术进步增强了人类控制自然的能力，加快了自然资源由自然界向人类社会系统的转移，但是人类社会在发展生产技术的同时并没有在资源循环利用及污染预防技术方面投入努力，结果导致人类社会面临严重的环境问题。

人类对资源循环利用具有较长的历史，循环经济的提出最早可追溯到 20 世纪 60 年代美国经济学家鲍尔丁提出的“宇宙飞船理论”，其可作为循环经济的早期代表。从实践与理论层面来看，循环经济的提出与发展经过了几个不同的阶段。

6.1.3.1 循环经济在实践层面的提出与发展

不同国家不同地区在循环经济实践方面存在个体性差异，但是纵观各国循环经济的发展历程基本上经历了以下几个阶段：

（1）废物回收利用阶段。这个阶段主要是人类的日常生活和工业生产产生了大量的废物，随着废物，特别是固体废物的大量增加，导致土地被大量占用、环境污染、废物处置问题越来越突出。废物快速增加一方面致使填埋场地面积不足，另一方面废物处理费用急剧增加。这两方面的问题使得废物尤其是城市固体废物的处理变得越来越困难。因此，为了减轻废物处理的困难，城市政府开始尝试废物的回收利用。因此，有人将这一阶段的循环经济戏称为“垃圾经济”，很显然，“垃圾经济”只是循环过程中的最后一个环节而非全部。当然，“垃圾经济”的发展不仅减轻了废物处置压力，而且催生了资源回收行业，促进了资源再生行业的发展。

（2）废物污染防治阶段。由于工业生产的发展和社会经济的繁荣，特别是化工产业的发展，不仅产生了大量的固体废物，而且造成了大量的空气污染和水体污染。这些污染物进入大气和水体严重危害了人类的生存环境，威胁到人类生命健康。因此，为了减少污染排放，清洁生产的要求逐渐被社会确立。但是起初的清洁生产也只是从生产末端考虑污染减少问题，到后来才从生产环节内部角度考虑污染预防，通过工业过程的改进来减少污染，减少废物的产生。

（3）生态工业阶段。随着实践的发展，人们越来越认识到按照生态学的原理来改造生产是有必要的，因此，工业生态学应运而生。工业生态学认为工业系统中的物质、能源和信息的流动与储存不是孤立的简单叠加关系，而是可以像在自然生态系统中那样循环运行，它们之间相互依赖、相互作用、相互影响，形成复杂的、相互连接的网络系统。在工业生态学的指导下，通过“供给链网”分析（类似食物链网）和物料平衡核算等方法，仿照生态系统组织生产的活动陆续开展，出现了仿生态系统的生产工厂和工业园区。在这个阶段，开展了单个企业按照工业生态要求组织生产提高资源效率的实践，也从工业园区的层次开展了生态工业园的实践活动，尝试在企业之间建立资源的循环利用。

（4）延伸生产者责任阶段。由于单一的生产和消费的污染预防措施并不能达到预期效果，而局限于生产领域的工业生态也只能提高生产领域的资源效率，因此，随着实践的展开，扩大生产者责任制度逐步确立。鼓励生产商通过产品设计和工艺技术的更改，在产品生命周期的每个阶段（即生产、使用和寿命终结后），努力防止污染的产生，并减少资源的使用。从最广泛的意义来讲，生产者责任指的是一种原则，即生产者必须承担其产品对环境所造成的全部影响的责任。这包括了在材料选择和生产流程时所产生的上游影响，以及在产品使用和处理过程中的下游影响。生产者的责任不再限于产品制造环节，而是延伸到消费环节，要求生产者不仅在产品设计阶段要考虑产品对环境的影响并尽可能减轻产品的环境冲击，在产品制造阶段要减轻产品制造的环境负荷，而且要求产品生产者对使用后的产品承担回收责任以提高资源效率。

（5）循环型社会阶段。随着工业国家越来越认识到仅仅在产品制造方面实现资源的循环利用还是不够的，难以应对日益增长的废弃物处理量。资源的回收利用不仅需要加强企业的责任，同时也需要提高产品消费者的参与程度，因此，构建“循环型社会”的理念应运而生。循环经济的实践不仅提倡和要求企业及企业之间按照资源循环利用的要求进行生产，而且通过立法手段要求个人、家庭和社区参与到资源的循环利用活动中。

6.1.3.2 循环经济在理论层面的提出与发展

从理论层面的发展来看，循环经济也经历了几个不同的阶段。

（1）循环经济的思想萌芽阶段。20 世纪 60 年代，美国经济学家鲍尔丁提出了“宇宙飞船理论”，指出地球就像一艘在浩瀚太空中飞行的宇宙飞船，要靠不断消耗自身有限的资源而生存，如果不合理开发资源，肆意破坏环境，就会走向毁灭。这被认为是循环经济思想的早期萌芽。鲍尔丁的宇宙飞船理论要求以新的“循环式经济”代替“线性经济”（或单程式经济），在对资源的认识和经济与环境关系的认识上都具有前瞻性突破，它意味着人类社会的经济活动应该从效法以线性为特征的机械论规律转向服从以反馈为特征的生态学规律。

（2）循环经济作为超前性理念的阶段。在国际社会开始有组织的环境整治运动的 20 世纪 70 年代，循环经济的思想更多地还是先行者的一种超前性理念。当时，世界各国关心的问题仍然是污染物产生之后如何治理以减少其危害，即所谓环境保护的末端治理方式。到了 20 世纪 80 年代，人们注意到要采用资源化的方式处理废物，思想上和政策上都有所升华。但对于污染物的产生是否合理这个根本性问题，是否应该从生产和消费源头上防止污染产生，大多数国家仍然缺少思想上的洞见和政策上的举措。总的说来，20 世纪 70~80 年代环境保护运动主要关注的是经济活动造成的生态后果，而经济运行机制本身并未进入研究视野。

（3）循环经济被系统提出的阶段。到了 20 世纪 90 年代，可持续发展战略成为世界潮流，源头预防和全过程治理替代末端治理成为国家环境与发展政策的真正主流，循环经济才被系统提出。90 年代思想飞跃的重要前提是系统地认识到了与线型经济相伴随的末端治理的局限：1）传统末端治理是问题发生后的被动做法，因此不可能从根本上避免污染发生；2）末端治理随着污染物减少而成本越来越高，它相当程度上抵消了经济增长带来的收益；3）由末端治理而形成的环保市场产生虚假的和恶性的经济效益；4）末端治理趋向于加强而不是减弱已有的技术体系，从而牺牲了真正的技术革新；5）末端治理使得企业满足于遵守环境法规而不是去投资开发污染少的生产方式；6）末端治理没有提供全面的看法，而是造成环境与发展及环境治理内部各领域间的隔阂；7）末端治理阻碍发展中国家直接进入更为现代化的经济方式，加大了在环境治理方面对发达国家的依赖。

（4）循环经济理论体系逐步建立和完善的阶段。进入 21 世纪后，循环经济的理论研究成果逐渐丰富，循环经济的理论体系逐步建立和完善，越来越多的学者加入循环经济的研究行列，从工程、技术、经济和法律等不同角度和不同领域开展循环经济的研究，逐步开展了循环经济评价、循环经济规划、循环经济模式设计等方面的理论探讨和实践活动。从不同学科视角出发，对循环经济的研究既有融合又各有侧重，研究重点大致可以划分为三个主要方面：1）循环经济的基础理论研究，主要研究循环经济的理论基础、循环经济的基本分析手段和分析方法等；2）循环经济工程技术手段与方法研究，主要从生产组织、产品设计、生产流程设计等几个方面探讨资源循环利用的工程实现方式；3）循环经济政策手段研究和管理理论与方法的研究，即从政策角度，着重从微观经济主体行为分析探讨资源循环利用的政策手段，从宏观措施和微观规制及经济刺激手段等方面开发循环经济的政策工具，包括循环经济规划理论和方法、循环经济发展政策设计等，另外，以资源效率为目标的企业材料管理理论和方法甚至对服务行业的管理手段也展开了研究，在环境友好服务方面进行理论和方法的研究。

我国从 20 世纪 90 年代起引入了循环经济的思想，此后对于循环经济的理论研究和实践不断深入。1998 年引入德国循环经济概念，确立“3R”原则的中心地位；1999 年从可持续生产的角度对循环经济发展模式进行整合；2002 年从新兴工业化的角度认识循环经济的发展意义；2003 年将循环经济纳入科学发展观，确立物质减量化的发展战略；2004 年提出从不同的空间规模：城市、区域、国家层面大力发展循环经济。经过多年的发展，循环经济在调整产业结构、转变发展方式、建设生态文明、促进可持续发展中发挥了重要作用。与此同时，循环经济技术创新也取得突破。在清洁生产、矿产资源综合利用、固体废物综合利用、资源再生利用、再制造、垃圾资源化、农林废物资源化利用等领域开发了一大批具有自主知识产权的先进技术，并迅速实现产业化。为了促进循环经济发展，提高资源利用效率，保护和改善环境，实现可持续发展，2008 年我国制订了《中华人民共和国循环经济促进法》，2018 年又进行了修订。

从目前来看，循环经济的理论研究和实践活动在我国成为一个热门领域。在理论研究方面，吸引了大量的研究人员，涌现出大量研究成果；在实践方面，既开展了以单个工厂为主体的资源循环利用实践，也不断尝试从区域层次推进资源的循环利用，而且还得到各级政府的高度重视。在 2008 年出台的《中华人民共和国循环经济促进法》基础上，各级政府积极制订了规范和引导循环经济发展的法律制度和政策措施，在各个层面探讨循环经济的实践模式。

6.1.4　循环经济的产业模式

从资源流动的组织层面，循环经济可以从企业、生产基地等经济实体内部的小循环，产业集中区域内企业之间、产业之间的中循环，包括生产、生活领域的整个社会的大循环三个层面来展开，对应的组织单元可以称为循环经济型企业、循环经济型产业园区、循环经济型社会/区域。三类循环由小到大依次递进，前者是后者的基础，后者是前者的平台。

6.1.4.1　循环经济型企业

企业、生产基地等经济实体是经济发展的微观主体，是经济活动的最小细胞。依靠科技进步，充分发挥企业的能动性和创造性，可以构建循环经济微观建设体系，以提高资源能源的利用效率、减少废物的排放。

与传统企业资源消耗高，环境污染严重，通过外延增长获得企业效益的模式不同，循环型企业以清洁生产为导向，用循环经济效益理念设计生产体系和生产过程，促进企业内部原料和能源的循环利用。企业层面循环经济模式主要是清洁生产，具体表现为两种形式：一种是通过组织企业内部各工艺之间的物料循环，延长生产链条，进而减少原料和能源的使用量，最大程度地降低废物的排放，达到降低成本、提高利润率及提升企业社会形象的目标；另一种是通过开发和利用先进生产技术，或发掘利用可再生资源，进而实现污染减少、绿色生产，并以此扩大在同行业的竞争优势。

组织企业内部物料循环是循环经济在微观层次的基本表现。一般来说，企业内部物料再生循环包括下列三种情况：（1）将流失的物料回收后作为原料返回原来的工序中；（2）将生产过程中生成的废料经适当处理后作为原料或原料替代物返回原生产流程中；（3）将生产过程中生成的废料经适当处理后作为原料用于厂内其他生产过程中。

循环经济型企业的典型代表是化学制造业的龙头老大——杜邦化学公司。20 世纪 80 年代末杜邦公司的研究人员把工厂当作试验新的循环经济理念的实验室，创造性地把“3R”原则发展成为与化学工业实际相结合的“3R 制造法”，以达到少排放甚至“零排放”的环境保护目标。他们通过生产工艺的创新设计形成厂内各工艺之间的物料循环，并且发明回收本公司产品的新工艺。他们在废塑料，如废弃的牛奶盒和一次性塑料容器中回收化学物质，开发出了耐用的乙烯材料等新产品，其方式是组织厂内各工艺之间的物料循环。杜邦公司循环经济企业示意如图 6-3 所示。

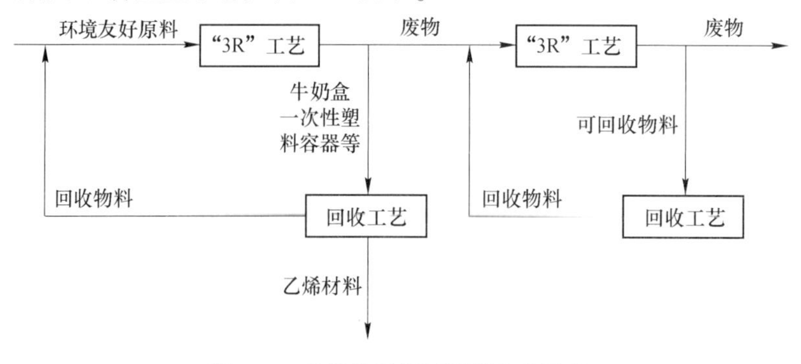

图 6-3　杜邦公司循环经济企业示意

鞍钢集团公司资源再利用及节能减排是国内企业发展循环经济的典型案例。针对生产中存在的资源、能源浪费和向环境中排放污染物给环境带来污染的问题，鞍钢集团通过采取有效措施加大发展循环经济与资源利用和加强节能、节水工作的力度，取得了较好的效果。鞍钢开展循环经济工作体现在以下几个方面：废物减量化、资源循环利用，工业废水"零排放"，通过技术改造淘汰落后工艺和装备。

6.1.4.2 循环经济型产业园区

单个企业的清洁生产和厂内循环具有一定的局限性。因为它一定会形成厂内无法消解的一部分废料和副产品，于是需要从厂外去组织物料循环。循环经济型产业园区就是在更大的范围内实施循环经济的法则，把不同的工厂联结起来形成共享资源和互换副产品的产业共生组织。循环经济型产业园区，也被称为循环经济园区或者生态工业园区。在园区内部，聚集了从事不同产品生产的企业，不同企业之间对于资源和废物的定义有所区别，对某个企业而言，生产过程完成后在本企业无法再利用的物质对别的企业而言是进行生产的原料之一。该园区以产业集中区内的物质循环为载体，构筑企业之间、产业之间、生产区域之间的中循环。通过产业的合理组织，在产业的纵向、横向上建立企业间能流、物流的集成和资源的循环利用，重点在废物交换、资源综合利用，以实现园区内生产的污染物低排放甚至"零排放"，形成循环型产业集群，实现资源在不同企业之间和不同产业之间的充分利用，建立以二次资源的再利用和再循环为重要组成部分的循环经济产业体系。

循环经济园区的典型代表是丹麦卡伦堡生态工业园区。其基本特征是按照工业生态学的原理，把互不隶属的不同工厂联结起来，形成共享资源和互换生产过程中产生的副产品的产业组合，使得一家工厂的废气、废热、废水、废渣等成为另一家工厂的原料和能源，所有企业通过彼此利用"废物"而获益。卡伦堡生态工业园区的主体企业有煤电厂、炼油厂、制药厂和石膏制板厂。以这四个企业为核心，通过贸易方式利用对方生产过程中产生的废物和副产品，实现了废物的循环利用，减少了能源和资源的消耗，减少了废物排放，实现了土地的节约利用和综合利用效率的提高。

在国内，比较成功的循环经济园区有广西贵港国家生态工业（制糖）示范园区，示意如图 6-4 所示。该园区通过副产品废物和能量的相互交换和衔接，形成了比较完整的闭合生态工业网络，"甘蔗—制糖—酒精—造纸—热电—水泥—复合肥"这样一个多行业、多环节复合型的网络结构，使得行业之间的优势互补，能源互用，达到园区内资源的最佳配置、物质的循环流动和废物的有效利用，将环境污染降低到最低水平，为我国循环经济园区的发展提供了较好的参照。

循环经济园区的出现对传统企业管理提出了两方面的挑战：(1) 传统企业管理的全部力量集中在销售产品上，而把废物管理和环境问题总是扔给次要部门。而现在要给予废料增值以同样的重要性，要同销售产品一样重视企业所有物质与能源的最优化交换。(2) 传统的企业管理在企业间激烈竞争的背景下建立了竞争力的信条。而循环经济园区内的企业间不仅仅是竞争关系，而是要建立起一种超越门户的管理形式，以保证相互间资源的最优化利用。

6.1.4.3 循环经济型社会/区域

循环型社会/区域的内涵是指通过抑制废物的产生、合理处置和利用废物、循环利用

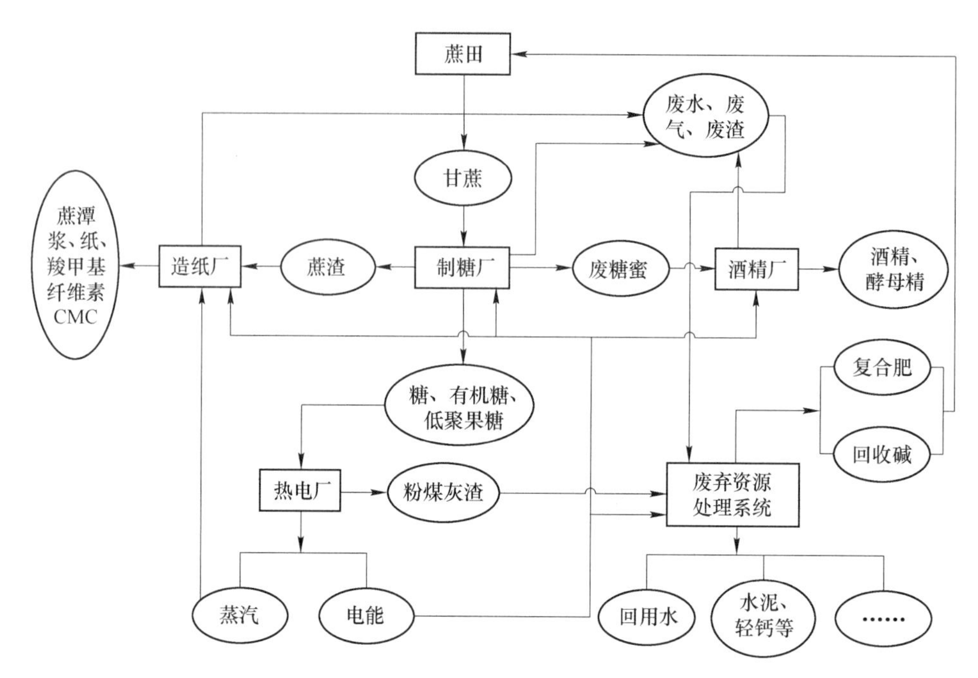

图 6-4 广西贵港国家生态工业园区示意

资源等措施，实现自然资源消费的减量化，建立最大限度减少环境负荷的社会/区域。循环型社会/区域模式是在较大范围内乃至一个国家范围内，从资源开采、产品制造、生活消费等各个环节和各个领域综合考虑资源循环利用问题。循环经济型社会/区域是以整个社会/区域的物质循环为着眼点，不仅要求各个生产企业考虑到资源循环利用问题，而且还要求考虑到企业之间、生产环节与消费环节之间相互连接形成一个大的资源流动闭环系统，构筑包括生产、生活领域的整个社会的大循环。统筹城乡发展、统筹生产生活，通过建立城镇、城乡之间、人类社会与自然环境之间的循环经济圈，在整个社会内部建立生产与消费的物质能量大循环，包括了生产、消费和回收利用，构筑符合循环经济的社会体系，建设资源节约型、环境友好型的社会，实现经济效益、社会效益和生态效益的最大化。

在提到循环型社会这种模式时，日本经常被作为这种模式的一个例证。日本通过法律、经济、教育和科技等多个方面全面打造循环型社会。在法律制度建设上主要是明确废物排放者的责任，并且采取了扩大生产者责任制度，即要求生产者不仅要对其生产的产品质量负责，而且将产品生产者的责任延伸，要求产品生产者对产品使用废弃后该产品的合理回收和处置担负责任。为落实扩大生产者责任制度，日本以《推进循环型社会形成基本法》为基础，围绕资源综合利用及产品层次的循环经济发展制订了完整性的法律体系。日本的“生态城市制度”对于循环型社会建设起到较大的推动作用，其中川崎市是日本建设循环型社会的典型。川崎曾是日本重化工业中心，通过以“产业再生、环境再生、都市再生”三个基本理念为指导，政府、企业、社会三位一体形成合力，大力发展高新科技和环保产业，推进循环经济，成为了日本循环型社会宏观目标模式的缩影。日本为建设循环型社会，还充分重视经济手段的作用，比如，对生活垃圾及废物回收等进行收费或者开征相关税收，押金-退款制度也得到一定程度的应用。此外还通过教育提高公民的环境资源意识，引导公众积极参与循环型社会建设，积极推进有关环境和资源循环利用的科学技术的发展。总体而言，日本在循环型社会的建设方面主要体现在三个不同的层次上：一是政府推动构筑多层次法律体系；二是要求企业开发高新科技，在设计产品时就要考虑资源再利用的问题；三是要求国民从根本上改变观念，不要鄙视垃圾而是将它们视为有用的资源。

与前面两种模式不同，循环型社会模式涉及范围要大得多，不是就某一个工厂、某个企业或者某个园区进行资源循环利用设计，而是区域范围内对整个区域的资源循环利用进行设计。因此，循环型社会模式需要在社会范围内系统考虑生产过程的各个环节，并将生产过程和消费过程等连接起来形成一个大的系统，这个大系统不仅覆盖的空间范围大，而且涉及数量众多的微观经济主体，需要全社会各个环节的微观经济主体的广泛参与，因此，循环型社会建设是一项系统工程。如果说前两种模式是属于企业主导类型的话，循环型社会模式则是政府的有效介入，当然政府在循环型社会建设中角色并非替代企业直接从事资源循环利用活动，而是承担制度供给及实施监督角色，即由政府负责制订相应的法律法规和政策措施并监督这些法律法规和政策措施的实施，对企业和消费者资源利用行为进行监管，保证资源利用者能够按照法律法规要求利用资源尤其是循环利用资源，以达到提高资源循环利用的目的。生产企业或者组织可以根据自身条件和目标采取循环型企业模式、园区模式来实现资源循环利用或者参与到循环型社会的建设中。

6.2 循环经济园区

循环经济园区通过将不同企业组织起来实现资源循环利用，不仅提高了资源效率，同时还由于将不同企业之间的排放端和投入端连接在一起，将原本废物的处理变成了原料生产，减少了园区的废物排放量，从而减轻了园区生产的环境冲击。从园区企业经营效益来看，由于将企业之间的排放环节和投入环节对接，原本需要投入成本进行终端处理的废物成为可以带来收益的交易品，这可能减少企业的成本投入并增加企业的经营收益。因此，循环经济园区产业模式既提高了资源效率，也提高了环境效率，同时还可能提高园区内企业的生产效益。但是，园区模式的循环经济也存在一定的风险和缺陷，园区内的企业通过产业共生关系连接在一起，在分享产业共生带来的好处的同时，也需要承担因此而带来的风险。比如，园区内不同企业之间不存在相互隶属关系，是相互独立和平等的经济实体，不同企业之间通过市场交易的方式利用其他企业产生的废物或者副产品。这种建立在市场交易基础上的循环经济模式，遵循市场经济运行要求，园区内的企业可以根据价格信号来调整生产，但是园区内不同企业之间由副产品和废物交易建立起来的产业链条，其稳定性受到多方面的影响。对于使用园区内其他企业产生的废物和副产品进行生产的企业而言，其原料来源可以是来自园区内其他企业也可以在园区之外采购。因此，当园区外原料的价格发生变化的时候，园区内的原料供应关系可能就会受到冲击。另外，园区中相互联系的企业经营状况的改变可能影响到其他的原料供应，假如园区中某个企业因为经营不善而倒闭的话，园区中的经济生态系统就会受到破坏，之前建立起来的不同企业之间的以副产品和废物为标的的原料供应关系将因此而中断，这对于依赖其供应原料的企业而言，需要在园区之外寻找原料供应商，这将导致该企业成本利润的改变。为探寻循环经济园区的建设原则及发展模式，使园区成为可持续发展要求下产业发展的主导模式，本节将着重介绍循环经济园区的定义、分类与优势，理论基础与园区建设的结构体系及集成规划原则。

6.2.1 循环经济园区概述

6.2.1.1 循环经济园区的定义

循环经济园区，简单地讲就是贯穿了循环经济理念的园区形态。具体来讲，循环经济园区是依据循环经济理论，通过模拟自然生态系统“生产者—消费者—分解者”的循环途径设计与改造产业系统，建立产业系统的“生态链”而形成产业共生网络，以实现园区成员之间的副产物和废物的交换，能量和废水的逐级利用，基础设施和信息资源、园区管理系统的共享，从而建立园区经济效益和环境方面协调发展的可持续的经济系统。由于生态工业是循环经济的重要发展形态，因而循环经济园区又有“生态工业园”“生态产业园”“工业共生体”等不同的提法。

循环经济园区是由若干企业组成的生产群落，企业之间通过对能源、水、材料等环境资源的综合管理与合作促进环境和经济效益及社会效益的多赢。循环经济园区的目标是将园区内参与企业的环境影响最小化的同时提高经济绩效，通过对园区内的基础设施和园区企业的绿色设计、清洁生产、污染预防、能源有效使用及企业内部合作来实现。

6.2.1.2 分类

按照园区建设的动力机制分类。

（1）政府宏观政策推动型。国内外的循环经济工业园大多是在政府的直接支持下建立的，一方面对于污染严重、资源消耗与损失比较大的企业，政府利用行政或法律的杠杆促使其建立循环经济的生产模式，并形成相应的产业链与企业生态系统；另一方面，基于实验与示范目的，国家会鼓励在某一产业、某一地区进行循环经济工业园的试点，通过试点获得循环经济工业园推广实施的技术与制度积累。

（2）企业自主推动型。一些大型企业集团为了树立良好的企业形象、或迫于外界非政府组织的压力建立了集团内部的资源和能源的循环利用与无害化处理的网络与制度，通过技术的手段成功地进行技术或流程的改造，使企业生产经营活动对环境的负面影响尽可能地降低。如新加坡裕廊化工区，通过集中投资，形成了“化工簇群（chemical cluster）”——即上下游产业一体化的发展模式。企业和企业之间形成上下游的关系，物料通过管道在园区内输送，企业之间共享基础设施和公用工程，形成了内部的资源和能源的循环利用，最大限度地降低了原料和产品的物流成本和企业的投资成本。我国上海金山石化园区也属于此种类型的循环经济工业园。

按照园区不同的发展模式，可以把循环经济园区划分为三类：第一类是具有明显企业集聚特征的循环经济园区，这种园区以联合企业型为典型形式。联合企业型循环经济园区通常以某一大型的企业为主体，围绕大型企业所从事的核心行业构造循环经济系统，如山东鲁北工业园。第二类是具有行业特点的循环经济园区，如我国广西贵港国家生态工业（制糖）示范园区、内蒙古包头国家生态工业（铝业）示范园区等。第三类是具有区域特点的循环经济园区，这类园区一般存在多个行业，企业间的共生关系更加多样化，如丹麦的卡伦堡生态工业园区。在我国，对现有经济技术开发区或高新技术开发区改造的循环经济园区，以及新规划建设的循环经济园区一般都属于这类园区。

还可以按照园区成员是否聚集在同一区域而把循环经济园区分为实体型和虚拟型。发展何种园区取决于区位优势、行业优势、产业特点及资源条件。

6.2.1.3 特点

循环经济园区具有以下特点：

(1) 生态型。能量和物质由低级到高级，又由高级到低级循环传递，这样的互联互动、循环往复和周而复始，维持了自然界各种物质间的生态平衡，保证了自然生态系统持续不断地拓展。循环经济园区内不同产业或企业间存在着物质和能量的关联和互动关系，这种关联和互动关系构成了多个产业或企业间的生态链或生态网络，在这种符合生态规律的产业价值链组织结构中，物质和能量逐级传递，并实现闭路循环，经济活动对环境影响很小甚至实现“零排放”，其组织结构和运行机制都表现出生态自然系统的特点及属性。

(2) 循环型。与一般意义上的园区相比，循环经济园区主要以资源的循环利用为纽带，通过前向关联、后向关联和侧向关联，形成产业集群循环网络。在生产过程中，各产业主体以减量化、再利用、资源化为原则，通过管理技术、产品工艺等技术要素的改进，尽量减少进入生产和消费过程的物质和能量流量，并且使各环节的生产以上游产业的废物和半成品为投入要素，通过对“废物”的再加工处理（再生），使其作为新资源，并制成新产品，再次进入市场或生产过程。

(3) 区位性。区位性是循环经济园区产业集群的空间特征。一般情况，工业园区生存于相同的地理和生态环境中，它起因于专业性、关联性的科技企业、供应商等通过技术搜索、产业链接进行空间聚集的过程。具有相似的历史文化背景，公用能源、交通、通信等基础设施，对地方经济、社会和生态的影响较明显，对区域经济的发展和产业结构提升都有举足轻重的作用。循环经济园区既表现出具有生态特征的区位模式，还表现为主体对共同的生态和资源环境所负有的社会责任。

(4) 协调性。循环经济园区是一个自然循环和集群功能协调的发展系统。产业生态将不可持续变为可持续发展，通过经济与社会的进化达到一个新系统的状态，而不是依赖效率提高的发展模式来保留现有系统结构。在循环经济园区经济、科技与社会的战略层面，以协调发展方式作出总量、结构、效益和代际兼顾等目标之间的集群战略配置。同时，循环经济园区在科技、知识的扩散、渗透与整合下，逐渐成为一种与自然、科技、社会与经济发展目标相兼容的产业集群行为。

6.2.1.4 优势

循环经济园区是人类社会的生产形态由工业文明向生态文明迈进的一种标志，是产业转型与升级阶段为摆脱经济发展过程中的资源、环境瓶颈而必然选择的一种工业组织形态，是一种经济、社会、环境等多赢的合作模式。

(1) 经济优势。循环经济园区的企业通过资源的共享、技术的合作与整合、生产与营销的合作等方法可以有效降低成本、提高效率，从而使产品具有竞争力；同时，一体化的循环经济园区诸多方面的协同效应会使一些中小企业在信息、技术、市场等方面的问题变得简单化。企业绩效的增加必然使园区物业资产增值，从而增加私人或政府投资园区的积极性。循环经济园区是一种达到集群层次的循环经济模式，这种模式具有可以降低成本、具有更强的市场适应能力与抵御风险的能力、易于实现企业规模经济的比较优势。

(2) 社会优势。循环经济园区的社会效益明显，其作为一个区域的增长极，不仅会为区域经济的发展带来强大的示范效应，还会吸引优秀企业加盟，在创造更多就业岗位的同时，也会聚集更多的人才，从而使循环经济园区成为一个创新、创业人才的聚集地，形成区域创新系统，从而推进区域经济的快速发展。

(3) 环境优势。通过园区内不同产业或企业间存在着的物质和能量的关联和互动关系，构成了多个产业或企业间的生态链或生态网络，物质和能量在其中逐级传递，并实现闭路循环，减少了污染源与废物源，同时减少对自然资源的需求，从而减轻环境的压力，最小化园区经济活动对环境的影响。

6.2.2 循环经济园区的理论基础

循环经济园区的建设与发展涉及多个理论，包括循环经济理论、可持续发展理论、产业生态学理论、共生系统的交易费用理论等。其中，循环经济理论在 6.1 节中已有阐述，在此不再赘述。

6.2.2.1 可持续发展理论

可持续发展（sustainable development）是指既满足当代人的需要，又不对后代人满足其需要的能力构成危害的发展，其最终目的是达到共同、协调、公平、高效、多维的发展。

(1) 经济发展是基础。人类发展的需求是追求精神生活的愉悦和物质生活的富足，经济发展是满足需求的基本条件，长期的发展经验也证明，经济得不到发展就不是发展，而且会带来环境质量的下降，对社会进步也十分不利。

(2) 公平性。可持续发展的公平性原则包括两个方面：一方面是本代人的公平，即代内之间的横向公平；另一方面是指代际公平性，即世代之间的纵向公平性。可持续发展要满足当代所有人的基本需求，给他们机会以满足他们对美好生活的需求。可持续发展也要实现当代人与未来各代人之间的公平，因为人类赖以生存与发展的自然资源是有限的，未来各代人应与当代人有同样的权利来提出他们对资源与环境的需求。

(3) 持续性。资源环境是人类生存与发展的基础和条件，资源的持续利用和生态系统的可持续性是保持人类社会可持续发展的首要条件。可持续发展的核心就是要求人类经济和社会的发展不能超越资源与环境的承载力，只有不损害支持地球生命的自然系统，人类的发展才有可能持续永久。

(4) 系统性。可持续发展是指一个系统的全面、可持续发展。只有在系统内，根据合理的需求，对资源的利用进行全面的均衡和协调，才能保证各子系统发展的同时，实现系统的可持续发展。

(5) 协调性。可持续发展实质是人地巨系统的协同演进，也就是经济支持系统、社会发展系统、自然基础系统三大系统相互作用、协调发展，实现经济效益、社会效益和生态环境效益三个效益的统一。

(6) 高效性。可持续发展的进程是不间断的、高效的，与传统发展的不同之处是，这里的高效性不仅以经济生产率来衡量，更重要的是根据人类的需求得到的满足程度来衡量，是人类整体发展的综合和整体的高效。

（7）共同性。可持续发展关系到全球的发展。要实现可持续发展的总目标，必须争取全球共同的配合行动，这是由地球整体性和相互依存性所决定的。因此，实现可持续发展就是人类要共同促进自身之间、自身与自然之间的协调，这是人类共同的道义和责任。

6.2.2.2 产业生态学理论

1989 年 9 月，罗伯特·福布斯和尼古拉斯·加罗布劳斯正式提出工业生态学的概念，提出要建立工业生态系统这一新的工业形态，将自然生态系统作为人类工业活动的模仿对象，将工业系统和谐地融入自然生态系统物质循环和能量流动的大系统中。

美国国家科学院于 1991 年提出产业生态学为对各种产业活动及其产品与环境间相互关系的跨学科研究。1995 年，Braden Allenby 等指出产业生态学的主要研究目的是协调产业系统和自然环境的关系，该学科是在人类经济、文化和技术不断发展的前提下，对整个物质周期过程加以优化的系统方法。“Journal of Industrial Ecology”期刊于 1997 年指出，产业生态学分别从局部、地区和全球三个层次系统地研究产品、工艺、产业部门和经济部门中的物流和能流，产业界如何降低产品生命周期过程中的环境影响是其主要研究焦点。

A 定义

产业生态学是一门研究人类工业系统与自然环境之间的相互作用、相互关系的综合交叉的学科，其为研究人类工业社会与自然环境的协调发展提供了一种全新的理论框架，为协调相关学科与社会部门共同解决工业系统与自然生态系统之间的问题提供了具体、可操作的方法，为探索和维护可持续发展理论奠定了坚实的基础。工业生态学追求的是人类社会和自然生态系统的和谐发展，寻求经济效益、生态效益和社会效益的统一，最终实现人类社会的可持续发展。

B 产业生态学原理

Braden Allenby 提出产业生态学应遵循的原理：

（1）产品、过程、服务以及操作能够产生残余物，但并非垃圾。

（2）每个过程、产品、设备、基础建设和技术体系都应该具有适应变革的能力，尤其是那些在可预见时间段内对环境有利的变革。例如，建筑物应该设计为具有能够使用太阳能电力系统的能力，即便在目前的建设中并不安装该系统，方法是留出一个无遮挡的南面屋顶。

（3）进入生产过程的每一个分子在离开该过程时，都应该作为可售产品的一部分。这意味着，生产过程不仅应该设计为能够生产有效的产品，而且生产的残余物仍旧能够再利用或卖掉。

（4）用于生产的每一单位的能量都应该带来相应物质的转变。

（5）在产品、过程、服务和操作等所有环节中应该尽量减少材料和能源的使用。

（6）对所采用的材料既要保证其功能，又要尽量降低其环境影响，二者都很重要。然而两全的方法少之又少，常常要根据具体情况进行侧重。经验表明，在很多复杂的生产过程中，材料、能源的消费量和环境污染程度之间有一个折中点。在这种情形下，需要采用生命周期分析方法来决定是否需要对相应生产工艺、原料进行替换和革新。

（7）工业过程应该尽量从自身或其他生产过程获得所需的材料，增加物质流的循环，减少从自然界获取原材料的数量。即使是常见的材料也应该节约使用。

（8）每个过程和产品都应该设计为尽量保持材料本身的固有性能。这样的设计可使材料本身的再循环利用更加容易。同时，也可使部件或组成单元的循环更加容易，还可以延长产品的使用寿命。达到这一目标的有效方式是设计模块化的设备和采用再生产的技术。

（9）每一产品都应该设计为当其使用寿命结束时，还能够用来制造其他有用的产品。

（10）每一个工业基地、工业园区在基础建设、发展和改造时都应该注意保持和提高当地生物栖息地的面积和生物种群的多样化，减少对当地资源的影响。

（11）原材料的供应者、使用者及其他工业过程的用户之间应该紧密联系，通过加强合作来减少材料的消耗量，促进材料的重复循环利用。

C 研究方法——共生与代谢

共生是指在自然生态环境中的两个物种间的关系，可能对其中一个有利或双方都有利。产业共生则是指不同企业间相互合作，彼此利用对方生产过程中产生的废物或副产品，最终实现经济与环境的双赢。产业共生既可能通过规划而形成，也可能在某种条件下自发形成。产业共生的要素包括共生单元、共生环境和共生模式等。按系统产业的相互关系及共生单元间的利益关系，共生模式分为共栖型、互利型、寄生型、偏利型、附生型和混合型。由以上六种共生类型构成的系统即生态工业园。

生态工业园建设的核心是产业共生网络，它重视通过企业间合作，将传统工业发展的“资源—产品—废物”的线型模式转变为“资源—产品—再生资源”的循环模式。该理论范畴中去除了“废物”概念，以自然生态系统中的“共生”为借鉴对象，模拟工业系统中一个生产过程的“副产品”成为另一生产过程的原材料，以便将整个工业体系形成各种资源循环流动的闭环系统，实现经济效益与生态环境效益的双赢。

1989年，美国环境生态学家 R. A. Frosch 指出产业代谢分析是一种系统分析方法，主要应用在模拟生物和自然生态系统代谢功能方面。产业生态系统通过分析系统结构的变化，进行功能模拟和分析产业流来研究产业生态系统的代谢机能和控制方法。分析人类社会的物质基础、产业系统内部及其与环境之间的物质和能量交换是产业代谢的研究目的。

产业代谢的研究内容包括：在有限区域内追踪某些污染物，通过产业代谢分析追踪特征污染物的迁移、转化；分析研究一组物质，特别是某些重金属，一些合成的有机物，如多氯联苯或二噁英等；产业代谢研究也可以仅限于某种物质成分，以确定其不同形态的特性及其与自然生物地球化学循环的相互影响，如硫、碳等的工业代谢分析。

物质代谢分析方法主要包括物质流分析和生命周期分析。

（1）物质流分析。人类社会经济系统与自然环境之间是依靠各种物质流联系起来的，产业代谢分析实质上是对这些物质流的研究与分析。

物质流分析的科学依据是质量平衡定律，通过量化对社会经济或环境系统中的物质输入和输出，建立物质流账户，进行以物质流为基础的优化管理。物质流分析的主要贡献是通过分析控制有毒有害物质的投入和流向，分析物质流的使用总量和使用强度，为环境政策提供新的方法和视角。

物质流分析主要包括两个部分：一部分是针对那些能够引起特定环境影响物质或原料的分析和研究，这些分析和研究一般以元素的物质流分析为典型；另一部分是整体物质的分析，主要研究特定经济部门或区域的物质数量和结构是否可持续。

（2）生命周期分析。生命周期分析或生命周期评价（LCA）是评价产品从摇篮到坟墓的整个生命周期过程中对环境产生的影响的系统方法。这种方法首先辨识和量化整个生命周期阶段的能量和物质的消耗及环境释放，其次评价这些消耗和释放对环境的影响，最后辨识和评价减少这些影响的机会。目前生命周期评价作为一种产品环境特征分析和决策支持工具技术上已经日趋成熟，由于它同时也是一种有效的清洁生产工具，在清洁生产审计、产品生态设计、废物管理、生态工业等方面也得到较广泛的应用。LCA一般分为四个阶段：1）确定分析的目的与范围；2）清单分析（life cycle inventory，LCI）；3）影响评价；4）生命周期解释，其通过编制某一系统相关投入与产出的清单，找出与这些投入与产出有关的潜在环境影响，对清单和存在的环境影响进行分析，以指导产品开发和应用。生命周期评价通过对产品整个生命周期中的物质流进行计算，可以评价产品整个生命周期中的物质输入，包括“生态包袱”。“生态包袱”是指那些不会进入经济系统、产生经济效益，却是产品整个生命周期中必不可少的物质，其质量等于生命周期中总的物质输入量减去产品的质量。

6.2.2.3　共生系统的交易费用理论

交易费用主要产生于市场交易关系及其过程中，体现交易难度的主要因素是资产专用性、不确定性和交易频率。循环经济园区中的企业出于节约生产成本和提高环境绩效的目的，相互之间会在资源的使用、信息交流和副产品的利用方面建立密切的联系，从而形成共生关系。从交易费用的角度讲，循环经济园区中建立了共生关系的企业，也存在交易成本，这主要包括搜寻成本、谈判成本、履约成本、风险成本等，上述成本是企业进行合作时都可能发生的一般交易成本，这些都增加了共生的成本，都是不利于企业建立共生关系的。只是因参与企业的规模、企业类型和产品特点不同，其交易成本也不同而已。

尽管存在一些交易成本，但循环经济园区中的大部分企业还是会积极寻找合作伙伴，以求建立工业共生关系。可以从下列角度来分析企业的共生行为或动机：

（1）有形资产用途的专用性可以促使循环经济园区中企业建立和稳固共生关系。资产专用性是指已经投入生产的资产进行再配置的难易程度。随着工业系统中企业资产专用性程度的提高，保证供应或销售的连续性和稳定性就有了突出意义。也就是说，如果供应或销售的产品数量、质量和渠道能够获得有效的安排和协调，将会使相关费用明显降低；反之，相关企业就可能增加此方面的费用支出，从而影响企业收益和市场竞争力。循环经济园区内的企业通过共生可以降低资产专用性方面的风险。

（2）地理位置上的专用性使交易费用降低。建立副产品交易关系的企业聚集在一起，在一定地理范围内存在不可替代的交易对象。在这种情况下，若要与处在其他地理位置上的企业进行交易，会大幅度提高其间的交易成本，这就是地理上的专用性。通过地理上的集中，使得园区内的企业之间的信息成本、搜寻成本、合约谈判和执行成本等都会降低。

（3）交易的频繁性巩固了园区中企业的工业共生关系。对于企业的巨额投资，若交易的次数很少或仅是偶然交易，这无形之中增大了投资成本，频繁的交易活动能够分摊初始投资成本，使投资活动更有意义。因此，只有那些交易规模和交易次数很大的企业类型在投资上才具有经济性，这就产生了交易规模及交易频率上的专用性。对于循环经济园区内的企业，由于稳固的共生关系，企业之间进行频繁的交易从而减少了交易的投资成本。

（4）享受优惠政策的专有性激励了共生关系的发生。为了改善生态环境，当地政府一般都会出台相关的优惠政策来促进生态工业发展。但如果企业分布较分散，或者它们之间无业务关联时，就会增加政府的管理难度和管理成本，同时也会影响相关优惠政策的实施效果，降低政策对企业的激励作用。因此，循环经济园区内的企业通过集聚建立共生网络，就可以大大提高优惠政策的实施效率，激励园区改善当地环境绩效和经济表现，从而也形成了享受优惠政策上的专有性。

（5）人力资本的专有性为循环经济园区中工业共生的发生构建了智力平台。人力资源特别是高级人力资源在企业发展过程中越来越表现出重要的作用，已经成为企业成功的重要推动力量。企业能否吸引人才不仅与企业内部的环境有关，还与其所处地区的外部环境有关，循环经济园区内各种相关企业集聚在一起，为各种人才之间的信息交流和业务沟通提供了非常便利的条件，他们熟悉上下游企业的生产流程和产品特点，在日常的交易或活动中就可最先了解相关行业的最新动态和市场发展趋势。同时，循环经济园区中企业的集聚也降低了人才的搜寻成本，可以享有人员流动所带来的便利。通过企业的区位集聚为人才在共生系统中流动提供了一个良好的客观环境，从而也促进了人才在本地的聚集，同时，专有人才的集聚又为进一步推动循环经济园区中企业经营业绩的提高和规模的扩大提供了良好的智力支持，这样一种良性的互动关系使得循环经济园区在人力资源的供给和使用方面具有很大的优势。

有形资产用途的专用性、地理位置上的专用性、交易频率、享受优惠政策的专有性、人力资本的专有性，使那些主观上有交换需求、客观上又具备副产品交易条件的企业形成一个经济活动中心；另外，共生系统内企业面对面的接触、战略信息的相互交流、长期或短期的转包合同、原材料和副产品的交易活动，使得相近企业容易建立信誉机制，增强企业间信息交流的便利和根据市场变化及时调整企业生产和经营战略的灵活性，从而使企业经营的机会主义倾向大大减少。因此，循环经济园区作为工业共生系统，在经济方面具有优势。

6.2.2.4　循环经济园区的评价

发展循环经济是一项涉及面广、综合性强的系统工程。为了科学地评价循环经济园区的发展状况，利用相应的数据信息资料，建立一套设计合理、操作性强的循环经济评价指标体系，为循环经济园区的管理与决策提供数据支持是十分必要的。

A　评价指标的选择原则

（1）系统性与层次性原则。循环经济园区是一个复杂的系统，它包括若干个子系统，应在不同层次上采用不同的指标对其进行评价，这样才有利于决策者在不同层次上对园区循环经济的发展进行调控，对资源进行有效配置，对环境进行优化。

（2）静态指标与动态指标相结合的原则。循环经济既是目标也是过程，构建循环经济指标体系的目的不仅仅是评估循环经济的发展状况，更重要的是对循环经济的未来趋势进行预测。同时设计指标体系时应充分考虑系统的动态变化，能综合地反映发展过程和发展趋势，便于进行预测与管理。

（3）“3R”原则。“3R”原则是循环经济的基本原则，循环经济的评价指标必须能够体现这一原则，即减量化、再利用、再循环。只有充分体现了“3R”原则才可以使评价指标体系体现循环经济的本质，实现对发展循环经济的指导作用。

（4）资源效率与效益性原则。循环经济以生态经济系统的优化运行为目标，针对产业链的全过程，通过对产业结构的重组与转型，达到系统的整体合理，实现经济体系向提供高质量产品和功能性服务的生态化方向转型。所以循环经济要求的是资源效率与效益化原则，其评价指标体系设计也必须贯彻这一根本原则，通过设计全面的评价指标体系将社会效益、经济效益、环境效益和资源的利用效率统一起来。

B　评价指标体系

循环经济园区的评价指标用于定量评价和描述园区内循环经济的发展状况，为园区的发展提供指导。其一级指标主要包含经济发展指标、生态工业特征指标、生态环境保护指标、绿色管理指标等。

（1）经济发展指标。经济发展指标，如经济发展水平指标，GDP 年平均增长率、人均 GDP、万元 GDP 综合能耗、万元 GDP 新鲜水消耗等；经济发展潜力指标，科技投入占 GDP 的比例、科技进步对 GDP 的贡献率等。

（2）生态工业特征指标。生态工业特征指标，如有无成熟的生态工业链；重复利用指标，水资源重复利用率、原材料重复利用率、能源重复利用率等；柔性特征指标，产品种类、原材料的可替代性等；基础设施建设指标，信息网络系统、废物处理共享设施等。

（3）生态环境保护指标。生态环境保护指标，如环境保护指标，环境质量、污染物排放达标情况、污染物处理处置等；环境绩效指标，万元 GDP 工业废水产生量、万元 GDP 工业固体废物产生量、万元 GDP 工业废气产生量、万元 GDP 有毒有害废物产生总量；生态建设指标，可再生能源所占比例、人均公共绿地面积、园区绿地覆盖率等；生态环境改善潜力，环保投资占 GDP 的比重等。

（4）绿色管理指标。绿色管理指标，如政策法规制度指标，园区内部管理制度的制定、园区内部管理制度的实施、企业管理制度的制定、企业管理制度的实施等；管理与意识指标，开展清洁生产的企业所占比例、园区企业 ISO14001 认证率、生态工业培训等。

在这些指标中体现循环经济的指标涉及资源产出类指标、资源消耗类指标、资源综合利用类指标与废物排放降低类指标。各类指标包含的具体指标如表 6-2 所示。

表 6-2　循环经济园区评价指标体系

项　目	指　标
资源产出指标	资源产出率
	能源产出率
	土地产出率
资源消耗指标	万元生产总值能耗
	重点产品单位能耗
	万元生产总值资源消耗
	重点产品资源消耗

续表 6-2

项　目	指　标
资源循环利用指标	工业固体废物综合利用率
	工业用水重复利用率
	中水回用率
	废气资源回收利用率
	余热资源回收利用率
	再生资源回收利用率
	循环经济产业链关联度
废物排放降低指标	固体废物排放降低率
	废水排放降低率
	废气排放降低率

C　评价方法

园区循环经济发展涉及基础设施建设、产业发展、资源消耗及循环利用、污染控制、园区管理等多个方面的相关因素，具有层次多、涵盖广、系统性强的特点。面对这样一个多因素的复杂系统，完全采用定性的方法进行研究行不通；完全用定量的方法研究则需要大量的真实数据资料构建数学模型进行模拟，事实上很多因素无法直接获得量化结果，且数据收集难度较大，构建的模型现实可操作性较差。对于这类复杂问题，目前主要的评价方法有：专家评价法、数理统计法、层次分析法、模糊综合评价法、经济分析法、数据包络分析法等。这些评价方法的优缺点如表 6-3 所示。

表 6-3　各类评价方法优缺点比较

方法类别	优　点	缺　点
专家评价法	简单方便	主观性太强，不同专家给出的评价差异性巨大
数理统计法	可以排除人为因素的干扰和影响	对数据样本要求高，不能反映评价目标的真实重要性程度
层次分析法	可靠性高、误差小	对元素重要性排序要求较高
模糊综合评价法	系统性强，结果清晰，应用广泛	学术性较强，计算量较大
经济分析法	含义明确，便于不同对象的对比	计算公式、模型不易建立
数据包络分析法	模型简单	应用范围较窄

6.2.3　循环经济园区的建设

6.2.3.1　循环经济园区的结构体系

循环经济园区的结构模型如图 6-5 所示。从图中可以看出，如果将一个园区看成一个生物群落，园区中的循环系统有三个层面。第一层是企业内部的循环，即在不同车间和工序之间的循环。在企业内部不能循环的物质存在于其他企业有形成一定副产品交换和废物利用的可能，这样就形成了园区循环系统的第二个层面，即企业之间的循环，这个循环一般是在园区内部完成的，这也是形成园区的一种内在联系机制。但是园区并不一定总是封闭的循环，在更多的情况下，园区还存在与园区外部的交换和循环，直至资源得到最充分的利用，对环境的危害降至最低，也就是说，园区循环系统还存在第三层面的循环。三个层面的循环尽管范围不断拓展，但层层相扣，同时进行。

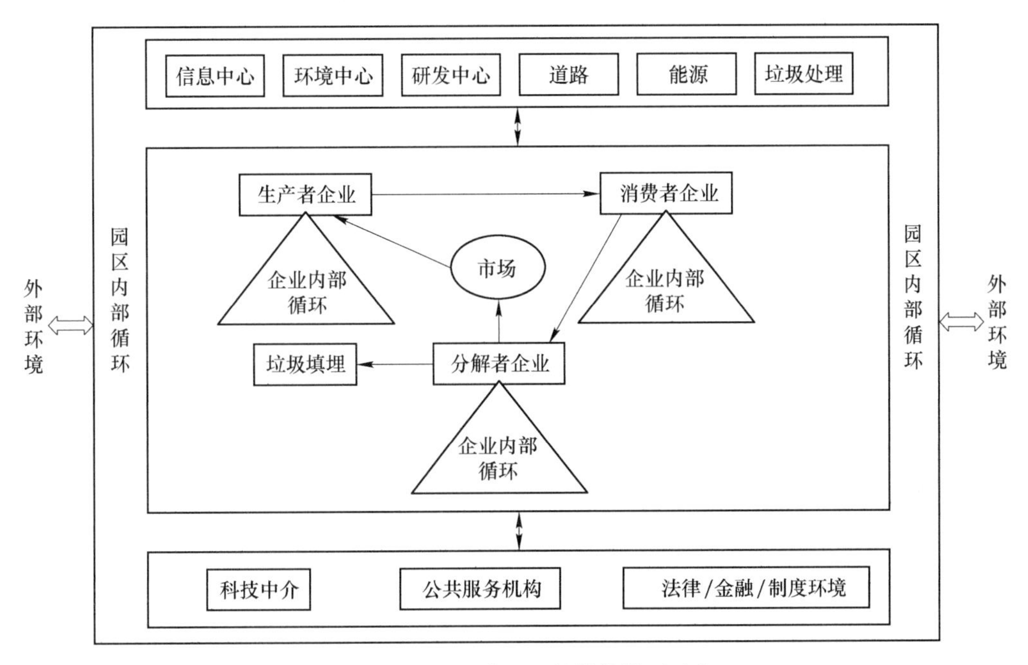

图 6-5 循环经济园区的结构模型示意

循环经济园区的核心循环层面是第二个层面，即企业之间的循环。在园区中，企业之间的循环系统包括各种要素：第一类是公共设施类，即支持园区内企业发展的一些公共设施，包括信息中心、研发中心、环境中心、道路交通、垃圾处理厂、能源中心等；第二类是循环经济产业链，是指园区中的各企业按照生产者、消费者和分解者的关系分别处于产业链条的不同节点上；第三类是支持服务链，包括研发设施、科技中介、公共服务机构、高端运作、制度环境等，这些因素将从政策、资金和市场的角度来影响园区内的企业。

上述三类要素在其内部具有十分密切的联系，同时，它们之间也有很强的依存关系。公共设施类因素是为了提高园区内企业的资源和生态效率而建立的一些基础设施，由于这些设施的存在，节省了企业大量的单独投资建设的开支，成为吸引企业进驻的一个重要因素，同时也是构成产业生物群落的基础；循环经济产业链是科技产业集群的主体因素，相当于企业生物群落中的生物种群；支持服务因素构成了园区企业生物群落生存和发展的大的环境和条件，对于基于循环经济的园区内的各要素都将产生影响。

6.2.3.2 循环经济园区的系统集成

A 物质集成

物质集成主要是根据园区产业性质，确定成员间上下游关系，并根据物质供需方的要求，运用过程集成技术，调整物质流动的方向、数量和质量，完成生态工业网的构建。尽可能考虑资源回收和梯级利用，最大限度地降低对物质资源的消耗。比如，水资源集成的目标是节水，可考虑采用水的多用途使用策略，通过梯级利用的方式实现新鲜水的少取用与废水的“零排放”。在循环经济园区中，可通过在企业内部、企业之间和园区整体统筹进行废水的减量化、直接回用、再生回用、再生循环四种方式进行集成。

B　能量集成

能量集成不仅要求各企业能源使用效率最大化，而且园区要实现总能源结构的优化利用，最大限度地使用可再生能源和清洁能源。在园区内根据不同行业、产品、工艺的用能质量，规划和设计能量梯级利用的流程，使能源在产业链中得到充分利用。

C　信息集成

园区内各企业间有效的物质循环和能量集成，必须以了解彼此供求信息为前提，同时循环经济园区的建设是一个逐步发展和完善的过程，需要大量的信息支持，因此信息集成是保持园区活力和不断发展的重要条件。信息集成主要是利用先进的信息系统对循环经济园区内的各种信息进行系统整理，这些信息包括园区有害及无害废物的组成、流向和相关信息，相关产业链的产业生产信息、市场发展信息、技术信息、法律法规信息、相关生态工业信息及其他领域信息等。通过对信息的系统整理建立完善的信息数据库、计算机网络和电子商务系统，以促进园区内物质循环、能量有效利用，引导园区实现经济、社会、环境效益协调统一。

D　技术集成

关键技术的长期发展进步，是园区可持续发展的一个决定性因素。在园区内推行清洁生产、实施绿色管理是实现园区可持续发展的具体途径。为此，在园区的规划和建设中，从产品设计开始，按照产品生命周期的原则，依据生态设计的理论，引进和改进现有企业的生产工艺、高新技术、抗市场风险技术、园区内废物使用和交换技术、信息技术、管理技术，以满足生态工业的要求，建立资源消耗最小化、极少生产废物和污染物的高新技术系统。

技术集成是循环经济园区的实体部分，应体现物质集成、能量集成与信息集成。

6.2.3.3　循环经济园区的建设规划原则

（1）与自然和谐共存原则。园区应与区域生态系统相结合，保持尽可能多的生态功能，最大限度地降低园区对局地景观和水文背景、区域生态系统造成的影响。

（2）生态效率原则。应通过园区的物质循环和产业共生等措施，最大限度地降低园区的物耗和能耗，尽可能降低资源消耗和废物产生，提高园区生态效率。

（3）生命周期原则。应加强原材料入园前及产品、废物出园后的生命周期管理，最大限度地降低产品全生命周期的环境影响。

（4）区域发展原则。尽可能将园区与社区发展和地方特色经济相结合，将园区建设与区域生态环境综合整治相结合。

（5）高科技与高效益原则。应采用现代化生物技术、生态技术、节能技术、节水技术、再循环技术和信息技术，采纳国际上先进的生产过程管理和环境管理标准，要求经济效益和环境效益实现最佳平衡，实现“双赢”。

（6）软硬件并重原则。园区建设应突出关键工程项目，突出项目间工业生态链建设。同时必须建立和完善环境管理体系、信息支持系统、优惠政策等软件，使园区得到健康、持续发展。

（7）3R 原则。应体现“减量化、再利用、再循环”（3R）原则。

6.2.3.4 循环经济园区建设的基本要求

（1）循环经济园区应具有较大的规模。循环经济园区是具有较大技术规模的包括园区主产业和园区内众多企业形成较大规模的产业集群。只有主产业达到较大的技术规模，才利于企业实现循环生产，产生的工业废物集中，才有建立生产线对其进行综合利用的经济价值。集群园区总规模较大，才有利于形成多循环产业链，实现各类资源和工业废物在园区内的充分循环利用，最终达到“零排放”的目标。

（2）循环经济园区内企业应实现清洁生产。循环经济园区应采用先进的、专业化的清洁生产技术和污染治理技术，实现清洁生产。循环经济园区要对高能耗、高污染产业进行技术改造，淘汰落后的工艺和设备，大幅度提高生产的清洁化程度。同时努力实现制造产品的绿色化，使产品在使用和报废处理过程中对环境无害或损害最低化。如开发清洁能源产品，可以降低产品在消费过程中的污染物排放。企业清洁生产技术改造的过程，同时也是实现物料循环利用的改造过程，企业可通过能源的梯级利用、工业废物的资源化利用降低污染物排放量，替代末端治理投资。

（3）循环经济园区内各企业应形成物料与能源等资源的循环利用网络。对于园区内的主要工业生产能力，可通过生态产业链规划，形成主要产品的生产和消费产业链关系。在此基础上，还需引进能够消化其他工业废物的工业项目，建立物料循环利用网络、能源梯级利用链条和废物交换系统，实现企业间物料的闭路循环生态链，以促进资源循环利用及经济效益的不断提高。通过发展循环经济，园区主要通过废物资源化和循环利用而不仅仅是末端治理，达到污染物的低排放甚至“零排放”的目标。

（4）循环经济园区应具备必要的基础设施。设立技术、信息交流与合作中心，实现园区内各种技术、信息资源的共享；铺设“中水”回供管网和污水处理设施，使工业生产用水与生活用水分供，园区内实现水资源循环利用，达到废水“零排放”的目标；建立废物交换平台，使废物资源在企业间、社会间得到合理集中、配置和交换；设置环保监测站。其他设施可视园区内企业特点增加。

6.2.3.5 循环经济园区建设的基础条件

循环经济园区的建立与发展不能仅立足于单一的工业企业或产业的发展，而应建立在多个企业或产业的相互关联、互动发展基础上。建立循环经济园区必须具备以下基础条件：（1）有与相对集中可供开发工业用途的场地相配套的交通、通信等基础设施与管理机构；（2）可建立较完善的循环经济产业孵化中心；（3）有配套的地方性法规、政策，使其在税收、融资、知识产权、土地使用等要素方面得到支持；（4）建立起清洁生产中心和能够帮助企业提高环境和经济绩效的咨询服务公司，实现物质集成、能量集成和信息共享；（5）可利用不同产业或企业间的物质和能量的关联和互动关系，建立起工业生态链或生态网络，从而能够形成生态工业体系；（6）在工业生产过程和流程中，经过一定的技术处理，使物质和能量逐级传递，并实现闭路循环，不向体系外排出废物；（7）区域内资源、信息共享，克服线型经济发展模式中企业生产各自为政、信息不畅的弊端；（8）实现区域性的清洁生产和区域性的经济规模化发展，形成整体效益；（9）园区要实现不单纯着眼于短期经济的发展，而是着眼于长远工业生态关系的链接，从而实现环境与经济的统一和协调发展。

总结各国实践可以看出，在建设循环经济园区时，首先在主导产业的选择上必须明确，主导产业的成功，将会对循环经济园区的建设产生极大影响。其次，循环经济园区的建设离不开政府相关政策的支持与引导。再次，要根据自身特色，建立符合自身实际情况的比较完备的物质循环系统。最后，园区内部要形成技术创新网络，促进产品、流程、设计等创新的不断出现。

6.3 煤基产业循环经济园区的构建

6.3.1 煤基产业循环经济园区的定义与分类

6.3.1.1 定义

煤基产业循环经济园区是指煤炭及其相关产业在循环经济理论指导下，在一定的区域内，从产业链衔接、用地布局等方面入手，以循环经济园区建设为载体，以推动区域经济社会快速、协调、健康发展为目标，通过统筹规划、整体协调、优化经济结构，把区域内的经济社会活动组织成若干个“资源—产品—再生资源”的反馈流程，通过对物质、能源的高效利用和污染物的减排，最终实现整个区域经济社会全面、健康、持续发展的工业组织形态。煤基产业循环经济园区是以煤炭或与煤炭密切相关的产业为核心主导的循环经济园区，是煤基产业发展循环经济的有效模式。

6.3.1.2 分类

常见的两类主要的煤基产业循环经济园区模式包括：(1) 以煤电一体化为基础，整合下游高耗能产业，如建材、冶金和电解铝等的煤电园区；(2) 以煤直接转化为核心的煤焦化、煤气化、煤液化的煤化工产业形成的煤化工园区。根据产业链的延伸情况，可进一步将煤-电园区划分为煤-电-化、煤-电-材、煤-电-冶园区等；根据煤炭加工技术的不同，可进一步将煤-化工园区划分为“煤-焦-化”“煤-油-化”等园区。

A 煤-电园区

煤-电园区，是指利用煤炭及其开采、加工过程中产生的煤矸石、煤泥、洗中煤等为原料建设电厂，电厂在为煤炭开采、加工企业提供动力保障的同时，将热和蒸气副产品配送给其他单位。其主要利用煤炭的能源属性，将其转变为清洁的二次能源。

煤-电-化园区，是指利用煤炭生产过程中产生的煤矸石、中煤、煤泥和瓦斯等劣质燃料及矿井水和生活污水经处理后用于电厂发电，富余电量用于化工产业，如用于发展电石乙炔化工，生产聚氯乙烯、炭黑、纳米碳管、乳丁胶等化工产品。

煤-电-材园区，是指以煤炭生产和发电过程中产生的煤矸石、粉煤灰等为原料，同时利用电厂的电力和热量以及煤炭开采过程中的矿井水，来造砖、制水泥等建材。

煤-电-冶园区，是指利用煤炭及其开采、洗选过程中的低热值煤基燃料发电，产生的电能用于高耗能的冶炼行业。

B 煤-化工园区

煤-化工园区，是指通过以煤炭及其开采过程中产生的煤层气等为原料，建设生产化工产品的工厂，利用煤炭的原料属性，将其转变为焦炭、油品，以及高品位化学品。

煤-焦-化园区，是指煤炭制焦过程中利用贫瘦煤、瘦煤、气煤和焦煤进行炼焦，回收焦炉煤气，对焦化厂的副产品焦油和粗苯进行精深加工，生产市场需要的各种高附加值化工产品，如生产甲醇，提炼焦油、粗苯、二甲醚等化工产品。

煤-油-化园区，是指运用煤炭气化及液化技术，发展煤基合成油，主要产品包括柴油、石脑油、LPG等，矿井瓦斯经抽取处理后也用于煤基合成油及地方民用。油品还可进一步加工成各种高附加值的化工产品。

煤基产业循环经济园区根据煤炭资源的性质和特点，以及所处区域产业结构、经济发展水平与市场需求，还会有多种类型，比如，一个园区内会集合煤-电、煤-焦化、煤-油等多个产业链；煤-油-化园区根据需要也可能会建设建材厂，利用灰渣生产建材。

6.3.2 煤基产业循环经济园区的优势

（1）可实现资源综合利用和最优化配置。煤基产业链有如下类型：煤-电-建材、原煤开采-洗选-煤化工、原煤开采-洗选-高耗能产业、煤-电-冶、煤-焦-化-电等。通过煤-电、煤-化工等产业链集聚形成的煤基产业循环经济园区，园区内各企业围绕同一种资源——煤炭，在煤的开采、加工、利用的不同阶段，形成具有专业化分工属性的产业部门，这些产业部门以园区的组织形式实现了地域空间上的相对集中，进而提升了相互间的市场联系和降低了交易费用，延伸了煤基产业链，实现了资源的综合利用和最优化配置。

（2）各组成部分具有机整体性。构成煤基产业链的各个组成部分相互联动、相互制约、相互依存，它们在技术、经济上具有高度的关联性。上游产业（环节）和下游产业（环节）之间及与辅助组织或产业市场之间存在着大量的信息、物质、价值方面的交换关系，且它们之间具有多样化的链接实现形式。

（3）各组成部分供求关系与价值具有传递性。从供给的角度看，煤炭资源在产业链的各个环节上进行传递，并伴随着功能的传递和累加，使效用或价值在原来的基础上不断增加。从需求的角度看，产业链又是满足需求程度的反映。产业链的每个环节和结点都对其上游环节和结点提出需求，又都对其下游环节或结点进行供给，相关的辅助需求与供给也遵循同样的原则。

（4）各组成部分具有路径选择的效率性。煤基产业链的产生、发展过程本来就是一个经济运作过程，受相关因素的影响会形成不同的纵向、横向产业组织关系及相关的辅助关系。虽然将煤炭资源引导到最终消费的路径有很多条，但在特定的技术环境和市场需求条件下，总会存在一条相对有效率的路径。从经济性上说，煤基产业链条的形成是一种效率比较的结果。随着新技术、新兴产业的产生及突飞猛进，煤基产业链上每一个环节的运作效率对整个产业链的整体效率影响越来越大，各成员企业间联系更为紧密、优势互补、相互依赖。

（5）产业多元使得园区更加稳定。由于煤炭同时具有能源、原料的资源特性，使其在能源产业链与原料产业链上均可实现延伸。能源产业链，如煤-电/热/冷-高能耗产业；原料产业链，如煤-焦化/液化/气化-化工产业。能源产业链与原料产业链间也存在相互的联系，比如煤焦化、液化、气化等的残渣也同时具有能源的属性，可存在于煤炭能源产业链的某个环节。横向、纵向及相互交叉的产业链网，使得煤基产业循环经济园区产业多元、类型丰富，资源效率、能源效率与环境效率更高，园区也更加稳定。

6.3.3 煤基产业循环经济园区发展模式的规划设计

6.3.3.1 规划设计原则

按照循环经济理念，经济活动应该成为“资源—产品—废物—再生资源”的闭环系统，因此应把煤基产业视为一个相对独立的生态经济系统，而不是个体的简单联合。生态煤炭系统和经济煤炭系统之间相互制约，相互影响。如果系统规划设计科学，其物质循环、能量转化、信息传递和价值增值就比较合理，生态煤炭系统将给经济煤炭系统的发展提供数量充足、质量较高的煤炭资源和生态环境。如果规划设计违背了生态经济规律，必将导致生态煤炭系统乃至整个煤炭生态经济系统功能恶化。如资源浪费、生态破坏、环境污染等，最终对经济煤炭系统形成或重或轻的自然和人为灾害，制约经济煤炭系统的发展。因此，如何从实际出发，为企业推行循环经济进行科学的规划设计首当其冲。而煤炭企业作为煤炭生产单位，其生产模式的构建直接决定着系统内物质循环、能量转化、信息传递和价值流动能否顺利进行，应是规划设计的重中之重。因此煤炭企业的循环经济的规划原则应该坚持以生态经济学为基础，以循环经济基本理念为指导，以企业生产流程为核心，将煤炭企业打造成物质、能量高度集成，信息传递流畅，价值快速增长，人力资源充分开发的生态经济系统。

6.3.3.2 规划设计类型

依据循环经济发展的基本原则，煤基产业循化经济的发展模式可分为企业层面上的小循环模式，区域层面的中循环模式和社会层面上的大循环模式。煤基产业循化经济园区即属于区域层面的中循环模式，其根据煤基产业链的延伸，可分为纵向产业链、横向产业链和扩展型产业链三类园区。

煤基产业循化经济园区是按照工业生态学原理，通过企业间的物质集成、能量集成和信息集成，形成企业间的工业代谢和共生关系，在煤炭企业周边，以煤炭为依托，联合周边的第一、二、三产业，建成的“零排放”、高就业、高效益的循环经济园区，是煤基产业及区域经济发展的最佳选择。

建立煤基产业循环经济园区的主要途径为：（1）以煤炭企业为核心，在推行清洁生产、发展生态企业的基础上，积极引进建设与现有企业配套互补的企业和项目，努力实现企业间资源的循环利用与园区内废物的“零排放”，并通过产业、企业间的协调合作，逐步形成产品或废物食物链（加工链），谋求工业群落的优化配置，节约土地，互通物料，提高效率，最大限度地实现经济、社会和环境三个效益的统一。具体来讲，在园区内，设计一个产业关联度高、协调发展的产业链，如：煤-电-化工产业链，煤-电-养殖-种植一体化产业链，煤-矸石-建筑材料一体化产业链等，使得产业间的原料、废料尽可能被充分综合利用。（2）以煤炭企业为核心，联合区域内相关企业及农业部门、居民生活区、信息服务部门等，形成一个自然、工业和社会的复合体。复合体通过成员间的副产品和废物的交换、能量和水的逐级利用、基础设施和其他设施的共享来实现整体在经济和环境上的良好表现。

按照产业链模式可将煤基产业循环经济园区的规划设计分为以下三类。

A 煤炭纵向产业链园区

煤炭纵向产业链园区是以煤炭开采企业为基础，通过与煤炭的精深加工延伸出的产业构成的循环经济园区。以煤炭为基础的纵向产业链通常有几种类型，煤炭-煤化工、煤炭-电力、煤炭-电力-电解铝等产业链。

B 煤炭横向产业链园区

在确定了纵向产业链后，根据循环经济的原理，对煤炭开采过程中的共伴生矿产资源及煤副产品、煤炭开采中的次级资源加以综合利用，结合主导产业链，可以横向延伸出许多条产业链。例如，煤矿开采-煤矸石-电力；煤矿开采-煤矸石-土地充填-土地资源-工农业用地；煤矿开采-煤矸石-化工原料；煤矿开采-煤矸石-建筑材料；煤矿开采-瓦斯气-燃料/化工原料；煤矿开采-伴生矿物（高岭土等）-涂料、造纸、陶瓷；煤矿开采-矿井水-工农业用水/生活用水；煤矿开采-土地塌陷-湿地-水产养殖/湿地作物；煤矿开采-土地塌陷-湿地-湿地景观等。

C 煤炭扩展型产业链园区

由于煤炭资源是不可再生资源，储量会随着开采量增加而日益减少，因此，构建非煤产业链条将为实现资源转型奠定坚实的基础。发展非煤产业，可以依托煤炭产业的技术，利用煤副产品，延伸产业链，建立主导产业链，比如煤矸石-水泥，进而发展建材公司，延伸产业链；土地充填-土地资源-房地产开发，即依托煤炭开采加工过程中产生的建材原料，开发房地产；利用原煤精深加工的产品，发展新兴产业，如将煤焦油用作某些医药的原料，依托成本优势，开发医药生产，形成煤焦油-医药原料-药品生产。通过这些非煤产业，建立煤炭扩展产业，提高产品技术含量和附加值，使煤炭资源优势转变为经济优势，形成规模经济。

6.3.4 煤基产业循环经济园区的技术支撑

循环经济园区的建设需要有相应的技术支撑。如果说，当代知识经济的主要技术载体是以信息技术和生物技术为主导的高新技术，那么循环经济的技术载体就是环境无害化技术（environmental sound technology）或环境友好技术。环境无害化技术的特征是污染排放量少，合理利用资源和能源，更多地回收废物和产品，并以环境可接受的方式处置残余的废物。环境无害化技术主要包括预防污染的少废或无废的工艺技术和产品技术，同时也包括治理污染的末端技术。主要类型有：

（1）煤炭清洁开采技术。煤炭清洁开采技术是指在生产优质煤炭的同时，要做到把对矿区环境的污染减少到最低程度。因此，在煤炭生产过程中除了对矿井要采取有效技术措施生产出高质量煤炭外，还必须设法尽量减轻开采对生态环境造成的不良影响。包括减少矸石、矿井水、瓦斯等废弃物排放的技术、减少地表塌陷的技术及一体化的采煤与生态环保技术等。

（2）洁净煤技术。洁净煤技术是指从煤炭开发到利用的全过程中旨在减少污染排放与提高其利用效率的加工、转化及污染控制等技术。它包括煤炭加工时的选煤新工艺、型煤、配煤、水煤浆等技术；煤炭转化过程中的焦化、液化、气化、高效燃烧技术；煤炭利用过程中的脱硫、脱硝、减碳等技术。

（3）废物综合利用技术。废物综合利用技术是指对废物进行再利用的技术，通过这些技术实现产业废物和生活废物的资源化处理。如将采矿过程中产生的矸石等作为原料制作水泥；煤炭洗选过程中产生的煤泥、洗中煤等用于燃烧供热、发电；煤炭燃烧发电过程中产生的粉煤灰用于建材生产或提取高值组分；煤化工过程中产生的渣油用于燃烧发电等。

（4）生态复垦与污染治理技术。生态复垦技术是指对采矿等人为活动破坏的土地，采取整治措施，使其恢复到可供利用期望状态的综合整治活动。这种活动是一项历时长、涉及多学科和多工序的系统工程。其基本模式是复垦规划-复垦工程实施-复垦后的改良与管理。土地复垦技术是矿区环境治理的主要技术措施。

污染治理技术是传统意义上的环境工程技术，是用来消除污染物质的技术，通过建设废物净化装置来实现有毒有害废物的净化处理。其特点是不改变生产系统或工艺程序，只是在生产过程的末端通过净化废物实现污染控制，如对废水、废渣、废气的污染治理等。

煤基产业循环经济园区的一些环境无害化技术如表6-4所示。

表6-4 煤基产业循环经济园区环境无害化技术

技术类别与用途		技术名称
煤炭清洁开采技术	减少废物排放	减少岩石巷道技术
		矸石井下处理技术
		井下瓦斯抽放技术
		矿井水分类排放技术
	减少地表沉陷	房柱式、条带式采煤技术
		充填管理顶板技术
		分层间歇开采技术
		覆岩离层带注浆技术
	采煤与生态环保一体化	露天采煤与生态环保一体化技术
	煤炭地下气化	煤炭地下气化技术
洁净煤技术	煤炭加工	选煤工艺
		型煤工艺
		水煤浆技术
		配煤技术
	煤炭燃烧	工业锅炉先进燃烧技术
		流化床锅炉燃烧技术
		煤气化联合发电技术
		燃煤磁流体发电技术
		煤基燃料电池技术
	煤炭转化	煤炭气化
		煤炭液化
		煤炭焦化

续表 6-4

技术类别与用途		技术名称
废物综合利用技术	矸石/粉煤灰（渣）综合利用	制建筑材料技术
		铺路造田技术
		燃烧发电技术
		制肥技术
		提取高值组分技术
	矿井水净化	矿井水净化技术
	煤层气开发利用	煤层气开发技术
		低浓度煤层气利用技术
复垦与污染治理技术	土地复垦	工程复垦、生态复垦技术
	大气污染防治	除尘、脱硫、脱硝、脱碳技术
		型煤添加剂技术
	污水处理	污水处理技术

6.3.5 煤基产业循环经济园区的评价

煤基产业循环经济园区评价指标体系是否科学、合理，直接影响到园区循环经济的最终评价结果，因此，指标评价体系必须科学、客观、合理、尽可能全面地反映影响园区循环经济发展的各个方面的因素。

6.3.5.1 评价指标体系的设计原则

评价指标是从不同侧面刻画系统某种特征大小的度量。煤炭企业循环经济园区发展效果的评价指标体系的设计，既要不失一般性，又必须紧紧围绕煤基产业循环经济的本质特征，充分体现评价对象的特有属性，因此，煤基产业循环经济园区评价指标体系的建立应遵循以下原则：

（1）“3R”原则。“3R”原则是循环经济的基本原则，煤基产业循环经济园区的评价指标必须能够体现这一原则，即减量化、再利用、再循环。这是煤基产业循环经济效果评价指标体系的一个显著特征。

（2）清洁生产原则。开展清洁生产是建设煤基产业循环经济园区的基本要求，园区内的企业应积极开展清洁生产，尤其是核心企业的清洁生产水平是整个循环经济园区建设的关键因素之一，应予以重点关注。

（3）系统性与科学性原则。所谓系统性，是指应用系统论的理论方法，把煤基产业循环经济园区视作一个相互联系、相互制约的有机整体，设计的指标体系应能全面、综合反映评价对象整体面貌，并形成层次性结构。所谓科学性，一方面是指选定指标概念科学、含义明确、计算范围准确、统计口径统一；另一方面是指指标体系易于结构化、模型化，以保证信息的完整性和评价结果的精确度和可信度。

（4）针对性原则。评价指标体系应充分反映事物的主要特征，本身有合理的层次结构。数据来源要准确、处理方法要科学，具体指标能反映出以煤炭利用企业为核心的循环经济园区建设主要目标的实现程度。

（5）可操作和可比性原则。所谓可操作，就是要求数据易于获取，计算简单。同时，指标数量适宜，尽量避免交叉和重复。同时要保证所设立的指标不能和我国相关法律政策相违背。所谓指标的可比性，是指指标名称规范，计量方法、计量口径和计量范围统一，符合国际或国内有关标准，既可实现同一指标的不同时点的比较，即纵向可比性；又可实现同一时点的不同指标的比较，即横向可比性。

（6）动态性原则。煤基产业循环经济园区发展是个持续的过程，可以分为多个阶段，所以设计指标体系时应充分考虑系统的动态性，能综合反映发展现状和发展趋势，便于预测和管理。

（7）定性与定量相结合原则。评价指标应尽量定量化，但对于一些意义重大却难以量化的指标，可以用定性指标来描述。

6.3.5.2 评价指标

现阶段我国已在各个层面上建立了比较完善的循环经济法律法规体系、政策支持体系、技术创新体系和有效的激励约束机制，2003 年由国家环保总局颁布了《循环经济示范区规划指南（试行)》，2006 年国家发改委颁布了《循环经济评价指标体系（工业园区)》。2017 年中华人民共和国国家质量监督检验检疫总局、中国国家标准化管理委员会发布的《工业园区循环经济评价规范》（GB/T 33567—2017)。这些法规及管理规范有的已经提出了评价体系，有的给出了评价的标准。这些评价指标体系为进一步进行循环经济规划提供指导并为循环经济管理及决策提供数据支持。

一些研究者参考现有评价指标体系，特别是《循环经济评价指标体系（工业园区)》和《循环经济示范区规划指南（试行)》的指标，针对煤基产业循环经济园区的特点，设置了以“生态环保指标、物质循环指标、经济管理指标”作为评价指标体系的一级指标，相应设置多个二级指标，如表 6-5 所示。

表 6-5 煤基产业循环经济园区评价指标体系

<table>
<tr><th></th><th>一级指标</th><th>二级指标</th></tr>
<tr><td rowspan="13">煤基产业循环经济指标评价体系</td><td rowspan="3">生态环保指标</td><td>万元产值废水排放量</td></tr>
<tr><td>万元产值废气排放量</td></tr>
<tr><td>万元产值固体废物排放量</td></tr>
<tr><td rowspan="8">物质循环指标</td><td>废水循环利用率</td></tr>
<tr><td>固体废物循环利用率</td></tr>
<tr><td>废气循环利用率</td></tr>
<tr><td>原煤洗选率</td></tr>
<tr><td>煤电转化率</td></tr>
<tr><td>煤矸石利用率</td></tr>
<tr><td>煤化工转化率</td></tr>
<tr><td>伴生矿物利用率</td></tr>
<tr><td rowspan="2">经济管理指标</td><td>资本增值比率</td></tr>
<tr><td>副业贡献率</td></tr>
</table>

A 生态环保指标

“生态环保指标”主要从环保理论中末端治理的角度来描述系统对环境的负影响。循环经济发展过程中的理想状态是实现物质与能量的封闭循环，但这种情况很难实现，所以末端治理指标的设立还是有必要的。

污染物排放强度指标反映了园区生态环境的水平，其值越低说明园区生态环境水平越高，主要包括三个二级指标，即万元产值废水排放量、万元产值废气排放量、万元产值固体废物排放量。

B 物质循环指标

在循环经济评价指标体系中“物质循环指标”无疑处于核心地位，只有针对煤基产业循环经济园区的特点设置物质循环评价指标，并与其他类型指标配合，才能真正实现对园区科学合理的评价。“物质循环指标”包括反映园区资源综合循环利用效果的物质利用效率指标，还包括反映废物资源化水平的资源循环利用效率指标。具体讲，物质利用效率指标包括原煤洗选率、煤电转化率、煤矸石利用率、煤化工转化率、伴生矿物利用率等；资源循环利用效率指标包括废水循环利用率、废气循环利用率、固体废物循环利用率等。

C 经济管理指标

对于园区及园区内企业来讲，循环经济的发展不只是生态环保、物质循环等先进生产技术的发展，更重要的是在经济管理的各个层面充分贯彻循环经济思想，使园区与企业实现经济方面的可持续增长，使循环经济成为园区及园区内企业发展的内生动力，所以在一级指标中设置“经济管理指标”极为重要。主要包含资本增值比率、副业贡献率等指标，其中资本增值比率等于扣除客观因素之后的年末所有者权益与年初所有者权益的比值，它反映了国有资本保值增值的情况。该指标值越高，所有者及债权人的利益越有保证，园区的活力越强。

6.3.6 煤基产业循环经济园区的建设

6.3.6.1 建设原则

（1）整体性原则。整体性原则，即要综合考虑影响园区建设的各种因素。循环经济园区是一个内部资源互生互利，相互关联的一个闭合循环系统。因此，要建立一个合理完善的循环经济园区，必须从整体上综合考虑园区各个循环主体和客体及它们之间的关系，如确立煤基产业在园区的主导地位、考虑周边产业的发展情况、衡量地方经济技术水平等。

（2）层次性原则。层次性原则，即要构建梯度循环产业链。煤炭产业链的延伸是目前煤基产业循环经济模式中发展较为成功的一种模式。产业链的延伸主要取决于技术水平，因此在构建煤基产业链时，应根据当地的经济技术水平和资源状况，有战略、有层次的延伸产业链。例如，在煤化工园区延伸产业链，建设可生产更高值化工产品的精细化学工业产业链等。

（3）开放性原则。开放性原则，即要加强循环经济园区与外部的交流合作。煤基产业循环经济园区内部资源互生互利，构成一个闭合循环系统。但每个循环系统并不是孤立存在的，需要发展园区与外界的中介服务组织，加强信息技术交流，提升园区循环经济的发展水平，同时还需要政府相关政策法规的扶持。

6.3.6.2 建设目标

煤基产业循环经济园区建设以循环经济理念和工业生态学思想为指导，以生态设计为手段，构建生态产业网络体系，完善产业链。建立企业在能源、物质和基础设施等方面的循环利用和共享机制，实现废物最小化排放，实现经济效益、生态环境效益和社会效益的“三赢”。

煤基产业循环经济园区建设旨在合理保护和开发利用矿产资源，大力推广共生矿、伴生矿、尾矿综合利用技术，提高资源综合利用与高值利用水平，使煤基产业实现科技含量高、经济效益好、资源消耗低、环境污染少、人力资源优势得到充分发挥的可持续发展。

6.3.6.3 建设规划

(1) 企业层面。企业层面大力推进清洁生产，以“节约、降耗、减污、增效”为核心，从源头消减和预防污染物的产生，实现由末端治理向污染物预防和生产全过程控制的转变。能耗高、污染重的企业要提高节能、节水、节电、节地、节材和废物循环利用水平。

清洁生产的技术模式主要包含煤炭清洁开采技术、洁净煤技术、废物综合利用技术等。

(2) 园区层面。园区层面应着眼于构建产业关联度高、协调发展的生态产业链，形成产业集聚、布局集中、发展集约的增长模式。通过构建煤基产业生态链网，充分利用一次资源，同时实现废物资源化。

图 6-6 为一类煤基产业循环经济园区的生态产业链网示意。该园区包含煤-电-深度加工产业链、煤-电-生态复垦一体化产业链、煤-矸石-建材一体化产业链等。

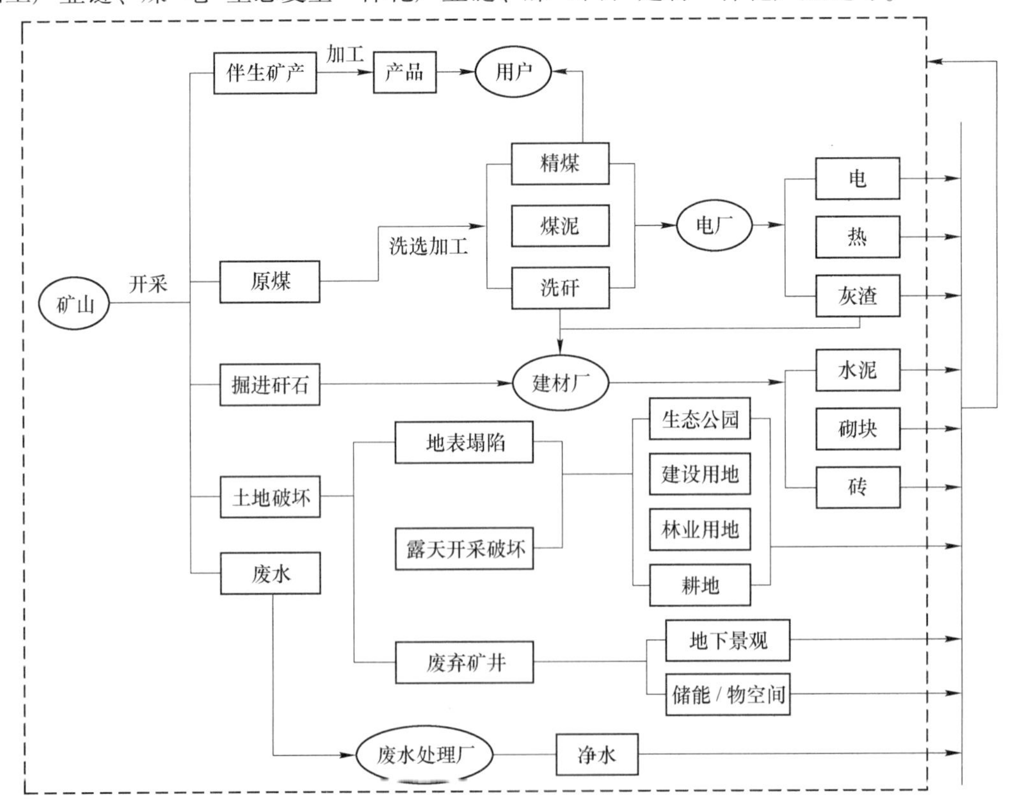

图 6-6 煤基产业循环经济园区生态产业链网示意

6.4 煤基产业循环经济园区典型案例分析

6.4.1 丹麦卡伦堡生态工业园

6.4.1.1 园区概况

卡伦堡生态工业园位于丹麦北部的卡伦堡市，距离首都哥本哈根大约100km，居民约5万人，是个规模不大的城镇。1959年，丹麦油气集团在卡伦堡建设Asnaes煤电厂，该厂负责向欧洲中心地带输送电力。煤电厂在发展的过程中，为提高能源利用率，谋求更好的生存与发展。1961年建造了一条长达20km的管道输送Tisso湖的淡水，以解决电厂淡水缺乏的问题。1972年，煤电厂与Gyproc石膏制板厂签订协议，将电厂余热与石膏供给其生产建材。此后，与Novo Nordisk生物工程公司（制药厂）缔约，向其提供高温蒸汽。随后，地方政府、居民和其他类型企业陆续加入，使园区逐渐发展成为一个包含三十余条生态产业链的循环型产业园区。

丹麦卡伦堡生态工业园区目前已稳定运行40余年，年均节约资金成本150万美元，年均获利超过1000万美元。作为循环生态园的典范之作，园区通过各企业之间的物流、能流、信息流建立的循环再利用网不但为相关公司节约了成本，还减少了对当地空气、水和陆地的污染。

6.4.1.2 卡伦堡生态工业园产业链的构建

卡伦堡生态工业园的成功依赖于其功能稳定、可以高效利用物质、能源和信息的企业群落。园区包括由煤电厂、炼油厂、制药厂和石膏制板厂四个大型工业企业组成的主导产业群落；化肥厂、水泥厂、养鱼场等中小企业作为补链进入整个生态工业系统，成为配套产业群落；以土壤修复公司、废品处理公司及市政回收站、市废水处理站等静脉产业组成的物质循环和废物还原企业群落。园区产业链如图6-7所示。

Asnaes煤电厂是整个生态工业园区主导企业的核心。除作为煤电厂为企业和居民提供电能外，Asnaes煤电厂还在多个方面维持着整个生态工业系统的稳定运行，主要包括：为卡伦堡市家庭供热，大量减少了分散供热的污染物排放；为炼油厂和制药厂提供工业蒸汽，热电联产比单独生产提高燃料利用率可达30%；电厂的循环冷却水还为当地农业提供了热能（如供应中低温的循环热水，使大棚生产绿色蔬菜，引到渔场后促进水温升高生产“电厂鲑鱼”等）；煤电厂的脱硫设备每年生产约20万吨石膏，这些石膏被卖给石膏制板厂，可以减少石膏制板厂天然石膏的使用，同时减少煤电厂固体废物的排放；每年产生的3万吨粉煤灰被水泥厂回收利用。

Statoil炼油厂是丹麦最大的炼油厂，每年可加工320万吨原油。炼油厂出资建设了通往Tisso湖的输水管道，节约了Asnaes煤电厂冷却水的使用成本；炼油厂多余的可燃气体通过管道输送到石膏制板厂和煤电厂供生产使用；炼油厂通过管道把经过生物净化处理的废水输送给电厂；将酸气脱硫过程中产生的脱硫气供给电厂燃烧，而产生的副产品硫酸盐，则被送往化肥厂用于生产液体化肥。

Novo Nordisk生物工程公司，年销售额约20亿美元，公司生产医药和工业用酶，是丹麦最大的生物工程公司。该公司在生态工业园区中还担任着连接农业的重任，例如制药厂

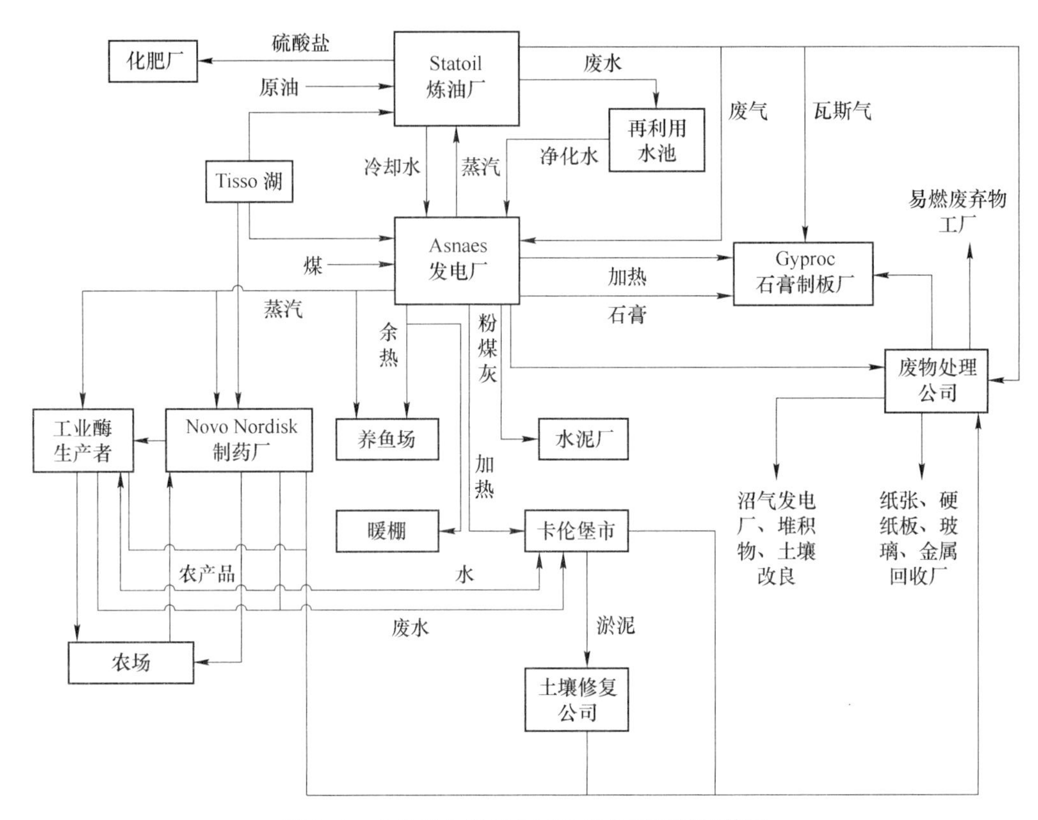

图 6-7 卡伦堡生态工业园区产业链网结构简图

的原材料土豆粉、玉米淀粉发酵产生的废渣、废水及污泥等废物，经废物处理公司杀菌消毒后被农民用作肥料进行土壤改良；胰岛素和工业酶生产过程的残余物酵母和生物残渣被送往农场。

Gyproc 石膏制板厂，具有年加工 1400 万平方米石膏板墙的能力。1993 年，通过工艺和设备改造后，煤电厂同石膏板厂合作，向对方提供煤炭脱硫后生成的碳酸钙，使得该厂不需要再从西班牙进口石膏原矿。

除了四大核心企业及众多作为补链进入该园区的中小配套企业外，作为“还原者”的静脉产业企业也在该园区中起到不可或缺的作用。Bioteknisk jordrens soilrem A/S 是一家土壤修复公司，成立于 1986 年，每年可以修复 50 万吨的受污染土壤。该公司使用卡伦堡市地下水道产生的淤泥作为原料，制作受污染土壤的生物修复营养剂，利用其中的微生物成分修复被污染的土壤。Noveren I/S 作为一家废品处理公司，收集所有园区单元的废物，每年大约可处理生活和工业垃圾 12.5 万吨，并利用垃圾沼气发电，还可以每年提供 5 万~6 万吨的可燃烧废物。另外，卡伦堡市政回收站和市政污水处理厂也参与进生态工业园区的生态产业链中，主要负责回收石膏、提供污泥等工作。

由四家核心工业企业、若干中小企业及废物还原处理企业所组成的三十余条工业产业链，构成了卡伦堡生态工业园联系紧密复杂共生的生态工业系统。

6.4.1.3 卡伦堡生态工业园产业链构建的特点

（1）按照工业生态学的原理形成的产业链网。丹麦卡伦堡生态工业园的基本特征是按照工业生态学的原理，把互不隶属的工厂联结起来，形成共享资源和互换生产过程中产生的副产品的产业组合，使得一家工厂的废气、废热、废水、废渣等成为另一家工厂的原料和能源，所有企业通过彼此利用“废物”而获益。在卡伦堡生态工业园，主体企业有煤电厂、炼油厂、制药厂和石膏制板厂，煤电厂在这个经济生态系统中处于中心位置，向炼油厂、石膏制板厂和附近居民提供蒸汽及向石膏板厂提供工业石膏；炼油厂向燃煤电厂提供经过处理后的废水和脱硫气、通过管道向石膏板厂提供瓦斯气用于石膏板的干燥，还将脱硫生产的稀硫酸供给附近的一家硫酸厂。卡伦堡生态工业园借助循环经济，实现了废物的循环利用，减少了能源和资源的消耗、废物排放，实现了园区综合利用效率的提高和土地的节约利用。

（2）自发演化而成的原型典范。卡伦堡生态工业园模式不是预先规划设计的，而是由于“离心效应”自发演化而成的。“离心效应”即远离中心的事物很可能通过自发探索，不断发展壮大，最终实现独立进化。卡伦堡生态工业园位于丹麦首都哥本哈根市以西100km处的卡伦堡市，是个规模不大的城镇。在远离中心的一群公司使用彼此废物作为本身所需原辅材料，企业之间及与社区间的物质和能源交换网络逐步形成，该地区的产业共生关系演变过程，是一种自发、缓慢演化而成的。

（3）制度创新孕育而生的园区模式。政府在制度安排上对于外部性很强的污染排放实行强制执行的高收费政策，迫使污染物排放成为成本要素；与此同时，对于减少污染排放则给予利益激励。例如，对于各种污染废物按照数量征收废物排放税，而且排放税逐步提高，迫使企业少排放污染物。为了防止企业在追求利益的动机驱动下采取隐瞒危险废物规避废物排放税行为而给社会造成巨大的危害，对于危险废物免征排放税，采取申报制度，由政府组织专门机构进行处理。这是卡伦堡生态工业园模式产生的基本原因。

（4）企业经济效益是园区存在发展的核心。卡伦堡地区水资源缺乏，地下水很昂贵，煤电厂的冷却水若直接排放不仅会导致水资源供给短缺，使得当地其他企业无水可用，发展受限，而且还需交纳污水排放税。因此，其他企业主动与煤电厂签订协议，利用煤电厂产生的冷却水和余热。在卡伦堡，加工废水重新利用的成本比缴纳污水排放税可以节约50%的成本，比直接取用新鲜地下水可以节约成本约75%。因此，水的循环利用成为最早循环利用的生产要素。煤电厂的粉煤灰用作制造水泥的原料也是一样。煤电厂把粉煤灰送到水泥厂作原料，可以免缴污染物排放税，水泥厂用粉煤灰做原料可以减少原料成本。两家企业均可获得经济效益。这是卡伦堡生态工业园存在并发展的核心。

（5）企业的生态道德和社会责任是园区发展的助推剂。园区内企业具有良好的生态道德与社会责任感促进了园区产业链的完善，比如制药厂利用制药产生的有机废物制造有机肥料，供周围农场免费使用，企业从使用其有机肥的农场收购农产品做原料。这使得制药厂与农场之间成为循环经济联合体，实现了污染物的“零排放”。这是制药企业追求社会形象和生态道德的成果。

6.4.2 塔山循环经济园区

晋能控股集团塔山循环经济园区是煤炭行业实践绿色发展的第一个“试验区”，创建了现代煤矿循环经济园区新发展模式，其产业链构建的“塔山模式”成为煤矿循环经济园区建设的成功典范。

6.4.2.1 园区概况

塔山循环经济园区是晋能控股集团（原同煤集团）于2003年2月规划建设的我国煤炭系统第一个循环经济园区，2009年8月正式投产运行，成为我国煤炭行业首个循环经济园区。园区建设初期，规划有10个项目，即“一矿、八厂、一条铁路”。园区的核心企业塔山煤矿于2003年2月开始建设，2008年投产，总投资35亿元，设计能力为1500万吨/年，是世界上最大的单井口井工矿井；围绕塔山煤矿配套建设了塔山选煤厂，总投资4.3亿元，2008年12月竣工，入选能力为1500万吨/年，处理能力为3000t/h，主要产品是中煤、洗混煤和块煤；2008年投产的塔山坑口电厂一期，总投资为48亿元，装机总容量为2×600MW，是国内单机容量最大的坑口电站；2006年投入运行的资源综合利用电厂一期，装机总容量为4×50MW，发电量为12亿kW·h/a；2009年7月投产的高岭岩深加工厂（大同煤业金宇高岭土化工有限公司）总投资为2.63亿元，主要利用煤矸石中的高岭岩生产优质超细超白煅烧高岭土，产量为5万吨/年；2009年6月建成投产的大同煤矿同塔建材有限责任公司煤矸石烧结砖厂一期，总投资9000万元，主要利用煤矸石生产新型墙体材料，包括烧结多孔砖、空心砖和空心砌块等，年产量为1.2亿块；2010年10月建成投产的新型干法水泥熟料生产水泥厂，总投资为7.7亿元，生产水泥熟料，产量为4500t/d，该项目利用塔山坑口电厂的工业废渣生产水泥，产量为200万吨/年；同煤广发化学工业有限公司的煤化工甲醇项目，投资为36.23亿元，是山西省“十一五”规划的重点项目，甲醇产量为120万吨/年，一期项目产量为60万吨/年，主产品为精甲醇，副产品为少量固体硫磺；2008年9月试运行的塔山污水处理厂，总投资为3407万元，主要处理园区内煤矿、电厂等项目的生活污水和工业废水，处理量为4000m^3/d；2006年7月开通运营的塔山铁路专用线，全长为16.29km，自北同蒲线与韩家岭站接轨，终点至塔山站，与大秦铁路相连，总投资为5.24亿元，设计运量为6500万吨/年，主要承担精煤外运及园区相关企业的产品运输。

近年来，随着园区的发展和对产业链的加链补环及不断完善，一大批项目陆续建成并投入运行。2013年5月同忻煤矿正式投产，设计能力为1000万吨/年，配套的同忻选煤厂已于2009年10月试运行，投资金额为3.8亿元，设计处理原煤1000万吨/年，处理量为1894t/h；2013年12月，塔山光伏电站建成发电，总装机容量为20MW，是晋能控股集团首个光伏发电项目，2018年电站发电量达到2652.72万kW·h；2014年1月，资源综合利用电厂二期投产，装机总容量为2×330MW；2016年7月，塔山坑口电厂二期顺利投产，装机总容量为2×660MW；到2017年底，10万吨/年的煤基活性炭项目和1.2万吨/年的乳化炸药火工品项目建成投产。

截至2017年底，园区累计完成投资为384亿元，由“两矿、四化、五电、九厂、一条路”21个项目聚合而成，覆盖了煤矿、电力、煤化工、选煤、运输及资源综合利用等多个产业，形成了煤-电-热、煤-化工、煤-建材等多条产业链，取得了显著的社会效益、经济效益和环境效益。

6.4.2.2 塔山循环经济园区产业链的构建

塔山循环经济园区通过规划布局，逐步增环补链，构建了能量、物料逐层减量利用，闭路循环的产业链条。按照“减量化、再利用，资源化”的原则，将21个项目有序连接，上游企业的废物和副产品成为下游企业的原材料，构建了以煤炭利用为主的纵向产业链和以副产品、废物利用为主的横向产业链。各个链条间耦合共生、协同运营，达到了污染物排放的最小化、废物的资源化和无害化，形成了“黑色煤炭，绿色开采”的循环经济发展模式。

A 纵向主导产业链

（1）煤-电-热。塔山循环经济园区为了更好地实现煤炭资源的经济效益和环保效益，采取煤炭就地转化的方式，围绕园区塔山煤矿和同忻煤矿建设大型燃煤坑口电站和资源综合利用电厂，变运煤为输电及供热。塔山煤矿和同忻煤矿的原煤开采出来后，分别进入塔山选煤厂和同忻选煤厂，经洗选后，精煤送入精煤仓，通过铁路专运线运往秦皇岛港口外销；筛分煤输送到坑口电厂发电；中煤、部分矸石及煤泥输送到资源综合利用电厂发电供热。

园区电厂建设采用高参数、大容量、超临界设备和技术，节能环保，实现了低煤耗、低成本和低排放。坑口电厂低热值煤发电机组可就地转化煤炭约为800万吨/年，脱硫率达到99%，接近“零排放”。资源综合利用电厂一期可消耗低热值劣质中煤120万吨/年，发电量为11亿kW·h。目前，园区电力装机达到了3400MW，产出的清洁电能被输送到全国各地，形成了煤电一体化的发展模式。发电产生的热能通过资源综合利用电厂热电联供系统，可为附近10万多户居民集中供热，供热面积达2300万平方米，替代了矿区约240台散煤锅炉和80余座小锅炉房，每年可减少二氧化硫排放约1万吨，减少烟尘排放6900余吨，节约标煤约200万吨，实现了经济效益与环境效益的共赢。

（2）煤-化工。塔山循环经济园区为了进一步提高煤炭附加值，推动煤炭资源的深度转化，以煤炭为原料，科学、合理地规划下游深加工产品方案，积极培育现代煤化工产业。目前，已建成了产量为10万吨/年的煤基活性炭项目和产量为60万吨/年的煤制甲醇项目。煤基活性炭是煤炭深加工产品，主要应用于饮用水的深度净化、废水和废气的处理及脱色等环保领域，该项目可就地转化煤炭约为40万吨/年，销售收入可实现7.6亿元/年，利润总额可达1.23亿元/年；煤制甲醇项目是以煤为主要原料，经过气化、脱硫、脱碳等工艺过程生产甲醇，年消耗原料煤76.06万吨，2018年该项目实现营业收入11.72亿元，利润达3000万元。园区通过项目补链，正在加紧建设产量为60万吨/年的烯烃项目，这是甲醇产品的下游产业，可生产聚乙烯25.13万吨/年、聚丙烯44.12万吨/年。塔山园区通过“煤-活性炭”“煤-甲醇-烯烃（聚乙烯和聚丙烯）”的延伸路径，培育产值递增、技术集成、高效循环的煤化工产业集群。3个煤化工项目全部投产后可转化煤炭约500万吨/年，使得煤炭作为工业原料得到了更为充分、有效的利用。

B 横向耦合产业链

矿区生产过程中会产生各种副产品和废物，主要包括煤矸石、矿井水、伴生矿物、煤层气、煤泥和粉煤灰等，这些废物和副产品具有潜在的产业价值。塔山循环经济园区通过建设高岭岩深加工厂、煤矸石烧结砖厂、水泥厂、粉煤灰砖厂、污水处理厂等项目对煤炭伴生矿物与工业废物进行综合利用和无害化处理，进一步延伸和拓宽了产业链条。

（1）煤矸石利用产业链。塔山煤矿开采的石炭二叠纪煤系含有大量的、极具经济价值的高岭岩，储量高达2.59亿吨。从煤矸石中筛选出来的高岭岩被运送至高岭岩深加工厂进行产品深加工，经过磨细、干燥、煅烧和改性后，制成高岭土系列产品，可广泛用于橡胶、涂料、造纸、电缆、化妆品、陶瓷及医药等领域及行业。每年可消化矿井产生的高岭岩约 10 万吨，产品远销澳大利亚、加拿大等国外市场，形成煤矸石-高岭岩-高岭土的市场产业链，经测算，这一项目直接创效可达亿元。

由高岭岩深加工厂筛选后的煤矸石，进入煤矸石砖厂做进一步的深加工处理，制成烧结砖，这是一种新型的建筑材料，用来替代我国传统的黏土砖，具有体积大、砌筑便利、隔热、隔音、保温等优点。煤矸石砖厂可消化洗选过程中产生的煤矸石约为 100 万吨/年，矸石利用率达到 90%以上，较好地解决了煤矸石堆放和填埋所引起的环境问题，形成煤矸石-烧结砖-市场的产业链。

（2）粉煤灰利用产业链。粉煤灰是燃煤电厂排放量较大的工业废渣之一，其毒性对人体和环境都造成了严重威胁。粉煤灰砖厂利用电厂产生的粉煤灰、锅炉灰渣和脱硫石膏为原料，通过配料、压制和蒸压工艺，加工成粉煤灰蒸压承重砖，替代现有的黏土标准砖。每年可消化电厂产生的粉煤灰 65 万吨，消化脱硫石膏 6 万吨，形成粉煤灰-粉煤灰砖-市场的产业链。

新型干法水泥熟料生产项目利用电厂、甲醇厂产生的电炉渣、粉煤灰和脱硫石膏生产水泥熟料，每年可消化粉煤灰和电炉渣 70 万吨、脱硫石膏 5 万吨，生产优质、低碱、高标号水泥 200 多万吨，形成粉煤灰-水泥熟料-水泥的产业链。同时，水泥厂配套建设了纯低温余热电站，以利用生产过程中产生的余热，所产生的电能满足生产线用电量的 30%，实现对资源的高效利用。

（3）废水利用产业链。园区生产过程中会产生大量的废水，包括矿井水、工业污水和生活污水，矿井水进入矿井水处理站，经过化学混凝处理，用于选煤厂生产补水和井下洒水。工业污水和生活污水进入污水处理厂，处理后的水质达到国家 A 级排放标准，全部回收复用，可用于电厂冷却水、矿区生活、消防及绿化浇灌。选煤过程中产生的煤泥水及厂房内产生的各种废水，进入高效浓缩机进行沉淀，处理后的水返回主厂房循环使用，可用于绿化和消防，形成废水-净化-工业用水/生活用水的产业链，实现污水“零排放”的闭路循环，提高水资源的综合利用率。

C 产业链网的形成

随着园区构建的纵向主导产业链和横向耦合的多条产业链的发展和完善，产业链各部分相互联系、相互作用，基本形成了纵横交错的产业链网状结构。塔山循环经济园区产业链网结构如图 6-8 所示。

6.4.2.3 塔山循环经济园区产业链构建的特点

（1）产业链稳定性高。塔山循环经济园区从设计规划开始即以工业生态学为指导，根据矿区的资源禀赋状况和矿井分布情况，模仿自然生态系统兴建了生产者企业、消费者企业和分解者企业，并开展技术关联与耦合，逐步形成了园区的产业链结构。园区的核心企业是塔山煤矿和同忻煤矿，基于煤炭的清洁转化和深度转化，形成了两条主导产业链：煤-电-热，煤-化工；根据煤炭生产中的副产品和废物特征，构建了煤矸石-高岭岩-高岭土-市场、煤矸石-烧结砖-市场、粉煤灰-粉煤灰砖-市场、粉煤灰-水泥熟料-水泥-市场、废

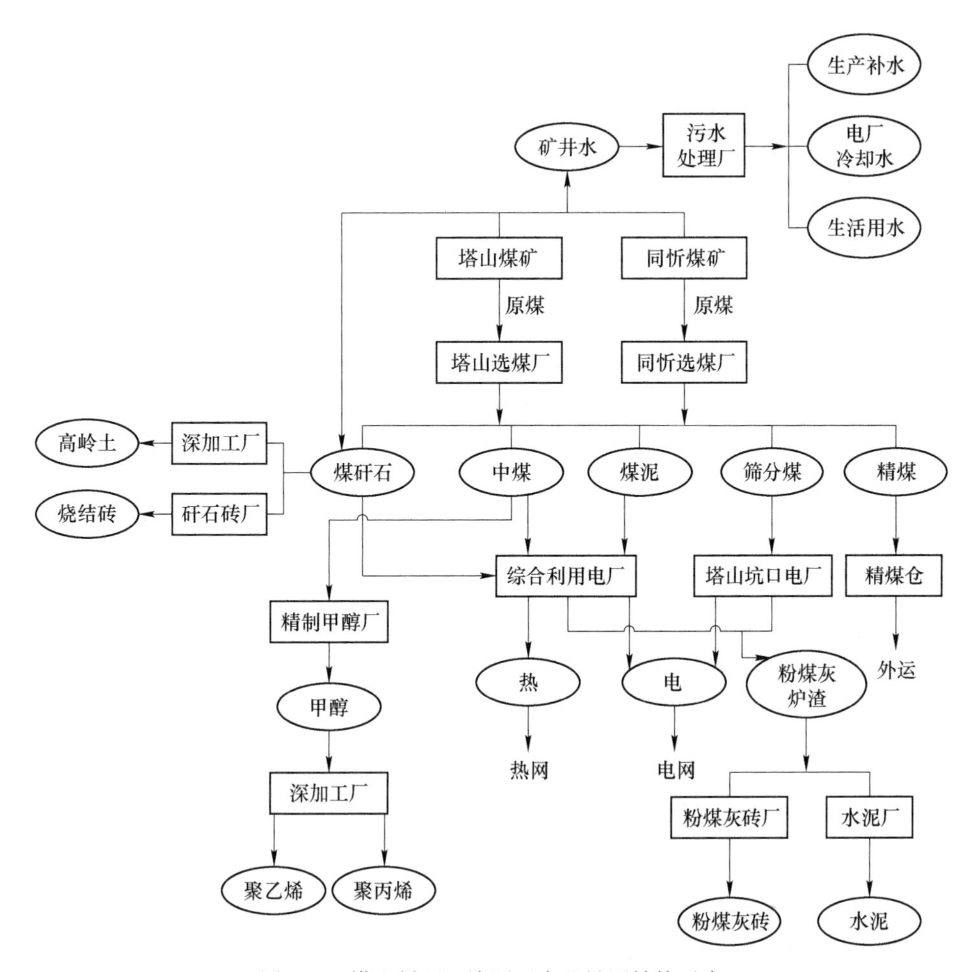

图 6-8 塔山循环经济园区产业链网结构示意

水-净化-工业用水/生活用水等多条横向耦合产业链。这些生态产业链通过物质和能量的相互交换而衔接起来，形成了相对复杂的生态网络结构，具有较强的抗干扰力和稳定性。同时，由于园区各企业之间存在明确而紧密的产权关系，它们之间的废物交换和利用，具有更高的专业化分工效率。当产业链的运转出现问题时，能够从企业集团的效益最大化出发，合理规划园区资源循环系统，协调相关企业间的利益关系，有助于最大限度地保证园区系统的稳定。

（2）产业链构建以高新技术为支撑。塔山循环经济园区注重经济科技层次的提升，通过煤炭的绿色开采、资源的梯级利用和能量的闭路循环，实现了煤炭产业的低碳发展，改变了传统的高投入、高排放、高污染的经济增长方式。

一是通过技术引进，园区项目装备达到世界一流水平。塔山煤矿从德国引进了大功率采煤机和无轨胶轮车辅助运输系统，提高了采煤效率，降低了工人劳动强度；甲醇项目气化炉装置采用了世界先进的壳牌气化工艺装置；塔山坑口电厂采用的高效静电除尘设备，除尘效率比国内电厂高出 0.85%，相当于每年减少烟尘排放量 280t。先进的设备是园区产业链延伸的基础，保证了园区资源综合利用的最大化。

二是园区鼓励科技创新，截至2017年底，园区获省部级以上科技进步奖达59项，几乎每个企业都有自己的核心技术。塔山煤矿自主研发的“特厚煤层一次采全高”技术，实现了对超厚煤层高效、高产、安全地开采，不仅保证了工作面资源回收率达到85%以上，而且保障了下游企业的原料供应。塔山坑口电厂“直接空冷”技术的运用每年可节约用水900多万吨。水资源实现了闭路循环，废水的重复利用率达到100%。高岭岩厂的“细磨煅烧”技术，利用煤矸石中的高岭岩能够生产优质超细煅烧高岭土，其中包括世界上最细的2μm高岭土，拓宽了产业链条，提升了产品价值。这些高新技术的充分运用，将园区的废物和副产品再利用、再资源化，成为园区产业链构建和延伸的保障，为煤炭产业转型发展提供了动力和支撑。

（3）产业链构建的环境效应显著。针对煤炭开采和生产中的环境污染问题，园区逐步延伸产业链条以充分利用煤矿伴生资源和生产过程中的废物。园区围绕核心企业塔山煤矿规划建设了选煤厂，以实现煤炭的清洁生产；建设了煤电厂，实现煤炭的就地转化以减少污染，提高效益；建设高岭岩加工厂和煤矸石烧结砖厂，对煤矸石进行再利用，以解决煤矸石占地和污染问题；建设了新型干法水泥熟料生产线，来利用电厂的工业废渣；建设了污水厂来处理园区的工业废水和生活污水。随着塔山循环经济园区产业链的不断完善，园区内所有工业项目排出的废物均可消化在循环链条之内，通过逐层转化利用，不断增值，变废为宝。

2017年，园区煤矸石、粉煤灰、炉渣等工业固废综合利用量为176.59万吨，工业固废利用率达10.5%，其余全部进行填埋、复垦、绿化等无害化处理，无害化处置率达到100%；园区生活污水得到100%处理，矿井水处理利用率达到100%，真正做到废水不外排，极大地改善了区域的环境质量。

6.4.3 潞安集团集群化循环经济园区

6.4.3.1 园区介绍

潞安集团是我国煤基产业循环经济园区建设类型最为丰富的煤炭企业。围绕“煤-电-化”“煤-焦-化”“煤-油-化”3大产业链，潞安集团分别建设了屯留煤-油园区、高河煤-电园区、潞城焦-化园区和东古电-化园区4大循环经济园区。这些循环经济园区均依据循环经济理念和产业生态学原理进行设计、建设和改造，结合各园区不同的优势，进行共同资源利用整合，形成多元化的产业群落，使集团不同企业之间形成资源共享和互换副产品的产业共生组合。潞安集团循环经济产业群落如表6-6所示。

表6-6 潞安集团循环经济产业群落

名称	产业链构成要素	输出产品
屯留煤-油园区	屯留煤矿（8Mt/a）及配套选煤厂、屯留热电厂（2×135MW）、煤基合成油厂（5.2Mt/a）、煤气化联合循环发电（IGCC）机组	优质高炉喷吹煤、并网电力、热能、柴油、石脑油、建材等
高河煤-电园区	高河煤矿（8Mt/a）及配套选煤厂、高河电厂（2×660MW）、瓦斯发电（30MW）	优质高炉喷吹煤、并网电力、热能、建材等

续表 6-6

名称	产业链构成要素	输出产品
潞城焦-化园区	集团主要焦化厂（合计产能 4.5Mt/a）、焦油加工厂、苯加工厂、焦油炭黑厂（0.1Mt/a）、甲醇合成厂（0.3Mt/a）	焦油、苯、焦油炭黑、甲醇、二甲醚、热能等
东古电-化园区	集团主要电厂（合计 620MW）、聚氯乙烯厂（0.2Mt/a）、烧碱厂（0.2Mt/a）、电石厂（0.45Mt/a）、炭黑厂（3 万吨/年）、纳米碳管厂（10t/a）、氯丁橡胶厂（1 万吨/年）、PVC 型材厂（0.15Mt/a）	聚氯乙烯、苛性钠、纳米碳管、氯丁胶、PVC 型材等

A 屯留煤-油园区

屯留煤-油园区，由年产量为 800 万吨的屯留煤矿及配套选煤厂、规模为 270MW 的屯留热电厂、煤基合成油厂（示范厂为 16 万吨/年，产业化规模为 520 万吨/年）及 IGCC 系统等组成，构成了以煤-油为主，兼具煤-(电)-化/材的产业链网，如图 6-9 所示。

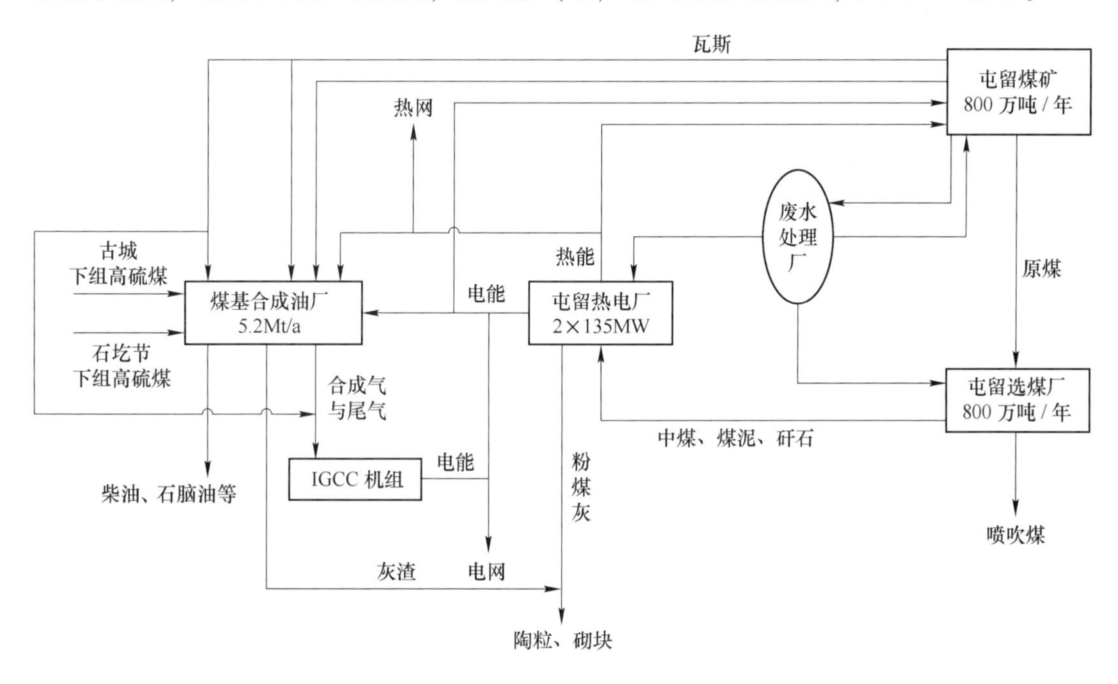

图 6-9 屯留煤-油循环经济园区产业链示意

屯留矿生产的原煤大部分用于煤制油，部分进入选煤厂洗选。洗选后的精煤产品作为喷吹煤外销，中煤、煤泥及矸石等供给热电厂发电。电厂生产的电能除了供应屯留矿、煤基合成油厂外，还可上网或供给公司电-化工业园区。电厂热能可用于本矿或供应煤基合成油厂蒸汽，还可向地方供热。矿井瓦斯经抽取处理后一部分地方民用；一部分用于提取氢气，为煤基合成油厂提供氢源；其余部分连同合成油厂的合成（尾）气用于整体煤气化联合循环发电（IGCC）。煤基合成油厂主要利用屯留、古城及石圪节矿的下组高硫煤进行合成油生产。矿井水经过处理后供给本矿、选煤厂及热电厂。电厂产生的粉煤灰连同煤基合成油厂的灰渣用于生产烧结陶粒、砌块等建材。

B　高河煤-电园区

高河煤-电园区，主要由年产量为 800 万吨的高河煤矿及配套选煤厂、规模为 2×660MW 的高河电厂及瓦斯发电厂等组成，构成了以煤-电为主，兼具煤-电/热-材的产业链网，如图 6-10 所示。

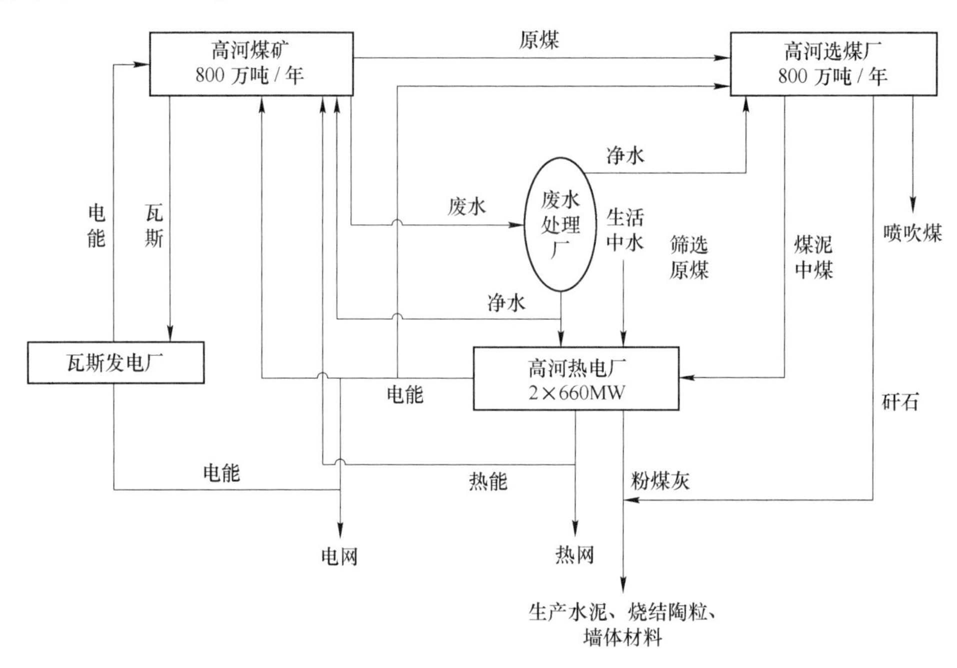

图 6-10　高河煤-电循环经济园区产业链示意

高河煤矿开采的原煤全部入选，洗选后的精煤产品作为喷吹煤外销，筛选原煤及中煤、煤泥等供给电厂。电厂生产的电能除部分供给矿井外，其余上电网销售。矿井瓦斯经抽取处理后进入瓦斯发电厂进行发电，部分电量用于本矿，剩余部分上电网销售。电厂热能则用于本矿及地方供热。矿井产生的废水经处理后，用于本矿、选煤厂及电厂。另外，电厂还能消耗部分长治生活中水。电厂排出的粉煤灰及矿井洗选矸石用于生产水泥、烧结陶粒、墙体材料等。

C　潞城焦-化园区

潞城焦-化园区，由潞安环能焦化公司（140 万吨/年）、王庄世纪焦化厂（52 万吨/年）、五阳弘峰焦化厂（60 万吨/年）、襄垣焦化厂（100 万吨/年）、漳村焦化厂（100 万吨/年）5 个捣固焦生产厂及其下游苯加工厂、焦油加工厂、焦油炭黑厂（10 万吨/年）、甲醇合成厂（甲醇 30 万吨/年、二甲醚 15 万吨/年）等组成，构成了以焦-化为主，兼具煤-焦-化/电（热）的产业链网，如图 6-11 所示。

由五阳煤矿（200 万吨/年）、漳村煤矿（360 万吨/年）、司马煤矿（300 万吨/年）

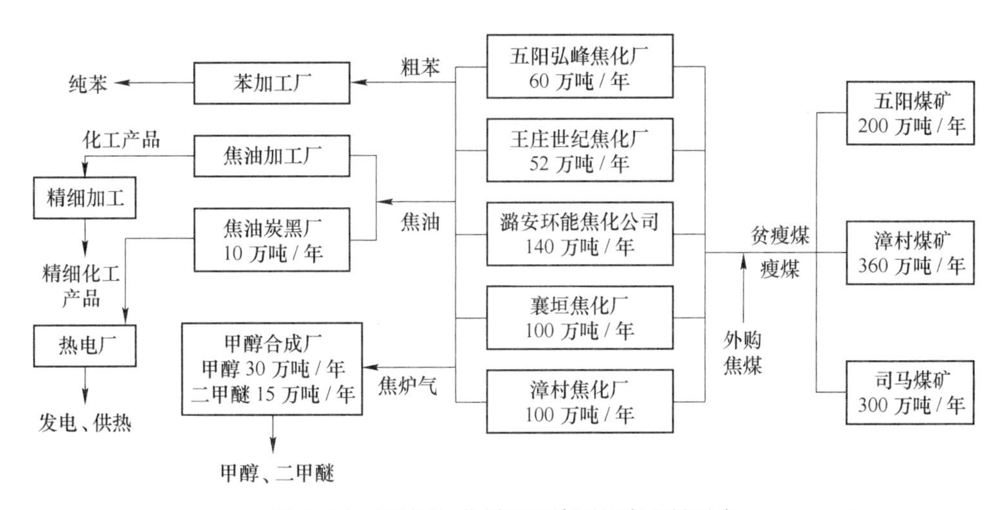

图 6-11 潞城焦-化循环经济园区产业链示意

生产的贫瘦煤、瘦煤加上外购焦煤分别供给各焦化厂炼焦。焦化厂的副产品焦油和粗苯分别供给焦油和苯加工厂进行精深加工，生产市场需要的各种高附加值化工产品。焦油还可用来生产焦油炭黑，炭黑尾气可再用于发电、供热。焦炉煤气则用于合成甲醇或二甲醚等。甲醇可进一步衍生到 MTO（甲醇制低碳烯烃）、MTP（甲醇制聚丙烯）等。

D 东古电-化园区

东古电-化园区，主要由西白兔电厂（30MW）、五阳电厂（50MW）、屯留余吾坑口电厂（270MW）、襄垣电厂（270MW）等煤矸石发电厂、220kV 变电站、电石厂（45 万吨/年）、聚氯乙烯厂（20 万吨/年）及配套的烧碱厂（20 万吨/年）、炭黑厂（3 万吨/年）、纳米碳管厂（10 吨/年）、氯丁橡胶厂（1 万吨/年）、PVC 型材厂（15 万吨/年）、粉煤灰烧结陶粒厂（50 万立方米/年）、水泥厂（60 万吨/年）等组成，如图 6-12 所示。

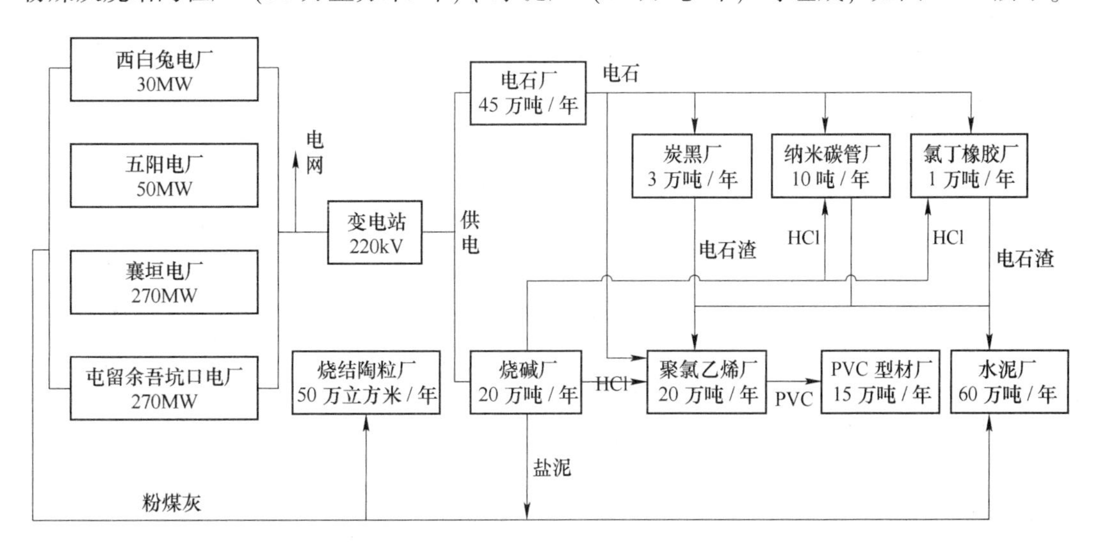

图 6-12 东古电-化循环经济园区产业链示意

西白兔、襄垣、五阳、屯留余吾坑口电厂发出的电主要供给电-化园区的源头工厂电石厂及烧碱厂，剩余部分上电网销售。电石厂生产的电石分别供给聚氯乙烯厂、炭黑厂、纳米碳管厂、氯丁橡胶厂。烧碱厂生产的 HCl 用于聚氯乙烯的生产，另有部分作为生产纳米碳管及氯丁橡胶的原料。聚氯乙烯厂生产的 PVC 树脂供给 PVC 型材厂。乙炔化工产生的电石渣和烧碱厂的盐泥及电厂产生的粉煤灰用于生产水泥、陶粒及保温砌块等新型环保建筑材料。园区内工厂产生的废水经过处理后循环回用，废气也经过回收利用，变废为宝。

潞安集团通过建设循环经济园区，拉长产业链，拓宽产业面，构建了煤、电、油、焦、化、建材等产业链体系，奠定了以煤炭为主，煤化工及煤基多联产共同发展的多元化格局。该种模式的煤基产业循环经济园区，通过不同产业间的组合和链接，发挥产业集聚和工业生态效应，做到资源和能源的合理、高效利用，减轻环境污染，实现可持续发展。

6.4.3.2 园区的特点

（1）产业链构建以煤化工为主导。煤化工产业链是延伸长度与宽度都较大的产业链，长度上，比如潞城焦-化园区可从化工原料甲醇或二甲醚，进一步生产低碳烯烃、聚丙烯等；宽度上，比如除 MTO、MTP 外，还可生产氯乙烯、炭黑、纳米碳管、氯丁橡胶等，根据市场需求，还可以进一步丰富化工产品的种类，实现煤炭的高值化利用，使企业具有科技创新与很好应对市场的能力。

（2）形成了复杂的生态网络结构。潞安集团围绕“煤-电-化、煤-焦-化、煤-油-化”三条主产业链，构建了四大煤基产业循环经济园区，这四大园区内生态产业链通过物质和能量的相互交换而衔接起来，形成了相对复杂的生态网络结构，具有较强的抗干扰力和稳定性。

（3）建立了集群化的循环经济产业群落。潞安集团建立的四大煤基产业循环经济园区，即屯留煤-油园区、高河煤-电园区、潞城焦-化园区和东古电-化园区，形成了集群化的循环经济产业群落，使园区间物流、能流联系途径更多，群落稳定性更强，当某个园区或某些产业链的运转出现问题时，集团能够从效益最大化出发，合理规划园区资源循环系统，协调相关企业间的利益关系，有助于最大限度地保证园区系统的稳定。

本章小结

煤基产业循环经济园区是循环经济园区在煤基产业的重要实践，是煤基产业实现可持续发展、发展循环经济的有效模式。本章重点介绍了循环经济的内涵与特征，循环经济产业模式中循环经济园区的特点、优势与评价指标，循环经济园区建设中的系统集成、规划原则与基本要求，在此基础上重点阐述了煤基产业循环经济园区构建的相关理论与实践，并介绍了几个典型的煤基产业循环经济园区。

思考题

6-1 煤基产业循环经济园区为什么是煤炭行业实现可持续发展的重要产业模式？

6-2 煤基产业循环经济园区的规划设计与建设应重点关注哪些方面?

6-3 煤基产业循环经济园区评价指标体系建立的重要性，其合理与否可以从哪些方面考量?

6-4 参照几个典型的煤基产业循环经济园区，提出一个合理的园区设计方案。

参 考 文 献

[1] 诸大建. 从可持续发展到循环型经济 [J]. 世界环境，2000 (3)：6-12.

[2] 李健，闫淑萍，苑清敏. 论循环经济发展及其面临的问题 [J]. 天津大学学报（社会科学版），2002，4 (3)：223-227.

[3] 李兆前. 发展循环经济是实现区域可持续发展的战略选择 [J]. 中国人口·资源与环境，2002，12 (4)：51-56.

[4] 王倩. 循环经济园区研究 [D]. 成都：四川大学，2005.

[5] 赵子铭. 特色园区与阜阳煤基产业经济发展研究 [D]. 北京：中国地质大学，2013.

[6] 曾现来，袁剑，李金惠，等. 循环经济的生态学理论基础分析 [J]. 中国环境管理干部学院学报，2018，28 (3)：26-26.

[7] Jorgensen Sven Erik. 系统生态学导论 [M]. 陆健健，译. 北京：高等教育出版社，2013.

[8] 周启星. 资源循环科学与工程概论 [M]. 北京：化学工业出版社，2016.

[9] 中国标准化研究院. GB/T 33567—2017 工业园区循环经济评价规范 [S]. 北京：中国标准出版社，2017.

[10] 薛守忠，王军. 煤炭循环经济园区评价体系研究 [J]. 煤炭经济研究，2008 (10)：4.

[11] 中国环境科学研究院. HJ/T 406—2007 生态工业园区建设规划编制指南 [S]. 北京：中国环境科学出版社，2008.

[12] 李巍，罗能生. 基于循环经济的煤基产业链构建 [J]. 煤炭经济研究，2006 (11)：16-21.

[13] 孙峥. 煤炭企业循环经济发展模式研究 [D]. 青岛：山东科技大学，2005.

[14] 柏雪琴. 滦县司家营循环经济园区规划研究 [D]. 石家庄：河北师范大学，2008.

[15] 李洁. 塔山循环经济园区产业链构建及启示 [J]. 中国煤炭，2021，47 (2)：83-88.

[16] 徐丹，魏臻. 山西煤基循环经济园区建设及实践 [J]. 中国煤炭，2018，44 (2)：26-33.

[17] 于斌. 煤炭工业循环经济及园区发展模式分析 [J]. 煤炭科学技术，2010，38 (12)：105-108.

[18] 四季春. 煤炭企业循环经济园区的发展模式 [J]. 煤炭学报，2006，31 (4)：546-552.

[19] 周仁，任一鑫. 煤炭循环经济发展模式研究 [J]. 发展论坛，2004，271 (1)：23-24.

[20] 黄贤金. 循环经济：产业模式与政策体系 [M]. 南京：南京大学出版社，2004.

[21] 黄贤金. 循环经济学 [M]. 南京：东南大学出版社，2006.

[22] 王晓东. 国外循环经济发展经验—— 一种制度经济学的分析 [D]. 长春：吉林大学，2010.

[23] 王发明. 循环经济系统的结构和风险研究——以贵港生态工业园为例 [J]. 财贸研究，2007 (5)：14-18.

[24] 魏全平，童适平. 日本的循环经济 [M]. 上海：上海人民出版社，2006.

[25] 赵莹，肖光进. 国外循环经济主要发展模式及启示分析 [J]. 中国集体经济，2010 (2)：196-197.

[26] 张云凤，张丰采，陈胜开，等. 国外循环经济发展实践及对我国的启示 [J]. 现代商贸工业，2013，25 (17)：2.

[27] 施开放，刁承泰，孙秀锋，等. 基于耕地生态足迹的重庆市耕地生态承载力供需平衡研究 [J]. 生态学报，2013，33 (6)：1872-1880.

[28] 翟羽佳，王丽婧，郑丙辉，等．基于系统仿真模拟的三峡库区生态承载力分区动态评价［J］．环境科学研究，2015，28（4）：556-567.

[29] 熊建新，陈端吕，谢雪梅．基于状态空间法的洞庭湖区生态承载力综合评价研究［J］．经济地理，2012，32（11）：138-142.

[30] 彭资，谷成燕，刘智勇，等．东江流域 1989—2009 年土地利用变化对生态承载力的影响［J］．植物生态学报，2014，38（7）：675-686.